Seleção de Materiais no Projeto Mecânico

Seleção de Materiais no Projeto Mecânico

5ª Edição

Michael F. Ashby

Tradução e Revisão Técnica
Artur Mariano de Sousa Malafaia
*Departamento de Engenharia Mecânica – Universidade
Federal de São João del Rei*

gen | LTC

Do original *Materials Selection in Mechanical Design, 5th edition*
Tradução autorizada do idioma inglês da edição publicada por Elsevier Ltd.
Copyright © 2017, 2011, 2005, 1999, 1992, by Michael F. Ashby.

© 2019, Elsevier Editora Ltda.
Todos os direitos reservados e protegidos pela Lei 9.610 de 19/02/1998.
Nenhuma parte deste livro, sem autorização prévia por escrito da editora, poderá ser reproduzida ou transmitida sejam quais forem os meios empregados: eletrônicos, mecânicos, fotográficos, gravação ou quaisquer outros.

ISBN Original: 978-0-08-100599-6
ISBN: 978-85-352-9032-5
ISBN (versão digital): 978-85-352-9033-2

Copidesque: Gabriel Pereira
Revisão tipográfica: Augusto Coutinho
Editoração Eletrônica: Thomson Digital

Elsevier Editora Ltda.
Conhecimento sem Fronteiras

Rua da Assembléia, n° 100 – 6° andar
20011-904 – Centro – Rio de Janeiro – RJ

Av. Nações Unidas, n° 12995 – 10° andar
04571-170 – Brooklin – São Paulo – SP

Serviço de Atendimento ao Cliente
0800 026 53 40
atendimento1@elsevier.com

Consulte nosso catálogo completo, os últimos lançamentos e os serviços exclusivos no site www.elsevier.com.br

---

NOTA

Muito zelo e técnica foram empregados na edição desta obra. No entanto, podem ocorrer erros de digitação, impressão ou dúvida conceitual. Em qualquer das hipóteses, solicitamos a comunicação ao nosso serviço de Atendimento ao Cliente para que possamos esclarecer ou encaminhar a questão. Para todos os efeitos legais, a Editora, os autores, os editores ou colaboradores relacionados a esta tradução não assumem responsabilidade por qualquer dano/ou prejuízo causado a pessoas ou propriedades envolvendo responsabilidade pelo produto, negligência ou outros, ou advindos de qualquer uso ou aplicação de quaisquer métodos, produtos, instruções ou ideias contidos no conteúdo aqui publicado.

A Editora

CIP-BRASIL. CATALOGAÇÃO NA PUBLICAÇÃO
SINDICATO NACIONAL DOS EDITORES DE LIVROS, RJ

A85s
5. ed.
    Ashby, Michael F.
      Seleção de materiais no projeto mecânico / Michael F. Ashby ; tradução Artur Mariano de Sousa Malafaia. - 5. ed. - Rio de Janeiro : Elsevier, 2019.
      : il. ; 17x24 cm.

    Tradução de: Materials selection in mechanical design
    Inclui índice
    ISBN 978-85-352-9032-5

    1. Materiais. 2. Projetos de engenharia. I. Malafaia, Artur Mariano de Sousa. II. Título.

18-52482   CDD: 620.11
                           CDU: 620.1/.2

AGRADECIMENTOS

Muitos colegas têm sido generosos em oferecer discussões, críticas e suges-
tões construtivas. Particularmente, desejo agradecer a: Professor Yves Bréchet,
da Universidade de Grenoble; Professor Anthony Evans, da Universidade da
California em Santa Barbara; Professor John Hutchinson, da Universidade de
Harvard; Dr. David Cebon; Professor Norman Fleck; Professor Ken Wallace;
Dr. John Clarkson, Dr. Hugh Shercliff, do Departamento de Engenharia,
Universidade de Cambridge; Dr. Amal Esawi, da Universidade Americana no
Cairo, Egito; Dr. Ulrike Wegst, da Escola de Engenharia Thayer, em Dartmouth;
Dr. Paul Weaver, do Departamento de Engenharia Aeronáutica na Universidade
de Bristol e Professor Michael Brown, do Laboratório Cavendish, Cambridge,
Reino Unido. Igualmente valorosas têm sido as contribuições dos meus colegas
da Granta Design, Cambridge, os quais são responsáveis pelo desenvolvimento
do software CES usado para fazer muitos dos gráficos que são um recurso deste
livro.

Prefácio

Materiais, por si sós, pouco nos afetam; é o modo como os usamos que influencia nossas vidas.

Epiteto, 50-100 d.C., Discursos, Livro 2, Capítulo 5

Materiais influenciaram vidas 2.000 anos atrás e continuam a influenciar hoje. Na época de Epiteto, o número de materiais era pequeno; hoje, é vasto, mais de 150.000. As oportunidades para inovação que os materiais oferecem agora são igualmente imensas. Porém, o avanço só é possível se existir um procedimento para fazer uma escolha racional dos materiais nesse grande cardápio, e — caso sejam usados — um modo de identificar como conformá-los, uni-los e acabá-los. Este livro desenvolve um procedimento sistemático para selecionar materiais e processos, que resulta no subconjunto que melhor atende aos requisitos de um projeto. É único no método que ele desenvolve e no modo de estruturar as informações que contém. A estrutura oferece rápido acesso a dados e permite ao usuário grande liberdade para explorar as potenciais escolhas. A abordagem se presta ao projeto assistido por computador, orientando a escolha sem a necessidade de julgamentos arbitrários.

Aqui a abordagem enfatiza o projeto com materiais, ao invés de "ciência" dos materiais, embora a ciência subjacente seja apresentada, sempre que possível, para ajudar na estruturação dos critérios de seleção. Os seis primeiros capítulos requerem pouco conhecimento prévio: a compreensão de materiais e mecânica no nível de 1º ano de graduação é suficiente. Os capítulos que tratam de seleção multiobjetiva, seleção de materiais e forma e o projeto de materiais híbridos são um pouco mais avançados, mas podem ser omitidos em uma primeira leitura. Os capítulos subsequentes sobre materiais e meio ambiente, material e projeto industrial e desenvolvimento sustentável, tópicos de relevância atual, são introduzidos de modo que se relacionem com os métodos sistematizados desenvolvidos anteriormente no livro.

Tanto quanto possível, o livro integra a seleção de materiais com os outros aspectos de projeto; as relações com os estágios de projeto e otimização e com a mecânica do material são totalmente desenvolvidas. Didaticamente, o livro é dirigido para o 3º e o 4º anos de cursos de Engenharia de Materiais para Projeto: uma unidade de ensino de 6 a 10 aulas pode ser baseada nos Capítulos 1 a 6, 13 e 14; um curso completo de 20 aulas, com trabalho de projeto usando o software associado, exigirá a utilização do livro inteiro.

viii   Prefácio

Este livro apresenta interfaces, por assim dizer, com um conjunto de outros, todos os quais usam o mesmo e básico modo de pensar. Em um nível mais elementar, o livro *Materiais, Engenharia, Ciência, Processamento e Projeto*,[1] que introduz os materiais a partir de uma perspectiva de engenharia, é destinado a graduandos de primeiro ano. Em níveis mais avançados, os livros *Materiais e o Meio Ambiente*,[2] *Materiais e Desenvolvimento Sustentável*[3] e *Materiais e Projeto*[4] expandem para aspectos econômicos, de sustentabilidade e de projeto industrial que aparecem nos últimos três capítulos deste livro.

Além disso, o livro pretende ser uma referência de valor duradouro. O método, os diagramas e as tabelas de índices de desempenho podem ser aplicados em problemas reais de seleção de materiais e processos. As tabelas de dados e o catálogo de "soluções úteis" (Apêndices A e B) são particularmente úteis em modelagem — ingrediente essencial do projeto ideal. O leitor pode usar o livro (e o software) em níveis crescentes de sofisticação conforme sua experiência aumenta, começando com os índices de mérito desenvolvidos nos estudos de casos do livro e passando gradativamente para a modelagem de novos problemas de projeto, que resultam em novos índices de mérito e funções de penalidade, e em novas — e talvez inéditas — escolhas de material. Esse aspecto de aprendizagem continuada é auxiliado por uma lista de referências em uma seção intitulada Leitura Adicional ao final de cada capítulo e pelos exercícios que abrangem todos os aspectos do texto.

Como a 5ª edição difere da 4ª edição? O texto e as figuras foram extensivamente revisados e atualizados; os conceitos mais difíceis foram explicados com esquemas e textos que os tronaram mais fácil de compreender, e há mais do que o dobro de exemplos e exercícios, agora colocados ao fim dos capítulos relevantes. Eficiência, criticidade, circularidade e sustentabilidade são introduzidas e o Apêndice A foi atualizado a partir das fontes mais confiáveis disponíveis. Os métodos desenvolvidos aqui são espelhados no CES EduPack,[5] software de Seleção de Materiais e Processos, o qual, se disponível, constitui um complemento útil para o texto, mas não é necessário para sua adoção.

---

1. Ashby, M.; Shercliff, H.; Cebon, D. (2014) Materials: Engineering, Science, Processing and Design. 2ª ed. Oxford: Butterworth-Heinemann. ISBN-13: 978-0-08-097773-7. North American Edition: ISBN-13: 978-1-85617-743-6.

2. Ashby, M.F. (2013) Materials and the Environment – eco-informed material choice. 2ª ed. Oxford: Butterworth Heinemann. ISBN: 978-0-12-385971-6.

3. Ashby M.F.; Ferrer-Balas, D.; Segalas Coral, J. (2016) Materials and Sustainable Development, 2016. Oxford: Butterworth-Heinemann. ISBN-10: 0081001762; ISBN-13: 978-0081001769.

4. Ashby, M.F.; Johnson K. (2004) Materials and design – the art and science of materials selection in product design. 3ª ed. Oxford: Butterworth Heinemann. ISBN: 978-0-08-098205-2.

5. O CES EduPack, software de Seleção de Materiais e Processos, é um produto de Granta Design, www.grantadesign.com/education/.

Prefácio   ix

Como em qualquer outro livro, o conteúdo deste é protegido por direitos autorais. Em geral, é infração copiar e distribuir materiais obtidos de uma fonte protegida por direitos autorais. Todavia, o melhor modo de usar os diagramas, que são um aspecto central do livro, é os leitores terem uma cópia limpa na qual possam desenhar, experimentar critérios de seleção alternativos, escrever comentários e assim por diante; e a apresentação da conclusão de um exercício de seleção é muitas vezes mais facilmente feita da mesma maneira. Embora o livro em si seja protegido pelas leis do direito autoral, professores ou leitores estão autorizados a fazer cópias ilimitadas dos diagramas para finalidades didáticas, desde que uma referência à sua fonte esteja anexada a cada uma.

Mike Ashby
Cambridge, junho de 2016

Sumário

Prefácio vii

Capítulo 1   **Introdução: Materiais e projeto** 1
    1.1   Introdução e sinopse 2
    1.2   Materiais em projeto 2
    1.3   O processo de projetar 3
    1.4   Tipos de projeto 7
    1.5   Ferramentas de projeto e dados de materiais 8
    1.6   Função, material, forma e processo 10
    1.7   Estudo de caso: dispositivos para abrir garrafas com rolha ... 11
    1.8   Resumo e conclusões 15
    1.9   Leitura adicional 16
    1.10 Exercícios 18

Capítulo 2   **Materiais de engenharia e suas propriedades** 21
    2.1   Introdução e sinopse 22
    2.2   As famílias de materiais de engenharia 22
    2.3   Informações de materiais para projeto 25
    2.4   Propriedades de materiais e suas unidades 27
    2.5   Resumo e conclusões 48
    2.6   Leitura adicional 49
    2.7   Exercícios 50

Capítulo 3   **Diagramas de propriedades de materiais** 57
    3.1   Introdução e sinopse 58
    3.2   Explorando propriedades de materiais 59
    3.3   Os diagramas de propriedades de materiais 63
    3.4   Resumo e conclusões 100
    3.5   Leitura adicional 101
    3.6   Exercícios 102

Capítulo 4   **Seleção de materiais: Fundamentos** 107
    4.1   Introdução e sinopse 108
    4.2   A estratégia de seleção 109
    4.3   Limites de atributos e índices de mérito 118
    4.4   O procedimento de seleção 126
    4.5   Seleção assistida por computador 131
    4.6   O índice estrutural 132
    4.7   Resumo e conclusões 133
    4.8   Leitura adicional 134
    4.9   Exercícios 134

Capítulo 5   **Seleção de materiais: Estudos de casos** 147
    5.1   Introdução e sinopse 148
    5.2   Materiais para remos 148
    5.3   Espelhos para grandes telescópios 151

xii   Sumário

5.4	Materiais para pernas de mesas	156
5.5	Custo: materiais estruturais para construções	159
5.6	Materiais para volantes	163
5.7	Materiais para molas	168
5.8	Dobradiças e acoplamentos elásticos	172
5.9	Materiais para vedações	175
5.10	Projeto limitado por deflexão com polímeros frágeis	177
5.11	Vasos de pressão seguros	181
5.12	Materiais rígidos de alto amortecimento para mesas vibratórias	185
5.13	Isolamento para reservatórios isotérmicos de curto prazo	189
5.14	Paredes de forno eficientes energeticamente	192
5.15	Materiais para aquecedores solares passivos	196
5.16	Materiais para minimizar distorção térmica em dispositivos de precisão	199
5.17	Materiais para trocadores de calor	202
5.18	Dissipadores de calor para circuitos integrados aquecidos	207
5.19	Materiais para radome (cúpula de radar)	209
5.20	Resumo e conclusões	214

Capítulo 6 Os processos e seus efeitos sobre as propriedades 215

6.1	Introdução e sinopse	216
6.2	Classificando processos	217
6.3	Os processos: conformação, união, acabamento	220
6.4	Trajetórias processo-propriedade	234
6.5	Resumo e conclusões	245
6.6	Leitura adicional	245
6.7	Exercícios	246

Capítulo 7 Seleção de processos e custo 249

7.1	Introdução e sinopse	250
7.2	Seleção de processo: a estratégia	250
7.3	Implementação da estratégia: matrizes de seleção	253
7.4	Limitações e qualidade	257
7.5	Classificação: custo do processo	271
7.6	Seleção de processos auxiliada por computador	276
7.7	Resumo e conclusões	278
7.8	Leitura adicional	279
7.9	Exercícios	280

Capítulo 8 Múltiplas restrições e objetivos conflitantes 289

8.1	Introdução e sinopse	290
8.2	Seleção com múltiplas restrições	291
8.3	Objetivos conflitantes	295
8.4	Resumo e conclusões	304
8.5	Leitura adicional	304
8.6	Apêndice: fatores de ponderação e métodos difusos	305
8.7	Exercícios	309

Capítulo 9 Múltiplas restrições e objetivos conflitantes: Estudos de casos 317

| 9.1 | Introdução e sinopse | 318 |
| 9.2 | Múltiplas restrições: vasos de pressão leves | 318 |

9.3	Múltiplas restrições: bielas para motores de alto desempenho	321
9.4	Múltiplas restrições: enrolamentos para magnetos de alto campo	325
9.5	Objetivos conflitantes: pernas de mesas novamente	329
9.6	Objetivos conflitantes: carcaças finíssimas para eletrônicos indispensáveis	330
9.7	Objetivos conflitantes: para-choques de baixo custo	334
9.8	Objetivos conflitantes: materiais para uma pinça de freio a disco	336
9.9	Resumo e conclusões	340

Capítulo 10 Seleção de material e forma ... 341

10.1	Introdução e sinopse	342
10.2	Fatores de forma	343
10.3	Limites para a eficiência de forma	357
10.4	Explorando combinações material-forma	360
10.5	Índices de mérito que incluem forma	363
10.6	Cosseleção gráfica usando índices	368
10.7	Materiais arquitetados: forma microscópica	370
10.8	Resumo e conclusões	374
10.9	Leitura adicional	376
10.10	Exercícios	376

Capítulo 11 Material e forma: Estudos de casos ... 385

11.1	Introdução e sinopse	386
11.2	Longarinas para aeronave de propulsão humana	387
11.3	Garfos para uma bicicleta de corrida	390
11.4	Vigas de assoalho: madeira, bambu ou aço?	393
11.5	Pernas de mesas mais uma vez: finas ou leves?	396
11.6	Aumentando a rigidez de chapas de aço	397
11.7	Formas que dobram: estruturas em folhas e retorcidas	400
11.8	Molas ultraeficientes	402
11.9	Resumo e conclusões	405

Capítulo 12 Projetando materiais híbridos ... 407

12.1	Introdução e sinopse	408
12.2	Vazios no espaço material–propriedade	411
12.3	Conceitos chaves para projeto híbrido	412
12.4	Compósitos	422
12.5	Estruturas celulares: espumas e reticulados	430
12.6	Estruturas sanduíche e multicamadas	439
12.7	Estruturas segmentadas	450
12.8	Resumo e conclusões	451
12.9	Leitura adicional	452
12.10	Apêndice: a rigidez e a resistência de multicamadas	453
12.11	Exercícios	456

Capítulo 13 Híbridos: Estudos de casos ... 463

13.1	Introdução e sinopse	464
13.2	Projetando compósitos de matriz metálica	464
13.3	Compósitos de fibra natural	466
13.4	Materiais para cabos de energia de longo alcance	467

xiv   Sumário

	13.5 Elastômeros condutores	469
	13.6 Combinações extremas de condução térmica e elétrica	471
	13.7 Paredes de refrigerador	473
	13.8 Materiais para encapsulamentos transparentes a micro-ondas	475
	13.9 Conectores que não afrouxam seus apertos	477
	13.10 Explorando anisotropia: superfícies que espalham calor	480
	13.11 A eficiência mecânica de materiais naturais	481
	Leitura adicional: materiais naturais	488
Capítulo 14	**Os materiais e o ambiente**	489
	14.1 Introdução e sinopse	490
	14.2 O ciclo de vida do material	490
	14.3 Sistemas que consomem material e energia	491
	14.4 Os atributos-eco de materiais	492
	14.5 Avaliação de ciclo de vida, auditorias-eco e impressões digitais de energia	498
	14.6 Seleção-eco	501
	14.7 Estudos de casos: recipientes para bebidas e barreiras contra colisão	506
	14.8 Resumo e conclusões	510
	14.9 Leitura adicional	510
	14.10 Exercícios	511
Capítulo 15	**Os materiais e o design industrial**	517
	15.1 Introdução e sinopse	518
	15.2 A pirâmide de requisitos	519
	15.3 Caráter do produto	520
	15.4 Utilizando materiais e processos para criar personalidade de produto	523
	15.5 Estudos de casos: analisando a personalidade do produto	530
	15.6 Resumo e conclusões	533
	15.7 Leitura adicional	533
	15.8 Exercícios	534
Capítulo 16	**Resposta sustentável para forças de mudança**	541
	16.1 Introdução e sinopse	542
	16.2 Pressão de mercado e impulso da ciência	542
	16.3 População e riqueza crescente; e saturação do mercado	548
	16.4 Responsabilidade jurídica do produto e prestação de serviços	549
	16.5 A informação econômica, materiais críticos e circularidade	550
	16.6 Respostas para forças de mudança: desenvolvimento sustentável	554
	16.7 Resumo e conclusões	556
	16.8 Leitura adicional	557
Apêndice A	**Dados para materiais de engenharia**	559
Apêndice B	**Soluções úteis para problemas-padrão**	583
Apêndice C	**Índices de mérito**	619
	Índice	625

Capítulo 1
Introdução: materiais e projeto

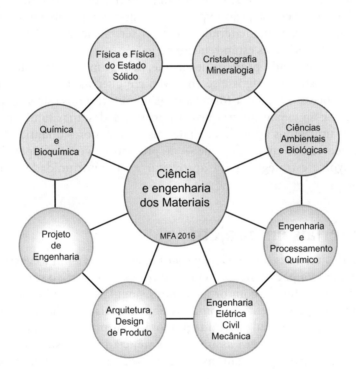

Resumo

Este livro é sobre o papel dos materiais no projeto de engenharia. Componentes que constituem um produto têm forma e massa; suportam cargas; conduzem calor e eletricidade; são expostos a desgastes e a ambientes corrosivos; são feitos de um ou mais materiais; e devem ser fabricados. O Capítulo 1 introduz o processo do projeto e o papel dos materiais nesse processo.

Palavras-chave: Processo de projetar; função; forma; conceito; desenvolvimento de esboços; necessidade de mercado; especificação de produto.

Materials Selection in Mechanical Design. DOI: http://dx.doi.org/10.1016/B978-0-08-100599-6.00001-6
© 2017 Michael F. Ashby. Elsevier Ltd. Todos os direitos reservados.

1.1 Introdução e sinopse

"Projeto" é uma dessas palavras que podem significar tudo para todos. Todo objeto fabricado, desde o mais lírico chapéu feminino até a mais engraxada das caixas de câmbio se qualificam, em um sentido ou outro, como um projeto. E pode significar ainda mais. A natureza, para alguns, é um Projeto Divino; para outros, é um projeto criado pela Seleção Natural. O leitor concordará que é necessário reduzir o campo, ao menos um pouco.

Este livro é sobre o papel dos materiais no projeto de engenharia. Componentes que constituem um produto têm forma; têm massa; suportam cargas; conduzem calor e eletricidade; são expostos a desgaste e a ambientes corrosivos; são feitos de um ou mais materiais; e devem ser fabricados. O livro descreve como essas características estão relacionadas.

Materiais têm limitado projetos desde que, pela primeira vez, o homem fabricou roupas, construiu abrigos e se envolveu em guerras. Hoje, a variedade de materiais e processos para dar forma a itens manufaturados está se expandindo rapidamente. Essa expansão cria novas oportunidades, mas também traz problemas. Nós utilizamos agora mais materiais e em maiores quantidades do que nunca, e fazemos isso em modos que — no presente — geram desperdícios. Este livro desenvolve estratégias para aproveitar essas oportunidades e enfrentar tais desafios.

1.2 Materiais em projeto

O número de materiais disponíveis para os engenheiros é muito vasto: 200 mil ou mais. Embora a padronização tente reduzir esse número, o surgimento contínuo de novos materiais com propriedades singulares e exploráveis expande ainda mais as opções. Então, como os engenheiros escolhem, dentro desse vasto cardápio, o material mais adequado ao seu propósito? Contam com a experiência? No passado era assim, a experiência era transmitida aos aprendizes que, mais tarde, poderiam assumir o papel de guru dos materiais onde trabalhavam.

Ninguém duvida do valor da experiência. Porém, muitas coisas mudaram no mundo da engenharia, e todas elas se opõem ao sucesso da simples dependência em práticas passadas. Há uma escala de tempo prolongada para aprendizados baseados em experiência. Há a mobilidade de empregos, o que significa que um guru que hoje está neste lugar pode ter desaparecido amanhã. E há a rápida evolução das informações sobre materiais, como já mencionado. Uma estratégia que depende da experiência não está em sintonia com o ambiente computacional nos quais os projetos se realizam hoje. Precisamos de um procedimento sistemático — com etapas que possam ser ensinadas rapidamente, robusto nas decisões a que chega, que permita implementação em computadores e que seja compatível com outros métodos modernos de projeto de engenharia.

Projeto é o processo de traduzir uma ideia em informações detalhadas a partir das quais se pode fabricar um produto. Cada um desses estágios exige decisões sobre os materiais com os quais o produto será feito e sobre o processo a ser utilizado para sua confecção. O custo entra tanto na escolha do material quanto na maneira que o material é processado. Materiais são derivados de recursos naturais — minérios para metais, petróleo para polímeros, minerais para cerâmicas e vidros —, que, muitas vezes, são finitos e, durante sua conversão para materiais, sempre necessitam de energia. Eficiência dos materiais começa a se tornar agora tão importante como eficiência energética, com esforços cada vez mais dirigidos para uma economia circular de materiais, aquela onde se reutiliza o máximo possível, minimizando o esgotamento das fontes de recursos naturais. Deve-se ainda ser reconhecido que apenas um bom projeto de engenharia não é suficiente para vender produtos. Em quase todas as coisas, desde eletrodomésticos até automóveis e aeronaves, a forma, a textura, o toque, a cor, a beleza e o significado do produto — a satisfação que ele dá à pessoa que o possui ou utiliza — são importantes. Esse é um aspecto, conhecido pelo nome não muito claro de projeto industrial (ou design), que, se negligenciado, pode causar perda de mercado. O bom projeto funciona; o projeto excelente também dá prazer.

Desafios em projeto são quase sempre abertos. Eles não têm uma única solução "correta", embora algumas soluções sejam claramente melhores do que outras. Eles são diferentes dos problemas analíticos usados para ensinar mecânica, ou estruturas, ou termodinâmica, os quais geralmente têm respostas únicas, corretas. Então, a primeira ferramenta que um projetista precisa é uma mente aberta: uma disposição para considerar todas as possibilidades. Porém, quando lançamos uma rede ampla, apanhamos muitos peixes diferentes. É necessário um procedimento para separar o excelente do apenas bom.

Nosso objetivo é desenvolver uma metodologia para seleção de materiais e processos que seja *projeto-guiada*; isto é, uma metodologia que usa, como entradas, os requisitos funcionais do projeto. Para isso, devemos primeiro examinar brevemente o processo de projetar em si. Como a maioria dos campos técnicos, ele está impregnado com o seu próprio jargão peculiar, e parte dele beira o incompreensível. Não precisamos de muito, mas não podemos evitá-lo completamente. A próxima seção introduz algumas das palavras e frases — o vocabulário — do projeto, os estágios de sua implementação, e a maneira pela qual a seleção de materiais se conecta com eles.

1.3 O processo de projetar

O ponto de partida de um projeto é uma *necessidade de mercado*; o ponto final é a *especificação* de uma solução que atenda à necessidade. É essencial definir a necessidade com exatidão, isto é, formular uma *declaração de necessidade* expressa como um conjunto de *requisitos de projeto*. Escritores da área de projetos enfatizam que a declaração de necessidade deve ser neutra em relação à solução (isto é, não deve deixar implícito como a necessidade será atendida), para evitar o pensamento fechado restringido por preconcepções. Entre a declaração de necessidade e a especificação do produto, encontram-se os estágios

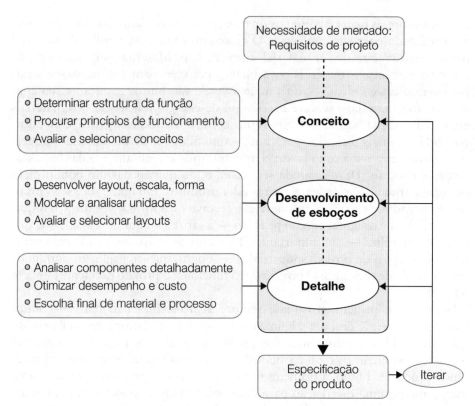

FIGURA 1.1. O fluxograma de projeto. O projeto prossegue desde a identificação de uma necessidade de mercado, esclarecida como um conjunto de requisitos de projeto, através de conceito, desenvolvimento de esboços e análise detalhada, até uma especificação de produto.

mostrados na Figura 1.1: os estágios de conceito, desenvolvimento de esboços (*embodiment*[1]) e projeto detalhado, explicados adiante.

O produto em si é denominado *sistema técnico*. Um sistema técnico consiste em *subsistemas* e *componentes*, reunidos de modo tal que executa a tarefa exigida, como mostra a subdivisão na Figura 1.2. É como descrever um gato (o sistema) dizendo que é composto de uma cabeça, um corpo, um rabo, quatro pernas e assim por diante (os *subsistemas*), cada um formado por componentes: fêmures, quadríceps, garras, pele. Essa subdivisão é um modo eficiente de analisar um projeto existente, mas não ajuda muito no processo de projetar em si, ou seja, no planejamento de novos projetos.

Então, para essa finalidade o melhor é usar uma subdivisão baseada nas ideias da análise de sistemas. Essa abordagem considera as entradas, fluxos e saídas de informações, energia e materiais, como na Figura 1.3. O projeto converte as entradas nas saídas. Um motor elétrico converte energia elétrica em

---

1. *Nota da Tradução e Revisão Técnica*: A palavra *embodiment*, utilizada por Ashby, se refere ao termo *embodiment of schemes* extraído da metodologia de French (1998). A palavra *corporificação*, utilizada na tradução da 4ª edição, foi substituída, nesta edição, por *desenvolvimento de esboços*.

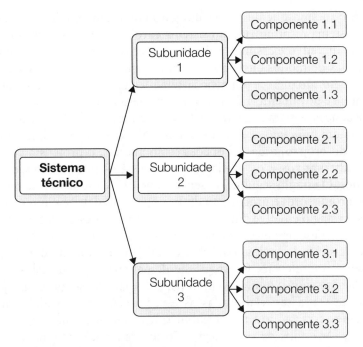

FIGURA 1.2. A análise de um sistema técnico como uma subdivisão em subsistemas e componentes. A seleção de material e de processo está no nível do componente.

energia mecânica; uma prensa para forjamento dá outra forma a um material; um alarme contra roubo coleta informações e as converte em ruído. Nessa abordagem, o sistema é subdividido em subsistemas conectados e cada qual desempenha uma função específica, como mostrado na Figura 1.3. O arranjo resultante é denominado *estrutura de função* ou *decomposição de função* do

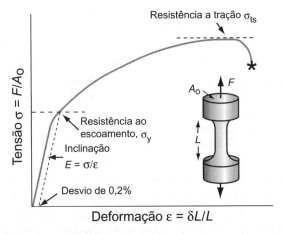

FIGURA 1.3. A estrutura de função é uma abordagem de sistemas para a análise de um sistema técnico, visto como transformação de energia, materiais e informações (sinais). Essa abordagem, quando elaborada, ajuda a estruturar o pensamento sobre projetos alternativos.

6   Seleção de Materiais no Projeto Mecânico

sistema. É o mesmo que descrever um gato como um acoplamento adequado entre um sistema respiratório, um sistema cardiovascular, um sistema nervoso, um sistema digestivo e assim por diante. Projetos alternativos acoplam as funções unitárias de modos alternativos, combinam funções ou as subdividem. A *estrutura de função* oferece um meio sistemático para avaliar opções de projeto.

Referindo-se novamente à Figura 1.1, o projeto prossegue com o desenvolvimento de conceitos para executar as funções na estrutura de função, cada uma baseada em um *princípio de funcionamento*. Nesse momento, durante o estágio conceitual do projeto, todas as opções estão abertas: o projetista considera os conceitos alternativos e os modos pelos quais eles podem ser separados ou combinados. O estágio seguinte, desenvolvimento de esboços, leva em conta os conceitos promissores e procura analisar a operação deles em um nível aproximado. Esse estágio envolve dimensionar os componentes e selecionar materiais que terão um desempenho adequado nas faixas de tensão, de temperatura e de ambiente sugeridas pelos requisitos de projeto, examinando as implicações para desempenho e custo. O estágio de desenvolvimento de esboços termina com um leiaute viável, o qual é então passado para o estágio de projeto detalhado. Nesta etapa são elaboradas as especificações para cada componente. Componentes críticos podem ser submetidos a análises mecânicas ou térmicas precisas. Métodos de otimização são aplicados a componentes e grupos de componentes para maximizar desempenho. A escolha final de geometria e material é realizada e os métodos de produção são analisados e orçados. O estágio termina com uma detalhada especificação de produção.

Até aqui, tudo parece estar muito bem. Quem dera fosse tão simples. O processo linear sugerido pela Figura 1.1 oculta a forte união entre os três estágios. As consequências das escolhas feitas nos estágios do conceito ou do desenvolvimento de esboços podem não ficar aparentes até que o detalhe seja examinado. Iteração, o processo de realizar retrocessos para explorar alternativas, é uma parte essencial do processo de projetar. Pense em cada uma das muitas escolhas possíveis que *poderiam* ser feitas como um arranjo de bolhas no espaço de projeto, como sugerido pela Figura 1.4. Aqui C1, C2... são conceitos possíveis e E1, E2... e D1, D2... são desenvolvimentos de esboços possíveis e elaborações detalhadas dos mesmos. O processo de projetar torna-se um caminho de criação, ligando bolhas compatíveis, até que uma conexão é feita a partir do topo ("necessidade de mercado") até a base ("especificação do produto"). Algumas tentativas de caminhos terminam em becos sem saída, outros fazem voltar para trás. Isso é como procurar uma trilha em um terreno difícil — pode ser necessário voltar para trás muitas vezes para ir adiante no fim. Uma vez encontrado um caminho, é sempre possível fazer com que ele pareça linear e lógico (e muitos livros fazem isso), mas a realidade é mais parecida com a Figura 1.4 do que com a Figura 1.1. Assim, uma parte fundamental do projeto e da seleção de materiais é a *flexibilidade*, a capacidade de explorar alternativas rapidamente, tendo sempre em mente todo o panorama, bem como os detalhes. Nosso foco em capítulos posteriores está na seleção de materiais e processos, onde surge exatamente a mesma necessidade. Isto exige algum tipo de mapeamento dos

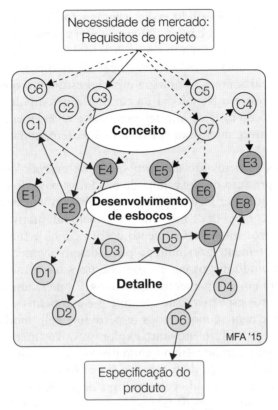

FIGURA 1.4. O complexo caminho do projeto. Aqui as bolhas-C representam conceitos; as bolhas-E, desenvolvimentos de esboços das bolhas-C; e as bolhas-D, realizações detalhadas das bolhas-E. O processo se completa quando um caminho compatível desde "Necessidade" até "Especificação" pode ser identificado. É um caminho tortuoso (a linha cheia), com retornos e becos sem saída (as linhas tracejadas).

"universos" de materiais e processos, de modo a permitir pesquisas rápidas de alternativas e ao mesmo tempo fornecer detalhes quando são necessários. Os diagramas de seleção do Capítulo 3 e os métodos do Capítulo 4 ajudam a fazer isso.

Descritas no campo abstrato, essas ideias não são fáceis de entender. Um exemplo ajudará — e ele é apresentado na Seção 1.6. Antes, uma visão dos tipos de projeto.

1.4 Tipos de projeto

Projeto original se inicia com uma nova ideia ou princípio de funcionamento (a caneta esferográfica, o disco compacto – CD). Novos materiais podem oferecer novas e exclusivas combinações de propriedades que habilitam o projeto original. Desta maneira, o silício de alta pureza permitiu o transistor; o vidro de alta pureza, a fibra ótica; magnetos de alta força coerciva, o fone de ouvido em

8   Seleção de Materiais no Projeto Mecânico

miniatura; lasers de estado sólido, o disco compacto. Às vezes, o novo material sugere o novo produto; no entanto, algumas vezes o novo produto demanda o desenvolvimento de um novo material: a tecnologia nuclear impulsionou o desenvolvimento de uma série de novas ligas de zircônio e aços inoxidáveis de baixo teor de carbono; a tecnologia espacial estimulou o desenvolvimento de compósitos leves; e a tecnologia da turbina a gás atualmente impulsiona o desenvolvimento de ligas de alta temperatura e revestimentos cerâmicos. O projeto original parece interessante, e de fato é. Porém, a maioria dos projetos não é assim.

Quase todos os projetos são *adaptativos* ou *de desenvolvimento*. O ponto de partida é um produto ou uma linha de produtos existentes. O motivo para refazer o projeto pode ser melhorar o desempenho, reduzir custo ou adaptá-lo às mudanças nas condições de mercado. O projeto adaptativo utiliza um conceito existente e procura um refinamento do princípio de funcionamento. Isto é também frequentemente possibilitado pelos desenvolvimentos em materiais: polímeros substituindo metais em eletrodomésticos ou fibra de carbono substituindo a madeira em equipamentos esportivos. Os mercados de eletrodomésticos e equipamentos esportivos são dinâmicos e competitivos. Esses mercados têm sido frequentemente conquistados (e perdidos) pelo modo como o fabricante adaptou o seu produto enquanto explorava novos materiais.

Por fim, o *projeto variante* envolve uma mudança de escala, dimensão ou detalhamento, sem mudança de função ou do método de atingi-la: por exemplo, o aumento de tamanho de caldeiras, ou de vasos de pressão. Mudança de escala ou de circunstâncias de uso pode exigir mudança de material: botes pequenos são feitos de fibra de vidro, navios grandes são feitos de aço; pequenas caldeiras são feitas de cobre, as grandes, de aço; aviões subsônicos são feitos de uma liga, supersônicos, de outra — e por boas razões, como detalhado em capítulos posteriores.

1.5 Ferramentas de projeto e dados de materiais

Para implementar as etapas da Figura 1.1, utilizam-se *ferramentas de projeto*. Elas são mostradas como entradas, ligadas à esquerda da espinha dorsal principal da metodologia de projeto na Figura 1.5. As ferramentas habilitam a modelagem e a otimização de um projeto, facilitando os aspectos rotineiros de cada fase. Modeladores de função sugerem estruturas de função viáveis. Otimizadores de configuração sugerem ou refinam formas. Pacotes de modelagem geométrica e de sólidos em 3D permitem visualização e criam arquivos que podem ser baixados para sistemas de prototipagem e fabricação controlados numericamente. Softwares de otimização, DFM, DFA[2] e de estimativa de custo permitem que aspectos de fabricação sejam refinados. Pacotes de elemento finito (FE e CFD) permitem análises mecânicas e térmicas precisas, mesmo

---

2. Projeto para Manufatura (DFM – Design for Manufacture) e Projeto para Montagem (DFA – Design for Assembly)

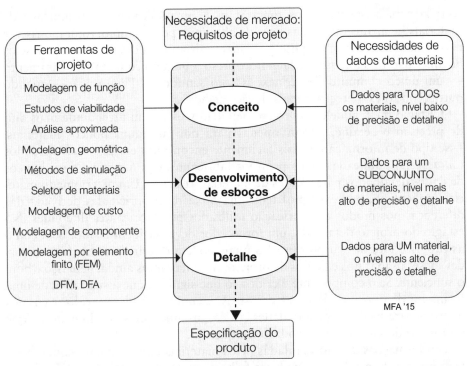

FIGURA 1.5. O fluxograma de projeto, mostrando como ferramentas de projeto e seleção de materiais são introduzidos no processo. Informações sobre materiais são necessárias em cada estágio, mas em níveis muito diferentes de amplitude e precisão. A iteração é parte do processo.

quando a geometria é complexa, as deformações são grandes e as temperaturas variam. Há uma progressão natural na utilização das ferramentas à medida que o projeto evolui: análise e modelagem aproximadas no estágio conceitual; modelagem e otimização mais sofisticadas no estágio do desenvolvimento de esboços; e análise precisa ("exata", apesar de nada ser realmente exato) no estágio do projeto detalhado.

Ferramentas para seleção de materiais desempenham um papel importante em cada estágio do projeto. A natureza dos dados necessários nos primeiros estágios é muito diferente em nível de precisão e amplitude dos necessários mais tarde (Figura 1.5). No estágio conceitual, o projetista precisa de valores aproximados das propriedades, porém para uma faixa de materiais mais ampla possível. Todas as opções estão em aberto: um polímero pode ser a melhor escolha para um conceito e um metal para outro, ainda que a função seja a mesma. Os problemas, nesse estágio, não são a precisão e o detalhe; são a amplitude e a velocidade de acesso: como a vasta gama de dados pode ser apresentada para dar ao projetista a maior liberdade possível nas alternativas a se considerar?

No estágio do desenvolvimento de esboços o panorama é mais estreito. Aqui são necessários dados para um subconjunto de materiais, porém em um nível mais alto de precisão e detalhe. Esses dados são encontrados em manuais e

10   Seleção de Materiais no Projeto Mecânico

softwares mais especializados, que tratam de uma única classe ou subclasse de materiais — metais ou apenas ligas de alumínio, por exemplo. Agora, o risco é perder de vista a maior amplitude de materiais ao qual devemos retornar, se os detalhes não funcionarem; é fácil ficar preso a uma única linha de pensamento — um único conjunto de "conexões", no sentido da Figura 1.4 — quando outras conexões oferecem uma solução melhor.

O estágio final, aquele do projeto detalhado, exige um nível ainda mais alto de precisão e detalhe, porém, apenas para um ou alguns poucos materiais. Esse tipo de informação é mais facilmente encontrado em planilhas de dados (*datasheets*) publicadas pelos próprios fabricantes dos materiais e em bancos de dados detalhados para classes de materiais restritas. Um determinado material (polietileno, por exemplo) tem uma faixa de propriedades derivada das diferenças nos modos de fabricação utilizados por fabricantes diferentes. No estágio do projeto detalhado, um fornecedor deve ser identificado, bem como as propriedades de seu produto (as quais podem diferir de outro fornecedor) devem ser usadas nos cálculos de projeto. Algumas vezes ainda, nem isso é bom o suficiente. Se o componente é crítico (o que significa que a sua falha, de uma forma ou de outra, poderia ser desastrosa), então é prudente realizar ensaios internos para medir as propriedades críticas, usando amostras do material que será utilizado para fazer o produto em questão.

As informações de entrada dadas pelos materiais não terminam com o estabelecimento da produção. Produtos falham em serviço e falhas contêm informações. É imprudente o fabricante que não coleta e analisa dados sobre falhas. Frequentemente, esses dados indicam a utilização errônea de um material, algo que pode ser eliminado por reformulação do projeto ou nova seleção de material.

Portanto, a escolha do material depende da função. Mas essa não é a única restrição.

1.6 Função, material, forma e processo

A seleção de materiais não pode ser separada da seleção do processo e da forma. Para fabricar uma forma, o material é submetido a processos que, coletivamente, podemos chamar de *fabricação*: eles incluem processos primários de conformação (como fundição e forjamento), processos de remoção de material (usinagem, furação), processos de união (por exemplo, soldagem) e processos de acabamento (como pintura ou eletrogalvanização). Função, material, forma e processo interagem (Figura 1.6). A função, como acabamos de ver, influencia a escolha do material. A escolha do material influencia processos por meio da sua capacidade de ser fundido, moldado, soldado ou tratado termicamente. O processo determina a forma, o tamanho, a precisão e, é claro, o custo. Essas interações são de duas vias: a especificação da forma restringe a escolha de material e do processo, porém, a especificação do processo igualmente limita a escolha do material e as formas possíveis. Quanto mais sofisticado o projeto, mais restritas as especificações e maiores as interações.

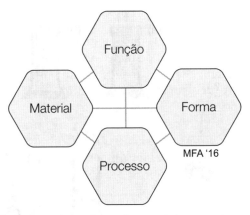

FIGURA 1.6. O problema central da seleção de materiais em projeto mecânico: a interação entre função, material, processo e forma.

A interação entre função, material, forma e processo está no coração do processo de seleção de materiais. É um tema ao qual voltaremos ao longo deste livro, no momento em que abordarmos cada um dos hexágonos da Figura 1.6. Porém, veremos primeiro um estudo de caso para ilustrar o processo de projetar.

1.7 Estudo de caso: dispositivos para abrir garrafas com rolha

O vinho, como o queijo, é uma das melhorias da humanidade no que diz respeito à natureza. E, desde que os seres humanos passaram a se importar com o vinho, também começaram a se preocupar com rolhas para mantê-los selados com segurança em frascos e garrafas. "Corticum ... demovebit amphorae..." – "Desarrolhem a ânfora...", cantou Horácio[3] (27 a.C.) para celebrar o aniversário da ocasião em que escapou milagrosamente de ser morto por uma árvore que caía. Porém, como funcionava isso?

Uma garrafa com rolha cria uma necessidade de mercado: a necessidade de se obter acesso ao vinho que está dentro dela. Poderíamos expor dessa maneira: "Precisa-se de um dispositivo para tirar rolhas de garrafas de vinho." Mas, espere aí! A necessidade deve ser expressa sob uma forma neutra em relação à solução e essa não está de acordo. A meta é ter acesso ao vinho; nosso enunciado implica que isso será feito mediante a remoção da rolha, e que esta será removida por tração. Poderia haver outros meios. Portanto, tentaremos novamente: "Precisa-se de um dispositivo que permita acesso ao vinho dentro de uma garrafa com rolha" (Figura 1.7), e alguém poderia acrescentar, "com conveniência, custo razoável e sem contaminar o vinho".

Cinco conceitos para fazer isso são mostrados na parte direita da Figura 1.7. Na ordem, os dispositivos agem para remover a rolha por tração axial (isto é,

---
3. Horácio, Q. 27 a.C., Odes, Livro III, Ode 8, linha 10.

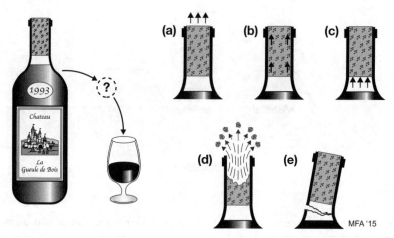

FIGURA 1.7. Esquerda: a necessidade de mercado; procura-se um dispositivo que permita acesso ao vinho contido em uma garrafa com rolha. Direita: cinco conceitos possíveis, que ilustram princípios físicos, para atender a necessidade. (A) tração axial, (B) esforços de cisalhamento, (C) pressão por baixo, (D) fragmentação e (E) desespero.

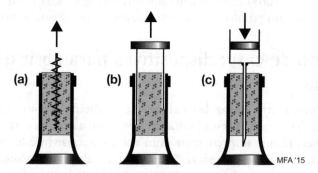

FIGURA 1.8. Princípios de funcionamento para implementar os três primeiros conceitos da Figura 1.7.

puxando); para removê-la aplicando esforços de cisalhamento em seus lados; para empurrá-la para fora por baixo; para pulverizá-la; e para ignorá-la completamente, quebrando o gargalo da garrafa.[4] Existem vários dispositivos que usam os três primeiros conceitos ilustrados. Os outros também são usados, embora geralmente apenas em momentos de desespero. Devemos eliminá-los com o fundamento de que poderiam contaminar o vinho, e examinaremos os outros mais de perto, explorando os princípios de funcionamento.

A Figura 1.8 sugere desenvolvimentos de esboços para cada um dos três conceitos sobreviventes. No primeiro, um parafuso é roscado na rolha, ao qual é aplicada uma tração axial; no segundo, lâminas elásticas delgadas inseridas dos

---

[4]. Uma invenção vitoriana para abrir vinho do porto antigo, cuja rolha poderia ter-se tornado frágil com o tempo e a absorção de álcool, envolvia uma pinça em forma de anel. As pinças eram aquecidas ao rubro em fogo e então apertadas ao redor do gargalo da garrafa frio. O choque térmico removia o gargalo limpa e ordenadamente.

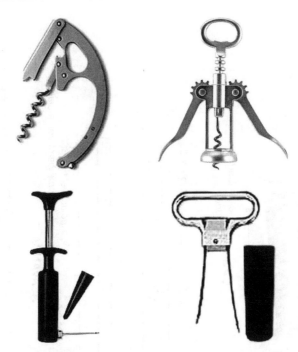

FIGURA 1.9. Removedores de rolha: no sentido horário, a partir da parte superior esquerda: tração com alavanca, tração com engrenagem, esforços de cisalhamento (soa estranho, mas funciona) e expulsão pressurizada (agora raro – os riscos são muito grandes).

lados da rolha aplicam esforços de cisalhamento quando torcidas e puxadas; e no terceiro, a rolha é perfurada por uma agulha oca pela qual um gás é bombeado e empurra a rolha para fora. Todos eles foram desenvolvidos para o nível de estágio detalhado e entraram em produção (Figura 1.9).

O lado esquerdo da Figura 1.10 mostra mais desenvolvimentos de esboços detalhados para dispositivos baseados em apenas um conceito — aquele da tração axial. O primeiro é uma tração direta; os outros três usam algum tipo de benefício mecânico — remoção com alavanca, remoção com engrenagem e remoção auxiliada por mola. Os desenvolvimentos de esboços identificam os *requisitos funcionais* de cada componente do dispositivo, que poderiam ser expressos em declarações como:
• um parafuso barato para transmitir uma carga prescrita à rolha;
• uma alavanca leve (isto é, uma viga) para suportar um momento de flexão prescrito;
• uma lâmina elástica delgada que não sofrerá flambagem quando inserida entre a rolha e o gargalo da garrafa; e
• uma agulha fina e oca, rígida, resistente e afiada o suficiente para penetrar em uma rolha;

E assim por diante. Os requisitos funcionais de cada componente são as entradas para o processo de seleção de materiais. Eles levam diretamente aos

14 Seleção de Materiais no Projeto Mecânico

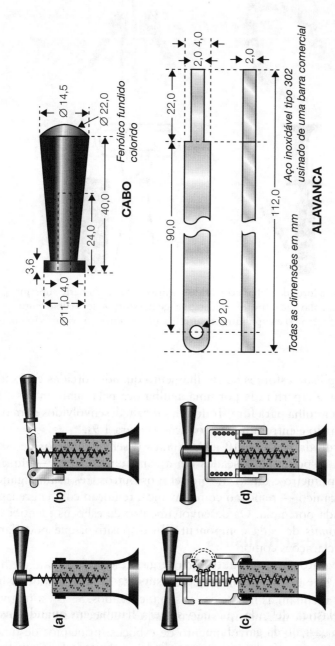

FIGURA 1.10. Esquerda: desenvolvimentos de esboços para (A) tração direta; (B) remoção com alavanca; (C) remoção com engrenagem; (D) tração auxiliada por mola (uma mola no corpo é comprimida à medida que o parafuso penetra na rolha). Direita: projeto detalhado da alavanca do desenvolvimento de esboços (E), com escolha de material.

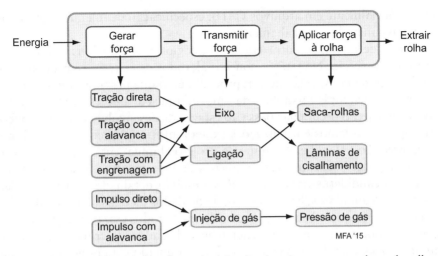

FIGURA 1.11. A estrutura de função e princípios funcionais para removedores de rolhas.

limites de propriedades e *índices de mérito ou de materiais*, do Capítulo 4, onde o procedimento desenvolvido apropria-se de requisitos como "viga leve e forte" ou "lâmina delgada e elástica" e os utiliza para identificar um subconjunto de materiais que executarão tais funções particularmente bem. A escolha final do material e do processo faz parte do estágio de projeto detalhado (Figura 1.10, à direita), que, por sua vez, conduz às especificações completas que possibilitam a manufatura.

Concluímos voltando à ideia de estrutura de função. A ideia para o removedor de rolhas é esboçada na parte superior da Figura 1.11: gerar uma força, transmitir uma força, aplicar força à rolha. Os projetos alternativos diferem nos princípios de funcionamento pelos quais essas funções são alcançadas, como indicado na parte inferior da figura. Outros poderiam ser imaginados fazendo outras conexões.

1.8 Resumo e conclusões

Projeto é um processo iterativo. O ponto de partida é uma necessidade de mercado representada por um conjunto de requisitos de projeto. Conceitos para o produto que se adequam às necessidades são idealizados. Se as estimativas iniciais e a exploração de alternativas sugerirem que o conceito é viável, o projeto passa para o estágio de desenvolvimento de esboços: princípios de funcionamento são selecionados, tamanho e leiaute são decididos, e estimativas iniciais de desempenho e custo são feitas. Se o resultado for bem-sucedido, o projetista passa para o estágio do projeto detalhado: otimização de desempenho, análise completa de componentes críticos, preparação de desenhos de produção deta-

16   Seleção de Materiais no Projeto Mecânico

lhados (normalmente em arquivos CAD), especificação de tolerância, precisão, montagem e métodos de acabamento.

A seleção de materiais entra em cada estágio, mas em níveis diferentes de amplitude e precisão. No estágio conceitual, todos os materiais e processos são candidatos potenciais, exigindo um procedimento que permita rápido acesso a dados para uma ampla faixa de cada um, embora sem a necessidade de grande precisão. A seleção preliminar passa ao estágio de desenvolvimento de esboços, para o qual os cálculos e otimizações exigem informações com um nível mais alto de precisão e detalhe. A equipe de projeto elimina, então, quase todos os materiais e processos, com exceção apenas de uma pequena lista de materiais e processos candidatos para o conclusivo estágio detalhado do projeto. Para esses poucos candidatos, há a necessidade de dados da mais alta qualidade.

Existem dados que atendem às necessidades de todos esses níveis. Cada nível requer seu próprio sistema de gerenciamento de dados, descritos nos capítulos seguintes. O sistema de gerenciamento deve ser guiado pelo projeto, mas ainda assim reconhecer a riqueza de escolha e abranger a complexa interação entre o material, sua forma, o processo pelo qual lhe é dada essa forma e a função que ele deve cumprir. Deve ainda permitir iteração rápida — retrocessos quando um determinado caminho demonstra não ser proveitoso. Hoje existem ferramentas que nos ajudam com tudo isso. Veremos uma delas — a plataforma para seleção de materiais e processos CES EduPack — mais adiante neste livro.

Porém, dada essa complexidade, por que não optar pela aposta mais segura: ater-se ao que já foi usado antes? Muitos escolheram essa opção. Poucos ainda estão no mercado.

1.9 Leitura adicional

Uma lista de leituras gerais é dada nas seções seguintes; no entanto, existe um abismo entre livros sobre metodologia de projeto e aqueles sobre seleção de materiais: cada um ignora amplamente o outro. O livro de French é notável por suas percepções, mas a palavra "material" não aparece em seu índice. Pahl e Beitz gozam de uma reputação quase bíblica na área de projeto, mas sua leitura é pesada. Ullman e Cross adotam uma abordagem mais leve e são mais fáceis de digerir. No lado de materiais, os livros de Callister, Shackelford, Askeland, Budinski e Budinski, e de Farag apresentam bem a questão dos materiais, mas dão menos atenção para o projeto. A melhor harmonização é, talvez, Dieter.

Textos gerais sobre metodologia de projeto

Cross, N. (2008) Engineering Design Methods. 4ª ed. Chichester: Wiley. ISBN 978-0-470-51926-4. (*Um texto duradouro que descreve o processo de projetar com ênfase no desenvolvimento e na avaliação de soluções alternativas.*)

Dieter, G.E.; Schmidt, L.C. (2012) Engineering Design. 5ª ed. New York: McGraw Hill. ISBN 978-0073398143. (*Uma introdução clara, feita por autores com profunda experiência em materiais.*)

Eggert, R.J. (2010) Engineering Design. 2ª ed. Meridian: High Peak Press. ISBN 978-0-615-31938-4. (*Uma introdução acessível ao projeto para disciplinas de 1° e 2° ano de graduação.*)

French, M.J. (1998) Conceptual Design for Engineers. 3ª ed. Berlim: Springer. ISBN 978-1852330279. (*A origem do diagrama de blocos "Conceito – Desenvolvimento de esboços – Detalhe" do processo de projetar. O livro foca no estágio conceitual, demonstrando como simples princípios físicos guiam o desenvolvimento de soluções para problemas de projeto.*)

Pahl, G.; Beitz, W.; Feldhusen, J.; Grote, K.-H. (2007) Engineering design. 3ª ed. Tradução de K. Wallace e L. Blessing. Berlim: Springer Verlag. ISBN 978-1-4471-6025-0. (*A Bíblia — ou talvez, mais exatamente, o Antigo Testamento — da área do projeto técnico, desenvolvendo métodos formais na rigorosa tradição germânica.*)

Ullman, D.G. (2009) The Mechanical Design Process. 4ª ed. New York: McGraw-Hill. ISBN 978-0072975741. (*Uma visão norte-americana do projeto que desenvolve modos para atacar um problema inicialmente mal definido em uma série de etapas, algo muito parecido com o sugerido pela Figura 1.1 deste texto.*)

Ulrich, K.T. (2011) Design – Creation of Artefacts in Society. Pennsylvania: The University of Pennsylvania.

Ulrich K.T.; Eppinger, S.D. (2011) Product Design and Development. 5ª ed. New York: McGraw Hill. ISBN 978-0073404776. (*Um texto compreensível e de fácil leitura sobre projeto de produto, como ensinado no MIT. Muitos exemplos úteis, mas quase nenhuma menção a materiais.*)

Textos gerais sobre seleção de materiais em projetos

Ashby, M.; Shercliff, H.; Cebon, D. (2014) Materials: Engineering, Science, Processing and Design. 3ª ed. Oxford: Butterworth-Heinemann. ISBN-13: 978-0-08-097773-7. (*Um texto introdutório que apresenta ideias desenvolvidas mais detalhadamente neste livro.*)

Askeland, D.R.; Phulé, P.P.; Wright, W.J. (2010) The Science and Engineering of Materials. 6ª ed. Toronto: Thomson. ISBN 9780495296027. (*Um texto consolidado que trata a fundo a ciência dos materiais de engenharia.*)

Budinski, K.G.; Budinski, M.K. (2010) Engineering Materials, Properties and Selection. 9ª ed. New York: Prentice Hall. NYISBN 978-0-13-712842-6. (*Assim como Askeland, este é um texto consolidado sobre materiais que trata em detalhes as propriedades de materiais e processos.*)

Callister, W.D.; Rethwisch, D.G. (2014) Materials Science and Engineering: An Introduction. 9ª ed. New York: John Wiley & Sons. ISBN 978-1-118-54689-5. (*Um texto consolidado que adota a abordagem baseada na ciência para a apresentação do ensino de materiais.*)

Dieter, G.E. (1999) Engineering Design, a Materials and Processing Approach. 3ª ed. New York: McGraw-Hill. ISBN 9-780-073-66136-0. (*Um texto bem equilibrado e muito respeitado que foca o lugar dos materiais e do processamento no projeto técnico.*)

Farag, M.M. (2013) Materials and Process Selection for Engineering Design. 3ª ed. Londres: CRC Press, Taylor and Francis. ISBN 9-781-4665640-9. (*Uma abordagem da ciência dos materiais para a seleção de materiais.*)

Lewis, G. (1990) Selection of Engineering Materials. Englewood Cliffs: Prentice-Hall.

Shackelford, J.F. (2014) Introduction to Materials Science for Engineers. 8ª ed. Englewood Cliffs: Prentice Hall. ISBN 978-0133789713. (*Um texto maduro sobre materiais com um viés de projeto.*)

E sobre rolhas e saca-rolhas

McKearin, H. (1973) On 'Stopping', Bottling and Binning. Int. Bottler Packer, 47-54.

Perry, E. (1980) Corkscrews and Bottle Openers. Aylesbury: Shire Publications.

Watney, B.M.; Babbige, H.D. (1981) Corkscrews. Londres: Sotheby's Publications.

1.10 Exercícios

E1.1. **Conceitos (princípios de funcionamento).** Mesmo se você fechar as janelas e as portas, a poeira se instala nos quartos como uma neve suave. A necessidade: um dispositivo para remover o pó dos pisos domésticos. Aqui estão três conceitos estabelecidos:
- aspirador com bomba de fole movido pelo homem, com filtro de tecido;
- aspirador elétrico com fluxo axial e filtro de musselina (tecido de algodão); e
- aspirador centrífugo com separação e coleta de poeira.

Quais outros conceitos poderiam suprir essa necessidade? No estágio conceitual, nada é muito exagerado; decisões sobre praticidade e custo vêm depois.

E1.2. **Estruturas de função.** Faça o diagrama da estrutura de função para a limpadora Electrolux da Figura E1.1.

E1.3. **Conceitos (princípios de funcionamento) para resfriamento de eletrônicos de potência.** Circuitos integrados (*microchips*), em particular os destinados à eletrônica de potência, ficam quentes. Se ficarem demasiadamente quentes, param de funcionar. A necessidade: um esquema para retirar calor de circuitos integrados de potência. Um desses esquemas é esboçado na Figura E1.2. O seu princípio de funcionamento é o de condução térmica para as aletas das quais o calor é removido por convecção. Quatro

FIGURA E1.1. Aspiradores de pó: um aspirador manual de 1880, o aspirador cilíndrico da Electrolux de 1960 e o aspirador centrífugo Dyson de 2010.
Aspirador antigo cortesia de Worcester News.

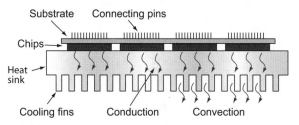

FIGURA E1.2. Um dissipador de calor.

    princípios de funcionamento estão listados na sequência: condução térmica, convecção por transferência de calor para um meio fluido, evaporação explorando o calor latente de evaporação de um fluido e radiação, melhor alcançada com uma superfície com alta emissividade. As melhores soluções podem ser encontradas combinando duas ou mais destas, como a condução acoplada à convecção (como no esboço — uma combinação frequentemente usada). Considere tanto o caso de longo prazo, com dissipadores de calor de operação contínua, quanto o de curto prazo, com dissipadores de calor intermitentes (com pausa entre as operações para que o sistema volte à temperatura ambiente). Sugira projetos para dissipadores de calor eficientes para estes dois casos.

E1.4. **Estruturas de função**. Faça um diagrama de estrutura de função para dissipadores de calor.

E1.5. **Unindo folhas de papel**. A necessidade: documentos com várias páginas podem ficar confusos se as páginas estiverem soltas. Use a internet para explorar conceitos alternativos para unir um pequeno número de páginas de uma maneira que ainda permita que elas sejam lidas. Registre, na medida do possível, os materiais do acessório e a propriedade que fornece a força de fixação.

Capítulo 2
Materiais de engenharia e suas propriedades

Resumo

Este capítulo introduz as famílias de materiais — metais, polímeros, cerâmicas e híbridos — e a informação necessária para a seleção deles. Essa seleção se baseia na busca de certo *perfil de propriedades* — o perfil que melhor satisfaz as necessidades do projeto. O capítulo também estabelece a estrutura de classificação usada em todo o livro.

Palavras-chave: Famílias de material; metais; polímeros; cerâmicas; vidros; compósitos; espumas; propriedades mecânicas; propriedades térmicas; propriedades elétricas; propriedades magnéticas; propriedades ecológicas.

22   Seleção de Materiais no Projeto Mecânico

2.1 Introdução e sinopse

Materiais, como alguém poderia dizer, são o alimento do projeto. Este capítulo apresenta o cardápio: a lista de compra dos materiais. Um produto de sucesso — aquele que funciona bem, tem boa relação custo-benefício e gera prazer ao usuário — usa os melhores materiais para o serviço e explora totalmente o potencial e características dos mesmos. Realça o sabor, por assim dizer. As famílias de materiais — metais, polímeros, cerâmicas e assim por diante — são apresentadas na Seção 2.2. O que precisamos saber sobre elas se quisermos usá-las em nossos projetos? Este é o assunto da Seção 2.3, na qual são discutidos os vários tipos de materiais. No entanto, no fim das contas, o que procuramos não é um material; é um certo perfil de propriedades — aquele que melhor atenda às necessidades do projeto. Propriedades são a moeda do mundo dos materiais. São as fichas que usamos para barganhar — o modo como fazemos trocas entre um e outro material. As propriedades importantes para o projeto termomecânico são definidas resumidamente na Seção 2.4. Isto torna a leitura tediosa. O leitor que se sente confiante em relação às definições e unidades de módulos, resistências, capacidades de amortecimento, condutividades térmica e elétrica, e similares, pode pular essa parte, usando-a como referência, quando necessário, para os significados exatos e unidades dos dados que aparecem nos Diagramas de Propriedades que vêm mais adiante. Entretanto, não pule a Seção 2.2. Ela estabelece a estrutura de classificação que é usada em todo este livro.

Este capítulo — e particularmente os exercícios no final dele — servem para outro propósito. Ele introduz dois dos apêndices que você encontrará no final do livro. O primeiro é uma compilação de propriedades de materiais organizada de uma maneira consistente que facilita seu uso. O segundo é uma compilação de soluções de problemas padrões de mecânica e fluxo de calor. A fluência no uso deles é uma vantagem real; isso dá a confiança que vem quando, embora não conheça a resposta, você sabe onde encontrá-la. Vamos recorrer a ambos os apêndices repetidamente ao longo dos capítulos que se seguem.

O capítulo termina, como sempre, com um resumo.

2.2 As famílias de materiais de engenharia

É convencional classificar os materiais de engenharia nas seis famílias gerais mostradas na Figura 2.1: metais, polímeros, elastômeros, cerâmicas, vidros e híbridos. Os membros de uma família têm certos aspectos em comum: propriedades similares, rotas de processamento semelhantes e, frequentemente, aplicações similares.

Metais englobam a maioria dos elementos da tabela periódica. Metais são rígidos — eles têm módulos de elasticidade relativamente altos. Eles são bons condutores de calor e eletricidade e, quando puros, são macios e facilmente deformáveis. Eles podem ser fortalecidos por adição de elementos de liga e por tratamentos térmicos e mecânicos, mas continuam dúcteis, o que permite que sejam conformados por processos de deformação. Certas ligas de alta resis-

FIGURA 2.1. O cardápio dos materiais de engenharia. As famílias básicas de metais, cerâmicas, vidros, polímeros e elastômeros podem ser combinadas em várias geometrias para criar os híbridos.

tência (aços para molas, por exemplo) têm ductilidade tão baixas quanto 1%, mas isso é suficiente para garantir que o material sofra escoamento antes de sofrer fratura, e que essa fratura, quando ocorrer, seja do tipo tenaz, dúctil. Em parte devido à sua ductilidade, os metais são vítimas de fadiga e, de todas as classes de materiais, são os menos resistentes à corrosão.

Cerâmicas também têm módulos de elasticidade altos, porém, diferentemente dos metais, elas são frágeis. Sua "resistência" sob tração significa a resistência à fratura frágil; sob compressão, significa resistência ao esmagamento frágil, a qual é aproximadamente 15 vezes maior. Como as cerâmicas não têm nenhuma ductilidade, elas têm baixa tolerância a concentrações de tensões (como orifícios ou trincas) ou a altas tensões de contato (em pontos de fixação, por exemplo).

Materiais dúcteis suportam concentrações de tensão deformando-se de um modo que redistribui a carga mais equilibradamente e, por causa disso, podem ser usados sob cargas estáticas dentro de uma pequena margem de sua resistência ao escoamento. As cerâmicas não podem. Materiais frágeis sempre apresentam uma ampla dispersão em sua resistência, e a resistência em si depende do volume de material sob carga e do tempo no qual ela é aplicada. Portanto, projetar com cerâmicas é mais difícil do que projetar com metais. Apesar disso, elas têm características atraentes. São rígidas, duras e resistentes à abrasão (sua utilização em rolamentos e ferramentas de usinagem é consequência disso); conservam sua resistência em altas temperaturas (elas são usadas como revestimentos de barreira térmica em pás de turbina de aviões); e resistem bem à

24　Seleção de Materiais no Projeto Mecânico

corrosão (daí seu uso como vasos sanitários, pias e superfícies de trabalho em cozinhas).

Vidros são sólidos não cristalinos ("amorfos"). Os mais comuns são os vidros de cal de soda e de borossilicato, que conhecemos como garrafas e utensílios de forno, mas há muitos mais. Metais também podem tornar-se não cristalinos por resfriamento suficientemente rápido. A falta de estrutura cristalina suprime a plasticidade, de modo que, como as cerâmicas, os vidros metálicos são duros, frágeis e vulneráveis a concentrações de tensões.

Polímeros estão na outra extremidade do espectro. Seus módulos de elasticidade são baixos, grosseiramente 50 vezes mais baixos que os dos metais, mas eles podem ser resistentes — quase tão resistentes quanto os metais. Uma consequência disso é que as deflexões elásticas podem ser grandes. Sofrem fluência, mesmo em temperatura ambiente, o que significa que um componente de polímero sob carga pode, com o tempo, adquirir uma deformação permanente. Além disso, suas propriedades dependem da temperatura, de modo que um polímero, que é tenaz e flexível a 20 °C, pode sofrer fluência rápida aos 100 °C da água fervente e ainda ser frágil aos 4 °C de um refrigerador doméstico. Poucos têm resistência útil acima de 200 °C. Alguns polímeros são parcialmente cristalinos; outros são amorfos (não cristalinos) - este é o caso dos transparentes. Se esses aspectos forem levados em consideração no projeto, as vantagens dos polímeros podem ser exploradas, e há muitas delas. Quando combinações de propriedades, como resistência por unidade de peso, são importantes, polímeros podem concorrer com metais. Eles são fáceis de conformar. Peças complicadas que desempenham várias funções podem ser moldadas a partir de um polímero em uma única operação. As grandes deflexões elásticas permitem o projeto de componentes poliméricos que se encaixam, tornando a montagem rápida e barata. Através de dimensionamento preciso do molde e tingimento prévio, não são necessárias operações de acabamento. Polímeros resistem à corrosão (tintas, por exemplo, são polímeros) e têm baixos coeficientes de atrito. O bom projeto explora essas propriedades.

Elastômeros são polímeros de cadeia longa acima de sua temperatura de transição vítrea, T_g. As ligações covalentes que ligam as unidades da cadeia polimérica permanecem intactas, mas as ligações mais fracas, de Van der Waals e de hidrogênio, que, abaixo de T_g, ligam uma cadeia à outra, derretem. Isto dá aos elastômeros propriedades exclusivas: seu módulo de Young pode ser tão baixo quanto 10^{-3} GPa (10^5 vezes menor do que os módulos típicos de metais), e eles são capazes de enorme extensão elástica. As suas propriedades diferem tanto daquelas dos outros sólidos que ensaios especiais foram desenvolvidos para caracterizá-los. Isso cria um problema: se desejamos selecionar materiais prescrevendo um perfil de atributos desejado, como fazemos mais adiante neste livro, então um pré-requisito é um conjunto de atributos comuns a todos os materiais. Para superar isso, usamos um conjunto comum de propriedades nos estágios iniciais do projeto e estimamos valores aproximados para anomalias como elastômeros. Os atributos especializados, representativos de uma única família, são para uso nos estágios posteriores.

Híbridos são combinações de dois ou mais materiais em uma configuração e escala predeterminada (o círculo central da Figura 2.1). O projeto deles é o assunto dos Capítulos 12 e 13. Os melhores híbridos combinam as propriedades atraentes das outras famílias de materiais e, ao mesmo tempo, evitam algumas de suas desvantagens. A família dos híbridos inclui compósitos reforçados com fibras e com partículas; estruturas-sanduíche; estruturas reticuladas; espumas; cabos e laminados; e quase todos os materiais da natureza — madeira, osso, pele e folha. Compósitos reforçados com fibra são, certamente, os mais conhecidos. A maioria dos que estão disponíveis atualmente para o engenheiro tem uma matriz polimérica reforçada por fibras de vidro, carbono ou Kevlar (uma aramida). Eles são leves, rígidos e resistentes, e podem ser tenazes. Esses, junto com outros híbridos que utilizam um polímero como um dos componentes, não podem ser utilizados acima de 250 °C porque o polímero amolece, porém, à temperatura ambiente, seu desempenho pode ser notável. Componentes híbridos são caros e relativamente difíceis de conformar e unir. Portanto, apesar de suas propriedades atraentes, o projetista só os usará quando o desempenho agregado justificar o custo agregado. A atenção atual na eficiência e no desempenho do combustível em veículos oferece incentivos crescentes para usá-los.

Essas, então, são as famílias de materiais. O que precisamos saber sobre elas?

2.3 Informações de materiais para projeto

O engenheiro, na seleção de materiais para um projeto em desenvolvimento, precisa de dados de suas propriedades. Engenheiros são frequentemente cautelosos na sua escolha, relutantes em considerar materiais com os quais não são familiarizados, e por um bom motivo. Dados para os materiais antigos e bem experimentados são estabelecidos, confiáveis e fáceis de encontrar. Dados para materiais mais novos, emergentes, podem ser incompletos ou não confiáveis. No entanto, são os novos materiais que muitas vezes tornam possível a inovação. Desta maneira, é importante saber como julgar a qualidade dos dados.

Se você vai projetar algo, que tipo de informações de materiais você precisa? A Figura 2.2 estabelece distinções relevantes. À esquerda, um material é

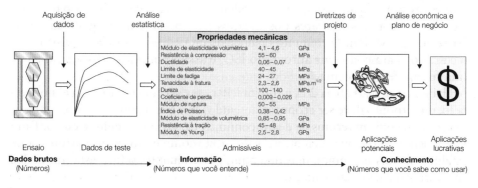

FIGURA 2.2. Tipos de informação de material.

ensaiado e os dados não processados são adquiridos. Porém, esses dados brutos — números absolutos — são, para nossa finalidade, inúteis. Tornar os dados úteis requer confiança estatística. Qual é o valor médio da propriedade quando medida em um grande lote de amostras? Qual é o desvio-padrão? Dada essa informação, é possível calcular admissíveis, valores de propriedades que, com determinada certeza (digamos, uma parte por milhão), podem ser garantidos. Os textos sobre materiais geralmente apresentam dados de ensaios; ao contrário, os dados que aparecem na maioria dos manuais (handbooks) de engenharia são admissíveis. Pode-se pensar em dados com precisão e proveniência conhecidas como informação. Essa informação é geralmente descrita como tabelas de números, como declarações sim/não ou como classificações: isto é, pode ser estruturada. Muitos atributos que podem ser estruturados são comuns a todos os materiais; todos, por exemplo, têm uma densidade, um módulo de elasticidade, uma resistência, uma condutividade térmica. Informações estruturadas podem ser armazenadas em um banco de dados e, visto que todos os materiais têm valores, são os pontos de partida para determinar qual deve ser selecionado. Dados de propriedades de materiais (Apêndice A) são apresentados como faixas que refletem as diferenças nas maneiras como diferentes fabricantes os produzem.

Isso é um passo à frente, mas não é suficiente. Para projetar com um material, você precisa conhecer suas características reais, seus pontos fortes e suas fraquezas. Como você o conforma? Como uni-lo? Quem o utilizou antes e para quê? Ele falhou? Por quê? Essas informações são documentadas em manuais como diretrizes de projeto, análises de falha e estudos de casos. Elas consistem em grande parte de texto, gráficos e imagens, e, embora algumas possam estar disponíveis para um material, podem não estar para outro. Elas são desorganizadas, porém essenciais para chegar a uma seleção final. Referimo-nos a essas informações de suporte como documentação. A imagem e o texto à direita da figura do ABS na página de abertura são exemplos de documentação.

Tem mais. A utilização de materiais está sujeita a normas e códigos. Esses raramente se referem a um único material, mas a classes ou subclasses. Para ser usado em contato com alimentos ou medicamentos, um material tem de ser aprovado pelo FDA (Food and Drug Administration – Administração de Alimentos e Medicamentos) ou equivalente. Metais e compósitos para utilização em aeronaves militares dos Estados Unidos devem ter qualificação de Especificação Militar. O conjunto de normas ISO 14040 estipula requisitos-eco necessários para conseguir aprovação ISO, e assim por diante. Isso, também, é uma forma de documentação.

E há ainda mais (Figura 2.2, à direita). Para ter sucesso e ser rentável no mercado, um produto deve ser economicamente viável e competir com a concorrência, com sucesso em termos de desempenho, apelo ao consumidor e custo. Tudo isso depende da escolha do material e do modo como é processado. Muito pode ser dito sobre esse assunto, mas não aqui; por enquanto, o foco está nos dados estruturados e na documentação.

Esse é o pano de fundo essencial. Agora, vamos às propriedades em si.

Materiais de engenharia e suas propriedades   27

2.4 Propriedades de materiais e suas unidades

Materiais têm propriedades. O conjunto de propriedades que caracteriza um dado material é o seu perfil de propriedades. Perfis de propriedades são elaborados por ensaios sistemáticos. Nesta seção, examinamos a natureza dos ensaios e a definição e unidades das propriedades. Aqui as unidades são dadas no sistema SI. Fatores de conversão para outros sistemas estão no final deste livro.

Propriedades Gerais

Propriedade	Símbolos e unidades
Densidade	ρ (kg/m^3)
Preço	Cm ($/kg)

Densidade. A densidade, ρ (unidades: kg/m^3), é a massa por unidade de volume. Nós a medimos hoje como Arquimedes mediu: pesando ao ar e em um fluido de densidade conhecida.

Preço. O preço, Cm (unidades: $/kg), dos materiais abrange uma ampla faixa. Alguns custam apenas $ 0,2/kg, outros custam até $ 1000/kg (baseado no dólar americano de 2016). Preços, certamente, flutuam e dependem da quantidade que você quer e de seu status como um "cliente preferencial" com o vendedor escolhido. Apesar dessa incerteza, é útil ter um preço aproximado nos primeiros estágios da seleção de materiais. Você os encontrará no Apêndice A.

Propriedades Mecânicas

Propriedade	Símbolo e unidades
Módulos Elásticos (de Young, cisalhamento, compressibilidade)	E, G, K (GPa)
Limite de escoamento	σ_y (MPa)
Resistência (máxima) em tração	σ_{ts} (MPa)
Resistência à compressão	σ_c (MPa)
Resistência à fratura	σ_f (MPa)
Dureza	H (Vickers)
Alongamento	ε (–)
Limite de resistência à fadiga	σ_B (MPa)
Tenacidade à fratura	K_{1c} (MPa·m$^{1/2}$)
Tenacidade	G_{1c} (kJ/m^2)
Coeficiente de perda (capacidade de amortecimento)	η (–)
Taxa de desgaste (constante de Archard)	K_A (MPa^{-1})

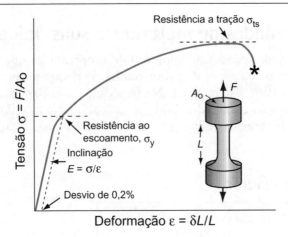

FIGURA 2.3. Uma curva tensão-deformação mostrando o módulo, E, o limite de escoamento 0,2%, σ_y, e a tensão máxima em tração σ_{ts}.

Módulo de elasticidade. O módulo de elasticidade E (unidades: GPa ou GN/m²), é a inclinação da parte inicial, elástica linear, da curva tensão-deformação (Figura 2.3). O módulo de Young, E, descreve a resposta ao carregamento de tração ou compressão; o módulo de cisalhamento, G, descreve a resposta ao carregamento de cisalhamento; e o módulo de compressibilidade, K, descreve a resposta à pressão hidrostática. O coeficiente de Poisson, v, é o negativo da razão entre a deformação lateral, ε_2, e a deformação axial, ε_1, sob carregamento axial:

$$v = -\frac{\varepsilon_2}{\varepsilon_1}$$

Na realidade, módulos medidos como inclinações de curvas tensão-deformação são imprecisos, frequentemente 2 ou mais vezes menores, em razão das contribuições à deformação dadas pela inelasticidade, fluência e outros fatores. Módulos exatos são determinados dinamicamente medindo-se a velocidade de ondas sonoras no material ou excitando-se as vibrações naturais de uma viga ou um fio.

Em um material isotrópico, os módulos estão relacionados das seguintes formas:

$$E = \frac{3G}{1+G/3K}; G = \frac{E}{2(1+v)}; K = \frac{E}{3(1-2v)} \qquad (2.1)$$

Comumente $v \approx 1/3$ quando:

$$G \approx \frac{3}{8}E \text{ e } K \approx E \qquad (2.2a)$$

Elastômeros são excepcionais. Para eles, $v \approx 1/2$ quando:

$$G \approx \frac{1}{3}E \text{ e } K \gg E \qquad (2.2b)$$

Materiais de engenharia e suas propriedades   29

Neste livro, averiguamos dados para E; valores aproximados para os outros módulos podem ser obtidos pelas Equações (2.2a) e (2.2b) quando necessários.

Estimando módulos

Módulo de Young E para o cobre é 124 GPa.; seu coeficiente de Poisson v é 0,345. Qual é o seu módulo de cisalhamento, G?

Resposta

Inserindo os valores de E e v na Equação (2.1) central, temos G = 46,1 GPa. O valor medido é 45,6 GPa, uma diferença de somente 1%.

Resistência à fratura. A resistência à fratura, σ_f (unidades: MPa ou MN/m^2), de um sólido exige definição cuidadosa. Para metais, identificamos σ_f com a tensão de escoamento à 0,2% de deformação σ_y, isto é, a tensão na qual a curva tensão-deformação para carregamento axial se desvia da linha elástica linear por uma deformação de 0,2% (Figura 2.3). É o mesmo sob tração e sob compressão. Para polímeros, σ_f é identificada como a tensão à qual a curva tensão-deforma-ção torna-se notavelmente não linear, a uma deformação tipicamente de 1%. Isso pode ser causado por escoamento por cisalhamento — o escorregamento irreversível de cadeias moleculares —, ou por esgarçamento — a formação de volumes de baixa densidade, parecidos com trincas, que dispersam a luz e fazem o polímero parecer branco. Polímeros são um pouco mais resistentes sob com-pressão do que sob tração, aproximadamente 1,2 vezes maior.

Resistência, para cerâmicas e vidros, depende fortemente do modo de carrega-mento. Sob tração, "resistência" significa resistência à fratura, σ_t. Sob compressão, significa a resistência ao esmagamento σ_c, a qual é muito maior, normalmente:

$$\sigma_c = 10 \text{ a } 15 \sigma_t \qquad (2.3)\backslash$$

Quando um material é difícil de fixar, como é uma cerâmica, sua resistência pode ser medida sob flexão. A resistência à flexão, ou módulo de ruptura, σ_{flex} (unidades: MPa), é a máxima tensão superficial em uma viga flexionada no instante da fratura (Figura 2.4). Embora pudesse ser esperado que essa tensão fosse a mesma que aquela resistência medida sob tração, para cerâmicas, ela é aproximadamente 1,3 vezes maior, porque o volume submetido a essa tensão máxima é pequeno e a probabilidade de uma grande falha encontrada nele também é pequena; sob tração simples, todas as falhas sofrem a mesma tensão.

A resistência de um compósito é mais bem-definida por um desvio designado em relação ao comportamento elástico linear; muitas vezes adota-se um des-vio de 0,5%. Compósitos que contêm fibras, incluindo os naturais, como a madeira, são um pouco mais fracos (até 30%) sob compressão do que sob tração, porque as fibras sofrem flambagem. Nos capítulos seguintes, σ_f para compósitos significa a resistência à tração.

Resistência, então, depende da classe do material e do modo de carregamento. Outros modos de carregamento são possíveis: cisalhamento, por exemplo.

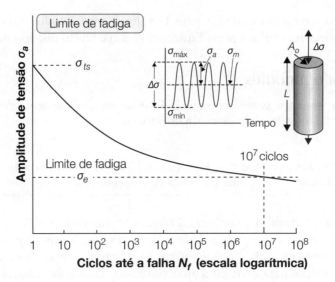

FIGURA 2.4. O módulo de ruptura (MOR) é a tensão de superfície na falha em flexão.

Escoamento sob cargas multiaxiais está relacionado com o verificado em tração simples por uma função de escoamento. Para metais, a função de escoamento de Von Mises é uma boa descrição:

$$(\sigma_1 - \sigma_2)^2 + (\sigma_2 - \sigma_3)^2 + (\sigma_3 - \sigma_1)^2 = 2\sigma_f^2 \qquad (2.4)$$

onde σ_1, σ_2 e σ_3 são as tensões principais, positivas quando de tração; σ_1, por convenção, é a maior, ou mais positiva, σ_3, a menor ou menos positiva.

O som se propaga através de sólidos como uma onda elástica. A velocidade longitudinal da onda, v, é

$$v = \sqrt{E/\rho} \qquad (2.5)$$

Usando funções de escoamento

Um tubo de metal de raio r e espessura de parede t suporta uma pressão interna p. A pressão gera uma tensão circunferencial na parede de $\sigma_1 = pr/t$, e uma tensão axial na parede $\sigma_2 = pr/2t$. A qual pressão o tubo começará a escoar?

Resposta

Estabelecendo $\sigma_2 = \sigma_1/2, \sigma_3 = 0$ e $\sigma_f = \sigma_y$ na Equação (2.4) temos a condição de escoamento $\sigma_1 = (2/\sqrt{3})\sigma_y$. Então a pressão p^* que causa escoamento é
$p^* = \dfrac{2}{\sqrt{3}} \dfrac{t}{r} \sigma_y$.

Resistência à tração. A resistência à tração (ou limite de resistência), σ_{ts} (unidades: MPa), é a tensão nominal à qual uma barra de seção redonda do material, carregada sob tração, se separa (Figura 2.3). Para sólidos frágeis — cerâmicas, vidros e polímeros frágeis —, é igual à resistência à fratura sob tração. Para metais, polímeros dúcteis e a maioria dos compósitos, é entre 1,1 e 3 vezes maior do que o limite de escoamento, σ_y, em razão do encruamento ou, no caso de compósitos, da transferência de carga para o reforço.

Limite de resistência à fadiga. Carregamento cíclico pode causar nucleação e crescimento de uma trinca em um material, culminando em uma falha por fadiga. Para muitos materiais, existe um limite de fadiga, ou limite de resistência à fadiga, σ_B (unidades: MPa), ilustrado pela curva $\Delta\sigma - N_f$ da Figura 2.5. Ele é a amplitude de tensão $\Delta\sigma$ abaixo da qual a fratura não ocorre, ou ocorre somente após um úmero muito grande de ciclos ($N_f > 10^7$).

A relação entre a amplitude de tensão $\Delta\sigma_{\sigma m}$, para falha abaixo de uma tensão média σ_m, com a tensão para falha para uma tensão média zero $\Delta\sigma_{\sigma 0}$ é dada por

$$\Delta\sigma_{\sigma m} = \Delta\sigma_{\sigma 0}\left(1 - \frac{\sigma_m}{\sigma_{ts}}\right) \quad (2.6)$$

onde σ_{ts} é a tensão de tração, oferecendo uma correção para a amplitude de tensão. Aumentar σ_m reduz a amplitude admissível da tensão cíclica imposta.

Dureza. Ensaios de tração e compressão nem sempre são convenientes: exigem uma amostra grande que é destruída pelo ensaio. O ensaio de dureza dá uma medida aproximada, não destrutiva, da resistência. A dureza, H, (unidades SI: MPa), de um material é medida comprimindo um diamante pontudo ou uma esfera de aço endurecido contra a superfície do material. A dureza é definida como a força desse penetrador dividida pela área da impressão projetada, normal à direção de indentação. Ela está relacionada com a quantidade que definimos como σ_f por meio de

$$H \approx 3\sigma_f \quad (2.7)$$

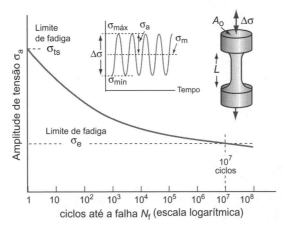

FIGURA 2.5. O limite de fadiga, σ_e, é a tensão cíclica que causa falha em $N_f = 10^7$ ciclos.

Isto, no sistema SI, tem unidades de MPa. A dureza normalmente é informada em um conjunto confuso de outras unidades; a mais comum delas é a escala Vickers, Hv, com unidades de kg/mm². Ela está relacionada com H nas unidades usadas aqui por:

$$H_v = \frac{H}{10} \tag{2.8}$$

Uma tabela de conversão para seis escalas de dureza, relacionando-as com o limite de escoamento (a última coluna), é mostrada na Figura 2.6.

> ### Resistência pela dureza
>
> Um aço tem uma dureza de 50 na escala Rockwell C. Qual é aproximadamente sua dureza Vickers e sua tensão de escoamento?
>
> ### Resposta
>
> O diagrama da Figura 2.6 mostra que a dureza Vickers, que corresponde a um valor Rockwell C de 50, é aproximadamente $H_v = 500$, e a tensão de escoamento é aproximadamente 1.700 MPa.

Tenacidade e Tenacidade à fratura. A tenacidade, G_{1c}, (unidades: kJ/m²), e a tenacidade à fratura, K_{1c}, (unidades: MPa/m$^{1/2}$ ou MN/m$^{1/2}$), medem a resistência de um material à propagação de uma trinca. A tenacidade à fratura é medida mediante o carregamento de uma amostra que contém uma fina trinca introduzida deliberadamente de comprimento 2c (Figura 2.7) e registrando a

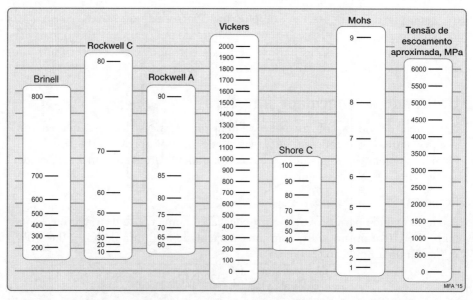

FIGURA 2.6. Escalas de dureza de uso comum relacionadas umas com as outras e com o limite de escoamento.

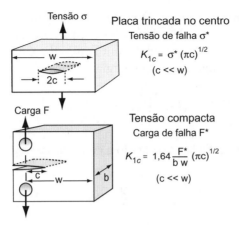

FIGURA 2.7. Medindo a tenacidade à fratura, K_{1c}.

tensão de tração σ^* à qual a trinca se propaga. A quantidade K_{1c} é calculada então por

$$K_{1c} = Y\sigma^* \sqrt{\pi c} \qquad (2.9)$$

e a tenacidade por

$$G_{1c} = \frac{K_{1c}^2}{E(1+v)} \qquad (2.10)$$

onde Y é um fator geométrico próximo da unidade, que depende de detalhes da geometria da amostra, E é o módulo de Young e v é o coeficiente de Poisson. Medidas desse modo, K_{1c} e G_{1c} têm valores bem-definidos para materiais frágeis (cerâmicas, vidros e muitos polímeros). Em materiais dúcteis, desenvolve-se uma zona plástica na extremidade da trinca, introduzindo novos aspectos no modo de propagação de trincas que necessitam de uma caracterização mais elaborada. No entanto, valores para K_{1c} e G_{1c} são citados e podem ser utilizados como um modo de classificar materiais.

Utilizando a tenacidade à fratura

Um painel de vidro para assoalho contém microtrincas de até 2 mícrons de comprimento. O vidro possui uma tenacidade à fratura de $K_{1c} = 0.6$ MPa m$^{1/2}$. Quando alguém caminha sobre o assoalho, podem surgir no painel tensões de até 30 MPa. O painel é seguro?

Resposta

A tensão exigida para provocar a propagação de uma trinca de 2 mícrons (portanto, $c = 10^{-6}$ m) no vidro com uma tenacidade à fratura de $K_{1c} = 0.6$ MPa m$^{1/2}$, usando a Equação (2.9) com $Y = 1$, é

$$\sigma_c = K_{1c} / \sqrt{\pi c} = 339 \text{MPa}.$$

O painel é seguro.

34 Seleção de Materiais no Projeto Mecânico

Coeficiente de perda mecânica. O coeficiente de perda ou o amortecimento mecânico, η (uma quantidade adimensional), mede o grau de dissipação de energia vibracional de um material. Se um material é carregado elasticamente até uma tensão σ_{max}, armazena uma energia elástica

$$U = \int_0^{\sigma_{max}} \sigma d\varepsilon \approx \frac{1}{2}\frac{\sigma_{max}^2}{E}$$

por unidade de volume. Se for carregado e então descarregado, ele dissipa uma energia:

$$\Delta U = \oint \sigma \, d\varepsilon$$

O coeficiente de perda é

$$\eta = \frac{\Delta U}{2\pi U_{max}} \qquad (2.11)$$

onde U_{max} é a energia elástica armazenada na tensão máxima. O valor de η normalmente depende da escala de tempo ou frequência de ciclagem.

Outras medidas de amortecimento incluem a capacidade de amortecimento específica, $D = \Delta U/U$, o decremento logarítmico, Δ (o logaritmo da razão entre amplitudes sucessivas de vibrações naturais), o atraso de fase, δ, entre tensão e deformação; e o fator "Q" ou fator de ressonância, Q. Quando o amortecimento é pequeno ($\eta < 0,01$), essas medidas estão relacionadas por

$$\eta = \frac{D}{2\pi} = \frac{\Delta}{\pi} = \tan\delta = \frac{1}{Q} \qquad (2.12)$$

porém, quando o amortecimento é grande, deixam de ser equivalentes.

Utilizando os coeficientes de perda

Um sino com frequência natural f = 1000 Hz é feito de um material com coeficiente de perda $\eta = 0,01$. Durante quanto tempo ele soará após o primeiro toque? Se o material for substituído por outro de baixo amortecimento com $\eta = 10^{-4}$, durante quanto tempo ele soará? (Considere que o toque acabou quando a amplitude de oscilação A caiu para um centésimo de seu valor inicial.)

Resposta

Sejam A e A + dA as amplitudes dos ciclos sucessivos (dA é negativa). Então,

$$\text{Log}\left(\frac{A}{A+dA}\right) = \Delta = \pi\eta \text{ de onde } \frac{dA}{Adn} = \frac{1}{10^{\pi\eta}} - 1$$

Integrando em n ciclos, obtemos $\ln\frac{A}{A_0} = \left(\frac{1}{10^{\pi\eta}} - 1\right)n$, onde A_0 é a amplitude inicial. Quando A cair para $0,01A_0$, o termo $\ln(A/A_0) = -4,6$, o que resulta em

Materiais de engenharia e suas propriedades   35

$n = 4,6\left(\dfrac{10^{\pi\eta}}{10^{\pi\eta}-1}\right)$. Então, um sino com $\eta = 0,01$ soará por n = 66 ciclos, ou seja, um tempo de n/f = 66 milissegundos. Um sino com $\eta = 10^{-4}$ soará por n = 6400 ciclos e por um tempo de n/f de 6,4 segundos.

Taxa de desgaste. Desgaste, a perda de material quando superfícies deslizam uma contra a outra, é um problema de múltiplos corpos. Apesar disso, o desgaste pode, até certo grau, ser quantificado. Quando sólidos deslizam, o volume de material perdido por uma superfície, por unidade de distância deslizada, é denominado taxa de desgaste, W (unidades: m^3/m, or m^2). A resistência ao desgaste da superfície é caracterizada pela constante de desgaste de Archard, K_A (unidades: 1/MPa), definida pela equação

$$\frac{W}{A} = K_A P \tag{2.13}$$

onde A é a área da superfície do deslizador e P é a pressão (força por unidade de área) nas superfícies de contato.

Calculando o desgaste

Um deslizador de aço oscila sobre um substrato de aço seco à frequência f = 0,2 Hz e amplitude a = 2 mm sob uma pressão normal P = 2 MPa. A constante de desgaste de Archard para aço sobre aço é $K_A = 3 \times 10^{-8}$ $(MPa)^{-1}$. Quanto a espessura da superfície do deslizador será reduzida após um tempo t = 100 horas?

Resposta

A distância deslizada em 100 horas é $d = 4aft$ m. A espessura x removida do deslizador durante o tempo $t = 3,6 \times 10^5$ s é:

$$x = \frac{Volume\ removido}{\acute{A}rea A} = 4aftK_A P = 3,5 \times 10^{-5}\ m = 36 \mu m$$

Propriedades Térmicas

Propriedade	Símbolo e unidades
Ponto de fusão	Tm (°C ou K)
Temperatura de transição vítrea	Tg (°C ou K)
Temperatura de serviço máxima	T_{max} (°C ou K)
Temperatura de serviço mínima	T_{min} (°C ou K)
Condutividade térmica	λ (W/m·K)
Calor específico	Cp (J/kg·K)
Coeficiente de expansão térmica	α (K^{-1})
Resistência ao choque térmico	ΔTs (°C ou K)

36   Seleção de Materiais no Projeto Mecânico

Temperatura de fusão e temperatura de transição vítrea. Duas temperaturas, a temperatura de fusão, T_m, e a temperatura de transição vítrea, T_g (unidades para ambas: K ou °C), são fundamentais porque estão relacionadas diretamente com a resistência das ligações no sólido. Sólidos cristalinos têm ponto de fusão bem-definido, T_m. Sólidos não cristalinos, não; a temperatura T_g caracteriza a transição de sólido verdadeiro para líquido muito viscoso.

Faixa de temperatura para uso. Em projetos de engenharia, é útil definir mais duas temperaturas: a temperatura de serviço máxima e a temperatura de serviço mínima, T_{max} e T_{min} (ambas: K ou °C). A primeira nos indica a mais alta temperatura à qual o material pode ser razoavelmente usado sem que oxidação, mudanças químicas ou fluência excessiva tornem-se um problema. A segunda é a temperatura abaixo da qual o material torna-se frágil ou, de uma forma ou de outra, inseguro para ser usado.

Capacidade de calor específico. Aquecer um material custa energia. A capacidade térmica ou calor específico (unidades J/kg·K) é a energia para aquecer 1 kg de um material em 1 K. A medição costuma ser feita à pressão constante (pressão atmosférica), portanto, recebeu o símbolo C_p. Quando se trata de gases é mais usual medir a capacidade térmica a volume constante (símbolo C_v), e para gases isso difere de C_p. Para sólidos, a diferença é tão insignificante que pode ser ignorada, e é isso que faremos aqui. A capacidade térmica é medida por calorimetria, que também é o modo-padrão de medir a temperatura de transição vítrea T_g. Uma quantidade de energia medida (comumente, energia elétrica) é fornecida para uma amostra de material de massa conhecida. A elevação da temperatura é medida, permitindo o cálculo da energia/kg·K. Calorímetros reais são mais elaborados do que isso, mas o princípio é o mesmo.

Utilizando o calor específico

Quanta energia é necessária para aquecer um cubo de cobre de 100 mm da temperatura ambiente (20 °C) até seu ponto de fusão?

Resposta

Dados para ponto de fusão, T_m, calor específico, C_p, e densidade, ρ, são apresentados no Apêndice A. Os valores para o cobre são $T_m = 1.082$ °C, Cp = 380 J/kg K e $\rho = 8.930$ kg/m³. A massa de cobre no cubo é $\rho V = 8,93$ kg. A energia para aquecê-lo até $\Delta T = 1.062$ °C é $\rho V C_p \Delta T = 3,6$ MJ.
(Para comparação, a energia em um litro de gasolina é 35 MJ.)

Condutividade térmica. A taxa à qual o calor é conduzido através de um sólido em regime permanente (o que significa que o perfil de temperatura não muda com o tempo) é medida pela condutividade térmica, λ (unidades: W/m.K). Ela é medida registrando-se o fluxo de calor q (W/m²) que atravessa o material de uma superfície que está a uma temperatura mais alta T_1 até uma superfície

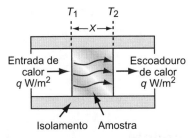

FIGURA 2.8. A condutividade térmica λ mede o fluxo de calor causado por um gradiente de temperatura dT/dX.

que está a uma temperatura mais baixa T_2, separadas por uma distância X. A condutividade é calculada pela lei de Fourier:

$$q = -\lambda \frac{dT}{dX} = \lambda \frac{(T_1 - T_2)}{X} \qquad (2.14)$$

Na prática, a medição não é fácil (em particular para materiais com baixas condutividades), mas dados confiáveis estão comumente disponíveis hoje em dia (Figura 2.8).

Fluxo de calor em regime permanente

Um trocador de calor tem uma área de troca A = 0,5 m² e transmite calor de um fluido a $T_1 = 100$ °C a um segundo fluido a $T_2 = 20$ °C. A parede de troca é feita de chapa de cobre (condutividade térmica λ=350 W/m.K) com espessura X = 2 mm. Quanta energia é transmitida de um fluido para outro em uma hora?

Resposta

O gradiente de temperatura é $dT/dX = 80/0{,}002 = 40.000$°C/m. A energia total Q que atravessa a área A durante o tempo t = 3.600 segundos é

$$Q = Atq = At\lambda \frac{dT}{dX} = 2{,}5 \times 10^{10} \text{ J} = 25 \text{GJ}$$

Difusividade térmica. Quando o fluxo de calor é transiente, ele depende, de maneira contrária, da difusividade térmica, a (unidades: m²/s), definida por

$$a = \frac{\lambda}{\rho C_p} \qquad (2.15)$$

onde ρ é a densidade e C_p é a capacidade térmica. A difusividade térmica pode ser determinada diretamente, medindo-se o decaimento de um pulso de temperatura quando uma fonte de calor, aplicada ao material, é desligada; ou pode ser calculada por λ, mediante a Equação (2.15). Soluções para problemas de fluxo de calor transiente (Apêndice B, Seção B15) tipicamente têm uma constante de tempo para o avanço de uma frente térmica através de uma distância x, expressa por

38   Seleção de Materiais no Projeto Mecânico

$$\tau \approx \frac{x^2}{2\alpha}$$

Como regra geral, a distância x à qual o calor se difunde em um tempo t é aproximadamente

$$x \approx \sqrt{2\alpha t} \qquad (2.16)$$

Fluxo de calor transiente

Você despeja água fervendo em um copo de chá com espessura de parede x = 3 mm. Quantos segundos você tem para levá-lo até a mesa antes de ele ficar muito quente para segurar? (A condutividade térmica do vidro é λ=1,1 W/m K, sua densidade é ρ =2.450 kg/m³ e sua capacidade térmica é Cp = 800 J/kg.K.)

Resposta

Inserindo os dados na Equação (2.15) obtemos uma difusividade térmica para o vidro de $a = 5,6 \times 10^{-7} \, m^2/s$. Inserindo esse dado na Equação (2.16), obtemos o tempo aproximado

$$t \approx \frac{x^2}{2a} = 8 \text{ segundos.}$$

Coeficiente de expansão térmica. A maioria dos materiais se expande quando aquecidos. A deformação térmica por mudança em graus de temperatura é medida pelo coeficiente de expansão térmica linear, α, (unidades: K^{-1} ou, mais conveniente, "microdeformação/°C" ou 10^{-6} °C^{-1}). Se o material for termicamente isotrópico, a expansão de volume, por grau, é 3α. Se for anisotrópico, são necessários dois ou mais coeficientes, e o volume de expansão torna-se a soma das deformações térmicas principais.

Tensão térmica

Um tubo de alumínio está fixado rigidamente à superfície de um edifício de concreto. Em um dia quente, a superfície do edifício exposta diretamente ao sol se aquece até 80 °C e, como a expansão do alumínio é maior que a do concreto, surgem tensões no tubo. Qual é o valor da tensão se a fixação original foi feita em um dia em que a temperatura era 20 °C?

Resposta

Usando as médias das faixas no Apêndice A, o coeficiente de expansão do alumínio é $\alpha = 22,5 \times 10^{-6}$/°C e o do concreto é $\alpha = 9 \times 10^{-6}$/°C. O tubo de alumínio está fixado rigidamente, portanto, a diferença na deformação térmica $\Delta\alpha\Delta T = 13,5 \times 10^{-6} \times 60 = 8,1 \times 10^{-4}$. Essa deformação tem de ser acomodada por compressão elástica do alumínio (módulo $E = 75$ GPa, conforme o Apêndice A), o que gera uma tensão $\Delta\alpha\Delta TE = 61$MPa. Isso é suficiente para provocar o escoamento de um alumínio macio.

Resistência ao choque térmico. Mudanças repentinas de temperatura podem fazer os materiais trincarem. A resistência ao choque térmico, ΔT_s (unidades: K ou °C), é a máxima diferença de temperatura à qual um material pode ser sujeito repentinamente sem dano. Juntamente com a resistência à fluência, são importantes em projeto para alta temperatura. Fluência é a deformação lenta, dependente do tempo, que ocorre quando materiais são carregados acima de $\frac{1}{3}T_m$ ou $\frac{2}{3}T_g$. O projeto contra fluência é um assunto especializado. Aqui, evitamos utilizar um material acima de sua temperatura de serviço máxima, T_{max}, ou, para polímeros, "temperatura de deflexão a quente".

Propriedades Elétricas

Propriedade	Símbolo e unidades
Resistividade elétrica	ρ_e ($\Omega \cdot m$ ou $\mu\Omega \cdot cm$)
Constante dielétrica	ε_r (–)
Força dielétrica – potencial de ruptura – rigidez dielétrica	V_b (10^6 V/m)
Fator de perda dielétrica	$\tan \delta$
Fator de potência	P (–)
Coeficiente de carga piezoelétrica	d_{33} pC/N ou pm/V
Coeficiente de voltagem piezoelétrica	g_{33} mV m/N
Coeficiente piroelétrico	$\gamma\mu$C/m$^2 \cdot$K
Temperatura de Curie (ferroelétrica)	Tc °C

A resistividade elétrica, ρ_e (unidades SI Ω.m, mas a unidade $\mu\Omega$.cm é ainda amplamente usada), é a resistência de um cubo unitário com diferença de potencial unitária entre um par de suas faces. Ela tem uma faixa imensa, desde um pouco mais de 10^{-8} em unidades de Ω.m para bons condutores (equivalente a 1 $\mu\Omega$.cm) até mais de 10^{16} Ω.m (10^{24} $\mu\Omega$.cm) para os melhores isolantes. A condutividade elétrica, κ_e (unidades Siemens por metro (S/m) ou $(\Omega$.m$)^{-1}$), é simplesmente o inverso da resistividade, expressa em Ω.m.

Resistividade e resistência

A condutividade do tungstênio é $\kappa_e = 8,3 \times 10^6$ Siemens. Qual é a resistência de um fio elétrico de tungstênio de raio r = 100 mícrons e comprimento L = 1 m?

Resposta

A resistividade do tungstênio é $\rho_e = 1/\kappa_e = 1.2 \times 10^{-7}$ m. A resistência R do fio é

$$R = \rho_e \frac{L}{\pi r^2} = 3,8 \text{ ohms}$$

40 Seleção de Materiais no Projeto Mecânico

Constante Dielétrica. Quando um isolante (ou dielétrico) é colocado em um campo elétrico, ele se polariza e aparecem em sua superfície cargas que tendem a proteger o interior contra o campo elétrico. A tendência a polarizar é medida pela constante dielétrica, ε_r, uma quantidade adimensional. Seu valor para o espaço vazio e, para finalidades práticas, para a maioria dos gases é 1. A maioria dos isolantes tem valores entre 2 e 30, embora espumas de baixa densidade se aproximem do valor 1 porque são, em grande parte, ar. Materiais ferroelétricos são excepcionais; eles possuem constantes dielétricas tão altas quanto 3000. Mais sobre eles será discutido na sequência.

O que ε_r mede? Duas placas condutoras paralelas separadas por um dielétrico de espessura t formam um capacitor. Capacitores armazenam carga. A carga Q (unidades: coulombs) é diretamente proporcional à diferença de tensão entre as placas, V (volts):

$$Q = CV \tag{2.17}$$

onde C (farads) é a capacitância. A capacitância de um capacitor de placas paralelas de área A, separadas por espaço vazio (ou por ar) é

$$C = \varepsilon_o \frac{A}{t} \tag{2.18}$$

onde ε_o é a *permissividade do espaço vazio* ($8,85 \times 10^{-12}$ F/m, onde F é farads). Se o espaço vazio for substituído por um dielétrico, a capacitância aumenta devido à polarização do dielétrico. O campo criado pela polarização se opõe ao campo $E = V/t$, o qual reduz a diferença de tensão V necessária para suportar a carga. Assim, a capacidade do condensador aumenta até o novo valor

$$C = \varepsilon \frac{A}{t} \tag{2.19}$$

onde ε é a *permissividade do dielétrico*, com as mesmas unidades de ε_o. É comum citar, no lugar de ε, a *permissividade relativa* ou *constante dielétrica*, ε_r:

$$\varepsilon_r = \frac{C_{com\ dielétrico}}{C_{sem\ dielétrico}} = \frac{\varepsilon}{\varepsilon_o} \tag{2.20}$$

tornando a capacitância

$$C = \varepsilon_r \varepsilon_o \frac{A}{t} \tag{2.21}$$

Quando carregado, a energia armazenada em um capacitor é

$$\frac{1}{2} QV = \frac{1}{2} CV^2 \tag{2.22}$$

Essa energia pode ser grande: "supercapacitores" com capacitâncias medidas em farads armazenam energia suficiente para alimentar um carro.

> ## Capacitância parasita
>
> A constante de tempo τ para carregar ou descarregar um capacitor é
>
> $$\tau = RC$$
>
> onde R é a resistência do circuito. Isso significa que a capacitância parasita em um circuito eletrônico (capacitância entre linhas condutoras vizinhas de resistividade ρ_e montadas sobre um substrato de constante dielétrica ε_r) reduz a velocidade de sua resposta. Quais são as escolhas de materiais que minimizam isso?
>
> ### Resposta
>
> Escolher materiais com baixa resistividade ρ_e para os condutores (para minimizar R) e isolantes com baixa constante dielétrica ε_r para separá-los (para minimizar C) minimiza τ.

Coeficiente de perda dielétrica. Polarização envolve os pequenos deslocamentos de carga (tanto de elétrons quanto de íons ou de moléculas que portam um momento de dipolo) quando um campo elétrico é aplicado ao material. Um campo oscilante impulsiona a carga entre duas configurações alternativas. Esse movimento da carga é como uma corrente elétrica que — se não houvesse nenhuma perda — estaria defasada de 90° em relação à tensão. Em dielétricos reais, essa corrente dissipa energia, exatamente como faz uma corrente em um resistor, o que resulta em um pequeno deslocamento de fase, δ (Figura 2.9). A tangente de perda, tanδ, também denominada fator de dissipação, D, é a

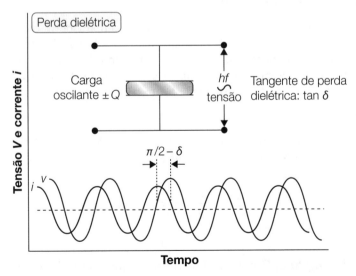

FIGURA 2.9. Fator de perda dielétrica, importante em aquecimento dielétrico, como explicado no texto.

42   Seleção de Materiais no Projeto Mecânico

tangente do ângulo de perda. O fator de potência, P_f, é o seno do ângulo de perda. Quando δ é pequeno, como é para os materiais de interesse aqui, todos os três são essencialmente equivalentes.

$$P_f \approx D \approx \tan\delta \approx \sin\delta \qquad (2.23)$$

Mais útil para a nossa finalidade é o fator de perda L, que é a tangente de perda vezes a constante dielétrica:

$$L = \varepsilon_r \tan\delta \qquad (2.24)$$

O fator de perda mede a energia dissipada por um dielétrico quando em um campo oscilante. Se você quiser selecionar materiais para minimizar ou maximizar a perda dielétrica, então a medida que procura é L.

Quando um material dielétrico é colocado em um campo elétrico cíclico de amplitude E e frequência f, a potência P é dissipada e o campo é atenuado de maneira correspondente. A potência dissipada por unidade de volume (W/m^3) é

$$P \approx fE^2\varepsilon\tan\delta = fE^2\varepsilon_o\varepsilon_r\tan\delta = fE^2\varepsilon_o L \qquad (2.25)$$

onde, como antes, ε_r é a constante dielétrica do material e $\tan\delta$ é sua tangente de perda. Essa potência aparece como calor; quanto mais alta a frequência ou a resistência do campo e maior o fator de perda $L = \varepsilon_r \tan\delta$, maior é o aquecimento e a perda de energia. Essa perda dielétrica é explorada em processamento, como, por exemplo, em soldagem de polímeros por radiofrequência e, naturalmente, no cozimento de alimentos.

Aquecimento dielétrico

Um componente de náilon é colocado em uma câmara de micro-ondas com resistência de campo $E = 10^4$ V/m e frequência $f = 10^{10}$ Hz durante um tempo $t = 100$ s. O fator de perda dielétrica para o náilon é L = 0,1, sua densidade é $\rho = 1130$ kg/m^3 e sua capacidade térmica é $C_p = 1650$ J / kg·K. Considerando que não há perda de calor, quão quente ficará o componente?

Resposta

O calor gerado pelo campo é $Q = Pt = fE^2\varepsilon_o Lt = 8,85 \times 10^7$ J/m^3. A capacidade térmica do náilon por unidade de volume é $C_p\rho = 1,86 \times 10^6$ J/m^2·K. A elevação da temperatura, ΔT é

$$\Delta T = \frac{fE^2\varepsilon_o Lt}{C_p\rho} = 47,6\,°C$$

Potencial de ruptura. O potencial de ruptura (unidades: MV/m) é o gradiente de potencial elétrico ao qual um isolante sofre ruptura e um pico prejudicial de corrente o atravessa. Ele é medido aumentando um potencial alternado de

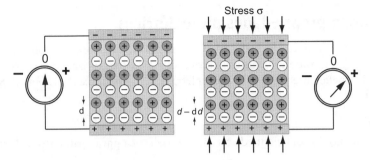

FIGURA 2.10. O efeito piezoelétrico.

60 Hz, aplicado às faces de uma placa do material até ocorrer ruptura, normalmente em um gradiente de potencial entre 1 e 100 milhões de volts por metro (unidades: MV/m).

Coeficiente de carga piezoelétrica, $d_{33}(pC/N)$. O efeito piezoelétrico aparece em estruturas que não possuem um centro de simetria, como os compostos de titanato de bário e titanato zirconato de chumbo (PZT). A distorção de um cristal piezoelétrico provoca uma mudança relativa entre íons positivos e negativos, alterando seu momento de dipolo. O cristal adquire uma polarização e uma diferença de potencial aparece em suas faces (Figura 2.10). A diferença de potencial pode ser grande — grande o suficiente para provocar uma descarga de faísca, um efeito usado em acendedores de gás e isqueiros.

A polarização P_3 que é gerada quando um cristal piezoelétrico é comprimido é uma função linear da tensão aplicada σ_3

$$P_3 = d_{33}\sigma_3 \tag{2.26}$$

onde d_{33} é o coeficiente de carga piezoelétrica.

Coeficiente de tensão/voltagem piezoelétrica, $g_{33}(mV \cdot m/N)$. O coeficiente de tensão/voltagem piezoelétrica, g_{33}, relaciona o campo elétrico E_3 com a tensão mecânica aplicada σ_3

$$E_3 = g_{33}\sigma_3 \tag{2.27}$$

O campo elétrico é relacionado com a polarização por

$$E_3 = \frac{1}{\varepsilon_r \varepsilon_o} P_3 = \frac{d_{33}}{\varepsilon_r \varepsilon_o} \sigma_3,$$

o que significa que

$$g_{33} = \frac{d_{33}}{\varepsilon_r \varepsilon_o} \tag{2.28}$$

onde ε_r é a permissividade relativa (constante dielétrica) e ε_0 a permissividade do vácuo ($8,854 \times 10^{-12}$ F/m).

Utilizando propriedades piezoelétricas

Um disco de titanato de bismuto é submetido a uma tensão compressiva de 2 MPa. Quão grande é o campo elétrico que essa tensão irá gerar? Use o valor médio do coeficiente de tensão piezoelétrica g_{33} (Apêndice A, Tabela A.8) para o cálculo.

Resposta

O valor médio do coeficiente de tensão piezoelétrica para o titanato de bismuto é

$$13,5 \frac{mVm}{N} = 13,5 \times 10^{-3} \frac{V/m}{N/m^2}$$

Portanto, a tensão de 2 MPa irá criar um campo de $13,5 \times 10^{-3} \times 2 \times 10^6 = 27000 \times V/m$.

Coeficiente piroelétrico ($\mu C/m^2 \cdot K$). Abaixo da temperatura de Curie ferroelétrica, Tc, cristais com uma única direção carregam um dípolo permanente (mesmo na ausência de um campo aplicado) porque as cargas positivas e negativas não se cancelam ao longo da direção única. Quando a temperatura é constante, as faces carregadas do cristal atraem cargas opostas dos arredores, protegendo a carga. Entretanto, quando a temperatura muda, as cargas positivas e negativas ao longo da direção única se movem uma em relação à outra, alterando a polarização, como na Figura 2.11. A mudança de polarização ΔP causada por uma mudança de temperatura ΔT é dada por

$$\Delta P = \gamma \Delta T \tag{2.29}$$

onde γ é o coeficiente piroelétrico. A mudança pode ser medida e usada para acionar sensores de movimento e para imagens de infravermelho.

Acima da temperatura de Curie Tc, a polarização é perdida completamente.

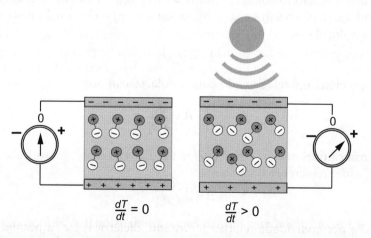

FIGURA 2.11. O efeito piroelétrico.

Materiais de engenharia e suas propriedades   45

Propriedades Magnéticas

Atributo	Unidade
Indução remanente Br	T
Campo coercitivo Hc	A/m
Produto de energia máxima	MJ/m^3
Permeabilidade máxima	Sem unidade
Magnetoestricção de saturação	μdeformação
Temperatura de Curie (magnética)	°C

Indução remanente (Tesla) e Campo coercitivo (A/m). Praticamente todos os materiais respondem a um campo magnético se tornando magnetizados, mas a maioria é paramagnético, com uma resposta tão suave que não é de uso prático. Materiais ferromagnéticos e ferrimagnéticos (ferrites, para abreviar), no entanto, contêm átomos que possuem grandes momentos magnéticos, com a habilidade de magnetizar espontaneamente — para alinhar seus momentos paralelamente —, como dipolos elétricos fazem em materiais ferroelétricos. Esses são de uso prático.

Quando uma corrente i passa através de uma bobina longa e vazia de n voltas e comprimento L, um campo magnético é gerado. A magnitude do campo, H, é dada pela lei de Ampère:

$$H = \frac{ni}{L}$$

E assim, apresenta unidades de ampères/metro (A/m). O campo induz uma indução magnética ou densidade de fluxo, B, o qual, para vácuo ou materiais não magnéticos, é

$$B = \mu_o H \qquad (2.30)$$

onde μ_0 é a *permeabilidade do vácuo*, $\mu_o = 4\pi \times 10^{-7}$ henry/metro (H/m). A unidade de B é *tesla*, então um tesla é 1 HA/m^2.

Se o espaço dentro da bobina for preenchido com um material, como na Figura 2.12, a indução dentro dele muda. Isso ocorre porque seus átomos respondem ao campo formando pequenos dipolos magnéticos. O material adquire um momento de dipolo macroscópico ou magnetização, M (suas unidades são A/m, como H). A indução se torna

$$B = \mu_o \left(H + M \right)$$

Se o material do núcleo é ferromagnético, a resposta é muito forte e é não linear. É usual reescrever B na forma

$$B = \mu_R \mu_o H \qquad (2.31)$$

onde μ_R é a *permeabilidade relativa*. Esta é adimensional. A *indução remanente* B_R é a indução que permanece quando o campo H é removido. O *campo coer-*

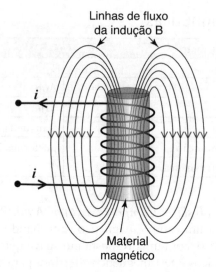

FIGURA 2.12. Um material magnético exposto a um campo H se torna magnetizado. A indução $B = \mu_o H$.

citivo H_c é o campo necessário para magnetizar completamente o material, ou (de maneira equivalente) para desmagnetizá-lo (Figura 2.13).

Magnetostricção de saturação (μdeformação). Magnetostricção é a deformação causada por um campo magnético. O material é descrito como tendo magnetoestricção positiva, se o seu comprimento aumenta na direção do campo, ou negativa, se ocorrer o contrário. A magnetoestricção de saturação é a deformação máxima que pode ser induzida em um material aplicando um campo magnético.

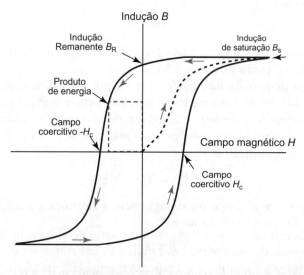

FIGURA 2.13. A curva B – H de um material ferromagnético, mostrando as propriedades importantes.

Utilizando propriedades magnetoestrictivas

Uma haste de galfenol (uma liga de gálio e ferro, aproximadamente $Ga_{0,2}Fe_{0,8}$), L = 20 mm de comprimento, é cercada por uma bobina do mesmo comprimento com n = 400 voltas. Qual será o valor da contração da barra se uma corrente de 0,1 ampères passar pela bobina? Use o valor médio da magnetoestricção de saturação e campo coercitivo para galfenol (Apêndice A, Tabela A.9) para determinar.

Resposta

O campo criado por uma corrente de 0,1 ampères passa através de uma bobina

$$H = \frac{ni}{L} = \frac{400 \times 0,1}{2 \times 10^{-2}} = 2.000\,A/m.$$

O campo coercitivo para o galfenol é 800 A/m. O campo criado pela bobina excede bastante esse campo, saturando então a haste e criando uma deformação de 150×10^{-6}. Então, a haste irá contrair

$$\delta L = 150 \times 10^{-6} \times 20 \times 10^{-3} = 3 \times 10^{-6}\,m = 3\ \mu m$$

Propriedades Óticas

Propriedade	Símbolo e unidades
Índice de refração	$n\ (-)$

Todos os materiais permitem alguma passagem de luz, embora para os metais ela seja extremamente pequena. A velocidade da luz ao passar pelo material, c, é sempre menor do que sua velocidade no vácuo, c_o. Uma consequência disso é um feixe de luz que atinge a superfície de tal material com um ângulo de incidência, α, entra no material com um ângulo β, o ângulo de refração. O índice de refração, n (adimensional), é

$$n = \frac{c}{c_o} = \frac{\sin\alpha}{\sin\beta} \tag{2.32}$$

Ele está relacionado com a constante dielétrica, ε_r, na mesma frequência por:

$$n \approx \sqrt{\varepsilon_r}$$

O índice de refração depende do comprimento de onda e, portanto, da cor da luz. Quanto mais denso o material, e mais alta sua constante dielétrica, maior o índice de refração. Quando $n = 1$, toda a intensidade incidente entra no material, mas quando $n > 1$, alguma é refletida. Se a superfície for lisa e polida, a luz

48   Seleção de Materiais no Projeto Mecânico

é refletida como um feixe; se for rugosa, é dispersada. A porcentagem refletida, R, está relacionada com o índice de refração por

$$R = \left(\frac{n-1}{n+1}\right)^2 \times 100 \qquad (2.33)$$

À medida que n aumenta, o valor de R se aproxima de 100%.

Propriedades Ecológicas

Propriedade	Símbolo e unidades
Energia incorporada	H_m (MJ/kg)
Pegada de carbono	CO_2 (kg/kg)

Energia incorporada e pegada de carbono. A energia incorporada (unidades MJ/kg) é a energia exigida para produzir 1 kg de um material a partir de seus minérios e insumos primários. A pegada de CO_2 associada (unidades: kg/kg) é a massa de dióxido de carbono liberada na atmosfera durante a produção de 1 kg de material, porém é geralmente maior que isso, porque compreende o CO_2 equivalente (em termos de aquecimento global), referente às emissões de CO, NO_x, e SO_x associadas. Esses e outros atributos ecológicos são o assunto do Capítulo 14.

2.5 Resumo e conclusões

Existem seis famílias de materiais importantes para o projeto mecânico: metais, cerâmicas, vidros, polímeros, elastômeros e híbridos, que combinam as propriedades de dois ou mais dos outros. Dentro de uma família há certa semelhança. Cerâmicas e vidros como uma família são duros, frágeis e resistentes à corrosão. Metais são dúcteis, tenazes e bons condutores térmicos e elétricos. Polímeros são leves, fáceis de conformar e isolantes elétricos. Elastômeros podem ser esticados ou cisalhados elasticamente em grandes deformações. E são essas diferenças que tornam a classificação útil. Porém, no projeto, queremos escapar das restrições de família e, em vez disso, pensar no nome do material como um identificador para certo perfil de propriedades — um perfil que, em capítulos posteriores, será comparado com um perfil "desejado" das propriedades definidas neste capítulo. Esse é o perfil que guia a escolha de material.

A Figura 2.14 é um exemplo de um registro de propriedades para um material — no caso, o ABS. O Apêndice A, no final deste livro, é uma compilação de propriedades de materiais. No Capítulo 3, desenvolvemos uma maneira de apresentar essas propriedades de modo a maximizar a informação que podemos extrair a partir deles.

Materiais de engenharia e suas propriedades   49

Acrylonitrile butadiene styrene (ABS)

General properties

Density	1100	kg/m^3
Price	2.6	USD/kg

Mechanical properties

Young's modulus	1.8	GPa
Yield strength	31	MPa
Tensile strength	39	MPa
Elongation	12	% strain
Hardness - Vickers	9.3	HV
Fatigue limit	16	MPa
Fracture toughness	2.3	MPa.m$^{1/2}$

Thermal properties

Glass temperature	106	°C
Thermal conductivity	0.25	W/m.°C
Specific heat capacity	1630	J/kg.°C
T-expansion coefficient	141	µstrain/°C

Electrical properties

Electrical resistivity	9 x 10^{21}	µohm.cm
Dielectric constant	3.0	
Dissipation factor	0.004	
Dielectric strength	17	MV/m

Eco properties

Embodied energy	95	MJ/kg
Carbon footprint	3.8	kg/kg

The material

ABS is tough, resilient, and easily molded. The picture shows that ABS allows detailed moldings, accepts color well and is non-toxic and tough enough to survive the worst that children can do.

Typical uses

Safety helmets; camper tops; automotive instrument panels and other interior components; pipe fittings; home-security devices and housings for small appliances; communications equipment; business machines; plumbing hardware; automobile grilles; wheel covers; mirror housings; refrigerator liners; luggage shells; tote trays; mower shrouds; boat hulls

Tradenames

Claradex, Comalloy, Cycogel, Cycolac, Hanalac, Lastilac, Lupos, Lustran ABS, Magnum, Multibase, Novodur, Polyfabs, Polylac, Porene, Ronfalin, Sinkral, Terluran, Toyolac, Tufrex, Ultrastyr

FIGURA 2.14. Parte de um registro para o ABS com dados estruturados e não estruturados.

2.6 Leitura adicional

Definições de propriedades de materiais podem ser encontradas em vários textos gerais sobre materiais de engenharia, entre eles, os que apresentamos a seguir.

Ashby, M.; Shercliff, H.; Cebon, D. (2014) Materials: Engineering, Science, Processing and Design. 3ª ed. Oxford: Butterworth-Heinemann. ISBN-13 978-0-08-097773-7. North American Edition: ISBN-13 978-1-85617-743-6. (*Um texto introdutório que apresenta ideias desenvolvidas de maneira mais completa neste livro.*)

Askeland, D.R.; Phulé, P.P.; Wright, W.J. (2010) The Science and Engineering of Materials. 6ª ed. Toronto: Thomson. ISBN 9780495296027. (*Um texto bem consolidado sobre materiais que trata bem de ciência e engenharia de materiais.*)

ASM Handbooks (2004) Mechanical Testing and Evaluation. Volume 8. Ohio: ASM International, Metals Park.

Budinski, K.G.; Budinski, M.K. (2010) Engineering Materials, Properties and Selection. 9ª ed. New Jersey: Prentice Hall. ISBN 978-0-13-712842-6. (*Como Askeland, este é um texto de materiais bem consolidado que trata tanto das propriedades quanto dos processos de materiais.*)

Callister, W.D.; Rethwisch, D.G. (2014) Materials Science and Engineering: An Introduction. 9ª ed. New York: John Wiley & Sons. ISBN 978-1-118-54689-5. (*Um texto bem consolidado que utiliza uma abordagem guiada pela ciência para apresentação do ensino de materiais.*)

Dieter, G.E. (1999) Engineering Design, a Materials and Processing Approach. 3ª ed. New York: McGraw-Hill. ISBN 9-780-073-66136-0. (*Um texto bem equilibrado e respeitado com foco na função de materiais e processamento no projeto técnico.*)

Farag, M.M. (2013) Materials and Process Selection for Engineering Design. 3ª ed. Londres: CRC Press, Taylor and Francis. ISBN 978146656409. (*Uma abordagem sobre a ciência dos materiais para a seleção de materiais.*)

Shackelford, J.F. (2014) Introduction to Materials Science for Engineers. 8ª ed. New Jersey: Prentice Hall. ISBN 978-0133789713. (*Um texto bem consolidado sobre materiais com um viés de projeto.*)

2.7 Exercícios

Esses exercícios introduzem o leitor a dois recursos úteis: as tabelas do Apêndice A e as Soluções para Problemas Padrões do Apêndice B. Quando extrair dados do Apêndice A, use os valores médios da faixa listada lá.

E2.1. *Velocidade do som.* A velocidade do som no vidro Pyrex (borossilicato) é 5.610 m/s. Considere a densidade deste vidro dada no Apêndice A e use-a para estimar o módulo E do Pyrex.

E2.2. *Deflexão de vigas.* Uma viga cantilever tem um comprimento L = 50 mm, uma seção transversal retangular com largura b = 5 mm e espessura t = 1 mm. Ela é feita de uma liga de alumínio. Quanto sua extremidade irá defletir devido a uma carga, aplicada na sua extremidade, de F = 5 N (aproximadamente a carga exercida pelo peso de 5 maçãs)? Para determinar a solução, use dados do Apêndice A4 para o valor (médio) de modulo de Young das ligas de alumínio, a equação para a deflexão elástica de um cantilever do Apêndice B3 e para o momento de inércia de uma viga do Apêndice B2.

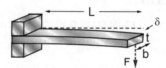

Figura E2.2

E2.3. *Deflexão de vigas.* As asas de um planador possuem 4 m de largura cada. O membro de suporte de carga é a longarina da asa, uma viga tubular que corre ao longo da asa. A longarina da asa neste planador tem um diâmetro de 140 mm e uma espessura de parede de 6 mm. Ela é feita de uma liga de alumínio. Em voo, a longarina da asa é carregada em flexão com (assumiremos) uma força uniformemente distribuída por unidade de comprimento. Quanto a ponta da asa defletirá em voo calmo se o planador carregado pesa 1.000 kg? Use dados do Apêndice A3 para o valor (médio) do módulo de Young de ligas de alumínio, a equação para a deflexão elástica de um cantilever do Apêndice B3 e para o momento de inércia de área de uma viga do Apêndice B2 para descobrir.

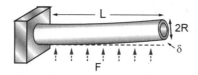

Figura E2.3

E2.4. *Vibração de vigas.* Uma viga cantilever com comprimento L = 200 mm, largura b = 12 mm e espessura t = 2 mm tem massa de 38 gramas e uma frequência de vibração natural de f = 42 hertz. Qual é o módulo do material dessa viga? Você encontrará equações para frequências de vibração naturais e momentos de inércia no Apêndice B, Tabelas B.12 e B.2.

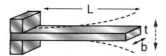

Figura E2.4

E2.5. *Ciência forense dos materiais.* O exercício E2.4 usou uma frequência de vibração natural para medir o módulo de uma viga. Use a informação em E2.4 para calcular a densidade da viga, e então use esse valor e o resultado do exercício (o módulo da viga) como ferramentas forenses. Analise os valores de módulo na Tabela A.3 do Apêndice A buscando uma correspondência entre o módulo calculado e aqueles na tabela. Quais subconjuntos de materiais correspondem ao módulo calculado? Destes, qual subconjunto também corresponde à densidade calculada?

E2.6. *Molas.* Uma mola feita de arame de aço inoxidável com diâmetro d = 1 mm tem n = 20 voltas de raio R = 10 mm. Quanto será a extensão da mola quando carregada com uma massa M de 1 kg? Para determinar a solução, considere que o módulo de elasticidade transversal G do aço inoxidável é 3/8E, onde E é o módulo de Young, obtenha esse valor no Apêndice A3 e use a expressão para a extensão de molas do Apêndice B6.

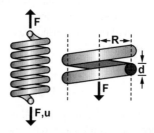

Figura E2.6

E2.7. *Torção de tubos.* Um tubo de parede grossa tem raio interno r_i = 10 mm e raio externo r_o = 15 mm. Ele é feito de policarbonato, PC. Qual é o torque máximo T_f que o tubo pode suportar sem início de escoamento? Para determinar a solução, obtenha o limite de escoamento (médio) σ_y do PC no Apêndice A3, a expressão para o torque no início do escoamento no Apêndice B6 e a expressão para o momento polar de um tubo de parede grossa no Apêndice B2.

FIGURA E2.7

E2.8. *Concentrações de tensão.* Uma barra com 20 mm de diâmetro tem um entalhe circunferencial raso de profundidade c = 1 mm e raio de raiz r = 10 mícrons. A barra é feita de aço de baixo teor de carbono com tensão de escoamento de σ_y = 250 MPa. Ela é carregada axialmente com uma tensão nominal σ_{nom} (a carga axial dividida pela área que não contém o entalhe). Em qual valor de σ_{nom} o escoamento começará na raiz do entalhe? Use a estimativa da concentração de tensão do Apêndice B9 para determinar a solução.

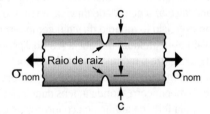

FIGURA E2.8

E2.9. *Tensões térmicas.* Uma janela de acrílico (PMMA) está presa a uma estrutura de aço de baixo teor de carbono a T = 20 °C. A temperatura cai até T = − 20 °C, o que coloca a janela sob tensão porque o coeficiente de expansão térmica do PMMA é maior do que o do aço. Se a janela estivesse livre de tensão a 20 °C, sob qual tensão estaria a −20 °C? Use a seguinte fórmula determinada para a tensão biaxial causada por uma diferença de deformação biaxial $\Delta\varepsilon$:

$$\sigma = \frac{E\Delta\varepsilon}{1-v}$$

onde E é o módulo de Young para PMMA e o coeficiente de Poisson v = 0,33. Você encontrará dados para coeficientes de expansão na Tabela A.6 e para módulos de Young na Tabela A.3. Use valores médios.

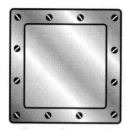

Figura E2.9

E2.10. *Trincas instáveis.* A janela de PMMA descrita no Exercício 2.9 tem uma trinca contida de comprimento $2a = 0,5$ mm. Se a tensão de tração máxima que se espera para a janela é $\sigma = 20$ MPa, a trinca se propagará? Escolha uma equação adequada para propagação de trinca no Apêndice B10 e dados para a tenacidade à fratura K_{1c} do PMMA no Apêndice A6 para calcular o comprimento da trinca que é instável sob essa tensão de tração.

E2.11. *Tensão centrífuga.* Um volante de raio $R = 200$ mm é projetado para girar até 8.000 rpm. Pretende-se fazê-lo de ferro fundido dúctil (nodular), mas a oficina de fundição só pode garantir que a peça não terá nenhum defeito semelhante a trincas maiores do que $2a = 2$ mm de comprimento. Use a expressão para a tensão máxima em um disco giratório apresentada no Apêndice B7, a expressão para a intensidade de tensão em uma trinca cercada pequena apresentada no Apêndice B10 e dados para ferro fundido dos Apêndices A2 e A4 para determinar se o volante é seguro. Considere que o coeficiente de Poisson v para ferro é 0,33.

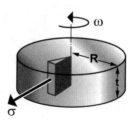

Figura E2.11

E2.12. *Contendo trincas.* Os navios Liberty, milhares dos quais foram construídos durante a Segunda Guerra Mundial, foram soldados em vez de rebitados. Muitos foram erroneamente feitos de um aço que se tornou quebradiço nas temperaturas de inverno no Oceano Atlântico. Eles tinham escotilhas quadradas com cantos afiados, de onde uma trinca poderia começar e se propagar através do convés, que, sendo soldado, permitia um caminho contínuo não interrompido por placas rebitadas. Diz-se que os marinheiros alertas, ao observarem essas trincas se iniciando, utilizariam uma furadeira para perfurar um buraco nas pontas das trincas, contendo-as com êxito e diminuindo a concentração de tensão. Se a trinca tinha 1 m de comprimento quando foi vista pela primeira vez pelo marinheiro, e a maior broca que ele tinha possuía um diâmetro de 2r = 25 mm, qual a concentração de tensão na ponta da trinca após o furo ser realizado? Você encontrará a equação para a tensão em uma distância r da ponta de uma trinca com um comprimento 2a no Apêndice B, Tabela B.10.

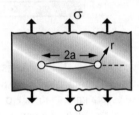

Figura E2.12

E2.13. *Forças de contato.* Um grampo tem uma face de contato hemisférica de raio R = 10 mm para levar em consideração o desalinhamento. Ele é usado para prender um tesouro arqueológico pesado de chumbo para exame de raios-X. Quanta força de aperto, *F*, pode ser aplicada sem danos (ou seja, deformação plástica) ao objeto precioso? Você encontrará o módulo *E* e o limite de escoamento σ_y de ligas de chumbo no Apêndice A, Tabela A.3 (use valores médios), e a equação de força necessária para desencadear a deformação plástica abaixo de um indentador esférico no Apêndice B, Tabela B.8.

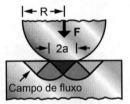

Figura E2.13

E2.14. *Estimando propriedades térmicas.* Você quer avaliar, aproximadamente, a condutividade térmica λ do polietileno (PE). Para tal, você bloqueia uma das extremidades de um tubo de PE com espessura de parede *x* = 3 mm e diâmetro de 30 mm e enche o tubo com água fervente ao mesmo tempo que segura a parte externa do tubo com a outra mão. Você percebe que a superfície externa do tubo fica bem quente no tempo de $t \approx 18$ segundos após ter enchido o interior com água. Use essa informação, junto com os dados para o calor específico C_p e a densidade ρ do PE encontrados no Apêndice A, Tabelas A.2 e A.5, para estimar λ para PE. Quanto o seu resultado se assemelha o valor apresentado na Tabela A.7?

E2.15. *Trocadores de Calor.* Um transistor de potência com uma área A de 1 mm² dissipa 10 watts. Ele é conectado a um dissipador de calor de 2 mm de espessura, efetivamente resfriado a 30 °C na face oposta por ar forçado. Se o dissipador de calor é feito de nitreto de alumínio, quão quente o circuito estará no regime permanente? Você encontrará equações para o fluxo de calor no Apêndice B, Tabela B.15, e as propriedades térmicas do nitreto de alumínio no Apêndice A, Tabelas A.5 e A.6.

E2.16. *Escolhendo dielétricos.* A capacitância *C* de um condensador com duas placas, cada uma com área *A*, separadas por um dielétrico de espessura *t*, é

$$C = \varepsilon_r \varepsilon_o \frac{A}{t}$$

onde ε_o é a permissividade do espaço livre e ε_r é a constante dielétrica do material entre as placas. Selecione um dielétrico consultando dados no Apêndice A, Tabelas A.7 e Tabela A.8, primeiro para maximizar *C* e depois para minimizá-la, para os *A* e *t* dados.

E2.17. *Atuadores Piezoelétricos.* Materiais piezoelétricos respondem a um campo elétrico com mudança de forma. A deformação ε induzida por um campo *E* é

$$\varepsilon = d_{33}E$$

onde d_{33} é o coeficiente de carga piezoelétrica, listada na Tabela A.8. Suas unidades são pm/V. Uma amostra de PZT macio (titanato zirconato de chumbo) é exposta a um campo de 10 MV/m. Quão grande será a deformação resultante? Você encontrará o coeficiente de carga piezoelétrica do PZT macio na Tabela A.8. Use o valor médio.

E2.18. *Detecção de temperatura piroelétrica.* A detecção de temperatura remota, sem contato, é possível focando a radiação da fonte em um material piroelétrico e usando a carga que aparece na sua superfície como medida de temperatura. É necessário um sensor para medir a temperatura na faixa de 100 a 200 °C. Para trabalhar nessa faixa, o material deve ter uma temperatura de Curie ferroelétrica superior a 200 °C, pois, de outra forma, deixa de ser piroelétrico na faixa de detecção. O sinal é maximizado selecionando um material com o maior coeficiente piroelétrico possível. Use os dados para piroeletricidade do Apêndice A, Seção A8, para fazer uma seleção.

E2.19. *Atuação magnetostrictiva.* Um atuador magnetoestrictivo tem um núcleo ativo de comprimento L = 20 mm. É feito de Terfenol D, uma liga magnetoestrictiva gigante de térbio, disprósio e ferro. Se for aplicado um campo suficientemente grande para saturar o núcleo, quanto o núcleo mudará de comprimento? Use o valor médio dos dados para Terfenol D listados em Apêndice A, Seção A9, para determinar.

E2.20. *Preço de material.* Propõe-se substituir a carcaça de ferro fundido de uma ferramenta elétrica por outra com exatamente as mesmas dimensões, porém moldada com náilon. O custo de material da carcaça de náilon será maior ou menor do que o da carcaça feita de ferro fundido? Use dados dos Apêndices A3 e A11 para encontrar a resposta.

56 Seleção de Materiais no Projeto Mecânico

E2.21. *Pegada de carbono.* Os plásticos, às vezes, são retratados como ambientalmente pobres, porque a maioria é sintetizada a partir de petróleo ou gás natural, o que implica uma maior energia incorporada e pegada de carbono do que outros materiais. Este é um retrato preciso? Use os dados de Apêndice A, Tabelas A.10 e A.2, para comparar a pegada de carbono de três dos materiais mais comumente utilizados em produtos domésticos: polipropileno, alumínio e aço carbono. Use os valores médios encontrados nas tabelas.

Capítulo 3
Diagramas de propriedades de materiais

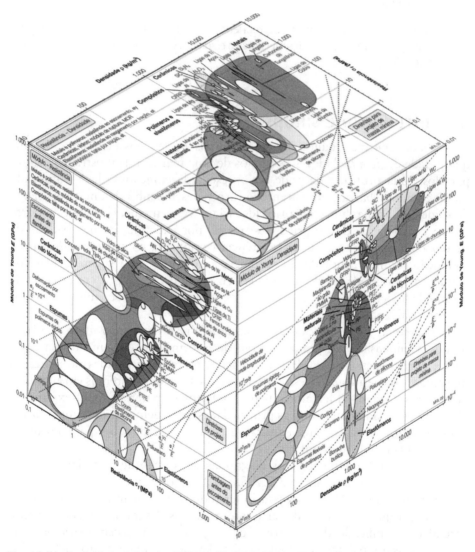

Materials Selection in Mechanical Design. DOI: http://dx.doi.org/10.1016/B978-0-08-100599-6.00003-X
© 2017 Michael F. Ashby. Elsevier Ltd. Todos os direitos reservados.

58   Seleção de Materiais no Projeto Mecânico

Resumo

Diagramas de propriedades de materiais mapeiam os materiais dentro do espaço de propriedades de materiais. Os diagramas condensam um grande corpo de informação de forma compacta e acessível; revelam correlações entre propriedades de materiais que auxiliam na verificação e estimativa de dados; e, em capítulos posteriores, eles se tornarão ferramentas de seleção de materiais, para explorar o efeito do processamento nas propriedades, para demonstrar como a forma pode melhorar a eficiência estrutural, e para sugerir direções para posteriores desenvolvimentos de materiais. Este capítulo explica como os diagramas funcionam; as informações adicionais; a seleção guiada que pode ser incluída neles; e também apresenta uma compilação do mais útil com respeito aos diagramas.

Palavras-chave: Diagramas de propriedade de materiais; diretrizes para projeto; diagramas para propriedades mecânicas; térmicas; elétricas; magnéticas; ecológicas e econômicas.

3.1 Introdução e sinopse

Existe uma enorme quantidade de materiais e eles possuem uma enorme quantidade de propriedades. Precisamos de uma maneira de mostrá-los e compará-los. Uma propriedade pode ser apresentada como uma lista ranqueada ou diagrama de barras. No entanto, é raro o desempenho de um componente depender de apenas uma propriedade. Mais frequentemente, o que importa é uma combinação de propriedades: pense, por exemplo, na necessidade de rigidez com baixo peso, ou na resistência combinada com tenacidade, ou na condução térmica acoplada à resistência à corrosão. Isso sugere a ideia de mapear as propriedades de materiais, delimitando os campos em espaços de propriedade ocupados por cada classe de material e os subcampos ocupados por materiais individuais.

Os *diagramas de propriedades de materiais* resultantes são úteis de vários modos. Condensam um grande acervo de informações em uma forma compacta, porém acessível; revelam correlações entre propriedades de materiais que ajudam na verificação e estimativa de dados; e, como veremos em capítulos posteriores, tornam-se ferramentas para selecionar materiais, para explorar o efeito do processamento sobre as propriedades, para demonstrar como a forma pode melhorar a eficiência estrutural, e para sugerir direções para posterior desenvolvimento de materiais.

As ideias que fundamentam os diagramas de seleção de materiais são descritas resumidamente na Seção 3.2. A Seção 3.3 não é tão breve, pois apresenta os diagramas em si. Não é necessário ler tudo, mas é proveitoso persistir até o ponto em que seja capaz de ler e interpretar os diagramas fluentemente, e entender o significado das diretrizes de projeto que aparecem neles. Se mais tarde você usar um determinado diagrama, deve ler os fundamentos dele, dados aqui, para ter certeza de que está interpretando-o corretamente.

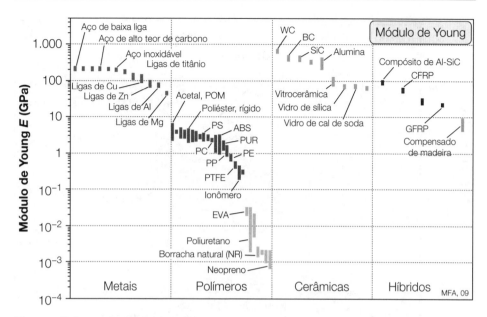

FIGURA 3.1. Um diagrama de barras que mostra módulo para famílias de sólidos. Cada barra mostra a faixa de módulo oferecida por um material, alguns dos quais estão identificados.

Como explicamos no prefácio deste livro, os diagramas podem ser copiados e distribuídos para finalidades de ensino sem infringir os direitos autorais.[1]

3.2 Explorando propriedades de materiais

As propriedades de materiais têm faixas características de valores. A amplitude pode ser grande: muitas propriedades têm valores que abrangem cinco ou mais potências de dez. Um modo de apresentar isso é um diagrama de barras, como o da Figura 3.1 para o módulo de Young. Cada barra descreve um material; seu comprimento mostra a faixa de módulos exibida pelo material em suas várias formas. Os materiais são segregados por classe. Cada classe mostra uma faixa característica: metais e cerâmicas têm módulos altos; polímeros têm baixos; híbridos têm uma faixa ampla, de baixa a alta. A faixa total é grande — abrange um fator de aproximadamente 10^6 — portanto, escalas logarítmicas são usadas para apresentá-la.[2]

---

1. Um conjunto de diagramas pode ser baixado em www.grantadesign.com. Todos os diagramas mostrados neste capítulo foram criados com o software CES EduPack Materials Selection da Granta Design. Com ele, você pode fazer diagramas com qualquer par (ou combinação) de propriedades como eixos.
2. A maioria das propriedades de material é mais bem visualizada em escalas logarítmicas porque as faixas são muito grandes. Em vez de aumentar em proporções de 1, escalas logarítmicas aumentam em proporções de fator 10.

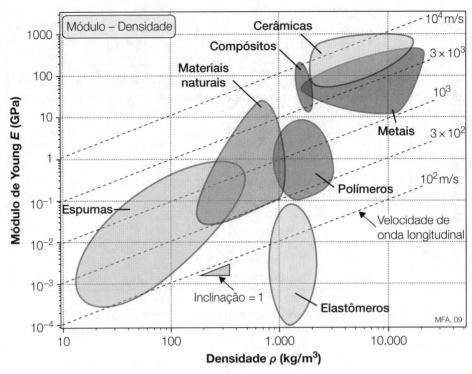

FIGURA 3.2. A ideia de um diagrama de propriedade de materiais: o módulo de Young, E, é representado em gráfico em relação à densidade, ρ, em escala logarítmica. Cada classe de material ocupa um campo característico. As linhas mostram a velocidade de onda longitudinal elástica $v = (E/\rho)^{1/2}$.

Mais informações são apresentadas por um gráfico alternativo, ilustrado no desenho esquemático da Figura 3.2. Aqui, uma propriedade (o módulo, E, nesse caso) é representada em gráfico em relação a outra propriedade (a densidade, ρ). A faixa dos eixos é escolhida de modo a incluir todos os materiais, desde as mais leves e menos rígidas espumas até os metais mais rígidos e mais pesados, e é grande, exigindo escalas logarítmicas novamente. Constata-se que os dados para uma determinada família de materiais (polímeros, por exemplo) se aglomeram; a *subfaixa* associada a uma família de materiais é, em todos os casos, muito menor do que a faixa *total* dessa propriedade. Dados para uma família podem ser englobados em um envelope de propriedade — envelopes são mostrados nesse desenho esquemático.

Tudo isso é simples o bastante — é apenas um modo útil de apresentar dados em gráficos. Porém, se escolhermos adequadamente os eixos e escalas, pode-se acrescentar mais. A velocidade do som em um sólido depende de E e ρ; a velocidade de onda longitudinal v, por exemplo, é:

$$v = \left(\frac{E}{\rho}\right)^{1/2}$$

ou, por meio de logaritmos:

$$\log E = \log \rho + 2\log v$$

Para um valor fixo de v, o gráfico dessa equação é uma linha reta de inclinação 1 na Figura 3.2 (essa é outra vantagem das escalas logarítmicas). Isso nos permite acrescentar *linhas de velocidade de onda constante* ao diagrama: elas são a família de linhas diagonais paralelas que ligam materiais nos quais as ondas longitudinais se propagam com a mesma velocidade. Todos os diagramas permitem a apresentação de relações fundamentais adicionais desse tipo. E mais: parâmetros de otimização de projeto denominados *índices de mérito ou índices de material*[3] também são representados como linhas nos diagramas. Mas isso será apresentado no Capítulo 4.

Entre as propriedades mecânicas e térmicas, existem 30, mais ou menos, que são de importância primordial, tanto para a caracterização do material quanto para o projeto de engenharia. Elas foram apresentadas nas tabelas do Capítulo 2, e incluem densidade, módulos, resistência, dureza, tenacidade, condutividades térmica e elétrica, coeficiente de expansão e calor específico. Os diagramas mostram dados para essas propriedades para as famílias e classes de materiais apresentadas na Tabela 3.1. A lista é expandida em relação às seis famílias originais da Figura 2.1 pela distinção entre *compósitos* e *espumas*, assim como *materiais naturais*, e pela distinção entre *cerâmicas avançadas* de alta resistência (como carbeto de silício) e *cerâmicas tradicionais* de baixa resistência (como concreto e tijolo). Dentro de cada família, os dados são plotados para um conjunto representativo de materiais, escolhido para abranger tanto a faixa completa de comportamentos quanto para incluir os membros mais comuns e mais amplamente utilizados daquela classe. Dessa maneira, o envelope para a família engloba não somente os dados para os materiais listados na Tabela 3.1, mas também, virtualmente, todos outros membros da família.

Os diagramas que vêm em seguida mostram uma *faixa* de valores para cada propriedade de cada material. Às vezes, a faixa é estreita: o módulo do cobre, por exemplo, varia apenas uma pequena porcentagem ao redor de seu valor médio, influenciado pela pureza, textura e similares. Contudo, a faixa pode ser larga: a resistência dos metais pode variar por um fator de 100 ou mais, influenciada pela composição e pelo estado de encruamento ou tratamento térmico. Cristalinidade e grau de ligação cruzada influenciam consideravelmente o módulo de polímeros. Porosidade influencia a resistência de cerâmicas. Essas propriedades *sensíveis a processos* aparecem nos diagramas como bolhas alongadas dentro de envelopes — elas são exploradas com maior profundidade no Capítulo 6.

---

3. *Nota da Tradução e Revisão Técnica*: O termo em inglês *material index* foi traduzido na 4ª edição como *índice de material*. Nesta edição, o termo *índice de mérito* será usado, uma vez que é o mais utilizado nas traduções em português de livros de outros autores que apresentam a metodologia de seleção de materiais de Ashby, como Callister.

62   Seleção de Materiais no Projeto Mecânico

Tabela 3.1. **Famílias de materiais e classes**

Família	Classes	Abreviação
Metais (Metais e ligas de engenharia)	Ligas de Alumínio	Ligas de Al
	Ligas de Cobre	Ligas de Cu
	Ligas de Chumbo	Ligas de Chumbo
	Ligas de Magnésio	Ligas de Mg
	Ligas de Níquel	Ligas de Ni
	Aços ao carbono	Aços
	Aços Inoxidáveis	Aços Inoxidáveis
	Ligas de Estanho	Ligas de Tin
	Ligas de Titânio	Ligas de Ti
	Ligas de Tungstênio	Ligas de W
	Ligas de Chumbo	Ligas de Pb
	Ligas de Zinco	Ligas de Zn
Cerâmicas, cerâmicas avançadas (Cerâmica fina capaz de aplicação de carga)	Alumina	Al_2O_3
	Nitreto de Alumínio	AlN
	Carbeto de Boro	B_4C
	Carbeto de Silício	SiC
	Nitreto de Silício	Si_3N_4
	Carbeto de Tungstênio	WC
Cerâmicas, cerâmicas tradicionais (Cerâmicas porosas de construção)	Tijolo	Tijolo
	Concreto	Concreto
Vidros	Vidro de soda-cal	Vidro de soda-cal
	Vidro de borossilicato	Vidro de borossilicato
	Vidro de sílica	Vidro de silica
	Vidro cerâmico	Vidro cerâmico
Polímeros (Termoplásticos e termorrígidos)	Acrilonitrila butadieno estireno	ABS
	Acetato de Celulose	CA
	Ionômeros	Ionômeros
	Epóxis	Epóxi
	Fenóis	Fenóis
	Poliamidas (náilons)	PA
	Policarbonato	PC
	Poliésteres	Poliéster

TABELA 3.1. **Famílias de materiais e classes (*Cont.*)**

Família	Classes	Abreviação
	Poliéter éter cetona	PEEK
	Polietileno	PE
	Polietileno tereftalato	PET ou PETE
	Polimetil metacrilato	PMMA
	Polioximetileno (Acetal)	POM
	Polipropileno	PP
	Poliestireno	PS
	Politetrafluoretileno	PTFE
	Policloreto de vinila	PVC
Elastômeros (Borrachas de engenharia, natural e sintética)	Borracha butílica	Borracha butílica
	Etil vinil acetato (EVA)	EVA
	Isopreno	Isopreno
	Borracha natural	Borracha natural
	Policloropreno	Neopreno
	Poliuretano	PU
	Elastômeros de silicone	Silicones
Híbridos: compósitos	Polímeros reforçados com fibra de carbono	CFRP
	Polímeros reforçados com fibra de vidro	GFRP
Híbridos: espumas	Espumas poliméricas flexíveis	Espumas flexíveis
	Espumas poliméricas rígidas	Espumas rígidas
Híbridos: materiais naturais	Cortiça	Cortiça
	Bambu	Bambu
	Madeira	Madeira

3.3 Os diagramas de propriedades de materiais

Propriedades Mecânicas

Diagrama módulo-densidade (Figura 3.3)

Módulo e densidade são propriedades bem conhecidas. Aço é rígido; borracha é flexível: são efeitos do módulo. Chumbo é pesado; cortiça flutua: são efeitos da densidade. A Figura 3.3 mostra a faixa de módulos de Young, E, e densi-

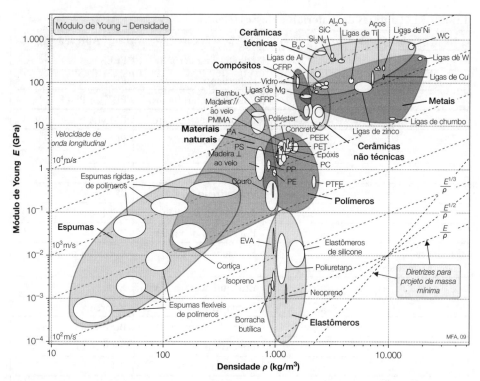

FIGURA 3.3. Gráfico do módulo de Young E em relação à densidade ρ. Os envelopes englobam dados para uma determinada classe de material. As linhas diagonais mostram a velocidade de onda longitudinal. As diretrizes de $E\rho$, $E^{1/2}/\rho$ e $E^{1/3}/\rho$ constantes permitem a seleção de materiais para projeto de peso mínimo, limitado por deflexão.

dade, ρ, para materiais de engenharia. Dados para membros de uma família particular de materiais aglomeram-se e podem ser englobados por um envelope colorido. Os mesmos envelopes de família aparecem em todos os diagramas: correspondem aos títulos principais da Tabela 3.1.

A *densidade* de um sólido depende do peso atômico de seus átomos ou íons, de seus tamanhos, e do modo como estão empacotados. O tamanho dos átomos não varia muito: a maioria tem um volume dentro de um fator de dois ao redor de 2×10^{-29} m^3. Frações de empacotamento também não variam muito — um fator de dois, a mais ou a menos. Empacotamento compacto dá uma fração de empacotamento de 0,74; redes abertas como as da estrutura cúbica do diamante dão aproximadamente 0,34. A dispersão da densidade vem principalmente da dispersão do peso atômico, na faixa de 1 para hidrogênio a 238 para urânio. Metais são densos porque são feitos de átomos pesados, empacotados compactamente; polímeros têm baixas densidades porque são feitos, em grande parte, de carbono (peso atômico: 12) e hidrogênio (peso atômico: 1) em empacotamentos amorfos ou cristalinos, mais abertos. A maioria das cerâmicas tem densidades mais baixas do que os metais porque contêm átomos leves de O, N ou C. Mesmo os mais leves dos átomos, empacotados do modo mais aberto, produzem sólidos com densidade de aproximadamente 1.000 kg/m3, a mesma da água. Materiais com densidades mais baixas do que essa são as *espumas* — materiais compostos por células que contêm uma grande fração de espaço de poros.

Os *módulos* da maioria dos materiais dependem de dois fatores: rigidez da ligação e número de ligações por unidade de volume. A ligação é como uma mola, e, como uma mola, tem uma constante de mola, S (unidades: N/m). O módulo de Young, E, é, aproximadamente:

$$E = \frac{S}{r_o} \tag{3.1}$$

onde r_o é o "tamanho do átomo" (r_o^3 é o volume atômico ou iônico médio). A larga faixa de módulos é, em grande parte, causada pela faixa de valores de S. A ligação covalente é rígida (S = 20–200 N/m); a metálica e a iônica, um pouco menos (S = 15–100 N/m). O diamante tem módulo muito alto porque o átomo de carbono é pequeno, o que cria alta densidade de ligação, e seus átomos estão unidos por fortes molas covalentes (S = 200 N/m). Metais têm módulos altos porque o empacotamento compacto dá alta densidade de ligação e as ligações são fortes, embora não tão fortes quanto aquelas do diamante. Polímeros contêm tanto ligações covalentes fortes, como as do diamante, quanto ligações fracas de hidrogênio ou de Van der Waals (S = 0,5–2 N/m). São as ligações fracas que se estiram quando o polímero é deformado, resultando em módulos baixos.

Porém, mesmo átomos grandes ($r_o = 3 \times 10^{-10}$ m) unidos pelas ligações mais fracas (S = 0,5 N/m) têm módulo de aproximadamente:

$$E = \frac{0,5}{3 \times 10^{-10}} \approx 1 \text{GPa} \tag{3.2}$$

Esse é o *limite inferior* para sólidos verdadeiros. O diagrama mostra que muitos materiais têm módulos mais baixos do que esse: são ou elastômeros ou espumas. Elastômeros têm E baixo porque suas ligações secundárias fracas se desintegraram, visto que sua temperatura de transição vítrea, T_g, está abaixo da temperatura ambiente, sobrando apenas a força de restauração "entrópica", muito fraca, associada a moléculas de cadeias longas e emaranhadas. Espumas têm módulos baixos porque as paredes das células são fáceis de sofrer flexão quando o material é carregado. Falaremos mais sobre isso no Capítulo 10.

O diagrama mostra que o módulo de materiais de engenharia abrange sete potências de 10,[4] de 0,0001 GPa (espumas de baixa densidade) a 1.000 GPa (diamante). A densidade abrange um fator de 2.000, de menos do que 10 até 20.000 kg/m³. Cerâmicas, como uma família, são muito rígidas, já os metais, um pouco menos — mas nenhum tem módulo menor do que 10 GPa. Polímeros, em contraste, aglomeram-se entre 0,8 e 8 GPa.

---

4. Espumas e géis (que podem ser considerados espumas de escala molecular recheadas de fluido) de densidade muito baixa podem ter módulos mais baixos do que esse. Como exemplo, a gelatina (como em Jell-O) tem módulo de aproximadamente 10^{-5} GPa. Suas resistências e tenacidades à fratura podem estar também abaixo do limite inferior dos diagramas.

66   Seleção de Materiais no Projeto Mecânico

As escalas logarítmicas permitem a apresentação de mais informações. Como explicamos na seção anterior, a velocidade de ondas elásticas em um material e as frequências das vibrações naturais de um componente feito desse material são proporcionais a $(E/\rho)^{1/2}$. Linhas com valores constantes dessa quantidade são representados no diagrama, identificadas pela velocidade de onda longitudinal. A velocidade varia de menos de 50 m/s (elastômeros macios) até um pouco mais de 10^4 m/s (cerâmicas rígidas). Observamos que alumínio e vidro, em razão de suas baixas densidades, transmitem ondas rapidamente, apesar de seus módulos baixos. Seria de se esperar que a velocidade de onda em espumas fosse baixa em razão de seu módulo baixo, porém, a baixa densidade quase compensa isso. A velocidade na madeira é baixa, na transversal do veio; mas, ao longo do veio, é alta — aproximadamente a mesma no aço —, um fato que é utilizado no projeto de instrumentos musicais.

O diagrama ajuda no problema comum da seleção de material para aplicações nas quais a massa deve ser minimizada. Diretrizes correspondentes a três geometrias de carregamento comuns são mostradas na Figura 3.3. Sua utilização na seleção de materiais para projeto limitado por rigidez com peso mínimo será descrita nos Capítulos 4 e 6.

Pesquisando propriedades de materiais

Qual classe de liga metálica é a mais leve? Qual é a mais densa? Qual é a mais rígida? Qual é a menos rígida?

Resposta

Um rápido olhar na Figura 3.3 revela que a classe mais leve é a das ligas de magnésio e a mais densa é a das ligas de tungstênio; ligas de tungstênio também são as mais rígidas e ligas de chumbo, as menos rígidas.
Todos os diagramas que aparecem neste capítulo, e nos subsequentes, podem ser usados para esse acesso rápido a comparações.

Comparando velocidades do som

Precisa-se de um metal no qual as ondas longitudinais viajem a 300 m/s. Use a Figura 3.3 para identificar candidatos.

Resposta

O diagrama mostra que ligas de zinco, de cobre e de tungstênio têm velocidade de onda longitudinal próxima a 300 m/s.

Diagrama resistência-densidade (Figura 3.4)

O módulo de um sólido é uma quantidade bem-definida, com um valor também definido. A resistência não é. Ela é mostrada, em relação à densidade, ρ, na Figura 3.4.

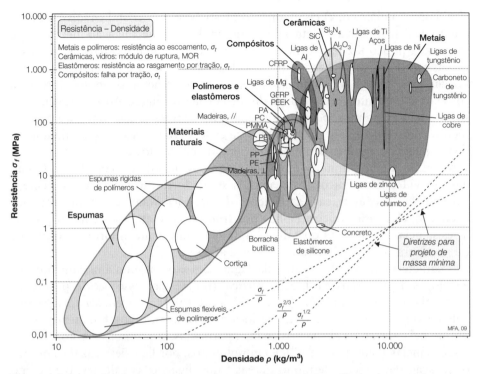

FIGURA 3.4. Gráfico da resistência, σ_f, em relação à densidade, ρ (limite de escoamento para metais e polímeros, resistência à compressão para cerâmicas, resistência ao rasgamento para elastômeros e resistência à tração para compósitos). As diretrizes σ_f/ρ, $\sigma_f^{2/3}/\rho$ e $\sigma_f^{1/2}/\rho$ constantes são usadas em projeto de peso mínimo, limitado por escoamento.

A palavra "resistência" precisa de definição. Para metais e polímeros, é o *limite de escoamento*. A faixa de limite de escoamento para um dado material é grande, pois inclui aqueles que encruaram ou foram endurecidos de algum outro modo, bem como os que foram amolecidos por recozimento. Para cerâmicas frágeis, a resistência aqui representada em gráficos é o *módulo de ruptura*: a resistência à flexão. É ligeiramente maior do que a resistência à tração, porém muito menor do que a resistência à compressão, que, para cerâmicas, é 10 a 15 vezes maior do que a resistência à tração. Para elastômeros, resistência significa a *resistência ao rasgamento por tração*. Para compósitos, é a *resistência à falha por tração* (a resistência à compressão pode ser até 30% menor em razão da flambagem das fibras). Usaremos o símbolo σ_f para todas elas, apesar dos diferentes mecanismos de falha envolvidos, para permitir uma comparação de primeira ordem.

A faixa de resistência para materiais de engenharia, como a faixa para o módulo, abrange muitas potências de 10: de menos de 0,01 MPa (espumas, usadas em embalagem e sistemas de absorção de energia) a 30.000 MPa (a resistência do diamante, explorada na prensa bigorna de diamante). O conceito isolado mais importante para entender essa ampla faixa é a *resistência da estrutura cristalina* ou *tensão de Peierls*. Ela é a resistência intrínseca da estrutura ao

68 Seleção de Materiais no Projeto Mecânico

cisalhamento plástico. O cisalhamento plástico em um cristal envolve o movimento de discordâncias. Metais puros são moles porque a ligação metálica não localizada pouco faz para atrapalhar o movimento de discordância, ao passo que as cerâmicas são duras porque suas ligações covalentes e iônicas mais localizadas (que devem ser rompidas e formadas novamente quando a estrutura sofrer cisalhamento) prendem as discordâncias no lugar. Ao contrário, para sólidos não cristalinos, pensamos na barreira energética associada ao deslizamento relativo de dois segmentos de uma cadeia polimérica, ou o cisalhamento de um pequeno aglomerado molecular em uma rede vítrea.

Assim, se a etapa unitária envolver o rompimento de ligações fortes (como em um vidro inorgânico), os materiais serão fortes. Se envolver somente a ruptura de ligações fracas (as ligações de Van der Waals em polímeros, por exemplo), eles serão fracos. Falhas por fratura em materiais ocorrem porque a resistência da estrutura cristalina ou de seu equivalente amorfo é tão grande que a separação atômica (fratura) ocorre antes.

A característica mais marcante da Figura 3.4 é o extremo alongamento dos envelopes de materiais na direção vertical (resistência). Isso ocorre porque os materiais com baixa resistência da estrutura cristalina podem ser fortalecidos pela introdução de obstáculos ao deslocamento entre átomos. Em metais, isso é obtido pela adição de elementos de liga, partículas, contornos de grão e outras discordâncias ("encruamento"); e em polímeros, por ligações cruzadas ou por orientação das cadeias de modo que as fortes ligações covalentes, bem como as fracas ligações de Van der Waals, devem ser rompidas quando o material se deforma. O Capítulo 6 entrará nisso em mais detalhes.

Uma utilização importante do diagrama é na seleção de materiais para projeto de baixo peso limitado por resistência. São mostradas diretrizes para seleção de materiais em projeto de peso mínimo de tirantes, colunas, vigas e placas e para projeto limitado por escoamento de componentes móveis nos quais as forças inerciais são importantes. Sua utilização será descrita nos Capítulos 4 e 5.

Alta resistência com baixo peso

Qual material tem a mais alta razão entre resistência σ_f e densidade ρ? Use a Figura 3.4 para determinar.

Resposta

Os materiais que têm os maiores valores de σ_f / ρ são os que estão próximos da extremidade superior esquerda da figura. A razão é representada por uma reta de inclinação 1 no diagrama. Há uma diretriz com essa inclinação, entre as três diretrizes apresentadas, na parte inferior direita. Os materiais que têm a razão mais alta são os que estão mais acima dessa reta. Polímeros reforçados com fibra de carbono (CFRPs) e diamante se destacam no cumprimento desse critério.

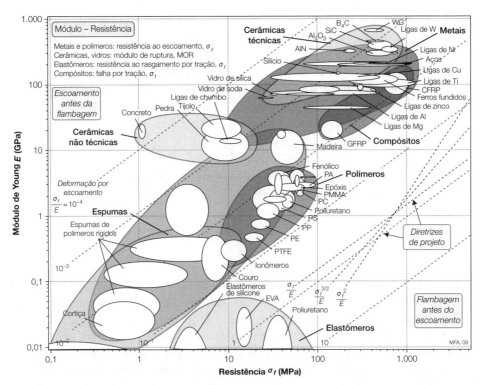

FIGURA 3.5. Gráfico do módulo de Young, E, em relação à resistência, σ_f. As diretrizes de projeto ajudam na seleção de materiais para molas, pivôs, fios de facas, diafragmas e dobradiças; sua utilização será descrita nos Capítulos 4 e 5.

Diagrama módulo-resistência (Figura 3.5)

Aço de alta resistência à tração produz boas molas. Mas a borracha também. Como dois materiais tão diferentes podem ser ambos adequados à mesma tarefa? Essa e outras perguntas são respondidas pela Figura 3.5, um dos mais úteis de todos os diagramas.

A figura mostra o gráfico do módulo de Young, E, em relação à resistência, σ_f. As classificações para "resistência" são as mesmas de antes. Seus significados são limite de escoamento para metais e polímeros, resistência à flexão (módulo de ruptura) para cerâmicas, resistência ao rasgamento para elastômeros e resistência à tração para compósitos e madeiras; o símbolo σ_f é usado para todas elas. Linhas de *deformação de escoamento* ou *deformação de fratura*, σ_f/E (que significa a deformação à qual o material deixa de ser linearmente elástico), aparecem como uma família de linhas retas paralelas.

Examine essas retas antes. Metais têm uma deformação de escoamento em torno de 0,001 (0,1%). Para polímeros, ela é maior: entre 0,01 e 0,1. Compósitos e madeiras encontram-se na linha 0,01. Elastômeros, em razão de seus

70 Seleção de Materiais no Projeto Mecânico

módulos excepcionalmente baixos, têm valores de σ_f/E maiores do que qualquer outra classe de material: tipicamente 1 a 10.

A distância à qual as forças interatômicas agem é pequena; a ligação é rompida se for estirada até mais do que aproximadamente 10% de seu comprimento original. Assim, a força F^* necessária para romper uma ligação é de aproximadamente:

$$F^* \approx \frac{Sr_o}{10} \qquad (3.3)$$

onde S, como antes, é a rigidez da ligação. Então, a deformação de falha de um sólido deve ser de aproximadamente:

$$\frac{\sigma_f}{E} \approx \frac{F^*}{r_o^2} / \left(\frac{S}{r_o}\right) = \frac{1}{10} \qquad (3.4)$$

O diagrama mostra que, para alguns polímeros, a deformação de falha se aproxima desse valor. Para a maioria dos sólidos ela é menor, por duas razões.

A primeira é que ligações não localizadas (aquelas em que a energia coesiva deriva da interação de um átomo com um grande número de outros, não apenas com seus vizinhos mais próximos) não são rompidas quando a estrutura é cisalhada. A ligação metálica e a ligação iônica para certas direções de cisalhamento agem desse modo. Metais muito puros, como o cobre puro, sofrem escoamento a tensões baixas de até $E/10.000$ e mecanismos de endurecimento são necessários para torná-los úteis para a engenharia. A ligação covalente *é* localizada e, por essa razão, sólidos covalentes têm limites de escoamento que, em baixas temperaturas, são tão altos quanto $E/10$. É difícil medi-los (embora às vezes isso possa ser feito por indentação) devido à segunda razão para fragilidade: eles geralmente contêm defeitos — concentradores de tensão — dos quais fraturas podem se propagar a tensões bem abaixo da "ideal" $E/10$. Elastômeros são anômalos (têm resistências ao redor de E) porque o módulo não deriva do estiramento da ligação, mas da mudança de entropia em cadeias moleculares emaranhadas quando o material é deformado.

Ainda não explicamos como escolher bons materiais para fazer molas. Isso envolve as diretrizes de projeto mostradas no diagrama, mas isso terá que esperar até o Capítulo 5.

Sólidos fortes

Use o diagrama resistência-densidade da Figura 3.4 para identificar três classes de materiais cujos membros tenham resistências que ultrapassam 1.000 MPa.

Resposta

As classes de materiais de aços, ligas de titânio e compósitos de fibra de carbono (CFRPs) têm membros com resistências maiores do que 1.000 MPa.

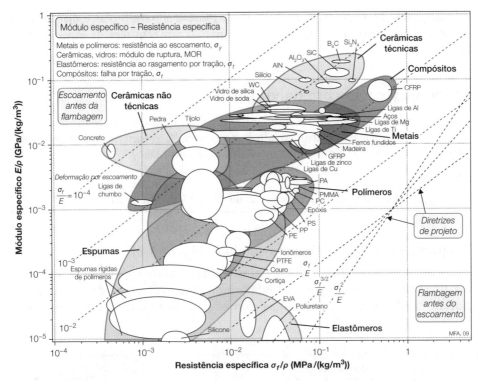

FIGURA 3.6. Gráfico do módulo específico E/ρ em relação à resistência específica σ_f/ρ. As diretrizes de projeto ajudam na seleção de materiais para molas e sistemas de armazenamento de energia de baixo peso.

Diagrama rigidez específica-resistência específica (Figura 3.6)

Muitos projetos, em particular aqueles para coisas que se movem, exigem rigidez e resistência com peso mínimo. Para ajudar nesse caso, os dados dos diagramas anteriores foram reutilizados para construir a Figura 3.6, após dividir os valores de módulo e de resistência pela densidade, mostrando, dessa maneira, E/ρ em relação a σ_f/ρ. Essas são medições de "eficiência mecânica", o que significa a utilização do mínimo de massa de material para realizar o máximo de trabalho estrutural. Eles não são os únicos — encontraremos mais no Capítulo 4 —, mas são um bom ponto de partida.

Compósitos, em particular CFRP, encontram-se na parte superior direita. Surgem como a classe de material que tem as propriedades específicas mais atraentes, uma das razões de sua crescente utilização na indústria aeroespacial. Cerâmicas têm rigidez por unidade de peso excepcionalmente altas, e sua resistência por unidade de peso é tão boa quanto dos metais, mas sua estrutura frágil as exclui de muitos usos estruturais. Metais são penalizados por causa de suas densidades relativamente altas. Polímeros, cujas densidades são baixas, se saem melhor nesse diagrama do que no anterior.

O diagrama tem aplicação na seleção de materiais para molas e dispositivos de armazenamento de energia leves. Porém, isso também terá de esperar até a Seção 5.7.

> ### Alta resistência com baixo peso
>
> *Mountain bikes* (bicicletas de montanha) de alta qualidade são feitas de materiais com valores particularmente altos da razão σ_f/ρ, os tornando fortes e leves. Qual classe de metal tem o valor mais alto para essa razão?
>
> **Resposta**
>
> A Figura 3.6 mostra que as ligas de titânio têm o valor mais alto.

Diagrama tenacidade à fratura–módulo (Figura 3.7)

Aumentar a resistência de um material só é útil enquanto o material permanecer plástico e não se tornar frágil; fragilidade indica uma vulnerabilidade à falha por fratura rápida iniciada em qualquer minúscula trinca ou defeito que ele possa

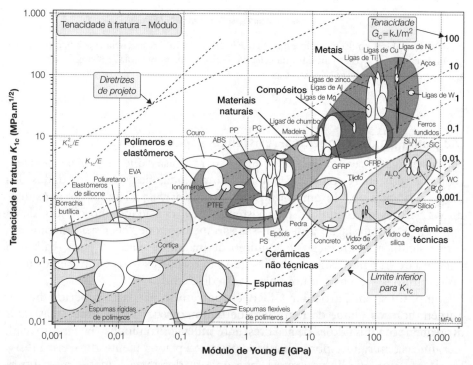

FIGURA 3.7. Gráfico da tenacidade à fratura K_{1c} em relação ao módulo de Young E. A família de retas é de K_{1c}^2 / E constante (aproximadamente G_{1c}, a energia de fratura ou tenacidade). Essas e a reta de K_{1c}/E constante ajudam a desenvolver projetos contra fratura. O triângulo sombreado mostra o limite inferior para K_{1c}.

conter. A resistência à propagação de uma trinca é medida pela *tenacidade à fratura*, K_{1c}, cujas unidades são MPa.m$^{1/2}$. É representada em gráfico em relação ao módulo E na Figura 3.7. Os valores abrangem a faixa de menos de 0,01 a mais de 100 MPa.m$^{1/2}$. Na extremidade inferior dessa faixa estão os materiais frágeis como vidros, os quais, quando carregados, permanecem elásticos até sofrerem fratura. Para esses, a mecânica da fratura elástica linear funciona bem e a tenacidade à fratura em si é uma propriedade bem-definida. Na extremidade superior, encontram-se os materiais supertenazes, todos os quais mostram substancial plasticidade antes de romperem. Para esses, os valores de K_{1c} são aproximados, derivados das medições da integral-J crítica (J_c) e do deslocamento crítico que provoca a abertura da trinca (δ_c), pela aproximação $K_{1c} \cong \left(EJ_c\right)^{1/2}$, por exemplo. Eles são úteis em fornecer uma classificação de materiais, mas também não devem ser tomados literalmente. A figura mostra uma razão para a dominância dos metais na engenharia; quase todos têm valores de K_{1c} acima de 18 MPa.m$^{1/2}$, um valor frequentemente citado como mínimo para projeto convencional.

Como regra geral, a tenacidade à fratura de polímeros é aproximadamente a mesma de cerâmicas e vidros. Apesar disso, polímeros são amplamente usados em estruturas de engenharia; as cerâmicas, por serem "frágeis", são tratadas com muito mais cautela. A Figura 3.7 ajuda a resolver essa aparente contradição. Considere, em primeiro lugar, a questão da *condição necessária para fratura*. Ela é a de que seja realizado trabalho externo suficiente, ou liberada energia elástica suficiente, para fornecer a energia de superfície, γ, por unidade de área das duas novas superfícies que são criadas. Expressamos isso como

$$G \geq 2\gamma \qquad (3.5)$$

onde G é a taxa de liberação de energia. Usando a relação padrão $K = (EG)^{1/2}$ entre G e a intensidade de tensão K, obtemos:

$$K \geq \left(2E\gamma\right)^{1/2} \qquad (3.6)$$

Agora as energias de superfície, γ, de materiais sólidos aumentam conforme seus módulos. Para uma aproximação adequada, $\gamma \approx Er_o/20$, onde r_o é o tamanho do átomo, o que dá

$$K \geq E\left(\frac{r_o}{10}\right)^{1/2} \qquad (3.7)$$

Identificamos o lado direito dessa equação com um valor limite inferior de K_{1c}, quando, tomando r_o como 2×10^{-10} m, encontramos

$$\frac{\left(K_{1c}\right)_{min}}{E} = \left(\frac{r_o}{10}\right)^{1/2} \approx 4,5 \times 10^{-6}\,\mathrm{m}^{1/2} \qquad (3.8)$$

Esse critério é representado no diagrama como um triângulo sombreado, perto do canto inferior direito. A tenacidade à fratura não pode estar nesse

74   Seleção de Materiais no Projeto Mecânico

triângulo a não ser que alguma outra fonte de energia como uma reação química, ou a liberação de energia elástica armazenada nas estruturas especiais de discordâncias, causadas por carregamento de fadiga, esteja disponível para auxiliar a propagação da trinca. Nesses casos, é dado, então, um novo símbolo, como $(K_1)_{scc}$, que significa "o valor crítico de K_1 para trinca por corrosão sob tensão", ou $(\Delta K_1)_{limite}$, que significa "a faixa mínima de K_1 para propagação de trinca por fadiga". Observamos que as cerâmicas mais frágeis encontram-se próximas desse limite. Quando sofrem fratura, a energia absorvida é apenas ligeiramente maior do que a de superfície. Quando metais, polímeros e compósitos sofrem fratura, a energia absorvida é muitíssimo maior, normalmente em razão da plasticidade associada à propagação da trinca.

A Figura 3.7 mostra linhas de *tenacidade*, $G_c \approx K_{1c}^2 / E$, uma medida da energia de superfície de fratura aparente com as unidades esperadas de energia por unidade de área, aqui kJ/m². As verdadeiras energias de superfície, γ, de sólidos encontram-se na faixa 10^{-4} a 10^{-3} kJ/m². O diagrama mostra que os valores da tenacidade começam em 10^{-3} kJ/m² e abrangem quase cinco séries de 10 até 100 kJ/m². É aqui que as diferenças entre polímeros e cerâmicas se evidenciam: as qualidades de tenacidade das cerâmicas (10^{-3}–10^{-1} kJ/m²) são muito mais baixas que as dos polímeros (10^{-1}–10 kJ/m²). Isso é parte da razão pela qual os polímeros são mais amplamente utilizados em engenharia do que as cerâmicas, um ponto mais desenvolvido no Capítulo 5.

Comparando materiais pela tenacidade

A tenacidade à fratura K_{1c} do polipropileno (PP) é aproximadamente 4 Mpa· m$^{1/2}$. A de ligas de alumínio é aproximadamente 10 vezes maior. Porém, no projeto limitado por deflexão, a tenacidade G_c é a propriedade mais importante. Use a Figura 3.7 para comparar os dois materiais pela tenacidade.

Resposta

Alumínio e PP têm quase exatamente os mesmos valores de G_c: aproximadamente 10 kJ/m².

Diagrama tenacidade à fratura–resistência (Figura 3.8)

A concentração de tensão na ponta de uma trinca gera uma zona de processo: uma zona plástica em sólidos dúcteis, uma zona de microtrincas em cerâmicas e uma zona de delaminação, desligamento e arrancamento de fibras em compósitos. Dentro da zona de processo, é realizado trabalho contra as forças plásticas e de atrito; daí a diferença entre a energia de fratura medida, G_c, e a verdadeira energia de superfície, 2γ. A quantidade de energia dissipada deve aumentar aproximadamente com a resistência do material dentro da zona de processo e com seu tamanho, d_y. Esse tamanho é determinado igualando o campo de tensão da trinca $\sigma = K / \sqrt{2\pi r}$ em r = $d_y/2$ com a resistência do material, σ_f, o que dá

$$d_y = \frac{K_{1c}^2}{\pi \sigma_f^2} \tag{3.9}$$

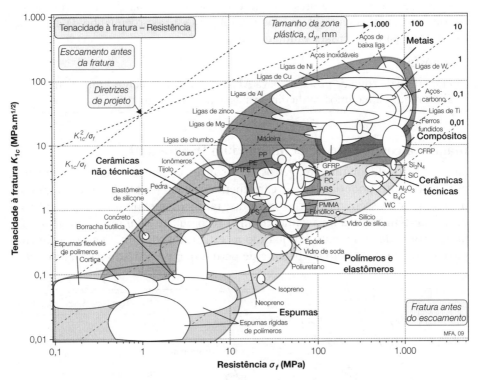

FIGURA 3.8. Gráfico da tenacidade à fratura K_{1c} em relação à resistência σ_f. As linhas mostram os valores de $K_{1c}^2 / \pi \sigma_f^2$ — aproximadamente o diâmetro d_y da zona de processo na ponta de uma trinca. As diretrizes de projeto são usadas na seleção de materiais para projeto tolerante a dano.

A Figura 3.8 apresenta a tenacidade à fratura em relação à resistência. O tamanho da zona de processo, d_y, é plotada sobre ela como linhas diagonais quebradas; não pode ser menor que as dimensões atômicas, levando à zona de exclusão representada pelo triângulo sombreado no canto inferior direito. O tamanho da zona varia de dimensões próximas às atômicas para cerâmicas e vidros muito frágeis até quase 1 metro para os metais mais dúcteis. Com o tamanho de zona constante, a tenacidade à fratura tende a aumentar com a resistência, como esperado. É isso que causa a aglomeração dos dados representados na Figura 3.8 ao redor da diagonal do diagrama. Materiais mais próximos da parte inferior direita têm alta resistência e baixa tenacidade; eles tendem a *sofrer fratura antes de sofrerem escoamento*. Com os mais próximos da parte superior esquerda acontece o contrário: sofrem escoamento antes de fratura.

O diagrama tem aplicação na seleção de materiais para o projeto seguro de estruturas que suportam carga. Exemplos são dados nos estudos de casos nas Seções 5.10 e 5.11.

Teste válido de tenacidade

Um ensaio válido de tenacidade à fratura requer uma amostra com dimensões no mínimo 10 vezes maiores do que o diâmetro da zona de processo que se forma na ponta da trinca. Use a Figura 3.8 para estimar o tamanho da amostra necessário para um ensaio válido de ABS.

Resposta

O tamanho da zona de processo para ABS é aproximadamente 1 mm. Um ensaio válido requer uma amostra de dimensões maiores do que 10 mm.

Diagrama coeficiente de perda–módulo (Figura 3.9)

Sinos são, tradicionalmente, feitos de bronze. Podem ser feitos de vidro e, potencialmente, poderiam ser de carboneto de silício (se pudéssemos arcar com o preço). Sob as circunstâncias corretas, tanto os metais quanto os vidros e cerâmicas têm baixo amortecimento intrínseco ou "atrito interno", uma importante propriedade de material quando as estruturas vibram. O amortecimento intrínseco é medido pelo coeficiente de perda, η, representado na Figura 3.9.

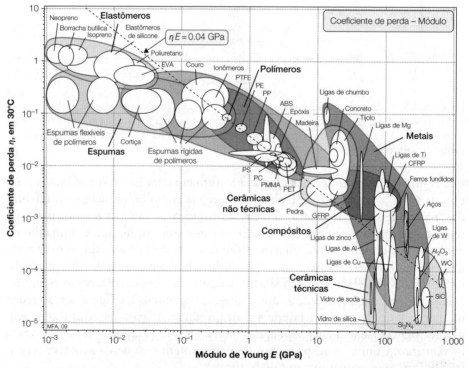

FIGURA 3.9. Gráfico do coeficiente de perda η em relação ao módulo de Young E. A diretriz corresponde à condição $\eta = CE$.

Há muitos mecanismos de amortecimento intrínseco e histerese. Alguns (os mecanismos de "amortecimento") estão associados a um processo que tem uma constante de tempo específica; então, a perda de energia é centrada ao redor de uma frequência característica. Outros, os mecanismos de "histerese", são associados com mecanismos independentes do tempo; eles absorvem energia em todas as frequências. Em metais, grande parte da perda é por histerese, causada por movimento de discordância: é alta em metais moles como chumbo e alumínio puro. Metais de alta liga como bronze e aços de alto teor de carbono têm baixa perda, porque o soluto prende as discordâncias: esses são os materiais para sinos. Perda excepcionalmente alta é encontrada em algumas ligas de Mn-Cu, em razão de uma transformação martensítica induzida por deformação, e em magnésio, talvez em razão da maclação reversível. As bolhas alongadas para metais na Figura 3.9 abrangem a grande faixa que se torna acessível por adição de elementos de liga e encruamento. Cerâmicas de engenharia têm baixo amortecimento porque a enorme resistência da estrutura cristalina prende as discordâncias presentes ali em temperatura ambiente. Por outro lado, cerâmicas porosas estão repletas de trincas cujas superfícies se atritam, dissipando energia quando o material é carregado. O alto amortecimento de ferros fundidos cinzentos tem uma origem semelhante. Em polímeros, segmentos de cadeias deslizam um contra o outro quando carregados; o movimento relativo dissipa energia. A facilidade com que deslizam depende da razão entre a temperatura do ambiente, T, nesse caso a temperatura do local onde estão, e a temperatura de transição vítrea, T_g, do polímero. Quando $T/T_g < 1$, as ligações secundárias são "congeladas", o módulo é alto e o amortecimento é relativamente baixo. Quando $T/T_g > 1$, as ligações secundárias já se desintegraram, o que permite o fácil deslizamento da cadeia; o módulo é baixo e o amortecimento é alto. Isso é responsável pela óbvia dependência inversa de η em relação a E para polímeros na Figura 3.9; de fato, por uma primeira aproximação

$$\eta = \frac{4 \times 10^{-2}}{E} \tag{3.10}$$

(com E in GPa) para polímeros, madeiras e compósitos de matriz polimérica.

Amortecimento de vibração

Procura-se um metal para apoios para amortecer a vibração de uma pequena máquina operatriz. Use a Figura 3.9 para procurar o metal que tem o maior valor do coeficiente de amortecimento η para usar nos apoios.

Resposta
Chumbo ou ligas de chumbo são a melhor escolha.

78   Seleção de Materiais no Projeto Mecânico

Aquecimento por vibração

Uma centrífuga que gira a $f = 5.000$ rpm está ligada a um apoio de PTFE (Teflon).
Um balanceamento ruim causa a vibração da centrífuga, carregando o PTFE até
uma tensão de pico $\sigma_{máx} = 8$ MPa a cada ciclo. Se uma operação de centrifugação
durar 2 minutos e não houver nenhuma perda de calor pelo PTFE, de quanto
será a elevação da temperatura? Adote como calor específico volumétrico para o
PTFE (que pode ser considerado na Figura 3.11) $\rho C_p = 2 \times 10^6$ J/m³.K, e extraia
as outras propriedades de material de que você precisa da Figura 3.9.

Resposta

A Figura 3.9 mostra que o módulo do PTFE é $E = 0,4$ GPa e seu coeficiente de
perda é $\eta = 0,08$. A energia elástica de pico armazenada no PTFE em qualquer
ciclo isolado é

$$U_{max} = \frac{\sigma_{max}^2}{2E} = 80.000 \text{ J} / \text{m}^3$$

pela qual $\Delta U = 2\pi\ \eta U_{máx}$ [Equação (2.10)] é perdido em cada ciclo. Assim, a
energia amortecida no PTFE em 2 minutos é:

$$U_{2mins} = 2\pi\eta U_{max}\left(2f\right) = 4 \times 10^8 \text{ J} / \text{m}^3$$

Dividindo essa expressão pelo calor específico volumétrico do PTFE, obtemos
uma elevação de temperatura de 200 °C. Será necessário garantir que o calor
pode ser conduzido para fora do suporte para impedir superaquecimento.

Propriedades Térmicas

Diagrama condutividade térmica–resistividade elétrica (Figura 3.10)

A propriedade de material que governa o fluxo de calor que atravessa um material em regime permanente é a condutividade térmica, λ (unidades: W/m.K).
Os elétrons de valência em metais são "livres" e se movimentam como um gás
dentro do reticulado do metal. Cada elétron porta uma energia cinética, $\frac{3}{2}kT$,
onde k é a constante de Boltzmann. É a transmissão dessa energia, mediante
colisões, que conduz calor em metais. A condutividade térmica é descrita por

$$\lambda = \frac{1}{3}C_e\bar{c}\ell$$

(3.11)

onde C_e é o calor específico do elétron por unidade de volume, $\bar{c}$ é a velocidade
do elétron (2×10^5 m/s) e ℓ é o caminho livre médio do elétron, cujo valor
típico em metais puros é 10^{-7} m. Em soluções sólidas de alta liga (aços inoxidáveis, superligas de níquel e ligas de titânio), os átomos estranhos dispersam
elétrons, reduzindo o caminho livre médio a dimensões atômicas ($\approx 10^{-10}$ m), o
que diminui muito a λ.

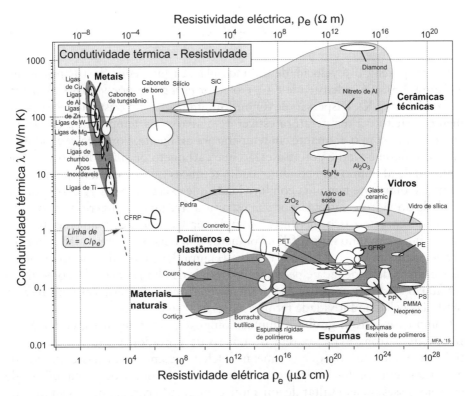

FIGURA 3.10. Gráfico da condutividade térmica λ em relação à resistividade elétrica ρ_e. Para metais, as duas estão relacionadas.

Esses mesmos elétrons, quando em um gradiente de potencial, vagueiam pelo reticulado, fornecendo condução elétrica. Aqui, a condutividade elétrica, κ, é medida por sua inversa, a *resistividade* ρ_e (unidades SI: $\Omega \cdot m$, unidades de conveniência $\mu\Omega \cdot cm$). A faixa de ρ_e é enorme: um fator de 10^{28}, muitíssimo maior do que a de qualquer outra propriedade. Como ocorre com o calor, a condução de eletricidade em metais é proporcional à densidade dos portadores, os elétrons, e a seus caminhos livres médios, o que leva à relação de Wiedemann-Franz:

$$\lambda \propto \kappa = \frac{1}{\rho_e} \qquad (3.12)$$

As quantidades λ e ρ_e são os eixos da Figura 3.10. Dados para metais aparecem na parte superior esquerda. A linha tracejada mostra que a relação Wiedemann-Franz é bem-obedecida para metais.

Porém, e o resto do diagrama? Elétrons não contribuem para a condução térmica em cerâmicas e polímeros. Em vez disso, o calor é transmitido por fônons — vibrações do reticulado de comprimento de onda curto. Eles são dispersados uns pelos outros e por impurezas, defeitos em reticulados e superfícies; são esses que determinam o caminho livre médio do fônon, ℓ. A condutividade ainda é dada pela Equação (3.11), que escrevemos como:

80 Seleção de Materiais no Projeto Mecânico

$$\lambda = \frac{1}{3}\rho C_p \bar{c} \ell \qquad (3.13)$$

Agora, porém, $\bar{c}$ é velocidade da onda elástica (ao redor de 10^3 m/s – veja a Figura 3.3), ρ é a densidade e C_p é o *calor específico por unidade de massa* (unidades: J/kg.K). Dispersão de fônon é minimizada se o cristal for particularmente perfeito e a temperatura estiver bem abaixo da temperatura de Debye, como ocorre com o diamante em temperatura ambiente. Portanto, a condutividade do fônon é alta: é por essa razão que carboneto de silício monocristalino e nitreto de alumínio têm condutividades térmicas quase tão altas quanto a do cobre e o diamante tem uma condutividade que excede a deles. A baixa condutividade do vidro é causada por sua estrutura irregular não periódica; o comprimento característico das ligações moleculares (aproximadamente 10^{-9} m) determina o caminho livre médio. Polímeros têm baixas condutividades porque a velocidade da onda elástica $\bar{c}$ é baixa (Figura 3.3), e o caminho livre médio na estrutura desordenada é pequeno. Materiais de alta porosidade, como tijolo refratário, cortiça e espumas, mostram as condutividades térmicas mais baixas, limitadas pela condutividade térmica do gás em suas células.

Como os metais, a grafita e muitos compostos intermetálicos, como WC e B_4C, têm elétrons livres, porém o número de portadores é menor e a resistividade é mais alta do que em metais. Defeitos como vacâncias e átomos de impurezas em sólidos iônicos criam íons positivos que exigem equilíbrio de elétrons. Esses podem saltar de íon a íon, conduzindo carga, porém lentamente, porque a densidade do portador é baixa. Sólidos covalentes e a maioria dos polímeros não têm nenhum elétron móvel e são isolantes ($\rho_e > 10^{12}$ µΩ.cm) – encontram-se no lado direito da Figura 3.10.

Sob um gradiente de potencial suficientemente alto, qualquer coisa pode ser um condutor. O gradiente arranca elétrons livres até dos átomos mais possessivos, acelerando-os e provocando a colisão entre eles e os átomos próximos, arrancando mais elétrons e criando uma cascata. O gradiente crítico é o *potencial de ruptura*, V_b (unidades: MV/m), definido no Capítulo 2.

Conduzindo calor, mas não eletricidade

Quais materiais são bons condutores térmicos e também bons isolantes elétricos (uma combinação incomum)? Use a Figura 3.10 para encontrá-los.

Resposta

O diagrama identifica que diamante, nitreto de alumínio, alumina e nitreto de silício têm essas propriedades. São os que se encontram na parte superior direita.

Diagrama condutividade térmica–difusividade térmica (Figura 3.11)

A condutividade térmica, como dissemos, governa o fluxo de calor que atravessa um material em regime permanente. A propriedade que governa o fluxo

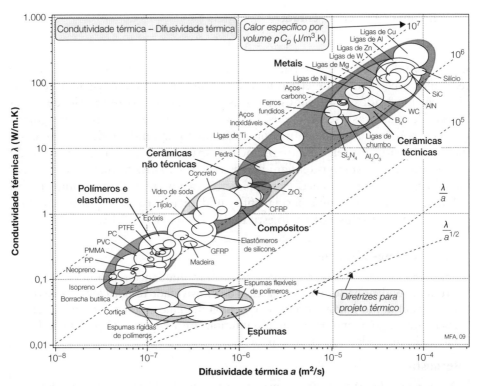

FIGURA 3.11. Gráfico da condutividade térmica λ em relação à difusividade térmica a. As linhas mostram o calor específico volumétrico ρC_v. As três propriedades variam com a temperatura; os dados aqui são para temperatura ambiente.

de calor transiente é a difusividade térmica, a (unidades: m²/s). As duas estão relacionadas por:

$$a = \frac{\lambda}{\rho C_p} \quad (3.14)$$

onde ρ em kg/m³ é a densidade. A quantidade ρC_p é o *calor específico volumétrico* (unidades: J/m³.K). A Figura 3.11 relaciona condutividade térmica, difusividade e calor específico volumétrico com a temperatura ambiente.

Os dados abrangem quase cinco séries de 10 em λ e a. Materiais sólidos ficam enfileirados ao longo da reta de calor específico volumétrico constante:[5]

$$\rho C_p \approx 3 \times 10^6 \, J/m^3 K \quad (3.15)$$

---

5. Isso pode ser entendido observando-se que um sólido que contém N átomos tem $3N$ modos vibracionais. Cada um (na aproximação clássica) absorve energia térmica kT à temperatura absoluta T, e o calor específico vibracional é $Cp \approx Cv = 3Nk$ (J/K), onde k é a constante de Boltzmann ($1,34 \times 10^{-23}$ J/K). O volume por átomo Ω para quase todos os sólidos encontra-se dentro de um fator de dois em relação a $1,4 \times 10^{-29}$ m³; assim, o volume de N átomos é (NCp) m³. Então, o calor específico volumétrico é (como mostra o diagrama): $\rho C_v \cong 3Nk / N\Omega = \dfrac{3k}{\Omega} = 3 \times 10^6 \, J/m^3 K$.

82   Seleção de Materiais no Projeto Mecânico

Como uma regra geral, então,

$$\lambda = 3 \times 10^6 a \qquad (3.16)$$

(λ em W/m.K e a em m²/s). Alguns materiais se desviam dessa regra porque têm calor específico volumétrico mais baixo do que a média. Os maiores desvios são mostrados nos sólidos porosos: espumas, tijolo refratário de baixa densidade, madeiras e semelhantes. A baixa densidade desses materiais significa que eles contêm um número menor de átomos por unidade de volume e, na média calculada em relação ao volume da estrutura, ρC_p é baixa. O resultado é que, embora as espumas tenham baixas *condutividades* térmicas, suas *difusividades* térmicas não são necessariamente baixas: podem não transmitir muito calor, mas alcançam regime permanente rapidamente. Isso é importante para o projeto, um ponto ilustrado pelo estudo de caso da Seção 5.13.

Amortecedores térmicos

Um bom modo de proteger equipamentos contra mudança repentina de temperatura é acondicioná-los em um material de difusividade térmica (em vez de condutividade) muito baixa, porque, então, uma mudança na temperatura externa levará um longo tempo para atingir o interior. Use a Figura 3.11 para identificar materiais que poderiam ser bons para isso.

Resposta

O diagrama identifica isopreno, neopreno e borracha butílica como candidatos potenciais.

Diagrama expansão térmica–condutividade térmica (Figura 3.12)

Quase todos os sólidos se expandem com aquecimento. A ligação entre um par de átomos comporta-se como uma mola elástica linear quando o deslocamento relativo dos átomos é pequeno; porém, quando é grande, a mola é não linear. A maioria das ligações torna-se mais rígida quando os átomos são forçados juntos, e menos rígida quando separados. Tais ligações são anarmônicas. As vibrações térmicas de átomos, mesmo à temperatura ambiente, envolvem grandes deslocamentos e, à medida que a temperatura aumenta, a anarmonicidade da ligação separa os átomos, ampliando seu espaçamento médio. O efeito é medido pelo coeficiente de expansão linear:

$$\alpha = \frac{1}{\ell}\frac{d\ell}{dT} \qquad (3.17)$$

onde ℓ é uma dimensão linear do corpo.

O gráfico do coeficiente de expansão em relação à condutividade térmica é apresentado na Figura 3.12. Mostra que polímeros têm grandes valores de α, aproximadamente 10 vezes maiores que os dos metais e quase 100 vezes maiores que os das cerâmicas. Isso ocorre porque as ligações de Van der Waals do polímero são muito anarmônicas. Diamante, silício e vidro de sílica (SiO_2) têm ligações covalentes com baixa anarmonicidade (isto é, são quase elásticas lineares,

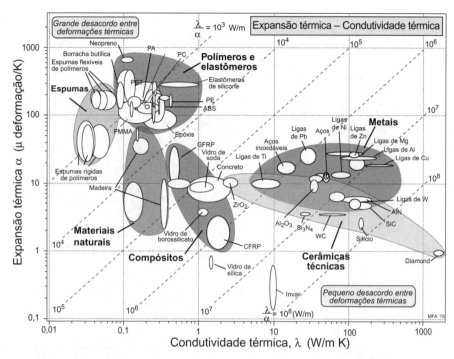

FIGURA 3.12. Gráfico do coeficiente de expansão linear, α, em relação à condutividade térmica λ. As linhas mostram o parâmetro de distorção térmica λ/α. Um material extra, a liga de níquel Invar, foi adicionado ao diagrama; é notável por sua expansão excepcionalmente baixa à temperatura ambiente e próxima dela, útil no projeto de equipamentos de precisão que não podem sofrer distorção se a temperatura mudar.

mesmo sob grandes deformações), o que dá a eles baixos coeficientes de expansão. Compósitos, mesmo em matrizes de polímero, têm baixos valores de α porque as fibras de reforço, em particular as de carbono, expandem-se muito pouco.

O diagrama mostra linhas de λ/α, uma quantidade importante para o projeto contra distorção térmica. Um material extra, Invar (uma liga de níquel), foi adicionado ao diagrama em razão de seu coeficiente de expansão excepcionalmente baixo à temperatura ambiente e próxima dela, uma consequência da permuta entre expansão normal e uma contração associada à transformação magnética. Uma aplicação que usa o diagrama será desenvolvida no Capítulo 5, Seção 5.16.

Atuadores térmicos

Um atuador usa a expansão térmica de seu elemento ativo para gerar a força atuadora. Use a Figura 3.12 para identificar o material com o maior coeficiente de expansão.

Resposta

Neopreno, na parte superior esquerda do diagrama, tem um valor de coeficiente de expansão maior do que qualquer outro no diagrama.

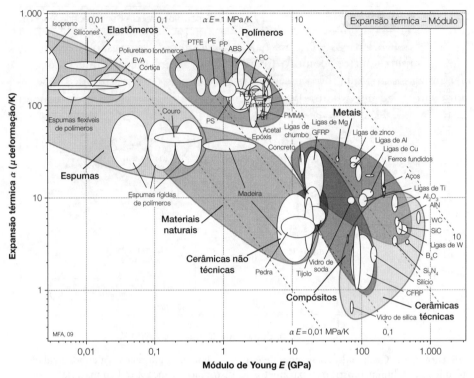

FIGURA 3.13. Gráfico do coeficiente de expansão linear, α, em relação ao módulo de Young, E. As linhas mostram a tensão térmica criada por uma mudança de temperatura de 1 °C se a amostra estiver restringida no sentido axial. Um fator de correção C é aplicado para restrição biaxial ou triaxial (veja o texto).

Diagrama expansão térmica-módulo (Figura 3.13)

Tensão térmica é a tensão que aparece em um corpo quando ele é aquecido ou resfriado, porém mecanicamente restringido, impedido de se expandir ou contrair. Tensão térmica depende do coeficiente de expansão, α, do material e de seu módulo, E. Um desenvolvimento padrão da teoria da expansão térmica resulta na relação

$$\alpha = \frac{\gamma_G \rho C_p}{3E} \qquad (3.18)$$

onde γ_G é a constante de Gruneisen. Essa constante tem valores entre 0,4 e 4, porém, para a maioria dos sólidos é próxima de 1. Visto que ρC_p é quase constante [Equação (3.15)], a equação nos diz que α é proporcional a $1/E$. A Figura 3.13 mostra que, de modo geral, é isso mesmo. Cerâmicas, que têm os módulos mais altos, possuem os coeficientes de expansão mais baixos; elastômeros, que têm os módulos mais baixos, são os que se expandem mais. Alguns materiais com baixos números de coordenação (sílica e alguns materiais com

Diagramas de propriedades de materiais   85

estruturas de diamante cúbico ou de blenda de zinco) podem absorver energia preferencialmente em modos transversais, o que resulta em valores de γ_G muito pequenos ou negativos e em um baixo coeficiente de expansão (sílica, SiO_2, é um exemplo). Outros, como o Invar, se contraem à medida que perdem seu ferromagnetismo quando aquecidos, passando pela temperatura de Curie. Eles também mostram expansão próxima de zero, em uma estreita faixa de temperatura, o que é útil na fabricação de equipamentos de precisão e vedações vidro-metal.

Mais um fato útil: os módulos de materiais aumentam aproximadamente com seu ponto de fusão, T_m:

$$E \approx \frac{100kT_m}{\Omega} \tag{3.19}$$

onde k é a constante de Boltzmann e Ω é o volume por átomo na estrutura. Substituindo essa expressão e a Equação (3.15) para ρC_p na Equação (3.18) para α, obtemos:

$$\alpha = \frac{\gamma_G}{100T_m} \tag{3.20}$$

onde o coeficiente de expansão varia inversamente em relação ao ponto de fusão. De modo equivalente, a deformação térmica para todos os sólidos, um pouco antes de sua fusão, depende somente de γ_G, tornando-as aproximadamente uma constante a mais ou menos 1%. As Equações (3.18) a (3.20) são exemplos de correlações entre propriedades, úteis para estimar e verificar as propriedades dos materiais (Apêndice A, Seção A.11).

Sempre que a expansão ou contração térmica de um corpo é impedida, tensões térmicas surgem. Se são grandes o suficiente, essas tensões causam escoamento, fratura ou colapso elástico (flambagem). É comum distinguir entre tensão térmica causada por restrição externa (uma haste engastada rigidamente em ambas as extremidades, por exemplo) e a que aparece sem restrição externa em razão de gradientes de temperatura no corpo. Todas aumentam junto com a quantidade αE, mostrada como um conjunto de linhas diagonais na Figura 3.13. Mais precisamente, a tensão $\Delta\sigma$ produzida por uma mudança de temperatura de 1 °C em um sistema restringido, ou a tensão por °C causada por uma mudança repentina na temperatura superficial em um sistema que não é restringido, é dada por:

$$C\Delta\sigma = \alpha E \tag{3.21}$$

onde $C = 1$ para restrição axial; $(1 - \nu)$ para restrição biaxial ou resfriamento rápido normal; e $(1 - 2\nu)$ para restrição triaxial, onde ν é o coeficiente de Poisson. Essas tensões são grandes, com um valor típico de 1 MPa/K. Podem fazer com que o material escoe, trinque, destaque ou flambe quando aquecido ou resfriado repentinamente.

> ## Tensão térmica
>
> Qual tensão aproximada aparecerá em uma haste de aço cujas extremidades estão rigidamente engastadas, se sua temperatura sofrer uma mudança de 100 °C? Use a Figura 3.13 para determinar isso.
>
> ### Resposta
>
> A figura mostra que, para o aço, $\alpha E \approx 3$ MPa/K; assim, a mudança de temperatura de 100 °C criará uma tensão de aproximadamente 300 MPa.

Diagrama de temperatura de serviço máxima (Figura 3.14)

Temperatura afeta o desempenho do material de muitos modos. À medida que a temperatura aumenta, o material pode sofrer fluência, o que limita sua capacidade de suportar cargas. Pode se degradar ou se decompor, o que muda sua estrutura química de tal modo que se torna inutilizável. E pode se oxidar ou reagir de outras maneiras com o ambiente no qual é usado, deixando-o incapaz de desempenhar sua função. A temperatura aproximada à qual, por qualquer dessas razões, não é seguro utilizar um material é denominada sua temperatura de serviço máxima, $T_{máx}$. A Figura 3.14 mostra isso em um diagrama de barras.

O diagrama dá uma visão panorâmica dos regimes de temperatura nos quais cada classe de material é utilizável. Observe que poucos polímeros podem ser

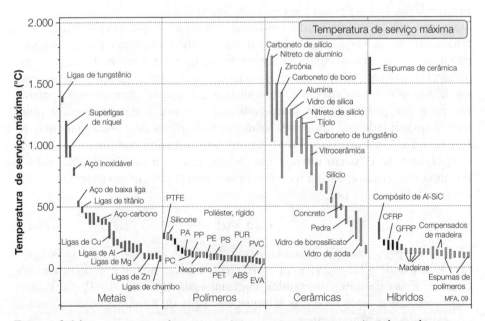

FIGURA 3.14. A temperatura de serviço máxima — a temperatura acima da qual um material torna-se inutilizável.

usados acima de 200 °C, poucos metais acima de 800 °C e somente cerâmicas oferecem resistência acima de 1.500 °C.

> **Temperatura de uso para aço inoxidável**
>
> Foi proposta a utilização de aço inoxidável como parte de uma estrutura que funciona a 500 °C. É seguro fazer isso?
>
> **Resposta**
>
> A Figura 3.14 mostra que a temperatura de uso máxima para aço inoxidável está na faixa de 700 a 1.100 °C. A utilização a 500 °C parece ser possível.

Propriedades Elétricas

Diagrama constante dielétrica-resistência dielétrica (Figura 3.15)

A densidade de energia (J/m³) de um capacitor com uma única camada dielétrica aumenta com o quadrado do campo E:

$$\text{Densidade de energia} = \frac{1}{2}\varepsilon_r \varepsilon_o E^2$$

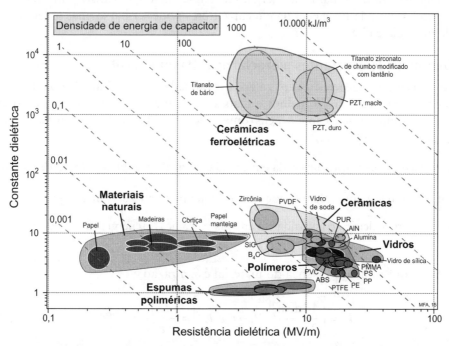

FIGURA 3.15. Um gráfico mostrando a constante dielétrica e a resistência de materiais comuns. As cerâmicas ferroelétricas têm a mais alta densidade de energia, mostrada pelas linhas tracejadas.

88   Seleção de Materiais no Projeto Mecânico

onde ε_r é a permissividade relativa (constante dielétrica) e ε_o é a permissividade do vácuo ($8,854 \times 10^{-12}$ F/m). Um limite superior para E é a resistência dielétrica, E_b, definindo um limite superior para a densidade de energia:

$$\text{Densidade de energia máxima} = \frac{1}{2}\varepsilon_r\varepsilon_o E_b^2 \qquad (3.22)$$

A constante dielétrica e a resistência dielétrica são os eixos do diagrama mostrado na Figura 3.15. A densidade de energia máxima é plotada como um conjunto de linhas diagonais no gráfico. Dielétricos convencionais como polietileno, vidro à base de soda ou a cerâmica alumina têm constantes dielétricas entre 3 e 10 e, na melhor das hipóteses, armazenam 10 kJ/m³. Cerâmicas ferroelétricas como titanato de bário ou titanato zirconato de chumbo (PZT) contêm naturalmente dipolos moleculares os quais se realinham no campo, dando a elas constantes dielétricas e capacidades de armazenamento de energia muito maiores. Um capacitor típico de titanato de bário, com $E_b = 4$MV / m e $\varepsilon_r = 2.500$, fornece uma densidade de energia de 180 kJ/m³. Esse é um valor baixo, quando comparado com hidrocarbonetos usados como combustíveis, como a gasolina (densidade de energia de cerca de 30.000 kJ/m³), mas é comparável com baterias (uma bateria de níquel-cádmio tem uma densidade de energia de aproximadamente 1000 kJ/m³). A energia em baterias, no entanto, pode ser utilizada somente na taxa que as reações químicas que liberam carga podem ocorrer, enquanto a energia em um capacitor é acessível instantaneamente. A densidade de energia em capacitores pode ser baixa, mas a densidade de potência é alta.

Diagrama de constantes piezoelétricas (Figura 3.16)

As constantes piezoelétricas d_{33} e g_{33}, introduzidas no Capítulo 2 são representadas na Figura 3.16. A melhor e mais simples medida do efeito piezoelétrico é a constante de acoplamento eletromecânica, k_p. Ela é definida em termos do seu quadrado, k_p^2, como

$k_p^2 =$ (energia mecânica convertida em energia elétrica) / (energia mecânica de entrada)

ou, de maneira equivalente (por causa do acoplamento ser linear), como

$k_p^2 =$ (energia elétrica convertida em energia mecânica) / (energia elétrica de entrada)

Se a conformidade elástica do material é S, a razão é

$$k_p^2 = \left[\frac{1}{2}\frac{(d_{33}E)^2}{S}\right] / \left[\frac{1}{2}\varepsilon_r\varepsilon_o E^2\right] = \frac{(d_{33})^2}{\varepsilon_r\varepsilon_o S} = \frac{d_{33}g_{33}}{S} \qquad (3.23)$$

Alta eficiência de conversão é desejada. Então, a quantidade $d_{33}g_{33}$ tem uma característica de índice ou figura de mérito. Ela é mostrada pelas linhas diago-

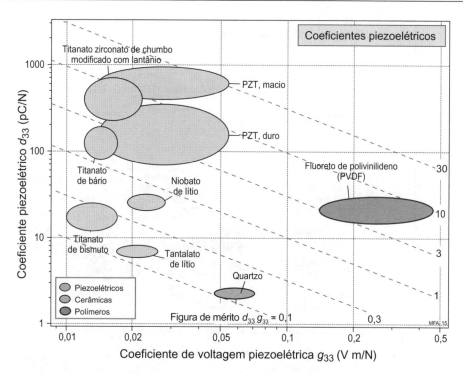

FIGURA 3.16. As constantes piezoelétricas d_{33} e g_{33} introduzidas no Capítulo 2. A eficiência de conversão piezoelétrica $d_{33}g_{33}$ é mostrada pelas linhas tracejadas.

nais tracejadas na Figura 3.16. Uma vez que a conversão de energia nunca é 100% eficiente, $k_p < 1$. Valores de k_p variam de 0,1 para o quartzo até 0,7 para o PZT.

Acelerômetros piezoelétricos

Acelerômetros piezoelétricos dependem da inércia de uma massa m para gerar uma força $F = ma$, quando sujeita a uma aceleração ou desaceleração a. Se essa força é aplicada à extremidade de uma viga à qual uma fina camada de material piezoelétrico é aderida, a camada piezoelétrica é tracionada ou comprimida. A carga resultante que surge no piezoelétrico pode ser detectada e, se necessário, usada para causar uma resposta, se a aceleração ou desaceleração exceder um valor crítico. Para isso, um material piezoelétrico com um alto coeficiente de carga piezoelétrica d_{33} é desejável. Use a Figura 3.16 para identificar os quatro melhores materiais para essa aplicação.

Resposta

A Figura 3.16 mostra que os materiais com os valores mais altos de d_{33} são o PZT macio e o titanato zirconato de chumbo modificado com lantânio (PLZT).

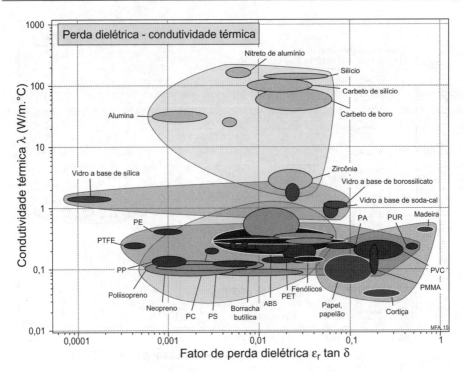

FIGURA 3.17. A condutividade térmica λ e o fator de perda dielétrica $\varepsilon_r \tan\delta$.

Diagrama de condutividade térmica-fator de perda dielétrica (Figura 3.17)

O fator de perda dielétrica L e a condutividade térmica λ são plotados na Figura 3.17. Materiais que são transparentes para as micro-ondas (radares usam frequências de micro-ondas) se encontram à esquerda: espumas poliméricas, certos polímeros (PP, PE, PTFE) e algumas cerâmicas têm valores particularmente baixos. Materiais que absorvem micro-ondas, e, por consequência, se aquecem durante o processo, se encontram à direita: polímeros contendo um grupo polar, como náilon e o poliuretano, e materiais naturais como madeiras (madeiras se secam por aquecimento em micro-ondas). Água, que possui uma molécula polar, tem um fator de perda particularmente grande, o que explica o porquê da maioria das comidas poderem ser cozinhadas em um forno de micro-ondas.

Quando um material dielétrico é colocado em um campo elétrico cíclico de amplitude E e frequência f, potência P é dissipada e o campo é correspondentemente atenuado. A potência dissipada por unidade de volume, em W/m³, é

$$P \approx fE^2 \varepsilon \tan\delta = fE^2 \varepsilon_o \varepsilon_r \tan\delta \qquad (3.24)$$

onde, como antes, ε_r é a constante dielétrica do material e $\tan\delta$ é a sua tangente de perda. Essa potência surge como calor e é gerada uniformemente (se o

Diagramas de propriedades de materiais   91

campo é uniforme) pelo volume de material. Então, quanto maior a frequência ou a força do campo e maior o fator de perda

$$L = \varepsilon_r \tan\delta$$

maior é o aquecimento e a perda de energia. Essa perda dielétrica é explorada em processamento — por exemplo, em solda por rádio frequência de polímeros e na sinterização de pós cerâmicos.

Aquecimento por micro-ondas

Uma voltagem alternada com uma amplitude de 100 volts e uma frequência $f = 60$ Hz surge através de um isolante de náilon de espessura $x = 1$ mm. Náilon tem um fator de perda dielétrica $L \approx 0,1$.
1. Quanta potência é dissipada por unidade de volume no náilon? Assumindo que não há perda de calor, quão rápido subirá a temperatura do náilon? (Náilon tem um calor específico volumétrico, $Cp = 3 \times 10^6$ J/m³ K.)
2. Se, ao invés do mencionado, a frequência fosse $f = 1$ GHz, qual seria a taxa de aquecimento?

Resposta

1. A amplitude do campo é $E = \dfrac{V}{x} = 10^5 \ V/m$. A potência dissipada é

$$P = fE^2 \varepsilon_o L = 0,53 \ W/m^3$$

A taxa de aumento da temperatura é $\dfrac{dT}{dt} = \dfrac{P}{C_p} = 1,8 \times 10^{-7} \ °C/s$

2. Se a frequência é aumentada para $f = 1$ GHz, a taxa de aquecimento se torna $\dfrac{dT}{dt} = 3 \ °C/s$.

Propriedades Magnéticas

Diagrama indução remanente-campo coercivo (Figura 3.18)

Materiais magnéticos diferem muito na forma e área de seus ciclos de histerese, introduzidos na Seção 2.4. A maior diferença é aquela entre magnetos macios, os quais têm campos coercivos reduzidos e ciclos de histerese estreitos, e magnetos duros, os quais têm campos coercivos que são muitas ordens de magnitude maiores (Figura 3.18). O produto de energia máxima (BH$_{max}$, unidades J/m³) é a figura de mérito para magnetos duros — pense nisso como a energia requerida para desmagnetizar o imã. Mais formalmente, ele é a área do maior retângulo que pode ser inscrito no quadrante superior esquerdo da curva B-H, mostrado na Figura 2.13. Ele depende da forma da curva B-H, mas, para uma dada forma, ele aumenta com o produto Br.Hc, mostrado como diagonais na Figura 3.18.

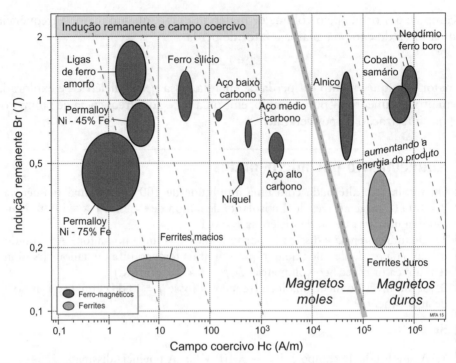

FIGURA 3.18. Um diagrama de indução remanente e campo coercivo para materiais magnéticos comuns. Há uma clara diferenciação entre materiais magnéticos moles à esquerda e materiais magnéticos duros à direita.

Saturação magnetoestrictiva e campo coercivo (Figura 3.19)

Magnetoestricção é a mudança de forma causada pelo campo magnético. O campo exerce uma força sobre as barreiras do domínio magnético, alinhando paralelamente a direção de magnetização com o campo. O realinhamento é associado com uma deformação — magnetoestricção — positiva se o material se alonga paralelo ao campo, ou negativa se encolhe. A saturação de magnetoestricção é a deformação máxima quando o domínio é alinhado completamente. O "zumbido" elétrico de transformadores se deve à magnetoestricção do núcleo do transformador, dissipando energia e reduzindo eficiência. Para minimizar isso, núcleos de transformadores são feitos de materiais com baixa magnetoestricção, assim como a liga 81,5wt%Ni—18,5wt%Fe. Níquel tem magnetoestricção negativa e o ferro tem positiva; a composição é escolhida de maneira que os dois efeitos cancelem um ao outro.

A habilidade de converter energia magnética em energia cinética e vice-versa possibilita sensores e atuadores magnéticos, um efeito explorado em detecção por sonar. Para essa aplicação, os melhores materiais são chamados de materiais "magnetoestritivos gigantes" — aqueles com magnetoestricção extremamente alta —, assim como Terfenol-D (uma liga de térbio, disprósio e ferro) e Galfenol (uma liga de gálio e ferro) (Figura 3.19).

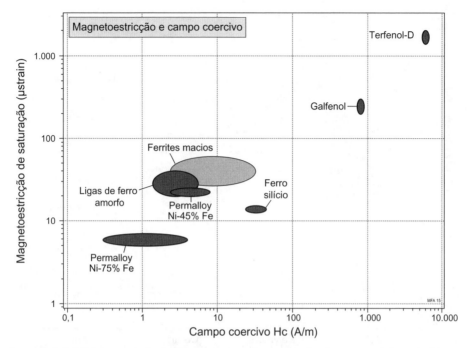

FIGURA 3.19. Magnetoestricção de saturação e força coerciva para materiais magnéticos moles.

Propriedades Ecológicas

Diagramas de barra de energia incorporada (Figuras 3.20 e 3.21)

Extrair e refinar materiais para que possam ser úteis gasta energia e gera emissões de, por exemplo, CO_2, CH_4 e CO, que agem como gases do efeito estufa. A energia associada com a produção de um quilograma de material é a energia incorporada, H_p (unidades MJ/kg). Aquela requerida para fazer uma unidade de volume é $H_p \rho$ (unidades MJ/m^3) onde ρ é a densidade do material em kg/m^3. Os diagramas de barra das Figuras 3.20 e 3.21 mostram essas duas quantidades para metais, polímeros, cerâmicas e compósitos. Em uma base "por kg" (diagrama superior) aços e ferros fundidos possuem as energias mais baixas; alumínio e outras ligas leves carregam a maior penalidade. Polímeros se encontram em algum lugar no meio desta faixa. Concreto e madeiras têm as menores energias entre todas. Se esses materiais são comparados em uma base "por m^3" (diagrama inferior), o quadro muda. Agora os polímeros *commodities*, como PE, PP, PS e PVC, carregam um fardo menor que qualquer metal, e até mesmo que CFRP, com uma grande energia por unidade de volume, estando agora apenas na metade do caminho da faixa.

Diagramas de energia incorporada–módulo e energia incorporada–resistência (Figuras 3.22 e 3.23)

Mas a comparação entre "por kg" e "por m^3" é a maneira correta de fazer isso? Raramente. Para lidar com impacto ambiental de materiais devidamente,

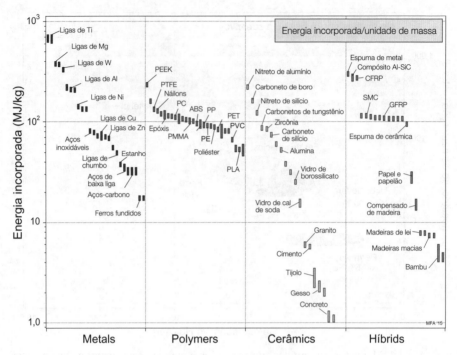

FIGURA 3.20. A energia incorporada de materiais por unidade de massa.

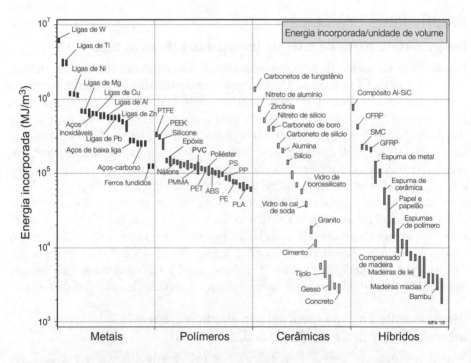

FIGURA 3.21. A energia incorporada de materiais por unidade de volume.

Diagramas de propriedades de materiais

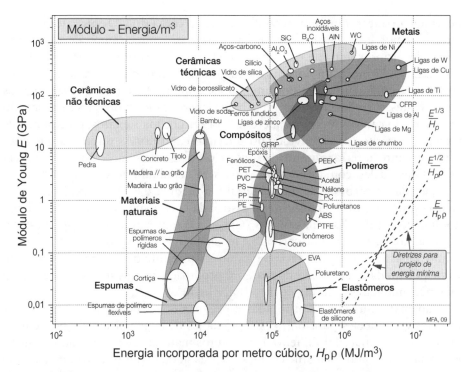

FIGURA 3.22. Um diagrama de seleção para rigidez com a mínima energia incorporada.

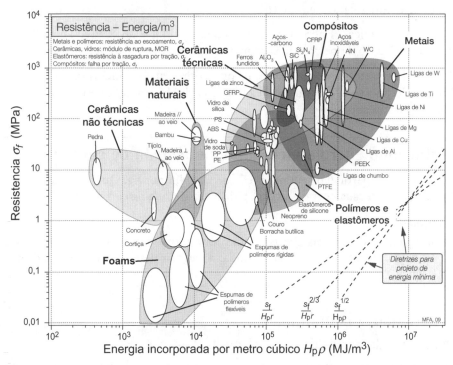

FIGURA 3.23. Um diagrama de seleção para resistência com a mínima energia incorporada.

96 Seleção de Materiais no Projeto Mecânico

devemos procurar a minimização da energia, a carga do CO_2 ou valor do eco-indicador por unidade de função. Para fazer isso, precisamos de diagramas plotando propriedades de engenharia e energia incorporada juntos. As Figuras 3.22 e 3.23 mostram dois desses diagramas: módulo e resistência plotados contra energia incorporada por unidade de volume. Materiais que são rígidos e resistentes e ainda possuem uma baixa energia incorporada se encontram próximos do canto superior esquerdo. Para sermos mais exatos, precisamos de índices de mérito, desenvolvidos no próximo capítulo. As diretrizes que você verá no canto inferior direito de ambos os diagramas mostram a aparência deles. O uso deles, com estudos de casos, será detalhado no Capítulo 14.

A pegada de carbono de um material é a medida das emissões de gases do efeito estufa lançadas na atmosfera, associada com a sua produção. A emissão dominante é a de CO_2, mas outras (CH_4, CO) também têm um efeito estufa. Por essa razão, a pegada de carbono é medida em kg (CO_2 equivalente), significando a massa de CO_2 que teria o mesmo efeito estufa que a emissão real. Este valor por unidade de massa de material produzido tem as unidades de kg/kg; que, por unidade de volume de material, é kg/m^3.

Dados para energias incorporadas e pegadas de carbono são muito menos precisos que aqueles para outras propriedades de engenharia, e dependem de onde e como o material foi feito. Para muitos materiais, os dados não existem. Por essa razão, pode ser útil ter duas "regras gerais" muito aproximadas que permitem que os valores sejam estimados quando nenhum estiver disponível. A primeira relaciona a energia incorporada com o custo (todas as quantidades em dólares americanos, em 2016).

Metais e Cerâmicas: Energia incorporada em MJ/kg = 26 × Preço em US$/kg
Polímeros à base de petróleo: Energia incorporada em MJ/kg = 7 × Preço + 65

A segunda relaciona a pegada de carbono com a energia incorporada.
Metais, Polímeros e Cerâmicas: Pegada de carbono em kg/kg = 0,06 × Energia
  incorporada em MJ/kg

Estimando energia incorporada e pegada de carbono

Um polímero particular tem um preço de US$ 4,5 por kg. Qual deve ser, muito grosseiramente, sua energia incorporada e sua pegada de carbono?

Resposta

Pela primeira das regras gerais citadas anteriormente, a energia incorporada é estimada em 96 MJ/kg. Pela segunda, a pegada de carbono é estimada em 5,8 kg/kg.

Propriedades Econômicas
Diagramas de barras de custo (Figuras 3.24 e 3.25)

Propriedades como módulo, resistência e condutividade não mudam com o tempo. O custo é incômodo, porque muda. Oferta, escassez, especulação e

Diagramas de propriedades de materiais   97

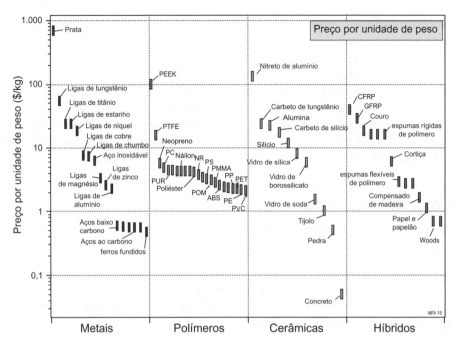

FIGURA 3.24. O valor aproximado de preço/kg para os materiais. Materiais *commodities* custam cerca de US$ 1/kg; materiais especiais custam muito mais. Todos os custos foram estimados em dólares americanos de 2016.

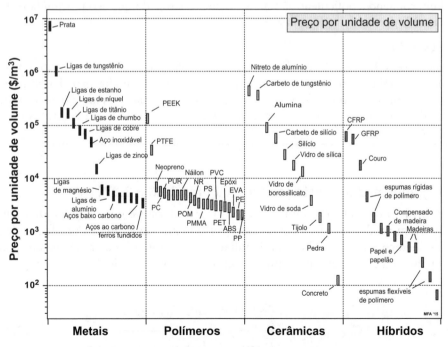

FIGURA 3.25. O valor aproximado de preço/m³ para os materiais. Polímeros, por possuírem baixa densidade, custam menos por unidade de volume que a maioria dos outros materiais.

98 Seleção de Materiais no Projeto Mecânico

inflação contribuem para consideráveis flutuações no custo por quilograma de uma *commodity* como cobre ou prata. Tabelas de dados de custo por kg para alguns materiais são apresentadas em jornais diários e periódicos comerciais; para outros materiais, é mais difícil encontrar. Valores aproximados para o custo de materiais por kg e seu custo por m^3 são apresentados nos gráficos das Figuras 3.24 e 3.25, em valores de dólar americano de 2016. A maioria das *commodities* (vidro, aço, alumínio e os polímeros comuns) custam entre 0,5 e 2,0 \$/kg. Por terem densidades baixas, o custo/m3 de polímeros *commodities* é menor que o de metais.

Preços de polímeros

Quais são os quatro polímeros menos caros?

Resposta

As Figuras 3.24 e 3.25 mostram que os quatro polímeros menos caros, por peso ou por volume, são polipropileno (PP), polietileno (PE), polivinilcloreto (PVC) e polietileno tereftalafo (PET). São polímeros considerados *commodities* — os que são usados nas maiores quantidades.

Preço relativo

Polipropileno e polietileno são mais ou menos caros do que aço por unidade de peso? E por unidade de volume?

Resposta

As Figuras 3.24 e 3.25 revelam que os dois polímeros são mais caros do que o aço por unidade de peso, porém, como têm densidades muito mais baixas, são mais baratos por unidade de volume. Se quisermos uma comparação adequada, qual seria a base de comparação? A resposta, desenvolvida em capítulos posteriores, é: *por unidade de função*.

Diagrama módulo-custo relativo (Figuras 3.26 e 3.27)

Em projeto para custo mínimo, a seleção de materiais é guiada por índices que envolvem módulo, resistência e custo por unidade de volume. Para fazer algumas correções para a influência da inflação e das unidades de moedas nas quais o custo é medido, definimos um custo relativo por unidade de volume $C_{v,R}$.

$$C_{v,R} = \frac{\dfrac{Custo}{kg} \times Densidade\ do\ material}{\dfrac{Custo}{kg} \times Densidade\ de\ barra\ de\ aço\ macia} \tag{3.25}$$

Diagramas de propriedades de materiais 99

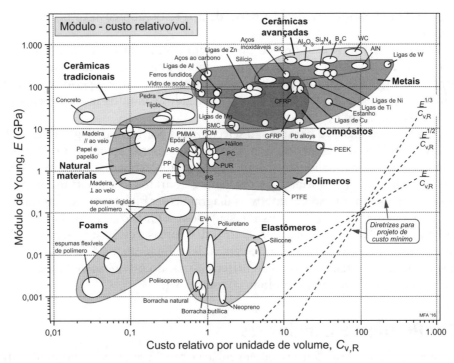

FIGURA 3.26. Gráfico do módulo de Young, E, em relação ao custo relativo por unidade de volume $C_{v,R}$. As diretrizes ajudam a seleção para maximizar rigidez por custo unitário.

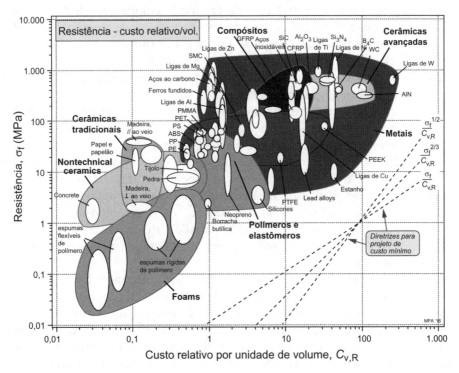

FIGURA 3.27. Gráfico da resistência σ_f em relação ao custo relativo por unidade de volume $C_{v,R}$. As diretrizes de projeto ajudam a seleção para maximizar resistência por custo unitário.

100 Seleção de Materiais no Projeto Mecânico

Quando redigimos este livro, a barra de aço reforçado custava por volta de US$ 0,3/kg.

A Figura 3.26 mostra o gráfico do módulo E em relação ao custo relativo por unidade de volume $C_{v,R}$. Aços ao carbono se encontram na linha $C_{v,R} = 1$. Materiais rígidos e baratos encontram-se próximos à parte superior esquerda. Diretrizes para selecionar materiais que são rígidos e baratos são representadas no gráfico da figura.

Materiais resistentes e baratos são selecionados por meio da Figura 3.27. Ela mostra o gráfico da resistência à falha, definida anteriormente, em relação ao custo relativo por unidade de volume, e o aço ao carbono se encontra novamente na linha $C_{v,R} = 1$. Materiais resistentes e baratos se encontram na parte superior esquerda. O uso de ambos os diagramas será ilustrado no Capítulo 5.

Devemos enfatizar que os dados apresentados em gráfico aqui e na Figura 3.26 são menos confiáveis do que os dos outros diagramas e estão sujeitos a mudanças imprevisíveis. Apesar dessa advertência desanimadora, os dois são genuinamente úteis. Permitem a seleção de materiais usando o critério de "função por custo unitário". Veja um exemplo no Capítulo 5.

3.4 Resumo e conclusões

As propriedades de materiais de engenharia são apresentadas de modo útil como diagramas de seleção de materiais. Vinte e cinco deles são introduzidos neste capítulo; outros aparecem em capítulos posteriores. Os diagramas resumem propriedades de materiais de um modo compacto e de fácil acesso, mostrando a faixa abrangida por cada família e classe de material. A escolha sensata dos eixos nos permite apresentar mais informações. Um diagrama do módulo E em relação à densidade ρ revela a velocidade da onda longitudinal $(E / \rho)^{1/2}$. Um diagrama de tenacidade à fratura K_{1c} em relação ao módulo E mostra a tenacidade G_{1c}. Um diagrama da condutividade térmica λ em relação à difusividade, a, também exibe o calor específico volumétrico ρC_v. Um diagrama da resistência, σ_f, em relação ao módulo, E, mostra a capacidade de armazenamento de energia, σ_f^2 / E, e há muitos mais.

O aspecto mais surpreendente dos diagramas é o modo como os membros de uma classe de material se aglomeram. Apesar da ampla faixa de módulo e densidade de metais (como um exemplo), eles ocupam uma área que é distinta das áreas dos polímeros ou da cerâmica, ou dos compósitos. O mesmo vale para resistência, tenacidade, condutividade térmica e o restante: as áreas frequentemente se sobrepõem, porém, sempre têm um lugar característico dentro do quadro total.

A posição das áreas e a relação entre elas podem ser entendidas em termos físicos simples: a natureza da ligação, a densidade de empacotamento, a resistência da estrutura cristalina e os modos vibracionais da estrutura são, eles próprios, uma função da ligação e do empacotamento. Pode parecer estranho que tenhamos mencionado tão pouco a microestrutura na determinação das propriedades. Porém, os diagramas mostram claramente que a diferença de primeira ordem entre as propriedades de materiais tem sua origem na massa dos átomos, natureza das forças interatômicas e geometria do empacotamento. Adição de elementos de liga, tratamento térmico e trabalho mecânico, aos quais voltaremos no Capítulo 6, influenciam a microestrutura e, por meio dela, as propriedades, resultando nas bolhas alongadas mostradas em muitos dos diagramas; entretanto, a magnitude de seu efeito é menor, por fatores de 10, do que a da ligação e da estrutura.

Todos os diagramas têm uma coisa em comum: partes deles têm materiais, partes não. Algumas partes são inacessíveis por razões fundamentais que estão relacionadas com o tamanho de seus átomos e a natureza das forças que os interligam. Porém, outras partes estão vazias, embora, em princípio, sejam acessíveis. Se forem acessadas, os novos materiais que se localizarem lá poderiam permitir novas possibilidades de projeto. Explicaremos melhor como fazer isso nos Capítulos 12 e 13.

Os diagramas têm numerosas aplicações. Uma é verificar e validar dados (Apêndice A); aqui utilizamos a faixa abrangida pelo envelope de propriedades de materiais, bem como as numerosas relações entre elas (como $E\Omega = 100kT_m$), descritas na Seção 3.3. Outra trata do desenvolvimento e identificação de usos para novos materiais; materiais que preenchem lacunas em um ou mais dos diagramas geralmente oferecem algum potencial para aprimoramento de projeto. Porém, o mais importante de tudo é que os diagramas formam a base para um procedimento de seleção de materiais. Essa vantagem é desenvolvida nos capítulos seguintes.

3.5 Leitura adicional

O melhor livro geral sobre as origens físicas das propriedades mecânicas dos materiais continua sendo o de Cottrell (1964).

Ashby, M.; Shercliff, H.; Cebon, D. (2014) Materials: Engineering, Science, Processing and Design. 3ª ed. Oxford: Butterworth-Heinemann. ISBN-13 978-0-08-097773-7. North American Edition: ISBN-13 978-1-85617-743-6. (*Um texto introdutório que apresenta ideias mais completamente desenvolvidas neste texto.*)

Budinski, K.G.; Budinski, M.K. (2010) Engineering Materials, Properties and Selection. 9ª ed. New Jersey: Prentice Hall. ISBN 978-0-13-712842-6. (*Um texto bem consolidado sobre materiais, que trata a fundo tanto as propriedades de materiais como os processos.*)

Callister, W.D.; Rethwisch, D.G. (2014) Materials Science and Engineering: An Introduction. 9ª ed. New York: John Wiley & Sons. ISBN 978-1-118-54689-5. (*Um texto bem consolidado que utiliza uma abordagem guiada pela ciência para apresentação do ensino de materiais.*)

Cottrell, A.H. (1964) Mechanical Properties of Matter. New York: Wiley. Library of Congress Number 65-14262. (*Um livro inspirador, claro, cheio de percepções e de derivações simples a respeito das equações básicas que descrevem o comportamento mecânico de sólidos, líquidos e gases.*).

Shackelford, J.F. (2014) Introduction to Materials Science for Engineers. 8ª ed. New Jersey: Prentice Hall. ISBN 978-0133789713. (*Um texto bem consolidado sobre materiais com um viés de projeto.*)

Tabor, D. (1978) Properties of Matter. Londres: Penguin Books.

102   Seleção de Materiais no Projeto Mecânico

3.6 Exercícios

Os 32 exercícios nessa seção envolvem o uso simples dos diagramas deste capítulo, para determinar materiais com perfis específicos de propriedades. Eles são atendidos por meio de linhas de seleção que são posicionadas nos diagramas apropriados e interpretando os materiais que se encontram nos lados apropriados das linhas. É uma boa ideia apresentar os resultados como uma tabela. Todos podem ser resolvidos pelo uso de diagramas impressos, os quais são gratuitos para cópias para o uso pessoal.

Se o software CES Edu Materials Selection está disponível, os mesmos exercícios podem ser resolvidos com o seu uso. Isso envolve primeiramente criar o gráfico e então aplicar as linhas ou campos de seleção apropriados. Os resultados, no Nível 2, são os mesmos daqueles obtidos nas cópias impressas dos diagramas (a maioria dos quais foram feitos usando o banco de dados Nível 2). O software permite diagramas mais detalhados usando o banco de dados Nível 3.

E3.1.   Utilize a Figura 3.3 para identificar um metal e um polímero com a velocidade de onda longitudinal próxima a 1.000 m/s.

E3.2.   Atualmente, um componente é feito de latão, uma liga de cobre. Use o diagrama módulo de Young-densidade ($E - \rho$) mostrado na Figura 3.3 para sugerir três outros metais que, com a mesma forma, seriam mais rígidos. "Mais rígido" significa um valor mais alto do módulo de Young.

E3.3.   Use o diagrama módulo de Young-densidade ($E - \rho$) mostrado na Figura 3.3 para identificar materiais que tenham, ao mesmo tempo, módulo $E > 50$ GPa e densidade $\rho < 2.000$ kg/m^3.

E3.4.   Use o diagrama módulo de Young-densidade ($E - \rho$) mostrado na Figura 3.3 para encontrar (a) metais que são mais rígidos e menos densos do que aços e (b) materiais (não apenas metais) que são, ao mesmo tempo, mais rígidos e menos densos do que aço.

E3.5.   Use o diagrama $E - \rho$ mostrado na Figura 3.3 para identificar metais que tenham, ao mesmo tempo, $E > 100$ GPa e $E/\rho > 0,02$ GPa/(kg/m^3).

E3.6.   Use o diagrama $E - \rho$ mostrado na Figura 3.3 para identificar materiais que tenham, ao mesmo tempo, $E > 100$ GPa e $E^{1/3}/\rho > 0,003$ (GPa)$^{1/3}$/(kg/m3). Lembre-se de que, quando tomamos logaritmos, o índice $M = E^{1/3}/\rho$ torna-se:

$$\log(E) = 3\log(\rho) + 3\log(M)$$

E que o gráfico dessa expressão é uma reta de inclinação 3 no diagrama, que passa pelo ponto $E = 27$ quando $\rho = 1.000$ nas unidades do diagrama.

E3.7.   Use o diagrama $E - \rho$ mostrado na Figura 3.3 para determinar se as madeiras têm rigidez específica $E\rho$ mais alta do que os epóxis.

E3.8.   Ligas de titânio têm resistência específica (resistência/densidade, σ_f/ρ) mais alta ou mais baixa do que os melhores aços? Isso é importante quando queremos resistência com baixo peso (trem de pouso de aeronaves, *mountain bikes*). Use o diagrama σ_f/ρ da Figura 3.4 para solucionar.

Diagramas de propriedades de materiais   103

E3.9.   O projeto de um capacete de segurança para ciclistas requer um revestimento que irá esmagar em uma tensão de 8–12 MPa e seja tão leve quanto possível. Use o diagrama $\sigma_f - \rho$ da Figura 3.4 para selecionar uma classe de materiais apropriada para cumprir essa necessidade.

E3.10. Use o diagrama módulo-resistência ($E-\sigma_f$) mostrado na Figura 3.5 para encontrar materiais que têm $E > 10$ GPa e $\sigma_f \geq 1.000$ MPa.

E3.11. O trem de pouso de um avião de carga requer um metal com uma resistência à compressão acima de 200 MPa e uma alta resistência à flambagem por unidade de peso, requerendo um alto valor do índice $\sigma_f^{2/3} / \rho$. Quais metais o diagrama da Figura 3.4 sugere?

E3.12. Sistemas de transporte requerem materiais que sejam rígidos e resistentes, mas ao mesmo tempo leves e tenham tenacidade suficiente para suportar sobrecargas acidentais e concentradores de tensão. Use o diagrama do Módulo específico E/ρ–Resistência específica σ_f/ρ (Figura 3.6) para identificar materiais que cumprem esse critério. Elimine todas as cerâmicas, tendo como base o fato de que elas são frágeis. Qual material tem a melhor combinação de ambos, módulo específico e resistência específica? Qual metal tem o modulo específico mais alto? Qual tem a mais alta resistência específica?

E3.13. As tenacidades à fratura K_{1c} dos polímeros comuns policarbonato, ABS e poliestireno são maiores ou menores do que a da cerâmica de engenharia alumina, Al_2O_3? As tenacidades $G_{1c} = K_{1c}^2 / E$ são maiores ou menores? O diagrama $K_{1c}-E$ na Figura 3.7 ajudará.

E3.14. Os para-choques de carros têm de ser tenazes e leves. Compare o uso do alumínio e do polipropileno para para-choques de carros. Primeiro consulte a tenacidade aproximada, G_{1c} para os dois materiais a partir do diagrama da Figura 3.7. Então divida cada um pelas densidades dos materiais (consulte em qualquer um dos diagramas com densidade em um eixo) para obter uma medida de tenacidade por unidade de área. Quais conclusões podem ser tiradas?

E3.15. Use o diagrama tenacidade à fratura-módulo (Figura 3.7) para encontrar materiais que têm tenacidade à fratura K_{1c} maior do que 40 MPa.m$^{1/2}$ e tenacidade $G_{1c} = K_{1c}^2 / E$ (mostrada como linhas na Figura 3.7) maior do que 10 kJ/m^3.

E3.16. A deflexão elástica à fratura (a "resiliência") de um sólido elástico frágil é proporcional à tensão de fratura, $\varepsilon_{fr} = \sigma_{fr}/E$, onde σ_{fr} é a tensão que provocará a propagação de uma trinca:

$$\sigma_{fr} = \frac{K_{1c}}{\sqrt{\pi c}}$$

Aqui, K_{1C} é a tenacidade à fratura e c é o comprimento da trinca mais longa que os materiais podem conter. Assim,

$$\varepsilon_{fr} = \frac{1}{\sqrt{\pi c}}\left(\frac{K_{1c}}{E}\right)$$

Portanto, materiais que podem sofrer deflexão elástica sem sofrer fratura são os que têm valores grandes de K_{1c}/E. Use o diagrama $K_{1C} - E$ mostrado na Figura 3.7 para identificar a classe de materiais que têm $K_{1c} > 1\text{MPam}^{1/2}$ e valores altos de K_{1c}/E. Posicione o critério K_{1c}/E de modo que todos os metais sejam excluídos.

E3.17. Um critério para o projeto de um vaso de pressão seguro é que ele deve vazar antes de sofrer fratura: o vazamento pode ser detectado e a pressão aliviada. Isso é conseguido prevendo-se, no projeto, que o vaso tolere uma trinca de comprimento igual à espessura t da parede do vaso de pressão, sem falhar por fratura rápida. A pressão de segurança p é, então,

$$p \leq \frac{4}{\pi} \frac{1}{R}\left(\frac{K_{1c}^2}{\sigma_f}\right)$$

onde σ_f é o limite elástico, K_{1C} é a tenacidade à fratura e R é o raio do vaso. A pressão é maximizada escolhendo-se o material que tenha o maior valor de

$$M = \frac{K_{1c}^2}{\sigma_y}$$

Use o diagrama $K_{1c} - \sigma_f$ mostrado na Figura 3.8 para identificar três ligas que têm valores particularmente altos de M.

E3.18. Precisa-se de um material para a lâmina de um cortador de grama rotativo. O custo é algo a ser considerado. Por razões de segurança, o projetista especificou uma tenacidade à fratura mínima para a lâmina: $K_{1c} > 30\,\text{MPa}\,\text{m}^{1/2}$. O outro requisito mecânico é alta dureza, H, para minimizar o desgaste da lâmina. Em aplicações como essa, a dureza está relacionada com a resistência:

$$H \approx 3\sigma_y$$

onde σ_f é a resistência (no Capítulo 2 há uma definição mais completa). Use o diagrama $K_{1c} - \sigma_f$ mostrado na Figura 3.8 para identificar três materiais que têm $K_{1c} > 30\,\text{MPa}\,\text{m}^{1/2}$ e a mais alta resistência possível. Para tal, posicione uma linha de seleção "K_{1C}" em 30 MPa m$^{1/2}$ e então ajuste uma linha de seleção "resistência" de modo tal que admita apenas três candidatos. Use o diagrama de custo mostrado na Figura 3.19 para classificar sua seleção por custo de material, fazendo então uma seleção final.

E3.19. Sinos soam porque têm um baixo coeficiente de perda (ou amortecimento), η; um alto amortecimento produz um som abafado. Use o diagrama coeficiente de perda-módulo ($\eta - E$) mostrado na Figura 3.9 para identificar o material do qual seriam feitos bons sinos.

E3.20. Uma fundação sobre a qual um equipamento de medida sensível à vibração será montado é necessária. É sugerido que a fundação seja feita de concreto por causa da sua habilidade de amortecer vibrações. Essa suposição é justificada? Use a Figura 3.9 para determinar isso.

Diagramas de propriedades de materiais   105

E3.21. A esteira de um veículo sobre lagartas é feita de segmentos de aço endurecido unidos aos conectores de borracha. Quando o veículo está em movimento, a borracha é submetida a ciclos de tração-compressão, enquanto a esteira passa sobre as rodas dentadas de acionamento dianteira e traseira. Se o veículo viaja a 20 kph, cada unidade de borracha é tracionada e comprimida grosseiramente 1 vez por segundo. A condutividade térmica da borracha é extremamente baixa. Se a máxima deformação ε_{max} na borracha é $\pm 0,4$ e nenhum calor é perdido por ela, quão quente ficará a borracha após 30 minutos? Admita o calor de volume específico $C_p\rho$ da borracha usado para a esteira como $2,5 \times 10^6$ J/m³ K, seu módulo E como 2×10^{-3} GPa e seu coeficiente de perda η como 0,5.

E3.22. Use o diagrama coeficiente de perda-módulo $(\eta - E)$ (Figura 3.9) para encontrar metais que tenham o mais alto amortecimento possível.

E3.23. Use o diagrama condutividade térmica-resistividade elétrica $(\lambda - \rho_e)$ (Figura 3.10) para encontrar três materiais, diferentes do diamante, que tenham alta condutividade térmica, λ, e alta resistividade elétrica, ρ_e.

E3.24. É mais fácil medir a resistividade elétrica de um metal do que sua condutividade térmica. Uma nova liga tem uma resistividade elétrica ρ_e de 55 $\mu\Omega$ cm. Use a relação Wiedemann-Franz, plotada na Figura 3.10, para estimar sua condutividade térmica, λ.

E3.25. Um novo vidro sílica-estrôncio tem uma condutividade térmica λ de 2,1 W/m K (excepcionalmente alta para um vidro). Quanto você esperaria ser a difusividade térmica a, aproximadamente? Use a relação empírica entre λ e a para determinar, então verifique onde ela se encontra na Figura 3.11.

E3.26. Um novo projeto de frigideira é feito de vidro cerâmico 9606, um material com excelente resistência ao choque térmico originalmente desenvolvido para revestimentos frontais de mísseis. O fundo da frigideira tem 4,2 mm de espessura. Quando colocada em um fogão a gás, com um pouco de manteiga, é observado que ela leva 7 segundos antes da manteiga começar a derreter. Use as regras gerais do Capítulo 2, e deste capítulo para estimar, primeiro, a difusividade térmica do vidro cerâmico 9606, e, a partir disso, a sua condutividade térmica.

E3.27. A janela pela qual passa o feixe de um laser de alta potência deve ser, obviamente, transparente à luz. Ainda assim, parte da energia do feixe é absorvida na janela, o que pode causar aquecimento e trinca. Esse problema é minimizado pela escolha de um material para a janela que tenha alta condutividade térmica λ (para conduzir o calor para longe) e baixo coeficiente de expansão α (para reduzir deformações térmicas); isto é, procurando-se um material para a janela que tenha alto valor de:

$$M = \lambda / \alpha$$

Use o diagrama $\alpha - \lambda$ mostrado na Figura 3.12 para identificar o melhor material para a janela de um laser de altíssima potência.

E3.28. Um painel externo de um satélite é feito da liga de titânio Ti-3Al-2V Grau 9, com um limite de escoamento σ_y de 550 MPa e coeficiente de Poisson ν

106   Seleção de Materiais no Projeto Mecânico

de 0,36. O painel aquece quando a face do satélite é exposta diretamente para o sol e resfria quando o sol é obscurecido pela Terra. O painel é rigidamente restringido ao redor das bordas por ligação à estrutura do satélite, o qual é mantido em uma temperatura constante, de maneira a estabilizar os componentes elétricos que possui. Se a temperatura do painel pode variar de $-80\,°C$ até $+120\,°C$, há algum risco que uma tensão térmica resultante pudesse causar escoamento do painel? Adote o valor do parâmetro de tensão térmica αE para ligas de titânio da Figura 3.13 e o use para determinar. (Aqui, α é o coeficiente de expansão térmica e E é o módulo de Young.)

E3.29.   Use o diagrama de temperatura de serviço máxima ($T_{máx}$) (Figura 3.14) para encontrar polímeros que podem ser usados acima de 200 °C.

E3.30.   Qual classe de imãs tem o maior produto de energia? Qual tem o mais baixo? Use o diagrama de Indução remanente e Força coerciva, Figura 3.18, para determinar.

E3.31.   Se a deformação magnetoestritiva é uma função linear do campo H, qual deformação apareceria em uma barra de Galfenol se ela fosse submetida a um campo de 100 A/m? Use dados mostrados no diagrama da Figura 3.19 para determinar. $2,5 \times 10^{-4}$ (0,025%). Um campo de 100 A/m deveria produzir uma deformação de 1/8 disso, ou cerca de 0,003%.

E3.32.

a.   Use o diagrama módulo de Young-custo relativo ($E - C_{v,R}$) (Figura 3.26) para encontrar os materiais mais baratos que tenham módulo de elasticidade, E, maior do que 100 GPa.

b.   Use o diagrama resistência-custo relativo ($\sigma_f - C_{v,R}$) (Figura 3.27) para encontrar os materiais mais baratos que tenham a resistência, σ_f, acima de 100 MPa.

Capítulo 4
Seleção de materiais: Fundamentos

Materials Selection in Mechanical Design. DOI: http://dx.doi.org/10.1016/B978-0-08-100599-6.00004-1
© 2017 Michael F. Ashby. Elsevier Ltd. Todos os direitos reservados.

Resumo

Este capítulo discutirá o procedimento básico para seleção de materiais que estabelece a conexão entre material e função e que envolve:
• Tradução – examinar os requerimentos de projeto para identificar as restrições que eles impõem à escolha do material.
• Triagem – eliminar os materiais que não podem atender às restrições.
• Classificação – ordenar os candidatos pelas suas capacidades de maximizar o desempenho.
• Documentação – pesquisar o histórico dos candidatos mais promissores.

Palavras-chave: Seleção de material; tradução; triagem; classificação; documentação; índice de mérito; índice estrutural; seleção assistida por computador.

4.1 Introdução e sinopse

Este capítulo explica o procedimento básico para seleção de materiais, estabelecendo a ligação entre material e função (Figura 4.1). Um material tem *atributos*: sua densidade, resistência mecânica, custo, resistência à corrosão e muitos mais, como descrito no Capítulo 2. Um projeto exige certo perfil dessas propriedades: baixa densidade, alta resistência, custo modesto e resistência à água do mar, talvez. É importante começar com a lista completa de materiais como opções; não fazer isso pode significar uma oportunidade perdida.

A tarefa da seleção, resumida em dois itens, é:
1. identificar o perfil de atributos que melhor se adequa aos requerimentos do projeto; e então,

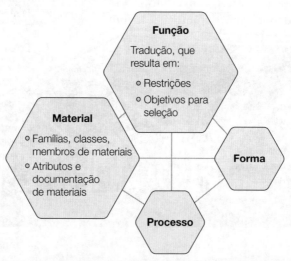

FIGURA 4.1. A função pretendida para um componente determina as restrições e estabelece os objetivos para a seleção de materiais. Este capítulo explica como isso é feito.

2. compará-lo com os perfis de atributos dos materiais de engenharia disponíveis para encontrar a melhor combinação.

A primeira etapa da seleção é aquela de tradução, examinando os requisitos de projeto para identificar as restrições que eles impõem à escolha do material. A imensa amplitude de escolha é reduzida, em primeiro lugar, por triagem e eliminação dos materiais que não podem cumprir as restrições. Uma redução ainda maior é realizada pela classificação dos candidatos conforme sua capacidade de maximizar desempenho. Este capítulo explica como fazer ambos.

Os diagramas de propriedades de materiais apresentados no Capítulo 3 são projetados para utilização com esses critérios. Restrições e critérios de classificação (objetivos) podem ser representados nesses diagramas, isolando o subconjunto de materiais que são a melhor escolha para o projeto. O procedimento inteiro pode ser implementado em software como uma ferramenta de projeto, possibilitando seleção auxiliada por computador. O procedimento é rápido e feito para pensamento lateral ("e se...?"). Exemplos do método são dados no próximo capítulo e nos subsequentes.

4.2 A estratégia de seleção

Atributos de materiais

Se iremos selecionar materiais, primeiro precisamos de uma *taxonomia* — uma maneira de catalogar materiais e seus perfis de atributos de modo que possamos encontrá-los quando os quisermos. A Figura 4.2 ilustra como o "universo" dos materiais é dividido em famílias, classes, subclasses e membros. Cada membro é caracterizado por um conjunto de *atributos*: suas propriedades. Por exemplo, o universo de materiais contém a família "metais" que, por sua vez, contém a classe "ligas de alumínio", a subclasse "série 6.000" e, por fim, o membro particular "Liga 6061". Este, assim como todos os outros membros do universo, é caracterizado por um conjunto de atributos que inclui suas propriedades

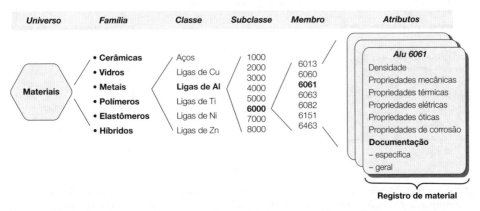

FIGURA 4.2. A taxonomia do universo de materiais e seus atributos. Sistema de seleção assistida por computador armazena dados em uma estrutura hierárquica como essa.

mecânicas, térmicas, elétricas, óticas e químicas; suas características de processamento; seu custo e disponibilidade, as consequências ambientais de sua utilização, e mais. Denominamos esse conjunto de atributos de seu *perfil de propriedades*. Seleção envolve procurar a melhor combinação entre os perfis de propriedades dos materiais no universo e o perfil de propriedades exigido pelo projeto.

Estratégias de seleção

Seleção sistematizada requer uma estratégia. É mais simples começar com a seleção de um produto do que com a de um material — as ideias são as mesmas, mas a seleção de material tem complicações adicionais.

Você precisa de um carro novo. Para atender as suas necessidades, o carro deve ser um sedã de tamanho médio, quatro portas e motor a gasolina com no mínimo 150 HP — o suficiente para rebocar o seu barco a motor. Isto posto, você deseja que ele tenha o mínimo custo possível para possuí-lo e funcione tão bem quanto possível (Figura 4.3, à esquerda). Existem três restrições aqui, mas não são todas do mesmo tipo.

• Os requisitos sedã de *quatro portas para a família* e *motor a gasolina* são restrições simples — um carro *tem* de tê-los para ser um candidato.

• O requisito de *no mínimo 150 HP* determina um limite inferior, mas não um limite superior para a potência; é uma *restrição-limite*: qualquer carro com 150 HP ou mais é aceitável.

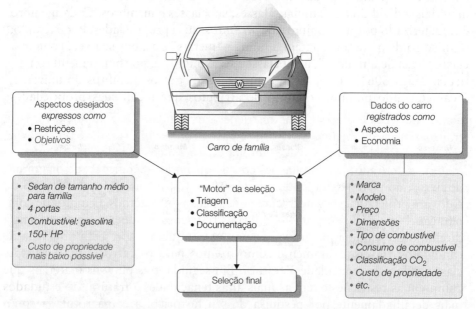

FIGURA 4.3. Escolher um carro — um exemplo de uma estratégia de seleção. Aspectos exigidos são restrições (em preto, à esquerda). Elas são usadas para triar e excluir carros não adequados. Os sobreviventes são classificados pelo objetivo de minimizar o custo de propriedade (à esquerda).

O desejo de custo de propriedade mínimo é um objetivo, um critério de excelência. Os carros mais desejáveis entre os que cumprem as restrições são os que minimizam esse objetivo.

Para continuar, você precisa de informações sobre carros disponíveis (Figura 4.3, à direita). Revistas especializadas, sites de fabricantes e concessionárias fornecem tais informações. Incluem tipo e tamanho do carro, número de portas, tipo de combustível, potência do motor e preço; revistas especializadas vão ainda mais adiante e estimam o custo de propriedade (que significa a soma dos custos operacionais, impostos, seguro, serviços e depreciação), apresentando-o em $/milha ou €/km.

Agora é a hora de decidir (Figura 4.3, no centro). O motor de seleção (você, neste exemplo) usa as restrições para triar e eliminar, dentre todos os carros disponíveis, aqueles que não são sedãs de família, quatro portas, a gasolina e com no mínimo 150 HP. Muitos carros cumprem essas restrições, portanto a lista ainda é longa. Você precisa de um modo de ordená-la, de forma que as melhores opções fiquem no topo. É para isso que serve o objetivo: permite que você classifique os candidatos sobreviventes por custo de propriedade — os que têm os menores valores são classificados em postos mais altos. Em vez de apenas escolher o mais barato, é melhor conservar os três ou quatro primeiros colocados e procurar mais documentação, explorando os seus outros aspectos com mais profundidade (prazo de entrega, tamanho do porta-malas, proximidade da concessionária, prazo de garantia...) e pesando as pequenas diferenças de custo em relação ao desejo desses aspectos. Nesse ponto você está em uma posição para fazer a seleção final.

Isso parece uma estratégia direta. Qual o problema em aplicá-la aos materiais? Selecionar materiais envolve procurar a melhor combinação entre os requisitos de projeto e as propriedades dos materiais que poderiam ser usados para realizar o projeto. A Figura 4.4 mostra um exemplo: a estratégia aplicada à seleção de materiais para o visor de proteção de um capacete de segurança. À esquerda está a lista dos requisitos que o material deve cumprir, expressos como restrições e objetivos. As restrições são aptidão a ser moldado e, claro, transparência. O objetivo, se o visor é para proteger o rosto, deve ser o de que seja mais inquebrável possível. À direita está o banco de dados de atributos de materiais, retirado de compilações como aquela do Apêndice A, de diagramas de livros, de planilhas de dados de fornecedores, manuais, fontes da web ou software projetado especificamente para seleção de materiais. O motor de comparação — você, novamente — aplica as restrições à esquerda aos materiais à direita, tria e elimina materiais que não as cumprem e apresenta uma lista de candidatos viáveis, exatamente como fizemos para os carros. Então a lista é classificada pela tenacidade à fratura. Em seguida, três ou mais materiais que cumprem as restrições e têm as mais altas tenacidades à fratura são estudados mais detalhadamente por pesquisa de seu histórico, a etapa rotulada como "documentação".

Há, no entanto, uma complicação. Os requisitos para o carro eram diretos — portas, tipo de combustível, potência; todos aparecem explicitamente nas listas

FIGURA 4.4. Escolher um material. Requisitos de projeto são expressos em primeiro lugar como restrições e objetivos. As restrições são usadas para triagem. Os sobreviventes são classificados pelo objetivo de que o material do visor seja tão inquebrável quanto possível.

do fabricante. Os requisitos de projeto para um componente de um produto especificam o que ele deve fazer, mas não quais propriedades seus materiais devem ter. Não há uma correspondência de um para um entre os requisitos no quadro sombreado à esquerda e os atributos relevantes à direita, embora todos os atributos sejam relevantes. Portanto, a primeira etapa na seleção de materiais é uma tradução: converter os requisitos de projeto (muitas vezes vagos) em restrições e objetivos que podem ser aplicados aos bancos de dados de materiais. A próxima tarefa é a triagem, como ocorreu com os carros, eliminando os que não podem cumprir as restrições. Essa etapa é seguida pela etapa de classificação, que ordena os sobreviventes por sua capacidade de cumprir um critério de excelência, nesse caso, maximizar resistência ao impacto. A tarefa final é explorar mais a fundo os candidatos mais promissores, examinando como são usados agora, históricos de casos de falhas, e como projetar melhor com eles; essa etapa é denominada documentação.

Aqui está um segundo exemplo. Procura-se um material para o casco de uma canoa portátil (Figura 4.5). O material deve ser fácil de conformar e rígido e resistente o suficiente para tolerar as cargas de serviço. Ele deve ser durável. E, se a canoa será portátil, ela deve ser tão leve quanto possível, além de competitiva, e o material do qual ela é feita deve ser tão barato quanto possível. Aqui temos quatro restrições (moldável, rígido, resistente e durável) e dois objetivos (minimizar a massa e minimizar o custo de material). Todos estão relacionados com os atributos do material, listados do lado direito da Figura 4.5, mas,

FIGURA 4.5. Escolher um material. Requisitos de projeto são expressos, em primeiro lugar, como restrições e objetivos que podem ser usados para triar e classificar. Neste exemplo, existem quatro restrições e dois objetivos.

novamente, não há uma correspondência do tipo um para um. Como anteriormente, a primeira tarefa é traduzir os requisites em restrições e objetivos que podem ser diretamente aplicados para triar e classificar os materiais disponíveis, resultando em uma curta lista de possíveis candidatos. Os candidatos melhor ranqueados podem então ser explorados em maior profundidade, procurando documentação.

As etapas são sintetizadas na Figura 4.6. Agora, vamos dar uma olhada em cada uma delas.

Tradução

Como os requisitos de projeto para um componente (que definem o que ele deve fazer) são traduzidos em uma prescrição para seleção de material? Qualquer componente de engenharia tem uma ou mais *funções*: suportar uma carga, conter uma pressão, transmitir calor e assim por diante. Essas funções devem ser realizadas quando sujeitas a *restrições*: certas dimensões são fixas, o componente deve suportar as cargas ou pressões de projeto sem falhar, deve ser isolante ou condutor, deve poder funcionar em certa faixa de temperatura e em um dado ambiente, e muitas mais. Ao projetar o componente, o projetista tem um *objetivo*: fazê-lo o mais barato possível, talvez, ou o mais leve, ou o mais seguro, ou quem sabe alguma combinação dessas propriedades. Certos parâmetros podem ser ajustados para otimizar o objetivo; o projetista é livre para variar dimensões que não são limitadas por requisitos de projeto e, mais importante, é livre para escolher o material para o componente. Referimo-nos a isso como *variáveis livres*. Função, restrições, objetivos e variáveis livres (Tabela 4.1) definem as condições de contorno para selecionar um material e — no caso de componentes que suportam cargas — uma forma para sua seção

FIGURA 4.6. A estratégia para seleção de materiais. As quatro etapas principais – tradução, triagem, classificação e documentação – são mostradas aqui.

TABELA 4.1. Função, restrições, objetivos e variáveis livres

Função	O que o componente faz?
Restrições[a]	Quais são as condições não negociáveis que ele deve cumprir? Quais são as condições negociáveis, porém desejáveis, que ele deve cumprir?
Objetivo	O que deve ser maximizado ou minimizado?
Variáveis Livres	Quais são os parâmetros do problema que o projetista tem liberdade de mudar?

[a] Às vezes é útil distinguir entre restrições "fortes" e "fracas". Rigidez e resistência devem ser requisitos absolutos (restrições fortes); cor pode ser negociável (restrição fraca).

transversal. A primeira etapa para relacionar requisitos de projeto com propriedades de materiais é uma clara declaração de função, restrições, objetivos
e variáveis livres.

Tradução para o visor de capacete da Figura 4.4

Para permitir clara visão, o visor deve ser oticamente transparente, o mais alto nível
de transparência. Para proteger o rosto pela frente e pelos lados, tem de ser curvado,
o que exige que o material possa ser moldado. Assim, temos duas restrições: *transparência ótica* e *capacidade de ser moldado*.
A fratura do visor exporia o rosto a dano: portanto, maximizar a segurança traduz-se
em maximizar a resistência à fratura. A propriedade do material que mede a resistência à fratura é a *tenacidade à fratura*, K_{1c}. Portanto, o objetivo é maximizar K_{1c}.

Triagem: Limites de atributos

A seleção não tendenciosa requer que todos os materiais sejam considerados
candidatos até que seja demonstrado o contrário, usando as etapas abaixo do
retângulo "Tradução", na Figura 4.6. A primeira delas, *triagem*, elimina candidatos que não podem fazer o serviço porque um ou mais de seus atributos
está fora dos limites estabelecidos pelas restrições. Como exemplos, o requisito
que "o componente deve funcionar em água fervente" ou que "o componente
não deve conter substâncias tóxicas" impõe limites óbvios aos atributos de
temperatura de fusão e *toxicidade* que os candidatos bem-sucedidos têm de
cumprir. Referimo-nos a esses como *limites de atributos*. Aplicar esses limites
restringe a lista de materiais para um subconjunto viável, no qual todos cumprem as restrições.

Classificação: Índices de mérito

Limites de atributo, no entanto, não ajudam a ordenar os candidatos que
permanecem. Para fazer isso, precisamos de critérios de otimização. Eles são
encontrados nos índices de mérito, desenvolvidos a seguir, os quais medem
quão bem um candidato que passou na etapa de triagem pode fazer o serviço.
Às vezes, o desempenho é limitado por uma única propriedade, em outras, por
uma combinação delas. Assim, os melhores materiais para flutuação são os
que têm as mais baixas densidades, ρ; os melhores para isolamento térmico
são os que têm os menores valores de condutividade térmica, λ. Nem sempre
queremos os menores valores; o melhor material para um trocador de calor, por
exemplo, é um que tenha o maior valor de λ. Aqui, maximizar ou minimizar
uma única propriedade maximiza o desempenho. Porém, como veremos, o mais
comum é que o desempenho seja limitado não por uma única propriedade, mas
por uma combinação delas. Assim, os melhores materiais para um tirante ou
cabo leve e forte são os que têm os maiores valores da resistência específica,
σ_f/ρ, onde σ_f é a resistência à tração. Os melhores materiais para uma mola são

116   Seleção de Materiais no Projeto Mecânico

os que têm os maiores valores de σ^2_f/E, onde E é o módulo de Young. A propriedade ou grupo de propriedades que maximiza desempenho para um dado projeto é denominada seu *índice de mérito*. Há muitos desses índices, cada um associado à maximização de algum aspecto do desempenho.[1] Eles oferecem *critérios de excelência* que permitem classificar materiais por sua capacidade de ter bom desempenho na aplicação dada. Você encontrará uma compilação deles no Apêndice C.

Resumindo: triagem isola candidatos que são capazes de fazer o serviço; classificação identifica, entre eles, os que podem fazer melhor o serviço.

Triagem e classificação para o visor do capacete

Uma busca por materiais transparentes que podem ser moldados resulta na lista a seguir. Os quatro primeiros são termoplásticos; os dois últimos, vidros. Os valores da tenacidade à fratura podem ser encontrados no Apêndice A, Tabela A.4.

Material	Tenacidade à fratura média K_{1c} MPa m$^{1/2}$
Policarbonato (PC)	3,4
Polimetilmetacrilato (Acrílico, PMMA)	1,2
Acetato de Celulose (CA)	1,1
Poliestireno (PS)	0,9
Vidro sodo-cálcico	0,6
Vidro de borossilicato	0,6

As restrições reduziram o número de materiais viáveis a seis candidatos. Quando classificados por tenacidade à fratura, os candidatos classificados nos primeiros postos são PC, PMMA e CA.

Documentação

O resultado das etapas até aqui é uma lista curta e ordenada de candidatos que cumprem as restrições e maximizam ou minimizam o critério de excelência, seja qual for o exigido. Você poderia apenas escolher o candidato classificado em primeiro lugar, mas quais vícios ocultos ele poderia ter? Quais são suas forças e fraquezas? Tem boa reputação? Resumindo, qual é sua classificação de crédito? Para seguir adiante, procuramos um perfil detalhado de cada candidato: sua *documentação* (Figura 4.6, parte inferior).

Documentação é muito diferente dos dados de propriedades estruturados usados para triagem. Normalmente, ela é descritiva, gráfica ou pictórica: estudos de casos de utilizações anteriores do material, análises de falha e detalhes

---

1. Maximizar desempenho muitas vezes significa minimizar algo: custo é o exemplo óbvio; massa, em sistemas de transporte, é outro. Aqui, um componente leve ou de baixo custo melhora o desempenho.

FIGURA 4.7. Fontes de documentação: Manuais, planilhas de fornecedores, bases de dados e a internet.

referentes à corrosão, informações sobre disponibilidade, preço e informações semelhantes. Tais informações são encontradas em manuais, planilhas de dados de fornecedores, estudos de casos de utilização e análises de falha (Figura 4.7). A documentação ajuda a reduzir a lista curta para uma escolha final, permitindo uma combinação definitiva entre requisitos de projeto e atributos de materiais.

Por que são necessárias todas essas etapas? Sem triagem e classificação, o conjunto de candidatos é enorme e o volume de documentação é esmagador. Mergulhar nele, na esperança de tropeçar em um bom material, não nos levará a lugar nenhum. Porém, uma vez identificado um pequeno número de candidatos potenciais pelas etapas de triagem e classificação, podemos procurar documentação detalhada só para esses poucos, e a tarefa torna-se viável.

Documentação para materiais para o visor do capacete

Nesse ponto é útil saber como os três candidatos melhor classificados na lista no último retângulo de exemplos são usados. Uma rápida consulta à web revela seus usos típicos.

Policarbonato. Escudos e óculos de segurança; lentes; acessórios leves; capacetes de segurança; chapa laminada para vitrificados à prova de bala.

PMMA, Plexiglas. Lentes de todos os tipos; revestimento de cabine de piloto e janelas de aeronaves; recipientes; cabos de ferramentas; óculos de segurança; iluminação, lanternas traseiras de automóveis.

Acetato de celulose. Armações de óculos; lentes; óculos de segurança; cabos de ferramentas; capas para telas de televisão; acabamentos decorativos, volantes de automóveis.

Isso é encorajador: os três materiais têm um histórico de utilização para óculos e escudos de proteção. O que está classificado no posto mais alto de nossa lista — policarbonato — tem um histórico de utilização para capacetes de proteção. Selecionamos esse material, confiantes de que sua alta tenacidade à fratura é a melhor escolha.

Condições locais

Muitas vezes, a escolha final entre candidatos concorrentes depende de condições locais: experiência adquirida ou equipamento existente, disponibilidade de fornecedores locais, e assim por diante. Um procedimento sistemático não pode nos ajudar aqui — em vez disso, a decisão deve ser baseada em conhecimento local. Isso não significa que o resultado do procedimento sistemático é irrelevante. É sempre importante saber qual é o melhor material, ainda que por razões locais você decida não usá-lo.

Exploraremos, adiante, documentação em mais detalhes. Aqui focamos na dedução de limites e índices de propriedades.

4.3 Limites de atributos e índices de mérito

Restrições determinam limites de propriedades. Objetivos definem índices de mérito, para os quais procuramos valores extremos. Quando o objetivo não está ligado a uma restrição, o índice de mérito é uma simples propriedade de material. Quando, ao contrário, os dois estão ligados, o índice torna-se um grupo de propriedades como as que acabamos de citar. De onde elas vêm? Esta seção explica.

Pense por um instante nos componentes mecânicos mais simples. Em geral, o carregamento aplicado a um componente pode ser decomposto em alguma combinação de tensão axial, flexão, torção e compressão. Quase sempre, um modo de carregamento domina. Isso é tão comum que o nome funcional dado ao componente descreve a maneira como é carregado: tirantes suportam cargas de tração; vigas e painéis suportam momentos de flexão; eixos suportam torques; e colunas suportam cargas de compressão axiais. Cada uma dessas palavras, "tirante", "viga", "eixo" e "coluna", subentende uma função. Aqui exploramos restrições, objetivos e índices de mérito resultantes para alguns desses componentes.

Projeto de mínimo peso é um bom ponto de partida. Consideramos os componentes genéricos e os carregamentos típicos mostrados na Figura 4.8: tirantes, painéis e vigas.

Minimizar massa: um tirante leve e forte. Um projeto precisa de um tirante como os do biplano ilustrado na página de abertura deste capítulo. Deve suportar uma força de tração F* sem falhar, e ser o mais leve possível (Figura 4.8A). O comprimento L é especificado, mas a área da seção transversal A não é. Aqui, "maximizar desempenho" significa "minimizar a massa e, ao mesmo tempo, ainda suportar a carga F* com segurança". Os requisitos de projeto, traduzidos, são apresentados na Tabela 4.2.

Em primeiro lugar, procuramos uma equação que descreva a quantidade a ser maximizada ou minimizada. Neste caso, é a massa m do tirante, e estamos procurando a massa mínima. Essa equação, denominada função objetivo, é

$$m = AL\rho \qquad (4.1)$$

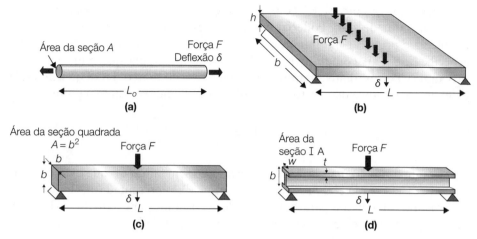

FIGURA 4.8. Componentes genéricos: (A) um tirante, um componente sob tração; (B) um painel, carregado sob flexão; e (C) e (D) vigas, carregadas sob flexão.

TABELA 4.2. **Requisitos de projeto para o tirante leve e forte**

Função	• *Tirante de união*
Restrições	• *Comprimento L é especificado (restrição geométrica)* • *O tirante deve suportar a carga de tração axial F* sem falhar (restrição funcional)*
Objetivo	• *Minimizar a massa m do tirante*
Variáveis livres	• *Área da seção transversal, A* • *Escolha do material*

onde A é a área da seção transversal e ρ é a densidade do material do qual ela é feita. O comprimento L e a força F são especificados e, por consequência, fixos; a seção transversal, A, é livre. Podemos diminuir a massa reduzindo a seção transversal, mas há uma restrição: a seção de área A deve ser suficiente para suportar F^*, o que exige que

$$\frac{F^*}{A} \leq \sigma_f \qquad (4.2)$$

onde σ_f é a resistência à falha. Eliminando A entre essas duas equações, temos:

$$m \geq (F^*)(L)\left(\frac{\rho}{\sigma_f}\right) \longleftarrow \text{Propriedades do material}$$

Restrição funcional ⎯⎯⎯⎯⎯ *Restrição geométrica*   (4.3)

Observe a forma desse resultado. O primeiro parêntese contém a carga especificada F^*. O segundo contém a geometria especificada (comprimento L do tirante). O último parêntese contém as propriedades do material. O tirante

120   Seleção de Materiais no Projeto Mecânico

mais leve que suportará F^* com segurança[2] é o feito do material que tiver o menor valor de ρ/σ_f. Poderíamos definir isso como o índice de mérito do problema e procurar um mínimo, porém, quando tratamos com propriedades específicas, é mais comum expressá-lo em uma forma na qual um máximo é procurado. Portanto, invertemos as propriedades do material na Equação (4.3) e definimos o índice de mérito M_t (o subscrito "t" indica tirante) como:

$$M_{t1} = \frac{\sigma_f}{\rho} \qquad (4.4)$$

O tirante de união mais leve que suportará F^* sem falhar é o que tiver o maior valor para esse índice, a "resistência específica", representada na Figura 3.6. Um cálculo semelhante para um tirante leve e rígido (para o qual é a rigidez S que é especificada, e não a resistência σ_f) resulta no índice:

$$M_{t2} = \frac{E}{\rho} \qquad (4.5)$$

onde E é módulo de Young. Desta vez, o índice é a "rigidez específica", E/ρ, também mostrada na Figura 3.6. O índice de mérito é um conjunto (em vez de apenas uma única propriedade) porque minimizar a massa m — o objetivo — estava ligado às restrições de suportar a carga F^* sem falhar nem sofrer deflexão excessiva.

Observe o procedimento.

• Identifique o objetivo (a quantidade a ser maximizada ou minimizada), as restrições e as variáveis livres.

• Escreva uma equação para o objetivo (aqui, m). Se ela contém uma variável livre.

• Use uma restrição (aqui, resistência ou rigidez) para eliminar a variável livre.

• Compreenda a combinação de propriedades do material — o índice M — para o qual um valor extremo é procurado.

Parece fácil, e é, desde que fique claro, desde o início, quais são as restrições, o que estamos tentando maximizar ou minimizar, quais parâmetros são especificados e quais são livres.

Isso foi fácil. Agora, vamos a algumas situações um pouco mais difíceis (e importantes).

Minimizar massa: um painel leve e rígido. Um painel é uma placa plana, como o tampo de uma mesa. Seu comprimento L e largura b são especificados, mas sua espessura h é livre. É carregado sob flexão por uma carga central F (Figura 4.8B). A restrição de rigidez requer que não sofra deflexão maior do que δ. O objetivo é conseguir isso com massa mínima m. A Tabela 4.3 resume os requisitos do projeto.

---

2. Na verdade, um fator de segurança, S_f, sempre é incluído nesses cálculos, de forma que a Equação (4.2) se torna $F/A = \sigma_f/S_f$. Se o mesmo fator de segurança é aplicado a cada material, seu valor não influencia a escolha. Nós o omitimos aqui para simplificar.

Seleção de materiais: Fundamentos   121

TABELA 4.3. Requisitos de projeto para um painel leve e rígido

Função	• *Painel*
Restrições	• *Rigidez à flexão S* especificada (restrição funcional)* • *Comprimento L e largura b especificados (restrições geométricas)*
Objetivo	• *Minimizar a massa m do painel*
Variáveis livres	• *Espessura do painel, h* • *Escolha do material*

A função objetivo para a massa do painel é a mesma que para o tirante:

$$m = AL\rho = bhL\rho$$

Sua rigidez à flexão S deve ser no mínimo S^*:

$$S = \frac{C_1 EI}{L^3} \geq S^* \qquad (4.6)$$

Aqui, C_1 é uma constante que depende somente da distribuição das cargas, portanto não precisamos do seu valor (podemos encontrá-lo no Apêndice B). O momento de inércia de área, I, para uma seção retangular é

$$I = \frac{bh^3}{12} \qquad (4.7)$$

Podemos diminuir a massa reduzindo h, porém somente até o ponto em que a restrição de rigidez ainda é atendida. Usando as duas últimas equações para eliminar h na função objetivo, temos:

$$m = \left(\frac{12S^*}{C_1 b}\right)^{1/3} (bL^2) \left(\frac{\rho}{E^{1/3}}\right) \longleftarrow \textit{Propriedades de material}$$

Restrição funcional $\longrightarrow$ $\qquad$ $\longleftarrow$ *Restrições geométricas* $\qquad (4.8)$

As quantidades S^*, L, b e C_1 são especificadas; a única liberdade de escolha que resta é a do material. O índice é o grupo de propriedades de materiais que aparece na Equação (4.8), o qual invertemos de modo a procurar um máximo. Então, os melhores materiais para um painel leve e rígido são os que têm os maiores valores de:

$$M_{p1} = \frac{E^{1/3}}{\rho} \qquad (4.9)$$

Repetindo o cálculo com uma restrição de resistência em vez de rigidez, obtemos o índice:

$$M_{p2} = \frac{\sigma_y^{1/2}}{\rho} \qquad (4.10)$$

122 Seleção de Materiais no Projeto Mecânico

Essas expressões não parecem muito diferentes das dos índices anteriores, E/ρ e σ_y/ρ, mas são: resultam em escolhas distintas de material, como veremos adiante.

Agora, vamos a outro problema de flexão no qual a liberdade para escolha da forma é bem maior que para o painel.

Minimizar massa: uma viga leve e rígida. Vigas podem ser de muitas formas de seção transversal: retângulos sólidos, tubos cilíndricos, seções em I, dentre outras. Algumas têm um número demasiadamente grande de variáveis geométricas livres para que possamos aplicar diretamente o método que acabamos de descrever. Todavia, se restringirmos que a forma deva ser autossemelhante (de modo que todas as dimensões da seção transversal mudem na mesma proporção em que variamos o tamanho global), o problema torna-se novamente tratável. Portanto, consideramos vigas em dois estágios: no primeiro, identificamos os materiais ótimos para uma viga leve e rígida de uma forma simples prescrita (uma seção quadrada); no segundo, exploramos como ela poderia ficar muito mais leve, para a mesma rigidez, usando uma forma mais eficiente.

Considere uma viga de comprimento L e seção quadrada $A = b \times b$ que pode variar de tamanho, porém mantendo a forma quadrada. Ela é carregada sob flexão com uma carga central F (Figura 4.8C). Ela não deve sofrer deflexão maior do que δ sob a carga F (restrição de rigidez). O objetivo é minimizar a massa. A Tabela 4.4 resume os requisitos do projeto.

Procedendo como antes, a função objetivo para a massa é:

$$m = AL\rho = b^2 L\rho \qquad (4.11)$$

A rigidez à flexão S da viga deve ser no mínimo S^*:

$$S = \frac{C_2 EI}{L^3} \geq S^* \qquad (4.12)$$

onde C_2 é um constante (Apêndice B). O momento de inércia de área, I, para uma viga de seção quadrada é:

$$I = \frac{b^4}{12} = \frac{A^2}{12} \qquad (4.13)$$

TABELA 4.4. **Requisitos de projeto para uma viga leve e rígida**

Função	• *Viga*
Restrições	• *Comprimento L é especificado (restrição geométrica)* • *Forma da seção quadrada (restrição geométrica)* • *A viga deve suportar carregamento sob flexão F sem sofrer demasiada deflexão, o que significa que a rigidez à flexão S é especificada como S* (restrição funcional)*
Objetivo	• *Minimizar a massa m da viga*
Variáveis livres	• *Área da seção transversal, A* • *Escolha do material*

Para um dado comprimento L, a rigidez S^* é ajustada alterando-se o tamanho da seção quadrada. Agora, eliminando b (ou A) na função objetivo para a massa, temos:

$$m = \left(\frac{12\,S^*L^3}{C_2}\right)^{1/2} (L) \left(\frac{\rho}{E^{1/2}}\right) \longleftarrow \textit{Propriedades de material}$$

$\textit{Restrição funcional} \longrightarrow \qquad \textsf{L}\!\!\longrightarrow \textit{Restrições geométricas}$ (4.14)

As quantidades S^*, L e C_2 são todas especificadas ou constantes — os melhores materiais para uma viga leve e rígida são os que têm os maiores valores do índice M_{b_1}, onde:

$$M_{b_1} = \frac{E^{1/2}}{\rho}$$ (4.15)

Repetindo o cálculo com uma restrição de resistência em vez de rigidez, obtemos o índice

$$M_{b_2} = \frac{\sigma_y^{2/3}}{\rho}$$ (4.16)

Essa análise foi para uma viga quadrada, porém, na verdade, o resultado vale para qualquer forma, desde que a forma seja mantida constante. Essa é uma consequência da Equação (4.13) — para uma forma dada, o momento de inércia de área I sempre pode ser expresso como uma constante vezes A^2; portanto, mudar a forma apenas muda a constante, mas não o índice resultante.

Como já observamos, vigas reais têm formas de seção que melhoram sua eficiência sob flexão, exigindo menos material para obter a mesma rigidez. Conformando a seção transversal, é possível aumentar I sem mudar A. Esse processo é conseguido posicionando o material da viga o mais longe possível do eixo neutro de flexão, como em tubos de parede fina ou vigas em I (Figura 4.8D). Alguns materiais se prestam mais que outros à conformação em formas eficientes. Portanto, comparar materiais tendo como base o índice em M_b exige alguma cautela — materiais com índices de valores mais baixos podem "alcançar" outros se forem transformados em formas mais eficientes. Para descobrir exatamente o quanto, você terá que esperar até o Capítulo 10, que discute a seleção de material e forma.

Minimizar custo de material: tirantes, painéis e vigas baratos. Quando o objetivo é minimizar custo em vez de massa, os índices mudam, mas de maneira irrisória. Se o preço do material é C_m \$/kg, o custo do material para fazer um componente de massa m é exatamente mC_m. Então, a função objetivo para o custo do material C do tirante, painel ou viga torna-se:

$$C = mC_m = ALC_m\rho$$ (4.17)

124   Seleção de Materiais no Projeto Mecânico

Prosseguindo como antes, obtemos então os índices que têm a forma das Equações (4.4), (4.5), (4.9), (4.10), (4.15) e (4.16), com a substituição de ρ por $C_m\rho$. Assim, o índice que guia a escolha do material para um tirante de resistência especificada e custo de material mínimo é

$$M = \frac{\sigma_f}{C_m\rho} \qquad (4.18)$$

onde C_m é o preço do material por kg. O índice para um painel rígido e barato é

$$M_{p1} = \frac{E^{1/3}}{C_m\rho} \qquad (4.19)$$

e assim por diante. Devemos lembrar que o custo do material é apenas parte do custo de um componente conformado; há também o custo de fabricação — o custo para conformar, unir e dar acabamento ao componente. Retornaremos a isso no Capítulo 7.

Quão gerais são os índices de mérito?

Os componentes nas fotos apresentadas na primeira página deste capítulo são rotulados de acordo com a função ("tirante", "viga" etc.) e o índice que guia a escolha do material para fabricá-lo. O biplano é um exemplo típico de projeto de peso baixo, o que significa que seus materiais são escolhidos para suportar as cargas de projeto com massa mínima. A estrutura do aeroporto usa quantidades muito grandes de materiais: aqui, o objetivo é suportar as cargas de projeto com segurança e ao mesmo tempo minimizar o custo do material. Os índices que guiam cada estrutura são deduzidos com um único objetivo: minimizar massa em um caso, ou minimizar custo de material no outro. Em um sentido mais geral, cada índice é associado com uma função, uma restrição e um objetivo, o que é uma boa maneira de catalogá-los. O Apêndice C contém este catálogo.

Esse é um bom momento para descrever o método em termos mais gerais. Elementos estruturais são componentes que desempenham uma função física: suportam cargas, transmitem calor, armazenam energia e assim por diante: resumindo, cumprem requisitos funcionais. Exemplos: um tirante deve suportar uma carga de tração especificada; uma mola deve prover uma dada força de restauração ou armazenar uma dada energia; um trocador de calor deve transmitir calor com um determinado fluxo de calor; e assim por diante.

O desempenho de um elemento estrutural é determinado por três pontos: os requisitos funcionais, a geometria e as propriedades do material do qual é feito[3] O desempenho P do elemento é descrito por uma equação da forma:

$$P = f\left[\left(\begin{array}{c}\text{Requerimentos} \\ \text{funcionais, } F\end{array}\right)\left(\begin{array}{c}\text{Parâmetros} \\ \text{geométricos, } G\end{array}\right)\left(\begin{array}{c}\text{Propriedades} \\ \text{de material, } M\end{array}\right)\right]$$

---

3. No Capítulo 10 apresentaremos um quarto ponto: a forma da seção.

Ou

$$P = f(F, G, M) \tag{4.20}$$

onde *P*, o *desempenho métrico*, descreve alguns aspectos do desempenho do componente: sua massa, volume, custo ou vida útil, por exemplo; e *f* significa "uma função de". *Projeto ótimo* é a seleção do material e geometria que maximizam ou minimizam *P*, de acordo com sua conveniência ou qualquer outra coisa.

Diz-se que os três grupos de parâmetros na Equação (4.20) são *separáveis* quando a equação pode ser escrita como

$$P = f_1(F) \cdot f_2(G) \cdot f_3(M) \tag{4.21}$$

onde f_1, f_2 e f_3 são funções separadas que são simplesmente multiplicadas uma pela outra. Verifica-se que, comumente, elas são assim, e quando isso ocorre, a escolha ótima de material torna-se independente dos detalhes do projeto; é igual para *todas* as geometrias, *G*, e para todos os valores do requisito da função, *F*. Então, o subconjunto ótimo de materiais pode ser identificado sem resolver o problema de projeto inteiro, ou até sem conhecer todos os detalhes de *F* e *G*. Isso permite enorme simplificação: o desempenho para *todas* F e G é maximizado maximizando-se f_3 (M), que é denominado coeficiente de eficiência do material ou, abreviadamente, *índice de mérito*. A parte remanescente, f_1 (F) · f_2 (G), está relacionada com o *coeficiente de eficiência estrutural*, ou *índice estrutural*. Não precisamos dele agora, mas o examinaremos resumidamente na Seção 4.6.

Cada combinação de função, objetivo e restrição resulta em um índice de mérito (Figura 4.9), e o índice é característico da combinação e, por

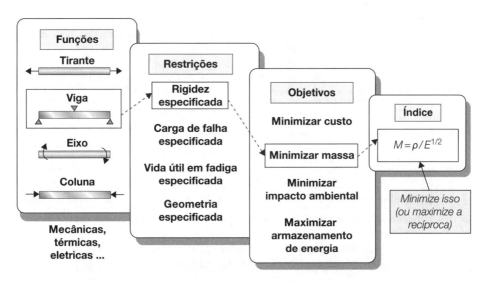

FIGURA 4.9. A especificação de função, objetivo e restrição resulta em um índice de mérito. A combinação nos retângulos destacados resulta no índice $E^{1/2}/\rho$.

126   Seleção de Materiais no Projeto Mecânico

consequência, da função que o componente executa. O método é geral e, em capítulos posteriores, é aplicado a uma ampla gama de problemas.

4.4 O procedimento de seleção

Agora podemos organizar as quatro etapas em um procedimento sistemático.

1. *Tradução e dedução do índice*

A Tabela 4.5 apresenta as etapas. Simplificando em uma única frase, identificar os atributos de materiais que são restringidos pelo projeto, decidir qual será usado como critério de excelência (a ser minimizado ou maximizado), substituir quaisquer variáveis livres usando uma das restrições e compreender a combinação de propriedades de materiais que otimiza o critério de excelência.

2. *Triagem: aplicação de limites de atributo*

Qualquer projeto impõe certas exigências não negociáveis ("restrições") ao material do qual é feito. Já explicamos como essas exigências são traduzidas em limites de atributo. A representação gráfica dos limites de atributo são linhas horizontais ou verticais em diagramas de seleção de materiais, ilustradas na Figura 4.10. Essa figura mostra um diagrama esquemático $E - \rho$, à maneira do Capítulo 3. Supomos que o projeto impõe limites aos atributos de $E > 10$ GPa e $\rho < 3.000$ kg/m^3, mostrados na figura. A pesquisa de otimização é restrita à janela enquadrada pelos limites, denominada "região de busca".

Tabela 4.5. **Tradução**

Passo	Ação
1	Definir os requisitos de projeto: a. *Função*: O que componente faz? b. *Restrições*: Requisitos essenciais que devem ser cumpridos: rigidez, resistência mecânica, resistência à corrosão, características de conformação... c. *Objetivo*: O que deve ser maximizado ou minimizado? d. *Variáveis livres*: Quais são as variáveis não restringidas do problema? (Apresente os resultados como uma tabela no formato das Tabelas 4.2 a 4.4.)
2	*Fazer uma lista das restrições* (não sofrer escoamento; não sofre fratura; não sofrer flambagem etc.) e desenvolver uma equação para elas, se necessário.
3	*Desenvolver uma equação para o objetivo* em termos dos requisitos funcionais, geometria e propriedades de materiais (*função objetivo*).
4	*Identificar as variáveis livres* (não especificadas).
5	*Substituir as variáveis livres* das equações de restrição na função objetivo.
6	*Reunir as variáveis* em três grupos: requisitos funcionais F, geometria G e propriedades de material M; de forma que: Métrica de desempenho $P \leq f_1(F) \cdot f_2(G) \cdot f_3(M)$ ou métrica de desempenho $P \geq f_1(F) \cdot f_2(G) \cdot f_3(M)$
7	*Compreender o índice de mérito*, expresso como uma quantidade M que otimiza a métrica de desempenho P. M é o critério de excelência.

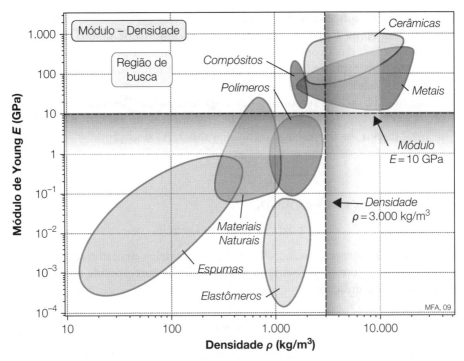

FIGURA 4.10. Um diagrama esquemático $E - \rho$ que mostra um limite inferior para E e um limite superior para ρ (ver caderno colorido).

Propriedades menos quantificáveis, como resistência à corrosão, resistência ao desgaste ou conformabilidade, podem aparecer como limites, que tomam a forma

$$A > A^*$$

ou

$$A < A^* \qquad (4.22)$$

onde A é um atributo (temperatura de serviço, por exemplo) e A^* é um valor crítico de tal atributo, determinado pelo projeto. Não devemos ter muita pressa na aplicação de limites de atributo; pode ser possível para um engenheiro encontrar um meio de contorná-los. Um componente que fica muito quente pode ser resfriado; um que sofre corrosão pode ser revestido com uma película protetora. Muitos projetistas aplicam limites de atributo de "precaução" para tenacidade à fratura, K_{1c}, e ductilidade ε_f, insistindo em materiais com $K_{1c} > 15$ MPa m$^{1/2}$ e $\varepsilon_f > 2\%$ de modo a garantir tolerância adequada a concentrações de tensão. Há alguma base lógica nisso, mas ao fazerem isso, eliminam materiais que os projetistas mais inovadores conseguem usar com bons resultados. (Os limites que acabamos de citar para K_{1c} e ε_f eliminam todos os polímeros e todas as cerâmicas, um passo temerário a ser tomado tão no início do projeto.) Nesse estágio, mantenha suas opções tão abertas quanto possível.

3. *Classificação: índices em diagramas*

A próxima etapa é procurar, dentro do subconjunto de materiais que cumprem os limites das propriedades, os que maximizam desempenho. Usaremos o projeto de componentes leves e rígidos como exemplo; os outros índices de mérito são usados de modo semelhante.

A Figura 4.11 mostra o esquemático $E-\rho$ novamente. Recorde que as escalas são logarítmicas. Isso permite que os três índices de mérito E/ρ, $E^{1/2}/\rho$ e $E^{1/3}/\rho$ possam ser representados no diagrama. A condição

$$\frac{E}{\rho} = C$$

se torna, calculando os logaritmos,

$$\mathrm{Log}(E) = \mathrm{Log}(\rho) + \mathrm{Log}(C) \qquad (4.23)$$

Essa equação descreve uma família de retas paralelas de inclinação 1 em um gráfico de $\mathrm{Log}(E)$ em relação à $\mathrm{Log}(\rho)$, e cada linha corresponde a um valor da constante C. A condição:

$$\frac{E^{1/2}}{\rho} = C \qquad (4.24)$$

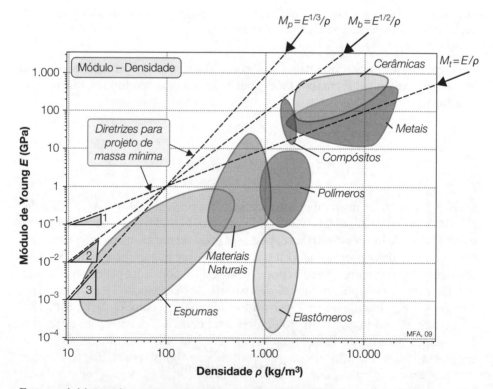

FIGURA 4.11. Um diagrama esquemático $E - \rho$ que mostra as diretrizes para os três índices de mérito para projeto rígido, leve (ver caderno colorido).

quando calculados os logaritmos, se torna

$$\text{Log}(E) = 2\text{Log}(\rho) + 2\text{Log}(C) \qquad (4.25)$$

Isso descreve outro conjunto de retas paralelas, dessa vez com a inclinação de 2. A condição:

$$\frac{E^{1/3}}{\rho} = C \qquad (4.26)$$

oferece, ainda, um outro conjunto, de inclinação 3. Referimo-nos a essas retas como *diretrizes de seleção*. Elas dão a inclinação da família de retas paralelas que pertencem àquele índice. Onde adequado, os diagramas do Capítulo 3 mostram diretrizes como essas. Agora é fácil ler o subconjunto de materiais que maximiza o desempenho ótimo para cada geometria de carregamento. Todos os materiais que se encontram sobre uma reta de $E^{1/3}/\rho$ constante têm o mesmo bom desempenho como um painel rígido e leve; os que estão acima da reta são melhores; os que estão abaixo são piores. A Figura 4.12 mostra uma grade de retas que correspondem aos valores de $E^{1/3}/\rho$ de 0,2 a 5, em unidades de GPa$^{1/3}$/

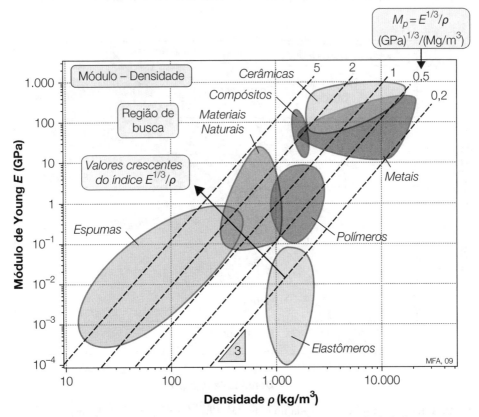

FIGURA 4.12. Um diagrama esquemático $E - \rho$ que mostra uma grade de linhas para o índice de mérito $M = E^{1/3}/\rho$. As unidades são (GPa)$^{1/3}$ (Mg/m^3) (ver caderno colorido).

(Mg/m^3). Um material com $M = 2$ nessas unidades produz um painel cujo peso é um décimo do peso de um com $M = 0,2$ que tem a mesma rigidez. O subconjunto de materiais com valores de índices particularmente bons é identificado escolhendo-se uma reta que isola uma área de busca que contém um número razoavelmente pequeno de candidatos, como mostrado esquematicamente na Figura 4.13 como uma linha de seleção diagonal. Limites de atributo podem ser adicionados, reduzindo a janela de busca. O que correspondente a $E > 50$ GPa é mostrado como uma linha horizontal. Os materiais que se encontram na região de busca cumprem ambos os critérios. O número destes é expandido ou reduzido movendo a linha do índice para baixo ou para cima.

4. *Documentação*

Agora temos uma pequena lista classificada de materiais candidatos potenciais. A última etapa é explorar a fundo o caráter desses materiais. A lista de restrições normalmente contém algumas que não podem ser expressadas como simples limites de atributo. Muitos desses estão relacionados com experiências anteriores com o material, ou com o comportamento do material em um determinado ambiente ou com aspectos dos modos nos quais ele pode ser conformado, unido ou acabado que podem ser aplicados ao material. Tais informações podem ser encontradas em manuais, planilhas

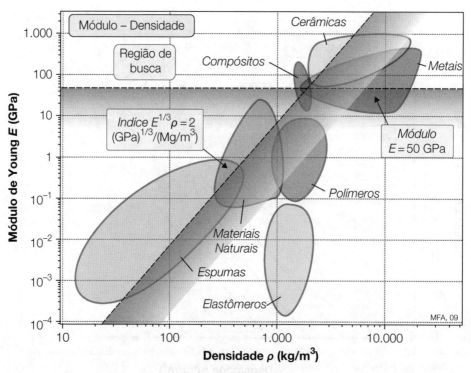

FIGURA 4.13. Uma seleção baseada no índice $M = E^{1/3}/\rho > 2$ $(GPa)^{1/3}$ (Mg/m^3) juntamente com o limite de propriedade $E > 50$ GPa. Os materiais contidos na região de busca tornam-se os candidatos para o próximo estágio do processo de seleção (ver caderno colorido).

de dados de fabricantes e buscas realizadas em computadores. Além disso, haverá restrições que, a essa altura, foram negligenciadas simplesmente por não serem consideradas como tal. Adquire-se confiança pesquisando estudos de casos ou análises de falha que documentam cada candidato, montando um dossiê com suas forças e fraquezas e como essas podem ser superadas. Tudo isso vem sob o título de documentação.

4.5 Seleção assistida por computador

Os diagramas do Capítulo 3 proporcionam uma visão geral das propriedades de materiais, mas o número de materiais que pode ser mostrado em qualquer deles é obviamente limitado. Selecionar materiais com esses diagramas é prático quando há um número muito pequeno de restrições. Quando há muitas — o que normalmente acontece —, fica complicado. Ambos os problemas são resolvidos pela implementação dos métodos em computador.

O software CES[4] de seleção de material e processo é um exemplo de tal implementação. Um banco de dados contém registros para materiais, organizados na maneira hierárquica mostrada na Figura 4.2. Cada registro contém dados de atributos estruturados para um material, e cada atributo é armazenado como uma faixa que abrange sua faixa típica (ou, muitas vezes, a permitida). Contém também documentação limitada na forma de texto, imagens e referências a fontes de informação sobre o material. Os dados são procurados por um mecanismo de busca que oferece interfaces de consulta mostradas esquematicamente na Figura 4.14. À esquerda há uma interface de consulta simples para triagem

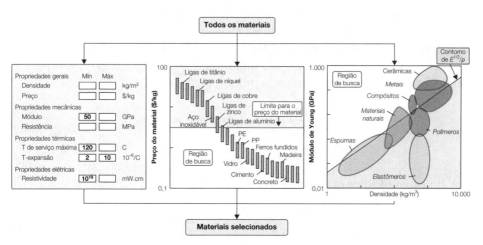

FIGURA 4.14. Seleção assistida por computador com a utilização do software CES. O desenho esquemático mostra os três tipos de janela de seleção. Elas podem ser usadas em qualquer ordem e qualquer combinação. O motor de seleção isola o subconjunto de materiais que passa por todos os estágios de seleção (ver caderno colorido).

---

4. Granta Design Ltd., Cambridge, Reino Unido (www.grantadesign.com).

132   Seleção de Materiais no Projeto Mecânico

de propriedades isoladas (a imagem da abertura do Capítulo 3 é um exemplo). Os limites superior e inferior desejados para atributos restringidos são digitados e o mecanismo de busca rejeita todos os materiais cujos atributos encontram-se fora dos limites. O quadro do centro mostra um segundo modo de pesquisar os dados: um diagrama de barras como o mostrado antes na Figura 3.1. Ele e o diagrama de bolhas mostrado à direita são modos de aplicar restrições e também de classificar. Usados para triar, uma reta ou um retângulo de seleção são sobrepostos aos diagramas de modo que as arestas caiam sobre os valores restringidos dos atributos, o que elimina os materiais nas áreas sombreadas e retém os materiais que cumprem todas as restrições. Se, em vez disso, o que queremos é uma classificação (após aplicadas todas as restrições necessárias), a reta ou retângulo é posicionada de modo que um pequeno número de materiais — digamos, três — permaneça na área selecionada; esses são os candidatos mais bem posicionados.

4.6 O índice estrutural

Livros sobre projeto ótimo de estruturas (por exemplo, Shanley [1960], veja em Leitura Adicional) insistem que a eficiência na utilização de materiais em componentes que suportam cargas mecânicas depende do produto de três fatores: o índice de mérito, como definido aqui; um fator que descreve a forma da seção, assunto do Capítulo 10; e um índice estrutural,[5] que contém elementos de G e F da Equação (4.21). Os assuntos deste livro — seleção de materiais e seleção de processos — focalizam o índice de mérito e a forma; todavia, devemos examinar o índice estrutural resumidamente, em parte para fazer a conexão com a teoria clássica do projeto ótimo e em parte porque ele se torna útil (até para nós) quando o tamanho das estruturas é aumentado.

No projeto para massa mínima [Equações (4.3), (4.8) e (4.14)], uma medida da eficiência do projeto é dada pela quantidade m/L^3. A Equação (4.3) para o tirante leve e forte, quando dividida por L^3, torna-se:

$$\frac{m}{L^3} \geq \underbrace{(\frac{F^*}{L^2})}_{\text{Índice estrutural}} \overbrace{\left(\frac{\rho}{\sigma_f}\right)}^{} \longleftarrow \text{Índice de mérito}$$

(4.27)

A Equação (4.8) para o painel leve e rígido torna-se

$$\frac{m}{L^3} \geq \underbrace{\left(\frac{12}{C_1}\right)^{1/3}}_{\text{Constante}} \underbrace{\left(\frac{b^2 S^*}{L^3}\right)^{1/3}}_{\text{Índice estrutural}} \left(\frac{\rho}{E^{1/3}}\right) \longleftarrow \text{Índice de mérito}$$

(4.28)

e a Equação (4.14) para a viga leve e rígida, torna-se

---

5. Também denominado "coeficiente de carregamento estrutural", "número de deformação" ou "índice de deformação".

Seleção de materiais: Fundamentos   133

$$\frac{m}{L^3} \geq \left(\frac{12}{C_2}\right)^{1/2} \left(\frac{S^*}{L}\right)^{1/2} \left(\frac{\rho}{E^{1/2}}\right) \quad \longleftarrow \text{Índice de mérito} \qquad (4.29)$$

Constante ⟍   ⟋ Índice estrutural

Esta m/L^3 tem as dimensões da densidade; quanto mais baixa essa pseu-dodensidade, mais leve será a estrutura para uma dada escala e, portanto, maior será a eficiência estrutural. Os primeiros termos entre parênteses do lado direito das Equações (4.28) e (4.29) são uma constante. Os últimos termos entre parênteses em todas as três equações são o índice de mérito. Os termos restantes, F^*/L^2, na Equação (4.27), S^*b^2/L^3, na (4.28), e S^*/L, na (4.29), são denominados índice estrutural. Este índice tem as dimensões de tensão e é uma medida da intensidade de carregamento. As proporções de projeto ótimas, que minimizam a utilização de materiais, são excelentes para estruturas de qualquer tamanho, desde que todas tenham o mesmo índice estrutural. As equações de desempenho são escritas aqui de um modo que isola o índice estrutural, uma convenção que adotaremos nos estudos de casos do Capítulo 5.

O índice estrutural para um componente de custo mínimo é o mesmo que o de um projeto de massa mínima.

4.7 Resumo e conclusões

A seleção de materiais é executada em quatro etapas.
• Tradução – reinterpretar os requisitos de projeto em termos de função, restrições, objetivos e variáveis livres.
• Triagem – deduzir limites de atributos das restrições e aplicar esses limites para isolar um subconjunto de materiais viáveis.
• Classificação – ordenar os candidatos viáveis pelo valor de um índice de mérito, o critério de excelência que maximiza ou minimiza alguma medida de desempenho.
• Documentação – pesquisar informação adicional para os candidatos mais bem--classificados, explorando aspectos de seu histórico, sua utilização estabelecida, seu comportamento em ambientes relevantes, sua disponibilidade e outros, até montar um quadro suficientemente detalhado que possibilite uma escolha final.

Diagramas de materiais em papel permitem uma primeira incursão na tarefa e têm o mérito de manter a amplitude da visão: todas as classes de materiais estão em uma mesma moldura, por assim dizer. Porém, o número de materiais é grande, eles têm muitas propriedades, e o número de combinações das que aparecem em índices é muitíssimo maior. Não é prático imprimir diagramas que incluam todas elas. Esses problemas são superados pela implementação em computador, que permite liberdade para explorar todo o universo de materiais e fornece detalhes quando solicitados.

O procedimento de seleção descrito aqui será ampliado no Capítulo 8, para tratar de múltiplas restrições e objetivos e, no Capítulo 10, para incluir a forma da seção. Antes de passarmos a eles, é bom consolidar as ideias apresentadas até aqui, aplicando-as a vários estudos de casos (veja o Capítulo 5).

134   Seleção de Materiais no Projeto Mecânico

4.8 Leitura adicional

Os livros a seguir discutem métodos de otimização e sua aplicação em engenharia de materiais.

Dieter, G.E. (1999) Engineering Design, a Materials and Processing Approach. 3ª ed. New York: McGraw-Hill. NYISBN 9-780-073-66136-0. (*Um texto bem equilibrado e muito respeitado que foca o lugar dos materiais e do processamento no projeto técnico.*)

Shanley, F.R. (1960) Weight-Strength Analysis of Aircraft Structures. 2ª ed. New York: Dover Publications, Inc. Library of Congress Number 60-50107. (*Um texto notável, agora fora de catálogo, sobre projeto de estruturas leves.*)

4.9 Exercícios

Esses exercícios exploram a tradução, a dedução e a demarcação nos diagramas dos índices de mérito.

Tradução é a tarefa de expressar novamente os requisitos de projeto em termos que habilitam a seleção de materiais e processos. Aborde os exercícios formulando as respostas às perguntas apresentadas na tabela a seguir. Não tente modelar o comportamento nesse ponto (isso virá em outros exercícios). Apenas pense no que o componente faz e organize uma lista com as restrições que isso impõe à escolha do material, incluindo requisitos de processamento.

Função	*O que o componente faz?*
Restrições	*Quais condições essenciais devem ser cumpridas?*
Objetivo	*O que deve ser maximizado ou minimizado?*
Variáveis Livres	*Quais parâmetros do problema o projetista tem liberdade de mudar?*

Aqui é importante reconhecer a distinção entre restrições e objetivos. Como diz a tabela, uma restrição é uma condição essencial que deve ser cumprida, normalmente expressa como um limite imposto a um atributo de material ou de processo. Um objetivo é uma quantidade para a qual se procura um extremo (um máximo ou um mínimo), frequentemente custo, massa ou volume, mas há outras, várias das quais aparecem nos exercícios a seguir. Tome como exemplo um quadro de bicicleta. Ele tem de ter certa rigidez e resistência. Se não for rígido e forte o suficiente, não funcionará; porém, nunca será exigido que ele tenha rigidez ou resistência infinita. Portanto, rigidez e resistência são restrições que se tornam limites para módulo, limite elástico e forma. Se a bicicleta é de corrida, deve ser tão leve quanto possível — se pudéssemos fazer uma bicicleta infinitamente leve, seria o ideal. Aqui, minimizar massa é o objetivo, talvez com um limite superior (uma restrição) imposto ao custo. Se, ao contrário, a bicicleta é de passeio, a ser vendida em supermercados, deve ser tão barata quanto possível — quanto menos cara for, mais bicicletas serão vendidas. Dessa vez, minimizar o custo é o objetivo, possivelmente com um limite superior (uma restrição) imposto à massa. Para a maioria das bicicletas, é claro, tanto minimizar massa como minimizar custo são objetivos, e então são necessários métodos de permuta. Eles vêm mais adiante. Por enquanto, use o bom-senso para escolher o objetivo isolado mais importante e transforme todos os outros em restrições.

Damos aqui duas regras práticas, úteis em muitos exercícios de "tradução". Muitas aplicações exigem tenacidade suficiente à fratura para que o componente sobreviva à manipulação errada e ao impacto acidental durante o serviço; um material totalmente frágil (como vidro não temperado) é inadequado. Então, uma restrição necessária é a de "tenacidade adequada". Esta é conseguida exigindo-se que a tenacidade à fratura seja $K_{1c} > 15 MPa\, m^{1/2}$. Outras aplicações exigem ductilidade o suficiente para permitir redistribuição de tensão sob pontos de carregamento, e alguma capacidade de flexão ou conformação plástica do material. Isto é conseguido exigindo-se que a ductilidade (sob tração) seja $\varepsilon_f > 2\%$. (Se estiver disponível, o software CES pode ser usado para impor as restrições e classificar os sobreviventes usando o objetivo.)

E4.1. O que se entende por um objetivo e por uma restrição nos requisitos de um projeto? No que eles diferem? Como são usados?

E4.2. O que se entende por uma variável livre? Dê exemplos de variáveis livres.

E4.3. Você é solicitado a projetar uma panela para acampamento. Quais restrições aplicaria na seleção de um material para a panela? Quais objetivos usaria para classificar os materiais que atendem às restrições?

FIGURA E4.3
Crédito da imagem: Vango.

E4.4. As bicicletas possuem várias formas, cada uma voltada para um determinado setor do mercado:
- Bicicletas de corrida
- Bicicletas de passeio
- Bicicletas de montanha
- Bicicletas de compras
- Bicicletas de crianças
- Bicicletas dobráveis

Use seu julgamento para identificar as restrições primárias e o objetivo que aplicaria ao selecionar um material para o quadro contendo os diferentes tipos de bicicletas.

E4.5. Precisa-se de um material para as bobinas de um forno elétrico para uma sauna. As bobinas de aquecimento devem ser capazes de atingir temperaturas de até 800 °C. Pense quais atributos um material deve ter para ser usado na fabricação das bobinas e funcionar adequadamente quando exposto ao ar. Faça uma lista de função e das restrições; estabeleça "minimizar custo do material" como objetivo e "escolha de material" como variável livre.

Figura E4.5
De: http://www.ebay.co.uk/itm/
Electric-Sauna-Heater-Including-Rocks-PREMIUM-Quality-FREE-Gift-/261549166435

E4.6. Precisa-se de um material para fabricar tesouras de escritório. O papel é um material abrasivo e às vezes as tesouras encontram obstáculos duros, como grampos. Faça uma lista de função e restrições, estabeleça "minimizar custo do material" como objetivo e "escolha de material" como variável livre.

Figura E4.6

E4.7. Precisa-se de um material para fabricar um trocador de calor para extrair calor de um pequeno motor marinho, de água salina a 120 °C (e, portanto, sob pressão). Faça uma lista de função e restrições; estabeleça "minimizar custo do material" como objetivo e "escolha de material" como variável livre.

Figura E4.7
De: https://en.wikipedia.org/wiki/Heat_exchanger#/media/File:Tubular_heat_exchanger.png

E4.8. Precisa-se de um material para fabricar um garfo descartável para uma cadeia de *fast food* que é consciente da sua imagem ambiental. Liste o objetivo e as restrições que você veria como importantes nesta aplicação.

Figura E4.8

E4.9. Formule as restrições e o objetivo que você associaria à escolha do material para fazer os garfos de uma bicicleta de corrida.

FIGURA E4.9

E4.10. A caixa de CD padrão ("Jewel") se quebra facilmente e, quando isso ocorre, o CD pode acabar sendo riscado. Caixas de CD são feitas de poliestireno moldado por injeção, escolhido porque é transparente, barato e fácil de moldar por injeção. Um material é procurado para fazer caixas de CD que não se quebram tão facilmente. A caixa ainda deve ser transparente, capaz de ser moldada por injeção e de competir com o poliestireno no custo.

E4.11. Mancais de altíssima precisão que permitem um movimento de balanço usam lâminas de faca ou pivôs. Quando balança, o mancal rola e faz um movimento de translação para o lado até uma distância que depende do raio de contato. Quanto mais longe rolar, menos preciso será o seu posicionamento, de modo que o menor raio de contato R possível é o melhor. Porém, quanto menor o raio de contato, maior é a pressão de contato (F/A). Se isso exceder a dureza H de qualquer das faces do mancal, ele será danificado. Deformação elástica também é ruim: achata o contato, o que aumenta a área de contato e a rolagem. Traduza os requisitos para o mancal e faça uma lista de função, restrições, objetivo e variável livre.

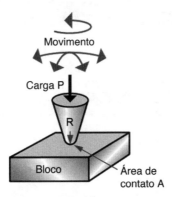

FIGURA E4.11

Deduzindo e usando índices de mérito. Os exercícios nesta seção oferecem prática para a dedução de índices.

Comece cada um com uma lista de função, restrições, objetivos e variáveis livres; sem deixar tudo isso bem claro, você acabará se embolando. Em seguida, escreva uma equação para o objetivo. Considere se ele contém uma variável livre que não seja a escolha de material; se contiver, identifique a restrição que a limita, substitua e compreenda o índice de mérito.

Se o software CES Edu estiver disponível, use-o para aplicar as restrições e classificar os sobreviventes usando o índice (comece com o banco de dados Nível 2). Os resultados são sensatos? Se não forem, qual restrição não foi considerada ou foi formulada incorretamente?

E4.12. *Índices de materiais para vigas elásticas com restrições diferentes*. Inicie cada uma das quatro partes desse problema fazendo a lista de função, objetivo e restrições. Você precisará das equações para a deflexão de uma viga em balanço de seção transversal quadrada $t \times t$, dadas no Apêndice B, Seção B3. As duas que importam são a para deflexão δ de uma viga de comprimento L sob uma carga F aplicada à sua extremidade:

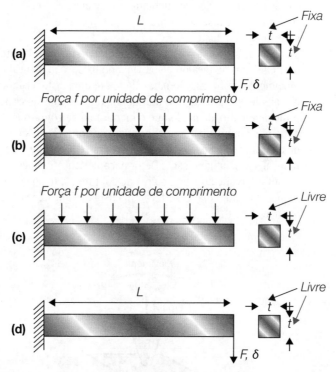

Figura E4.12

$$\delta = \frac{FL^3}{3EI}$$

Seleção de materiais: Fundamentos 139

e a para a deflexão de uma viga sob uma carga distribuída *f* por unidade de comprimento:

$$\delta = \frac{1}{8}\frac{fL^4}{EI}$$

onde $I = t^4/12$. Para uma viga carregada por peso próprio $f = \rho Ag$, onde ρ é a densidade do material da viga, *A* é a área da seção transversal e *g* é a aceleração da gravidade.

a. Mostre que o melhor material para uma viga em balanço de comprimento *L* dado e seção transversal quadrada ($t \times t$) dada (isto é, fixa), que sofrerá a menor deflexão sob uma carga *F* aplicada à sua extremidade, é o que tiver o maior valor do índice $M = E$, onde *E* é o módulo de Young (despreze o peso próprio) (Figura E4.12A).

b. Mostre que a melhor escolha de material para uma viga em balanço de comprimento *L* dado e seção transversal ($t \times t$) dada, que sofrerá a menor deflexão sob seu próprio peso, é a que tiver o maior valor de $M = E/\rho$, onde ρ é a densidade (Figura E4.12B).

c. Mostre que o índice de mérito para a viga em balanço mais leve de comprimento *L* e seção quadrada (não dada, isto é, a área é a variável livre), que não sofrerá deflexão de mais do que δ sob seu próprio peso, é $M = E/\rho^2$ (Figura E4.12C).

d. Mostre que a viga em balanço mais leve de comprimento *L* e seção quadrada (área livre), que não sofrerá deflexão de mais do que δ sob uma carga *F* aplicada à sua extremidade, é a feita do material que tiver o maior valor de $M = E^{1/2}/\rho$ (despreze o peso próprio) (Figura E4.12D).

Trace cada índice sobre uma cópia do diagrama da Figura 3.3 ($E - \rho$), indicando a área de busca para materiais com os maiores valores de cada.

E4.13. *Índice de mérito para uma viga leve e forte.* Em aplicações limitadas por rigidez, a deflexão elástica é a restrição ativa: ela limita o desempenho. Em aplicações limitadas por resistência, a deflexão é aceitável desde que o componente não falhe; a resistência é a restrição ativa. Deduza o índice de mérito para selecionar materiais para uma viga de comprimento *L*, resistência especificada e peso mínimo. Por simplicidade, considere que a viga tem seção transversal sólida quadrada $t \times t$. Você precisará da equação para a carga de falha de uma viga (Apêndice B, Seção B.4). Isto é:

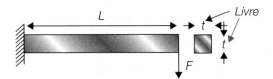

FIGURA E4.13

$$F_f = \frac{I\sigma_f}{y_m L}$$

onde y_m é a distância entre o eixo neutro da viga e seu filamento externo e $I = t^4/12 = A^2/12$ é o momento de inércia de área. A tabela dada nesse exercício especifica os requisitos de projeto. Trace o critério sobre uma cópia do diagrama da Figura 3.4 ($\sigma_f - \rho$) e o use para identificar os materiais candidatos mais promissores. (Se você tiver acesso ao software CES Edu, faça o gráfico e aplique o índice para encontrar os materiais candidatos.)

Função	Viga
Restrições	Comprimento L é especificado Viga deve suportar uma carga de flexão F sem escoamento ou fratura
Objetivo	Minimizar a massa da viga
Variáveis livres	Área da seção transversal, A Escolha do material

E4.14. *Índice de mérito para uma coluna rígida e barata.* Nos dois exercícios anteriores, o objetivo foi minimizar o peso. Há muitos outros. Na seleção de um material para uma mola, o objetivo é o de maximizar a energia elástica que ela pode armazenar. Ao procurar materiais para isolamento térmico eficiente de um forno, os melhores são os que têm a condutividade térmica e a capacidade térmica mais baixas. No entanto, o mais comum de todos é o desejo de minimizar o custo. Portanto, aqui damos um exemplo que envolve custo.

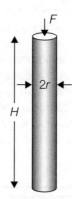

Figura E4.14

Colunas suportam cargas de compressão: as pernas de uma mesa, os pilares do Parthenon. Deduza o índice para selecionar materiais para a coluna cilíndrica mais barata de altura especificada, H, que suportará com segurança uma carga F sem sofrer flambagem elástica. Você precisará da equação para a carga F_{crit} à qual uma coluna delgada sofre flambagem. Ela é

$$F_{crit} = \frac{n^2\pi^2 EI}{H^2}$$

onde n é uma constante que depende das restrições impostas à extremidade da coluna e $I = \pi r^4/4 = A^2/4\pi$ é o momento de inércia de área da coluna (veja o Apêndice B para ambos). A tabela a seguir apresenta os requisitos.

Função	Coluna cilíndrica
Restrições	Comprimento L é especificado Coluna deve suportar uma carga de compressão F sem sofrer flambagem
Objetivo	Minimizar o custo de material da coluna
Variáveis livres	Área da seção transversal, A Escolha do material

Trace o índice que você deduz no diagrama módulo — custo relativo da Figura 3.26 para encontrar os candidatos mais baratos.

E4.15. *Índices para placas e cascas rígidas.* Estruturas de aeronaves e veículos espaciais fazem uso de placas e cascas. O índice depende da configuração. Aqui, queremos deduzir o índice de mérito para:

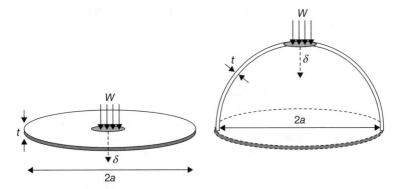

FIGURA E4.15

a. uma placa circular de raio a que suporta uma carga central W com uma rigidez prescrita $S = W/\delta$ e massa mínima, e
b. uma casca hemisférica de raio a que suporta uma carga central W com uma rigidez prescrita $S = W/\delta$ e massa mínima, como mostrado na figura.

Use os dois resultados apresentados a seguir para a deflexão no ponto médio δ de uma placa ou casca esférica sob uma carga W aplicada a uma pequena área circular central.

142   Seleção de Materiais no Projeto Mecânico

$$\text{Placa circular: } \delta = \frac{3}{4\pi} \frac{Wa^2}{Et^3}(1-v^2)\left(\frac{3+v}{1+v}\right)$$

$$\text{Casca hemisférica: } \delta = A\frac{Wa}{Et^2}(1-v^2)$$

Na qual $A \approx 0,35$ é uma constante. Aqui, E é o módulo de Young, t é a espessura da placa ou casca e v é o coeficiente de Poisson. O coeficiente de Poisson é quase o mesmo para todos os materiais estruturais e pode ser tratado como uma constante. A tabela incluída aqui resume os requisitos.

Função	Placa circular rígida, ou Casca hemisférica rígida
Restrições	Rigidez S sob carga central W especificada Raio a da placa ou casca especificado
Objetivo	Minimizar a massa da placa ou casca
Variáveis livres	Espessura t da placa ou casca Escolha do material

E4.16.   Um forno é necessário para sinterizar peças a partir de pós metálicos. Ele opera continuamente a 650 °C enquanto as peças são alimentadas por uma correia móvel. Você é solicitado a selecionar um material para o isolamento do forno para minimizar a perda de calor e, assim, tornar o forno tão eficiente em termos de energia quanto possível. Por razões de espaço, o isolamento é limitado a uma espessura máxima de x = 0,2 m.
a.   Liste a função, restrições, objetivo e variável livre.
b.   Deduza o índice de mérito para selecionar o material para o isolamento.

E4.17.   Um aquecedor de armazenamento captura o calor durante um período de tempo e, em seguida, o libera, geralmente para um fluxo de ar, quando necessário. Aqueles usados no aquecimento doméstico armazenam energia solar ou elétrica em horários fora de pico e mais baratos e a liberam lentamente durante a parte fria do dia. Qual é um bom material para o núcleo de um material de armazenamento compacto capaz de temperaturas de até 80 °C e uma capacidade de armazenamento definida? Interprete "compacto" como "de volume mínimo".
a.   Liste a função, restrições, objetivo e variável livre.
b.   Deduza o índice de mérito para selecionar o material para o armazenador de calor.

E4.18.   Retrabalhe o armazenador de calor do Exercício 4.17 para minimizar o custo do núcleo ao invés de seu volume.
a.   Liste a função, restrições, objetivo e variável livre.
b.   Deduza o índice de mérito para selecionar o material para o armazenador de calor.

E4.19.   Um grampo é necessário para o processamento de componentes eletrônicos. O grampo tem uma seção quadrada de largura x e uma profundidade b. É essencial que o grampo tenha baixa inércia térmica para que atinja a temperatura rapidamente. O tempo t requerido por um componente de espessura *x* para atingir o equilíbrio térmico, quando a temperatura é alterada repentinamente (um problema de fluxo de calor transiente), é

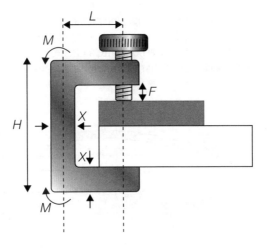

FIGURA E4.19

$$t \approx \frac{x^2}{2a}$$

onde a difusividade térmica é $a = \lambda / \rho C_p$, λ é a condutividade térmica, ρ é a densidade e C_p é o calor específico por unidade de massa. O tempo para alcançar o equilíbrio térmico é reduzido, tornando a seção *x* mais fina, mas não a ponto de falhar em serviço. Use esta restrição para eliminar *x* na equação anterior, deduzindo assim um índice de mérito para o grampo. Use o fato de que a força de aperto *F* cria um momento de flexão no corpo do grampo de $M = FL$ e que o pico de tensão no corpo é dado por (Apêndice B, Seção B15)

$$\sigma = \frac{x}{2}\frac{M}{I}$$

onde $I = bx^3 / 12$ é o momento de inércia de área do corpo. A tabela a seguir resume os requisitos.

Função	Grampo tipo C de baixa inércia térmica
Restrições	Profundidade *b* especificada Deve transmitir a força de aperto *F* sem falhar
Objetivo	Minimizar o tempo para atingir o equilíbrio térmico
Variáveis livres	Largura do corpo do grampo, *x* Escolha do material

E4.20. *Molas para caminhões.* No projeto de suspensão de veículos, é desejável minimizar a massa de todos os componentes. Precisamos selecionar um material e dimensões para uma mola leve para substituir a mola em lâmina de aço de uma suspensão de caminhão existente. A mola em lâmina existente é uma viga, mostrada esquematicamente na figura. A nova mola deve ter o mesmo comprimento L e rigidez S da existente e suportar deflexão correspondente a um deslocamento máximo seguro da lâmina, δmáx, sem falhar. A largura b e a espessura t são variáveis livres.

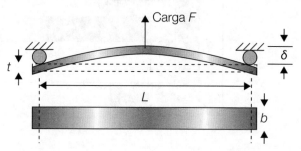

FIGURA E4.20

Deduza um índice de mérito para a seleção de um material para essa aplicação. Observe que esse é um problema com duas variáveis livres: b e t; e que há duas restrições: uma é a deflexão segura $\delta_{máx}$ e a outra é a rigidez S. Use as duas restrições para fixar os valores das variáveis livres. A tabela a seguir cataloga os requisitos.

Função	Mola em lâmina para caminhão
Restrições	Comprimento L especificado Rigidez S especificada Deslocamento máximo $\delta_{máx}$ especificado
Objetivo	Minimizar a massa
Variáveis livres	Espessura t da mola Largura b da mola Escolha do material

Você precisará da equação para a deflexão no ponto médio de uma viga elástica de comprimento L carregada sob flexão em três pontos por uma carga central F

$$\delta = \frac{1}{48}\frac{FL^3}{EI}$$

e da equação para a deflexão à qual a falha ocorre

$$\delta_{max} = \frac{1}{6}\frac{\sigma_f L^2}{tE}$$

onde *I* é o momento de inércia de área; para uma viga de seção retangular, $I = bt^3/12$ e E e σ_f são o módulo e a tensão de falha do material da viga. (Veja o Apêndice B.) Use o índice que você deduzir para classificar os seguintes materiais candidatos para essa aplicação, usando dados do Apêndice A: aço alto carbono, aço baixa liga, ligas de titânio e polímeros reforçados com fibra de carbono (CFRP – Carbon Fibre Reinforced Polymers).

E4.21. *Grades de abertura para tubos de raios catódicos (CRT).* Há muito tempo, nos dias da tecnologia de raios catódicos, havia dois tipos de tubos de raios catódicos. Na tecnologia mais antiga, a separação de cores foi obtida usando uma *máscara de sombra*: uma fina placa de metal com uma grade de furos que permitem que apenas o feixe correto atinja um fósforo vermelho, verde ou azul. Uma máscara de sombra pode aquecer e distorcer em níveis de alto brilho, fazendo com que os feixes percam o alvo, gerando uma imagem manchada. Para evitar isso, as máscaras de sombra foram feitas de Invar, uma liga de níquel com um coeficiente de expansão quase zero entre a temperatura ambiente e 150 °C. Uma consequência da tecnologia de máscara de sombra era que a tela de vidro do CRT se curvava para dentro em todas as quatro arestas, aumentando o brilho refletido.

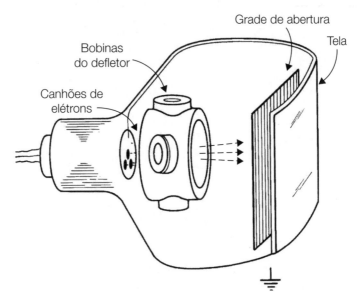

Figura E4.21

A tecnologia "Trinitron" da Sony superou esse problema e permitiu um brilho maior, substituindo a máscara de sombra por uma *grelha de abertura* de fios verticais finos, cada um com aproximadamente 200 μm de espessura, que permite que o feixe pretendido atinja o fósforo vermelho, verde ou azul para criar a imagem. A face de vidro do tubo de Trinitron estava curvada apenas em um plano, reduzindo o brilho. Os fios

146 Seleção de Materiais no Projeto Mecânico

da grelha de abertura eram pré-tensionados para que permanecessem tensos mesmo quando aquecidos – essa tensão permitia o brilho maior. Qual índice orienta a escolha do material para os fios? A tabela a seguir resume os requisitos.

Função	Grelha de abertura para CRT
Restrições	Espessura de fio e espaçamento especificado Material deve suportar pré-tensão sem falhar Eletricamente condutor para evitar o carregamento Capaz de ser conformado em um fio
Objetivo	Maximizar o aumento da temperatura permitida sem perda da tensão
Variáveis livres	Escolha do material

Use o índice que você deduzir para classificar os seguintes materiais, candidatos para essa aplicação, usando os dados do Apêndice A: aço ao carbono, aço inoxidável, ligas níquel-cromo e tungstênio. Todos estão disponíveis como fios finos.

Capítulo 5
Seleção de materiais: Estudos de casos

Resumo

Este capítulo é uma coletânea de estudos de casos que ilustram o método de seleção do Capítulo 4. Cada um é apresentado da seguinte maneira:

- *Declaração do problema* – que apresenta o cenário.
- *Tradução* – que identifica função, restrições, objetivos e variáveis livres, dos quais emergem os limites de atributo e índices de mérito.
- *Seleção* – na qual o cardápio completo de materiais é reduzido por triagem e ranqueamento para uma curta lista de candidatos viáveis.
- *Observação* – que permite um comentário sobre os resultados e a filosofia.

Materials Selection in Mechanical Design. DOI: http://dx.doi.org/10.1016/B978-0-08-100599-6.00005-3
© 2017 Michael F. Ashby. Elsevier Ltd. Todos os direitos reservados.

148   Seleção de Materiais no Projeto Mecânico

Palavras-chave: Remos; espelhos; mesas; volantes; molas; dobradiças elásticas; vasos de pressão; paredes térmicas; instrumentos de precisão; trocadores de calor; radomes.

5.1 Introdução e sinopse

Aqui temos uma coletânea de estudos de casos que ilustram os métodos de seleção do Capítulo 4. Foram deliberadamente simplificados para não obscurecer o método sob camadas de detalhes. Na maioria dos casos, pouco se perde com isso: a melhor escolha de material para o exemplo simples é a mesma que para o mais complexo, pelas razões dadas neste capítulo.

Cada estudo de caso é exposto da seguinte maneira:
- Enunciado do problema – monta a cena.
- Tradução – identifica função, restrições, objetivos e variáveis livres, da qual emergem os limites de atributos e índices de méritos.
- Seleção – uma lista completa de materiais é reduzida por triagem e classificação a uma lista curta de candidatos viáveis.
- Observação – permite um comentário sobre resultados e filosofia.

Os primeiros exemplos são diretos, escolhidos para ilustrar o método. Exemplos posteriores são menos óbvios e exigem raciocínio claro para identificar e distinguir objetivos e restrições. Aqui, uma confusão pode levar a conclusões bizarras e enganadoras. Sempre aplique o bom-senso: a seleção inclui os materiais tradicionais usados para aquela aplicação? Alguns membros do subconjunto são obviamente inadequados? Se forem, normalmente é porque uma restrição foi ignorada ou um objetivo mal aplicado. A resposta é voltar a pensar neles.

A maioria dos estudos de casos usa cópias em papel dos diagramas do Capítulo 3; já aqueles do final ilustram métodos por computador.

5.2 Materiais para remos

O crédito pela invenção do barco a remo aparentemente pertence aos egípcios. Barcos com remos aparecem em relevos esculpidos em monumentos construídos no Egito entre 3300 e 3000 a.C. Barcos, antes dos movidos a vapor, podiam ser impelidos por varapaus, por velas ou por remos. Remos dão mais controle do que os outros dois, e seu potencial militar foi bem-entendido pelos romanos, vikings e venezianos.

Há registros de corridas de barcos a remo no Tâmisa, em Londres, desde 1716. Originalmente, os competidores eram barqueiros que remavam as barcas usadas para transportar pessoas e mercadorias pelo rio. Gradativamente, cavalheiros começaram a se envolver (notavelmente os jovens cavalheiros das Universidades de Oxford e Cambridge), sofisticando, assim, as regras, bem como o equipamento. O real estímulo para o desenvolvimento de barcos e remos ocorreu em 1900, com o estabelecimento do remo como um esporte olímpico. Desde então, ambos têm aproveitado ao máximo o artesanato e os materiais de sua época. Considere, como um exemplo, o remo.

A tradução. Em termos mecânicos, um remo é uma viga, carregada sob flexão. Deve ser forte o suficiente para suportar, sem quebrar, o momento fletor exercido pelo remador; deve ter uma rigidez que combine com as características próprias do remador; e deve ter o "toque" certo. Cumprir a restrição da resistência é fácil. Remos são projetados para *rigidez*, isto é, para dar uma deflexão elástica especificada sob uma carga determinada.

A parte superior da Figura 5.1 mostra um remo: uma lâmina ou "colher" é ligada a uma haste ou "cabo", que porta um pescoço e um ombro para indicar a localização positiva na trava do remo. A parte inferior da figura mostra como a rigidez do remo é medida: um peso de 10 kg é pendurado no remo a 2,05 m do pescoço e a deflexão δ nesse ponto é medida. Um remo mole sofrerá deflexão de aproximadamente 50 mm; um duro, de apenas 30. Quando faz o pedido de compra de um remo, o remador especifica a dureza desejada.

Além disso, o remo deve ser leve; peso extra aumenta a área molhada do casco e o arraste que a acompanha. Portanto, podemos dizer que um remo é uma viga de rigidez especificada e peso mínimo. O índice de mérito que queremos foi deduzido no Capítulo 4, como mostrado na Equação (4.15). Para uma viga leve e rígida, é

$$M = \frac{E^{1/2}}{\rho} \tag{5.1}$$

onde E é o módulo de Young e ρ é a densidade. Há outras restrições óbvias. Remos são derrubados e às vezes as pás se chocam. O material deve ser tenaz o suficiente para sobreviver a isso; portanto, materiais frágeis (os que têm tenacidade G_1c menor que 1 kJ/m^2) são inaceitáveis. Dados esses requisitos, resumidos na Tabela 5.1, quais materiais você escolheria para fazer remos?

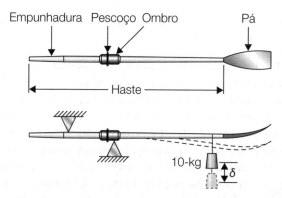

FIGURA 5.1. Um remo. Remos são projetados para rigidez medida como mostrado na parte *inferior* da figura, e devem ser leves.

TABELA 5.1. **Requisitos de projeto para o remo**

Função	• Remo – significando viga leve e rígida
Restrições	• Comprimento L especificado • Rigidez à flexão S* especificada • Tenacidade $G_{1c} > 1\,kJ/m^2$
Objetivo	• Minimizar a massa m
Variáveis livres	• Diâmetro da haste • Escolha de material

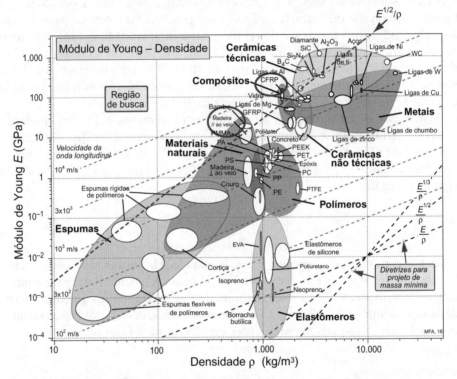

FIGURA 5.2. Materiais para remos. CFRP é melhor do que madeira porque a estrutura pode ser controlada (ver caderno colorido).

A seleção. A Figura 5.2 mostra o diagrama adequado: aquele em que o do módulo de Young é plotado em relação à densidade ρ. A linha de seleção para o índice M tem inclinação 2, como explicado na Seção 4.4, e está posicionada de modo que resta um pequeno grupo de materiais acima dela. Esses materiais são os que têm os maiores valores de M e representam a melhor escolha desde que satisfaçam a outra restrição (um simples limite de atributo para a tenacidade). Esse grupo contém três classes de materiais: madeiras, polímeros reforçados com carbono e certas cerâmicas (Tabela 5.2). Cerâmicas são frágeis; o diagrama tenacidade-módulo na Figura 4.7 mostra que nenhuma delas cumpre os requisitos do projeto. A recomendação é clara: faça seus remos de madeira ou — melhor ainda — de polímero reforçado com fibra de carbono (CFRP).

Seleção de materiais: Estudos de casos · 151

TABELA 5.2. Materiais para remos

Material	Índice M $(GPa)^{1/2}/(Mg/m^3)$	Comentário
Bambu	4,0 – 4,5	O material tradicional para remos de canoa
Madeiras	3,4 – 6,3	Baratas, tradicionais, porém com variabilidade natural
CFRP	5,3 – 7,9	Tão bom quanto a madeira, mais controle de propriedades
Cerâmicas	4 – 8,9	Bom M, mas tenacidade baixa e custo alto

Observação. Agora sabemos de que material os remos deveriam ser feitos. O que, na realidade, é usado? Remos de competição, normais e de pá côncava (*sculls*) são feitos de madeira ou de um compósito de alto desempenho: epóxi reforçado com fibra de carbono.

Ainda hoje, remos de madeira são feitos, como há 100 anos, por artesãos que trabalham principalmente à mão. A haste e a pá são de espruce de Sitka, originário do nordeste dos Estados Unidos ou Canadá; quanto mais ao norte melhor, porque a curta estação de crescimento dá um veio mais fino. A madeira é cortada em tiras e quatro delas são laminadas juntas para obter uma rigidez média, e a pá é colada à haste. Então, nesse estado bruto, o remo descansa por algumas semanas para se acomodar e depois é acabado por corte e polimento manuais. Quando acabado, o remo de espruce pesa entre 4 e 4,3 kg.

Pás de compósito são um pouco mais leves do que as de madeira para a mesma rigidez. Os componentes são fabricados a partir de uma mistura de fibras de carbono e de vidro em matriz de epóxi, montados e colados. A vantagem dos compósitos é, em parte, a economia de peso (massa típica: 3,9 kg) e em parte o maior controle do desempenho: a haste é moldada para dar a rigidez especificada pelo comprador. Até recentemente, um remo de CFRP custava mais do que um de madeira, mas o preço das fibras de carbono caiu o suficiente para que os dois tenham aproximadamente o mesmo custo.

Leitura adicional
Redgrave, S. (1992) Complete Book of Rowing. Londres: Partridge Press.

Estudos de casos relacionados
5.3   "Espelhos para grandes telescópios"
5.4   "Pernas de mesas"
11.2   "Longarinas para ultraleves"
11.3   "Garfos para uma bicicleta de corrida"

5.3 Espelhos para grandes telescópios

Há alguns telescópios óticos muito grandes no mundo. Os mais novos usam truques complexos e astuciosos para manter sua precisão enquanto perscrutam o céu — falaremos mais disso na observação. Porém, se quisermos um telescópio simples, o refletor será um único espelho rígido. O maior dos telescópios desse tipo está situado no Monte Semivodrike, perto de Zelenchukskaya, nas montanhas do Cáucaso, na Rússia. O espelho tem 6 m (236 polegadas) de diâmetro. Para ser suficientemente rígido, ele é feito de vidro com aproximadamente 1 m de espessura e pesa 70 toneladas.

O custo total de um grande telescópio (de 236 polegadas) é, como o próprio telescópio, astronômico — em torno de US$ 300 milhões. O espelho em si é responsável por apenas aproximadamente 5% desse custo; o restante do custo é o mecanismo que o sustenta, posiciona e movimenta em suas incursões pelo céu. Esse mecanismo deve ser rígido o suficiente para posicionar o espelho em relação ao sistema de coleta com uma precisão aproximadamente igual ao comprimento de onda da luz. À primeira vista, poderia parecer que para dobrar a massa m do espelho seria necessário também dobrar as seções da estrutura de suporte para manter iguais as tensões (e, por consequência, as deformações e deslocamentos); porém, então, a estrutura mais pesada sofre deflexão sob seu próprio peso. Na prática, as seções têm de aumentar proporcionalmente a m^2 e assim o custo também.

Há um século, espelhos eram feitos de metal polido (*speculum* ou especular de densidade ao redor de 8.000 kg/m³). Desde então, são feitos de vidro (densidade: 2.300 kg/m³), com a superfície frontal revestida de prata, de modo que nenhuma das propriedades óticas do vidro é usada. O vidro é escolhido somente por suas propriedades mecânicas: as 70 toneladas de vidro são apenas um suporte muito esmerado para 100 nm (cerca de 30 gramas) de prata. Poderíamos, se adotássemos uma premissa radicalmente nova em relação a materiais para espelhos, sugerir rotas possíveis para a construção de telescópios mais leves e baratos?

A tradução. Em sua forma mais simples, o espelho é um disco circular com diâmetro $2R$ e espessura média t, simplesmente apoiado em sua periferia (Figura 5.3). Quando na horizontal, sofrerá deflexão sob seu próprio peso m;

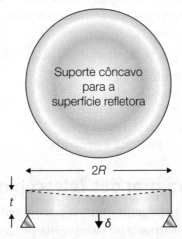

FIGURA 5.3. O espelho de um grande telescópio ótico é modelado como um disco simplesmente apoiado em sua periferia.

Seleção de materiais: Estudos de casos   153

Tabela 5.3. **Requisitos de projeto para o espelho de telescópio**

Função	• *Espelho de precisão*
Restrições	• *Raio R especificado* • *Não deve sofrer distorção maior do que δ sob o peso próprio* • *Alta estabilidade dimensional: nenhuma fluência, baixa expansão térmica*
Objetivo	• *Minimizar a massa, m*
Variáveis livres	• *Espessura do espelho, t* • *Escolha de material*

quando na vertical, não sofrerá deflexão significativa. Essa distorção (que muda o comprimento focal e introduz aberrações) deve ser pequena o suficiente para não interferir com o desempenho; na prática, isso significa que a deflexão δ do ponto médio do espelho deve ser menor do que o comprimento de onda da luz. Requisitos adicionais são alta estabilidade dimensional (nenhuma fluência) e baixa expansão térmica (Tabela 5.3).

A massa do espelho (a propriedade que desejamos minimizar) é

$$m = \pi R^2 t \rho \tag{5.2}$$

onde ρ é a densidade do material do disco. A deflexão elástica, δ, do centro de um disco horizontal em razão de seu próprio peso é dada para um material com índice de Poisson de 0,3 (Apêndice B) por:

$$\delta = \frac{3}{4\pi} \frac{mgR^2}{Et^3} \tag{5.3}$$

A quantidade g nessa equação é a aceleração da gravidade: 9,81 m/s²; E, como antes, é o módulo de Young. Exigimos que a deflexão seja menor do que, digamos, 10 μm. O diâmetro $2R$ do disco é especificado pelo projeto do telescópio, mas a espessura t é uma variável livre. Resolvendo para t e substituindo na primeira equação obtemos:

$$m = \left(\frac{3g}{4\delta}\right)^{1/2} \pi R^4 \left[\frac{\rho}{E^{1/3}}\right]^{3/2} \tag{5.4}$$

O espelho mais leve é o que tiver o maior valor do índice de mérito:

$$M = \frac{E^{1/3}}{\rho} \tag{5.5}$$

Tratamos as restrições restantes como limites de atributo, exigindo um ponto de fusão maior do que 500 °C para evitar fluência, zero de acúmulo de umidade e baixo coeficiente de expansão térmica ($\alpha < 20 \times 10^{-6}$/K).

A seleção. Aqui, temos outro exemplo de projeto elástico para peso mínimo. O diagrama adequado é novamente o que relaciona o módulo de Young E com a densidade ρ — mas agora a linha que construímos nele tem inclinação

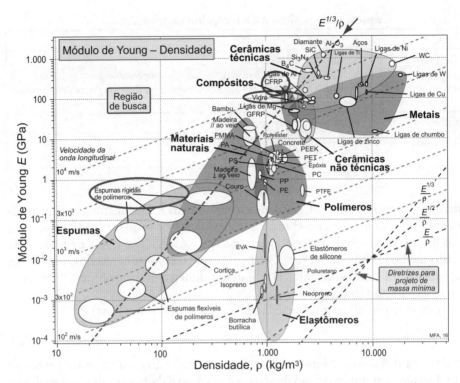

FIGURA 5.4. Materiais para espelhos de telescópio. Vidro é melhor do que a maioria dos metais, entre os quais o magnésio é uma boa escolha. Polímeros reforçados com fibra de carbono proporcionam, potencialmente, o peso mais baixo de todos, mas pode lhes faltar a estabilidade dimensional adequada. Vidro espumado é um possível candidato (ver caderno colorido).

3, correspondente à condição $M = E^{1/3}/\rho$ = constante (Figura 5.4). O vidro se encontra no valor $M = 1,7$ $(GPa)^{1/3}.m3/Mg$. Materiais que têm maiores valores de M são os melhores; os que têm valores menores são piores. Vidro é muito melhor do que aço ou metal polido (por isso a maioria dos espelhos é feita de vidro), porém, não é tão bom quanto o magnésio, várias cerâmicas, polímeros reforçados com fibra de carbono e fibra de vidro, ou — um achado inesperado — espumas rígidas de polímeros. Veja na Tabela 5.4 a lista curta antes de aplicação dos limites de atributos.

É claro que devemos examinar outros aspectos dessa escolha. A massa do espelho, calculada pela Equação (5.4), é apresentada na tabela. O espelho de CFRP tem menos da metade do peso do de vidro, de forma que sua estrutura de suporte poderia ser até quatro vezes mais barata. A possível economia pela utilização de espuma é ainda maior. Mas esses espelhos poderiam ser fabricados?

À primeira vista, algumas das escolhas — espuma de poliestireno ou CFRP — podem parecer pouco práticas. Porém, a economia de custo potencial (o fator de 16) é tão grande que vale a pena examiná-las. Há modos de fundir uma fina película de borracha de silicone ou de epóxi na superfície traseira do espelho (o poliestireno ou o CFRP) para dar uma superfície oticamente lisa que poderia ser revestida de prata. O obstáculo mais óbvio é a falta de estabilidade dos

Seleção de materiais: Estudos de casos   155

TABELA 5.4. **Suporte de espelho para telescópio de 200 polegadas (5,1 m)**

Material	$M = E^{1/3}/\rho$ $(GPa)^{1/3} \cdot m^3/Mg$	m (toneladas) $2R = 5,1\ m$ [a partir da Equação (5.4)]	Comentário
Aço (ou metal polido)	0,74	73,6	Muito pesado — a escolha original
GFRP	1,5	25,5	Não tem estabilidade dimensional suficiente — usar para radiotelescópio
Ligas de Al	1,6	23,1	Mais pesadas do que vidro e com alta expansão térmica
Vidro	1,7	21,6	A escolha atual
Ligas de Mg	1,9	17,9	Mais leves do que vidro, porém com alta expansão térmica
CFRP	3,0	9	Muito leve, porém não tem estabilidade dimensional — usar para radiotelescópios
Poliestireno espumado	4,5	5	Muito leve, porém não tem estabilidade dimensional. Vidro espumado?

polímeros — eles mudam de dimensões com o tempo, umidade, temperatura e assim por diante. Porém, o vidro em si pode ser espumado para dar um material mais denso do que a espuma de poliestireno, entretanto mais leve do que o vidro sólido. Vidros espumados têm a mesma estabilidade química e ambiental do vidro sólido. Poderiam ser uma rota para grandes espelhos baratos.

Observação. Há, claro, outras coisas que podemos fazer. O rigoroso critério de projeto ($\delta < 10\ \mu m$) pode ser parcialmente superado por um projeto de engenharia que não se refira à escolha do material. O telescópio japonês de 8,2 m em Mauna Kea, Hawaii e o Telescópio Muito Grande (Very Large Telescope – VLT), em Cerro Paranal Silla, no Chile, têm um fino refletor de vidro suportado por um conjunto de macacos hidráulicos ou piezelétricos que exercem forças distribuídas sobre a superfície traseira, controlados para variar com a atitude do espelho. O telescópio Keck, também em Mauna Kea, é segmentado; cada segmento é posicionado independentemente para dar foco ótico. Porém, as limitações desse tipo de sistema mecânico ainda exigem que o espelho tenha uma rigidez determinada. Enquanto a rigidez com peso mínimo for requisito de projeto, os critérios de seleção de material continuam os mesmos.

Radiotelescópios não têm de ter dimensões tão precisas quanto os óticos porque detectam radiação de comprimento de onda maior, aproximadamente 0,25 mm em vez de 0,02 mm das ondas de luz. Porém, são muito maiores (60 m em vez de 6) e sofrem dos mesmos problemas de distorção. Um radiotelescópio de 45 m construído recentemente para a Universidade de Tóquio tem um refletor parabólico composto por até 6.000 painéis de CFRP, cada um servo-controlado para compensar macrodistorção. Atualmente, radiotelescópios são feitos, normalmente, de CFRP, pelas exatas razões que deduzimos.

Estudo de caso relacionado
5.16 "Minimizar distorção em dispositivos de precisão"

5.4 Materiais para pernas de mesas

Luigi Tavolino, projetista de móveis, inventou uma mesa leve de audaciosa simplicidade: uma chapa plana de vidro endurecido, simplesmente apoiada sobre pernas cilíndricas delgadas, sem fixação (Figura 5.5). As pernas devem ser sólidas (para serem finas) e tão leves quanto possível (para que a mesa seja fácil de movimentar). Devem, também, suportar o tampo da mesa e tudo o que for colocado sobre ele sem sofrer flambagem (Tabela 5.5). Quais materiais poderíamos recomendar?

A tradução. Esse é um problema com dois objetivos:[1] o peso deve ser minimizado e a esbelteza, maximizada. Há uma restrição: a resistência à flambagem. Considere, primeiro, a minimização do peso.

A perna é uma coluna delgada de material de densidade ρ e módulo E. Seu comprimento, L, e a carga máxima, F, que ela deve suportar são determinados pelo projeto; em outras palavras, são fixos. O raio r de uma perna é uma variável livre. Desejamos minimizar a massa m da perna, dada pela função objetivo:

$$m = \pi r^2 L \rho \qquad (5.6)$$

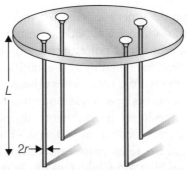

FIGURA 5.5. Uma mesa leve com pernas cilíndricas delgadas. A leveza e a esbelteza são objetivos independentes.

TABELA 5.5. **Requisitos de projeto para pernas de mesa**

Função	• *Coluna (suportar cargas de compressão)*
Restrições	• *Comprimento L especificado* • *Não deve sofrer flambagem sob cargas de projeto* • *Não deve sofrer fratura por choques acidentais*
Objetivo	• *Minimizar massa,* m • *Maximizar esbelteza*
Variáveis livres	• *Diâmetro das pernas, 2r* • *Escolha de material*

---

1. Métodos formais para lidar com vários objetivos serão desenvolvidos no Capítulo 8.

Seleção de materiais: Estudos de casos   157

sujeita à restrição de suportar uma carga P sem sofrer flambagem. A carga elástica de flambagem F_{crit} de uma coluna de comprimento L e raio r (veja o Apêndice B) é

$$F_{crit} = \frac{\pi^2 EI}{L^2} = \frac{\pi^3 Er^4}{4L^2} \qquad (5.7)$$

usando $I = \pi r^4/4$, onde I é o momento de inércia de área da coluna. A carga F não deve ultrapassar F_{crit}. Resolvendo para a variável livre, r, e substituindo-a na equação para m, obtemos

$$m \geq \left(\frac{4F}{\pi}\right)^{1/2} (L)^2 \left[\frac{\rho}{E^{1/2}}\right] \qquad (5.8)$$

As propriedades de materiais estão agrupadas no último par de colchetes. O peso é minimizado selecionando o subconjunto dos materiais que têm os maiores valores do índice de mérito:

$$M_1 = \frac{E^{1/2}}{\rho}$$

(Um resultado que poderíamos ter tirado diretamente do Apêndice C.)

Agora, a esbelteza. Invertendo a Equação (5.7) e igualando F_{crit} a F, obtemos uma equação para a perna mais fina que não sofrerá flambagem:

$$r \geq \left(\frac{4F}{\pi^3}\right)^{1/4} (L)^{1/2} \left[\frac{1}{E}\right]^{1/4} \qquad (5.9)$$

A perna mais fina é a feita do material que tem o maior valor do índice de mérito:

$$M_2 = E$$

A seleção. Procuramos o subconjunto de materiais que tenha valores altos de $E^{1/2}/\rho$ e E. Precisamos novamente do diagrama $E - \rho$ (Figura 5.6). Uma diretriz de inclinação 2 está desenhada no diagrama; ela define a inclinação da grade de linhas para valores de $E^{1/2}/\rho$. A diretriz é deslocada para cima (conservando a inclinação) até que um subconjunto de materiais razoavelmente pequeno fique isolado acima dela, o que é mostrado na posição $M_1 = 5$ GPa$^{1/2}$/(Mg/m^3). Materiais acima dessa linha têm valores mais altos de M_1 e são identificados na figura como *madeiras* (o material tradicional para pernas de mesa), *compósitos* (em particular CFRP) e certas *cerâmicas avançadas*. Polímeros estão fora: não são suficientemente rígidos; metais também: são demasiado pesados (mesmo as ligas de magnésio, que são as mais leves). A escolha é reduzida ainda mais pelo requisito de que, para a esbelteza, E deve ser grande. Uma linha horizontal no diagrama liga materiais que têm valores iguais de E; os que estão acima são mais rígidos. A Figura 5.6 mostra que posicionar essa linha em $M_1 = 100$ GPa elimina madeiras e GFRP. Se as pernas devem ser realmente finas, então a lista curta fica reduzida a CFRP e cerâmicas: esses materiais dão pernas que pesam o mesmo que as de madeira, porém, não têm nem metade

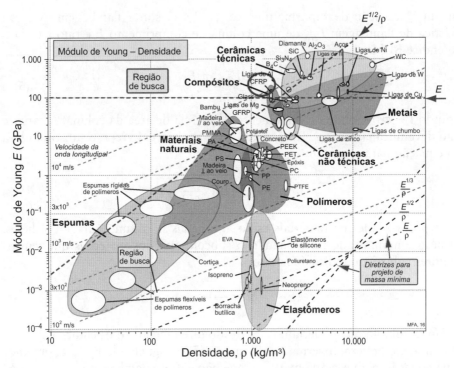

FIGURA 5.6. Materiais para pernas de mesa leves e delgadas. Madeira é uma boa escolha; um compósito como CFRP também é bom, já que, por ter um módulo mais alto do que a madeira, fornece uma coluna leve e ao mesmo tempo delgada. Cerâmicas cumprem as metas de projeto estabelecidas, mas são frágeis (ver caderno colorido).

de sua espessura. Cerâmicas, como sabemos, são frágeis: têm valores baixos de tenacidade à fratura. Pernas de mesa estão expostas a abusos: levam golpes e são chutadas; o bom-senso sugere que é necessária uma restrição adicional, a de tenacidade adequada. Isso pode ser feito usando a Figura 4.7; ela elimina cerâmicas, sobrando então o CFRP. O custo do CFRP talvez faça o Sr. Tavolino reconsiderar seu projeto, mas essa é outra questão: ele não mencionou custo em sua especificação original.

É uma boa ideia organizar os resultados como uma tabela, mostrando não somente os melhores materiais, mas também os segundos melhores — pode ser que eles, quando outras considerações estiverem envolvidas, tornem-se a melhor escolha. A Tabela 5.6 mostra como fazer isso.

Observação. Pernas tubulares, dirá o leitor, devem ser mais leves do que as sólidas. É verdade, mas também serão mais grossas. Portanto, isso depende da importância relativa que o Sr. Tavolino dá aos seus dois objetivos — leveza e esbeltez —, e só ele poderá decidir. Se conseguirmos persuadi-lo a conviver com as pernas grossas, podemos considerar tubos — e a escolha de material pode ser diferente. Veja no Capítulo 10 a seleção de materiais quando a forma da seção é uma variável.

Pernas de cerâmica foram eliminadas em razão da baixa tenacidade. Se (o que é improvável) a meta é projetar uma mesa leve com pernas delgadas para

TABELA 5.6. Materiais para pernas de mesas

Material	Típico M_1 (GPa$^{1/2}$ m^3/Mg)	Típico M_2 GPa	Comentário
GFRP	2,5	20	Menos caro do que CFRP, porém M_1 e M_2 mais baixos
Madeiras	4,5	10	M_1 notável; M_2 ruim Baratas, tradicionais, confiáveis
Cerâmicas	6,3	300	M_1 e M_2 notáveis Eliminadas pela fragilidade
CFRP	6,6	100	M_1 e M_2 notáveis, porém caro

ser utilizada em altas temperaturas, as cerâmicas devem ser reconsideradas. O problema da fragilidade pode ser contornado protegendo as pernas contra abuso ou por tensionamento prévio de compressão.

Estudos de casos relacionados

5.2   "Materiais para remos"
5.3   "Espelhos para grandes telescópios"
9.5   "Objetivos conflitantes: pernas de mesas novamente"
11.2   "Longarinas para aeronave de propulsão humana"
11.3   "Garfos para uma bicicleta de corrida"
11.5   "Perna de mesas mais uma vez: finas ou leves?"

5.5 Custo: materiais estruturais para construções

A coisa mais cara que a maioria das pessoas compra é a casa em que moram. Aproximadamente metade do custo da construção de uma casa vem dos materiais de que ela é feita, e eles são usados em grandes quantidades (residência particular: aproximadamente 200 toneladas; grandes blocos de apartamentos: aproximadamente 20 mil toneladas). Os materiais são utilizados de quatro modos: estruturalmente, para manter a construção em pé; como revestimento, para isolar contra as intempéries; como "internos", para isolar contra calor e som; e como serviços, para fornecer aquecimento, resfriamento, energia, água e drenagem.

Considere a seleção de materiais para a estrutura (Figura 5.7). Eles devem ser rígidos, fortes e baratos. Rígidos, para que o edifício não sofra demasiada flexão sob cargas de vento ou cargas internas; fortes, para não haver nenhum risco de colapso, e baratos, porque a quantidade de material usada é grande. O esqueleto estrutural de uma construção é raramente exposto ao ambiente e, em geral, não é visível, portanto, aqui, os critérios de resistência à corrosão ou de aparência não são importantes. A meta do projeto é simples: rigidez e resistência a custo mínimo. Para sermos mais específicos: considere a seleção de material para vigas de assoalho. A Tabela 5.7 resume os requisitos.

A tradução. Vigas de assoalho, como diz o nome, são vigas; elas são carregadas sob flexão. O índice de mérito para uma viga rígida de massa mínima, m, foi desenvolvido no Capítulo 4, Equações (4.11) a (4.15). O custo C da viga é apenas sua massa, m, vezes o custo por kg, C_m, do material de que ela é feita:

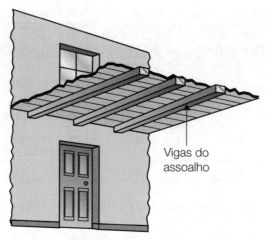

FIGURA 5.7. Os materiais de uma construção fornecem estrutura, revestimentos internos e externos e instalações. O critério de seleção depende da função.

TABELA 5.7. **Requisitos de projeto para vigas de assoalho**

Função	• *Viga do assoalho*
Restrições	• *Comprimento L especificado* • *Rigidez: não deve sofrer demasiada flexão sob cargas de projeto* • *Resistência: não deve falhar sob cargas de projeto*
Objetivo	• *Minimizar custo de material, C*
Variáveis livres	• *Área da seção transversal da viga, A* • *Escolha de material*

$$C = mC_m = AL\rho C_m \tag{5.10}$$

que se torna a função objetivo do problema. Prosseguindo como no Capítulo 4, constatamos que o índice para uma viga rígida de custo mínimo é:

$$M_1 = \frac{E^{1/2}}{\rho C_m}$$

Este é o índice para uma viga rígida leve com ρ substituído por ρC_m.

O índice, quando a restrição é a resistência em vez da rigidez, não foi deduzido antes. Faremos isso aqui. A função objetivo ainda é a Equação (5.10), mas agora a restrição é a resistência: a viga deve suportar F sem falhar. A carga de falha de uma viga (Apêndice B, Seção B4) é

$$F_f = C_2 \frac{I\sigma_f}{y_m L} \tag{5.11}$$

onde C_2 é uma constante, σ_f é a resistência à falha do material da viga e y_m é a distância entre o eixo neutro da viga e seu filamento externo. Consideramos uma viga retangular de profundidade d e largura b. Supomos que suas proporções são fixas de modo que $d = \alpha b$, onde α é a razão de proporção, cujo valor típico para vigas de madeira é 2. Usando isso e $I = bd^3/12$ para eliminar A na Equação (5.10), obtemos o custo da viga que suportará exatamente a carga F_f:

$$C = \left(\frac{6\sqrt{\alpha}}{C_2} \frac{F_f}{L^2} \right)^{2/3} \left(L^3 \right) \left[\frac{\rho C_m}{\sigma_f^{2/3}} \right] \qquad (5.12)$$

A massa é minimizada selecionando materiais que tenham os maiores valores do índice:

$$M_2 = \frac{\sigma_f^{2/3}}{\rho C_m}$$

Como determinamos para o índice de rigidez, este é o índice de uma viga forte e leve com ρ substituído por ρC_m.

Conforme explicado no Capítulo 3, o custo/kg, C_m, causa problemas porque flutua ao longo do tempo e é medido em moedas diferentes em países diferentes. Para ignorar o problema, nos gráficos, substituímos ρC_m por um custo relativo por unidade de volume, $C_{v.R}$: o custo por unidade de volume do material normalizado por aquele para aço macio. O ranking dos materiais é inalterado, então todos os métodos de seleção podem ser aplicados exatamente como antes.

A seleção. Primeiro a rigidez. A Figura 5.8A mostra o diagrama relevante: módulo E em relação a custo relativo por unidade de volume, $C_{v.R}$. A linha de seleção tem a inclinação adequada para M_1; ela isola concreto, pedra, tijolo, madeiras, ferros fundidos e aços-carbono. A Figura 5.8B mostra resistência em relação a custo relativo. A linha de seleção — M_2, dessa vez — aponta quase a mesma seleção. Os materiais são apresentados, com valores, na tabela. São exatamente os materiais com os quais os edifícios têm sido e são feitos (Tabela 5.8).

Observação. Concreto, pedra e tijolo têm resistência somente sob compressão; a forma do edifício deve usá-los desse modo (colunas, arcos). Madeira, aço e concreto armado têm resistência sob flexão e sob tração, bem como sob compressão; além disso, o aço pode ser fabricado em formas eficientes (perfis I, seções-caixão, tubos, discutidas no Capítulo 10). A forma do edifício feito com esses materiais permite liberdade muito maior.

Sugere-se, às vezes, que os arquitetos vivem no passado; que no século XXI deveriam estar construindo com compósitos de fibra de carbono (CFRP) e fibra de vidro (GFRP), alumínio e ligas de titânio, e aço inoxidável. Alguns estão, mas as duas últimas figuras dão uma ideia do preço pago por isso: o custo para conseguir a mesma rigidez e resistência está entre 5 e 50 vezes maior.

Leitura adicional

Cowan, H.J.; Smith, P.R. (1988) The Science and Technology of Building Materials. New York: Van Nostrand-Reinhold.

Doran, D.K. (1992) The Construction Reference Book. Oxford: Butterworth Heinemann.

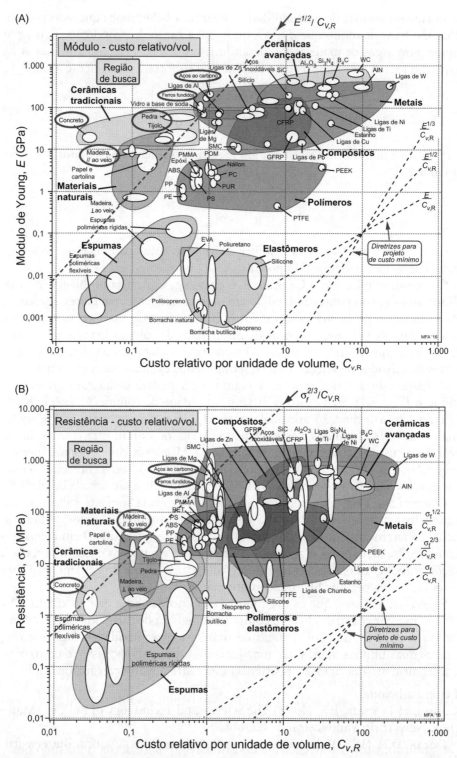

FIGURA 5.8. (A) A seleção de materiais rígidos e baratos para os esqueletos estruturais de construções e (B) a seleção de materiais fortes e baratos para os esqueletos estruturais de edifícios (ver caderno colorido).

Seleção de materiais: Estudos de casos   163

TABELA 5.8. **Materiais estruturais para construções**

Material	M_1 (GPa$^{1/2}$/ (kg/m^3))	M_2 (MPa$^{2/3}$/ (kg/m^3))	Comentário
Concreto	160	14	Usar somente em compressão
Tijolo	12	12	
Pedra	9,3	12	
Madeiras	21	90	Podem suportar flexão e tração, bem como compressão, o que permite liberdade muito maior.
Ferro fundido	17	90	
Aço	14	45	

Estudos de casos relacionados

5.2   "Materiais para remos"
5.4   "Materiais para pernas de mesas"
9.2   "Múltiplas restrições: vasos de pressão leves"
11.4   "Vigas de assoalho: madeira, bambu ou aço?"

5.6 Materiais para volantes

Volantes armazenam energia. Os pequenos — do tipo encontrado em brinquedos de crianças — são feitos de chumbo. Antigos motores a vapor e modernos automóveis têm volantes também; estes são feitos de ferro fundido. Volantes são cada vez mais utilizados para sistemas de armazenagem de potência e frenagem regenerativos (KER) para veículos; alguns de aço de alta resistência, alguns de compósitos. Chumbo, ferro fundido, aço, compósitos — há uma estranha diversidade aqui. Qual *é* a melhor escolha de material para um volante?

Um volante eficiente armazena o máximo possível de *energia por unidade de peso*. Quanto mais o volante é girado, aumentando sua velocidade angular ω, mais energia armazena. Porém, se a tensão centrífuga exceder a resistência à tração do volante, ele se parte e voa para longe. Portanto, a resistência estabelece um limite superior para a energia que pode ser armazenada.

O volante de um brinquedo de criança não é eficiente nesse sentido. Sua velocidade angular é limitada pela potência de tração da criança e nunca se aproxima, nem remotamente, da velocidade de ruptura. Nesse caso, para o volante de um motor de automóvel, desejamos maximizar a *energia armazenada* a uma *velocidade angular* dada em um volante com raio externo R, restringido pelo tamanho da cavidade onde deve ser colocado.

Assim, o objetivo e as restrições no projeto de um volante dependem de sua finalidade. Os dois conjuntos alternativos de requisitos de projeto são apresentados nas Tabelas 5.9A e 5.9B.

A tradução. Um volante eficiente do primeiro tipo armazena o máximo possível de energia por unidade de peso sem falhar. Imagine um disco sólido de

TABELA 5.9. A Requisitos de projeto para um volante de energia máxima

Função	• Volante para armazenamento de energia
Restrições	• Raio externo, R, fixo • Não deve sofrer ruptura • Tenacidade adequada para dar tolerância à trinca
Objetivo	• Maximizar energia cinética por unidade de massa
Variáveis livres	• Escolha de material
(B) Requisitos de projeto para velocidade fixa	
Função	• Volante para brinquedo de criança
Restrição	• Raio externo, R, fixo
Objetivo	• Maximizar energia cinética por unidade de volume a uma velocidade angular fixa
Variável livre	• Escolha de material

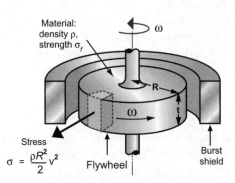

FIGURA 5.9. Um volante. A máxima energia cinética que ele pode armazenar é limitada por sua resistência.

raio R e espessura t, girando com velocidade angular ω (Figura 5.9). A energia U armazenada no volante (Apêndice B, Discos giratórios) é:

$$U = \frac{1}{2} J\omega^2 \qquad (5.13)$$

Aqui $J = \frac{\pi}{2}\rho R^4 t$ é o momento polar de inércia do disco e ρ é a densidade do material de que ele é feito, o que gera:

$$U = \frac{\pi}{4}\rho R^4 t \omega^2 \qquad (5.14)$$

A massa do disco é

$$m = \pi R^2 t \rho \qquad (5.15)$$

A quantidade a ser maximizada é a energia cinética por unidade de massa, que é a razão entre as duas últimas equações:

$$\frac{U}{m} = \frac{1}{4} R^2 \omega^2 \tag{5.16}$$

À medida que o volante é girado, a energia armazenada nele aumenta, mas a tensão centrífuga também aumenta. A tensão principal máxima em um disco giratório de espessura uniforme (Apêndice B) é

$$\sigma_{max} = \left(\frac{3+v}{8}\right)\rho R^2 \omega^2 \approx \frac{1}{2}\rho R^2 \omega^2 \tag{5.17}$$

onde v é o índice de Poisson ($v \approx 1/3$). Essa tensão não deve ultrapassar a tensão de falha σ_f (com um fator de segurança adequado, omitido aqui). Isso estabelece um limite superior para o produto entre a velocidade angular, ω, e o raio do disco, R. Eliminando R_ω entre as duas últimas equações, obtemos:

$$\frac{U}{m} = \frac{1}{2}\left(\frac{\sigma_f}{\rho}\right) \tag{5.18}$$

Os melhores materiais para volantes de alto desempenho são os que têm valores altos do índice de mérito:

$$M_1 = \frac{\sigma_f}{\rho} \tag{5.19}$$

que possui unidades em kJ/kg.

E, agora, o outro tipo de volante — o de um brinquedo de criança. Aqui, procuramos o material que armazena a maior energia por unidade de volume V à velocidade constante, ω. A energia por unidade de volume a uma dada ω é [pela Equação (5.2)]:

$$\frac{U}{V} = \frac{1}{4}\rho R^2 \omega^2.$$

Ambos, R e ω, são fixos pelo projeto, portanto o melhor material é, então, o que tem o maior valor de

$$M_2 = \rho \tag{5.20}$$

A seleção. A Figura 5.10 mostra o diagrama resistência-densidade. Valores de M_1 correspondem a uma grade de linhas de inclinação 1. Uma delas é representada no gráfico como uma linha diagonal no valor $M_1 = 200$ kJ/kg. Materiais candidatos com altos valores de M_1 encontram-se na Região de busca 1, em direção à parte superior esquerda. As melhores escolhas são inesperadas: compósitos, em particular CFRP, ligas de titânio de alta resistência e algumas cerâmicas, porém estas são eliminadas por sua baixa tenacidade.

Mas e os volantes de chumbo de brinquedos de crianças? Dificilmente poderia haver dois materiais mais diferentes do que CFRP e chumbo: um é forte e leve; o outro, macio e pesado. Por que chumbo? É porque, em um brinquedo de criança, a restrição é diferente. Mesmo uma supercriança não conseguiria

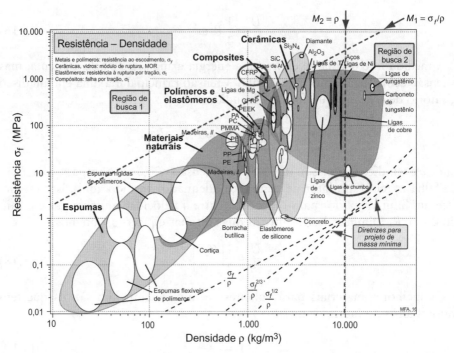

FIGURA 5.10. Materiais para volantes. Compósitos são as melhores escolhas. Chumbo e ferro fundido, tradicionais para volantes, são bons quando o desempenho é limitado pela velocidade rotacional, e não pela resistência (ver caderno colorido).

girar o volante de seu brinquedo até sua velocidade de ruptura. A velocidade angular ω é limitada pelo mecanismo de acionamento (puxar um cordão, acionamento por fricção). Então, como vimos, o melhor material é o que tiver a maior densidade.

A segunda linha de seleção na Figura 5.10 mostra o índice M_2 no valor 10.000 kg/m³. Procuramos materiais na Região de busca 2 à direita dessa linha. Chumbo é bom. Tungstênio é melhor, porém mais caro. Ferro fundido não é tão bom, porém mais barato. Ouro, platina e urânio (não mostrados no diagrama) são os melhores de todos, mas podem ser considerados não adequados por outras razões.

Observação. Um rotor de CFRP consegue armazenar aproximadamente 200 kJ/kg. Um volante de chumbo, ao contrário, pode armazenar somente 1 kJ/kg antes de se desintegrar; um volante de ferro fundido, aproximadamente 30. Todos esses valores são pequenos em comparação com a densidade de energia na gasolina: aproximadamente 20.000 kJ/kg. Ainda assim, a densidade de energia no volante é considerável; sua liberação repentina causada por uma falha poderia ser catastrófica. O disco deve ser protegido por um escudo antirruptura e um controle de qualidade minucioso durante a fabricação é essencial para evitar forças fora de equilíbrio. Isso foi conseguido em vários volantes de armazenagem de energia feitos de compósito e destinados à utilização em caminhões e ônibus, ou como reservatório de energia para suavizar a geração de potência eólica.

TABELA 5.10. **Densidade de energia de fontes de potência**

Fonte	Densidade de energia kJ/kg	Comentário
Gasolina	20.000	Oxidação de hidrocarboneto — massa de oxigênio não incluída
Combustível de foguete	5.000	Menos do que hidrocarbonetos porque o agente oxidante é parte do combustível
Volantes	Até 200	Atraentes, mas ainda não comprovados
Bateria de íons de lítio	Até 350	Atrativa, mas cara e com vida limitada
Bateria de níquel-cádmio	120–200	Mais barata do que as de íons de lítio
Bateria ácida de chumbo	50–80	Peso grande para a faixa aceitável
Supercapacitores	10-20	Capacitores liberam energia muito rapidamente — então a entrega de energia é alta
Molas, tiras de borracha	Até 5	Método de armazenamento de energia muito menos eficiente do que volantes

Agora uma digressão: o carro elétrico. Carros híbridos gasolina/eletricidade já estão nas estradas, usando tecnologia avançada de baterias para armazenar energia. Porém, baterias têm seus problemas: a densidade de energia que elas podem conter é baixa (Tabela 5.10); seu peso limita tanto a faixa quanto o desempenho do carro. É prático construir volantes com uma densidade de energia aproximadamente igual à das melhores baterias. Atualmente, está sendo considerado um volante para carros elétricos. Um par de discos de CFRP que giram em sentido contrário é acondicionado dentro de um escudo antirruptura feito de aço. Magnetos embutidos nos discos passam perto de espiras na carcaça, o que induz uma corrente e permite que a potência seja arrastada para o motor elétrico, que aciona as rodas. Estima-se que tal volante poderia dar a um carro elétrico uma faixa adequada a um custo competitivo em relação ao motor a gasolina sem a poluição local desses motores.

Leitura adicional
Christensen, R.M. (1979) Mechanics of Composite Materials. New York: Wiley Interscience.

Lewis, G. (1990) Selection of Engineering Materials. New Jersey: Prentice Hall. Part 1, p. 1.

Medlicott, P.A.C.; Potter, K.D. (1986) The development of a composite flywheel for vehicle applications. In: Brunsch, K.; Golden, H.D.; Horkert, C.M (eds.) High Tech – the way into the nineties. Amsterdam: Elsevier, p. 29.

Estudos de casos relacionados
5.7 "Materiais para molas"
5.11 "Vasos de pressão seguros"
9.3 "Múltiplas restrições: bielas para motores de alto desempenho"

5.7 Materiais para molas

Há muitos tipos de molas (Figura 5.11) e elas têm muitas finalidades: molas sob tração (uma tira elástica, por exemplo), molas em lâminas, molas helicoidais, molas em espiral, barras de torção. Independentemente de sua forma ou utilização, o melhor material para uma mola de volume mínimo é o que tiver o maior valor de σ_f^2/E, e para peso mínimo é o que tiver o maior valor de $\sigma_f^2/\rho E$ (deduzido a seguir). Usamos molas como um modo de apresentar dois dos diagramas mais úteis: o do módulo de Young E em relação à resistência σ_f e o do módulo específico E/ρ em relação à resistência específica σ_f/ρ (Figuras 3.5 e 3.6) (Tabela 5.11).

Tradução. A função primordial de uma mola é armazenar energia elástica e, quando exigido, liberá-la novamente. A energia elástica armazenada por unidade de volume em um material submetido a uma tensão uniforme σ é

$$W_v = \frac{1}{2}\frac{\sigma^2}{E} \qquad (5.21)$$

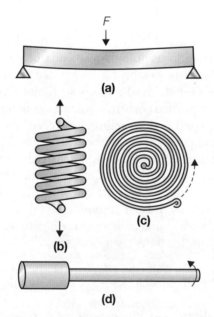

FIGURA 5.11. Molas armazenam energia. Qual é o melhor material para fazê-las?

TABELA 5.11. **Requisitos de projeto para molas**

Função	• *Mola elástica*
Restrição	• *Não pode falhar, o que significa $\sigma < \sigma_f$ em toda a mola*
Objetivo	• *Máxima energia elástica armazenada por unidade de volume, ou* • *Máxima energia elástica armazenada por unidade de peso*
Variável livre	• *Escolha de material*

onde E é o módulo de Young. Desejamos maximizar W_v. A mola será danificada se a tensão σ ultrapassar a tensão de escoamento ou tensão de falha σ_f; a restrição é $\sigma < \sigma_f$. Assim, a densidade de energia máxima é

$$W_v = \frac{1}{2}\frac{\sigma_f^2}{E} \tag{5.22}$$

Barras de torção e molas em lâminas são menos eficientes do que molas axiais porque grande parte do material não é totalmente carregada: o material no eixo neutro, por exemplo, não está sob absolutamente nenhuma carga. Para molas em lâminas

$$W_v = \frac{1}{4}\frac{\sigma_f^2}{E}$$

e para barras de torção

$$W_v = \frac{1}{3}\frac{\sigma_f^2}{E}$$

Porém, como esses resultados mostram, isso não tem nenhuma influência na escolha de material. O melhor material para uma mola, independentemente de sua forma, é o que tem o maior valor de

$$M_1 = \frac{\sigma_f^2}{E} \tag{5.23}$$

Se o que importa é o peso, e não o volume, temos de dividir essa expressão pela densidade ρ (o que dá energia armazenada por unidade de peso) e procurar materiais com altos valores de

$$M_2 = \frac{\sigma_f^2}{\rho E} \tag{5.24}$$

Seleção. A escolha de materiais para molas de volume mínimo é mostrada na Figura 5.12A. A família de linhas de inclinação 2 liga materiais que têm valores iguais de $M_1 = \sigma_f^2/E$; os que têm os valores mais altos de M_1 encontram-se em direção à parte inferior direita. A linha cheia é uma destas da família; está posicionada em 3 MJ/m³, isolando os materiais em uma região de busca. A melhor escolha é um *aço de alta resistência* que se encontra próximo da extremidade superior de linha. Outros materiais também são sugeridos: *CFRP* (usado hoje em dia para molas de caminhão), *ligas de titânio* (boas, porém caras) e *náilon, PA* (brinquedos de crianças muitas vezes têm molas de náilon), e, claro, *elastômeros*. Observe como o procedimento identificou um candidato de quase todas as classes de materiais: metais, polímeros, elastômeros e compósitos. Eles são apresentados e comentados na Tabela 5.12A.

A seleção de materiais para molas leves é mostrada na Figura 5.12B. A família de linhas de inclinação 2 liga materiais que têm valores iguais de:

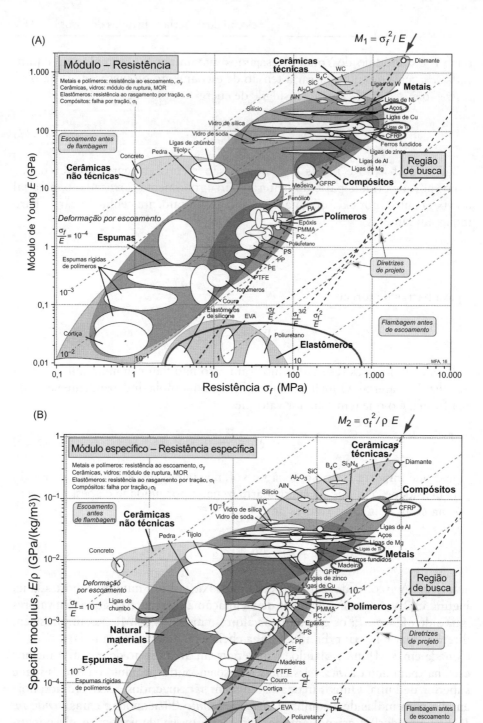

FIGURA 5.12. (A) Materiais para molas pequenas. Aço de alta resistência ("aço de molas"), vidro, CFRP e GFRP todos produzem boas molas. Elastômeros se sobressaem. (B) Materiais para molas leves. Metais estão em desvantagem por suas altas densidades. Compósitos e elastômeros são excelentes (ver caderno colorido).

Seleção de materiais: Estudos de casos   171

Tabela 5.12. **A Materiais para pequenas molas eficientes**

Material	$M_1 = \sigma_f^2/E$ (MJ/m³)	Comentário
Ligas de Ti	4–12	Caras, resistentes à corrosão
CFRP	6–10	Desempenho comparável ao do aço; caro
Aço de molas	3–7	A escolha tradicional: fácil de conformar e de tratar termicamente
Náilon	1,5–2,5	Barato e fácil de conformar, porém tem alto fator de perda
Borracha	20–50	Melhor que o aço de molas, porém tem alto fator de perda
(B) Materiais para molas leves eficientes		
Material	$M_1 = \sigma_f^2/\rho E$ (kJ/kg)	Comentário
Ligas de Ti	0,9–2,6	Melhores do que aço; resistentes à corrosão; caras
CFRP	3,9–6,5	Melhor do que aço; caro
GFRP	1,0–1,8	Melhor do que aço de molas; menos caro do que CFRP
Aço de molas	0,4–0,9	Ruim, em razão da alta densidade
Madeira	0,3–0,7	Em relação ao peso, madeiras dão boas molas
Náilon	1,3–2,1	Tão bom quanto aço, porém com alto fator de perda
Borracha	18–45	Notável; 20 vezes melhor do que aço de molas; porém tem alto fator de perda

$$M_2 = \left(\frac{\sigma_f}{\rho}\right)^2 / \left(\frac{E}{\rho}\right) = \frac{\sigma_f^2}{E\rho} \qquad (5.25)$$

Uma é mostrada no valor $M_2 = 1$ kJ/kg. Metais, em razão de suas altas densidades, são menos atrativos que compósitos, e muito menos atrativos do que elastômeros. (Podemos armazenar aproximadamente dezoito vezes mais energia elástica, por unidade de peso, em uma tira de borracha do que no melhor aço de molas.) Candidatos são apresentados na Tabela 5.12B. Madeira, o material tradicional para arcos de atirar flechas, agora aparece.

Observação. Muitas considerações adicionais entram na escolha de um material para uma mola. Molas para suspensão de veículos devem resistir à fadiga e à corrosão; molas para válvulas de motor devem suportar temperaturas elevadas. Uma propriedade mais sutil é o coeficiente de perda, mostrado na Figura 3.9. Polímeros têm fator de perda relativamente alto e dissipam energia quando vibram; metais, se fortemente endurecidos, não. Polímeros, porque sofrem fluência, são inadequados para molas que suportam uma carga estável durante longos períodos, embora ainda sejam perfeitamente bons para linguetas e molas localizadoras que passam a maioria do tempo sem estar sob tensão.

Leitura adicional

Boiton, R.G. (1963) The mechanics of instrumentation. Proc. I. Mech. E. vol. 177, n. 10, p. 269-288

Hayes, M. (1990) Materials update 2: springs. Engineering, May, p. 42.

Estudos de casos relacionados

5.8	"Dobradiças e acoplamentos elásticos"
11.7	"Formas que dobram: estruturas em folhas e retorcidas"
11.8	"Molas ultraeficientes"
13.9	"Conectores que não afrouxam seus apertos"

5.8 Dobradiças e acoplamentos elásticos

A natureza faz grande uso de dobradiças elásticas (ou "naturais"): pele, músculo e cartilagens, todos permitem grandes deflexões recuperáveis. Projetistas também fazem uso de *dobradiças de flexão* e *dobradiças de torção*: ligamentos que conectam ou transmitem uma carga entre componentes e ao mesmo tempo permitem movimento relativo limitado entre eles por deflexão elástica (Figura 5.13 e Tabela 5.13). Quais materiais geram boas dobradiças?

A tradução. Considere a dobradiça para a tampa de uma caixa. A caixa, a tampa e a dobradiça devem ser moldadas como uma única unidade. A dobradiça é um fino ligamento que sofre flexão elástica quando a caixa é fechada, como mostrado na figura, mas não suporta nenhuma carga axial significativa.

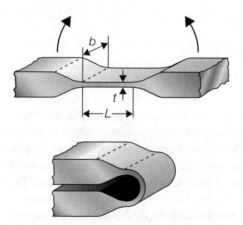

FIGURA 5.13. Dobradiças elásticas ou "naturais". Os ligamentos devem sofrer repetidas flexões sem falhar.

TABELA 5.13. **Requisitos de projeto para dobradiças elásticas**

Função	• *Dobradiça elástica*
Restrição	• *Não pode falhar, o que significa que $\sigma < \sigma_f$ em toda a dobradiça*
Objetivo	• *Maximizar flexão elástica*
Variável livre	• *Escolha de material*

Então, o melhor material é o que (para dimensões de ligamento dadas) se curva até o menor raio sem sofrer escoamento ou falhar. Quando um ligamento de espessura t é flexionado elasticamente até um raio R, a deformação de superfície é:

$$\varepsilon = \frac{t}{2R} \qquad (5.26)$$

Tendo em vista que a dobradiça é elástica, a tensão máxima é:

$$\sigma = E\varepsilon = E\frac{t}{2R} \qquad (5.27)$$

Essa tensão não pode exceder a resistência ao escoamento ou a resistência à falha σ_f. Assim, o raio mínimo até o qual o ligamento pode ser curvado sem dano é:

$$R \geq \frac{t}{2}\left[\frac{E}{\sigma_f}\right] \qquad (5.28)$$

O melhor material é o que pode ser curvado até o menor raio, isto é, o que tiver o maior valor do índice:

$$M = \frac{\sigma_f}{E} \qquad (5.29)$$

Seleção. Precisamos novamente do diagrama $\sigma_f - E$ (Figura 5.14). Candidatos são identificados com a utilização da diretriz de inclinação 1; uma linha é mostrada na posição $M = \sigma_f/E = 2 \times 10^{-2}$. As melhores escolhas para a dobradiça encontram-se à direita dessa linha: todas são materiais poliméricos. A lista curta (Tabela 5.14) inclui polietileno, polipropileno, náilon e, o melhor de todos, elastômeros, se bem que esses podem ser demasiadamente flexíveis para o corpo da caixa em si. Produtos baratos com esse tipo de dobradiça elástica são geralmente moldados de polietileno, polipropileno ou náilon. Aços para molas e outros materiais metálicos para molas (como bronze fosforoso) são possibilidades: combinam σ_f/E utilizável com alto E, dando flexibilidade com boa estabilidade posicional (como nas suspensões de relés). A tabela traz mais detalhes.

Observação. Polímeros dão mais liberdade ao projeto do que metais. A dobradiça elástica é um exemplo disso, reduzindo a caixa, a dobradiça e a tampa (três componentes, mais os elementos de fixação necessários para uni-los) em uma única unidade caixa-dobradiça-tampa, moldada em uma única operação. Suas propriedades, parecidas com as de uma mola, permitem peças de encaixe de fácil junção. Outro exemplo é o acoplamento elastomérico — uma junta universal flexível, que permite alta flexibilidade angular, paralela e axial com boas características de absorção de choque. Dobradiças elastoméricas oferecem muitas oportunidades de exploração em projetos de engenharia.

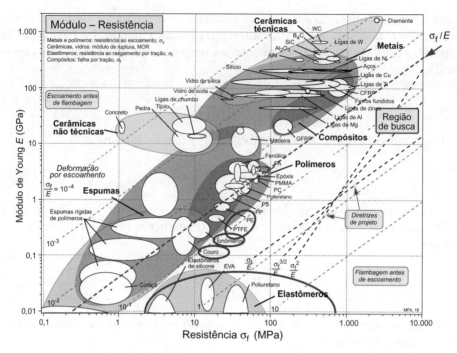

FIGURA 5.14. Materiais para dobradiças elásticas. Elastômeros são melhores, mas podem não ser rígidos o suficiente para satisfazer as outras necessidades do projeto. Então polímeros como náilon, PTFE e PE são melhores. Aço de molas não é tão bom, porém é muito mais forte (ver caderno colorido).

TABELA 5.14. **Materiais para dobradiças elásticas**

Material	$M (\times 10^{-3})$	Comentário
Polietileno	32	Amplamente usado para tampas baratas de garrafas com dobradiça etc.
Polipropileno	30	Mais rígido que polietileno; fácil de moldar
Náilon	30	Mais rígido que polietileno; fácil de moldar
PTFE	35	Muito durável; mais caro que PE, PP etc.
Elastômeros	100–1.000	Notáveis, porém têm módulo baixo
Ligas de cobre de alta resistência	4	M não tão bom quanto o de polímeros. Usar quando é exigida alta rigidez sob tração
Aço de molas	6	

Estudos de casos relacionados
5.7 "Materiais para molas"
5.9 "Materiais para vedações"
5.10 "Projeto limitado por deflexão com polímeros frágeis"
11.7 "Formas que dobram: estruturas em folhas e retorcidas"

5.9 Materiais para vedações

Uma vedação elástica reutilizável consiste em um cilindro de material comprimido entre duas superfícies planas (Figura 5.15). A vedação deve formar a maior largura de contato possível, b, e ao mesmo tempo manter a tensão de contato, σ, suficientemente baixa de modo a não danificar as superfícies planas, e a vedação em si deve permanecer elástica de modo a poder ser reutilizada muitas vezes. Quais materiais fazem boas vedações? Elastômeros — todos nós sabemos disso. Porém, vamos fazer nosso trabalho adequadamente; pode ser que haja mais a aprender. Montamos a seleção observando os requisitos da Tabela 5.15.

Tradução. Um cilindro de diâmetro $2R$ e módulo E, comprimido sobre uma superfície rígida e plana por uma força f por unidade de comprimento, forma um contato elástico de largura b (Apêndice B), onde:

$$b \approx 2{,}3\left(\frac{fR}{E}\right)^{1/2} \tag{5.30}$$

Essa é a quantidade a ser maximizada: a função objetivo. A tensão de contato, tanto na vedação quanto na superfície, é adequadamente aproximada (Apêndice B) por:

$$\sigma = 0{,}57\left(\frac{fE}{R}\right)^{1/2} \tag{5.31}$$

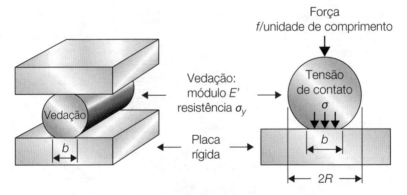

FIGURA 5.15. Uma vedação elástica. Uma boa vedação gera uma grande área de contato de assentamento sem impor cargas prejudiciais a ela mesma ou às superfícies às quais se acomoda.

TABELA 5.15. **Requisitos de projeto para vedações elásticas**

Função	• *Vedação elástica*
Restrições	• *Limite à pressão de contato* • *Baixo custo*
Objetivo	• *Máxima conformabilidade à superfície*
Variável livre	• *Escolha de material*

A restrição: a vedação deve permanecer elástica, isto é, σ deve ser menor do que a resistência ao escoamento ou à falha, σ_f, do material do qual é feita. Combinando as duas últimas equações com essa condição, temos:

$$b \leq 4{,}0R\left(\frac{\sigma_f}{E}\right). \quad (5.32)$$

A largura de contato é maximizada, maximizando o índice:

$$M_1 = \frac{\sigma_f}{E}$$

Também é requerido que a tensão de contato σ seja mantida baixa para evitar dano às superfícies planas. Seu valor, quando aplicada a força de contato máxima (para dar a maior largura), é simplesmente σ_f, a resistência à falha da vedação. Suponha que as superfícies planas são danificadas por uma tensão maior do que 100 MPa. A pressão de contato é mantida abaixo desse valor exigindo-se que:

$$M_2 = \sigma_f \leq 100\,MPa$$

Seleção. Os dois índices são representados no diagrama $\sigma_f - E$, na Figura 5.16, isolando politetrafluoretileno (PTFE), ionômeros, couro e cortiça. Os candidatos

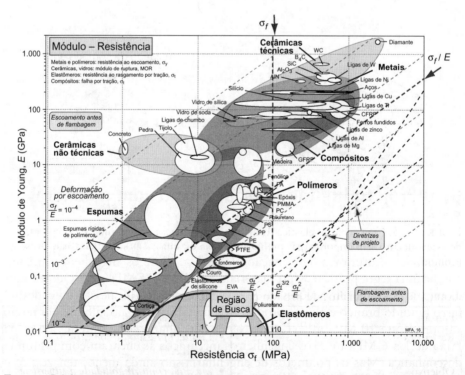

FIGURA 5.16. Materiais para vedações elásticas. Elastômeros, polímeros que se adaptam e espumas fazem boas vedações (ver caderno colorido).

Seleção de materiais: Estudos de casos   177

Tabela 5.16. Materiais para vedações reutilizáveis

Material	$M_1 = \dfrac{\sigma_f}{E}$	Comentário
EVA elastomérico	0,7–1	A escolha natural; baixa resistência ao calor e a alguns solventes
Poliuretanos	2–5	Amplamente usados para vedações
Borrachas de silicone	0,2–0,5	Capacidade à temperatura mais alta do que a dos elastômeros de cadeia de carbono, quimicamente inertes
PTFE	0,05–0,1	Caro, porém quimicamente estável e com capacidade à alta temperatura
Polietilenos	0,02–0,05	Baratos, porém sujeitos a adquirir deformação permanente
Polipropilenos	0,2–0,04	Baratos, porém sujeitos a adquirir deformação permanente
Náilons	0,02–0,03	Próximos do limite superior para a pressão de contato
Cortiça	0,03–0,06	Baixa tensão de contato, quimicamente estável
Espumas de polímeros	Até 0,03	Pressão de contato muito baixa; vedações delicadas

são listados e comentados na Tabela 5.16. O valor de $M_2 = 100$ MPa admite todos os elastômeros como candidatos. Se M_2 for reduzido a 10 MPa, elastômeros, couro e cortiça permanecem (Figura 5.16).

Observação. A análise destaca as funções que as vedações devem executar: grande área de contato, pressão de contato limitada, estabilidade ambiental. Elastômeros maximizam a área de contato; espumas e cortiça minimizam a pressão de contato; PTFE e borrachas de silicone resistem melhor ao calor e a solventes orgânicos. A escolha final depende das condições sob as quais a vedação será usada.

Estudos de casos relacionados
5.7   "Materiais para molas"
5.8   "Dobradiças e acoplamentos elásticos"

5.10 Projeto limitado por deflexão com polímeros frágeis

A resistência de um material à propagação de uma trinca é medida por sua tenacidade à fratura em deformação plana, K_{1c}. Entre os engenheiros mecânicos, há uma regra prática: evitar materiais com $K_{1c} < 15$ MPa m$^{1/2}$. Quase todos os metais passam: têm valores de K_{1c} na faixa de 20–100 nessas unidades. O ferro fundido branco e alguns produtos da metalurgia do pó falham, por terem valores de até 10 MPa m$^{1/2}$. Cerâmicas de engenharia comuns têm valores na faixa de 1 a 6 MPa m$^{1/2}$; os engenheiros mecânicos as encaram com profunda desconfiança. Mas os polímeros de engenharia são ainda menos tenazes, com K_{1c} na faixa de 0,5–3 MPa m$^{1/2}$, e ainda assim os engenheiros os usam o tempo todo. O que está acontecendo?

178 Seleção de Materiais no Projeto Mecânico

Quando um material frágil é deformado, sofre flexão elástica até ocorrer fratura. A tensão à qual isso acontece é

$$\sigma_f = \frac{CK_{1c}}{\sqrt{\pi a_c}} \qquad (5.33)$$

onde K_c é uma tenacidade à fratura adequada, a_c é o comprimento da maior trinca contida no material e C é uma constante que depende da geometria, porém fica normalmente ao redor de 1. Em um projeto *limitado por carga* — um elemento sob tração de uma ponte, digamos —, a peça sofrerá falha de modo frágil se a tensão exceder a dada pela Equação (5.33). Aqui, obviamente, queremos materiais com valores altos de K_{1c}.

Mas nem todos os projetos são limitados por carga; alguns são *limitados por energia*, outros são *limitados por deflexão*. Quando isso ocorre, o critério de seleção muda. Considere, portanto, os três cenários criados pelas três restrições alternativas da Tabela 5.17.

A tradução. Em projeto limitado por carga, o componente deve suportar uma carga ou pressão especificada sem sofrer fratura. É usual identificar K_c com a tenacidade à fratura sob deformação plana, K_{1c}, correspondente às mais rigorosas condições restritivas de trincas, porque essa atitude é conservadora. Então, como a Equação (5.33) mostra, os melhores materiais para projeto de volume mínimo são os que têm valores altos de:

$$M_1 = K_{1c} \qquad (5.34)$$

Para um projeto limitado por carga usando chapa fina, uma tenacidade à fratura em relação à tensão plana pode ser mais adequada; e para materiais multicamadas, pode ser que uma tenacidade à fratura na interface seja importante. A questão, no entanto, é bastante clara: os melhores materiais para projeto limitado por carga são os que têm grandes valores da K_c apropriada.

Porém, como já dissemos, nem todo projeto é limitado por carga. Molas e sistemas de blindagem para turbinas e volantes são limitados por *energia*. Tome a mola (Figura 5.11) como exemplo. A energia elástica por unidade de volume armazenada nela é a integral em relação ao volume de

$$U_e = \frac{1}{2}\sigma\varepsilon = \frac{1}{2}\frac{\sigma^2}{E}$$

TABELA 5.17. **Requisitos de projeto**

Função	• *Resistir à fratura frágil*
Restrições	• *Carga de projeto especificada, ou* • *Energia de projeto especificada, ou* • *Deflexão de projeto especificada*
Objetivo	• *Minimizar volume (massa, custo)*
Variável livre	• *Escolha de material*

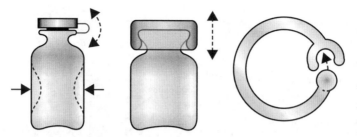

FIGURA 5.17. Polímeros, que têm módulos baixos, frequentemente exigem projetos limitados por deflexão.

A tensão é limitada pela tensão de fratura da Equação (5.33) de modo que — se "falha" significar "fratura" — a energia máxima que a mola pode armazenar é

$$U_e^{max} = \frac{C^2}{2\pi a_c}\left(\frac{K_{1c}^2}{E}\right)$$

Para um dado tamanho inicial de falha, a energia é maximizada pela escolha de materiais com grandes valores de

$$M_2 = \frac{K_{1c}^2}{E} \approx G_c \qquad (5.35)$$

onde G_c é a tenacidade (unidades usuais: kJ/m^2).

Há um terceiro cenário: o do projeto limitado por *deslocamento* (Figura 5.17). Tampas de encaixe para garrafas, elementos de fixação de encaixe e similares são limitados por deslocamento: devem suportar suficiente deslocamento elástico para permitir a ação de encaixe sem falhar, o que exige grande deformação por falha ε_f. A deformação está relacionada com a tensão pela lei de Hooke, $\varepsilon = \sigma/E$, e a tensão é limitada pela equação da fratura Equação (5.33). Assim, a deformação por falha é

$$\varepsilon_f = \frac{C}{\sqrt{\pi a_c}}\frac{K_{1c}}{E}$$

Os melhores materiais para projeto limitado por deslocamento são os que têm grandes valores de

$$M_3 = \frac{K_{1c}}{E}$$

Seleção. A Figura 5.18 mostra a tenacidade à fratura, K_{1c}, em relação ao módulo, E. Permite a comparação de materiais por valores de tenacidade à fratura, M_1, por tenacidade, M_2, e por valores do índice M_3 limitado por deflexão. Como demanda a regra prática do engenheiro, quase todos os metais têm valores de K_{1c} que se encontram acima do nível de aceitação de 15 MPa $m^{1/2}$ para projeto limitado por carga, mostrado na figura como uma linha de seleção horizontal. Por outro lado, polímeros e cerâmicas não têm.

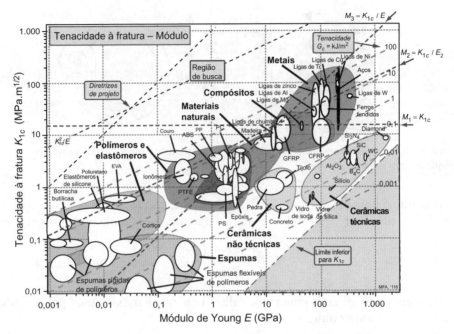

FIGURA 5.18. A seleção de materiais para projeto limitado por carga, deflexão e energia. Em projeto limitado por deflexão, polímeros são tão bons quanto metais, apesar de terem valores muito baixos de tenacidade à fratura (ver caderno colorido).

TABELA 5.18. Materiais para projeto limitado por fratura

Tipo de projeto e regra prática	Material
Projeto limitado por carga $K_{1c} > 15$ Mpa m$^{1/2}$	Metais, compósitos em matriz de polímero
Projeto limitado por energia $J_c > 1$ kJ/m^2	Metais, compósitos e alguns polímeros
Projeto limitado por deslocamento $K_{1c}/E > 10^{-3}$ m$^{1/2}$	Polímeros, elastômeros e os metais mais tenazes

A linha que mostra M_2 na Figura 5.18 está posicionada no valor 1 kJ/m². Materiais com valores de M_2 maiores do que esse têm um grau de resistência ao choque com o qual os engenheiros sentem-se confortáveis (outra regra prática). Metais, compósitos e alguns polímeros se qualificam; cerâmicas, não. Quando se trata de projeto limitado por deflexão, o quadro muda novamente. A linha mostra o índice $M_3 = K_{1c}/E$ no valor 10^{-3} m$^{1/2}$. Ele ilustra porque os polímeros encontram aplicação tão ampla: quando o projeto é limitado por deflexão, polímeros — em particular polipropileno, ABS e náilons — são melhores do que os melhores metais (Tabela 5.18).

Observação. A figura proporciona mais percepções. A paixão dos engenheiros pelos metais (e, mais recentemente, pelos compósitos) é inspirada não apenas pela atração de seus valores de K_{1c}. Eles são bons em todos os três critérios (K_{1c}, K_{1c}^2/E and K_{1c}/E). Polímeros têm bons valores de K_{1c}/E e são aceitáveis em K_{1c}^2/E.

Cerâmicas são ruins em todos os três critérios. E é aqui que se encontram as raízes mais profundas da desconfiança dos engenheiros em relação às cerâmicas.

Leitura adicional

Conhecimentos sobre mecânica de fratura e critérios de segurança podem ser encontrados nas seguintes referências.

Brock, D. (1984) Elementary engineering fracture mechanics. Boston: Martinus Nijoff.

Hellan, K. (1985) Introduction to fracture mechanics. New York: McGraw-Hill.

Hertzberg, R.W. (1989) Deformation and fracture mechanics of engineering materials. New York: Wiley.

Estudos de casos relacionados

5.7   "Materiais para molas"
5.8   "Dobradiças e acoplamentos elásticos"
5.11   "Vasos de pressão seguros"

5.11 Vasos de pressão seguros

Vasos de pressão, desde a mais simples lata de aerossol até a maior das caldeiras, são projetados, por segurança, para sofrer escoamento ou vazar antes de sofrer ruptura. Os detalhes desse método de projeto variam. Vasos de pressão pequenos normalmente são projetados para permitir escoamento generalizado a uma pressão ainda demasiadamente baixa para causar a propagação de qualquer trinca que o vaso possa conter ("escoar antes de sofrer fratura"); a distorção causada por escoamento é fácil de detectar e a pressão pode ser aliviada com segurança. Quando se tratam de grandes vasos de pressão, isso pode não ser possível. Portanto, o projeto seguro é conseguido garantindo que a menor das trincas que se propagará instavelmente tenha comprimento maior do que a espessura da parede do vaso ("vazar antes de sofrer fratura"). O vazamento é facilmente detectado e alivia a pressão gradativamente e, por consequência, com segurança (Tabela 5.19). Os dois critérios resultam em índices de mérito diferentes. Quais são eles?

A tradução. A tensão na fina parede de um vaso de pressão esférico com raio R (Figura 5.19) é:

$$\sigma = \frac{pR}{2t} \tag{5.36}$$

No projeto de vasos de pressão, a espessura da parede, t, é escolhida de modo que, à pressão de operação, p, essa tensão é menor do que a resistência ao

TABELA 5.19. **Requisitos de projeto para vasos de pressão seguros**

Função	• *Vaso de pressão (conter a pressão p com segurança)*
Restrições	• *Raio R especificado*
Objetivo	1. *Maximizar segurança usando o critério escoar antes de sofrer fratura, ou* 2. *Maximizar segurança usando o critério vazar antes de sofrer fratura*
Variável livre	• *Escolha do material*

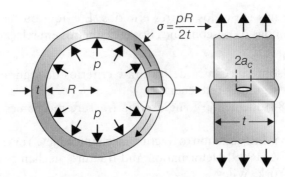

FIGURA 5.19. Um vaso de pressão que contém uma falha.

escoamento σ_f da parede (com um fator de segurança, é claro). Um vaso de pressão pequeno pode ser examinado por métodos de ultrassom ou de raios X, ou pode ser testado em operação, para determinar que não contém nenhuma trinca ou falha de diâmetro maior do que $2\,a^*_c$; então a tensão exigida para provocar a propagação da trinca[2] é

$$\sigma = \frac{CK_{lc}}{\sqrt{\pi a^*_c}} \qquad (5.37)$$

onde C é uma constante próxima da unidade e K_{1c} é a tenacidade à fratura sob deformação plana.

Pode-se conseguir segurança garantindo que a tensão de trabalho seja menor do que isso, o que resulta em:

$$p \leq \frac{2t}{R} \frac{K_{1c}}{\sqrt{\pi a^*_c}} \qquad (5.38)$$

A maior pressão (para R, t e a^*_c dados) é suportada pelo material que tem o maior valor de:

$$M_1 = K_{1c} \qquad (5.39)$$

Mas esse projeto não é à prova de falha. Se a inspeção for imperfeita ou se, por alguma outra razão, aparecer uma trinca de comprimento maior do que a^*_c, a catástrofe é certa. Conseguimos maior segurança impondo como condição que a trinca não se propagará mesmo que a tensão atinja a tensão de escoamento geral — porque então o vaso sofrerá deformação estável de modo que pode ser detectado. Essa condição é expressa igualando σ à tensão de escoamento σ_y, ou seja:

$$\pi a_c \leq C^2 \left[\frac{K_{lc}}{\sigma_y} \right]^2$$

---

2. Se a parede for suficientemente fina, e estiver próxima do escoamento geral, falhará no estado plano de tensão. Então, a tenacidade à fratura relevante é aquela referente à tensão plana, e não o menor valor para deformação plana.

Seleção de materiais: Estudos de casos   **183**

O tamanho tolerável da trinca, e, portanto, a integridade do vaso, é maximizada pela escolha de um material que tenha o maior valor de:

$$M_2 = \frac{K_{Ic}}{\sigma_y}$$ (5.40)

Nem sempre é possível examinar grandes vasos de pressão por raios X ou por ultrassom; e testá-los em operação pode ser impraticável. Além disso, trincas podem crescer lentamente por corrosão ou carregamento cíclico, de modo que um único exame no início da vida em serviço não é suficiente. Então, podemos garantir a segurança providenciando que uma trinca apenas suficientemente grande para penetrar na superfície interna e externa do vaso ainda seja estável, porque o vazamento provocado por ela pode ser detectado. Essa condição é cumprida fazendo $a^*_c = t/2$. A segurança é garantida se a tensão for sempre menor ou igual a:

$$\sigma = \frac{CK_{Ic}}{\sqrt{\pi t/2}}$$ (5.41)

A espessura t da parede do vaso de pressão, claro, foi projetada para suportar a pressão p sem escoamento. Pela Equação (5.36), isso significa que

$$t \geq \frac{pR}{2\sigma_y}$$ (5.42)

Substituindo essa expressão na equação anterior (com $\sigma = \sigma_f$), temos:

$$p \leq \frac{4C^2}{\pi R} \left(\frac{K_{1c}^2}{\sigma_y} \right)$$ (5.43)

A pressão máxima é suportada com a maior segurança pelo material que tem o maior valor de

$$M_3 = \frac{K_{Ic}^2}{\sigma_y}$$ (5.44)

Poderíamos aumentar ambos, M_2 e M_3, fazendo com que a tensão de escoamento da parede, σ_y, seja muito pequena: chumbo, por exemplo, tem altos valores de ambos, mas não o escolheríamos para um vaso de pressão. Isso porque a parede do vaso também tem de ser fina, tanto por economia de material quanto para mantê-lo leve. A parede mais fina, pela Equação (5.42), é a que tem a maior resistência ao escoamento, σ_y. Assim, desejamos também maximizar:

$$M_4 = \sigma_y$$ (5.45)

reduzindo ainda mais a amplitude da escolha do material.

Seleção. Esses critérios de seleção são explorados com a utilização do diagrama mostrado na Figura 5.20, de tenacidade à fratura, K_{1c}, em relação ao limite elástico σ_f (significando o limite de escoamento para metais e polímeros).

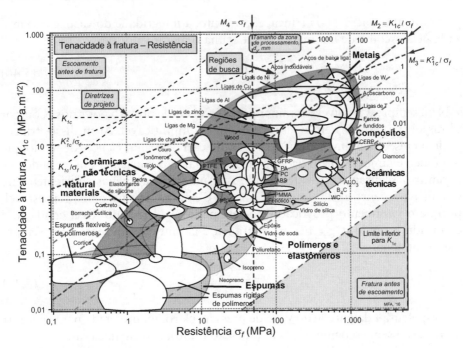

FIGURA 5.20. Materiais para vasos de pressão. Aço, ligas de cobre e ligas de alumínio satisfazem melhor o critério "escoar antes de sofrer ruptura". Além disso, alta resistência ao escoamento permite alta pressão de operação. Os materiais no triângulo da região de busca são a melhor escolha. O critério "vazar antes de sofrer ruptura" resulta essencialmente na mesma seleção (ver caderno colorido).

Os índices M_1, M_2, M_3 e M_4 aparecem como linhas de inclinação 0, 1 e 1/2, e como linhas verticais. Tome "escoar antes de sofrer ruptura" como exemplo. Uma linha diagonal correspondente a um valor constante de $M_2 = K_{1c}/\sigma_y$ liga materiais que têm desempenhos iguais; aqueles que estão acima da linha são melhores. A linha mostrada na figura posicionada no valor de M_1, correspondente a uma zona de processo de 10 mm de tamanho, exclui tudo exceto os aços mais tenazes, cobres, alumínio e ligas de titânio, embora alguns polímeros — PP, PE e PET, por exemplo — quase cheguem lá (latinhas pressurizadas de limonada e recipientes de cerveja são feitos desses polímeros) (Tabela 5.20).

O critério vazar antes sofrer ruptura

$$M_3 = \frac{K_{lc}^2}{\sigma_y}$$

favorece aço de baixa liga e aços inoxidáveis, e aços-carbono mais fortemente. Polímeros já não se qualificam como candidatos.

Observação. Grandes vasos de pressão são feitos de aço ou — no caso dos submarinos — de titânio. Os que servem de modelo — um modelo de motor a vapor, por exemplo — são feitos de cobre. O cobre é escolhido, ainda que seja mais caro, em razão de sua maior resistência à corrosão. As taxas de corrosão

Seleção de materiais: Estudos de casos   185

Tabela 5.20. Materiais para vasos de pressão seguros

Material	$M_2 = K_{Ic}/\sigma_y$ (m$^{1/2}$)	$M_4 = \sigma_y$ (MPa)	Comentário
Aços inoxidáveis	0,35	300	Vasos de pressão nucleares são feitos de aço inoxidável grau 316
Aços de baixa liga	0,2	800	São o padrão para essa aplicação
Cobre	0,5	200	Cobre endurecido por trabalho a frio é usado para pequenas caldeiras e vasos de pressão
Ligas de alumínio	0,15	200	Tanques de pressão de foguetes são de alumínio
Ligas de titânio	0,13	800	Boas para vasos de pressão leves, porém caras

não aumentam proporcionalmente ao tamanho. A perda de 0,1 mm por corrosão não é séria em um vaso de pressão de 10 mm de espessura; se tiver apenas 1 mm de espessura, torna-se uma preocupação.

Falhas em caldeiras costumavam ser comuns — há até canções sobre elas. Agora são raras, se bem que, quando as margens de segurança são reduzidas a um mínimo (foguetes, projetos de novas aeronaves), vasos de pressão ainda falham ocasionalmente. Esse sucesso (relativo) é uma das maiores contribuições da mecânica da fratura à prática da engenharia.

Leitura adicional
Conhecimentos sobre mecânica da fratura e critérios de segurança podem ser encontrados nas referências a seguir.

Brock, D. (1984) Elementary engineering fracture mechanics. Boston: Martinus Nijoff.

Hellan, K. (1985) Introduction to fracture mechanics. New York: McGraw-Hill.

Hertzberg, R.W. (1989) Deformation and fracture mechanics of engineering materials. New York: Wiley.

Estudos de casos relacionados
5.6   "Materiais para volantes"
5.10   "Projeto limitado por deflexão com polímeros frágeis"
9.2   "Múltiplas restrições: vasos de pressão leves"

5.12 Materiais rígidos de alto amortecimento para mesas vibratórias

Shakers (agitadores), se você vive na Pensilvânia, são os membros de uma obscura seita religiosa em declínio, famosa por seu austero mobiliário de madeira, incluindo mesas. Para quem vive em outros lugares, são dispositivos para ensaios de vibração (Figura 5.21). Esse segundo tipo de agitador consiste em

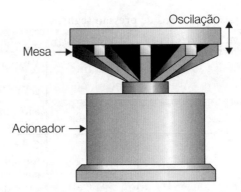

FIGURA 5.21. Uma mesa vibratória. Deve ser rígida, porém ter alto "amortecimento" ou coeficiente de perda intrínseco.

TABELA 5.21. Requisitos de projeto para mesas vibratórias

Função	• Mesa para teste de vibração ("mesa vibratória")
Restrições	• Raio, R, especificado • Deve ser rígida o suficiente para evitar distorção por forças de aperto • Frequências naturais acima da frequência de operação máxima (para evitar ressonância) • Alto amortecimento para suprimir ressonância e vibrações naturais • Tenaz o suficiente para suportar má utilização e choque
Objetivo	• Minimizar consumo de potência
Variável livre	• Escolha de material • Espessura da mesa, t

um atuador eletromagnético que aciona uma mesa e a faz vibrar a frequências de até 1.000 Hz, à qual o objeto em teste (uma sonda espacial, um automóvel, um componente de aeronave, ou semelhantes) é fixado. O agitador aplica um espectro de vibrações de frequências, f, e amplitudes, A, ao objeto em teste para explorar sua resposta.

Uma grande mesa funcionando a alta frequência dissipa uma grande quantidade de potência. O objetivo primordial é minimizar isso, embora esteja sujeito a uma série de restrições apresentadas na Tabela 5.21. Quais materiais fazem boas mesas vibratórias?

A tradução. A potência p (Watts) consumida por um sistema vibratório de dissipação com entrada senoidal é

$$p = C_1 m A^2 \omega^3 \qquad (5.46)$$

onde m é a massa da mesa, A é a amplitude de vibração, ω é a frequência (rad/s) e C_1 é uma constante. Desde que a frequência de operação ω seja significativamente menor do que a frequência de ressonância da mesa, $C_1 \approx 1$. A amplitude A e a frequência ω são especificadas. Para minimizar a potência perdida para fazer a mesa vibrar, temos de minimizar sua massa m. Idealizemos a mesa como um disco de raio dado, R. Sua espessura, t, é uma variável livre. Sua massa é

$$m = \pi R^2 t \rho \qquad (5.47)$$

onde ρ é a densidade do material do qual ela é feita. A espessura influencia a rigidez à flexão da mesa — e isso é importante tanto para evitar que a mesa sofra flexão excessiva sob cargas de fixação, como porque determina suas frequências naturais de vibração. A rigidez à flexão, S, é

$$S = \frac{C_2 EI}{R^3}$$

onde C_2 é uma constante. O momento de inércia de área, I, é proporcional a $t^3 R$. Assim, para uma rigidez S e raio R dados

$$t = C_3 \left(\frac{SR^2}{E} \right)^{1/3}$$

onde C_3 é outra constante. A mesa mais fina é a feita do material que tem o maior valor de:

$$M_1 = E$$

Inserindo essa expressão para t na Equação (5.47), obtemos:

$$m = C_3 \pi R^{8/3} S^{1/3} \left(\frac{\rho}{E^{1/3}} \right). \qquad (5.48)$$

Portanto, a massa da mesa, para uma rigidez dada e uma frequência de vibração mínima, é minimizada selecionando materiais com altos valores de:

$$M_2 = \frac{E^{1/3}}{\rho}$$

Há mais três requisitos. O primeiro é o alto amortecimento mecânico, medido pelo coeficiente de perda, η, para suprimir ressonância. O segundo é que a resistência ao escoamento e a tenacidade à fratura, K_{1c}, da mesa sejam suficientes para suportar má utilização e forças de fixação. Além disso, a mesa não deve ser demasiadamente espessa.

A seleção. Se tivéssemos um diagrama com $E^{1/3}/\rho$ em um eixo e η no outro, poderíamos determinar os materiais com altos valores de ambos. Métodos por computador, ilustrados em estudos de casos mais adiante, permitem diagramas com qualquer combinação desejada de propriedades como eixos. Porém, por enquanto, ficaremos com os diagramas do Capítulo 3, que exigem uma seleção em duas etapas. A Figura 5.4 (de volta à Seção 5.3) é um diagrama $E - \rho$ no qual já está representado um contorno de $E^{1/3}/\rho$. Materiais com altos valores encontram-se acima ou logo abaixo dele. São apresentados na primeira coluna da Tabela 5.22. Agora, passamos para o diagrama $\eta - E$, reproduzido na Figura 5.22. Materiais com altos valores de M_1 encontram-se à direita da linha vertical (aqui posicionada em 30 GPa); os materiais com $\eta > 0,001$ encontram-se acima da linha horizontal. A região de busca contém vários candidatos

TABELA 5.22. Materiais para mesas vibratórias

Material	$M_1 = E^{1/3}/\rho GPa^{1/3}$ $/(Mg/m^3)$	Coeficiente de perda, η	Tenacidade à fratura K_{1c} MPam$^{1/2}$	Comentário
Ligas de Mg	Até 2,3	Até 0,03	15	A melhor combinação de propriedades
Ligas de Al	Até 1,7	Até 0,002	30	Menos amortecimento do que Mg ou Ti
Ligas de titânio	Até 1,1	Até 0,003	60	Bom amortecimento, porém caras.
CFRP	Até 3,4	Até 0,003	15	Menos amortecimento do que ligas de Mg, mas possível
Várias cerâmicas	Até 3,0	Cerca de 0,0002	3	Descartadas por baixos amortecimento e tenacidade
Várias espumas	Até 10	Até 0,5	0,1	Não têm resistência e tenacidade para suportar cargas de serviço

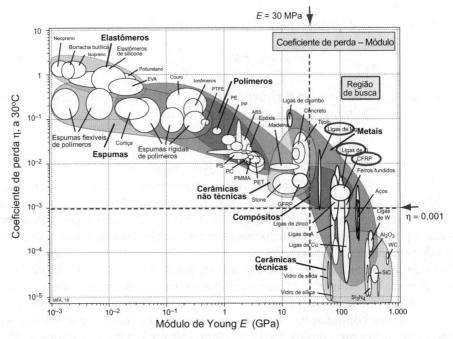

FIGURA 5.22. Seleção de materiais para a mesa vibratória. Ligas de magnésio, ferros fundidos, GFRP, concreto e as ligas especiais de Mn-Cu de alto amortecimento são candidatas (ver caderno colorido).

na tabela: CFRP e ligas de magnésio, alumínio e titânio. Todos são possíveis candidatos. A Tabela 5.22 compara suas propriedades.

Observação. Rigidez, altas frequências naturais e amortecimento são qualidades frequentemente procuradas em aplicações de engenharia como suportes

Seleção de materiais: Estudos de casos   189

para motores e máquinas operatrizes, suportes para instrumentos de precisão e fundações de construções civis. A mesa vibratória encontrou sua solução (na vida real e nesse estudo de caso) na escolha de uma liga de magnésio fundida.

Às vezes, uma solução é possível por uma combinação de materiais (falaremos mais sobre isso no Capítulo 12). O diagrama do coeficiente de perda mostra que polímeros e elastômeros têm alto amortecimento. Painéis de chapa de aço, propensos à vibração, podem ser amortecidos mediante o revestimento de uma superfície com um polímero, uma técnica explorada em automóveis, máquinas operatrizes e máquinas de escrever (antes de se tornarem obsoletas). Estruturas de alumínio podem ser enrijecidas (elevando as frequências naturais) ao sofrerem adição de fibras de carbono: uma abordagem às vezes usada em projeto de aeronaves. E pode-se construir estruturas carregadas sob flexão ou torção mais leves, para a mesma rigidez (mais uma vez, aumentando as frequências naturais), conformando-as de maneira eficiente: por meio de anexação de nervuras à sua parte inferior, por exemplo. Mesas vibratórias — mesmo as mais austeras mesas de madeira dos *shakers* da Pensilvânia — exploram a forma desse modo.

Leitura adicional
Tustin, W.; Mercado, R. (1984) Random vibrations in perspective. Santa Barbara: Tustin Institute of Technology Inc.

Cebon, D.; Ashby, M.F. (1994) Materials selection for precision instruments. Meas. Sci. and Technol., 5 p. 296-306.

Estudos de casos relacionados
5.4   "Materiais para pernas de mesas"
5.7   "Materiais para molas"
5.16   "Materiais para minimizar distorção térmica em dispositivos de precisão"

5.13 Isolamento para reservatórios isotérmicos de curto prazo

Cada membro da tripulação de uma aeronave militar carrega, para emergências, um sinalizador de rádio. Se forçado a se ejetar, o membro da tripulação poderia se encontrar em circunstâncias difíceis — em água a 4 °C, por exemplo (grande parte da superfície da Terra é oceano, cuja temperatura média é aproximadamente essa). O sinalizador guia serviços de salvamento propícios, minimizado o tempo de exposição.

Porém, metabolismos microeletrônicos (como os dos seres humanos) são perturbados por baixas temperaturas. No caso do sinalizador de rádio, são as suas frequências de transmissão que começam a variar. A especificação de projeto para a embalagem oval que contém os elementos eletrônicos (Figura 5.23) exige que, quando a temperatura da superfície externa sofrer uma mudança de 30 °C, a temperatura da superfície interna não deve mudar significativamente durante uma hora. Para manter o dispositivo pequeno, a espessura da parede, w, é limitada a 20 mm. Qual é o melhor material para a embalagem? Um sistema de Dewar está descartado — é demasiadamente frágil.

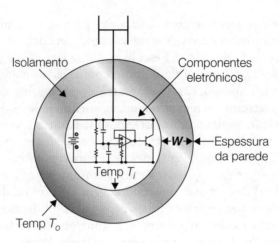

FIGURA 5.23. Um recipiente isotérmico.

TABELA 5.23. **Requisitos de projeto para isolamento de curto prazo**

Função	• *Isolamento térmico de curto prazo*
Restrições	• *Espessura da parede não deve exceder w*
Objetivo	• *Maximizar o tempo t antes de a temperatura interna mudar quando a temperatura externa cair repentinamente*
Variável livre	• *Escolha de material*

Algum tipo de espuma, talvez. Porém, este é um caso no qual a intuição nos induz ao erro. Portanto, vamos formular os requisitos de projeto (Tabela 5.23) e fazer o serviço da maneira adequada.

A tradução. Modelamos o recipiente como uma parede de espessura w, condutividade térmica λ. O fluxo de calor q que atravessa a parede, uma vez atingido um estado de equilíbrio, é dado pela primeira lei de Fick (Apêndice B):

$$q = -\lambda \frac{dT}{dx} = \lambda \frac{(T_i - T_o)}{w} \qquad (5.49)$$

onde T_o é a temperatura da superfície externa, T_i é a da interna e dT/dx é o gradiente de temperatura (Figura 5.23). A única variável livre aqui é a condutividade térmica, λ. O fluxo é minimizado escolhendo um material para a parede que tenha o menor valor possível de λ. O diagrama $\lambda - \alpha$ (Figura 5.24) mostra que esse material é, de fato, uma espuma.

Porém, respondemos à pergunta errada. A diretriz geral do projeto não era minimizar o *fluxo de calor* que atravessa a parede, mas maximizar o *tempo* anterior a uma variação apreciável da temperatura da parede interna. Quando a temperatura da superfície de um corpo muda repentinamente, uma onda de temperatura, por assim dizer, se propaga para dentro. A distância x à qual ela penetra no tempo t é, aproximadamente $\sqrt{2at}$ (Apêndice B). Aqui a é a difusividade térmica, definida por

$$a = \frac{\lambda}{\rho C_p} \quad (5.50)$$

onde ρ é a densidade e C_p é o calor específico. Igualando essa expressão à espessura da parede w, temos:

$$t \approx \frac{w^2}{2a} \quad (5.51)$$

O tempo é maximizado escolhendo o menor valor da difusividade térmica, a, e não da condutividade, λ.

Seleção. A Figura 5.24 mostra que as difusividades térmicas de espumas não são particularmente baixas; isso porque elas têm muito pouca massa e, por consequência, muito pouca capacidade térmica. A difusividade de calor em um polímero ou elastômero sólido é muito mais baixa porque esses materiais têm calores específicos excepcionalmente grandes. Uma embalagem feita de borracha sólida, neopreno ou isopreno daria — se tivesse a mesma espessura — uma vida útil ao sinalizador 10 vezes maior do que uma feita de, digamos, uma espuma de poliestireno — se bem que, claro, seria mais pesada. A Tabela 5.24 resume as conclusões. O leitor pode confirmar, usando a Equação (5.51), que

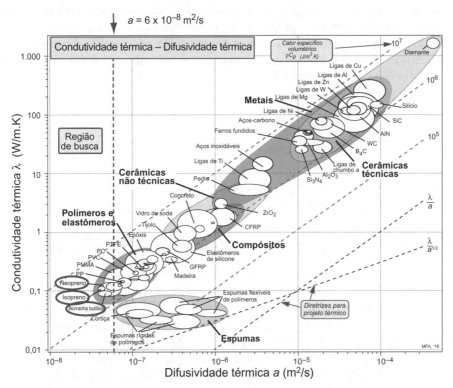

FIGURA 5.24. Materiais para recipientes isotérmicos de curto prazo. Elastômeros são bons; espumas, não (ver caderno colorido).

192   Seleção de Materiais no Projeto Mecânico

Tabela 5.24. Materiais para isolamento térmico de curto prazo

Material	Comentário
Elastômeros: borracha butílica, neopreno e isopreno são exemplos	Melhor escolha para isolamento de curto prazo
Polímeros comerciais: polietilenos e polipropilenos	Menos caros do que os elastômeros, porém não tão bons para isolamento de curto prazo
Espumas de polímeros	Não tão boas quanto elastômeros para isolamento de curto prazo; melhor escolha para isolamento de longo prazo em regime permanente

22 mm de neopreno ($a = 5 \times 10^{-8}$ m²/s, determinado pela Figura 5.24) permitirão um intervalo de tempo de mais de 1 hora após uma mudança na temperatura externa até que a temperatura interna se altere muito.

Observação. Podemos fazer melhor do que isso. O truque é explorar outros modos de absorver calor. Se pudermos encontrar um líquido — uma cera de baixo ponto de fusão, por exemplo — que se solidifique a uma temperatura igual à temperatura de operação mínima desejada para o transmissor (T_i), ele pode ser usado como um "dissipador de calor latente". Canais escavados na embalagem são preenchidos com o líquido; a temperatura interna só pode cair abaixo da temperatura de operação desejada quando todo o líquido tiver se solidificado. O calor latente de solidificação deve ser fornecido para fazer isso, o que dá à embalagem um grande calor específico (aparente) e, portanto, uma difusividade de calor excepcionalmente baixa à temperatura T_i. A mesma ideia é usada, do modo contrário, em "bolsas térmicas" que se solidificam quando colocadas no compartimento do congelador de um refrigerador e permanecem frias (por fusão, a 4 °C) quando acondicionadas ao redor de latas de cerveja mornas em um refrigerador portátil.

Leitura adicional
Holman, J.P. (1981) Heat transfer. 5ª ed. New York: McGraw-Hill.

Estudos de casos relacionados
5.14   "Paredes de forno eficientes energeticamente"
5.15   "Materiais para aquecedores solares passivos"

5.14 Paredes de forno eficientes energeticamente

O custo de energia para um ciclo de queima de um grande forno de calcinação de objetos de louça ou cerâmica (Figura 5.25) é considerável. Parte é o custo da energia perdida por condução pelas paredes do forno; podemos reduzi-lo escolhendo um material para a parede que tenha baixa condutividade térmica, λ, e usando paredes grossas. O restante é o custo da energia usada para levar o forno à sua temperatura de operação, que pode ser reduzido se escolhermos para a parede um material que tenha baixa capacidade térmica, C_p, e usarmos paredes finas. Há um índice de mérito que captura essas metas de projeto aparentemente conflitantes? E, se houver, qual é uma boa escolha de material

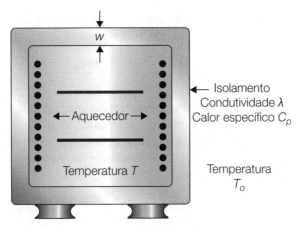

FIGURA 5.25. Um forno de calcinação. A parede do forno possui uma massa térmica por unidade de volume $C_p\rho$.

TABELA 5.25. Requisitos de projeto para paredes de fornos

Função	• Isolamento térmico para forno de calcinação (aquecimento e resfriamento cíclicos)
Restrições	• Temperatura de operação máxima 1.000 °C • Possível limite para a espessura da parede do forno por questão de espaço
Objetivo	• Minimizar energia consumida no ciclo de queima
Variável livre	• Espessura da parede do forno, w • Escolha de material

para paredes de fornos de calcinação? A escolha é baseada nos requisitos da Tabela 5.25.

A tradução. Quando ligamos um forno, a temperatura interna aumenta rapidamente da temperatura ambiente, T_o, até a temperatura de operação, T_i, onde é mantida durante o tempo de queima t. A energia consumida durante o tempo de queima tem, como dissemos, duas contribuições. A primeira é o calor conduzido para fora: em regime permanente, a perda de calor por condução, Q_1, por unidade de área, é dada pela primeira lei do fluxo de calor (Apêndice E). Se mantida pelo tempo t, é:

$$Q_1 = -\lambda \frac{dT}{dx} t = \lambda \frac{(T_i - T_o)}{w} t \qquad (5.52)$$

Aqui dT/dx é o gradiente de temperatura e w é a espessura da parede de isolamento. A segunda contribuição é o calor absorvido pela parede do forno para elevá-lo até T_i, e isso pode ser considerável. Por unidade de área, é

$$Q_2 = C_p \rho w \left(\frac{T_i - T_o}{2}\right) \qquad (5.53)$$

194   Seleção de Materiais no Projeto Mecânico

onde C_p é o calor específico (J/kg) do material da parede e ρ é sua densidade. A energia total consumida por unidade de área é a soma dessas duas:

$$Q = Q_1 + Q_2 = \frac{\lambda(T_i + T_o)t}{w} + \frac{C_p \rho w(T_i - T_o)}{2} \qquad (5.54)$$

Uma parede demasiadamente fina perde muita energia por condução, mas absorve pouca energia no aquecimento da parede em si. Uma parede grossa demais faz o contrário. Há uma espessura ótima, que encontramos diferenciando a Equação (5.54) em relação à espessura da parede w e igualando o resultado a zero, o que resulta em:

$$w = \left(\frac{2\lambda t}{C_p \rho}\right)^{1/2} = (2at)^{1/2}, \qquad (5.55)$$

onde $a = \lambda/\rho C_p$ é a difusividade térmica. A quantidade $(2at)^{1/2}$ tem dimensões de comprimento e é uma medida da distância até onde o calor pode se difundir no tempo t. A Equação (5.55) diz que a parede de forno mais eficiente energeticamente é a que só fica realmente quente do lado de fora quando o ciclo de queima se aproxima do final. Substituindo a Equação (5.55) na Equação (5.54) para eliminar w, obtemos:

$$Q = (T_i - T_o)(2t)^{1/2}(\lambda C_p \rho)^{1/2}$$

Q é minimizada mediante a escolha de um material com baixo valor da quantidade $(\lambda C_p \rho)^{1/2}$, isto é, maximizando:

$$M = (\lambda C_p \rho)^{-1/2} = \frac{a^{1/2}}{\lambda} \qquad (5.56)$$

Como eliminamos a espessura da parede w, nós a perdemos de vista. Ela poderia ser excessivamente grande para alguns materiais. Antes de aceitarmos um material candidato, temos de verificar, pela Equação (5.55), qual será a espessura da parede feita desse material.

Seleção. A Figura 5.26 mostra o diagrama $\lambda - a$, aqui com refratários e espumas adicionais, no qual está representada uma linha de seleção correspondente a $M = a^{1/2}/\lambda$ é plotada sobre ele: materiais abaixo da linha são uma melhor escolha do que aqueles acima dela. Para mantermos a parede fina, necessitamos de um baixo valor de difusividade térmica, a, e a linha vertical limita a escolha a materiais com $a < 3 \times 10^{-6}\,\text{m}^2/\text{s}$. Espumas de polímeros, cortiça e polímeros sólidos são bons, mas somente se a temperatura interna for menor do que 150 °C. Fornos de calcinação reais funcionam próximos de 1.000 °C, o que exige materiais com temperatura de serviço máxima acima desse valor. A figura sugere tijolo, concreto aerado e vermiculita, todos materiais que possuem uma temperatura máxima de trabalho acima de 1.000 °C (Tabela 5.26), mas aqui a limitação dos diagramas em papel torna-se aparente: não há espaço suficiente para mostrar materiais especializados (por exemplo,

Seleção de materiais: Estudos de casos

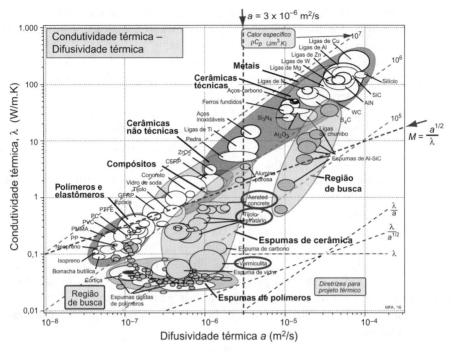

FIGURA 5.26. Materiais para paredes de forno de calcinação. Cerâmicas de baixa densidade, porosas ou parecidas com espuma são a melhor escolha (ver caderno colorido).

TABELA 5.26. **Materiais para fornos de calcinação eficientes em energia**

Material	$M = a^{1/2}/\lambda$ $\left(m^2 K/W \cdot s^{1/2}\right)$	Espessura w (mm)	Comentário
Tijolo refratário	5×10^{-3}	100	A escolha óbvia: quanto menor a densidade, melhor o desempenho. Tijolos refratários especiais têm valores de M tão altos quanto 3×10^{-3}.
Concreto aerado	2×10^{-3}	110	Concreto de alta temperatura pode suportar temperaturas de até 1.000 °C.
Espumas de vidro e carbono	Até 10^{-2}	140	Ambas oferecem isolamento térmico excepcional, mas são limitadas a temperaturas abaixo de 800 °C.
Madeiras	2×10^{-3}	60	A caldeira do motor a vapor "Rocket" de Stevenson era isolada com madeira.
Elastômeros sólidos e polímeros sólidos	2×10^{-3}–3×10^{-3} 2×10^{-3}	50	Bons valores de índice de mérito. Úteis se a parede tiver de ser muito fina. Limitados a temperaturas abaixo de 150 °C.
Espuma de polímero, cortiça	3×10^{-3}–6×10^{-2}	50–140	O valor mais alto de M — daí sua utilização em isolamento de residências. Limitadas a temperaturas abaixo de 150 °C.

196   Seleção de Materiais no Projeto Mecânico

tijolos refratários e concretos). A limitação é superada pelos métodos por computador mencionados no Capítulo 4, que permitem a busca em um número muito maior de materiais.

Escolhido um material, a espessura aceitável da parede é calculada pela Equação (5.55). É apresentada para um tempo de queima de três horas (aproximadamente 10^4 segundos) na Tabela 5.26.

Observação. Em geral, ninguém se dá conta de que, em um forno de calcinação eficientemente projetado, quanto mais energia é dedicada a aquecer o forno em si, mais energia é perdida por condução térmica para o ambiente externo. É um erro fazer paredes de fornos demasiadamente grossas; pouco é economizado com a redução da perda por condução, porém perde-se mais com a maior capacidade térmica do forno em si.

Também por isso é que as espumas são boas: elas têm baixa condutividade térmica *e* baixa capacidade térmica. Casas nas quais o aquecimento central é desligado à noite passam por um ciclo como o do forno de calcinação. Nesse caso (visto que T_i é menor), a melhor escolha é uma espuma polimérica, cortiça ou fibra de vidro (que tem propriedades térmicas como as das espumas). Porém, como esse estudo de caso mostra, desligar o aquecimento à noite não poupa tanta energia quanto você pensa porque é preciso fornecer capacidade térmica às paredes pela manhã.

Leitura adicional
Holman, J.P. (1981) Heat transfer. 5ª ed. New York: McGraw-Hill.

Estudos de casos relacionados
5.13   "Isolamento para reservatórios isotérmicos de curto prazo"
5.15   "Materiais para aquecedores solares passivos"

5.15 Materiais para aquecedores solares passivos

Há vários esquemas para captar a energia solar para aquecimento residencial: painéis solares montados em telhados, trocadores de calor cheios de líquido e sistemas reservatórios para armazenar calor. O mais simples desses é a parede que armazena calor: uma parede grossa cuja superfície externa é aquecida por exposição direta à luz solar durante o dia e da qual o calor é extraído à noite por ar soprado sobre sua superfície interna (Figura 5.27). Um aspecto essencial de tal esquema é que a constante de tempo para o fluxo de calor através da parede seja de aproximadamente 12 horas; então, primeiro, a superfície interna da parede se aquece durante cerca de 12 horas depois que o sol aqueceu primeiramente a superfície externa, dando à noite o que tomou durante o dia. Suporemos que, por razões de arquitetura, a parede não pode ter mais do que ½ m de espessura. Quais materiais maximizam a energia térmica captada pela parede e ao mesmo tempo mantêm um tempo de difusão de calor de até 12 horas? A Tabela 5.27 resume os requisitos.

A tradução. A quantidade de calor, Q, por unidade de área de parede, quando aquecida durante um intervalo de temperatura ΔT, resulta na função objetivo

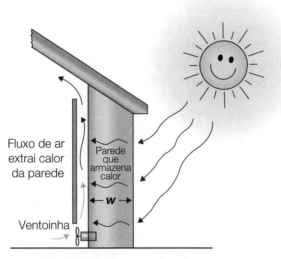

FIGURA 5.27. Uma parede de armazenamento de calor.

TABELA 5.27. **Requisitos de projeto para aquecimento solar passivo**

Função	• Meio de armazenamento de calor
Restrições	• Tempo de difusão de calor através da parede ≈12 horas • Espessura da parede ≤0,5 m • Temperatura de trabalho adequada $T_{max} > 100$ °C
Objetivo	• Maximizar energia térmica armazenada por unidade de custo de material
Variável livre	• Espessura da parede w • Escolha do material

$$Q = w\rho C_p \Delta T \tag{5.57}$$

onde w é a espessura da parede e ρCp é o calor específico por unidade de volume (a densidade ρ vezes o calor específico Cp). A constante de tempo de 12 horas é uma restrição. É adequadamente estimada pela aproximação que usamos antes para a distância de difusão de calor no tempo t (veja o Apêndice B)

$$w = \sqrt{2at} \tag{5.58}$$

onde a é a difusividade térmica. Eliminando a variável livre w, temos

$$Q = \sqrt{2t}\Delta T a^{1/2} \rho C_p \tag{5.59}$$

ou, usando o fato de que $a = \lambda/\rho C_p$, onde λ é a condutividade térmica:

$$Q = \sqrt{2t}\Delta T \left(\frac{\lambda}{a^{1/2}} \right)$$

198   Seleção de Materiais no Projeto Mecânico

A capacidade térmica da parede é maximizada escolhendo um material com o alto valor de

$$M = \frac{\lambda}{a^{1/2}} \qquad (5.60)$$

Essa expressão é o inverso do índice do estudo de caso anterior. A restrição à espessura w exige, pela Equação (5.58), que

$$a \leq \frac{w^2}{2t}$$

com $w \leq 0,5$ m e $t = 12$ h $(4 \times 10^4$ s$)$, obtemos um limite de atributo (Tabela 5.28):

$$a \leq 3 \times 10^{-6}\, m^2 \,/\, s \qquad (5.61)$$

Seleção. A Figura 5.28 mostra o gráfico da condutividade térmica λ em relação à difusividade térmica a e também M e o limite imposto a a. Esse diagrama identifica o grupo de materiais, apresentado na tabela que maximizam M_1 e ao mesmo tempo cumprem a restrição imposta à espessura da parede. Sólidos são bons; materiais porosos e espumas (muitas vezes usadas em paredes), não.

Observação. Até aqui, tudo bem, mas e o custo? Se quisermos usar esse esquema em residências, o custo é uma consideração importante. Os custos aproximados por unidade de volume, determinados na Tabela A.2 do Apêndice A, são apresentados na tabela, que indica a seleção de concreto, com pedra e tijolo como alternativa.

Estudos de casos relacionados

5.13   "Isolamento para reservatórios isotérmicos de curto prazo"
5.14   "Paredes de forno eficientes energeticamente"

TABELA 5.28. **Materiais para armazenamento de calor por dispositivo solar passivo**

Material	$M_1 = \lambda/a^{1/2}$ $\left(W \cdot s^{1/2}/m^2 \cdot K \right)$	Custo Aproximado $/m^3$ (2016 USD)	Comentário
Adobe	$1,0 \times 10^3$	0–200	Barato, se você mesmo fizer; menos, se for um profissional.
Concreto	$2,2 \times 10^3$	200	Uma boa escolha — bom desempenho a custo mínimo
Pedra	$3,5 \times 10^3$	1.400	Melhor desempenho do que concreto porque o calor específico é maior; porém é mais cara.
Tijolo	10^3	1.400	Não tão bom quanto concreto.
Vidro	$1,6 \times 10^3$	10.000	Útil — parte da parede poderia ser de vidro.
Titânio	$4,6 \times 10^3$	200.000	Uma seleção inesperada, mas válida. Caro.

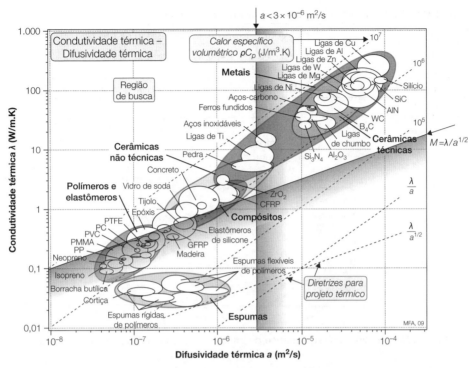

FIGURA 5.28. Materiais para paredes que armazenam calor. Adobe (terra batida), concreto e pedra são escolhas práticas; tijolo não é tão bom (ver caderno colorido).

5.16 Materiais para minimizar distorção térmica em dispositivos de precisão

A precisão de um dispositivo de medição, como um submicrômetro medidor de deslocamento, é limitada por sua rigidez e pela mudança dimensional causada por gradientes de temperatura. A compensação para a deflexão elástica pode ser acertada; e correções para lidar com a expansão térmica são possíveis também — desde que o dispositivo esteja a uma temperatura uniforme. *Gradientes térmicos* são o problema real: eles causam uma mudança de forma — isto é, uma distorção — para a qual não é possível uma compensação. A sensibilidade à vibração também é um problema: a excitação natural introduz ruído e, por consequência, imprecisão na medição. Assim, pode-se permitir expansão no projeto de instrumentos de precisão desde que não ocorra distorção (veja Chetwynd [1987] em Leitura Adicional). Deflexão elástica é permitida, desde que as frequências naturais das vibrações sejam altas.

Então, quais materiais são bons para dispositivos de precisão? A Tabela 5.29 apresenta os requisitos.

Tradução. A Figura 5.29 é um desenho esquemático de tal dispositivo. Ele consiste em uma sonda (ou fuso), um arco, um atuador e um sensor. Queremos um material para o arco. Ele suportará, em geral, fontes de calor: os dedos do

TABELA 5.29. Requisitos de projeto para dispositivos de precisão

Função	• Arco (estrutura) para dispositivo de precisão
Restrições	• Deve tolerar fluxo de calor • Deve tolerar vibração
Objetivo	• Minimizar distorção para maximizar precisão posicional
Variável livre	• Escolha do material

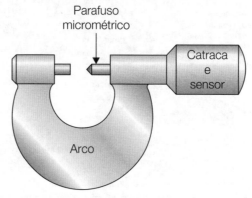

FIGURA 5.29. Um desenho esquemático de um dispositivo de medição de precisão.

operador do dispositivo na figura, ou, mais comumente, componentes elétricos ou eletrônicos que liberam calor. O índice de mérito relevante é encontrado considerando o simples caso de fluxo de calor unidimensional por meio de uma haste isolada exceto em suas extremidades, uma das quais está à temperatura ambiente e outra conectada à fonte de calor. Em regime permanente, a lei de Fourier é

$$q = -\lambda \frac{dT}{dx} \qquad (5.62)$$

onde q é fluxo de calor por unidade de área, λ é a condutividade térmica, e $\frac{dT}{dx}$ é o gradiente de temperatura resultante. A deformação está relacionada com a temperatura por

$$\varepsilon = \alpha(T - T_o) \qquad (5.63)$$

onde α é o coeficiente de expansão térmica e T_o é a temperatura ambiente. A distorção é proporcional ao gradiente da deformação:

$$\frac{d\varepsilon}{dx} = \frac{\alpha dT}{dx} = \left(\frac{\alpha}{\lambda}\right) q$$

Assim, para uma geometria e fluxo de calor dados, a distorção $d\varepsilon/dx$ é minimizada mediante a seleção de materiais com valores grandes do índice:

$$M_1 = \frac{\lambda}{\alpha} \qquad (5.64)$$

O outro problema é a vibração. A sensibilidade à excitação externa é minimizada mantendo as frequências naturais do dispositivo tão altas quanto possível. As vibrações por flexão têm as frequências mais baixas de todas, sendo proporcionais a:

$$M_2 = \frac{E^{1/2}}{\rho}$$

Um alto valor desse índice minimizará o problema.

Seleção. A Figura 5.30 reproduz o diagrama do coeficiente de expansão, α, e condutividade térmica, λ. Contornos mostram valores constantes da quantidade λ/α. Uma região de busca é isolada pela linha $\lambda/\alpha = 10^7$ W/m, o que resulta na curta lista da Tabela 5.30. Valores de $M_2 = E^{1/2}/\rho$ lidos no diagrama $E - \rho$ na Figura 3.3 estão incluídos na tabela. Entre os metais, cobre, tungstênio e a liga de níquel especial Invar possuem os melhores valores de M_1, mas estão em desvantagem em razão de suas altas densidades e, por isso, têm valores ruins de M_2. A melhor escolha é o silício, disponível em grandes seções, com alta pureza. Carboneto de silício é uma alternativa.

Observação. Sistemas de medição e de produção de imagens em nanoescala sofrem do problema analisado aqui. Os microscópios de força atômica e de tunelamento por varredura dependem de uma sonda, suportada por um arco, normalmente com um atuador piezoelétrico e dispositivos eletrônicos para detectar a proximidade entre a sonda e a superfície de teste. Mecanismos mais

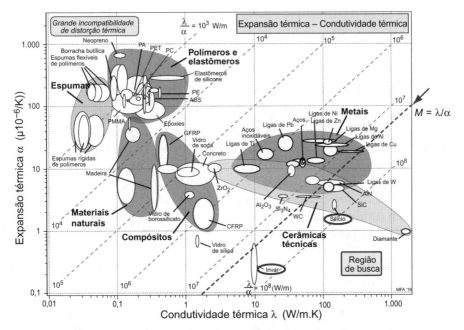

FIGURA 5.30. Materiais para dispositivos de medição de precisão. Metais não são tão bons quanto cerâmicas porque têm frequências de vibração mais baixas. Silício pode ser a melhor escolha (ver caderno colorido).

202 Seleção de Materiais no Projeto Mecânico

TABELA 5.30. **Materiais para minimizar distorção térmica**

Material	$M_1 = \lambda/\alpha\,(\text{W/m})$	$M_2 = E^{1/2}$ $/\rho\left(\text{GPa}^{1/2}/\left(\text{Mg/m}^3\right)\right)$	Comentário
Silício	6×10^7	5,2	M_1 e M_2 excelentes
Carbeto de silício	3×10^7	6,4	M_1 e M_2 excelentes, mas mais difícil de dar forma que o silício.
Cobre	2×10^7	1,3	Alta densidade dá valor de M_2 ruim.
Tungstênio	3×10^7	1,1	Melhor do que cobre, prata ou ouro, mas não tão bom quanto silício ou SiC.
Ligas de alumínio	10^7	3,3	As menos caras e a escolha de conformação mais fácil.

conhecidos, como o de um gravador de vídeo e o de um drive de disco rígido, se qualificam como instrumentos de precisão; ambos têm um sensor (o cabeçote de leitura), com dispositivos eletrônicos associados, acoplado a um arco. Os materiais identificados nesse estudo de caso são a melhor escolha para o arco.

Leitura adicional
Chetwynd, D.G. (1987) Precision engineering, 9(1): 3.
  Cebon, D.; Ashby, M.F. (1994) Meas. Sci. and Technol., 5, 296.

Estudos de casos relacionados
5.3   "Espelhos para grandes telescópios"
5.13   "Isolamento para reservatórios isotérmicos de curto prazo"

5.17 Materiais para trocadores de calor

Este e os dois estudos de casos seguintes ilustram como o software CES, descrito na Seção 4.5, pode ser usado para explorar a seleção de material mais a fundo.

  Trocadores de calor captam calor de um fluido e o transferem para um segundo (Figura 5.31). A rede de tubos de fogo de um motor a vapor é um trocador de calor que capta calor dos gases de combustão quentes da câmara de combustão e o transmite para a água contida na caldeira. A rede de tubos com aletas de um condicionador de ar é um trocador de calor que capta calor do ar da sala e o descarrega no fluido de operação do condicionador. Um elemento fundamental de todos os trocadores de calor é a parede ou membrana do tubo que separa os dois fluidos. A parede deve transmitir calor, e frequentemente há uma diferença de pressão na parede, que pode ser grande.

  Quais são os melhores materiais para produzir trocadores de calor? Ou, para sermos específicos, quais são os melhores materiais para um trocador limitado por condução com substancial diferença de pressão entre os dois fluidos, sendo que um deles contém íons de cloreto (água do mar)? A Tabela 5.31 contém um resumo desses requisitos.

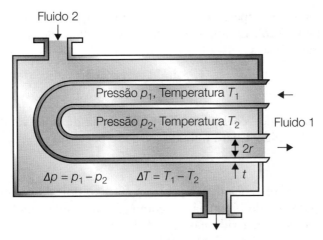

FIGURA 5.31. Um trocador de calor. Há uma diferença de pressão Δp e uma diferença de temperatura ΔT na parede do tubo.

TABELA 5.31. **Requisitos de projeto para um trocador de calor**

Função	• *Trocador de calor*
Restrições	• *Suportar diferença de pressão Δp* • *Resistir a íons de cloreto* • *Temperatura de operação de até 150 °C* • *Custo modesto*
Objetivo	• *Maximizar fluxo de calor por unidade de área (trocador de volume mínimo), ou* • *Maximizar fluxo de calor por unidade de massa (trocador de massa mínima)*
Variável livre	• *Espessura da parede do tubo*, t • *Escolha do material*

Tradução. Primeiro, alguns aspectos básicos sobre fluxo de calor. A transferência de calor de um fluido a um segundo fluido através de uma membrana envolve transferência *por convecção* do fluido 1 para a parede do tubo, *por condução* através da parede, e novamente *por convecção* na transferência da parede para o fluido 2. O fluxo de calor que entra na parede do tubo por convecção (W/m^2) é descrito pela equação de transferência de calor

$$q = h_1 \Delta T_1 \qquad (5.65)$$

na qual h_1 é o coeficiente de transferência de calor e ΔT_1 é a queda de temperatura na superfície do fluido 1 na parede. A condução é descrita pela equação da condução (ou de Fourier) que, para um fluxo de calor unidimensional, toma a forma

$$q = \lambda \frac{\Delta T}{t} \qquad (5.66)$$

onde λ é a condutividade térmica da parede (espessura t) e ΔT é a diferença de temperatura através da parede. É mais fácil de entender se imaginarmos a *resistência térmica* na superfície 1 como $1/h_1$; na superfície 2 como $1/h_2$; e na parede em si como t/λ. Então, a continuidade do fluxo de calor exige que a resistência total $1/U$ seja

$$\frac{1}{U} = \frac{1}{h_1} + \frac{t}{\lambda} + \frac{1}{h_2} \tag{5.67}$$

onde U é denominado "coeficiente de transferência de calor total". Então, o fluxo de calor do fluido 1 para o fluido 2 é dado por

$$q = U(T_1 - T_2) \tag{5.68}$$

onde $(T_1 - T_2)$ é a diferença de temperatura entre os dois fluidos operacionais.

Quando um dos fluidos é um gás — como em um condicionador de ar —, o calor de convecção transferido nas superfícies do tubo é o que mais contribui para a resistência; então são usadas aletas para aumentar a área de superfície através da qual o calor pode ser transferido. Porém, quando ambos os fluidos operacionais são líquidos, a transferência de calor por convecção é rápida e a condução através da parede domina a resistência térmica; $1/h_1$ e $1/h_2$ são desprezíveis em comparação com t/λ. Nesse caso são utilizados elementos simples de tubo ou placa, com a parede mais fina possível para minimizar t/λ. Consideraremos o segundo caso: transferência de calor limitada por condução. Então, o fluxo de calor é descrito adequadamente pela Equação (5.66).

Considere, então, um trocador de calor com n tubos de comprimento L, cada um de raio r e espessura da parede t. Nossa meta é selecionar um material para maximizar o fluxo de calor total:

$$Q = qA = \frac{A\lambda}{t}\Delta T, \tag{5.69}$$

onde $A = 2\pi rLn$ é a superfície total da tubulação.

Essa é a função objetivo. A restrição é que a espessura da parede deve ser suficiente para suportar a pressão Δp entre o interior e o exterior, como na Figura 5.31. Isso exige que a tensão na parede permaneça abaixo do limite elástico, σ_y, do material do qual o tubo é feito (multiplicada por um fator de segurança — que podemos deixar de fora):

$$\sigma = \frac{\Delta pr}{t} < \sigma_y \tag{5.70}$$

Isso restringe o valor mínimo de t. Eliminando t entre as Equações (5.69) e (5.70), temos:

$$Q = \frac{A\Delta T}{r\Delta p}(\lambda\sigma_y). \tag{5.71}$$

O fluxo de calor por unidade de área da parede do tubo, Q/A, é maximizada pela maximização de

$$M_1 = \lambda\sigma_y \tag{5.72}$$

Três outras considerações entram na seleção. É essencial escolher um material que possa suportar corrosão nos fluidos operacionais, que aqui consideramos ser água do mar. Sua temperatura de serviço máxima deve estar adequadamente acima da temperatura do fluido operacional mais quente e o material deve ter ductilidade suficiente para ser trefilado em tubo ou laminado em chapa.

A seleção. Uma busca preliminar de materiais com grandes valores de M_1, usando o diagrama $\lambda - \sigma_f$ da Figura 5.32A, sugere *ligas de cobre trabalhadas* como uma possibilidade. Recorremos então a métodos por computador[3] para obter mais ajuda. Aplicamos limites de 150 °C para a temperatura de serviço máxima, 30% ao alongamento, custo de material menor do que US$ 6 (2016 USD)/kg, uma classificação de "muito bom" para a resistência à água do mar e uma restrição à busca de ligas de cobre. Com isso, construímos um novo diagrama (Figura 5.32B) de σ_y em relação λ que habilita novamente a maximização de $M_1 = \sigma_y \lambda$. Os materiais com grande M_1 são apresentados na Tabela 5.32.

Observação. Condução pode limitar o fluxo de calor em teoria, mas coisas indizíveis ocorrem no interior de trocadores de calor. A água do mar fervilha com organismos bioincrustantes que aderem às paredes do tubo e ali florescem como cracas no casco de um barco, criando uma camada de alta resistência térmica que impede o fluxo do fluido. Uma pesquisa de documentação revela que alguns mate-

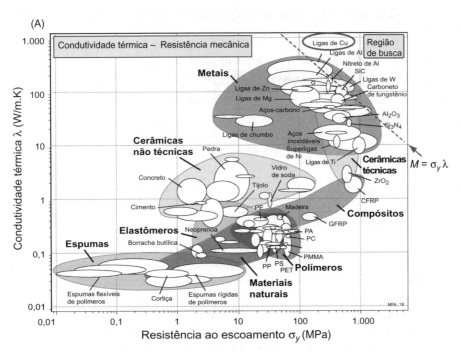

FIGURA 5.32. (A) Um diagrama de resistência ao escoamento (limite elástico), σ_y, em relação à condutividade térmica, λ, mostrando o índice, M_1 (ver caderno colorido).

---

3. O sistema CES Edu ajustado no Nível 3 (www.grantadesign.com).

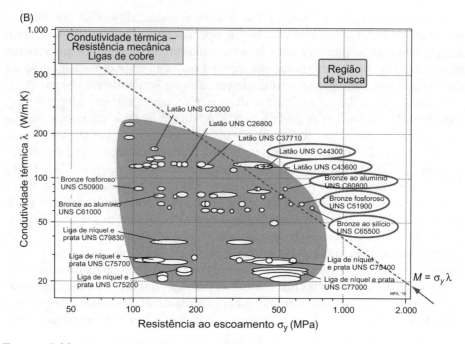

FIGURA 5.32. *(Cont.)* (B) Um diagrama mais detalhado para ligas de cobre (ver caderno colorido).

TABELA 5.32. **Materiais para trocadores de calor**

Material	Índice M W·MN/m³·K	Comentário
Latões, latão naval	5×10^4	Sujeito a eliminação do zinco
Bronzes fosforosos	4×10^4	Baratos, mas não tão resistentes a corrosão como os bronzes ao alumínio
Bronzes ao alumínio, forjados	$3,8 \times 10^4$	Uma escolha prática e econômica
Bronzes ao níquel-ferro-alumínio	$2,5 \times 10^4$	Mais resistentes à corrosão, porém mais caros
Bronze ao silício	$2,2 \times 10^4$	Não tão bom quanto bronze ao alumínio

riais são mais resistentes a esses organismos do que outros; ligas de cobre-níquel são particularmente boas, provavelmente porque os organismos não gostam dos sais de cobre, ainda que em concentrações muito baixas. Fora isso, o problema deve ser abordado por adição de inibidores químicos aos fluidos ou por raspagem — o tradicional passatempo de inverno dos proprietários de barcos.

Às vezes, é importante minimizar o peso dos trocadores de calor. Repetindo o cálculo da busca de materiais, o valor máximo de Q/m (onde m é a massa dos tubos) dá, em vez de M_1, o índice:

$$M_2 = \frac{\lambda \sigma_y^2}{\rho} \tag{5.73}$$

onde ρ é a densidade do material do qual os tubos são feitos. (Agora a resistência σ_y está elevada ao quadrado porque o peso depende da espessura da parede, bem como da densidade, e a espessura da parede varia conforme $1/\sigma_y$ [Equação (5.67)].) De modo semelhante, os trocadores de calor mais baratos são os feitos do material que tem o maior valor de

$$M_3 = \frac{\lambda \sigma_y^2}{C_m \rho} \quad (5.74)$$

onde C_m é o custo por kg do material. Em ambos os casos, ligas de alumínio recebem nota alta porque são leves e baratas. As seleções não são mostradas, mas podem ser exploradas imediatamente usando o sistema CES.

Leitura adicional
JP Holman (1981) Heat transfer. 5ª ed. New York: McGraw-Hill.

Estudos de casos relacionados
5.11 "Vasos de pressão seguros"
5.16 "Materiais para minimizar distorção térmica em dispositivos de precisão"
5.18 "Dissipadores de calor para circuitos integrados aquecidos"

5.18 Dissipadores de calor para circuitos integrados aquecidos

Um circuito integrado pode consumir apenas miliwatts, mas essa energia é dissipada em um volume minúsculo. A potência é baixa, mas a *densidade de potência* é alta. À medida que os chips encolhem e as velocidades de relógio aumentam, o aquecimento se torna um problema. O chip dos PCs de hoje já alcança 85 °C, o que exige resfriamento por ar forçado. Módulos com vários chips (*multiple-chip modules*) acondicionam centenas de chips em um único substrato. O aquecimento é mantido sob controle mediante a ligação do chip a um dissipador de calor (Figura 5.33), tomando grande cuidado para garantir bom contato térmico entre o chip e o dissipador. Agora o dissipador de calor torna-se um componente crítico, o que limita maior desenvolvimento da eletrônica. Como seu desempenho pode ser maximizado?

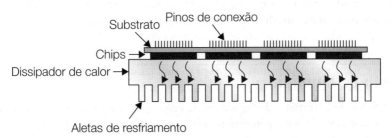

FIGURA 5.33. Um dissipador de calor para dispositivos microeletrônicos de potência.

208   Seleção de Materiais no Projeto Mecânico

TABELA 5.33. Função, restrições, objetivo e variável livre para dissipador de calor

Função	• *Dissipador de calor*
Restrições	• *Material deve ser "bom isolante", ou $\rho_e > 10^{18} \mu\Omega$cm* *Temperatura de serviço máxima $>150\ °C$* • *Todas as dimensões são especificadas*
Objetivo	• *Maximizar condutividade térmica,* λ
Variável livre	• *Escolha do material*

Para evitar acoplamento elétrico e capacitância parasita entre o chip e o dissipador de calor, este deve ser um bom isolante elétrico, o que significa uma resistividade $\rho_e > 10^{18}$ $\mu\Omega$.cm. Porém, para drenar o calor do chip o mais rapidamente possível, o dissipador também deve ter a mais alta condutividade térmica, λ, possível. A etapa de tradução está resumida na Tabela 5.33, onde consideramos que todas as dimensões estão restringidas por outros aspectos do projeto.

Tradução. A resistividade é tratada como uma *restrição*, um critério passa/não passa. Materiais que não se qualificam como "bom isolante" ou que têm resistividade maior do que o valor apresentado na tabela são triados e eliminados. A condutividade térmica é tratada como um *objetivo*: dentre os materiais que cumprem a restrição, procuramos os que têm os maiores valores de λ e os classificamos por esse valor — ele se torna o índice de mérito para o projeto. Se considerarmos que todas as dimensões são fixadas pelo projeto, resta somente uma variável livre na busca da maximização do fluxo de calor: a escolha do material. O procedimento é *triar* por resistividade, e então *classificar* por condutividade.

Seleção. As etapas podem ser implementadas usando o diagrama $\lambda - \rho_e$ da Figura 3.10, reproduzido na Figura 5.34. Trace uma linha vertical em $\rho_e = 10^{18}$ $\mu\Omega$ cm, então separe os materiais que se encontram acima dessa linha e têm as maiores λ. O resultado: nitreto de alumínio, AlN, alumina, Al_2O_3, nitreto de silício, Si_3N_4, e diamante, o qual eliminamos devido aos custos. Dos três remanescentes, o nitreto de alumínio tem a condutividade térmica mais alta.

Observação. Uma rápida pesquisa de documentação, buscando "Aplicações de nitreto de alumínio", nos leva ao texto a seguir. Dissipadores de calor são especificamente mencionados. O método nos levou rapidamente a uma escolha confiável.

Nitreto de alumínio

Usos típicos. Substratos e dissipadores de calor para microcircuitos, portadores de chips, componentes eletrônicos, janelas, aquecedores, mandris, anéis de retenção, placas de distribuição de gás.

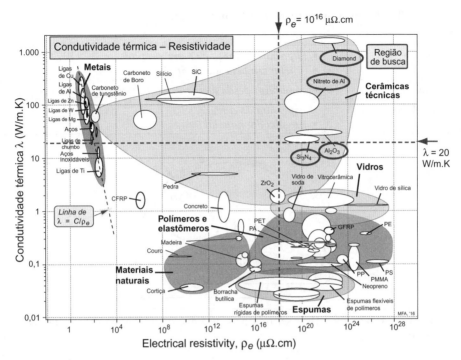

FIGURA 5.34. T O diagrama $\lambda - \rho_e$, com o limite de atributo $\rho_e > 10^{18}$ $\mu\Omega$ cm e o índice λ representados no gráfico. A seleção é refinada pela elevação da posição da linha de seleção λ (ver caderno colorido).

5.19 Materiais para radome (cúpula de radar)

A BBC (British Broadcasting Corporation) obtém sua receita das taxas de assinatura pagas por proprietários de aparelhos de televisão. Deixar de pagá-las priva a BBC de sua renda — daí o sofisticado esquema de detecção. Quando eles querem pegar você assistindo televisão sem ter assinatura, estacionam em frente da sua residência com um veículo equipado não identificado para detectar radiação de alta frequência. O veículo parece completamente normal, mas há uma diferença importante em relação à norma: a carroceria não é feita de aço estampado, mas de um material transparente a micro-ondas. Os requisitos da carroceria são muito parecidos com aqueles dos domos protetores que envolvem os delicados detectores que captam sinais de alta frequência do espaço, ou dos que protegem o equipamento de radar em navios, aeronaves e espaçonaves. Quais são os melhores materiais para fazê-los?

A função de um *radome* (*radar dome* — cúpula de radar) é proteger uma antena de micro-ondas contra os efeitos adversos do ambiente e ao mesmo tempo causar o mínimo efeito possível sobre o desempenho elétrico. Quando o radar detecta sinais de entrada que, para começar, já são fracos, até mesmo uma pequena atenuação do sinal quando ele atravessa o *radome* diminui a sensibilidade do sistema. Além do mais, o *radome* tem de suportar cargas estruturais, cargas causadas por diferença de pressão entre o interior e o exterior do domo

TABELA 5.34. **Requisitos de projeto para um radome**

Função	• Radome
Restrições	• Suportar diferença de pressão Δp • Tolerar temperatura de até Tmax
Objetivo	• Minimizar perda dielétrica em transmissão de micro-ondas
Variável livre	• Espessura da carcaça, t • Escolha do material

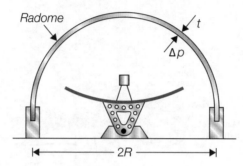

FIGURA 5.35. Um *radome*. Deve ser transparente a micro-ondas e suportar uma diferença de pressão.

e — no caso de voos supersônicos — altas temperaturas. A Tabela 5.34 resume os requisitos de projeto.

Tradução. A Figura 5.35 mostra um *radome* idealizado. É uma carcaça hemisférica de material transparente a micro-ondas, de raio R e espessura t, que suporta uma diferença de pressão, Δp, entre suas superfícies interna e externa. As duas propriedades críticas do material para determinar o desempenho do *radome* são a constante dielétrica, εr, e a tangente de perda elétrica, $\tan \delta$. As perdas são de dois tipos: *por reflexão* e *por absorção*. A fração do sinal que é refletida está relacionada com a constante dielétrica εr; quanto mais alta a frequência, mais alta a fração refletida. O ar tem constante dielétrica 1; um *radome*, com a mesma constante dielétrica, se isso fosse possível, não refletiria nenhuma radiação (a tecnologia *stealth* — furtiva, invisível — procura conseguir isso).

A segunda perda, e muitas vezes a mais importante, deve-se à absorção quando o sinal passa pela carcaça do *radome*. Quando uma onda eletromagnética de frequência f (ciclos/s) atravessa um dielétrico com tangente de perda $\tan \delta$, a *perda de potência* fracionária ao passar por uma espessura dt é

$$\left.\frac{dU}{U_o}\right| = \frac{fA^2\varepsilon_o}{2}(\varepsilon_r \tan\delta)dt \qquad (5.75)$$

onde A é a amplitude elétrica da onda e ε_o a permissividade do vácuo. Portanto, para uma concha fina (espessura t), a perda por unidade de área é

$$\left.\frac{\Delta U}{U_o}\right| = \frac{fA^2\varepsilon_o t}{2}(\varepsilon_r \tan\delta). \qquad (5.76)$$

Essa é a quantidade que desejamos minimizar — a função objetivo — e conseguimos isso com a película mais fina possível. Porém, a necessidade de suportar uma diferença de pressão Δp impõe uma restrição. Se o *radome* tem uma forma esférica, a diferença de pressão cria uma tensão

$$\sigma = \frac{\Delta p R}{2t} \tag{5.77}$$

na carcaça. Se ela tiver de suportar Δp, essa tensão deve ser menor do que a tensão de falha σ_f do material do qual ela é feita, o que impõe uma restrição à espessura:

$$t \geq \frac{\Delta p R}{2\sigma_f}.$$

Substituindo essa expressão na Equação (5.76) obtemos

$$\left.\frac{\Delta U}{U}\right| = \frac{fA^2\varepsilon_o \Delta p R}{4}\left(\frac{\varepsilon_r \tan\delta}{\sigma_f}\right). \tag{5.78}$$

A perda de potência é minimizada mediante a maximização do índice

$$M = \frac{\sigma_f}{\varepsilon_r \tan\delta} \tag{5.79}$$

Seleção. Uma pesquisa preliminar usando o diagrama resistência–perda dielétrica da Figura 5.36 mostra que polímeros têm valores atraentes de M, porém resistência ruim. Algumas cerâmicas têm valores excelentes de M e são estáveis a altas temperaturas. Precisamos explorar mais a fundo essas duas classes de material. Diagramas adequados são mostrados nas Figuras 5.37A e B, o primeiro para polímeros, tanto comuns quanto reforçados com vidro, o segundo para cerâmicas. Os eixos são σ_f e εtg δ. Ambos têm uma linha de seleção de inclinação 1 mostrando o índice M. A seleção está resumida na Tabela 5.35. Os materiais da primeira linha — Teflon PTFE, polietileno e polipropileno — maximizam M. Se quisermos maior resistência ou resistência a impacto, os polímeros reforçados com fibra da segunda linha são a melhor escolha. Quando, além disso, estão envolvidas altas temperaturas, as cerâmicas da terceira linha tornam-se candidatas.

Observação. Do que são feitos os *radomes* reais? Os polímeros, PTFE e policarbonato são os materiais mais comuns. Ambos são muito flexíveis. Nas situações em que é necessária rigidez estrutural (como na caminhonete da BBC), GFRP (epóxi ou poliéster reforçado com tecido tramado de vidro) é usado, embora com alguma perda de desempenho. Quando o desempenho é o mais cotado, então PTFE reforçado com vidro é utilizado. Para aquecimento da carcaça até 300 °C, as poliamidas cumprem os requisitos; acima dessa temperatura, cerâmicas são a escolha obrigatória. Sílica (SiO_2), alumina (Al_2O_3), berília (BeO) e nitreto de silício (Si_3N_4) são todos empregados. As escolhas que identificamos estão todas lá.

212 Seleção de Materiais no Projeto Mecânico

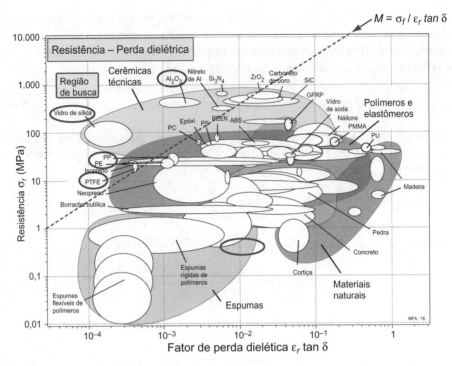

FIGURA 5.36. Gráfico do limite elástico, σ_f, em relação ao fator de perda, $\varepsilon_r \tan \delta$, mostrando o índice, M (ver caderno colorido).

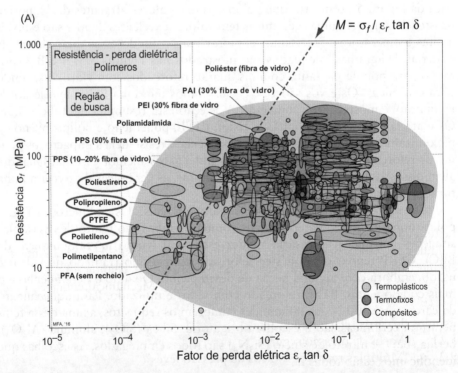

FIGURA 5.37. Gráfico do limite elástico, σ_f, em relação ao fator de potência, $\varepsilon_r \tan \delta$, em detalhe, (A) para polímeros, polímeros preenchidos e compósitos e

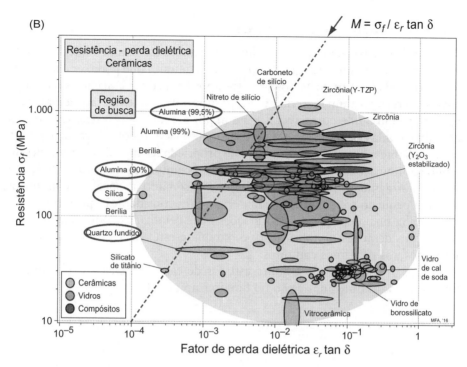

FIGURA 5.37 *(Cont.)* (B) para cerâmicas (ver caderno colorido).

TABELA 5.35. **Materiais para radomes**

Material	Comentário
PTFE, polietileno, polipropileno, poliestireno e sulfeto de polifenileno (PPS)	Mínima perda dielétrica, porém limitados a temperatura próxima à ambiente
Poliéster reforçado com vidro, PTFE, polietilenos e polipropilenos, poliamidaimida	Perda ligeiramente maior, porém maior resistência e resistência à temperatura
Sílica, alumina, berília, carbeto de silício	A escolha para veículos e foguetes de reentrada na atmosfera, quando o aquecimento é grande

Leitura adicional
Huddleston, G.K.; Bassett, H.L. In: Johnson, R.C.; Jasik, H. (eds.) Antenna engineering handbook. 2ª ed. New York: McGraw-Hill, chapter 44.
 Lewis, C.F. (1988) Materials keep a low profile. Mechanical engineer, June, p. 37-41.

Estudos de casos relacionados
5.11 "Vasos de pressão seguros"
9.2 "Múltiplas restrições: vasos de pressão leves"

5.20 Resumo e conclusões

Os estudos de casos neste capítulo ilustram como a escolha de material é reduzida da ampla lista inicial até um pequeno subconjunto que pode ser examinado em profundidade. A maioria dos projetos apresenta certas exigências não negociáveis em relação a um material: ele deve suportar uma temperatura maior que T, resistir a um fluido corrosivo, F, e assim por diante. Essas restrições reduzem a escolha a umas poucas classes gerais de materiais. A escolha é reduzida ainda mais mediante a busca de combinação de propriedades que maximizam desempenho (combinações como $E^{1/2}/\rho$), segurança (combinações como K_{1c}/σ_f), condução ou isolamento (como $a^{1/2}/\lambda$). Tudo isso, somado a aspectos econômicos, isola um pequeno subconjunto de materiais para consideração posterior.

A escolha final depende de informações mais detalhadas sobre suas propriedades, considerações de fabricação, economia e estética. Esses aspectos serão discutidos nos próximos capítulos.

Exercícios. Este capítulo é sobre estudos de casos. Exercícios relacionados com os métodos utilizados estão no fim do Capítulo 4.

Capítulo 6
Os processos e seus efeitos sobre as propriedades

Resumo

Um *processo* é um método de conformar, unir ou dar acabamento a um material. A escolha, por um dado componente, depende do material do qual ele é feito, do seu tamanho, da sua forma e da precisão requerida, e da quantidade a ser produzida.

Este capítulo desenvolve um esquema de classificação para processos, dividindo-os em *famílias* e membros, cada um com um conjunto único de *atributos*: os materiais com os quais eles podem trabalhar, as formas que podem produzir e a precisão com a qual podem fazer isto. O processamento pode ser usado para controlar propriedades. E as interações processo-propriedade são exploradas, usando diagramas para plotar perfis de processo-propriedade.

Palavras-chave: Conformação; união; acabamento superficial; fundição; moldagem; métodos do pó; conformação de metais; manufatura aditiva; tratamento térmico; tratamento a laser; endurecimento por trabalho a frio; endurecimento por elementos de liga; endurecimento por envelhecimento; reforços; formação de espuma.

6.1 Introdução e sinopse

Um *processo* é um método de conformação, união ou acabamento de um material. *Fundição em molde de areia, moldagem por injeção, soldagem por fusão* e *eletropolimento* são todos processos; há centenas deles. A escolha, por um dado componente, depende do material do qual ele será feito, de seu tamanho, forma e precisão exigida, e de quantos serão fabricados — em suma, dos *requisitos de projeto* (Figura 6.1).

Processar tem muito em comum com cozinhar. Soa trivial, mas não é. Cozinhar envolve misturar, enrolar, esticar, fundir, tratamento térmico, formar espuma... e para todas essas ações, as variáveis chaves de controle são o tempo, temperatura e pressão. Continuar essa analogia durante o capítulo seria tedioso, então deixaremos ela aqui. Mas não esqueça o paralelo: tempo, temperatura, pressão.

Para selecionar processos, em primeiro lugar temos de classificá-los. A Seção 6.2 desenvolve a classificação. Ela é usada para estruturar a Seção 6.3, na qual *famílias* de processos e seus *atributos* são descritos: os materiais que eles podem trabalhar, as formas que podem fazer e a precisão com que podem fazê-las.

O processamento tem funções duais. A óbvia é conformar, unir e acabar. A menos óbvia é a do controle de propriedades. Metais são fortalecidos por laminação e forjamento; aços são tratados termicamente para aprimorar a dureza e a tenacidade; polímeros são estirados para aumentar o módulo e a resistência; e cerâmicas são comprimidas a quente, novamente para aumentar a resistência.

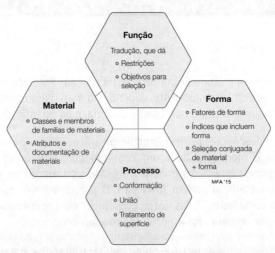

FIGURA 6.1. Seleção de processo depende do material e da forma.

Interações processo-propriedade são exploradas com mais detalhes na Seção 6.4. O capítulo termina, como sempre, com um resumo, recomendações de leituras adicionais comentadas e exercícios sugeridos.

As conexões completas entre processo, material, forma e função da Figura 6.1 se tornam a estrutura para a *seleção de processos*, o assunto do Capítulo 7.

6.2 Classificando processos

A Figura 6.2 é uma classificação de processos de manufatura. *Processos primários* criam formas. A primeira linha apresenta seis classes de processos de conformação primária: fundição, moldagem, deformação, métodos de pó, métodos para conformação de compósitos e manufatura aditiva. *Processos secundários* modificam formas ou realçam propriedades; aqui, são mostrados como "usinagem", que acrescenta características a um corpo já conformado, e "tratamento térmico", que aprimora propriedades de superfície ou de volume. Abaixo destes vêm a *união* e o *acabamento*.

A Figura 6.2 parece um fluxograma, uma progressão ao longo da sequência de fabricação, mas não deve ser tratada tão literalmente: a ordem das etapas pode variar para se adequar às necessidades do projeto. O ponto principal que ela destaca é que há três famílias gerais de processos: os de conformação, os de união e os de acabamento. Os atributos de uma família são tão diferentes dos de outra que, na elaboração e estruturação de dados para eles, devem ser tratados separadamente.

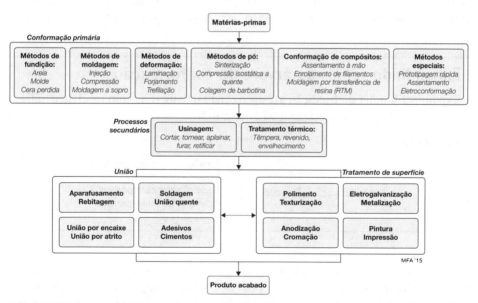

FIGURA 6.2. As classes de processos. A primeira linha contém a família dos processos de conformação; abaixo estão os processos secundários de usinagem e tratamento térmico, seguidos pelas famílias de processos de união e acabamento.

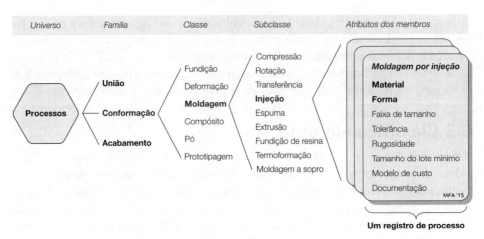

FIGURA 6.3. A árvore de processos com parte do ramo de *conformação* expandida. Cada membro é caracterizado por um conjunto de atributos.

Para organizar processos com mais detalhes, precisamos de uma classificação hierárquica, como a usada para materiais no Capítulo 3. A Figura 6.3 mostra parte da hierarquia. À esquerda estão as famílias de conformação, união e acabamento. A família da conformação é expandida para mostrar classes: fundição, deformação, moldagem etc. Uma dessas — moldagem — é novamente expandida para mostrar seus membros: moldagem rotacional, moldagem a sopro, moldagem por injeção e assim por diante. Cada um desses tem certos atributos: os materiais que pode trabalhar, as formas que pode fazer, seus tamanhos, precisão e um lote de produção econômico, que significa o número mínimo de unidades que deve ser feito para o processo se tornar econômico.

Expandindo ramos da árvore de conformação

Expanda a família da fundição até aproximadamente o mesmo nível de detalhe daquele usado para a moldagem na Figura 6.3.

Resultado

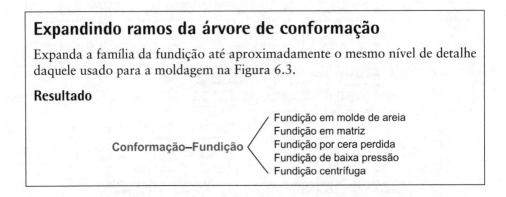

As outras duas famílias são parcialmente expandidas na Figura 6.4. A família de união contém três classes gerais: adesivos, soldagem e fixadores. Nessa figura, uma delas — soldagem — é expandida para mostrar seus membros. Como antes, cada membro tem atributos. O primeiro consiste nos materiais que pode unir. Depois disso, a lista de atributos é diferente da lista para a

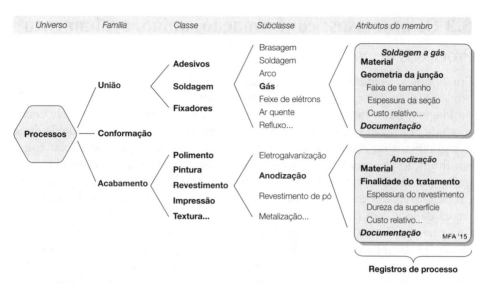

FIGURA 6.4. A árvore de processos novamente, mostrando os ramos de *união* e *acabamento* expandidos.

conformação. Aqui, a geometria da junta e o modo como ela será carregada são importantes, assim como os requisitos que preveem que a junta poderá ou não ser desmontada, se terá de ser à prova d'água, se terá de ser condutora de eletricidade e coisas semelhantes.

A parte inferior da figura expande a família de acabamento. Algumas das classes que ela contém são mostradas; uma delas, revestimento, é expandida para mostrar alguns de seus membros. Assim como ocorre na conformação e na união, o material a ser revestido é um atributo importante, mas os outros são diferentes. Mais importante é a finalidade do tratamento (proteção, endurecimento da superfície, decoração...), seguida pelas propriedades do revestimento em si.

Expandindo ramos da árvore de união

Expanda a família dos fixadores até aproximadamente o mesmo nível de detalhe usado para a moldagem na Figura 6.3.

Resultado

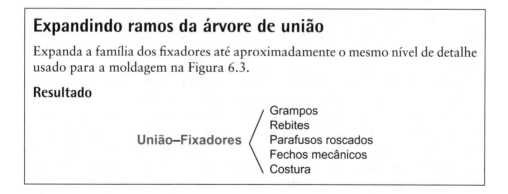

Com essa base, podemos embarcar em uma excursão relâmpago pelos processos. Manteremos a máxima concisão possível; detalhes podem ser encontrados nos numerosos livros apresentados nas leituras adicionais (Seção 6.6).

6.3 Os processos: conformação, união, acabamento

Processos de conformação

Em *fundição* (Figura 6.5), um líquido é vazado ou forçado para dentro de um molde, onde se solidifica por resfriamento. A fundição é distinguida da moldagem, que vem em seguida, pela baixa viscosidade do líquido: ele enche o molde por fluxo sob seu próprio peso (como em fundição em molde de areia por gravidade ou fundição por cera perdida) ou sob uma pressão baixa (como em fundição em molde e em areia sob pressão). Moldes de areia usados uma única vez são baratos; matrizes de metal para fundição em molde podem ser caras. Entre esses extremos, encontram-se vários outros métodos de fundição: em casca, por cera perdida, em moldes de gesso, e assim por diante.

Formas fundidas devem ser projetadas para fácil fluxo de líquido em todas as partes do molde e para solidificação progressiva que não aprisione bolsões de líquido em uma casca sólida, o que resulta em rechupes. Sempre que possível, a espessura da seção deve ser uniforme (a diferença entre as espessuras de seções adjacentes não deve ser maior do que duas vezes). A forma é projetada de modo que o modelo e a peça fundida acabada possam ser removidos do molde. Formas chavetadas são evitadas porque produzem "trincamento a quente" (uma fratura por fluência sob tração) à medida que o sólido esfria e encolhe. A tolerância e o acabamento de superfície de uma peça fundida variam de ruim (para fundição em molde de areia) a excelente para fundição de precisão em matriz de metal. Tolerância e acabamento superficial serão quantificados no Capítulo 7.

Quando metal é vertido em um molde, o fluxo é turbulento, aprisionando óxidos da superfície e impurezas dentro da peça fundida, o que gera defeitos de fundição. Isso é evitado pelo preenchimento do molde por baixo de tal modo que o fluxo é laminar, impulsionado por vácuo ou pressão de gás, como mostrado na Figura 6.5.

Moldagem (Figura 6.6) é a fundição adaptada a materiais que são muito viscosos quando fundidos, em particular termoplásticos e vidros. O fluido quente e viscoso é pressionado ou injetado para dentro de um molde sob considerável pressão, onde resfria e se ajusta. O molde deve suportar repetidas aplicações de pressão e temperatura, assim como o desgaste envolvido na separação do molde e remoção da peça, e por isso é caro. Formas elaboradas podem ser moldadas, porém com a dificuldade imposta pela complexidade da forma do molde e do modo como este é separado para permitir remoção. Os moldes para termoformação, ao contrário, são baratos. Variantes do processo usam pressão de gás ou vácuo para pressionar uma chapa de polímero aquecida sobre um molde inteiriço. A moldagem a sopro também usa pressão de gás para expandir um polímero ou vidro em um molde externo bipartido. É um processo rápido, de baixo custo, bem adequado para produção em massa de peças baratas, como garrafas. Polímeros, assim como metais, podem ser extrudados; praticamente todas as hastes, tubos e outras seções prismáticas são feitos desse modo. Na moldagem de filme, um polímero é expandido até ficar parecido com uma enorme bolha de sabão, que é então cortada e achatada.

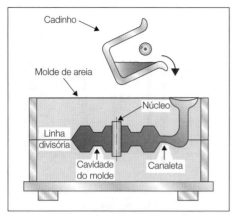
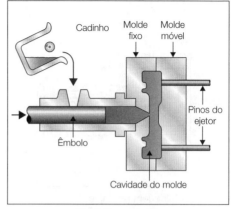
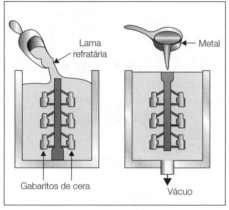
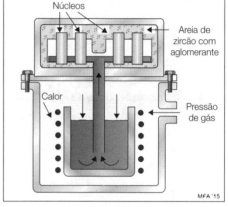

FIGURA 6.5. Processos de fundição. Na *fundição em molde de areia*, metal líquido é vertido em um molde de areia bipartido. Na *fundição em matriz*, um líquido é forçado sob pressão para dentro de um molde metálico. Na *fundição por cera perdida*, um padrão de cera é embebido em um refratário, derretido e vertido para fora e a cavidade resultante é preenchida com metal. Na *fundição sob pressão*, um molde ou matriz é preenchido de baixo para cima, o que resulta em controle da atmosfera e do fluxo de metal que entra no molde.

Processamento de deformação (Figura 6.7) pode ser a quente, a morno ou a frio – frio, isto é, em relação ao ponto de fusão T_m do material que está sendo processado. Extrusão, forjamento a quente e laminação a quente ($T > 0.55\ T_m$) têm muito em comum com a moldagem, embora o material seja um sólido verdadeiro, e não um líquido viscoso. A alta temperatura reduz a resistência ao escoamento e permite recristalização simultânea, ambas as quais abaixam as pressões de conformação. O trabalho a morno ($0.35\ T_m < T < 0.55\ T_m$) permite recuperação, mas não recristalização. Forjamento a frio, laminação e trefilação ($T < 0.35\ T_m$) exploram o encruamento para aumentar a resistência do produto final, porém à custa de pressões de conformação mais altas.

Peças forjadas são projetadas para evitar mudanças repentinas de espessura e raios de curvatura agudos, visto que ambos requerem grandes deformações

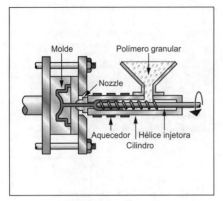
Moldagem por injeção

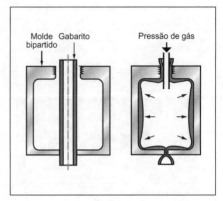
Moldagem a sopro

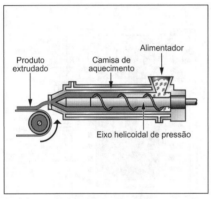
Extrusão de polímero

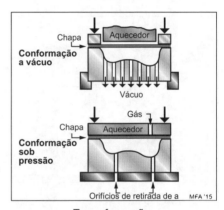
Termoformação

FIGURA 6.6. Processos de moldagem. Na *moldagem por injeção*, um polímero granular é aquecido, comprimido e cisalhado por uma hélice injetora que o força a entrar na cavidade do molde. Na *moldagem a sopro*, um gabarito tubular de polímero ou vidro quente é expandido por pressão de gás contra a parede interna de um molde bipartido. Na *extrusão de polímero*, seções conformadas são formadas por extrusão por meio de um molde conformado. Na *termoformação*, uma chapa de termoplástico é aquecida e deformada em um molde fêmea por vácuo ou pressão de gás.

locais que podem provocar trincas no material ou dobramento sobre si mesmo ("dobras"). Forjamento a quente de metais permite mudanças maiores de forma, mas, em geral, produzem superfície e tolerância piores em razão de oxidação e empenamento. Forjamento a frio gera maior precisão e acabamento, mas as pressões de forjamento são mais altas e as deformações são limitadas por encruamento.

Métodos de pó (Figura 6.8) criam a forma mediante a prensagem de partículas finas do material em um molde, e posterior sinterização das mesmas. O pó pode ser prensado a frio e então sinterizado em até $0,8\ T_m$ para dar ligação por difusão; pode ser prensado em um molde aquecido ("prensagem em molde"); ou ser aquecido em uma pré-forma de parede fina, sob uma pressão de gás ("pressão isostática a quente" ou "HIPing" – High Isostatic Pressing).

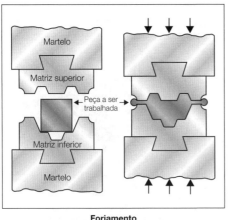
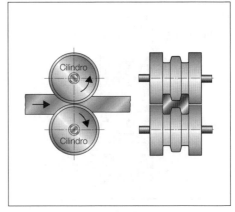
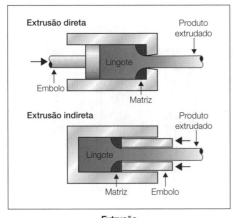
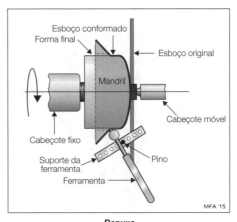

FIGURA 6.7. Processos de deformação. No *forjamento*, um tarugo de metal é conformado entre duas matrizes presos nas garras de uma prensa. Na *laminação*, a seção de um lingote ou barra é reduzida por deformação compressiva entre os cilindros. Na *extrusão*, metal é forçado a escoar pela abertura de uma matriz para dar uma forma prismática contínua — imagine uma pasta de dente incandescente. No *repuxo*, um disco giratório de metal dúctil é conformado sobre um padrão de madeira por meio de repetidas passagens da ferramenta lisa e arredondada.

Metais cujos pontos de fusão são demasiadamente altos para fundição e que são demasiadamente fortes para serem deformados podem ser transformados (por métodos químicos) em pó e então moldados sob essa forma. Porém, os processos não estão limitados a materiais "difíceis"; praticamente qualquer material pode ser conformado submetendo-o, como pó, à pressão e ao calor.

Cerâmicas, difíceis de fundir e impossíveis de deformar, são rotineiramente conformadas por métodos de pó. Na colagem de barbotina, uma pasta de pó a base de água é vertida em um molde de gesso. A parede porosa do molde absorve água, deixando uma casca semisseca de pasta sobre sua parede interna. O líquido restante é drenado e então a casca de pasta seca é queimada para

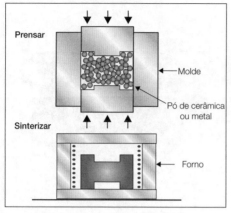
Prensagem em molde e sinterização

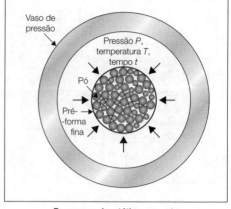
Prensagem isostática a quente

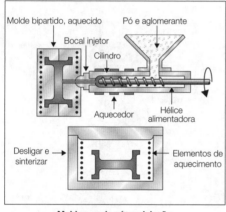
Moldagem de pó por injeção

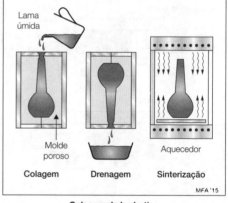
Colagem de barbotina

FIGURA 6.8. Processamento de pó. Na *prensagem em matriz* e *sinterização*, o pó é compactado em uma matriz e então o compacto a verde é queimado para dar um produto mais ou menos denso. Na *prensagem isostática a quente*, o pó em uma fina casca conformada ou pré-forma, é aquecido e comprimido por uma pressão externa de gás. Na *moldagem de pó por injeção*, pó e aglomerante são forçados a entrar em uma matriz para produzir um gabarito verde que então é queimado. Na colagem de barbotina, uma lama de pó com água é vertida dentro de um molde poroso de argamassa que absorve a água, deixando uma casca de pó que em seguida é queimada.

gerar um corpo de cerâmica. Na moldagem por injeção de pó (modo de fabricação de isoladores de velas de ignição), um pó de cerâmica com um aglomerante de polímero é moldado da maneira convencional, e então a peça moldada é calcinada, o que queima o aglomerante e sinteriza o pó.

Processamento de pó é mais amplamente usado para pequenas peças metálicas, como engrenagens e mancais de automóveis e utensílios. É econômico na utilização de material; permite a fabricação de peças de materiais que não podem ser fundidos, deformados ou usinados; e pode fornecer um produto que requer pouco ou nenhum acabamento. A pressão não é transmitida uniformemente por todo o leito de pó por causa do atrito da parede do molde. Uma

Os processos e seus efeitos sobre as propriedades 225

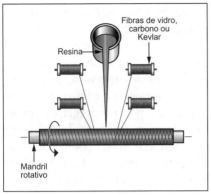

Enrolamento de filamento

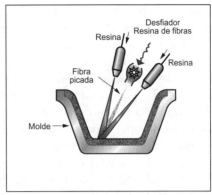

Assentamento manual e com spray

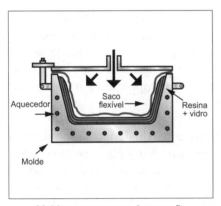

Moldagem por saco de pressão

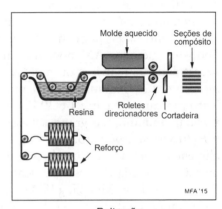

Pultrusão

FIGURA 6.9. Métodos de conformação de compósitos. No *enrolamento de filamento*, fibras de vidro, Kevlar ou carbono são enroladas ao redor de um mandril giratório e impregnadas com uma mistura de resina e endurecedor. No assentamento por *rolete* e *spray*, reforço de fibra é assentado em um molde sobre o qual a mistura de resina e endurecedor é assentada com rolete e borrifada com pistola de spray. Na moldagem por *saco de vácuo* e *saco de pressão*, lâminas de fibra impregnadas com resina são comprimidas e aquecidas para causar polimerização. Na *pultrusão*, fibras são banhadas em resina e entram em um molde aquecido para formar seções prismáticas contínuas.

consequência é que o comprimento de uma peça de pó prensado em molde não deve ultrapassar 2,5 vezes o seu diâmetro. Seções devem ser quase uniformes porque o pó não escoará facilmente ao redor de quinas. Além disso, a forma deve ser simples e fácil de ser extraída do molde.

Métodos de conformação de compósitos (Figura 6.9) produzem compósitos em matriz de polímero reforçados com fibras contínuas ou picadas. Grandes componentes são fabricados por enrolamento de filamento ou assentamento de mantas previamente impregnadas com fibras de carbono, vidro ou Kevlar (*prepreg*) até a espessura desejada, e então são prensadas e curadas. Partes do processo podem ser automatizadas, mas a rota de fabricação continua sendo

226 Seleção de Materiais no Projeto Mecânico

lenta; e, se o componente é crítico, podem ser necessários extensivos testes de ultrassom para confirmar sua integridade. Integridade mais alta é dada por moldagem por saco de vácuo ou saco de pressão, que espreme e elimina bolhas da matriz antes da polimerização. Métodos de assentamento são mais adequados a um pequeno número de componentes de alto desempenho, feitos sob encomenda. Componentes mais rotineiros (para-choques de carros, raquetes de tênis) são feitos de compósitos de fibras picadas por prensagem e aquecimento de uma "massa" de resina pré-misturada com as fibras de vidro ou carbono, conhecidos como compostos de moldagem em massa (Bulk Molding Compound – BMC) ou compostos de moldagem de chapa (Sheet Molding Compound – SMC), ou por moldagem por injeção de uma mistura bem mais fluida em uma matriz. O padrão de fluxo é crítico no alinhamento das fibras, portanto o projetista deve trabalhar em conjunto com o fabricante para explorar totalmente as propriedades do compósito.

Manufatura aditiva (Additive Manufacture – AM) (Figura 6.10) usa ferramentas controladas por computador para fabricar formas camada por camada. Todos os métodos AM podem criar formas de grande complexidade sem a necessidade de matrizes ou moldes. A precisão e a rugosidade superficial, no momento, são limitadas a ± 0,1 mm, na melhor das hipóteses, e o processo é lento (tipicamente entre 1 e 20 horas por peça).

• Há, no mínimo, seis grandes classes.

• *Extrusão de polímero*. A forma é construída a partir de um termoplástico alimentado em um único cabeçote de varredura que o aquece e extruda como uma fina camada de pasta de dente (modelagem por deposição de fundido – Fused Deposition Modeling [FDM]), lança essa pasta como minúsculas gotículas (manufatura de partículas balísticas – Ballistic Particle Manufacture [BPM]), ou a ejeta em um arranjo padronizado como uma impressora de jato de bolha (impressão 3D). O processo pode ser modificado para extrudar uma pasta cerâmica, que é então queimada para se obter uma peça cerâmica complexa.

• *Foto-polimerização*. Polimerização induzida por varredura a laser de um monômero fotossensível (estereolitografia – Stereo-Lithography [SLA]). Após cada varredura, a peça é reduzida por incrementos, o que permite a cobertura da superfície por uma nova camada de monômero.

• *Laminação de folhas* usa um feixe de laser para cortar polímeros possíveis de se unir ou folhas de papel para gerar uma única e fina camada. Cada camada é então unida à que está abaixo, a quente.

• *Sinterização seletiva a laser* (Selected Laser Sintering – SLS) permite a fabricação de componentes diretamente em termoplástico, metal ou cerâmica. Um laser varre um leito de partículas, sinterizando uma fina camada da superfície onde o feixe atinge. Uma nova camada de partículas é espalhada na superfície e a etapa de sinterização a laser é repetida, construindo um corpo tridimensional.

• *Deposição de spray*. Um fluxo de partículas de metal fundido é produzido, alimentando um fio de metal em uma tocha de plasma; o fluxo controlado por computador é direcionado para um substrato sobre o qual se solidifica e que é posteriormente removido.

Os processos e seus efeitos sobre as propriedades 227

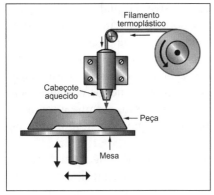

Modelagem por deposição

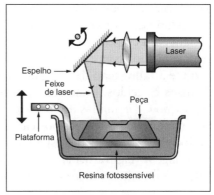

Estereolitografia (SLA)

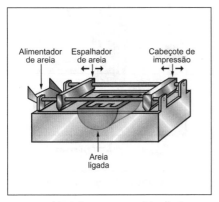

Modelagem em molde direto

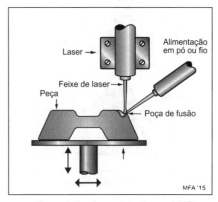

Deposição de metal a laser, LMD

FIGURA 6.10. Manufatura aditiva. Na *modelagem por deposição* e *fabricação de partícula balística* (Ballistic Particle Manufacture – BPM), um corpo sólido é criado pela deposição camada por camada de gotículas de polímero. Na *estereolitografia* (Stereo-Litography — SLA), uma forma sólida é criada camada por camada por polimerização de uma resina induzida por laser. Na *modelagem em molde direto*, um molde de areia é construído camada por camada por borrifo seletivo de um aglomerante feito por um cabeçote de impressão de varredura. Na *deposição de metal a* laser, pó metálico é alimentado na superfície das peças onde é sinterizado seletivamente por um feixe de laser.

- *Moldagem de areia ligada.* Oferece a capacidade de fazer grandes peças complexas de metal facilmente. Aqui, um cabeçote de impressão multijato espirra um aglomerante sobre um leito de areia de fundição solta, montando a forma do molde de um modo muito parecido com o da sinterização a laser, porém mais rapidamente. Quando concluído, o molde é retirado da areia solta remanescente e usado em um processo de fundição convencional.
- Manufatura aditiva é usada como uma ferramenta de visualização para o projeto de produto: a estética de um objeto só fica evidente quanto vista em um protótipo. Ele é usado para validar montagens complexas, garantindo que as peças se ajustem, possam ser montadas e sejam acessíveis. Eles são usados

para fazer padrões: o protótipo torna-se a peça mestra da qual os moldes para processamento convencional, como a fundição, podem ser feitos. Os arquitetos o usam para criar modelos de estruturas propostas para que os clientes possam avaliar melhor como será a aparência e o funcionamento. Na prática médica, permite a fabricação de implantes e próteses customizados para a substituição de ossos e tecidos. Pode ser ampliado para construir pequenos edifícios pela deposição em camadas de cimento ou concreto. Além disso, permite a manufatura remota de peças de reposição para equipamentos que exigem manutenção em locais inacessíveis (no espaço, por exemplo).

Usinagem (Figura 6.11). Quase todos os componentes de engenharia, sejam feitos de metal, polímero ou cerâmica, são submetidos a algum tipo de usina-

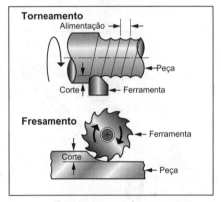

Torneamento e fresamento

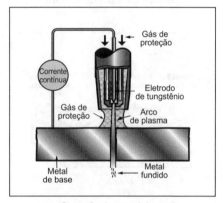

Corte à plasma (chama)

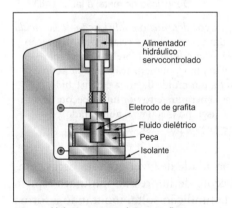

Usinagem por eletroerosão

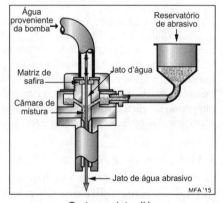

Corte por jato d'água

FIGURA 6.11. Operações de usinagem. No *torneamento* e *fresamento*, a ponta endurecida e afiada de uma ferramenta corta um cavaco da superfície da peça. No *corte à plasma*, um feixe de alta energia de um gás ionizado dissolve seletivamente uma fresta através de uma peça de trabalho condutora. Na *usinagem por eletroerosão*, uma descarga elétrica entre um eletrodo de grafite e a peça, submergida em um material dielétrico como a parafina, erode a peça até a forma desejada. No *corte por jato d'água*, um abrasivo transportado por um jato d'água em alta velocidade erode o material que está em seu caminho.

gem durante a fabricação. Para que isso seja possível, eles devem ser projetados para facilitar a aderência e manter alto grau de simetria: formas simétricas precisam de um número menor de operações. Os metais são muito diferentes em *usinabilidade*, uma medida da facilidade com a qual eles podem ser cortados cuidadosamente e sem excessivo desgaste de ferramenta. Usinabilidade é fácil de detectar, mas difícil de prever — latão ao chumbo, aço ao carbono AISI 1137 e aço inoxidável AISI 303, por exemplo, tem alta usinabilidade, mas aços inoxidáveis AISI 302 e 316, não.

A maioria dos polímeros é moldada diretamente em sua forma final. Quando necessário, os polímeros podem ser usinados, mas seus baixos módulos significam que eles sofrem deflexão elástica durante a operação de usinagem e sua baixa condutividade térmica pode fazer com que se fundam, causando aderência na ferramenta, o que limita a tolerância. Cerâmicas e vidros podem ser retificados e polidos até alta tolerância e acabamento (lembre-se dos espelhos de telescópios). Há muitas técnicas de usinagem "especiais" com aplicações particulares; elas incluem usinagem por eletroerosão (Electro-Discharge Machining – EDM), corte por ultrassom, fresagem química e corte por jatos de água, de areia e por feixes de elétrons e laser.

A conformação de chapas de metal envolve puncionamento, flexão e estiramento. Orifícios não podem ser puncionados com diâmetros menores do que a espessura da chapa, embora possam ser cortados com feixe de laser. O raio mínimo ao qual uma chapa pode ser fletida, sua *conformabilidade*, às vezes é expresso em múltiplos da espessura da chapa t: um valor de 1 é bom; um valor de 4 está na média. É melhor que os raios de flexão sejam os maiores possíveis, e nunca menores do que t. A conformabilidade também determina até que ponto a chapa pode ser estirada ou embutida sem sofrer estricção nem falhar. O *diagrama de limite de conformação* oferece informações mais precisas: mostra a combinação das principais deformações no plano da chapa que causarão falha (estiramento em duas direções causa falha antes que estiramento em uma única direção). A peça é projetada de modo que as deformações não ultrapassem esse limite.

A usinagem é frequentemente uma operação secundária aplicada a peças fundidas, moldadas ou a produtos feitos a partir de pós para elevar o acabamento e a tolerância. Melhor acabamento e maior tolerância significam custo mais alto; superespecificar qualquer um deles é um erro.

Processos de união

União (Figura 6.12). É possibilitada por várias técnicas. Quase qualquer material pode ser unido com adesivos, embora garantir uma ligação robusta e durável possa ser difícil. Parafusos, rebites, grampos e fechos de encaixe são comumente usados para unir polímeros e metais. Eles podem ser desmontados, se for necessário, o que é útil em reciclagem.

Soldagem é amplamente usada para ligar metais e polímeros; técnicas especializadas foram desenvolvidas para lidar com cada classe. Uma chama a gás ou

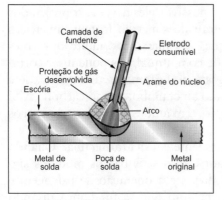
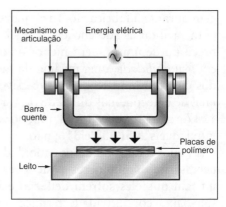

Soldagem manual a arco elétrico · Soldagem de polímero por refluxo

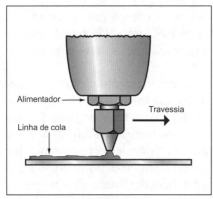
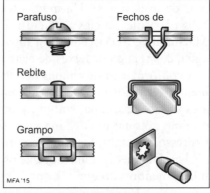

Adesivos · Fechos mecânicos

FIGURA 6.12. Operações de união. Na *soldagem por fusão de metal*, o metal é fundido e alimentado continuamente por uma haste de solda para dar uma ligação ou revestimento. Na *soldagem de polímero termoplástico*, aplica-se calor aos componentes de polímero, que são simultaneamente prensados um contra o outro para formar uma ligação. Na *ligação por adesivo*, uma película de adesivo é aplicada a uma superfície, que então é pressionada contra a outra superfície a ser unida. *Fixação* é conseguida por parafusos, rebites, grampos, fechos mecânicos de encaixe passante; fecho mecânico de lingueta ou de encaixe barra-chapa.

plasma, um arco elétrico ou um feixe de laser derretem o material localmente, permitindo ligação por fusão. A soldagem por fricção e a soldagem por fricção e mistura recorrem ao calor e à deformação gerados por atrito e deformação plástica para criar uma ligação entre metais diferentes. Solda de estanho e brasagem também podem juntar materiais diferentes; eles usam um material de baixo ponto de fusão para evitar a fusão dos metais a serem unidos. Cerâmicas podem ser ligadas por difusão a si mesmas, a vidros e a metais.

Se componentes tiverem de ser soldados, o material do qual são feitos deve ser caracterizado por alta *soldabilidade*. Como a *usinabilidade*, a soldabilidade mede uma combinação misteriosa de propriedades básicas. Baixa condutividade térmica permite soldagem com baixa entrada de calor, mas pode resultar em maior distorção no resfriamento. Baixa expansão térmica gera pequenas tensões térmicas com menos risco de distorção. Uma solução sólida é melhor do que uma liga endurecida por envelhecimento porque, na zona afetada termicamente, de qualquer lado da solda, pode ocorrer superenvelhecimento e amolecimento. A soldagem sempre deixa tensões internas que são aproximadamente iguais à resistência ao escoamento do material original. Estas podem ser relaxadas por tratamento térmico após a soldagem, mas isso é caro, de modo que é melhor minimizar seus efeitos com um bom projeto. Para conseguir isso, sempre que possível, as espessuras das peças que serão soldadas devem ser iguais e as soldas devem ser localizadas onde a tensão ou a deflexão são menos críticas.

Processos de acabamento

Acabamento. Envolve tratamentos aplicados à superfície do componente ou montagem. Alguns visam melhorar propriedades de superfície, já outros, melhorar a aparência.

Tratamentos de acabamento para melhorar propriedades de superfície (Figura 6.13). Retificação, polimento e lapidação aumentam a precisão e o alisamento, particularmente importantes para superfícies de mancais. Eletrogalvanização deposita uma fina camada de metal sobre a superfície de um componente para criar resistência à corrosão e abrasão. Anodização, fosfatação e cromação criam uma fina camada de óxido, fosfato ou cromato sobre a superfície, gerando resistência à corrosão. Revestimento metálico e pintura são ambos facilitados por uma peça de forma simples com superfícies em grande parte convexas: canais, fendas e ranhuras são difíceis de alcançar.

Tratamento térmico é uma parte necessária do processamento de muitos materiais. Ligas de alumínio, titânio e níquel endurecidas por envelhecimento obtêm sua resistência de um precipitado produzido por um tratamento térmico controlado: resfriamento rápido com água desde uma alta temperatura, seguido por envelhecimento a uma temperatura mais baixa. A dureza e a tenacidade de aços são controladas de modo semelhante: por resfriamento rápido com água (têmpera) desde a temperatura de "austenitização" (aproximadamente 800 °C) e revenido. O tratamento pode ser aplicado ao componente inteiro, como na cementação, ou apenas a uma camada da superfície, como no endurecimento por chama, endurecimento por indução e endurecimento de superfície por laser.

Têmpera — um resfriamento muito rápido — é um procedimento selvagem; a repentina contração térmica associada a ele pode produzir tensões grandes o suficiente para distorcer ou trincar o componente. As tensões são causadas por uma distribuição não uniforme da temperatura, e isso, por sua vez, está relacionado com a geometria do componente. Para evitar tensões prejudiciais, a espessura da seção deve ser a mais uniforme possível, e nenhuma parte tão grande que a taxa de resfriamento rápido caia abaixo do valor crítico exigido para um tratamento térmico bem-sucedido. Concentrações de tensão devem ser

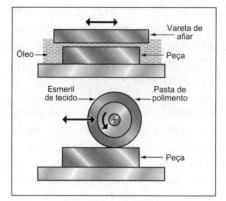
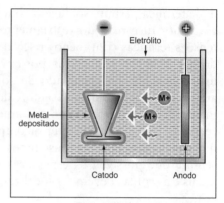

Polimento mecânico · Eletrogalvanização

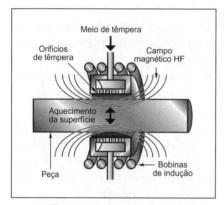
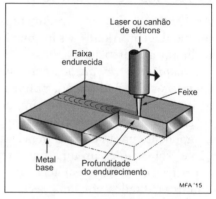

Endurecimento por indução · Endurecimento superficial a laser

FIGURA 6.13. Processos de acabamento para proteger e aprimorar propriedades. No *polimento mecânico*, a rugosidade de uma superfície é reduzida e sua precisão pode ser aumentada mediante a remoção de material com a utilização de abrasivos de grana fina. Na *eletrogalvanização*, o metal é eletrodepositado sobre uma peça condutora. No *endurecimento por indução*, uma camada de superfície da peça é aquecida e então temperada, para criar uma camada de superfície dura. No *endurecimento superficial a laser*, um caminho na superfície é derretido e então resfriado rapidamente por condução para gerar caminhos duros.

evitadas porque são uma fonte de trincas por resfriamento rápido. Materiais que foram moldados ou deformados podem conter tensões internas que podem ser removidas, ao menos parcialmente, por recozimento para alívio de tensão — outro tipo de tratamento térmico.

Tratamentos de acabamento que aprimoram a estética (Figura 6.14). Os processos que acabamos de descrever podem ser usados para aprimorar os atributos visuais e táteis de um material: eletrogalvanização e anodização são exemplos. Há muitos mais, dos quais a pintura é o mais amplamente usado. Tintas à base de solvente orgânico produzem coberturas duráveis com acabamento de alta qualidade, mas o solvente suscita problemas ambientais. Tintas à base de água

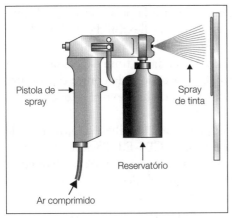
Pintura com pistola de spray

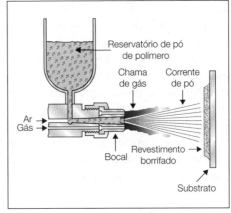
Spray de pó de polímero

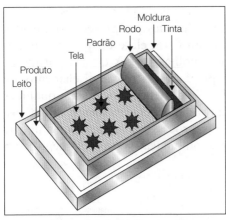
Impressão a tela (silk screen)

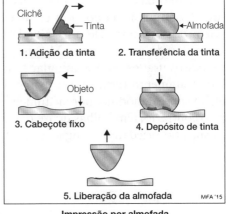
Impressão por almofada

FIGURA 6.14. Processos de acabamento para aprimorar a aparência. Na *pintura por pistola de spray*, um pigmento em um solvente orgânico ou a base de água é borrifado sobre a superfície a ser decorada. No *revestimento por pó de polímero*, uma camada de termoplástico é depositada sobre a superfície por borrifo direto em uma chama de gás, ou por imersão da peça quente em um leito de pó. Na *impressão a tela (silk-screen)*, espalha-se a tinta sobre a superfície através de uma tela sobre a qual um padrão de bloqueio foi depositado, permitindo que a tinta passe apenas em áreas selecionadas. Na *impressão por almofada*, um gabarito em tinta é passado para uma almofada de borracha e aplicado à superfície da peça, que pode ser curva ou irregular.

superam esses problemas, mas demoram mais para secar e a película de tinta resultante é menos perfeita. No revestimento por pó de polímero e por spray de pó de polímero uma película de termoplástico — náilon, polipropileno ou polietileno — é depositada sobre a superfície, gerando uma camada protetora que pode ser colorida com cores vivas. Na impressão a tela, serigrafia, uma tinta à base de óleo é espalhada e comprimida por um rodo contra uma tela sobre a qual foi colocada uma máscara que impede que a tinta atinja áreas onde não é desejada; a impressão total em cores requer a utilização sucessiva de até quatro telas. Cada vez mais, a serigrafia é substituída pela impressão de jato de tinta (*wide-bed bubble-jet printing*) devido à sua flexibilidade. Superfícies curvas exigem a utilização de impressão por almofada, na qual um padrão, gravado em um "clichê" de metal, recebe uma camada de tinta e é passado para uma almofada de borracha macia. A almofada é pressionada contra o produto, transferindo o padrão para a sua superfície; a borracha flexível se acomoda à curvatura da superfície.

Isso é o suficiente sobre processos em si; para mais detalhes, o leitor terá de consultar as leituras adicionais na Seção 6.6 ou o CES EduPack, que contêm diagramas e atributos para 245 processos de conformação, união e acabamento. Agora veremos o que o processamento faz às propriedades.

6.4 Trajetórias processo–propriedade

A extensão das bolhas de materiais nos diagramas de propriedades do Capítulo 3, dá uma ideia do grau em que as propriedades podem ser manipuladas por processamento. Dê uma olhada na Figura 6.15, ela é uma cópia do diagrama módulo-resistência. Metais possuem bolhas longas e finas porque os processos usados para manipular suas propriedades — adição de elementos de liga, tratamento térmico e trabalho a frio — não têm praticamente qualquer efeito sobre o módulo, porém aumentam a resistência enormemente. Polímeros, pelo contrário, têm bolhas quase redondas: os processos usados para manipular as suas propriedades — ligações cruzadas, combinação e preenchimento com

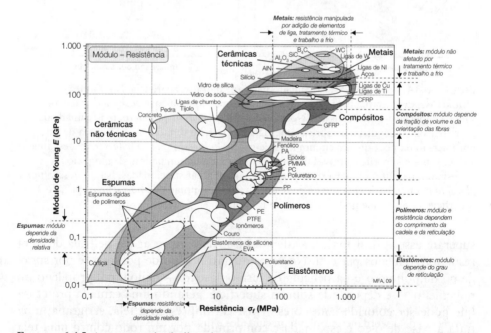

FIGURA 6.15. A extensão das bolhas de materiais nos diagramas de propriedades oferece uma ideia do grau em que as propriedades podem ser manipuladas por processamento (ver caderno colorido).

partículas — modificam tanto o módulo quanto a resistência. As formas bastante diferentes das bolhas para compósitos e para espumas refletem o modo como as propriedades dos primeiros dependem da quantidade de fibras e de sua orientação, e as das segundas, da extensão da formação de espuma, medida pela porosidade ou densidade relativa. A resistência, em particular, das cerâmicas depende da porosidade, outro aspecto da microestrutura que é influenciado diretamente por processamento.

O efeito do processamento sobre as propriedades é bem ilustrado pela plotagem de *trajetórias de processo* dentro de diagramas de propriedades de materiais, os quais mostram como propriedades evoluem com elementos de liga, mistura, tratamento térmico, encruamento, ou grau de formação de espuma. Nessa seção, exploramos dez destes diagramas de trajetória de processo.

Resistência e ductilidade de ligas. Se você quer manipular as propriedades mecânicas de metais, existem três maneiras básicas para fazer isso: endurecimento por solução sólida, endurecimento por precipitação e endurecimento por trabalho a frio (encruamento) (Figura 6.16).

De todas as propriedades que os cientistas e engenheiros de materiais procuraram manipular, a resistência de metais e ligas é provavelmente a mais explorada. A Figura 6.17 ilustra os grandes ganhos em resistência de ligas de cobre que esses mecanismos permitem. Endurecimento por solução sólida (bolhas na parte superior) eleva a resistência do cobre de 50 MPa para 200 MPa. Endurecimento por encruamento (as bolhas em descendente) empurra-a ainda mais para 400 MPa, mas com uma penalidade: há perda de ductilidade, medida pelo alongamento ε_f, pequena para endurecimento por solução sólida, grande para o endurecimento por encruamento. Cada processo criou uma trajetória de propriedades distinta.

Alongamento não é a única propriedade que se deteriora quando o aumento da resistência é o objetivo. A Figura 6.18 mostra a relação entre a condutividade térmica e a resistência (o comportamento da condutividade elétrica é similar). Aqui, uma trajetória extra foi adicionada para mostrar o efeito combinado da adição de elementos de liga para criar uma liga endurecida por precipitação com o endurecimento por encruamento. Endurecimento por solução sólida reduz a condutividade em grande medida porque os átomos de soluto espa-

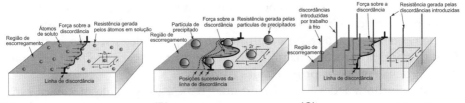

FIGURA 6.16. Mecanismos de aumento de resistência em metais. Deformação envolve movimento de discordâncias. Soluto, precipitados e discordâncias introduzidas por trabalho a frio (*"forest" dislocations*) obstruem o movimento, o que aumenta a resistência, mas influencia outras propriedades também. (A) Endurecimento por solução sólida; (B) endurecimento por precipitação; e (C) endurecimento por trabalho à frio.

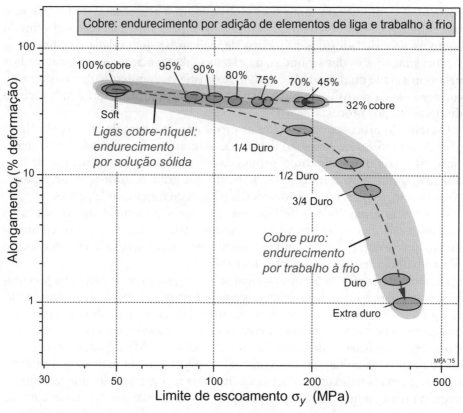

FIGURA 6.17. O efeito de endurecimento por elementos de liga e trabalho à frio na resistência e alongamento do cobre (ver caderno colorido).

lham elétrons e fônons eficientemente. Endurecimento por encruamento, por outro lado, reduz a condutividade apenas ligeiramente; este é o motivo pelo qual trocadores de calor usam cobre ou alumínio quase puros. Endurecimento por precipitação gera a melhor relação entre resistência bastante alta e boa condutividade.

Resistência, ductilidade e condutividade térmica e elétrica são *propriedades sensíveis à estrutura* — elas dependem da composição e da microestrutura, e essas, por sua vez, são controladas por processamento. Dureza, resistência à fadiga e a tenacidade à fratura também são propriedades sensíveis à estrutura. Grande parte do processamento é finamente ajustada para produzir combinações particulares dessas propriedades.

As duas propriedades mais importantes para a integridade mecânica são a resistência e a tenacidade à fratura. A Figura 6.19 mostra a trajetória dessas duas propriedades com adição de elementos de liga e tratamentos térmicos para a classe mais importante de ligas leves: aquelas a base de alumínio. Ligas endurecíveis por envelhecimento (mais à diagonal superior direita) contam com endurecimento por precipitação; elas têm as combinações mais atrativas de tenacidade e resistência. As ligas não endurecíveis por envelhecimento (bolhas medianas) contam com endurecimento por trabalho à frio ou endurecimento

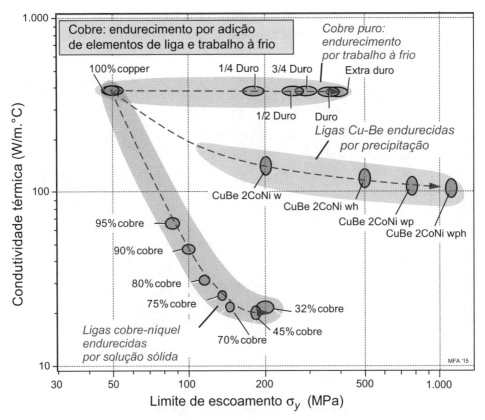

FIGURA 6.18. O efeito de endurecimento por solução sólida, por precipitação e por trabalho à frio, sobre a resistência e a condutividade térmica do cobre. O símbolo "w" significa solubilizado por tratamento térmico; "wh" significa solubilizado por tratamento térmico e endurecido por trabalho a frio; e "whp" significa solubilizado por tratamento térmico, endurecido por trabalho à frio e envelhecido para permitir precipitação (ver caderno colorido).

por solução sólida. Elas são levemente menos tenazes do que as endurecidas por envelhecimento. A perda de tenacidade, quando a resistência é aumentada, é mais extrema para as ligas fundidas (bolhas na metade inferior da figura).

Tratamentos térmicos dos aços. Essa relação inversa tenacidade-resistência é crucial para a seleção de aços para aplicações mecânicas. A Figura 6.20 mostra a trajetória das propriedades conforme a quantidade de carbono é aumentada desde aproximadamente zero (ferro puro) até 0,5% (aço alto carbono), e então até 2% ou mais (ferros fundidos).

As propriedades de aços podem ser controladas com um grau considerável por tratamentos térmicos. Quando um aço baixo, médio ou alto carbono é levado à região austenítica do diagrama de fases (Figura 6.21), o carbono dissolve. Se o aço é então resfriado rapidamente até a temperatura ambiente, o carbono é retido em solução sólida em uma estrutura distorcida, martensita, estrutura que é muito dura, porém muito frágil. As estruturas e as propriedades podem ser ajustadas precisamente, em seguida, por revenimento em temperatura e tempos controlados.

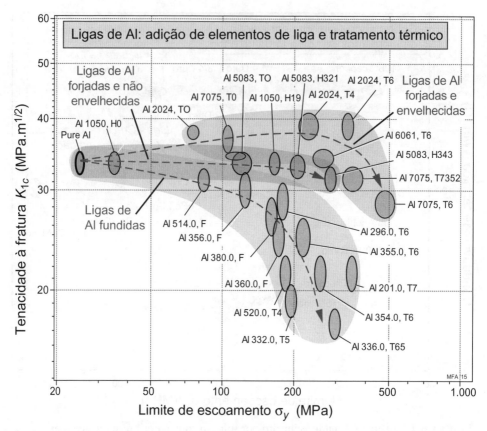

FIGURA 6.19. As trajetórias de tenacidade e resistência para classes de ligas de alumínio. Todos os três mecanismos da Figura 6.16 são envolvidos (ver caderno colorido).

A Figura 6.22 mostra a trajetória de propriedade resultante, nesse caso para um aço médio carbono. O aço é austenitizado (aquecido até o campo da austenita cúbica de face centrada) para dissolver todo o carbono que contém, e então temperado em água ou óleo, o que causa a transformação em martensita, dura e frágil. Martensita possui alta dureza, mas também é frágil — significando que a sua tenacidade à fratura K_{1c} é tão baixa que ela é quase inutilizável como material estrutural. Revenimento reduz a dureza e o limite de escoamento, mas restaura a tenacidade a um grau que depende da temperatura e tempo de revenimento. O conjunto de propriedades desejado é obtido controlando esses parâmetros.

Talvez o exemplo mais notável do efeito do processamento sobre as propriedades é aquele dos aços inoxidáveis. A Figura 6.23 mostra as trajetórias tenacidade-resistência para três dentre os mais importantes: o aço inoxidável austenítico, o endurecido por precipitação e o martensítico. As ligas mostradas aqui combinam todos os três mecanismos da Figura 6.16 para atingir uma combinação incomum de tenacidade e resistência.

Processamento de polímeros. As ligações que unem os átomos ao longo de uma cadeia polimérica são fortes, mas as ligações de Van der Waals e pontes de

Os processos e seus efeitos sobre as propriedades 239

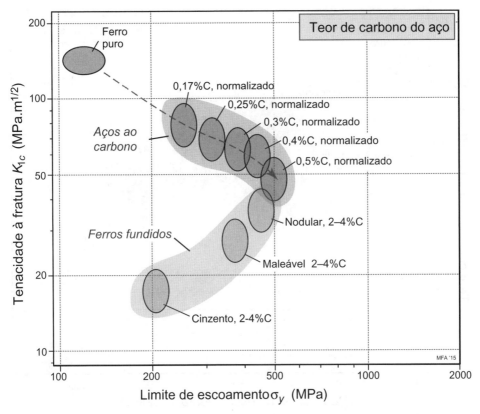

FIGURA 6.20. As trajetórias tenacidade-resistência para ligas ferro carbono conforme o teor de carbono é aumentado (ver caderno colorido).

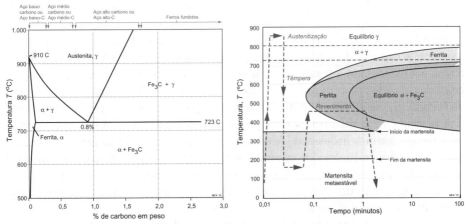

FIGURA 6.21. (Esquerda) O diagrama de fases ferro-carbono mostrando as faixas de composição de aços ao carbono e ferros fundidos. (Direita) Uma curva esquemática Tempo-Temperatura-Transformação para um aço médio carbono, mostrando a rota de processamento (ver caderno colorido).

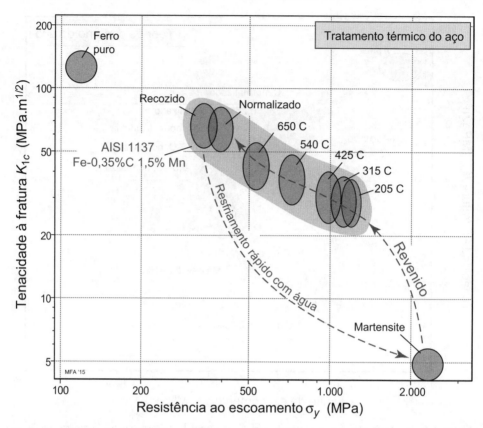

FIGURA 6.22. A trajetória tenacidade–resistência para o revenimento de um aço médio carbono (ver caderno colorido).

hidrogênio entre as cadeias são fracas (Figura 6.24). O baixo módulo de elasticidade é um reflexo da baixa rigidez das ligações entre cadeias. A resistência de um polímero também é um reflexo da natureza das ligações. Polímeros se deformam pelo escorregamento relativo entre as cadeias poliméricas. Se isso envolve somente a ruptura de ligações fracas, a resistência é baixa. O módulo, a resistência e a tenacidade à fratura dependem do grau de cristalinidade e das ligações cruzadas, e todos podem ser manipulados por mistura de polímeros (blindagem — *blending*), por *trefilação* e por *reforço* com particulado, fibra ou enchimento.

A blenda é uma mistura de dois polímeros, combinados em um tipo de misturador de comida industrial. A resistência e o módulo resultantes são exatamente a média daqueles dos componentes, ponderada pela fração volumétrica (a regra das misturas). Se um desses é um hidrocarboneto de baixo peso molecular, ele age como um plastificante, reduzindo o módulo e dando à blenda uma flexibilidade igual à da pele.

Estiramento é o uso deliberado do efeito de alinhamento molecular devido ao alongamento para aumentar bastante a rigidez e a resistência na direção do alongamento. A linha de pescar é o náilon estirado, o filme Mylar (papel filme ou filme plástico) é um poliéster com moléculas alinhadas paralelas ao filme, e geotêxteis, usado para restringir taludes, são feitos de polietileno estirado. Ligações cruzadas

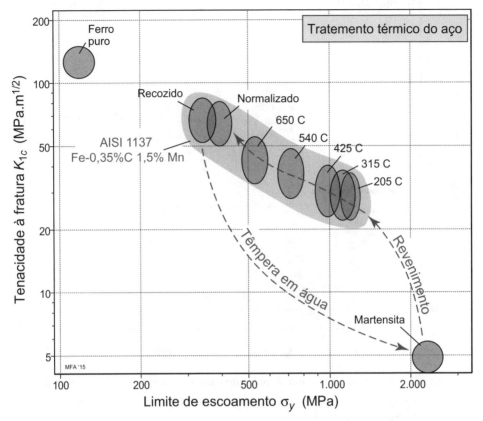

FIGURA 6.23. Aços inoxidáveis. O grau de adição de elementos de liga, tratamento térmico e endurecimento por trabalho à frio aumenta da esquerda para a direita (ver caderno colorido).

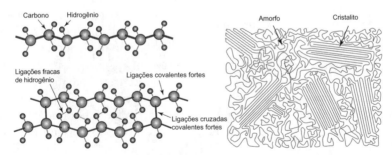

FIGURA 6.24. Estruturas poliméricas.

criam fortes ligações entre moléculas que estavam previamente unidas pelas forças fracas de Van der Waals. Borracha vulcanizada é a borracha que foi submetida a ligações cruzadas, e a resistência superior dos epóxis deriva das ligações cruzadas.

Reforço é possível com partículas de enchimentos baratos — silica (areia), carbonato de cálcio (cal), talco ou serragem. Muito mais efetivo é o reforço com fibras — geralmente vidro ou carbono —, sejam contínuas ou descontínuas. As Figuras 6.25 e 6.26 mostram como estes influenciam o módulo E, a resistência

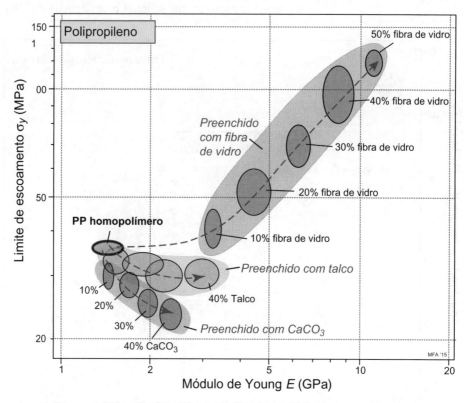

FIGURA 6.25. Resistência e modulo de polipropileno reforçado (ver caderno colorido).

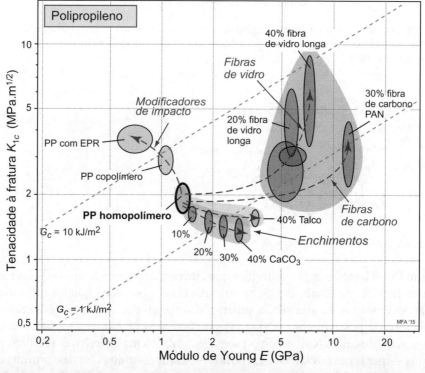

FIGURA 6.26. O efeito de reforços, modificadores de impacto e fibras sobre a resistência e a tenacidade do polipropileno (ver caderno colorido).

σ_y e a tenacidade à fratura K_{1c} do polipropileno, PP. Mistura, blendagem ou copolimerização com elastômeros modificadores de impacto, tal como borracha de etileno-propileno (EPR) ou borracha de etileno-propileno-dieno (EDPM), reduz o módulo, mas aumenta a tenacidade à fratura K_{1c} e a tenacidade G_c. Reforço com pós de vidro baratos, talcos ou carbonato de cálcio mais do que dobra o módulo, mas com o custo de alguma perda de tenacidade. Plastificar (blendagem com polímeros de baixo peso molecular) diminui o módulo ainda mais dramaticamente. Entre eles, esses processos podem mudar o módulo dos polímeros por um fator de 100, a tenacidade por um fator de 10.

Consolidação das cerâmicas. A maioria das cerâmicas é feita por queima ou sinterização de um pó. O pó é compactado para uma densidade à verde inicial de aproximadamente 0,7 (ou 30% de porosidade). Ele é então aquecido, às vezes sob pressão, até a temperatura de sinterização onde é mantido por um tempo fixo, e então é liberado para o resfriamento. Durante a sinterização, a difusão permite o crescimento de pescoços entre as partículas de pós, a porosidade residual se esferoidiza e reduz até, se a sinterização é feita à vácuo, desaparecer e a densidade completa ser atingida (Figura 6.27).

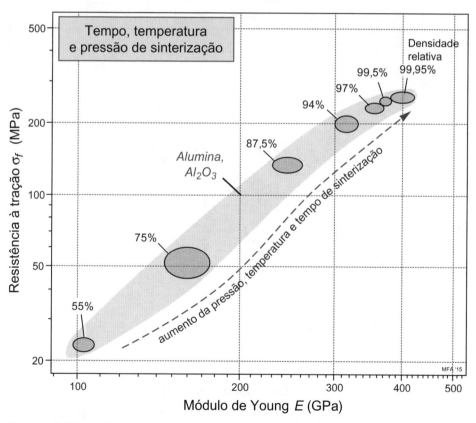

FIGURA 6.27. O efeito do tempo e temperatura de sinterização sobre a porosidade e as propriedades.

A porosidade residual afeta quase todas as propriedades de uma cerâmica. A Figura 6.28 ilustra como o módulo e a resistência da alumina aumenta conforme a porosidade é reduzida. Porosidade baixa claramente é desejável, mas há uma penalidade: os períodos de sinterização são longos e as temperaturas são altas (da ordem de 1000 ºC), o que significa custo.

Efeito de formação de espuma sobre as propriedades. Polímeros, metais, cerâmicas e vidros podem todos ser feitos como espumas, reduzindo suas densidades para valores tão baixos quanto 1% daquela do sólido do qual eles são feitos. Você poderia esperar que o módulo, a resistência, a condutividade térmica e a elétrica diminuiriam proporcionalmente à queda de densidade, mas esse não é o caso — a dependência, normalmente, é mais forte. A Figura 6.28 é um exemplo: o módulo diminui proporcionalmente ao quadrado da densidade. Círculos com contornos em negrito apontam o módulo e a densidade de um polímero sólido (polietileno), de um metal sólido (alumínio) e de uma cerâmica sólida (zirconia). As setas vermelhas mostram a trajetória que cada um segue quando são feitos com porosidade (*foamed*). Nós retornaremos às espumas no Capítulo 12, onde a origem desse comportamento é analisada.

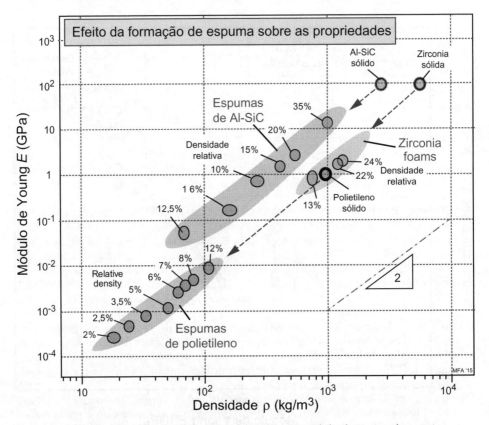

FIGURA 6.28. O efeito de formação de espuma sobre o módulo de Young de metais, polímeros e cerâmicas (ver caderno colorido).

Os processos e seus efeitos sobre as propriedades   245

6.5 Resumo e conclusões

Uma ampla gama de processos de conformação, união e acabamento está disponível para o engenheiro de projeto. Cada um deles tem certas características que, tomadas em conjunto, os adequam ao processamento de certos materiais em certas formas, mas não ao processamento de outros. Processos são as ferramentas culinárias necessárias para preparar materiais com os sabores que você quer. Os parâmetros de processo são aqueles familiares na cozinha: composição, deformação, temperatura e tempo. Aplicar um processo e passar pela faixa de parâmetros de processo permitidos faz com que as propriedades sigam caminhos particulares — nós os chamaremos de trajetórias de processo. Dez dessas trajetórias são mostradas. Trajetórias ganho-ganho mostram propriedades evoluindo em modos de suporte mútuo, mas isso é raro. Quase sempre o ganho em uma propriedade é associado com a perda em outra, e um compromisso deve ser buscado. Essas trajetórias de compromisso são as mais interessantes, apontando para a combinação ótima de parâmetros de processos para criar um conjunto de propriedades desejado. Os exercícios que se seguem incluem exemplos dessa otimização.

6.6 Leitura adicional

Processamento é um assunto complexo. Textos sobre o assunto tendem a parecer, em um extremo, catálogos de redes de lojas de escolhas alternativas, e no outro, manuais de instrução para manutenção de carro. Alguns dos listados a seguir são um pouco como este (e são, no mínimo, úteis), outros tomam uma posição mais ampla, integrando a ciência básica com a ciência aplicada.

Ashby, M.; Shercliff, H.; Cebon, D. (2014) Materials: Engineering, Science, Processing and Design. 2ª ed. Oxford: Butterworth-Heinemann. UKISBN-13 978-0-08-097773-7. North American Edition: ISBN-13 978-1-85617-743-6. (*Um texto introdutório que apresenta ideias desenvolvidas de maneira mais completa neste livro.*)

ASM Handbook Series (1971-2015) Volume 4, Heat Treatment, Volume 5, Surface Engineering, Volume 6, Welding, Brazing and Soldering, Volume 7, Powder Metal Technologies, Volume 14, Forming and Forging, Volume 15, Casting e Volume 16, Machining. Ohio: ASM International, Metals Park. (*Um conjunto abrangente de manuais de processamento, atualizado ocasionalmente e agora disponível online em www.asminternational.org/hbk/index.jsp*)

Bralla, J.G. (1998) Design for Manufacturability Handbook. 2ª ed. New York: McGraw-Hill. NYISBN 0-07-007139-X. (*Leitura volumosa, mas uma rica mina de informações sobre processos de fabricação.*)

Budinski, K.G.; Budinski, M.K. (2010) Engineering Materials, Properties and Selection. 9ª ed. New Jersey: Prentice Hall. ISBN 978-0-13-712842-6. (*Um texto muito respeitado sobre o processamento e a utilização de materiais de engenharia.*)

Campbell, J. (1991) Casting. Oxford: Butterworth Heinemann. (*A ciência e a tecnologia fundamentais de processos de fundição.*).

Dieter, G.E. (1991) Engineering Design, a Materials and Processing Approach. 2ª ed. New York: McGraw-Hill. ISBN 0-07-100829-2. (*Um texto bem equilibrado e muito respeitado que foca o lugar dos materiais e do processamento no projeto técnico.*)

Dieter, G.E.; Schmidt, L.C. (2009) Engineering Design. 4ª ed. New York: McGraw Hill. ISBN 978-0-07-283703-2. (*O professor Dieter é pioneiro na apresentação do projeto a partir da perspectiva dos materiais. O livro contém um capítulo notável sobre conceituação.*)

246   Seleção de Materiais no Projeto Mecânico

Esawi, A.; Ashby, M.F. (1998) Computer-based selection of manufacturing processes: methods, software and case studies. Proc. Inst. Mech. Eng. 212, 595-610. *(Um artigo que descreve o desenvolvimento e a utilização do banco de dados CES para seleção de processos.)*

Grainger, S.; Blunt, J. (1998) Engineering Coatings, Design and Application. Cambridge: Abington Publishing. *(Um manual de processos de tratamento de superfície para melhorar a sua durabilidade – que em geral significa dureza da superfície.).*

Granta Design (2015) "The CES Edu system" and other teaching resources. Disponível em <Grantadesign.com/education/ > .

Houldcroft, P.T. (1990) Which Process?. Cambridge: Abington Publishing. *(O título desse livro útil é enganador – trata apenas de um subconjunto de processos de união: a soldagem de aços. Mas nesse assunto ele é bom, combinando o processo com os requisitos de projeto.).*

Kalpakjian, S.; Schmidt, S.R. (2008) Manufacturing Processes for Engineering Materials. 5ª ed. New Jersey: Prentice Hall. ISBN 978-0-13-227271-1. *(Um texto abrangente e amplamente usado sobre processamento de materiais.)*

Kalpakjian, S.; Schmidt, S.R. (2013) Manufacturing Engineering and Technology. 7ª ed. New Jersey: Prentice Hall. ISBN-13: 9780133128741. *(Um texto abrangente e amplamente usado sobre processamento de materiais.)*

Lascoe, O.D., 1988. Handbook of Fabrication Processes. ASM International, Metals Park, Ohio, ISBN 0-87170-302-5. *(Uma fonte referência para processos de fabricação.).*

Shackelford, J.F. (2014) Introduction to Materials Science for Engineers. 8ª ed. New Jersey: Prentice Hall. ISBN 978-0133789713. *(Um texto bem estabelecido sobre materiais com um viés de projeto.)*

Swift, K.G.; Booker, J.D. (2003) Process Selection, From Design to Manufacture. 2ª ed. Londres: Arnold. ISBN 9780750654371. *(Detalhes de 48 processos em formato padrão, estruturados para guiar a seleção de processos.)*

Tempelman, E.; Shercliff, H.; van Eyben, B.N. (2014) Manufacturing and Design. Oxford: Butterworth Heinemann. *(Um texto que explora os princípios de fabricação, relacionando função, qualidade e custo.).*

Thompson, R. (2015) Manufacturing Processes for Design Professionals. Thames and Hudson. ISBN-13: 978-0500513750. *(Livro com uma abordagem estruturada a métodos de processos; ótimo pela qualidade e diversidade de suas ilustrações.).*

Wise, R.J. (1999) Thermal Welding of Polymers. Cambridge: Abington Publishing. UK, ISBN 1-85573-495-8. *(Uma introdução à solda térmica de termoplásticos.).*

6.7 Exercícios

E6.1. *Explorando processos.* Este capítulo introduziu as famílias de processos com esquemas de alguns deles. Boas imagens de muitos processos podem ser encontradas na internet. Use a internet para encontrar imagens dos seguintes:
   a. Sopro de filme plástico (*Plastic film blowing*)
   b. Enrolamento de fios (*Filament winding*)
   c. Manufatura aditiva (*Additive manufacture*)
   d. Repuxo de metal (*Metal spinning*)
   e. Solda ponto (*Spot welding*)
   f. Extrusão de polímero (*Polymer extrusion*)

E6.2. *Fazendo trajetórias de propriedades (1).* A tabela lista propriedades de ligas cobre-níquel desde cobre puro até níquel puro. Faça um gráfico da trajetória da condutividade termal em função da quantidade de cobre. Como você explica a forma da trajetória?

Os processos e seus efeitos sobre as propriedades   247

Liga cobre-níquel	Limite de escoamento (MPa)	Tenacidade à fratura (MPa·m$^{1/2}$)	Condutividade térmica (W/m·K)
100% cobre	49,7	102	381
95% cobre	85,9	85,8	22,8
90% cobre	99,3	76,8	20,2
80% cobre	115	67,5	22,4
75% cobre	132	67,9	25,4
70% cobre	145	70,4	31,4
45% cobre	187	72,9	47,3
32% cobre	199	79,4	66,1
0% cobre			88,7

E6.3.   *Fazendo trajetórias de propriedades (2).* A tabela no Exercício E6.2 lista propriedades de ligas cobre–níquel desde cobre puro até níquel puro. Faça o gráfico da trajetória da tenacidade à fratura em função do limite de escoamento.

E6.4.   *Usando trajetórias de propriedades.* Uma liga de alumínio é solicitada para uma aplicação exigente. Por razões de segurança, o projetista especificou uma tenacidade à fratura mínima de 30 MPa·m$^{1/2}$ e a resistência mais alta possível. Use a trajetória de propriedades da Figura 6.19 para selecionar uma liga e um tratamento térmico que cumpre os requisitos. Use a internet para descobrir mais a respeito da liga e do tratamento térmico que você selecionou.

E6.5.   *Escolhendo condições de processamento ótimas.* Uma medida aproximada da capacidade de absorver energia de um metal é o produto $\sigma_y \varepsilon_f$ do seu limite de escoamento σ_y e seu alongamento até a fratura ε_f. Essas duas propriedades para cobre e ligas cobre–níquel são os eixos da Figura 6.17. Desenhe linhas de $\sigma_y \varepsilon_f$ em uma cópia dessa figura e as use para identificar o processamento ótimo para maximizar a capacidade de absorção de energia.

E6.6.   O software CES EduPack '16 contém conjuntos de registros para fazer gráficos propriedade-processo como mostrado na Seção 6.4. Se essa ferramenta estiver disponível, use esses conjuntos de registros para fazer gráficos de trajetórias de propriedade-processos para:

   a.   Condutividade térmica *versus* resistividade elétrica para cobre endurecido por solução sólida em função da concentração de soluto.

   b.   Dureza Vickers *versus* alongamento para aço médio carbono em função da temperatura de revenimento.

   c.   Trocadores de calor requerem materiais com alta condutividade termal e – se pressurizados – alta resistência. Explore a trajetória propriedade-processo para a condutividade térmica *versus* resistência ao escoamento para ligas de alumínio para encontrar a melhor combinação para trocadores de calor.

   d.   Reforços mudam as propriedades térmicas de polímeros? Explore as trajetórias propriedade-processo para a condutividade térmica e o coeficiente de expansão para polipropileno reforçado para descobrir.

Capítulo 7
Seleção de processos e custo

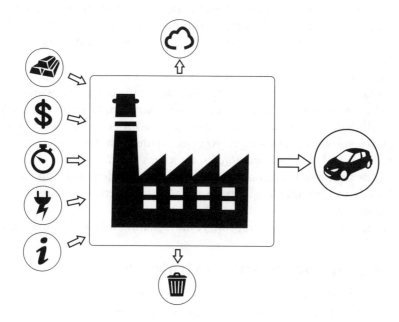

Resumo

A seleção de processo se assemelha ao processo utilizado para selecionar materiais, buscando primeiro o subconjunto que possa trabalhar o material e produzir a forma requerida para o projeto. Quando existem alternativas viáveis, critérios de custo e qualidade permitem a classificação. A escolha final é baseada na *documentação*: diretrizes e estudos de casos como exemplos de rotas de processamento usadas para produtos relacionados. Este capítulo explica e ilustra o método, e desenvolve o modelo de custo que permite a classificação.

Palavras-chave: Estratégias de seleção; matrizes seleção de processos; limitações de processos; fluxo em fundição; pressão de forjamento; tolerância; rugosidade; adesivos; soldagem; brasagem; zona afetada termicamente; modelagem de custo.

250   Seleção de Materiais no Projeto Mecânico

7.1 Introdução e sinopse

O Capítulo 6 explorou os processos e as interações propriedade-processo. Agora é a hora de explorar a *seleção de processos* — encontrar a melhor combinação entre atributos de processo e requisitos de projeto. As propriedades do material limitam a escolha do processo. Materiais dúcteis podem ser forjados, laminados e trefilados; aqueles que são frágeis podem ter de ser conformados usando métodos de pó. Materiais que derretem em temperaturas moderadas e geram líquidos de baixa viscosidade podem ser fundidos; aqueles que não tem de ser processados por outras rotas. A forma também influencia as escolhas de processos. Formas delgadas podem ser feitas facilmente por laminação ou trefilação; fundir formas delgadas é mais difícil. Formas vazadas podem ser feitas por fundição ou moldagem, mas não por forjamento ou estampagem.

Assim como outros aspectos do projeto, a seleção de processos é um procedimento interativo. A primeira interação gera uma ou mais rotas possíveis de processos. O projeto deve, então, ser repensado para adaptá-lo, tanto quanto possível, à facilidade de manufatura pela mais promissora dessas rotas. Quando alternativas são viáveis, critérios de custo e qualidade permitem ranqueá-las. A escolha final é baseada em *documentação*: diretrizes, estudos de casos e exemplos de rotas de processo usadas para produtos relacionados. A documentação auxilia de outra forma: aquela que trata da associação entre processo e propriedades de material.

O capítulo termina, como sempre, com resumo, leitura adicional e exercícios.

7.2 Seleção de processo: a estratégia

A estratégia para selecionar processos segue a mesma linha daquela utilizada para seleção de materiais. A Figura 7.1 apresenta a agora conhecida lista de etapas: *tradução*, *triagem*, *classificação* e *documentação*.

Tradução. Quando o projeto é orientado por desempenho, a *função* de um componente dita a escolha inicial de material e forma, e estes restringem a escolha de processos. Quando, ao invés disso, o projeto é orientado ao custo, processos são escolhidos pela sua economia e velocidade de produção, e o material é escolhido para ser compatível com o processo. É útil pensar em dois tipos de restrição: *técnica* — o processo pode fazer o serviço? — e de *qualidade* — o processo pode fazer o serviço suficientemente bem? Uma restrição técnica está sempre presente: a compatibilidade entre material e processo. Restrições de qualidade incluem conseguir a precisão, o acabamento superficial e propriedades (lembre que o processamento muda as propriedades), e ao mesmo tempo evitar defeitos. O *objetivo* usual do processamento é minimizar o custo. As *variáveis livres* são, em grande parte, limitadas à escolha do processo em si e de seus parâmetros de operação (como deformações, temperaturas e tempo). A Tabela 7.1 resume o resultado do estágio de tradução.

FIGURA 7.1. Um diagrama de fluxo do procedimento para seleção de processo.

TABELA 7.1. Tradução dos requisitos de processo

Função	• O que o processo deve fazer (Forma? União? Acabamento?)
Restrições	• Quais limites técnicos deve cumprir? (Compatibilidade entre material e forma) • Quais limites de qualidade deve obedecer? (Precisão, evitar defeitos...)
Objetivos	• O que deve ser maximizado ou minimizado? (Custo? Qualidade?)
Variáveis livres	• Escolha de processo e de condições de operação do processo

Exemplo: Conformando uma biela de aço

A biela mostrada na Figura 7.2 deve ser feita de um aço médio carbono. A seção mínima é em torno de 8 mm, e uma estimativa do volume nos dá uma massa de cerca de 0,35 kg. Precisão dimensional é importante para garantir folgas em ambas extremidades. A biela suporta cargas cíclicas com o consequente risco de falha por fadiga. Um lote modesto de 10.000 unidades é requerido. Controle de propriedades e de defeitos é dominado pela necessidade de evitar iniciação de trinca por fadiga. Veja o resumo na Tabela 7.2.

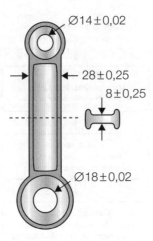

FIGURA 7.2. Uma biela.

TABELA 7.2. **Tradução para conformação de uma biela de aço**

Função	• Biela
Objetivos	• Minimizar Custo
Restrições	• Material: aço médio teor de carbono • Forma: sólido 3D • Massa estimada: 0,3-0,4 kg } Restrições técnicas • Seção mínima: 8 mm • Tolerância: <0,25 mm (superfície) • Tolerância: <0,02 mm (furos) • Rugosidade: <5 μm } Restrições de qualidade • Tamanho de lote: 10.000 Restrição econômica
Variáveis livres	• Escolha de processo de conformação e condições de operação do processo

Triagem. A etapa de triagem aplica as restrições e elimina processos que não podem cumpri-las. As restrições chaves são:
- O material a ser processado
- A forma desejada
- O tamanho de lote desejado (o número de unidades a ser feito)
- O nível de qualidade e sensibilidade a defeitos

Matrizes que auxiliam aplicar essas restrições virão na Seção 7.3. Requisitos como este "uma forma sólida 3-D feita de magnésio em um lote de 5.000" rapidamente limitam a escolha do processo; estes podem então ser explorados em mais detalhes para estabelecer sua viabilidade.

Classificação. Classificação, como antes, é baseada em um ou mais *objetivos*, dos quais o mais óbvio é o de minimizar custo. Em certas aplicações exigentes, pode ser substituída pelo objetivo de maximizar qualidade independentemente do custo, embora o mais comum é que se procure um compromisso entre os dois.

Documentação. Triagem e classificação não lidam adequadamente com as questões menos tratáveis de qualidade e produtividade; elas são mais bem

Seleção de processos e custo   253

-exploradas por pesquisa de documentação: diretrizes de projeto, guias de melhores práticas, estudos de casos e análises de falhas. Um dado processo tem uma janela ótima de condições de operação sob a qual ele trabalha melhor. Falhas de operação nessas faixas podem resultar em defeitos de fabricação, como porosidade, trincas ou tensão residual. Esses defeitos, por sua vez, resultam em sucata e perda de produtividade e, se passados para o usuário, podem causar falha prematura. A documentação é um passo essencial para assegurar que isso não aconteça.

7.3 Implementação da estratégia: matrizes de seleção

Um processo é caracterizado por um conjunto de atributos: os materiais que ele pode trabalhar, as formas que pode fazer, seu custo. Esses podem ser exibidos como matrizes e diagramas de barras nos fornecendo as ferramentas que precisamos para a triagem. As versões em papel apresentadas aqui estão necessariamente simplificadas e mostram somente um número limitado de processos e atributos. Implementações em computador descritas na Seção 7.5 permitem a exploração de um número muito maior de ambos.

Compatibilidade material-processo. A Figura 7.3 é uma matriz de compatibilidade material-processo. Processos de conformação estão na parte superior, com as combinações compatíveis marcadas por círculos de cores diferentes que identificam a família do material. Sua utilização para triagem é direta — basta especificar o material e verificar os processos ou, ao contrário, especificar o processo e verificar os materiais. A disposição diagonal dos círculos coloridos na matriz revela que cada classe de material — metais, polímeros, e assim por diante — tem seu próprio conjunto de rotas de processo. Há algumas sobreposições: métodos de pó são compatíveis com metais e cerâmicas, moldagem com polímeros e com vidros. Usinagem (quando usada para conformação) é compatível com quase todas as famílias. Processos de união que usam adesivos e elementos de fixação são muito versáteis porque podem ser usados com a maioria dos materiais; métodos de soldagem são menos flexíveis porque são específicos para cada material. Processos de acabamento acrescentam qualidade (usinagem de precisão, por exemplo) ou tem uma função decorativa (pintura, por exemplo).

Compatibilidade processo-forma. Forma é o atributo mais difícil de caracterizar. Muitos processos envolvem rotação ou translação de uma ferramenta ou do material, direcionando o nosso raciocínio à simetria axial, simetria translacional, uniformidade de seção e similares. Torneamento cria formas simétricas ao eixo (ou circulares); extrusão, trefilação e laminação produzem formas prismáticas, circulares e não circulares. Processos de conformação de chapas fazem formas planas (estampagem) ou côncavas (embutimento ou dobramento). Certos processos podem fazer formas tridimensionais, e, dentre estes, alguns podem fazer formas vazadas, ao passo que outros não. A parte superior da Figura 7.4 ilustra esse esquema de classificação. As formas prismáticas à esquerda, feitas por laminação, extrusão ou trefilação podem ser fabricadas em comprimentos

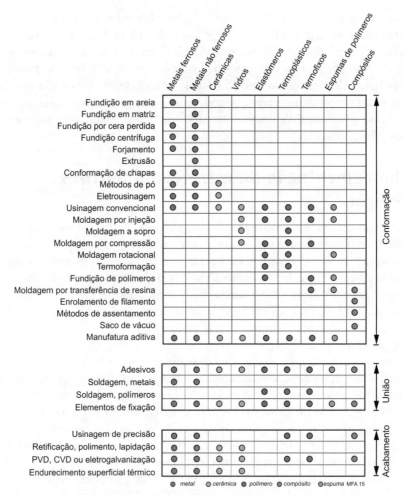

FIGURA 7.3. A matriz processo-material. A presença do círculo indica que o par é compatível (ver caderno colorido).

contínuos. As outras formas não podem, pois são discretas, e os processos para sua fabricação são denominados processos por lotes. Processos contínuos são bem-adequados a produtos longos, prismáticos, como trilhos de ferrovia ou materiais padronizados como placas e seções. Cilindros lisos produzem chapas. Cilindros com relevo produzem perfis mais complexos — trilho de trem é um deles. Extrusão é um processo particularmente versátil, permitindo que perfis prismáticos complexos, com canais internos e nervuras possam ser fabricados em uma única etapa.

A matriz processo-forma da Figura 7.4 apresenta a ligação entre os dois. Se o processo não pode fazer a forma que queremos, talvez seja possível combiná-lo com um processo secundário para gerar uma corrente de processo que acrescenta os aspectos adicionais: fundição seguida por usinagem ou forjamento seguido por soldagem, são exemplos.

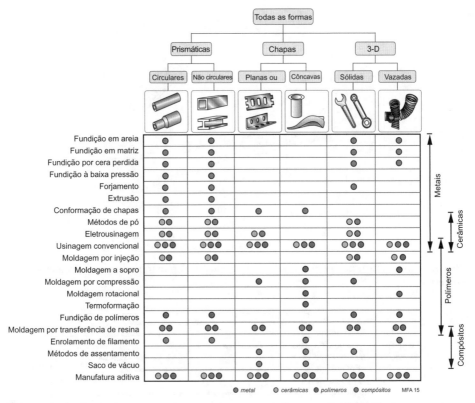

FIGURA 7.4. A matriz processo-forma. Informações sobre compatibilidade de materiais estão incluídas na extrema direita (ver caderno colorido).

Tamanho de lote econômico. O tamanho de lote econômico é apresentado de maneira melhor com um exemplo. Se você quiser afiar um lápis, pode fazer isso com uma faca. Se, ao invés disso, quiser afiar mil lápis, pagaria para comprar um afiador elétrico. Se você quiser afiar um milhão, pode desejar se equipar com um sistema alimentador, fixador e afiador. Para lidar com lápis de diferentes dimensões e diâmetros, você pode avançar e conceber um sistema "inteligente" controlado por computador com autoalimentação que pode sentir as dimensões do lápis e ajustar a pressão de afiação. A escolha do processo, então, depende do número de lápis que você deseja afiar, isto é, do *tamanho do lote*. A melhor escolha é aquela que custa menos por lápis afiado.

A Figura 7.5 é um esquema de como o custo de afiação de um lápis varia com o tamanho do lote. Uma faca não custa muito, mas é lenta, portanto o custo da mão de obra é alto. Os outros processos envolvem investimento de capital cada vez maior, mas fazem o serviço com mais rapidez, o que reduz o custo da mão de obra. O equilíbrio entre custo de capital e taxa de produção dá a forma das curvas. Nessa figura, a melhor escolha é a curva que está mais embaixo — uma faca para até 100 lápis; um apontador elétrico para 100 a 10.000, um sistema automático para 10.000 a 1 milhão, e assim por diante.

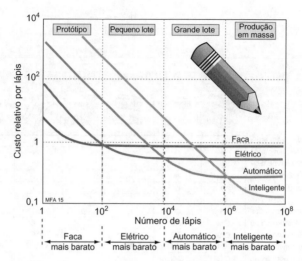

FIGURA 7.5. O custo de apontar um lápis em relação ao tamanho do lote para quatro processos.

FIGURA 7.6. O diagrama do tamanho do lote econômico (ver caderno colorido).

Cada processo tem um *tamanho do lote econômico*. Um processo com tamanho do lote econômico na faixa B_1–B_2 é aquele que a experiência determinou ser competitivo em custo quando o número desejado de unidades de saída se encontra naquela faixa; geralmente, acima ou abaixo dessa faixa, algum outro processo é mais barato. O tamanho do lote econômico é comumente citado para processos (Figura 7.6). O modo fácil de introduzir economia na seleção é classificar os processos candidatos por tamanho do lote econômico e conservar os que são econômicos na faixa que você quer. Um modelo de custo desenvolvido na Seção 7.5 oferece uma visão mais profunda.

> ### Exemplo: Conformação de uma ventoinha
>
> Ventoinhas de resfriamento de automóveis como mostradas na Figura 7.7 devem ser feitas de náilon 66. O tamanho do lote desejado é 25.000. O alisamento da superfície é importante para permitir um fluxo de ar suave e reduzir ruído. Quais processos cumprem essas restrições? Use as matrizes das Figuras 7.3, 7.4 e 7.6 para identificar candidatos potenciais.
>
> ### Métodos
>
> O material é um termoplástico. A forma é de um sólido tridimensional. O lote é de 50.000. A Tabela 7.3 mostra processos que sobrevivem às principais restrições. Dos nove processos aqui listados como capazes de conformar termoplásticos, somente dois cumprem as restrições primárias. A última coluna traz comentários sobre questões de qualidade. Modelagem de custo é necessária para classificá-los.

7.4 Limitações e qualidade

Limitações e Qualidade (a) da Forma

Escala: tamanho e espessura de seção. Há limites para o tamanho do componente que um processo pode fazer.

Limites inferiores. Tanto a fundição quanto a moldagem dependem de fluxo de material em estado líquido ou semilíquido. Limites inferiores de espessura de seção são impostos pela física do fluxo. Viscosidade e tensão superficial se contrapõem ao fluxo em canais estreitos, e a perda de calor pela grande área de superfície em seções finas resfria o material em fluxo, elevando a viscosidade

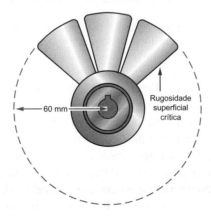

FIGURA 7.7. Uma ventoinha.

TABELA 7.3. **Tradução para conformação de uma ventoinha**

Compatível com polímeros (Figura 7.3)	Compatibilidade com a forma (Figura 7.4)	Compatibilidade com tamanho do lote (Figura 7.6)	Comentário sobre a qualidade
Usinagem		Falha	
Moldagem por Injeção			Cumpre os requisitos de acabamento e tolerância
Moldagem à sopro	Falha		
Moldagem por compressão	Falha		
Moldagem por rotação	Falha		
Termoformação	Falha		
Fundição de polímero		Falha	
Moldagem por transferência de resina			Cumpre os requisitos de acabamento e tolerância
Manufatura aditiva		Falha	

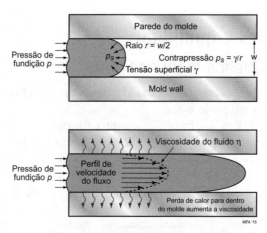

FIGURA 7.8. Fluxo de metal líquido ou polímero em seções finas é oposto pela tensão superficial, como visto em (a), e por forças viscosas.

antes de o canal estar cheio (Figura 7.8). Metais puros se solidificam a uma temperatura fixa, com aumento gradativo da viscosidade, porém, para ligas, a solidificação acontece em uma faixa de temperatura conhecida como "zona pastosa", na qual a liga é parte líquida, parte sólida. A amplitude dessa zona pode variar de alguns graus centígrados a várias centenas — portanto o fluxo de metais em peças fundidas depende da composição da liga. Em geral, métodos de moldagem e de fundição em matriz a pressões mais elevadas habilitam a fabricação de seções mais finas, porém o equipamento é mais caro e o fluxo mais rápido e mais turbulento pode aprisionar maior porosidade e danificar os moldes.

Fluxo em canais estreitos

Um molde para fundir uma peça complicada de alumínio tem algumas características parecidas com canais de apenas 10 μm de largura. Uma pressão adicional de 1 atmosfera (0,1 MPa) será suficiente para superar a tensão superficial e permitir que esses detalhes da peça sejam preenchidos? A tensão superficial γ do alumínio líquido é 1,1 J/m^2.

Resposta

A pressão exigida para superar a tensão superficial e forçar o metal a entrar em um canal de lados paralelos de largura $2x$ é $p = \gamma/x$. Assim, o canal mais estreito que pode ser preenchido com uma pressão adicional de 1 atmosfera é:

$$2x = \frac{2\gamma}{p} = \frac{2,2}{0,1 \times 10^6} = 2,2 \times 10^{-5} = 22\ \mu\mathrm{m} \tag{7.1}$$

Uma pressão adicional de 1 atmosfera não é suficiente para preencher o canal. Uma pressão adicional de 5 atmosferas o faria sem problemas.

Processamento por deformação — laminação a frio ou a quente, forjamento ou extrusão — também envolvem fluxo. A finura daquilo que pode ser laminado, forjado ou extrudado é limitada pelo fluxo plástico, algo que se assemelha muito ao modo como a espessura em fundição é limitada pela viscosidade. A Figura 7.9 ilustra o problema. O atrito muda a distribuição da pressão na matriz e sob os cilindros de laminação. Quando eles estão bem lubrificados, como em (A), o carregamento é quase uniaxial e o material flui quando a pressão p se iguala à sua tensão de escoamento σ_y uniaxial. Sem lubrificação, o espalhamento

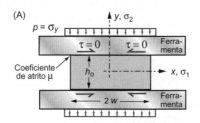

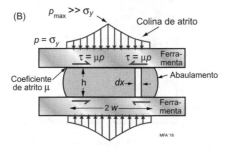

FIGURA 7.9. Atrito durante forjamento: (A) sem atrito; (B) com atrito.

do material é oposto pelo atrito na interface metal-matriz e a pressão sobe no centro, o que provoca uma "colina de atrito", mostrada em (B).

Pressão de conformação no forjamento

O que limita o quão estreita pode ser uma peça de metal forjada?

Resposta

Considere o equilíbrio de forças de um elemento de material na Figura 7.9 que se encontra entre x e $x + dx$. As forças horizontais estão em balanço quando:

$$hd\sigma_1 = 2\mu p dx$$

Se a condição de escoamento é $\sigma_1 - \sigma_2 = \sigma_y$, onde σ_y é o limite de escoamento e identificamos σ_2 com $-p$, de maneira que $dp = -d\sigma_1$, encontramos:

$$\frac{dp}{p} = -\left(\frac{2\mu}{h}\right)dx \qquad (7.2)$$

Integrando isso temos a pressão de conformação no forjamento

$$p(x) = \sigma_y \exp\left(\frac{2\mu}{h}(w-x)\right) \qquad (7.3)$$

(porque $\sigma_1 = 0$ em $x = w$). Então, a pressão de conformação cresce exponencialmente sobre a superfície de compressão, crescendo rapidamente conforme a altura h diminui. Quanto maior for a proporção da seção (largura/espessura), maior a pressão máxima necessária para continuar a deformação.

O atrito também limita a proporção em processamento de pós. A pressão aplicada externamente é reduzida pelo atrito na parede da matriz (Figura 7.10) resultando que, se a proporção é tão grande, não há pressão suficiente para compactar o pó no centro do produto.

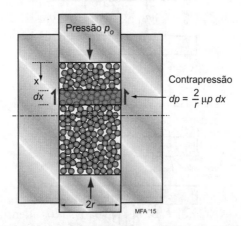

FIGURA 7.10. A proporção entre altura e largura no forjamento de pó é limitada pelo atrito com a parede da matriz.

Seleção de processos e custo   261

Proporção limitadora para prensagem de pó

De quanto será a queda de pressão em uma massa de pó cilíndrica como a da Figura 7.10 causada pelo atrito com a parede da matriz se o coeficiente de atrito na parede do molde é $\mu = 0,5$?

Resposta

A força de atrito que se contrapõe ao deslizamento na faixa verde de espessura dx é $2\pi r \mu p dx$, onde p é a pressão a uma distância x abaixo da face da matriz. Dividindo esse valor pela área da seção transversal do aglomerado de pó πr^2, obtemos a queda de pressão:

$$dp = -\frac{2}{r}\mu p dx$$

Integrando de $x = 0$, onde $p = p_o$ a $x = x$, no qual $p = p(x)$, obtemos:

$$p(x) = p_o \exp-\frac{2\mu x}{r} \tag{7.4}$$

Com um coeficiente de atrito de $\mu = 0,5$, a pressão cai até a metade de seu valor remoto p_o a uma razão profundidade/raio de apenas:

$$\frac{x}{r} = -\frac{1}{2\mu}\ln\left(\frac{1}{2}\right) = 0,69$$

A resposta é lubrificar o molde, reduzindo μ.

Limites superiores. Limites superiores para tamanho e seção em fundição e moldagem são determinados por problemas de fluxo de calor e contração.

Taxas de resfriamento durante a solidificação e tratamentos térmicos têm um profundo efeito sobre a microestrutura e propriedades mecânicas. Taxas de resfriamento em fundição em molde de areia podem ser limitadas pela transferência de calor na superfície do molde, mas as taxas de resfriamento em moldes de metal à frio ou durante um tratamento térmico de têmpera são limitadas pelas dimensões do componente em si. Quando um metal líquido é vazado em um molde frio, calor é perdido pela condução nas paredes do molde. A massa de um molde é geralmente maior que aquela do fundido, fazendo disso um problema de fluxo de calor transiente. Todos os problemas de fluxo de calor têm uma característica de decaimento com o tempo de

$$t^* = \frac{x^{*2}}{\beta a} \tag{7.5}$$

onde β é constante, a é a difusividade térmica (m^2/s) e x^*(m) é uma característica de comprimento (Apêndice B, Seção B15). Nós identificamos x^* com o comprimento $x^* = V/A$, onde V é o volume do fundido e A é sua área superficial (Figura 7.11). O tempo de decaimento se torna, então,

262   Seleção de Materiais no Projeto Mecânico

$$t^* = \frac{1}{\beta a}\left(\frac{V}{A}\right)^2 \tag{7.6}$$

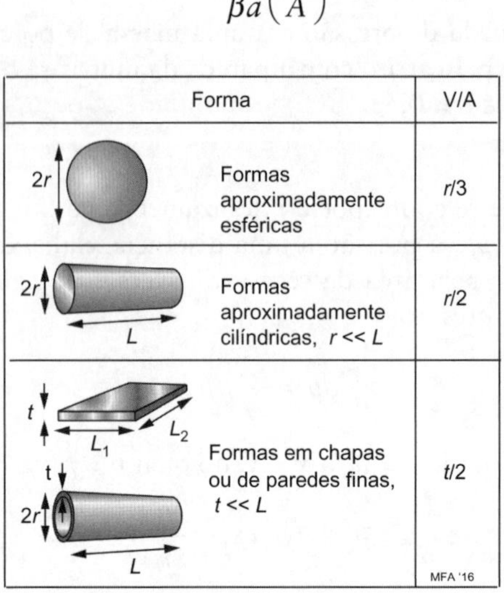

Forma		V/A
2r ⊘	Formas aproximadamente esféricas	r/3
2r ⬯ L	Formas aproximadamente cilíndricas, $r \ll L$	r/2
t L_1 L_2 / t 2r L	Formas em chapas ou de paredes finas, $t \ll L$	t/2

FIGURA 7.11. O tamanho V/A para formas comuns.

Portanto, a constante de tempo depende do tamanho (para uma dada forma, V/A é proporcional ao tamanho) e das propriedades térmicas do molde. A difusividade térmica de um molde de areia é aproximadamente $0,4 \times 10^{-6}$ m²/s, enquanto para um molde de aço é 14×10^{-6} m²/s, 35 vezes maior. Taxas de resfriamento, dT/dt, são inversamente proporcionais ao tempo de resfriamento, então esperamos que:

$$\frac{dT}{dt} \propto \beta a \left(\frac{A}{V}\right)^2 \tag{7.7}$$

Quanto maior o componente, menor a taxa a qual ele pode ser resfriado e mais grosseira será sua microestrutura.

Metais contraem quando eles solidificam, contraindo mais se eles cristalizam em uma estrutura compacta — tipicamente a mudança de volume é de aproximadamente 4%. O fundido contrai mais se ele resfria do ponto de fusão até a temperatura ambiente, ΔT_{MP-RT}. A contração térmica linear nesse intervalo de temperatura é quase o mesmo para todos os metais: $\alpha \Delta T_{MP-RT} \approx 0,014 = 1,4\%$ então há uma contração adicional de cerca de 4%. Os dois tipos de contração podem causar defeitos de fundição. Contração de solidificação resulta em porosidade se o molde não é projetado para permitir que o líquido flua de maneira a compensar a mudança de volume. Contração térmica leva a trincas a quente (fratura por fluência) se a forma do fundido dentro do molde estiver de um modo que o restrinja em relação à contração. Polímeros também mudam de volume conforme resfriam a partir da temperatura do molde. Tipicamente, a contração dentro do molde é de 0,5% e a contração térmica subsequente, desde a temperatura do molde até a temperatura ambiente, é de mais 3%.

Tolerância e rugosidade. A precisão e o acabamento superficial de um componente são aspectos de sua qualidade. São medidos pela *tolerância, T*, e pela *rugosidade superficial, R.* Quando as dimensões de um componente são especificadas, a qualidade da superfície também é especificada, embora não se aplique necessariamente à superfície inteira. A qualidade superficial é crítica em superfícies de contato como as faces de flanges que devem se ajustar exatamente para formar uma vedação, ou cursores que correm em sulcos. Também é importante para a resistência à nucleação de trincas por fadiga e por razões estéticas. A tolerância, T, para uma dimensão y é especificada como $y = 100 \pm 0,1$ mm, ou como $y = 50^{+0,01}_{-0,001}$ mm, o que indica que há mais liberdade para tamanhos maiores do que para tamanhos menores. A rugosidade superficial, R, é especificada como um limite superior, por exemplo, $R < 100$ μm.

A rugosidade superficial R é uma medida das irregularidades da superfície (Figura 7.12). Ela é definida como o valor quadrático médio (Root-Mean-Square – RMS) da amplitude do perfil superficial:

$$R^2 = \frac{1}{L}\int_0^L y^2(x)\,dx \tag{7.8}$$

Ela é medida arrastando um apalpador afiado e leve sobre a superfície na direção x, enquanto registra o perfil vertical $y(x)$, algo semelhante à reprodução de discos em um gramofone. A *perfilometria ótica,* que é mais rápida e mais precisa, usa interferometria a laser para mapear a irregularidade da superfície.

A tolerância T é obviamente maior do que $2R$; de fato, visto que R é o valor quadrático médio da aspereza, o pico de aspereza e, por consequência, o limite inferior absoluto para a tolerância, é mais parecido com $5R$. Processos reais dão tolerâncias na faixa de $10R$ a $1000R$.

Valores típicos de rugosidade superficial são listados na Tabela 7.4. Fundição em areia gera superfícies ásperas; fundição em matrizes de metal gera superfícies mais lisas, mas, nenhum deles gera superfícies melhores do que $T = 0,1$ mm e $R = 0,5$ μm. Usinagem, capaz de alta precisão dimensional e de acabamento de superfície, é comumente usada após processamento por fundição ou deformação para trazer a tolerância ou o acabamento até o nível desejado, criando uma *cadeia de processo.* A superfície de metais e cerâmicas pode ser retificada e polida até que se obtenham alta precisão e acabamento: um grande telescópio refletor tem tolerância aproximada de 5 μm e rugosidade de cerca de 1/100 desse valor em relação a uma dimensão de um metro ou mais. Porém,

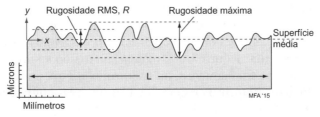

FIGURA 7.12. Rugosidade superficial, medida como rugosidade média quadrática (RMS), R.

264 Seleção de Materiais no Projeto Mecânico

Tabela 7.4. Níveis de acabamento

Acabamento, μm	Processo	Aplicação típica
$R = 0,01$	Lapidação	Espelhos
$R = 0,1$	Retificação ou polimento de precisão	Mancais de alta qualidade
$R = 0,2$–$0,5$	Retificação de precisão	Cilindros, pistões, cames, mancais
$R = 0,5$–2	Usinagem de precisão	Engrenagens, peças de máquinas comuns
$R = 2$–10	Usinagem	Mancais de baixa carga, componentes não críticos
$R = 3$–100	Peças fundidas, sem acabamento	Superfícies que não suportam cargas
$R = 100$–1.000	Manufatura aditiva	Protótipos, produção de baixo volume

precisão e acabamento têm um custo: os custos de processamento aumentam exponencialmente à medida que os requisitos para ambos ficam mais severos.

Polímeros moldados herdam o acabamento dos moldes utilizados para conformá-los e, portanto, podem ser muito lisos; raramente é necessária usinagem para melhorar o acabamento. Tolerâncias melhores do que ± 0,2 mm raramente são possíveis, porque as tensões internas deixadas pela moldagem causam distorção e os polímeros sofrem fluência em serviço.

Limitações e Qualidade (b) de União

Compatibilidade entre materiais. Processos para unir metais, polímeros, cerâmicas e vidros são diferentes. Um determinado adesivo se ligará a alguns materiais, mas não a outros; métodos para soldar polímeros são diferentes dos métodos para soldar metais; e cerâmicas, que não podem ser soldadas, são unidas então por difusão ou vitrificação. A matriz material-processo (Figura 7.3) inclui quatro classes de processo de união.

Quando a junção é entre materiais diferentes, o processo deve ser compatível com ambos. Adesivos e elementos de fixação permitem junções entre materiais diferentes; muitos processos de soldagem, não. Se materiais diferentes são unidos de um modo tal que fiquem em contato elétrico, um par de corrosão aparece se a junção estiver úmida. Isso pode ser evitado com a inserção de uma camada isolante entre as superfícies. Desacordo entre expansões térmicas produz tensões internas na junção se a temperatura mudar, com risco de distorção ou dano. Identificar uma boa prática na união de materiais diferentes é parte da etapa de documentação.

Geometria da junção e modo de carregamento. A geometria da junta e o modo como é carregada (Figura 7.13) influenciam a escolha do processo. Juntas adesivas suportam cisalhamento, mas são ruins no quesito descascamento — lembre-se do descascamento de uma fita adesiva. Adesivos precisam de uma grande área de trabalho — para juntas sobrepostas, eles funcionam bem, mas para juntas de topo, não. Rebites e grampos também são bem adaptados para

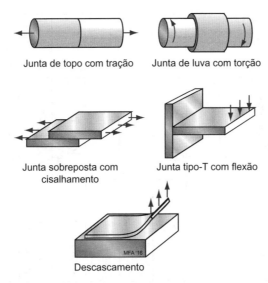

FIGURA 7.13. Geometrias de juntas e modos de carregamento.

carregamentos de cisalhamento de juntas sobrepostas, mas não são tão bons sob tração. Soldas e elementos de fixação rosqueados são mais adaptáveis, mas também é importante combinar escolha de processo com geometria e carregamento nesse caso.

Funções secundárias das juntas. Uma junta pode servir como vedação e ter de impedir a entrada ou saída de gases ou líquidos. Pode ser que tenha de conduzir ou isolar contra a condução de calor ou eletricidade, ou funcionar em temperaturas elevadas. Pode ser permanente ou ter de ser desmontada para manutenção ou para que seja feita reciclagem: fechos mecânicos rosqueados e adesivos, que podem ser soltos pela ação de solventes ou calor, permitem isso.

Adesivos. Todas as civilizações antigas parecem ter sabido como fazer colas de amido, gelatina animal, betume ou goma arábica. Os adesivos sintéticos apareceram por volta de 1900. Avanços subsequentes na química polimérica ampliaram sua gama e desempenho em todos os setores industriais. Os *adesivos estruturais* são aqueles usados para executar alguma função mecânica, embora possam ter um papel secundário como selante. Muitos são rígidos, o que gera um vínculo rígido; os *adesivos flexíveis* geralmente são menos fortes, mas permitem pequenos deslocamentos relativos em toda a junta. Dentro de cada grupo, é usual utilizar uma classificação baseada na química (Tabela 7.5).

Existem cinco mecanismos gerais para conseguir que dois corpos se unam; os mesmos mecanismos são responsáveis pela ligação de uma tinta e outro revestimento a uma superfície (Figura 7.14). A rugosidade superficial por jateamento de areia ou ataque químico cria cavidades nas quais um adesivo, tinta ou revestimento cura e solidifica, gerando travamento mecânico. A ligação de Van der Waals baseia-se na interação atrativa entre dipolos em superfícies não metálicas fornecendo um vínculo fraco, mas reversível (é como as moscas caminham nos tetos). A adesão iónica ocorre entre superfícies com grupos polares; é de pouca

266 Seleção de Materiais no Projeto Mecânico

TABELA 7.5. Adesivos e o que eles unem

	Metais	Madeiras	Polímeros	Elastômeros	Cerâmicas	Compósitos	Tecidos
Metais	Acr. Aner. Cyan. EP PU Phen. Sil						
Madeiras	Acr. EP Phen. Hot-melt	EP. Phen. PVA					
Polímeros	Acr. Cyan. EP Phen	EP PU Phen. PVA	Acr. Cyan. EP Phen				
Elastômeros	Cyan. EP Sil	Acr. Phen. Sil	Cyan. EP Phen. Sil	PU Sil			
Cerâmicas	Acr. Cyan. EP Ceram	Cyan. EP PVA Ceram	Acr. EP PU PVA Ceram	Acr. EP PU PVA Sil	Acr. Cyan. EP Ceram		
Compósitos	Acr. Cyan. EP Imide	Acr. Cyan. EP PVA	Acr. EP PVA Sil	EP PU Sil	Cyan. EP Sil	EP Imide PES Phen	
Tecidos	PU Hot-melt	Acr. PVA Hot-melt	Acr. PVA	Acr. PU PVA	Acr. PU PVA Hot-melt	Acr. PU PVA	PVA Hot-melt

Acrílico = Acr; Epóxi = EP; Poliuretano = PU; Silicone = Sil; Anaeróbico = Aner; Imida = Imide; Fenólico = Phen.; Termoplástico = Hot-melt; Cianoacrilato = Cyan.; Poliéster = PES; Polivinil acetato = PVA; À base de Cerâmica = Ceram.

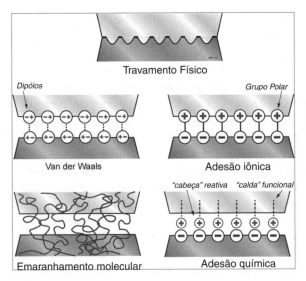

FIGURA 7.14. Mecanismos de adesão.

ajuda na ligação da maioria dos termoplásticos por causa da sua ausência de funcionalidade iónica. O emaranhamento molecular funciona bem para revestimentos ou adesivos em plásticos amorfos como PC, ABS e PVC, mas é menos eficaz com termoplásticos semicristalinos. A adesão química é a formação de ligações químicas entre as superfícies, estimulada por um promotor de adesão química. A "cabeça" reativa do promotor forma uma ligação química forte com uma superfície, enquanto sua "cauda" funcional interage e se liga com o adesivo (epóxi, por exemplo) ou revestimento de tinta. Silanos (SiH_4) ou fosfonatos (contendo grupos $C-PO(OR)_2$) são utilizados para superfícies metálicas, cerâmicas ou de vidro, mas não funcionam para materiais termoplásticos. Para estes, os tratamentos com carbeno altamente reativo (R = C:) são utilizados.

O adesivo permite uma grande liberdade de design, já que quase qualquer material ou combinação de materiais pode ser unido de forma adesiva: eles podem ter espessuras muito diferentes (folhas finas podem ser ligadas a seções maciças) e as temperaturas de processamento são baixas, raramente excedendo 180 °C. A flexibilidade de alguns adesivos tolera a expansão térmica diferencial em ambos os lados, possibilitando juntas que são impermeáveis à água e ao ar. As juntas adesivas geralmente são mais leves do que o fecho mecânico equivalente e, por esta razão, são cada vez mais utilizadas em aplicações automotivas, particularmente para unir fibras e materiais termoplásticos reforçados com tecido. As principais desvantagens são as temperaturas de serviço limitadas (a maioria dos adesivos são instáveis acima de 190 °C, embora alguns sejam utilizáveis até 260 °C), a estabilidade incerta em longo prazo e os solventes desagradáveis que alguns contêm.

Soldagem, brasagem e solda-estanho. A soldagem é a união de dois metais ou plásticos semelhantes, fundindo-os localmente ou aquecendo-os a uma temperatura à qual eles se unem por difusão. A brasagem e a solda-estanho são a união de metais (ou de cerâmica ou vidro metalizados) com uma liga de baixo ponto de fusão: uma *brasagem* (tipicamente uma liga de cobre-zinco ou cobre-estanho que derrete a 650-800 °C) ou uma *solda-estanho* (anteriormente uma liga chumbo-estanho que derrete a 180-250 °C, agora substituída por uma liga estanho-bismuto sem chumbo ou liga de estanho-prata-cobre).

Todos esses processos usam uma fonte de calor em movimento para elevar a temperatura localmente. O campo térmico de uma fonte de calor em movimento (Figura 7.15) está documentado no Apêndice B, Seção B16: a temperatura aumenta rapidamente até um pico de T_p, depois esfria mais lentamente à medida que a fonte se move e o calor é perdido por meio de condução. O aumento da temperatura é grande o suficiente para alterar as propriedades do material em ambos os lados da solda, um efeito de particular importância na soldagem de aços.

A Figura 7.16 mostra esta zona afetada pelo calor e sua relação com o diagrama de fase ferro-carbono. No centro está a zona de fusão, com uma estrutura colunar que se forma quando a massa fundida se solidifica. Em ambos os lados há uma zona de recristalização com uma faixa de intenso crescimento de grão. Após essas regiões, as temperaturas são muito baixas para permitir

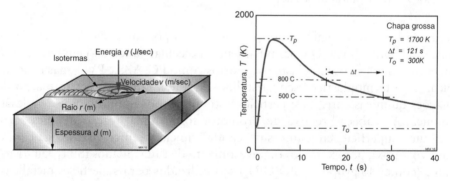

FIGURA 7.15. Os parâmetros do modelo de solda e o perfil térmico típico.

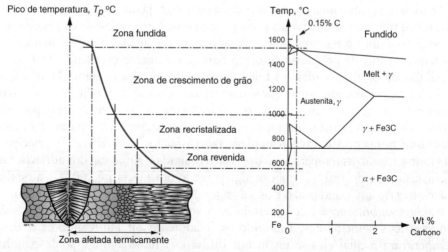

FIGURA 7.16. A zona afetada termicamente em uma chapa de aço baixo-carbono.

Seleção de processos e custo   269

a recristalização, mas suficientemente altas para produzir uma zona revenida amolecida. Compreender essa estrutura e seu efeito nas propriedades locais é fundamental para gerenciar a soldagem adequadamente.

Limitações e Qualidade (c) do Tratamento Superficial

Compatibilidade com o material. Alguns tratamentos superficiais são específicos para metais, outros para polímeros. Alguns funcionam para todos. A compatibilidade entre material e processo para tratamentos superficiais é mostrada na parte inferior da matriz na Figura 7.3.

A finalidade do tratamento de superfície. Todos os tratamentos de superfície adicionam custo, mas o benefício pode ser grande. A Tabela 7.6 ilustra a diversidade de funções que os tratamentos superficiais podem oferecer. Alguns protegem, outros aprimoram o desempenho, e há aqueles ainda para os quais a finalidade é primariamente estética. Proteger a superfície de um componente amplia a vida útil do produto e reduz a manutenção. Revestimentos sobre ferramentas de corte habilitam velocidades de corte mais altas e maior produtividade. E processos de endurecimento de superfície podem permitir a substituição da liga do substrato por um material mais barato — por exemplo, usar aço-carbono comum com uma superfície cementada dura ou um revestimento de nitreto de titânio duro (TiN), em vez de um aço-liga mais caro.

As superfícies de aço são endurecidas por imersão da peça em um banho de cementação a 800-950 °C (onde o aço tem a estrutura austenítica cúbica de face centrada), seguida de têmpera para fornecer uma camada superficial de martensita. A nitretação é feita a temperaturas mais baixas (cerca de 550 °C, quando o aço tem uma estrutura ferrítica cúbica de corpo centrado), fazendo com que o nitrogênio difunda para dentro da superfície onde reage com os elementos da liga para formar um precipitado fino de nitretos. A profundidade da camada superficial endurecida, x^*, depende do tempo e da temperatura de aquecimento da maneira descrita no Apêndice B, Seções B14 e B15. Se a fonte de carbono ou nitrogênio é de alta atividade, ela é aproximadamente

$$x^* \approx \sqrt{2Dt} \qquad (7.9)$$

onde

$$D = D_o \exp\!\left(-\frac{Q_d}{RT}\right) \qquad (7.10)$$

Tabela 7.6. **Fornecendo funcionalidade superficial**

Funções proporcionadas por tratamentos superficiais	
• Proteção contra corrosão, ambientes aquosos	• Isolamento térmico
• Proteção contra corrosão, ambientes gasosos	• Isolamento elétrico
• Resistência ao desgaste	• Resposta magnética
• Controle de atrito	• Decoração
• Resistência à fadiga	• Colorir
• Condução térmica	• Refletividade

270 Seleção de Materiais no Projeto Mecânico

TABELA 7.7. **Dados de difusão para carbono e nitrogênio no ferro**

Sistema	Preexponencial, Do (m²/s)	Energia de ativação Qd (kJ/mol)
Carbono em ferro ccc (ferrítico)	$1,1 \times 10^{-6}$	87,4
Carbono em ferro cfc (austenítico)	7×10^{-6}	131
Nitrogênio em ferro ccc (ferrítico)	$4,7 \times 10^{-7}$	76,5
Nitrogênio em ferro cfc (austenítico)	$3,4 \times 10^{-7}$	145

é o coeficiente de difusão (m²/s) de carbono ou nitrogênio no ferro e t (s) é o tempo. A constante pré-exponencial D_o e a energia de ativação Q_d para a difusão de carbono e nitrogênio no ferro são listadas na Tabela 7.7. R é a constante dos gases, 8,314 J/mol.K.

Cementação e nitretação são processos de imersão, aquecendo todo o componente. Enquanto o objetivo é endurecer uma camada superficial, as propriedades do volume também são inevitavelmente afetadas. Os processos localizados, ao contrário, alteram apenas as propriedades da superfície. No endurecimento por chama e no endurecimento da superfície por laser, uma varredura pela superfície é feita com uma tocha ou raio laser, movendo-se a uma taxa tal que o calor penetra apenas uma pequena distância na amostra. O campo térmico criado por uma fonte de calor em movimento já foi ilustrado na união com soldagem. Estes mesmos modelos (Apêndice B, Seção B16) aplicam-se a essas técnicas de endurecimento superficial localizado.

Exemplo

Um tratamento de cementação para um aço austenítico a 800 °C produz uma camada cementada de 32 µm de profundidade em 30 minutos. Quão profunda será a camada se o tratamento é modificado para 15 minutos a 850 °C?

Resposta

A razão da nova profundidade (temperatura T_2, tempo t_2) em relação à profundidade anterior (temperatura T_1, tempo t_1) é

$$\frac{x_2}{x_1} = \frac{\sqrt{2D_2t_2}}{\sqrt{2D_1t_1}} = \sqrt{\frac{1}{2}\frac{\exp-\left(\dfrac{131,000}{8,314\times1123}\right)}{\exp-\left(\dfrac{131,000}{8,314\times1073}\right)}} = 0,96$$

As duas profundidades são aproximadamente as mesmas. O pequeno aumento na temperatura ($\approx$5%) resultou em uma grande mudança no tempo para chegar à mesma profundidade cementada (quase 50%).

Compatibilidades secundárias. Alguns tratamentos de superfície, como anodização, não alteram as dimensões, a precisão e a rugosidade da superfície.

Revestimentos depositados por processos elétricos ou de vapor mudam um pouco as dimensões, mas ainda podem deixar uma superfície perfeitamente lisa. Revestimentos de pó de polímero produzem uma camada relativamente espessa e lisa; outros, como deposição de solda, criam uma camada grossa com uma superfície áspera que requer novo acabamento. Processos de deposição "linha de visão" cobrem apenas a superfície à qual são dirigidos, deixando as áreas inacessíveis não cobertas; outros, que têm o que é denominado "poder de arremesso", revestem igualmente bem superfícies planas, curvas e reentrantes. Muitos processos de tratamento superficial exigem calor. Esses só podem ser usados em materiais que podem tolerar o aumento de temperatura. Algumas tintas são aplicadas a frio, porém muitas exigem queima em estufa a até 150 °C.

7.5 Classificação: custo do processo

Parte do custo de um componente é o que se gasta com o material do qual ele é feito. O resto é custo de fabricação — isto é, obtenção da forma desejada, união e acabamento. Antes de passarmos aos detalhes, há quatro regras de bom-senso para minimizar custo.

Utilize o que já está padronizado. Se alguém já produz a peça que você quer, é quase certo que será mais barato comprá-la do que fabricá-la. Se ninguém a produz, então é mais barato projetá-la utilizando materiais padronizados de linha (chapa, haste, tubo), do que partir de formas não padronizadas ou de peças fundidas ou especialmente forjadas. Tente utilizar materiais padronizados e o menor número possível deles porque isso reduzirá os custos de estoque e simplifica a reciclagem.

Mantenha as coisas simples. Se uma peça tiver de ser usinada, terá de ser fixada com grampos ou braçadeiras; o custo aumenta com o número de vezes que ela terá de ser reposicionada ou reorientada, principalmente se for necessário usar ferramentas especiais. Se uma peça tiver de ser soldada ou brasada, é preciso que o soldador possa alcançá-la com seu maçarico e ainda consiga ver o que está fazendo. Se tiver de ser fundida, moldada ou forjada, é preciso lembrar que são necessárias pressões altas (e caras) para fazer com que um fluido corra para dentro de canais estreitos e que formas reentrantes complicam muito o projeto do molde ou da matriz.

Tenha como objetivo montagens fáceis. Montagem toma tempo, e tempo significa custo. Se a taxa de despesas indiretas for de meros US$ 60 por hora, cada minuto de montagem acrescenta US$ 1 ao custo (dólares americanos de 2016). O projeto para montagem (Design For Assembly – DFA) ataca esse problema com um conjunto de critérios e regras de bom-senso. Em resumo, existem três:
• Minimizar o número de peças
• Projetar peças de autoalinhamento na montagem
• Usar métodos de união que são rápidos. Fechos de encaixe e solda a ponto são mais rápidos do que fechos mecânicos rosqueados ou, usualmente, adesivos

Não especifique mais desempenho do que o necessário. Desempenho tem preço. Metais de alta resistência têm maior quantidade de elementos de liga caros; a constituição química de polímeros de alto desempenho é mais complexa; cerâmicas de alto desempenho exigem mais controle de qualidade em sua fabricação. Tudo isso aumenta os custos de materiais. Além disso, materiais de alta resistência são difíceis de fabricar. As pressões de conformação (seja para um metal ou um polímero) são mais altas; o desgaste das ferramentas é maior; a ductilidade normalmente é menor, de modo que processamentos por deformação podem ser difíceis ou impossíveis. Isso pode significar que novas rotas de processamento podem ser necessárias: fundição por cera perdida ou conformação por pó, em vez de fundição convencional e conformação mecânica; equipamentos de moldagem mais caros que funcionam a temperaturas e pressões mais altas, e assim por diante. O melhor desempenho de material de alta resistência tem de ser pago, não somente em maior custo de material, mas também de processamento. Finalmente, existem as questões de tolerância e rugosidade. O custo aumenta exponencialmente com exigências em relação à precisão e ao acabamento superficial. A mensagem é clara. Desempenho custa dinheiro. Não exagere na especificação.

Para fazer mais progresso, devemos examinar as contribuições aos custos do processo e suas origens.

Modelagem de custo

Anteriormente neste capítulo, introduzimos o "tamanho de lote econômico" como um simples critério econômico para classificar processos. Um modelo de custo, o qual exploraremos agora, nos dá uma percepção mais profunda.

A fabricação de um componente consome recursos (imagem de abertura deste capítulo, sintetizada na Figura 7.17) e cada um deles tem um custo

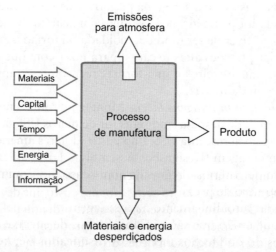

FIGURA 7.17. As entradas para o modelo de custo.

Seleção de processos e custo   273

TABELA 7.8. Símbolos, definições e unidades

Recurso		Símbolo	Unidade
Materiais:	Incluindo os consumíveis	$\dot{C}_m$	$/kg
Capital:	Custo de ferramentas Custo de equipamento	C_t	$
Tempo:	Taxa de despesas indiretas, incluindo mão de obra, administração, aluguel...	$\dot{C}_{ob}$	$/hr
Energia:	Custo de energia	$\dot{C}_e$	$/hr
Informação:	P&D ou pagamentos de royalties	$\dot{C}_i$	$/ano

associado. O custo final é a soma dos gastos de todos os recursos que a fabricação consome. Eles são detalhados na Tabela 7.8. Então, o custo de produzir um componente acarreta o custo C_m ($/kg) dos materiais e insumos dos quais ele é feito. Ele envolve o custo da ferramentaria dedicada, C_t ($), e o custo de capital do equipamento, C_c ($), no qual a ferramentaria será usada. Ele requer tempo, que pode ser cobrado a uma taxa de despesas gerais indiretas, $\dot{C}_{ob}$ (portanto, em unidades de $/h), na qual incluímos o custo de mão de obra, de administração e custos gerais das instalações fabris. Ele requer energia, que às vezes é cobrada diretamente em uma etapa do processo, se ela utilizar muita energia, mas que mais comumente é tratada como parte das despesas gerais indiretas e incluída em $\dot{C}_{ob}$, o que faremos aqui. Por fim, há o custo de informação, o que significa pesquisa e desenvolvimento, royalties ou taxas de licença; estes também são considerados aqui como custo por unidade de tempo e acrescentados às despesas gerais indiretas.

Considere agora a fabricação de um componente (a "unidade de produção") que pesa m kg e é feito de um material que custa C_m $/kg. A primeira contribuição ao custo unitário é o do material mC_m acrescido de um fator de $1/(1 - f)$, onde f é a fração de sucata — a fração do material inicial perdida como o metal que se solidifica em canais de corrida, massalotes, cavacos de torno, refugos ou resíduos:

$$C_1 = \frac{mC_m}{(1-f)} \tag{7.11}$$

O custo Ct de um conjunto de ferramentas — matrizes, moldes, ferragens e guias — é o que denominamos *custo dedicado*: um custo que deve ser totalmente atribuído à corrida de produção desse componente individual. Ele é amortizado mediante o tamanho numérico n da corrida de produção. Ferramentas se desgastam. Se a corrida for longa, será necessário substituí-las. Assim, o custo de ferramental por unidade toma a forma

$$C_2 = \frac{C_t}{n}\left\{ Int\left(\frac{n}{n_t} + 0,51 \right) \right\}$$

(7.12)

onde n_t é o número de unidades que um conjunto de ferramentas pode fazer antes de ser substituído e Int é a função inteiro. O termo entre chaves simplesmente incrementa o custo de ferramentas pelo custo de um conjunto total de ferramentaria toda vez que n ultrapassar n_t.

O custo de capital do equipamento, Cc, ao contrário, raramente é dedicado. Um determinado equipamento — uma prensa de pó, por exemplo — pode ser usado para fazer muitos componentes diferentes mediante a instalação de variados conjuntos de matrizes ou ferramentas. É usual converter o custo de capital de equipamento *não dedicado* e o custo de empréstimo do capital em si em uma despesa geral indireta dividindo-os por um tempo de amortização de capital, t_{wo} (5 anos, digamos), no qual deverá ser recuperado. Então a quantidade Cc/t_{wo} é um custo por hora, desde que o equipamento seja usado continuamente. Isso raramente acontece, portanto modificamos o termo dividindo-o por um fator de carga, L — a fração de tempo durante o qual o equipamento é produtivo. Assim, o custo por unidade é esse custo por hora dividido pela taxa de produção $\dot{n}$ na qual as unidades são produzidas:

$$C_3 = \frac{1}{\dot{n}}\left(\frac{C_C}{L t_{wo}} \right)$$

(7.13)

Finalmente há a taxa de despesas gerais indiretas $\dot{C}_{oh}$. Torna-se um custo por unidade quando dividido pela taxa de produção $\dot{n}$ de unidades por hora (calculando-se a média de corridas de produção para levar em conta os períodos de ociosidade):

$$C_4 = \frac{\dot{C}_{oh}}{\dot{n}}$$

(7.14)

O custo total de conformação por peça, C, é a soma desses quatro termos, que toma a forma:

$$C = \frac{mC_m}{(1-f)} + \frac{C_t}{n}\left\{ Int\left(\frac{n}{n_t} + 0,51 \right) \right\} + \frac{1}{\dot{n}}\left(\frac{C_C}{L t_{wo}} + \dot{C}_{oh} \right)$$

(7.15)

A equação diz que o custo tem três contribuições essenciais — um custo de material por unidade de produção que é independente do tamanho de lote e taxa, um custo dedicado por unidade de produção que varia com o inverso do volume de produção ($1/n$) e uma despesa indireta bruta por unidade de produção que varia com o inverso da taxa de produção ($1/\dot{n}$). A equação descreve um conjunto de curvas que relacionam o custo C com o tamanho do lote n, um para cada processo. Cada uma tem a forma das curvas do apontamento de lápis da Figura 7.5.

Seleção de processos e custo   275

Exemplo: Usando o modelo de custo

Os requisitos de projeto para uma biela de aço foram listados na Seção 7.2 como um exemplo de tradução. Aplicando as restrições de materiais, forma e tamanho de lote utilizando as matrizes de compatibilidade das Figuras 7.3, 7.4 e 7.6, estreitamos a escolha para o seguinte:

- Fundição em molde de areia
  com suas variantes

  com subsequente usinagem dos furos
- Forjamento
- Métodos de pó

Classifique estas alternativas pelo custo de um tamanho de lote de 100 e um de 10.000.

Resposta

A Tabela 7.9 lista os valores para os parâmetros no modelo de custo para três processos: fundição em molde de areia (aqui, fundição de baixa pressão em areia), forjamento e métodos de pó. Assumimos que todos os três usam a mesma quantidade de material. A Figura 7.18 mostra o custo relativo calculado por peça em função do tamanho do lote para os três processos.

TABELA 7.9. **Dados de entrada para modelo de custo de processo para métodos de conformação para fazer uma biela**

Parâmetros	Fundição em areia	Forjamento	Métodos de pó
Material, $mC_m/(1-f)$ ($)	1	1	1
Custos indiretos, $\dot{C}_{ob}$($ por hora)	100	100	100
Tempo de amortização de capital t_{wo} (anos)	5	5	5
Fator de carga	0,5	0,5	0,5
Custo dedicado de ferramental, C_t ($)	2.000	8.500	5.000
Custo de Capital, C_c ($)	37.000	550.000	140.000
Taxa de produção, $\dot{n}$ (por hora)	16	220	95

Se apenas 100 bielas são previstas, fundição em molde de areia é a opção mais barata porque o custo das ferramentas é barato (o molde de areia). Mas a fundição em molde de areia é lenta. Se 10.000 unidades são previstas, forjamento é a opção mais barata porque é rápido, reduzindo os custos indiretos (mão de obra) por unidade.

Modelagem de custo técnico. A Equação (7.15) é a primeira etapa da modelagem de custo. Pode-se conseguir um poder de previsão maior com modelos de custo técnico que exploram o entendimento do modo em que o projeto, o processo e o custo interagem. O custo de capital do equipamento depende do tamanho e do grau de automação. O custo de ferramentas e a taxa de produção

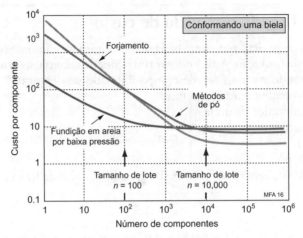

FIGURA 7.18. Custo unitário como função do tamanho do lote.

dependem da complexidade. Essas e muitas outras dependências podem ser captadas em fórmulas teóricas ou empíricas, ou em tabelas de consulta que podem ser inseridas no modelo de custo, o que dá mais firmeza na classificação de processos concorrentes. Se o leitor quiser análises mais avançadas, consulte a literatura apresentada como leitura adicional ao final deste capítulo.

7.6 Seleção de processos auxiliada por computador

Se atributos de processo estiverem armazenados em um banco de dados com uma interface de usuário adequada, podem-se criar diagramas de seleção e manipular retângulos de seleção com liberdade muito maior. A já mencionada plataforma CES é um exemplo de tal sistema. O banco de dados contém registros, e cada um deles descreve os atributos de um único processo. A Tabela 7.10 mostra parte de um registro típico: o de moldagem por injeção. Um desenho esquemático indica como o processo funciona; ele é apoiado por uma breve descrição. Em seguida, vem uma lista de atributos: os materiais que ele pode trabalhar, as formas que pode fazer, o tamanho do lote econômico, os atributos relacionados com a forma e as características físicas, e os valores padrões de parâmetros do modelo de custo (os quais podem ser substituídos). Ele termina com uma breve documentação sob a forma de diretrizes, notas técnicas e utilizações típicas. Os atributos numéricos são armazenados como faixas, que indicam o alcance da capacidade do processo. Cada registro está ligado a registros para os materiais com o qual ele é compatível, permitindo que a escolha de material seja usada como um critério de triagem, como a matriz de compatibilidade de material na Figura 7.3, porém com melhor resolução. Uma lista curta de candidatos é extraída em duas etapas: triagem para eliminar processos que não podem cumprir a especificação de projeto e classificação usando o modelo de custo nas situações em que este estiver disponível.

TABELA 7.10. **Parte de um registro para um processo**

Moldagem por injeção
O processo. O processo mais largamente usado para conformação de termoplástico é a máquina de moldagem por injeção de parafuso sem fim, mostrada no esquema. Grânulos de polímero são alimentados em uma prensa espiral, onde são aquecidos, misturados e amolecidos a uma consistência semelhante a uma massa que é forçada através de um ou mais canais ("sprues") na matriz. O polímero solidifica sob pressão e o componente é, então, ejetado.
Termoplásticos, termorígidos e elastômeros também podem ser moldados por injeção. Coinjecção permite a moldagem de componentes com diferentes materiais, cores e características. A moldagem de espuma por injeção permite a produção econômica de grandes componentes moldados usando gás inerte ou agente de expansão químico para fazer componentes que tenham uma casca sólida e uma estrutura interna celular.

Compatibilidade de material	
Se liga a	Termoplásticos
Compatibilidade de forma	
Prismático Circular	✓
Prismático Não-circular	✓
Sólido 3-D	✓
3-D Vazado	✓
Compatibilidade econômica	
Tamanho do lote econômico (unidades)	10^4–10^6
Atributos físicos e de qualidade	
Faixa de massa	0,01–25 kg
Faixa de espessura de seção	0,4–6,3 mm
Tolerância	0,2–1 mm
Rugosidade	0,2–1,6 µm
Rugosidade superficial (A= muito suave)	A
Modelagem de custo	
Custo de capital	3×10^4–7×10^5 (dólares americanos)
Fração de utilização de material	0,6–0,9
Taxa de produção (unidades)	60–1.000/h
Custo de ferramental	3.000–30.000 dólares americanos
Vida de ferramenta (unidades)	10^4–10^6
Documentação	

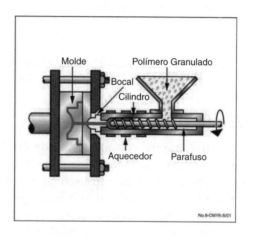

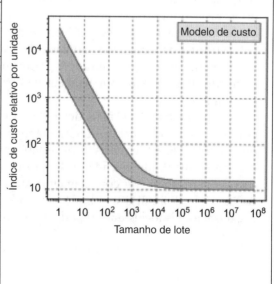

278   Seleção de Materiais no Projeto Mecânico

TABELA 7.10. **Parte de um registro para um processo** *(Cont.)*

Diretrizes de projeto. A moldagem por injeção é a melhor maneira de produzir em massa componentes de polímero pequenos e precisos, com formas complexas. O acabamento superficial é bom; textura e padrão podem ser facilmente alterados na ferramenta, e os detalhes finos se reproduzem bem. Os rótulos decorativos podem ser moldados na superfície do componente. A única operação de acabamento é a remoção do canal (sprue).

Notas técnicas. A maioria dos termoplásticos pode ser moldada por injeção, embora aqueles com altas temperaturas de fusão (por exemplo, PTFE) sejam difíceis. Compósitos à base de termoplásticos (preenchidos com fibra curta e partículas) podem ser processados, desde que o carregamento de reforço não seja muito grande. Não são recomendadas grandes alterações na área da seção. Pequenos ângulos reentrantes e formas complexas são possíveis, embora algumas características (por exemplo, rebaixos, roscas de parafuso, insertos) possam resultar em custos de ferramental aumentados.

Usos típicos. Caixas, recipientes, tampas, botões, cabos de ferramentas, conexões de encanamento, lentes, brinquedos etc.

Mais informação sobre seleção auxiliada por computador pode ser encontrada nas fontes listadas por Granta Design (2016), na Leitura Adicional.

7.7 Resumo e conclusões

Uma ampla gama de processos de conformação, união e acabamento está disponível para o engenheiro de projeto. Cada um tem certas características que, tomadas em conjunto, são adequadas ao processamento de certos materiais em certas formas, mas não ao processamento de outros. A abordagem estruturada e sistemática deste capítulo guia o usuário para processos que são compatíveis com o material, a forma e a escala de produção requerida pelo projeto.

O método segue as mesmas linhas do utilizado para seleção de material, usando matrizes e diagramas de seleção de processos para implementar o procedimento. O projeto de um componente dita certa combinação conhecida de atributos de processo e diagramas de seleção identificam um subconjunto de processos capazes de fornecê-los. O método se presta a implementação em computador, permitindo seleção dentro de um grande portfólio de processos por triagem de atributos e classificação por critérios econômicos.

É claro que há muito mais do que isso na seleção de processos. Porém, ela deve ser vista como uma primeira etapa sistemática que substitui uma dependência total na experiência local e em prática passada. O estreitamento da escolha é uma ajuda considerável: agora é muito mais fácil identificar a fonte correta para obter um conhecimento mais especializado e fazer as perguntas certas a ela. Porém, a escolha final ainda depende de fatores econômicos e organizacionais locais que só podem ser decididos caso a caso.

Seleção de processos e custo   279

7.8 Leitura adicional

ASM Handbook Series (1971-2016) Volume 4, Heat Treatment, Volume 5, Surface Engineering, Volume 6, Welding, Brazing and Soldering, Volume 7, Powder Metal Technologies, Volume 14, Forming and Forging, Volume 15, Casting, Volume 16, Machining. Ohio: ASM International, Metals Park. *(Um conjunto abrangente de manuais de processamento, atualizado ocasionalmente e agora disponível online em www.asminternational.org/hbk/index.jsp.)*

Bralla, J.G. (1998) Design for Manufacturability Handbook. 2ª ed. New York: McGraw-Hill. ISBN 0-07-007139-X. *(Leitura volumosa, mas uma rica mina de informações sobre processos de fabricação.)*

Budinski, K.G.; Budinski, M.K. (2010) Engineering Materials, Properties and Selection. 9ª ed. New Jersey: Prentice Hall. ISBN 978-0-13-712842-6. *(Um texto muito respeitado sobre o processamento e a utilização de materiais de engenharia.)*

Campbell, J. (1991) Casting. Oxford: Butterworth Heinemann. *(A ciência e a tecnologia fundamentais de processos de fundição.)*

Clark, J.P.; Field, F.R. (1997) Techno-economic issues in materials selection. Metals Park: American Society for Metals. Ohio *(Um artigo que delineia os princípios da modelagem de custo técnico e sua utilização na indústria automobilística.)*

Dieter, G.E. (1991) Engineering Design, a Materials and Processing Approach. 2ª ed. New York: McGraw-Hill. ISBN 0-07-100829-2. *(Um texto bem equilibrado e muito respeitado que foca o lugar dos materiais e do processamento no projeto técnico.)*

Dieter, G.E.; Schmidt, L.C. (2009) Engineering Design. 4ª ed. New York: McGraw Hill. ISBN 978-0-07-283703-2. *(O professor Dieter é pioneiro na apresentação do projeto a partir da perspectiva de materiais. O livro contém um capítulo notável sobre conceitualização.)*

Esawi, A.; Ashby, M.F. (1998) Computer-based selection of manufacturing processes: methods, software and case studies. Proc. Inst. Mech. Eng. 212, 595-610. *(Um artigo que descreve o desenvolvimento e a utilização do banco de dados CES para seleção de processos.)*

Grainger, S.; Blunt, J. (1998) Engineering Coatings, Design and Application. Cambridge: Abington Publishing. *(Um manual de processos de tratamento de superfície para melhorar a sua durabilidade – que em geral significa dureza da superfície.)*.

Granta Design (2016) "The CES EduPack" and Teaching Resources. Disponível em http://www.grantadesign.com/education/teaching/.

Houldcroft, P. (1990) Which Process. Cambridge: Abington Publishing. ISBN 1-85573-008-1. *(O título desse livro útil é enganador – trata apenas de um subconjunto de processos de união: a soldagem de aços. Mas nesse assunto ele é bom, combinando o processo com os requisitos de projeto.)*.

Kalpakjian, S.; Schmid, S.R. (2008) Manufacturing Processes for Engineering Materials. 5ª ed. New Jersey: Prentice Hall. ISBN 978-0-13-227271-1. *(Um texto abrangente e amplamente usado sobre processamento de materiais.)*

Kalpakjian, S.; Schmidt, S.R. Manufacturing Engineering and Technology, 7ª ed., 2013. Prentice Hall, New Jersey, ISBN-13: 9780133128741. *(Um texto abrangente e amplamente usado sobre processamento de materiais.)*

Shackelford, J.F. (2014) Introduction to Materials Science for Engineers. 8ª ed. New Jersey: Prentice Hall. ISBN 978-0133789713. *(Um texto bem estabelecido sobre materiais com um viés de projeto.)*

Swift, K.G.; Booker, J.D. (2003) Process Selection, From Design to Manufacture. 2ª ed. Londres: Arnold. ISBN 9780750654371. *(Detalhes de 48 processos em formato padrão, estruturados para guiar a seleção de processos.)*

Swift, K.G.; Booker, J.D. (2013) Manufacturing Process Selection Handbook. Oxford: Butterworth Heinemann.

Tempelman, E.; Shercliff, H.; van Eyben, B.N. (2014) Manufacturing and Design. Oxford: Butterworth Heinemann. ISBN 978-0-08-099922-7. *(Um texto que explora os princípios de fabricação, relacionando com a função, qualidade e o custo.)*.

Wise, R.J. (1999) Thermal Welding of Polymers. Cambridge: Abington Publishing. UK, ISBN 1-85573-495-8. *(Uma introdução à soldagem térmica de termoplásticos.)*.

7.9 Exercícios

Estes são exercícios de Seleção de Processos usando matrizes, os modelos simples e métodos mais sistemáticos desenvolvidos no texto.

E7.1. *Selecionando processos de conformação.* Um processo é buscado para fazer o braço oscilante mostrado aqui. Ele deve ser feito de liga de alumínio-silício. A forma é "sólido 3-D". A corrida de produção esperada (tamanho do lote) é de 2.000 unidades. Seu peso é de cerca de 1 kg. A rugosidade superficial e a tolerância não são críticas porque os furos e as saliências serão usinadas para o tamanho final.

Um braço oscilante

FIGURA E7.1

E7.2. Um corpo de câmera é mostrado à direita. O projeto requer que ele seja feito de liga de magnésio e que a corrida de produção inicial seja de 10.000 unidades. Exigem que você sugira um processo pelo qual a forma pode ser feita. Acabamento superficial e a tolerância devem ser altos. Use as matrizes das Figuras 7.3, 7.4 e 7.6 para identificar candidatos potenciais. Exponha os resultados em uma tabela como a do exemplo no texto.

FIGURA E7.2
https://en.wikipedia.org/wiki/Magnesium_alloy#/media/File:Samsung_NX1_chassis.jpg

E7.3. O bagageiro de teto de carro mostrado na imagem deve ser feito de poliéster reforçado com fibra de vidro em um lote de 10.000. Ele deve ser feito utilizando dois componentes do tipo casca separados — uma metade superior e outra inferior. Quais processos estão disponíveis para conformá-los? Use as matrizes das Figuras 7.3, 7.4 e 7.6 para identificar candidatos potenciais.

Um bagageiro
de teto

FIGURA E7.3
De: https://commons.wikimedia.org/wiki/File:Thule_Dynamic_roof_box_%2811726731603%29.jpg

E7.4. Espumas metálicas podem ser feitas primeiramente fazendo uma célula aberta de espuma de polímero, então embebendo-a em gesso, queimando o polímero e forçando metal sob pressão dentro do molde resultante para replicar a espuma. Se as paredes da célula da espuma polimérica são cilíndricas com diâmetro de 0,5 mm, qual pressão será necessária para replicá-la usando uma liga de zinco de fundição em matriz? A tensão superficial da liga de zinco é de 0,76 J/m².

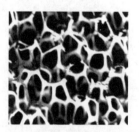

Uma espuma de metal feita
por replicação de uma espuma
de polímero.

FIGURA E7.4

E7.5. Um lingote de cobre é comprimido entre duas bigornas. Se o limite de escoamento σ_y do cobre é de 80 MPa e o coeficiente de atrito μ na interface entre o cobre e a bigorna é 0,1, qual é a máxima pressão de forjamento no centro do lingote quando a proporção $2w/h$ é de 20:1?

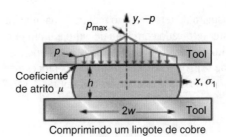

Figura E7.5

E7.6. Um imã cilíndrico deve ser feito de Alnico (uma liga ferro-alumínio-níquel-cobalto) por compactação de pó e sinterização. A proporção do cilindro, $h/2r$, é de 2. O coeficiente de fricção μ do pó com a parede da matriz, se não lubrificada, é de 0,5. Por qual fator a pressão de compactação cairá no plano médio do cilindro por causa do atrito na parede da matriz? Se, ao invés disso, um lubrificante é misturado com o pó (ele será evaporado durante a sinterização), que reduz o coeficiente de atrito para 0,05, de quanto será a queda de pressão de compactação no plano médio?

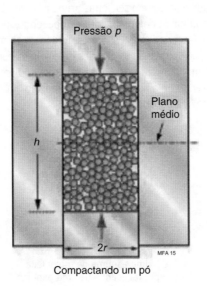

Figura E7.6

E7.7. *Quadrante de controle de elevador.* O quadrante que aparece aqui no desenho esquemático é parte do sistema de controle para o elevador da asa de uma aeronave comercial. Ele é feito de uma liga leve (alumínio ou magnésio) com a forma mostrada na figura. Ele pesa aproximadamente 5 kg. A espessura de seção mínima é 5 mm e — exceto nas superfícies do mancal — os requisitos para o acabamento e a precisão da superfície não são rigorosos: acabamento de superfície ≤ 10 μm e precisão ≤ 0,5 mm. As superfícies do mancal exigem acabamento de superfície ≤ 1 μm e precisão ≤ 0,05 mm. A corrida de produção planejada é de 100 unidades.

Quadrante de controle de elevador

FIGURA E7.7

E7.8. *Carcaça para um plugue elétrico.* O plugue elétrico é talvez o mais comum dos produtos elétricos. Ele tem vários componentes: carcaça, pinos, conectores; uma braçadeira de cabo; fechos mecânicos; e, em alguns plugues, um fusível. A tarefa é investigar os processos para conformar a carcaça isolante, que é composta por duas peças e que, por razões de segurança, é feita de um polímero termofixo. Cada peça pesa aproximadamente 30 gramas e deve ser feita em uma única etapa, com lote de produção planejado de 2×10^6 peças. As tolerâncias exigidas de 0,3 mm e rugosidade superficial de 1 μm devem ser conseguidas sem operações secundárias.

Plugue elétrico

FIGURA E7.8

a. Faça uma lista de função e restrições, deixe o objetivo em branco e determine "Escolha de processo" como a variável livre.
b. Use os diagramas das Figuras 7.3, 7.4 e 7.6 para identificar processos para fabricar a carcaça.

E7.9. *Válvulas de cerâmica para torneiras.* Poucas coisas são mais irritantes do que uma torneira pingando. Torneiras pingam porque a arruela de borracha está desgastada ou o assento de latão foi atacado pela corrosão, ou ambos. Cerâmicas têm boa resistência ao desgaste e excelente resistência à corrosão tanto em água pura quanto em água salgada. Atualmente, muitas torneiras domésticas usam válvulas de cerâmica.

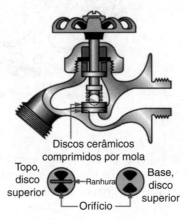

Figura E7.9

O desenho esquemático mostra como elas funcionam. Uma válvula de cerâmica consiste em dois discos montados um sobre o outro, comprimidos por mola de modo que suas faces estão em contato. Cada disco tem diâmetro de 20 mm, uma espessura de 3 mm, e pesa cerca de 10 gramas. Para vedar bem, as superfícies de contato dos dois discos devem ser planas e lisas, o que exige altos níveis de precisão e acabamento superficial; o valor típico para a tolerância é < 0,02 mm e para a rugosidade superficial, < 0,1 μm. A face externa de cada um tem uma ranhura que o assenta e permite que o disco superior gire 90° (um quarto de volta). Na posição "fechada", os orifícios no disco superior são bloqueados pela parte sólida do disco inferior; na posição "aberta", os orifícios estão alinhados. Pretende-se uma corrida de produção de 10^5–10^6 unidades. A tarefa é selecionar o processo que faz os discos de cerâmica.
    a. Faça uma lista de função e restrições, deixe o objetivo em branco e determine "Escolha de processo" como a variável livre.
    b. Use os diagramas das Figuras 7.3, 7.4 e 7.6 para identificar processos para fabricar os discos de cerâmica.

E7.10. *Conformação de garrafas de plástico.* Garrafas de polietileno são usadas para conter fluidos tão variados quanto leite e óleo de motor. Uma garrafa de polietileno típica pesa cerca de 30 gramas e tem espessura da parede de aproximadamente 0,8 mm. A forma é tridimensional vazada. O tamanho

FIGURA E7.10

do lote é grande (1.000.000 garrafas). Qual processo deve ser usado para fabricá-las?
  a. Faça uma lista de função e restrições, deixe o objetivo em branco e determine "Escolha de processo" como a variável livre.
  b. Use os diagramas das Figuras 7.3, 7.4 e 7.6 para identificar processos para fabricar as garrafas.

E7.11. *Capô de carro.* Como a economia de peso adquire maior importância no projeto de automóveis, a substituição de peças de aço por substitutas de compósitos polimérico torna-se cada vez mais atraente. Pode-se economizar peso substituindo um capô de aço por um feito de um compósito termofixo. O peso do capô depende do modelo do carro: um típico capô de compósito pesa de 8 a 10 kg. A forma é uma chapa côncava e os requisitos para tolerância e rugosidade são 1 mm e 2 μm, respectivamente. A corrida de produção pretendida é de 100.000 unidades.

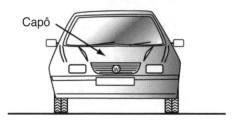

FIGURA E7.11

  a. Faça uma lista de função e restrições, deixe o objetivo em branco e determine "Escolha de processo" como a variável livre.
  b. Use os diagramas das Figuras 7.3, 7.4 e 7.6 para identificar os processos de fabricação do capô.

E7.12. *Seleção de processos de união.* Esse exercício e o seguinte exigem a utilização do software CES EduPack Materials Selection.
  a. Use o software CES para selecionar um processo de união que cumpra os seguintes requisitos.

Função	• Criar uma junta de topo permanente entre duas chapas de aço
Restrições	• Classe de Material: aço carbono • Geometria da junta: junta de topo • Espessura da seção: 8 mm Restrições • Permanente técnicasw • Impermeável
Objetivos	–
Variáveis livres	• Escolha do processo

b. Use o software CES para selecionar um processo de união que cumpra os seguintes requisitos.

Função	• Criar uma junta sobreposta entre vidro e polímero, desmontável e impermeável
Restrições	• Classe de Material: vidro e polímero • Geometria da junta: junta sobreposta • Espessura da seção: 4 mm Restrições • Desmontável técnicas • Impermeável
Objetivos	–
Variáveis livres	• Escolha do processo

E7.13. *Seleção de processos de tratamento de superfície.* Esse exercício, como o anterior, requer a utilização do software CES EduPack Materials Selection.

  a. Use CES para selecionar um processo de tratamento superficial que cumpra os seguintes requisitos.

Função	• Aumentar a dureza superficial e a resistência ao desgaste de um componente de aço alto carbono
Restrições	• Classe de Material: aço carbono Restrições • Aumentar a dureza superficial técnicas e a resistência ao desgaste
Objetivos	–
Variáveis livres	• Escolha do processo

b. Use CES para selecionar um processo de tratamento superficial que cumpra os seguintes requisitos.

Função	• Aplicar cor e padrão à uma superfície curva de uma moldagem de polímero
Restrições	• Classe de Material: termoplástico • Propósito do tratamento: estético, cor Restrições • Cobertura de superfície curva: bom técnicas ou muito bom
Objetivos	–
Variáveis livres	• Escolha do processo

E7.14. *Custo*. Um método é procurado para moldar contêineres de pescoço longo mostrados na imagem. Sugeriu-se que eles poderiam ser moldados por sopro, por injeção ou por rotação. A tabela a seguir lista os valores aproximados para os parâmetros a serem inseridos no modelo de custo. Use-os para avaliar a escolha de processo mais barata.

FIGURA E7.14

Parâmetros	Moldagem por sopro	Moldagem por injeção	Moldagem por rotação
Custo de material, $mC_m/(1-f)$ ($)	0,1	0,1	0,1
Custos indiretos $\dot{C}_{oh}$ ($ por hora)	100	100	100
Tempo de amortização de capital t_{wo} (anos)	5	5	5
Fator de carga	0,5	0,5	0,5
Custo de ferramental dedicado, C_t($)	3.000	10.000	5.000
Custo de capital, C_c($)	16.000	160.000	6.800
Taxa de produção, $\dot{n}$ (por hora)	270	240	8

Capítulo 8
Múltiplas restrições e objetivos conflitantes

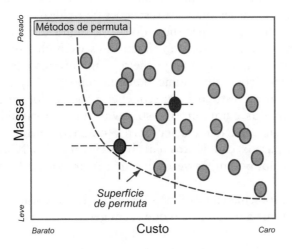

Resumo

Com frequência a seleção de um material envolve a satisfação de várias restrições. Pode-se lidar com isso de modo direto: aplicar as restrições em sequência, rejeitando em cada etapa os materiais que não conseguem atendê-las. E também envolve mais de um objetivo, e aqui o conflito é mais severo: a escolha de materiais que melhor atendam a um objetivo não será geralmente aquilo que melhor atenda aos outros. Resolver isso requer métodos de permuta, combinando os objetivos em uma única função de penalidade para a qual um mínimo é procurado.

Palavras-chave: Múltiplas restrições; objetivos conflitantes; métodos de permuta; funções penalidade; constantes de troca; fatores de ponderação.

8.1 Introdução e sinopse

A maioria das decisões que tomamos na vida envolve permutas. Às vezes, a permuta se depara com restrições conflitantes: tenho de pagar uma conta, mas também aquela outra — pagamos a que for mais urgente. Outras vezes, a permuta deve ponderar objetivos divergentes: quero ser rico, mas também quero ser feliz — e resolver isso é mais difícil porque riqueza raramente é medida com as mesmas unidades da felicidade.

O mesmo ocorre com a seleção de materiais e processos. A seleção deve satisfazer várias restrições, muitas vezes conflitantes. No projeto de uma longarina para a asa de uma aeronave, o peso deve ser minimizado, com restrições relacionadas com rigidez, resistência à fadiga, tenacidade e geometria. No projeto de um copo descartável para bebidas quentes, o custo é o que importa; deve ser minimizado ao ser sujeito a restrições de rigidez, resistência e condutividade térmica, embora a experiência dolorosa sugira que às vezes os projetistas desprezam a última. Cada um destes dois exemplos tem um objetivo de projeto (minimização de peso no primeiro e minimização de custo no segundo) com muitas restrições, uma situação que já vimos no Capítulo 4. Sua solução é direta: aplicar as restrições em sequência, rejeitando, em cada etapa, os materiais que não as cumprem. Os sobreviventes são candidatos viáveis. Classificá-los por sua capacidade de cumprir o objetivo único e então explorar a documentação para os candidatos mais bem-classificados. Normalmente isso resolve a situação, porém, às vezes, há uma reviravolta adicional, descrita na Seção 8.2.

Uma segunda classe de problema envolve mais de um objetivo, e aqui o conflito é mais sério. Uma vez que a natureza é o que é, em geral, um material que é escolhido porque cumpre de modo melhor um objetivo normalmente não é o que melhor cumprirá os outros. O projetista encarregado de selecionar um material para uma longarina de asa que deve ser ao mesmo tempo leve *e* barata enfrenta uma dificuldade óbvia: os materiais mais leves nem sempre são os mais baratos, e vice-versa. Para fazer algum progresso, o projetista precisa de um modo para permutar peso em relação a custo, e este é um problema que não tínhamos encontrado até agora.

Há vários modos rápidos, embora subjetivos, de lidar com múltiplas restrições e objetivos conflitantes: o *método de fatores de ponderação* e métodos que empregam *lógica difusa* — eles serão discutidos no apêndice ao final deste capítulo. Eles são um bom modo de entrar no problema, por assim dizer, porém dependem muito de critério pessoal; a natureza subjetiva desses métodos deve ser reconhecida. A subjetividade é eliminada mediante o emprego do *método da restrição ativa* para resolver restrições múltiplas (Seção 8.2) e da combinação de objetivos conflitantes em uma única *função penalidade* (Seção 8.3). Essas são ferramentas-padrão de otimização multicritérios. Para usá-las, temos de adotar, neste capítulo, a convenção de que todos os objetivos são expressos como quantidades a serem *minimizadas*; sem isso, o método da função penalidade não funciona.

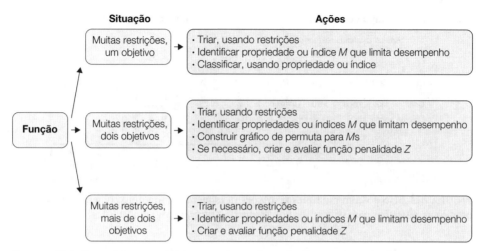

FIGURA 8.1. Estratégias para lidar com seleção de múltiplas restrições e objetivos conflitantes.

Agora vamos ao que é importante. A Figura 8.1 é o roteiro. Começamos na rota na parte superior da figura e prosseguimos para baixo.

8.2 Seleção com múltiplas restrições

Quase todos os problemas de seleção de material são super-restringidos, o que significa que há mais restrições do que variáveis livres. Nós já vimos múltiplas restrições nos Capítulos 4 e 5. Recapitulando, eles são abordados identificando as restrições e o objetivo impostos pelos requisitos de projeto e aplicando as seguintes etapas.

• *Triar*, usando uma restrição por vez, rejeitando todos os materiais que falham em cumprir qualquer restrição.
• *Classificar*, usando a métrica de desempenho que descreve o objetivo (muitas vezes massa, volume ou custo), ou simplesmente pelo valor do índice de mérito que aparece na equação para a métrica.
• *Procurar documentação* para os candidatos mais bem-classificados e usá-la para fazer a escolha final.

As etapas 1 e 2 são ilustradas na Figura 8.2, que consideramos a metodologia central. O retângulo à esquerda representa triagem por imposição de restrições relacionadas com as propriedades, com os requisitos como resistência à corrosão, ou com a capacidade de ser processado de certo modo. O da direita — aqui um diagrama de barras para o custo dos candidatos sobreviventes — indica como os sobreviventes com os menores custos são encontrados e são classificados. Tudo muito simples.

Mas não tão rápido. Há uma pequena reviravolta. Ela se refere ao caso especial de um único objetivo que pode ser limitado por mais de uma restrição. Como exemplo, os requisitos para um tirante de união de massa mínima poderiam especificar ambas, rigidez *e* resistência, o que resultaria em duas

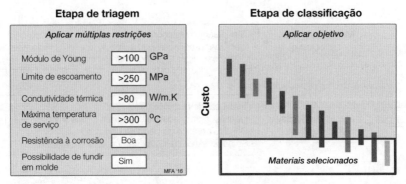

FIGURA 8.2. Seleção com múltiplas restrições (à esquerda) e um único objetivo. Triar usando as restrições e classificar usando o objetivo (ver caderno colorido).

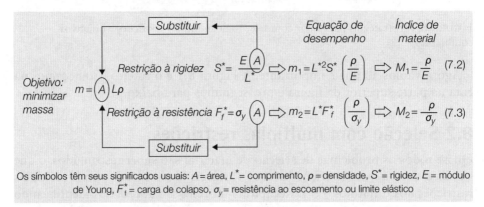

FIGURA 8.3. Um único objetivo (aqui, minimizar massa) com duas restrições resulta em duas equações de desempenho, cada uma com seu próprio valor de índice M.

equações independentes para a massa. Seguindo exatamente as etapas da Equação (4.3), Capítulo 4, a situação é descrita pela cadeia de raciocínio mostrada na Figura 8.3.

Se a rigidez é a restrição dominante, a massa da haste é m_1; se é a resistência, a massa é m_2. Se o tirante deve cumprir ambos os requisitos, sua massa tem de ser a maior entre m_1 e m_2. Escrevendo

$$\tilde{m} = \max(m_1, m_2) \qquad (8.3)$$

procuramos o material que oferece o menor valor de $\tilde{m}$. Esse é um exemplo de um problema "mín–máx", que não é incomum no mundo da otimização. Buscamos o menor valor (mín) de uma métrica que é o maior valor (máx) de duas ou mais alternativas.

O método analítico. Métodos poderosos existem para resolver problemas mín–máx quando a métrica (neste caso, massa) é uma função contínua das variáveis de controle (as coisas que estão do lado direito das duas equações de desempenho mostradas na Figura 8.3). Porém, aqui, uma das variáveis de controle é o

Múltiplas restrições e objetivos conflitantes   293

material, e estamos lidando com uma população de materiais, cada um dos quais tem seus próprios e únicos valores de propriedades do material. O problema é discreto, e não contínuo.

Um modo de resolver o problema é avaliar ambas, m_1 e m_2, para cada membro da população, designar a maior das duas a cada membro e então classificar os membros pelo valor designado, procurando um mínimo. Aqui temos um exemplo.

Exemplo

Precisa-se de um tirante leve de comprimento L, rigidez S e carga de colapso F_f especificados com os valores:

$$L^* = 1\text{m} \quad S^* = 3 \times 10^7 \text{N} / \text{m} \quad F_f^* = 10^5 \text{N}$$

Resposta

Substituindo esses valores e as propriedades do material mostradas na tabela a seguir nas Equações (8.1) e (8.2) da Figura 8.3, temos os valores para m_1 e m_2 mostrados na tabela. A última coluna mostra $\tilde{m}$ calculado pela Equação (8.3). Os menores valores são sublinhados. Para esses requisitos de projeto, Ti-6-4 é enfaticamente a melhor escolha: permite o tirante mais leve que satisfaz ambas as restrições.

Seleção de um material para um tirante leve, rígido e forte

Material	ρ (kg/m³)	E (GPa)	σy (MPa)	m_1 (kg)	m_2 (kg)	$\tilde{m}$ (kg)
Aço 1020	7.850	200	320	1,12	2,45	2,45
Alumínio 6061	2.700	70	120	1,16	2,25	2,25
Ti-6-4	4.400	115	950	1,15	0,46	1,15

Se agora mudarmos as restrições para

$$L^* = 3\text{m} \quad S^* = 10^8 \text{N} / \text{m} \quad F_f^* = 3 \times 10^4 \text{N}$$

a seleção muda. Agora o aço é a melhor escolha: proporciona o tirante mais leve que satisfaz todas as restrições. Experimente.

Quando há 3.000 materiais e não apenas três entre os quais escolher, podemos usar simples códigos de computador para ordená-los e classificá-los. Porém, falta a essa abordagem numérica o imediatismo visual e o estímulo para o raciocínio criativo que um método mais gráfico permite. Descrevemos o método gráfico a seguir.

O *método gráfico*. Suponha, para uma população de materiais, que construímos o gráfico de m_1 em relação a m_2 como sugerido pela Figura 8.4, à esquerda. Cada bolha representa um material. Todas as variáveis em ambas as equações para m_1 e m_2 são especificadas, exceto o material, de modo que a única diferença entre uma bolha e outra é o material. Queremos minimizar massa, portanto as melhores escolhas encontram-se em algum lugar próximo da parte inferior esquerda. Mas onde, exatamente? Se a rigidez for primordial e a resistência desimportante, a escolha será seguramente diferente da que faríamos se o oposto fosse válido. A linha $m_1 = m_2$ separa o diagrama em duas regiões. Em uma, $m_1 > m_2$ e a restrição 1 (rigidez) é dominante. Na outra, $m_2 > m_1$ e a restrição 2 (resistência) domina. Na região 1, nosso objetivo é minimizar m_1, visto que ela é a maior das duas; na região 2, vale o oposto. Isso define um envelope de seleção com a forma de um canto de retângulo (em preto) cujo vértice encontra-se sobre a linha $m_1 = m_2$. Quanto mais empurrarmos o retângulo em direção da parte inferior esquerda, menor será $\tilde{m}$. A melhor escolha é o último material que restar dentro do retângulo.

Isso explica a ideia, porém há um modo melhor de implementá-la. A Figura 8.4, à esquerda, cujos eixos são m_1 e m_2, é específica para valores únicos de L^*, S^* e F_f^*; se essas quantidades mudarem, precisaremos de um novo diagrama. Suponha, ao contrário, que construímos o gráfico dos índices de materiais $M_1 = \rho/E$ e $M_2 = \rho/\rho_y$ que estão contidos nas equações de desempenho, como mostrado na Figura 8.4 (à direita). Cada bolha ainda representa um material, mas agora sua posição depende somente das propriedades do material, e não dos valores de L^*, S^* e F_f^*. A condição $m_1 = m_2$, substituída nas Equações (8.1) e (8.2), resulta na relação

$$M_2 = \left(\frac{L^* S^*}{F_f^*}\right) M_1 \tag{8.4}$$

ou, em escala logarítmica

$$Log(M_2) = Log(M_1) + \log\left(\frac{L^* S^*}{F_f^*}\right) \tag{8.5}$$

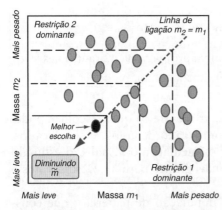
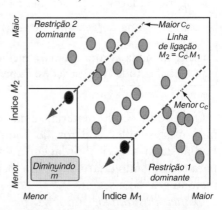

FIGURA 8.4. A abordagem gráfica para problemas mín–máx. Esquerda: seleção conjugada usando métricas de desempenho (aqui, massa m). Direita: uma abordagem mais geral: seleção conjugada usando índices de materiais M e uma constante de ligação C_c. Os eixos são logarítmicos (ver caderno colorido).

Essa expressão descreve uma linha de inclinação 1, em uma posição que depende do valor de $L*S*/F_f^*$. Referimo-nos a essa linha como a *linha de ligação* e a $L*S*/F_f^*$ como a *constante de ligação*, símbolo Cc. A estratégia de seleção continua a mesma: um canto de retângulo, cujo vértice está sobre a linha de ligação, é empurrado para baixo na direção da parte inferior esquerda. Porém, agora, o diagrama é mais geral, abrangendo todos os valores de L^*, S^* e F_f^*. Mudar qualquer um desses, ou a geometria do componente (aqui descrita por L^*), move a linha de ligação e muda as seleções.

Os exemplos aplicados serão apresentados no Capítulo 9.

8.3 Objetivos conflitantes

A seleção de materiais na vida real quase sempre exige que se chegue a um compromisso entre objetivos conflitantes. Três aparecem o tempo todo. Eles são:

• Minimizar *massa* – uma meta comum no projeto de coisas que se movem ou que têm de ser movidas, ou que oscilam ou que devem responder rapidamente a uma força limitada (pense nos sistemas de transportes aeroespaciais e terrestres).

• Minimizar *volume* – porque é usado menos material e porque espaço está cada vez mais precioso (pense no drive para telefones celulares cada vez mais finos, computadores portáteis, tocadores de MP3... e na necessidade de acondicionar cada vez mais e mais funcionalidades em um volume fixo).

• Minimizar *custo* – a lucratividade depende da diferença entre custo e valor (falaremos mais sobre isso nos Capítulos 13 e 16); o modo mais óbvio de aumentar a lucratividade é reduzir o custo. A esses temos de adicionar um quarto objetivo;

• Minimizar *impacto ambiental* – o dano causado aos nossos arredores pela produção do material, fabricação do produto e utilização do produto (Capítulo 14).

Existem, claro, outros objetivos específicos a determinadas aplicações. Alguns são apenas um dos quatro que já citamos, mas em palavras diferentes. O objetivo de maximizar a *razão potência/peso* traduz-se na minimização da massa para uma determinada produção de potência. Maximizar *armazenagem de energia* em uma mola, bateria ou volante significa minimizar o volume para uma determinada energia armazenada. Alguns objetivos podem ser quantificados em termos de engenharia, como maximizar confiabilidade. Outros não podem, como maximizar o apelo ao consumidor — um amálgama de desempenho, estilo, imagem e marketing (Capítulo 15).

Portanto, temos quatro objetivos comuns, cada um caracterizado por uma métrica de desempenho P_i. Ao menos dois estarão envolvidos no projeto de quase qualquer produto. O conflito surge porque a escolha que otimiza um objetivo, normalmente, não fará o mesmo para os outros; assim, a melhor escolha é um compromisso, que não otimiza nenhum deles, mas os deixa tão próximos de seus ótimos quanto sua interdependência permitir. E isso destaca o problema central: como comparar massa com custo, ou volume com impacto ambiental? Diferentemente das equações de desempenho mostradas na Figura 8.3, cada um é medido em unidades diferentes; são incompatíveis.

Precisamos de estratégias para lidar com isso. Elas aparecerão em um momento. Primeiro, algumas definições.

Estratégias de permuta. Considere a escolha de material para minimizar tanto custo (métrica de desempenho P_1) quanto massa (métrica de desempenho P_2), e ao mesmo tempo cumprir um conjunto de restrições como temperatura de serviço máxima exigida, ou resistência à corrosão em certo ambiente. Seguindo a terminologia padrão da teoria das otimizações, definimos uma *solução* como uma escolha viável de material, que cumpre todas as restrições, mas não é necessariamente ótima para qualquer dos objetivos. A Figura 8.5 (à esquerda) é um gráfico de P_1 em relação a P_2 para soluções alternativas, e cada bolha descreve uma delas. As soluções que minimizam P_1 não minimizam P_2, e vice-versa. Algumas soluções, como as em **A**, estão longe de serem ótimas — todas as soluções dentro do canto de retângulo ligado a **A** têm valores mais baixos de ambas, P_1 e P_2. Diz-se que soluções como **A** são *dominadas* por outras. Soluções como as em **B** têm a seguinte característica: não existe nenhuma outra solução com valores mais baixos de ambas, P_1 e P_2. Diz-se que são soluções *não dominadas*. A linha ou superfície sobre a qual elas se encontram é denominada *superfície de permuta* não dominada ou ótima. Os valores de P_1 e P_2 correspondentes ao conjunto de soluções não dominadas são chamados *conjunto de Pareto*.

Existem três estratégias para avançar ainda mais. As soluções próximas ou sobre a superfície de permuta oferecem o melhor compromisso; o restante pode ser rejeitado. Muitas vezes isso é suficiente para identificar uma lista curta de materiais, usando intuição para classificá-la, da qual a documentação pode ser procurada (Estratégia 1). Alternativamente (Estratégia 2), um objetivo pode ser reformulado como uma restrição, como ilustrado do lado direito da Figura 8.5. Aqui, foi estabelecido um limite superior para o custo; então, a solução que minimiza a outra restrição pode ser analisada. Mas isso é trapaça: não é uma otimização verdadeira. Para conseguir uma otimização verdadeira precisamos da Estratégia 3: aquela das *funções penalidade*.

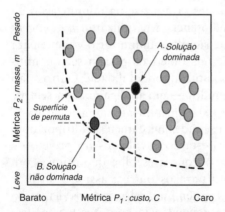 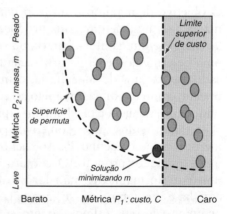

FIGURA 8.5. (Esquerda) Gráfico de permuta para procurar materiais que minimizam ao mesmo tempo massa e custo. Cada bolha é uma *solução* — uma escolha de material que cumpre todas as restrições. (Direita) Gráfico de permuta com uma restrição simples imposta ao custo (ver caderno colorido).

Funções penalidade. A superfície de permuta identifica o subconjunto de soluções que oferece os melhores compromissos entre os objetivos. Em última análise, contudo, queremos uma solução única. Um modo de fazer isso é agregar os vários objetivos em uma única função objetivo, formulada de modo que seu mínimo defina a solução mais preferível. Para fazer isso, definimos uma *função penalidade* Z localmente linear, também chamada de *função de valor* ou *função utilidade*:

$$Z = \alpha_1 P_1 + \alpha_2 P_2 + \alpha_3 P_3 \dots \tag{8.6}$$

A melhor escolha é o material que tem o menor valor de Z. As αs são denominadas *constantes de troca* (ou, de maneira equivalente, constantes de utilidade ou constantes de graduação); elas convertem as unidades de desempenho em unidades de Z, que normalmente são unidades monetárias (moeda – \$). As constantes de troca são definidas por

$$\alpha_i = \left(\frac{\partial Z}{\partial P_i}\right) P_{j, \neq i} \tag{8.7}$$

O método permite encontrar um mínimo local. As constantes de troca medem o incremento na penalidade para uma unidade de incremento em uma métrica de desempenho dada, sendo todas as outras mantidas constantes. Se, por exemplo, a métrica P_2 é a massa m, então α_2 é a mudança em Z associada a um aumento unitário em m. Quando o espaço de busca é grande, é necessário reconhecer que os próprios valores das constantes de troca αi podem depender dos valores das métricas de desempenho Pi.

Frequentemente um dos objetivos a ser minimizado é o custo, C, de modo que $P_1 = C$. Então faz sentido medir a penalidade, Z, nas mesmas unidades, aquelas de moeda. Com essa escolha, uma mudança unitária em C gera uma mudança unitária em Z, o que resulta em $\alpha_1 = 1$, de modo que a Equação (8.6) torna-se

$$Z = C + \alpha_2 P_2 + \alpha_3 P_3 \dots \tag{8.8}$$

Considere agora o exemplo anterior no qual $P_1 = $ custo, C e $P_2 = $ massa, m, de modo que

$$Z = C + \alpha m \tag{8.9}$$

α é agora o valor (\$) referente a um decréscimo unitário de massa (kg) ou, de maneira equivalente, a penalidade (\$) referente a um aumento unitário de massa (kg) e então a suas unidades são \$/kg. Reorganizando a Equação (8.9), temos

$$m = -\frac{1}{\alpha} C + \frac{1}{\alpha} Z \tag{8.10}$$

Este α é a mudança em Z associada a um aumento unitário em m. A Equação (8.10) define uma relação linear entre m e C. O gráfico dessa relação é uma família de linhas de penalidade paralelas, cada uma para um determinado valor de Z, como mostrado na Figura 8.6 (à esquerda). A inclinação das linhas é o inverso da constante de troca, $-1/\alpha$. O valor de Z diminui na direção da parte

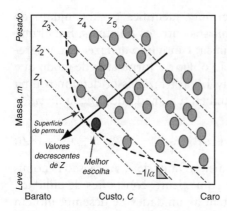 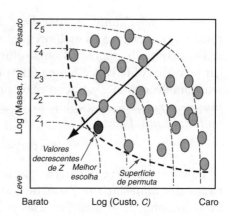

FIGURA 8.6. (Esquerda) Função penalidade Z sobreposta ao gráfico de permuta. O contorno que é tangente à superfície de permuta identifica a solução ótima. (Direita) O mesmo, em gráfico de escalas logarítmicas; agora, a relação linear aparece como linhas curvas (ver caderno colorido).

inferior esquerda: as melhores escolhas encontram-se ali. A solução ótima é a que está mais próxima do ponto no qual uma linha de penalidade é tangencial à superfície de permuta, visto que é a de menor valor de Z. Reduzir a escolha a apenas um candidato nesse estágio não é sensato — ainda não sabemos o que a pesquisa da documentação revelará. Em vez disso, escolhemos o subconjunto de soluções que se encontra mais próximo do ponto de tangência.

Uma pequena peculiaridade. Quase todos os diagramas de seleção de materiais usam escalas logarítmicas, por razões muito boas (Capítulo 3). Uma relação linear, plotada em escalas logarítmicas, se parece com uma curva, como mostrado na Figura 8.6 (à direita). Porém, o procedimento continua o mesmo: os melhores candidatos são os que estão mais próximos do ponto em que uma dessas curvas quase toca a superfície de permuta.

> ### Exemplo: Usando a constante de troca
>
> A constante de troca para economia de peso em caminhões leves é α = $ 12/kg, o que significa que o valor da redução do peso durante a vida útil do veículo é US$ 12 para cada quilograma economizado. Um fabricante desses veículos oferece três modelos. O primeiro usa painéis de aço na carroceria. O segundo usa painéis de alumínio, que custam US$ 2.500 a mais, porém pesam 300 kg a menos. O terceiro oferece painéis de fibra de carbono, que custam US$ 8.000 a mais e pesam 500 kg a menos. Qual é a melhor compra?
>
> **Resposta**
> As funções penalidade para veículos de aço (1) e alumínio (2) são
>
> $$Z_1 = C_1 + \alpha m_1$$
>
> e
>
> $$Z_2 = C_2 + \alpha m_2$$

O veículo de alumínio é atraente somente se seu valor de Z for mais baixo do que o Z do veículo de aço. Calculando:

$$\Delta Z = Z_2 - Z_1 = C_2 - C_1 + \alpha(m_2 - m_1)$$
$$= 2500 - 12 \times 300 = -\$1100$$

O veículo com painéis de alumínio oferece economia de vida de US\$ 1.100 — ele é uma boa compra. Repetindo a comparação para o veículo com painéis de compósito, obtemos um valor ΔZ = +\$ 2.000. Ele não é uma boa compra.

Funções penalidade relativa. Quando procuramos um material melhor para uma aplicação *existente*, como costuma acontecer, é mais proveitoso comparar a nova escolha de material com a existente. Para tal definimos a função penalidade *relativa*

$$Z^* = \frac{c}{c_o} + \alpha^* \frac{m}{m_o} \tag{8.11}$$

na qual o "*o*" subscrito denota as propriedades do material existente e o asterisco * em Z^* e α^* é um lembrete de que agora ambas são adimensionais. A constante de troca relativa α^* mede o ganho fracionário em valor para um determinado ganho fracionário em desempenho. Assim $\alpha^* = 1$ significa que, em Z constante

$$\frac{\Delta C}{C_o} = -\frac{\Delta m}{m_o}$$

e que reduzir a massa à metade vale o mesmo que dobrar o custo.

A Figura 8.7 mostra o gráfico da permuta relativa, aqui em escalas lineares. Os eixos são C/C_o e m/m_o. O material usado atualmente na aplicação aparece nas coordenadas (1, 1). Soluções no quadrante **A** são ao mesmo tempo mais leves e mais baratas do que o material existente, as que aparecem no quadrante **B** são mais baratas, porém mais pesadas, as do setor **C** são mais leves, porém mais caras, e as do setor **D** são desinteressantes. Contornos de Z^* podem ser representados na figura. O contorno que é tangente à superfície de permuta relativa novamente identifica a área de busca ótima. Como antes, quando são usadas escalas logarítmicas, os contornos de Z^* tornam-se curvas. Alguns dos estudos de casos do Capítulo 9 utilizam funções de penalidade relativa.

Portanto, se os valores para as constantes de troca são conhecidos, é possível fazer uma seleção completamente sistemática. Mas esse é um grande "se". Discutiremos isso em seguida.

Valores para as constantes de troca, α. Uma constante de troca é uma medida da penalidade referente a um aumento unitário em uma métrica de desempenho, ou — de um modo mais fácil de entender — é o valor ou "utilidade" de um decréscimo unitário na métrica. Sua magnitude e sinal dependem da aplicação. Assim, a utilidade da economia de peso em um carro de família é pequena, embora significativa; no espaço aéreo, é muito maior. A utilidade da transferência de calor no isolamento de residências está diretamente relacio-

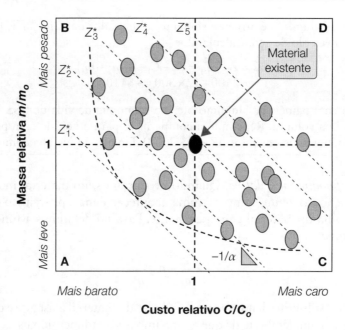

FIGURA 8.7. Um gráfico de permuta relativa, útil para explorar a substituição de um material existente com a finalidade de reduzir massa, ou custo, ou ambos. O material existente encontra-se nas coordenadas (1,1). Soluções no setor A são ao mesmo tempo mais leves e mais baratas (ver caderno colorido).

nada com o custo da energia usada para aquecer a casa; a de um trocador de calor para eletrônicos de potência pode ser muito mais alta porque aumenta o desempenho elétrico. A utilidade pode ser real, o que significa que ela pode ser usada para medir uma economia de custo verdadeira. Mas, às vezes, pode ser percebida, significando que o consumidor, influenciado pela propaganda, imagem ou moda, pagará mais ou menos do que o verdadeiro valor dessas métricas.

Em muitas aplicações de engenharia, as constantes de troca podem ser derivadas aproximadamente de modelos técnicos para o custo da vida útil de um sistema. Assim, a utilidade de economia de peso em sistemas de transportes se deriva do valor do combustível economizado ou do aumento da carga útil, avaliado durante a vida útil do sistema. A Tabela 8.1 mostra valores aproximados para α. O fato mais surpreendente sobre elas é a enorme faixa: a constante de troca depende fortemente da aplicação na qual o material será usado. É isso que está por trás da dificuldade de adotar ligas de alumínio para carros, apesar de sua utilização universal em aeronaves, da utilização muito maior de ligas de titânio em aeronaves militares do que em aeronaves civis e da restrição ao berílio para utilização em veículos espaciais.

Constantes de troca podem ser estimadas de vários modos. O custo de lançar uma carga útil no espaço encontra-se na faixa de US$ 3.000 a US$ 10.000/kg; uma redução de 1 kg no peso da estrutura de lançamento permitiria um aumento correspondente na carga útil, o que gera as faixas de α mostradas na tabela. Argumentos semelhantes, baseados no aumento da

Múltiplas restrições e objetivos conflitantes   301

TABELA 8.1. **Constantes de troca α para a permuta massa–custo em sistemas de transporte**

Setor: Sistemas de transporte		Base da estimativa	Constante de troca, α ($/kg)	Principais materiais estruturais atualmente
	Carro de família	Economia de combustível	4–6	Aço Alumínio
	Caminhão, ônibus	Maior carga útil Economia de combustível	20–40	Alumínio Aço
	Aeronave civil	Maior carga útil Economia de combustível	200–500	Alumínio (Compósito)
	Aeronave militar	Desempenho Maior carga útil	500–1.000	Titânio Compósito
	Veículo espacial	Maior carga útil	5.000–10.000	Compósito avançado Cerâmica

carga útil ou na redução do consumo de combustível, dão os valores mostrados para aeronaves civis, caminhões comerciais e automóveis. Os valores mudam com o tempo, refletindo mudanças nos custos do combustível, na legislação para aumentar a economia de combustível e em outros semelhantes. Circunstâncias especiais podem provocar uma mudança dramática nesses valores — um fabricante de motores a jato que garantiu certa razão potência/peso para seu motor pode estar disposto a pagar mais de US$ 1.000 para economizar um quilograma, se esse é o único modo de conseguir que o que garantiu seja cumprido.

Esses valores para as constantes de troca são baseados em critérios de engenharia. Mais difícil de avaliar são valores com base no valor percebido. O valor da permuta peso/custo para uma bicicleta é um exemplo. Para o entusiasta, uma bicicleta mais leve é uma bicicleta melhor. A Figura 8.8 mostra exatamente quanto os ciclistas valorizam a redução de peso. É um gráfico da permuta entre massa e custo de bicicletas, que utiliza dados de revistas de ciclismo. A tangente à linha de permuta em qualquer ponto produz uma medida da constante de troca: ela abrange de US$ 20/kg a US$ 2.000/kg, dependendo da massa. Faz sentido para o ciclista comum pagar US$ 2.000

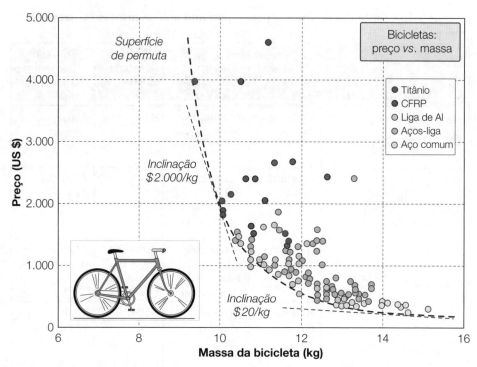

FIGURA 8.8. Um gráfico da permuta custo-massa para quadros de bicicletas. As soluções seguem um código de cor conforme o material. A tangente à superfície de permuta em qualquer ponto oferece uma estimativa da constante de troca. Esta depende da aplicação: para um consumidor que procura uma bicicleta barata para fazer compras, o valor da economia de peso é baixo (US$ 20/kg). Para um entusiasta que quer desempenho, pode ser alto (US$ 2.000/kg) (ver caderno colorido).

para reduzir 1 kg da massa da bicicleta quando, se fizesse dieta, poderia reduzir a massa do sistema (ele mais a bicicleta) de uma quantidade maior sem pagar um centavo? Talvez. Porém, na maior parte, isso é valor percebido. Uma das finalidades da propaganda é aumentar o valor percebido de um produto, ampliando, desse modo, seu valor sem aumentar o custo. A propaganda influencia as constantes de troca para carros de família e é o motivo que está por trás da utilização de titânio para relógios de pulso, fibras de carbono para armação de óculos e materiais exóticos em muitos equipamentos esportivos, mesmo quando materiais mais baratos são tão bons quanto. Para esses, o valor de α é mais difícil de medir.

Há outras circunstâncias nas quais pode ser difícil determinar a constante de troca. Qual é, por exemplo, o valor de α para o impacto ambiental — o dano ao ambiente causado pela fabricação, utilização, uso ou descarte de um produto? Minimizar o impacto ambiental agora se tornou um objetivo importante, como minimizar o custo. Mas quanto vale uma diminuição unitária no valor do impacto ambiental? Até que uma constante de troca seja acordada ou imposta, é difícil para o projetista responder.

Todavia, as coisas não são tão difíceis quanto a princípio parecem. Podemos chegar a decisões de engenharia úteis mesmo quando as constantes de troca não são conhecidas com precisão, como explicaremos na próxima seção.

> ### Calculando constantes de troca
>
> Na Grã-Bretanha um carro de família normal percorre 150.000 km durante sua vida e consome uma média de 5,6 L de gasolina por 100 km. Assuma que a gasolina na Grã-Bretanha atualmente custe £1,1 (US$ 1,6) por litro, então o custo de combustível na vida do automóvel é £9.240 (US$ 12.860). O carro normal, quando carregado, pesa 1.400 kg. Se o consumo de gasolina é diretamente proporcional ao peso, qual é o valor da redução de peso do carro em 1 kg?
>
> ### Resposta
>
> A redução no custo de combustível na vida, se o peso é reduzido de 1 kg, é:
>
> $$\alpha = \frac{9,240}{1,400} = £6,6/kg(\$9,5/kg)$$

Como as constantes de troca influenciam a escolha? O caráter discreto do espaço de busca para seleção de material significa que uma determinada solução na superfície de permuta é ótima para certa faixa de valores de α; fora dessa faixa, outra solução torna-se a escolha ótima. A faixa pode ser grande, portanto, qualquer valor da constante de troca dentro da faixa resulta na mesma escolha de material. Isso é ilustrado na Figura 8.9. Por simplicidade, as soluções foram deslocadas de modo que, nessa figura, somente três são potencialmente ótimas. Para $\alpha \leq 0,1$ (de modo que $1/\alpha \geq 10$), a solução A é a ótima; para $0,1 < \alpha < 10$,

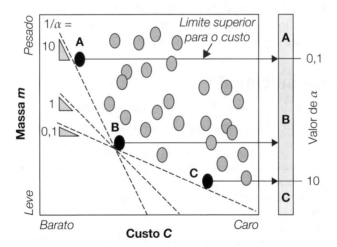

FIGURA 8.9. Muitas vezes, um único material (ou subconjunto de materiais) pode ser ótimo em uma ampla faixa de valores da constante de troca. Nesse caso, valores aproximados para constantes de troca são suficientes pra chegar a conclusões precisas sobre a escolha de materiais (ver caderno colorido).

304   Seleção de Materiais no Projeto Mecânico

a solução B é a melhor escolha; e para $\alpha \geq 10$, é a solução C. Essa informação é representada na barra do lado direito da figura, que mostra a faixa de valores de α subdividida nos pontos onde uma mudança de valor ótimo ocorre e identificada com a solução que é ótima em cada faixa.

8.4 Resumo e conclusões

O método de índices de mérito desenvolvido no Capítulo 4 permite um procedimento simples e transparente para selecionar materiais de modo a minimizar um único objetivo e ao mesmo tempo satisfazer um conjunto de restrições simples. Porém, raramente as coisas são tão simples — medidas de desempenho diferentes competem, e é preciso chegar a um compromisso entre elas.

Podemos usar julgamento para classificar a importância das restrições e objetivos concorrentes. Fatores de ponderação ou lógica difusa, descritos no Apêndice (Seção 8.6), dão uma base mais formal ao julgamento, mas também podem obscurecer suas consequências. Quando possível, o julgamento deve ser substituído por análise. Quando há múltiplas restrições, isso é feito mediante a identificação da restrição ativa, que servirá, então, como base para o projeto. O procedimento pode ser gráfico por dedução de equações de ligação que unem os índices de mérito e, então, simples interpretações de gráficos de seleção de material cujos eixos são índices identificam, sem nenhuma ambiguidade, o subconjunto de materiais que maximiza o desempenho e ao mesmo tempo cumpre todas as restrições. Objetivos compostos exigem a formulação de uma função penalidade, Z, que contém uma ou mais constantes de troca, α_i. Esta função permite que todos os objetivos sejam expressos nas mesmas unidades (normalmente custo) e sejam agregados. Minimizar Z identifica a escolha ótima de um modo sistemático e rigoroso.

Quando há múltiplas restrições em jogo, ou um objetivo composto está envolvido, a melhor escolha de material está longe de ser óbvia. É aqui que os métodos desenvolvidos neste capítulo têm real poder. O Capítulo 9 fornecerá exemplos.

8.5 Leitura adicional

Os textos a seguir descrevem a história e a aplicação de métodos de otimização multiobjetivos, com aplicação particular para a seleção de materiais.

Ashby, M.F. (2000) Multi-objective optimization in material design and selection. Acta Mater, 48, 359-369. (*Uma exploração do uso de superfícies de permuta e funções utilitárias para seleção de material.*).

Bader, M.G. (1977) Proc of ICCM-11, Gold Coast, Australia, vol. 1: "Composites Applications and Design". Londres: ICCM. (*Uma exploração do uso de superfícies de permuta e funções utilitárias para seleção de material.*).

Bourell, D.L. (1997) Decision matrices in materials selection. In: Dieter, G.E. ASM Handbook, vol. 20, "Materials Selection and Design". Materials Park: ASM International, 291-296. ISBN 0-87170-386-6. (*Uma introdução ao uso de ponderação e matrizes de decisão.*).

Clark, J.P.; Roth, R.; Field, F.R. (1997) Techno-economic issues in material science. In: Dieter, G.E. ASM Handbook, vol. 20, "Materials Selection and Design". Materials Park: ASM International, 255-265. ISBN 0-87170-386-6. (*Os autores exploram métodos de análise de custo de utilidade e questões ambientais em seleção de materiais.*).

Múltiplas restrições e objetivos conflitantes   305

Dieter, G.E. (2000) Engineering Design, a Materials and Processing Approach. 3ª ed. New York: McGraw-Hill, 150-153 e 255-257. ISBN 0-07-366136-8. (*Um texto bem equilibrado e muito respeitado, que foca o papel dos materiais e do processamento no projeto técnico.*)

Field, F.R. ; de Neufville, R. (1988) Material selection – maximizing overall utility. Met. Mater. June, 378-382. (*Um resumo de análises de utilidade aplicadas à seleção de materiais na indústria automobilística.*).

Goicoechea, A.; Hansen, D.R.; Druckstein, L. (1982) Multi-Objective Decision Analysis with Engineering and Business Applications. New York: Wiley. (*Um bom ponto inicial para a teoria de tomada de decisões com múltiplos objetivos.*).

Keeney, R.L.; Raiffa, H. (1993) Decisions with Multiple Objectives: Preferences and Value Tradeoffs. 2ª ed. Cambridge: Cambridge University Press. ISBN 0-521-43883-7. (*Uma notável introdução de fácil leitura aos métodos de tomada de decisões com múltiplos objetivos concorrentes.*)

Papalambros, P.Y.; Wilde, D.J. (2000) Principles of Optimal Design, Modeling and Computation. 2ª ed. Cambridge: Cambridge University Press. ISBN 0-521-62727-3. (*Uma introdução aos métodos de projeto de engenharia ótimo.*)

Pareto, V. (1906) Manuale di economica politica. Milão: Societa Editrice Libraria. Traduzido para o inglês por Schwier, A.S. (1971) como Manual of Political Economics. Augustus M. Kelley Publishers. ISBN-10 0678008817. ISBN-13 978-0678008812. (*Um livro muito citado, mas pouco lido; a origem do conceito da superfície de permuta como uma abordagem da otimização com vários objetivos.*)

Sawaragi, Y.; Nakayama, H.; Tanino, T. (1985) Theory of Multi-Objective Optimization. Orlando: Academic Press Inc. ISBN 0-12-620370-9. (*Otimização de objetivos múltiplos em todos os seus detalhes. Completo, mas não o melhor para se começar.*) M.T.

van Wijk, M.T.; Klapwijk, C.J.; Rosenstock, T.S.; van Asten, P.J.A.; Thornton, P.K.; Giller, K.E. Methods for environment–productivity trade-off analysis in agricultural systems. CCAFS Low Emissions Agriculture, Gund Institute of Ecological Economics. Burlington: University of Vermont. Disponível em http://samples.ccafs.cgiar.org/measurement-methods/chapter-10-methods-for-environment-productivity-trade-off-analysis-in-agricultural-systems/ (*Uma introdução útil para métodos de otimização, com exemplos.*)

8.6 Apêndice: fatores de ponderação e métodos difusos

Suponha que você quer um componente com rigidez (restrição 1) e resistência (restrição 2) exigidas, e que deve ser o mais leve possível (um objetivo). Você poderia escolher materiais com módulo E alto para rigidez, e então o subconjunto dos que têm limites elásticos σ_y altos para resistência, e o subconjunto dos que têm densidade ρ baixa para peso leve. Então, novamente, se você quisesse um material com a rigidez exigida (uma restrição) que fosse simultaneamente o mais leve (objetivo 1) e o mais barato (objetivo 2) possível, poderia aplicar a restrição e então localizar o subconjunto de sobreviventes que são leves e o subconjunto *daqueles* sobreviventes que não são caros. Alguns sistemas de seleção funcionam desse modo, mas não é uma boa ideia porque não há nenhuma orientação para decidir a importância relativa dos limites impostos à rigidez, resistência, peso e custo. Essa não é uma dificuldade trivial: é exatamente essa importância relativa que faz do alumínio o material estrutural primordial para a indústria aeroespacial e do aço o material estrutural primordial para estruturas terrestres.

306 Seleção de Materiais no Projeto Mecânico

Esses problemas de importância relativa são antigos: os engenheiros vêm procurando métodos para resolvê-los há, no mínimo, um século. A abordagem tradicional é atribuir *fatores de ponderação* a cada restrição e objetivo e usá -los para orientar a escolha dos modos que resumimos a seguir. A vantagem: engenheiros experientes podem ser bons na avaliação de pesos relativos. A desvantagem: o método depende de julgamento. Os julgamentos na avaliação de pesos podem ser diferentes e há problemas mais sutis, um deles discutido a seguir. Por essa razão, este capítulo focou em métodos sistemáticos. Mas é bom que conheçamos os métodos tradicionais, já que eles ainda são ampla- mente usados.

O método de fatores de ponderação. Fatores de ponderação procuram quan- tificar o julgamento. O método funciona assim: as propriedades ou índices fun- damentais são identificados e seus valores M_i são tabulados para candidatos promissores. Visto que a diferença entre seus valores absolutos pode ser muito grande e que dependem das unidades com as quais são medidos, em primeiro lugar normalizamos esses valores dividindo cada um pelo maior índice de seu grupo, $(M_i)_{máx}$, de modo que, depois disso, o maior deles terá o valor 1. Então, cada um é multiplicado por um fator de ponderação, w_i, cujo valor varia entre 0 e 1, que expressa sua importância relativa para o desempenho do compo- nente. Isso dá um índice ponderado W_i:

$$W_i = w_i \frac{M_i}{(M_i)\max} \qquad (8.12)$$

Para propriedades que não podem ser expressas imediatamente como valores numéricos, como soldabilidade ou resistência ao desgaste, ordenações A até E são expressas por uma classificação numérica, que vai de $A = 5$ (muito bom) até $E = 1$ (muito ruim), e então divididas pelo valor mais alto, como antes. Para propriedades que devem ser minimizadas, como a taxa de corrosão, a normalização usa o valor mínimo $(M_i)_{mín}$, expresso na forma:

$$W_i = w_i \frac{(M_i)_{min}}{M_i} \qquad (8.13)$$

Os fatores de ponderação w_i são escolhidos de modo tal que sua soma final é 1, isto é: $w_i < 1$ e $\Sigma\, w_i = 1$. Há vários esquemas para atribuir valores (veja Leitura Adicional); todos exigem, em vários graus, o uso de julgamento. À pro- priedade julgada como a mais importante é dado o maior w; a segunda mais importante recebe o segundo maior e assim por diante. Os W_i's são calculados pelas Equações (8.12) e (8.13) e somados. A melhor escolha é o material que tiver o maior valor da soma.

$$W = \Sigma_i W_i \qquad (8.14)$$

Parece simples, mas há problemas, alguns óbvios (como a subjetividade na atribuição de pesos) e outros mais sutis. Aqui temos um exemplo.

Exemplo

Procura-se um material para fazer um componente leve (baixa ρ) que deve ser resistente (alto σy). A Tabela 8.2 fornece valores para quatro possíveis candidatos. Peso, por nosso julgamento, é mais importante que resistência, portanto atribuímos a ele o fator de ponderação:

$$W_1 = 0,75$$

Então, o fator para resistência é:

$$W_2 = 0,25$$

Normalize os valores de índices [como nas Equações (8.10) e (8.11)] e some-os [Equação (8.12)] para dar W. A penúltima coluna da tabela mostra o resultado: o berílio (em negrito e sublinhado) ganha fácil; o Ti-6Al-4V vem em segundo lugar; o alumínio 6061, em terceiro. Porém, observe o que acontece se o berílio (que é muito caro e pode ser tóxico) for omitido da seleção, sobrando apenas os três primeiros materiais. Agora, o mesmo procedimento resulta nos valores de W apresentados na última coluna: o alumínio 6061 vence (em negrito e sublinhado); o Ti-6Al-4V é o segundo. A remoção de um material inviável da seleção inverteu a classificação dos que sobraram. Ainda que os fatores de ponderação pudessem ser escolhidos com precisão, essa dependência entre o resultado e a população na qual a escolha foi feita é perturbadora. O método é inerentemente instável e sensível a alternativas irrelevantes.

Lógica difusa. Lógica difusa leva os fatores de ponderação a uma etapa mais adiante. A Figura 8.10, na parte superior esquerda, mostra a probabilidade $P(R)$ de um material ter uma propriedade com um valor R em uma determinada faixa. Aqui, a propriedade tem uma faixa bem-definida para cada um dos quatro materiais **A**, **B**, **C** e **D** (os valores são nítidos — *crisp* na terminologia da área). O critério de seleção, mostrado em cima, à direita, identifica a faixa de R procurada para as propriedades e é difuso, o que quer dizer que tem um *núcleo* bem-definido que determina a faixa ideal procurada para a propriedade, com uma *base* mais larga que amplia a faixa para incluir regiões de contorno nas quais o valor da propriedade é admissível, porém

TABELA 8.2. **Exemplo de uso dos fatores de ponderação**

Material	ρ (Mg/m³)	σ_y (MPa)	W (inc. Be)	W (excl. Be)
Aço 1020	7,85	320	0,27	0,34
Al 6061 (T4)	2,7	120	0,55	<u>0,78</u>
Ti-6Al-4V	4,4	950	0,57	0,71
Berílio	1,86	170	<u>0,79</u>	–

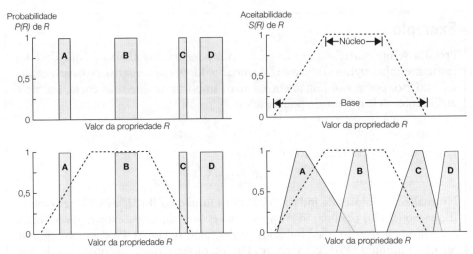

FIGURA 8.10. Métodos de seleção difusos. Propriedades nitidamente definidas e um critério de seleção difusa, mostrado na linha de cima, são combinados para gerar fatores de ponderação para cada material, ao centro. Podem-se atribuir faixas difusas às propriedades em si, como mostrado no canto inferior à direita.

com aceitabilidade decrescente à medida que se aproximam das arestas da base. Isso define a probabilidade $S(R)$ de uma escolha ser bem-sucedida.

A superposição das duas figuras, mostrada embaixo, à esquerda, na Figura 8.10 ilustra um único estágio de seleção. O desejo é medido pelo produto $P(R) \cdot S(R)$. Aqui, o material B é totalmente aceitável — recebe peso 1. O material A é aceitável, mas com um peso mais baixo, aqui, 0,5; C é aceitável com um peso aproximado de 0,25; e D é inaceitável — tem peso 0. Ao final do primeiro estágio da seleção, cada material no banco de dados tem um fator de ponderação associado. O procedimento é repetido para estágios sucessivos, que poderiam incluir índices derivados de outras restrições e objetivos. Os pesos para cada material são agregados — multiplicando-se todos eles, por exemplo — para dar um superpeso com um valor entre 0 (totalmente inaceitável) e 1 (totalmente aceitável por todos os critérios). O método pode ser refinado ainda mais mediante a determinação de contornos difusos para as propriedades ou índices do material, bem como para os critérios de seleção, como ilustrado embaixo, à direita, na Figura 8.10. Existem técnicas para escolher as posições dos núcleos e bases; entretanto, apesar da sofisticação, o problema básico continua: a seleção das faixas $S(R)$ é uma questão de julgamento.

Tanto fatores de ponderação quanto métodos difusos têm méritos quando uma análise mais rigorosa é inviável. Podem ser bons em uma primeira etapa. Porém, se quisermos realmente identificar o melhor material para um projeto complexo, precisamos dos métodos das Seções 8.2 e 8.3.

8.7 Exercícios

> Problemas super-restringidos são normais na seleção de materiais. Muitas vezes, é apenas o caso de aplicar uma restrição por vez, conservando somente as soluções que cumprem todas elas. Porém, quando restrições são usadas para eliminar variáveis livres em uma função-objetivo (como discutimos na Seção 8.2), devemos usar o método da "restrição ativa". Os três primeiros exercícios nesta seção ilustram problemas com múltiplas restrições. Aqueles na sequência referem-se a múltiplos objetivos e métodos de permuta e funções penalidade (Seção 8.3).
>
> E8.1. Múltiplas restrições: um tirante leve, rígido e forte (Figura E8.1).
>
> Um tirante de comprimento L, carregado sob tração, deve suportar uma carga F, com um peso mínimo, sem falhar (o que implica uma restrição à resistência) ou estender-se elasticamente por mais do que δ (o que implica uma restrição à rigidez, F/δ). A tabela a seguir resume os requisitos.
>
>
>
> FIGURA E8.1
>
> | Função | Tirante em tração |
> |---|---|
> | Restrições | Não deve falhar por escoamento sob uma força F
Deve ter rigidez especificada, F/δ
Comprimento L e carga axial F especificadas |
> | Objetivo | Minimizar a massa m |
> | Variáveis livres | Área da seção A
Escolha do material |
>
> a. Siga o método deste capítulo para determinar duas equações de desempenho para a massa, uma para cada restrição, das quais são deduzidos dois índices de mérito e uma equação de ligação que une um ao outro. Mostre que os dois índices e a equação de ligação são, em ordem:
>
> $$M1 = \frac{\rho}{E} \; e \; M_2 = \frac{\rho}{\sigma_y} \; e \; \left(\frac{\rho}{\sigma_y}\right) = \frac{L}{\delta}\left(\frac{\rho}{E}\right)$$
>
> b. Use esses índices e o diagrama de material mostrado na Figura E8.2, no qual os índices são os eixos, para identificar materiais candidatos para o tirante (1) quando a deformação elástica permitida é $\delta/L = 10^{-3}$ e (2) quando $\delta/L = 10^{-2}$.

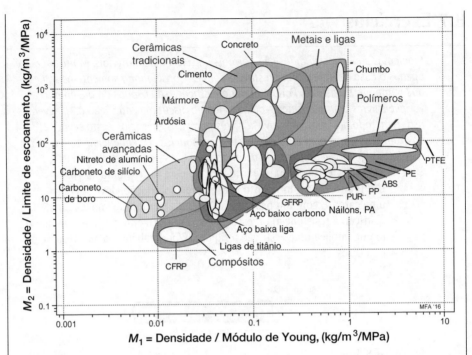

FIGURA E8.2 (ver caderno colorido)

E8.2. *Múltiplas restrições: uma coluna barata que não deve sofrer flambagem ou esmagamento* (Figura E8.3). A melhor escolha de material para uma coluna leve e forte depende de sua proporção: a razão entre sua altura H e seu diâmetro D. Isso porque colunas baixas e grossas falham por esmagamento; ao contrário, colunas altas e delgadas sofrem flambagem. Deduza duas equações de desempenho para o custo de material de uma coluna com seção circular sólida e altura H especificada, projetada para

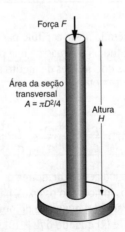

FIGURA E8.3

Múltiplas restrições e objetivos conflitantes   311

suportar uma carga *F* grande, em comparação com sua própria carga, a primeira usando a restrição de que a coluna não deve sofrer esmagamento e a segunda usando a restrição de que ela não deve sofrer flambagem. A tabela a seguir resume as necessidades.

Função	*Coluna*
Restrições	*Não deve falhar por esmagamento por compressão* *Não deve sofrer flambagem* *Altura H e carga de compressão F especificadas*
Objetivo	*Minimizar custo de material C*
Variáveis livres	*Diâmetro D* *Escolha de material*

a. Proceda da seguinte maneira:
    1. Escreva uma expressão para o custo de material da coluna – sua massa vezes seu custo por unidade de massa *Cm*.
    2. Expresse as duas restrições como equações e use-as para substituir pela variável livre, *D*, para encontrar o custo da coluna que suportará a carga sem falhar por nenhum dos dois mecanismos.
    3. Identifique os índices de materiais M_1 e M_2 que entram nas duas equações para a massa, mostrando que eles são

$$M_1 = \left(\frac{C_m \rho}{\sigma_c} \right) e M_2 = \left[\frac{C_m \rho}{E^{1/2}} \right]$$

onde C_m é o custo de material por kg, ρ é a densidade do material, σ_c é sua resistência ao esmagamento e *E* é seu módulo.

b. Dados para seis possíveis candidatos para a coluna são apresentados na tabela a seguir. Use-os para identificar materiais candidatos quando $F = 10^5$ N e $H = 3$ m. Cerâmicas são admissíveis aqui porque têm alta resistência sob compressão.

Dados para materiais candidatos para a coluna

Material	Densidade ρ (kg/m³)	Custo/kg C_m ($/kg)	Módulo E (MPa)	Resistência à compressão σ_c (MPa)
Madeira (espruce)	700	0,50	10.000	25
Tijolo	2.100	0,35	22.000	95
Granito	2.600	0,60	20.000	150
Concreto	2.300	0,08	20.000	13
Ferro fundido	7.150	0,25	130.000	200
Aço estrutural	7.850	0,40	210.000	300
Liga de Al 6061	2.700	1,20	69.000	150

E8.3. A Figura E8.4 mostra um diagrama de materiais cujos eixos são os dois índices do Exercício E8.2. Identifique e represente no gráfico linhas de ligação para selecionar materiais para uma coluna, com $F = 10^6$ N e $H = 3$ m (as mesmas condições de antes), e para uma segunda coluna, com $F = 10^3$ N e $H = 20$ m.

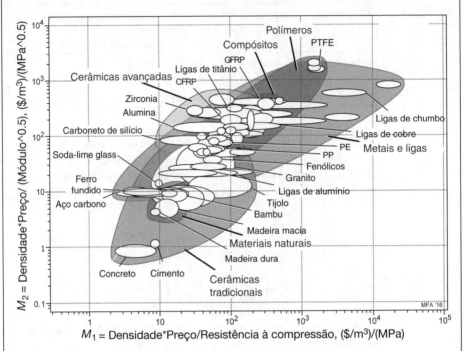

FIGURA E8.4 (ver caderno colorido)

E8.4. *Valores aproximados para constantes de troca (1).* Nos Estados Unidos, um carro de família normal percorre 120.000 milhas durante sua vida e consome em média um galão americano a cada 25 milhas (6,6 milhas por litro). A gasolina nos Estados Unidos custa US$ 0,63 por litro, então o custo de combustível em toda a vida é de US$ 11.455. O carro familiar normal, quando carregado, pesa 2.315 kg. Se o consumo de gasolina é diretamente proporcional ao peso, qual é o valor da redução de peso do carro em 1 kg (Figura E8.5)?

FIGURA E8.5. Um carro familiar.
De: https://en.wikipedia.org/wiki/Car_classification#/media/File:2010_Jaguar_XJ_(X351)_5.0_L_sedan_(2016-01-03)_01.jpg

E8.5. *Valores aproximados para constantes de troca (2).* Os fabricantes do carro mostrado na Figura E8.5 planejam colocá-lo no mercado europeu. O carro percorre 120.000 milhas (193.000 km) durante sua vida e consome, em média, 9,5 litros a cada 100 km. A gasolina na Europa custa €1,3 por litro (US$ 1,5 por litro), então o custo de combustível em toda a vida é de US$ 27.500. O carro, quando carregado, pesa 2.315 kg. Se o consumo de gasolina é diretamente proporcional ao peso, qual é o valor da redução de peso do carro em 1 kg?

E8.6. *Valores aproximados para constantes de troca (3).* Um Routemaster – um ônibus de Londres – pesa 12 toneladas quando vazio e 18 toneladas quando cheio. Ele faz, em média, 6,6 milhas (11 km) por galão imperial de diesel, o qual custa £5. O ônibus circula uma média de 57.000 km por ano e tem uma vida de 20 anos. Assumindo que o fator de carga médio é 50% (significando que o ônibus pesa 15 toneladas, em média) e que o consumo de combustível é diretamente proporcional ao peso, qual é o valor de diminuir o peso de um Routemaster? (Dados para o Routemaster da London Transport.) (Figura E8.6)

E8.7. *Objetivos conflitantes: Um cilindro de ar de caminhão* (Figura E8.7).

FIGURA E8.6. Um ônibus Routemaster.
De: https://en.wikipedia.org/wiki/Double-decker_bus#/media/File:Routemaster.JPG

Caminhões confiam em ar comprimido para sistemas de frenagem e outros sistemas de acionamento mecânico. O ar é armazenado em um ou vários tanques de pressão cilíndricos, como mostrado aqui (comprimento L, diâmetro $2R$, extremidades hemisféricas). A maioria deles é feita de aço de baixo teor de carbono e é pesada. A tarefa: explorar o potencial de materiais alternativos para tanques de ar mais leves, reconhecendo que deve haver uma permuta entre massa e custo – se for demasiadamente

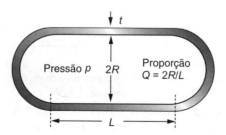

FIGURA E8.7

314 Seleção de Materiais no Projeto Mecânico

caro, o dono do caminhão não vai querê-lo, mesmo que *seja* mais leve. A tabela a seguir resume os requisitos de projeto.

Função	Cilindro de ar para caminhão
Restrições	Não deve falhar por escoamento Diâmetro 2R e comprimento L especificados, portanto a razão Q = 2R/L é fixada
Objetivos	Minimizar massa m Minimizar custo de material C
Variáveis livres	Espessura da parede, t Escolha de material

Mostre que a massa e o custo do material do tanque em relação a um feito de aço de baixo teor de carbono são dados por

$$\frac{m}{m_o} = \left(\frac{\rho}{\sigma_y}\right)\left(\frac{\sigma_{y,o}}{\rho_o}\right) \text{ e } \frac{C}{C_o} = \left(\frac{C_m \rho}{\sigma_y}\right)\left(\frac{\sigma_{y,o}}{C_{m,o}\rho_o}\right)$$

onde ρ é a densidade, σ_y o limite de escoamento, C_m o custo por kg do material e o "o" subscrito indica valores para aço doce.

E8.8. *Objetivos conflitantes: Um cilindro de ar de caminhão – escolha do material.* Explore a permuta entre custo relativo e massa relativa para o cilindro de ar do Exercício E8.7, considerando a substituição de um tanque de aço doce por um feito, no primeiro caso, de aço de baixa liga, e no segundo, de CFRP com filamentos enrolados. As propriedades relevantes dos materiais estão na tabela a seguir. Defina uma função-penalidade relativa

$$Z^* = \alpha^* \frac{m}{m_o} + \frac{C}{C_o}$$

onde α^* é uma constante de troca relativa, e avalie Z^* para $\alpha^* = 1$ e para $\alpha^* = 100$.

Material	Densidade ρ (kg/m³)	Limite de escoamento σc (MPa)	Preço por/kg Cm ($/kg)
Aço doce	7.850	314	0,55
Aço de baixa liga	7.850	775	0,85
CFRP	1.550	760	42,1

E8.9. *Objetivos conflitantes: Um cilindro de ar de caminhão – o método gráfico.* A Figura E8.8 é um diagrama com os eixos de *m/mo* e *C/Co* obtidos no Exercício E8.7. O aço doce (aqui denominado "aço de baixo teor de carbono") encontra-se nas coordenadas (1,1). Faça um desenho esquemático de uma superfície de permuta — lembre-se de que ela é

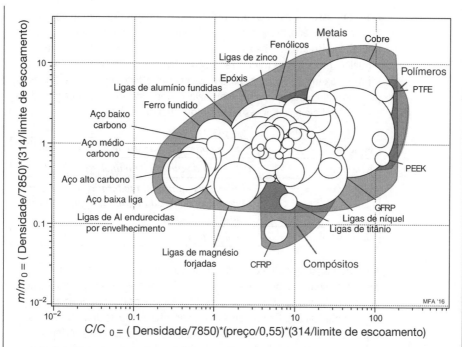

FIGURA E8.8 (ver caderno colorido)

simplesmente um pequeno envelope para os dados, sem nenhuma função matemática associada a ela. Então represente no gráfico os contornos de Z^* (veja o Exercício E8.8), que são aproximadamente tangentes à superfície de permuta para $\alpha^* = 1$ e para $\alpha^* = 100$. Elas são plotagens de relação linear $\alpha^* \dfrac{m}{m_o} = -\dfrac{1}{\alpha^*} \dfrac{C}{C_o}$ mas aparecem como curvas devido à escala logarítmica. Quais seleções tais contornos sugerem?

E8.10. *Objetivos conflitantes: Isolamento de paredes de baixo custo para geladeiras e caminhões refrigeradores* (Figura E8.9). Geladeira e caminhões refrigerados têm paredes feitas de painéis que oferecem isolamento térmico e ao mesmo tempo são rígidos, fortes e leves (rigidez para suprimir vibrações, resistência para tolerar utilização intensa). Para

FIGURA E8.9. Um caminhão refrigerador.
De: https://en.wikipedia.org/wiki/Truck#/media/File:Isuzuelf6.jpg

conseguir isso, os painéis são normalmente construções-sanduíche com duas capas de aço, alumínio ou GFRP (que dão resistência) separadas por um núcleo isolante de baixa densidade e ligadas a ele. Ao escolhermos o núcleo, procuramos minimizar a condutividade térmica λ e ao mesmo tempo maximizar a rigidez, porque isso permite faces de aço mais finas e, por consequência, um painel mais leve, e ainda manter a rigidez global do painel. A tabela a seguir resume os requisitos de projeto.

Função	*Espuma para isolamento de parede de painel*
Restrição	*Espessura da parede de painel especificada*
Objetivos	*Minimizar condutividade térmica λ da espuma* *Maximizar rigidez da espuma, o que significa módulo de Young, E*
Variável livre	*Escolha de material*

A Figura E8.10 mostra a condutividade térmica λ de espumas em relação às suas flexibilidades elásticas $1/E$ (o inverso de seus módulos de Young, E, visto que devemos expressar os objetivos de uma forma que exija minimização). Os números entre parênteses são as densidades das espumas em Mg/m^3. As espumas que têm as condutividades térmicas mais baixas são as menos rígidas; as mais rígidas têm as condutividades mais altas. Explique o raciocínio que você usaria para selecionar uma espuma para o painel do caminhão usando uma função-penalidade.

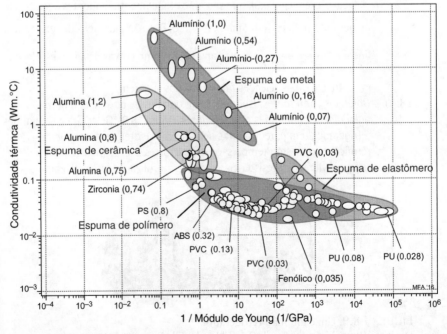

FIGURA E8.10 (ver caderno colorido)

Capítulo 9
Múltiplas restrições e objetivos conflitantes: Estudos de casos

318   Seleção de Materiais no Projeto Mecânico

Resumo

Com frequência a seleção de um material envolve várias restrições. Pode-se lidar com isso de modo direto: aplicar as restrições em sequência, rejeitando em cada etapa os materiais que não conseguem atendê-las. E também envolve mais de um objetivo, e aqui o conflito é mais severo: a escolha de materiais que melhor atendam a um objetivo não será geralmente aquilo que melhor atenda aos outros. Resolver isso requer métodos de permuta, e combinar os objetivos em uma única função de penalidade para a qual um mínimo é procurado.

Palavras-chave: Múltiplas restrições; objetivos conflitantes; métodos de permuta; funções penalidade; constantes de troca; fatores de ponderação; vasos de pressão; bielas; imãs de alto-campo.

9.1 Introdução e sinopse

Esses estudos de casos ilustram como as técnicas descritas no capítulo anterior funcionam. Os diagramas agora se tornam mais complicados: eles têm combinações de propriedades nos eixos e alguns dos índices são aqueles deduzidos em capítulos anteriores, mas outros são novos. Todos foram feitos com o mesmo sistema baseado em computador CES (veja www.grantadesign.com) que foi usado para fazer todos os diagramas neste livro. No entanto, os diagramas foram deliberadamente simplificados para evitar obscurecer a ilustração com detalhes desnecessários. A simplificação raramente é limitante como pode parecer a princípio: a escolha de material é determinada primariamente pelos princípios físicos do problema, e não por detalhes da geometria. Os princípios continuam os mesmos após a remoção de grande parte dos detalhes, de modo que a seleção é em grande parte independente deles. A aplicação dos métodos desenvolvidos no Capítulo 8, é tão ampla que eles aparecem nos estudos de casos em capítulos posteriores, bem como neste. Fazemos uma referência a estudos de casos relacionados com o final de cada seção.

Começamos com três exemplos de restrições conjugadas usando os métodos da Seção 8.2. Em seguida, exploramos quatro exemplos de objetivos conflitantes com os métodos da Seção 8.3.

9.2 Múltiplas restrições: vasos de pressão leves

Quando um vaso de pressão tem de ser móvel, seu peso se torna importante. Corpos de aeronaves, carcaça de foguete e reservatórios de gás natural líquido são exemplos; eles devem ser leves e ao mesmo tempo seguros. Qual é o melhor material para fazer um vaso de pressão leve? Ele deve conter uma pressão p sem falhar por escoamento ou por fratura rápida. Além disso, deve ser tão leve quanto possível (Tabela 9.1). Esse é um problema "mín-máx" do tipo descrito na Seção 8.2. Vasos de pressão foram o assunto da Seção 5.11. Aproveitamos alguns dos resultados desenvolvidos ali para atacar esse novo problema (Figura 9.1).

Múltiplas restrições e objetivos conflitantes: Estudos de casos 319

TABELA 9.1. Requisitos de projeto para vasos de pressão seguros

Função	• Vaso de pressão
Restrições	• Diâmetro 2R e diferença de pressão Δp especificados • Não deve falhar por escoamento • Não deve falhar por fratura rápida
Objetivo	• Minimizar massa m
Variáveis livres	• Espessura da parede t • Escolha de material

FIGURA 9.1. Um vaso de pressão esférico.

Tradução. Assuma, por simplicidade, que o vaso de pressão seja esférico, com raio R especificado, e que a espessura da parede, t (a variável livre), é pequena comparada com R. Então, a tensão de tração na parede é:

$$\sigma = \frac{\Delta p R}{2t} \quad (9.1)$$

A função objetivo é a massa do vaso de pressão:

$$m = 4\pi R^2 t \rho \quad (9.2)$$

A primeira restrição é que o vaso não deve escoar — isto é, que a tensão de tração na parede não pode exceder σy. A segunda é que ele não pode falhar por fratura rápida (fratura frágil); isso requer que a tensão na parede seja menor que $K_{1C}/\sqrt{\pi C}$, onde K_{1C} é a tenacidade à fratura do material do qual o vaso de pressão é feito e c é o comprimento da maior trinca que a parede pode conter; tipicamente, o limite de detecção do teste não destrutivo usado para monitorar o vaso de pressão. Usar uma restrição de cada vez para substituir a variável livre t na função objetivo resulta nas equações e índices de desempenho apresentados a seguir.

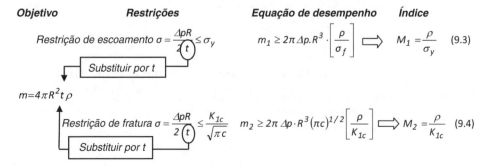

A equação de ligação é encontrada igualando m_1 à m_2, gerando uma relação entre M_1 e M_2:

$$M_1 = (\pi C)^{1/2} M_2 \qquad (9.5)$$

A posição da linha de ligação depende do limite de detecção, c_1 para trincas, por meio do termo $(\pi c)^{1/2}$.

A Figura 9.2 mostra o diagrama apropriado com duas linhas de ligação, uma para $c = 10$ mm e a outra para $c = 10$ µm. A seleção resultante é resumida na Tabela 9.2.

Em grandes estruturas de engenharia, é difícil de assegurar que não existam trincas de comprimento maior do que 1 mm; portanto, as ligas resistentes de engenharia, baseadas em aço, alumínio e titânio são as escolhas seguras. No campo dos MEMS (sistemas micro eletromecânicos), nos quais filmes de espessura micrométrica são depositados sobre substratos, gravados em formas e então carregados de várias formas, é possível — mesmo com cerâmicas frágeis — fazer componentes sem defeitos com tamanho maior que 1 µm. Nesse regime, cerâmicas se tornam candidatos viáveis.

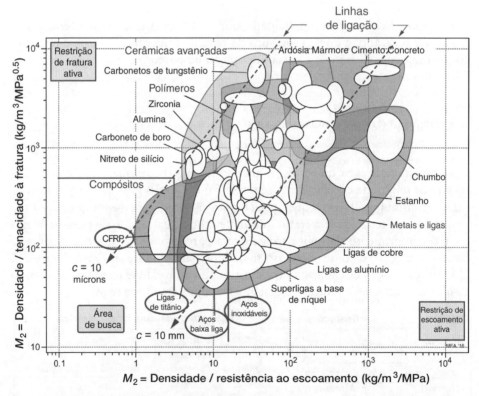

FIGURA 9.2. O projeto super-restringido conduz para dois ou mais índices unidos por uma equação de ligação. As linhas diagonais mostram a equação de ligação para dois valores de comprimento de trinca, c (ver caderno colorido).

Múltiplas restrições e objetivos conflitantes: Estudos de casos   321

TABELA 9.2. A seleção

Condição de ligação	Escolha de material	Comentário
Comprimento de trinca c $\leq 10\text{mm}$ ($\sqrt{\pi c} = 0,18$)	Ligas de titânio Ligas de alumínio Aços inoxidáveis	Estes são os materiais padrão para vasos de pressão. Os aços aparecem, apesar de sua alta densidade, porque sua tenacidade e resistência são tão altas
Comprimento de trinca c $\leq 10\mu\text{m}$ ($\sqrt{\pi c} = 0.006$)	CFRP Carbeto de silício Nitreto de silício Alumina	Cerâmicas são materiais estruturais atrativos em potencial, mas a dificuldade de fabricá-las e mantê-las sem defeitos maiores que 5 µm é enorme

Estudos de casos relacionados
9.3   "Múltiplas restrições: bielas para motores de alto desempenho"
9.4   "Múltiplas restrições: bobinas para magnetos de alto campo"
11.3   "Garfos para uma bicicleta de corrida"
11.5   "Pernas de mesas mais uma vez: finas ou leves?"

9.3 Múltiplas restrições: bielas para motores de alto desempenho

Uma biela em um motor, compressor ou em uma bomba de alto desempenho é um componente crítico: se falhar, a catástrofe é certa. Entretanto, para minimizar forças inerciais e cargas de mancal, ela deve pesar o mínimo possível, o que implica o uso de materiais leves e fortes, que sofrerão tensões próximas de seus limites. Quando o objetivo é minimizar custo, frequentemente as bielas são feitas de ferro fundido, porque esse material é muito barato. Porém, quais são os melhores materiais para bielas quando o objetivo é maximizar desempenho? A Tabela 9.3 resume os requisitos de projeto para uma biela de peso mínimo com duas restrições: deve suportar uma carga de pico F sem falhar, nem por fadiga, nem por flambagem elástica. Por simplicidade, consideramos que o eixo tem seção retangular $A = bw$ (Figura 9.3).

A tradução. Este problema, como o anterior, é do tipo "mín-máx". A função-objetivo é uma equação para a massa que aproximamos como

$$m = \beta A L \rho \tag{9.6}$$

TABELA 9.3. Os requisitos de projeto: bielas

Função	• *Biela para motor ou bomba recíproca*
Restrições	• *Não deve falhar por fadiga de alto ciclo* • *Não deve falhar por flambagem elástica* • *Curso, e por consequência o comprimento da biela L, especificado*
Objetivo	• *Minimizar massa*
Variáveis livres	• *Seção transversal A* • *Escolha de material*

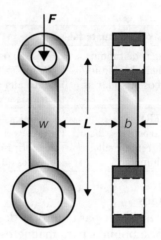

FIGURA 9.3. Uma biela.

onde L é o comprimento da biela, ρ a densidade do material do qual ela é feita, A a seção transversal do eixo e β um multiplicador constante que leva em conta a massa dos assentos dos mancais.

A restrição à fadiga exige que

$$\frac{F}{A} \leq \sigma_e \qquad (9.7)$$

onde σ_e é o limite de fadiga do material do qual a biela é feita.

A restrição à flambagem exige que a carga de compressão de pico F não exceda a carga de flambagem de Euler:

$$F \leq \frac{\pi^2 E I}{L^2} \qquad (9.8)$$

Escrevendo $b = \phi w$ e $bw = A$, onde ϕ é uma "constante de forma" adimensional que caracteriza as proporções da seção transversal, temos:

$$F \leq \frac{\pi^2 E \phi A^2}{12 L^2} \qquad (9.9)$$

Unindo as restrições e usando-as para substituir pela área de seção transversal A na função objetivo, temos a seguinte sequência:

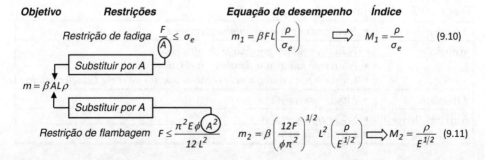

Para ser segura, a biela deve cumprir ambas as restrições. Para um comprimento dado, L, a restrição ativa é a que resultar no maior valor da massa, m. A Figura 9.4 mostra como m varia com L [um gráfico das Equações de desempenho (9.10) e (9.11)] para um único material. Bielas curtas são suscetíveis à falha por fadiga; as longas são propensas à flambagem.

A seleção. Considere, primeiro, a seleção de um material para a biela dentro da lista limitada apresentada na Tabela 9.4. As especificações são:

$$L = 200\,mm \quad F = 50\,kN$$
$$\phi = 0{,}8 \quad \beta = 1{,}5$$

A tabela apresenta a massa m_1 de uma biela que cumprirá exatamente a restrição à fadiga, e a massa m_2 que cumprirá exatamente a restrição à flambagem [Equações (9.10) e (9.11)]; o valor "máx" de cada par é sublinhado. Para três dos materiais, a restrição ativa é a de fadiga; para dois, é a de flambagem. A quantidade $\tilde{m}$ na última coluna da tabela é a maior entre m_1 e m_2 para cada material; é a menor massa que satisfaz ambas as restrições. O material que oferece a biela mais leve é o que tem o menor valor de $\tilde{m}$; este valor "mín" é

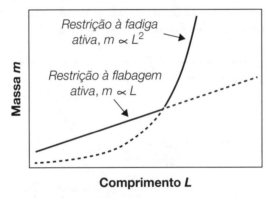

Comprimento L

FIGURA 9.4. As equações para a massa da biela são mostradas esquematicamente em função de L.

TABELA 9.4. Seleção de material para a biela

Material	ρ (kg/m³)	E (GPa)	σ_e (MPa)	m_1 (kg)	m_2 (kg)	$\tilde{m}$ = máx(m_1,m_2)kg
Ferro fundido nodular	7.150	178	250	<u>0,43</u>	0,22	0,43
Aço HSLA 4140 (o.q. T-315)	7.850	210	590	0,20	<u>0,28</u>	0,28
Liga fundida Al S355.0	2.700	70	95	<u>0,39</u>	0,14	0,39
Compósito Duralcan Al-SiC(p)	2.880	110	230	<u>0,18</u>	0,12	0,18
Titânio 6Al 4V	4.400	115	530	0,12	<u>0,17</u>	<u>0,17</u>

sublinhado. Aqui é a liga de titânio Ti-6Al-4V. O compósito de matriz metálica Duralcan 6061–20% SiC segue de perto em segundo lugar. Ambas pesam menos do que a metade da biela de ferro fundido.

Bom, esse é um modo de usar o método, mas não é o melhor. Em primeiro lugar, ele considera que algum procedimento de "pré-seleção" foi usado para obter os materiais apresentados na tabela, mas não explica como isso deve ser feito; em segundo, os resultados aplicam-se apenas aos valores de F e L apresentados previamente na lista — se estes mudarem, a seleção muda. Se quisermos escapar dessas restrições, devemos usar o método gráfico.

A massa da biela que sobreviverá a ambas, fadiga e flambagem, é a maior das duas massas m_1 e m_2 [Equações (9.9) e (9.12)]. Igualando as duas equações, obtemos a equação da linha de ligação (definida na Seção 9.2):

$$M_2 = \left[\left(\frac{\phi \pi^2}{12} \cdot \frac{F}{L^2} \right)^{1/2} \right] \cdot M_1 \quad (9.12)$$

A quantidade dentro dos colchetes é a constante de ligação C_c, que contém a quantidade F/L^2 — o "coeficiente de carregamento estrutural" da Seção 4.6.

Materiais com a combinação ótima de M_1 e M_2 são identificados mediante a criação de um diagrama cujos eixos são esses índices. A Figura 9.5 ilustra isso

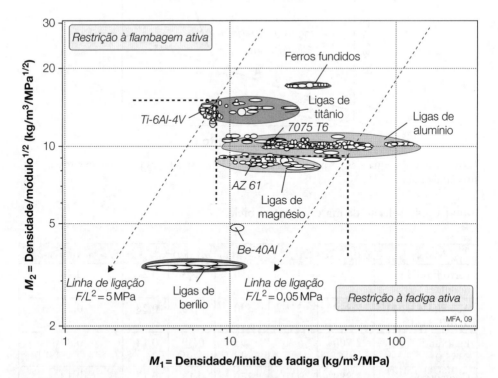

FIGURA 9.5. A construção para a restrição conjugada para a biela. As linhas diagonais tracejadas mostram a equação de ligação para dois valores extremos de F/L^2. As áreas de busca retangulares são mostradas (ver caderno colorido).

Múltiplas restrições e objetivos conflitantes: Estudos de casos   325

TABELA 9.5. Materiais para bielas de alto desempenho

Material	Comentário
Ligas de magnésio	AZ61 e ligas relacionadas oferecem bom desempenho geral
Ligas de titânio	Ti-6-4 é a melhor escolha para alta F/L^2
Ligas de berílio	A escolha ideal, porém são difíceis de processar e muito caras
Ligas de alumínio	Mais baratas que as de titânio ou magnésio, porém apresentam desempenho mais baixo

usando um banco de dados de ligas leves, mas incluindo o ferro fundido para comparação. As linhas de ligação para os dois valores de F/L^2 são representadas no gráfico, considerando $\phi = 0,7$. Duas soluções extremas são mostradas, uma que isola o melhor subconjunto quando o coeficiente de carregamento estrutural F/L^2 é alto, a outra quando é baixo. Berílio e suas ligas surgem como a melhor escolha para todos os valores de C_c dentro dessa faixa. Deixando-as de lado, as melhores escolhas quando F/L^2 é grande ($F/L^2 = 5$ MPa) são ligas de titânio como Ti-6Al-4V. Para o valor baixo ($F/L^2 = 0,05$ MPa), ligas de magnésio como a AZ61 oferecem soluções mais leves do que alumínio ou titânio. A Tabela 9.5 apresenta as conclusões.

Observação. Bielas têm sido feitas de todos os materiais na tabela: alumínio e magnésio em carros comuns, titânio e (raramente) berílio em motores de carros de corrida. Se tivéssemos incluído o CFRP na seleção, teríamos constatado que ele também tem bom desempenho pelos critérios que usamos. Quem chegou a essa conclusão foram outros, que tentaram fazer alguma coisa sobre o assunto: ao menos três projetos de bielas de CFRP já foram prototipados. Não é fácil projetar uma biela de CFRP. É essencial usar fibras contínuas que devem ser tramadas de modo a envolver tanto o eixo quanto os assentos dos mancais; e o eixo deve ter alta proporção de fibras na direção paralela à qual F age. Como desafio, você poderia pensar em como fazê-la.

Estudos de casos relacionados
5.4   "Materiais para pernas de mesas"
9.2   "Múltiplas restrições: vasos de pressão leves"
9.4   "Múltiplas restrições: bobinas para magnetos de alto campo"
11.3   "Garfos para uma bicicleta de corrida"
11.5   "Pernas de mesas mais uma vez: finas ou leves?"

9.4 Múltiplas restrições: enrolamentos para magnetos de alto campo

Físicos, por razões próprias, gostam de ver o que acontece às coisas em campos magnéticos altos. "Altos" significa 50 Tesla ou mais. O único modo de conseguir campos assim é o antigo: despejar uma corrente enorme em uma bobina enrolada com arame, como a mostrada na Figura 9.6. Nem magnetos permanentes (limite prático: 1,5 T) nem bobinas supercondutoras (limite atual: 25 T)

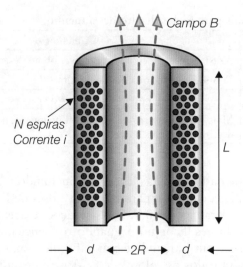

FIGURA 9.6. Enrolamentos para magnetos de alta potência.

TABELA 9.6. Duração e força de campos pulsados

Classificação	Duração	Força do campo
Contínuo	1 s–∞	<30 T
Longo	100 ms–1 s	30–60 T
Padrão	10–100 ms	40–70 T
Curto	10–1.000 μs	70–80 T
Ultracurto	0,1–10 μs	>100 T

TABELA 9.7. Os requisitos de projeto para bobinas

Função	• *Enrolamentos de magneto*
Restrições	• *Não podem ter falha mecânica* • *Elevação de temperatura < 100 °C* • *Raio R e comprimento L da bobina especificados*
Objetivo	• *Maximizar campo magnético*
Variável livre	• *Escolha de material para o enrolamento*

podem conseguir campos tão altos. A corrente gera um pulso de campo que dura enquanto a corrente estiver passando. Os limites superiores para o campo e sua duração são determinados pelo próprio material da bobina: se o campo for demasiadamente alto, forças magnéticas separam a bobina; se for demasiadamente longo, a bobina derrete. Portanto, escolher o material certo para a bobina é crítico. Qual deveria ser? A resposta depende do comprimento de pulso.

Campos pulsados são classificados de acordo com sua duração e força, como na Tabela 9.6. Os requisitos para a sobrevivência do magneto que os produz estão resumidos na Tabela 9.7. Há um objetivo — maximizar o campo —, com duas restrições derivadas do requisito de sobrevivência: aquela de que os enrolamentos têm de ser fortes o suficiente para suportar a força radial que incide sobre eles causada pelo campo, e aquela de que não podem se aquecer demasiadamente.

A tradução. A modelagem detalhada fica um pouco complicada, portanto vamos começar com algumas suposições inteligentes. A primeira é que, se os enrolamentos devem suportar carga (a primeira restrição), eles têm de ser fortes — quanto maior a resistência, maior o campo que poderão tolerar. Portanto, queremos materiais com limite elástico, σ_y, alto. A segunda é que uma corrente i que percorra durante um tempo t_p através de uma bobina de resistência R_e dissipe $i^2 R_e t_p$ joules de energia e que, se isso ocorrer em um volume V, a elevação de temperatura seja

$$\Delta T \frac{i^2 R_e t_p}{V C_p \rho} \qquad (9.13)$$

onde C_p é o calor específico do material e ρ é sua densidade. Portanto, para maximizar a corrente (e, assim, o campo B), precisamos de materiais com baixos valores de $R_e/C_p\rho$ ou, visto que a resistência R_e é proporcional à resistividade ρ_e para uma geometria de bobina fixa, materiais com $\rho_e/C_p\rho$ baixos.

Ambas as suposições estão corretas. Uma modelagem mais detalhada é possível, mas já temos o que precisamos para selecionar materiais. Procuramos materiais com σ_y altos — ou melhor, com $M_1 = 1/\sigma_y$ baixas (visto que devemos expressar objetivos em uma forma a ser minimizados) — e $M_2 = \rho_e/C_p\rho$ baixas. A Figura 9.7 apresenta as duas para cerca de 1.200 metais e ligas. Os materiais

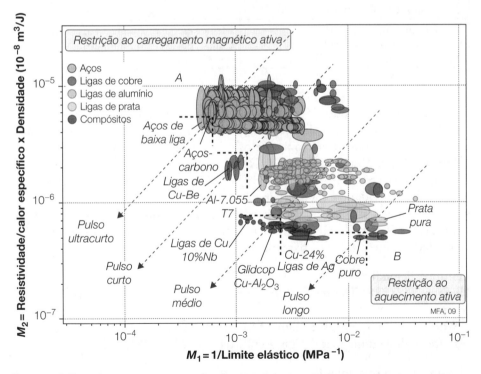

FIGURA 9.7. O diagrama para a escolha de material para enrolamento de magnetos de alta potência ou motores elétricos. As linhas de ligação e cantos de retângulos identificam a melhor escolha para uma determinada duração de pulso (ver caderno colorido).

328   Seleção de Materiais no Projeto Mecânico

que têm a melhor combinação de índices encontram-se ao longo do envelope inferior da região onde há população. Resistência é a restrição dominante quando os pulsos são curtos, o que exige materiais com M_1 baixos; aqueles que estão próximos de **A** são a melhor escolha. O aquecimento é a restrição dominante quando os pulsos são longos, e materiais próximos de **B**, com M_2 baixos, são a resposta.

Linhas de ligação são linhas ao longo das quais $M_2 = M_1$, portanto, elas têm uma inclinação de 1 quando plotadas no diagrama. Quatro são mostradas, com cantos de retângulos conectados para identificar as melhores escolhas. Os resultados estão resumidos na Tabela 9.8.

TABELA 9.8. **Materiais para enrolamentos de magneto de alto campo**

Material	Comentário
Pulsos contínuos e longos Cobres de alta condutividade Prata pura	Melhor escolha para magnetos de baixo campo, pulso longo (limitados por calor)
Pulso curto Compósitos de cobre-Al_2O_3 (Glidcop) Ligas de cobre e cádmio H-C Ligas de cobre e zircônia H-C Ligas de cobre e cromo H-C Compósitos de cobre-nióbio estirados	Melhor escolha para magnetos de alto campo, pulso curto (limitados por calor e resistência)
Pulso ultracurto, campo ultra-alto Ligas de cobre-berílio-cobalto Aços de alta resistência e baixa liga	Melhor escolha para magnetos de alto campo, pulso curto (limitados por resistência)

Observação. O estudo de caso, como o desenvolvemos aqui, é uma super-simplificação. Hoje, o projeto de magnetos é muito sofisticado, envolvendo conjuntos aninhados de eletromagnetos e magnetos supercondutores (até nove de profundidade) cuja variável mais importante é a geometria. Porém, um esquema de seleção para materiais de bobina é válido: quando os pulsos são longos, a resistividade é a consideração primária; quando são muito curtos, é a resistência, e a melhor escolha para cada um é a que desenvolvemos aqui. Considerações semelhantes entram na seleção de materiais para motores de velocidade muito alta, para barramentos e para relés.

Leitura adicional
Herlach, F. (1988) The technology of pulsed high-field magnets. IEEE Trans. Magn. 24, 1049.

Wood, J.T.; Embury, J.D.; Ashby, M.F. (1995) An approach to material selection for high field magnet design. Acta Metal. et Mater. 43, 212.

Estudo de caso relacionado
9.3   "Bielas para motores de alto desempenho"

9.5 Objetivos conflitantes: pernas de mesas novamente

Agora voltamos às restrições conjugadas para objetivos conflitantes, aplicando os métodos do Capítulo 8. Começamos com um exemplo simples, voltando mais uma vez à seleção de materiais para pernas de mesa delgadas.

A tradução. Os requisitos de projeto determinados pelo Sr. Tavolino para sua mesa (Capítulo 5, Tabela 5.5) envolviam dois objetivos: a perna devia ser a mais leve e fina possível. A massa m de uma perna [Equação (5.8)] é proporcional a:

$$M_1 = \frac{\rho}{E^{1/2}}$$

A espessura 2r [Equação (5.9)] aumenta com:

$$M_2 = \frac{1}{E}$$

O Sr. Tavolino tem dois objetivos: ele deseja minimizar ambos.

Seleção. A maneira adequada de atacar problemas multiobjetivos como esse é construir um gráfico de permuta. A Figura 9.8 é um exemplo: M_1 está no eixo vertical, M_2 no horizontal. Por clareza, somente ligas ferrosas, ligas leves, compósitos e madeiras aparecem no gráfico — esse conjunto inclui quase todos os materiais que poderiam ser considerados candidatos. O aglomerado de classes é muito apertado porque ambos, o módulo e a densidade, têm faixas estreitas.

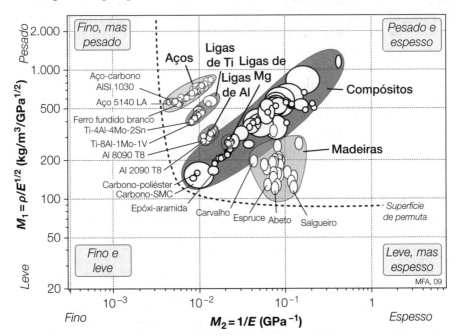

FIGURA 9.8. O gráfico de permuta para a perna de mesa. Materiais que se encontram próximos da superfície de permuta são identificados (ver caderno colorido).

330   Seleção de Materiais no Projeto Mecânico

Pernas feitas de espruce ou abeto são potencialmente mais leves do que as feitas de qualquer outro material. Compósitos oferecem pernas que são quase tão leves e muito mais finas. Porém, o interessante é que não oferecem as mais finas de todas — o aço é melhor devido a seus altos módulos. Ligas leves permitem pernas mais leves do que o aço, mas nem de longe as mais finas. No geral, compósitos oferecem o melhor compromisso — peso muito baixo e esbeltez atraente.

Observação. Porém (como perguntamos na Seção 5.4), uma perna tubular não seria mais leve? A resposta terá de esperar um pouco mais — até o Capítulo 11, Seção 11.5.

Estudos de casos relacionados
5.4   "Materiais para pernas de mesas"
11.5   "Pernas de mesas mais uma vez: finas ou leves?"

9.6 Objetivos conflitantes: carcaças finíssimas para eletrônicos indispensáveis

A esbelteza em eletrônicos de consumo — computadores portáteis, telefones celulares, organizadores pessoais e tocadores de MP3 — é uma importante impulsionadora do projeto e do design. O ideal é um dispositivo que possamos guardar em um bolso de camisa e nem lembrar que ele está lá. A carcaça tem de ser rígida e forte o suficiente para proteger os componentes eletrônicos — o mostrador, em particular — contra danos. Carcaças costumavam ser feitas de ABS ou policarbonato moldado. Para ser suficientemente rígida, a carcaça de ABS tem de ter no mínimo 2 mm de espessura, o que é muito para os designs de hoje, nos quais a finura e a leveza são muito valorizadas. Porém, as consequências de uma carcaça demasiadamente fina são sérias: às vezes, sentamos em cima de telefones celulares e os computadores portáteis acabam ficando sob pilhas de livros. Se a carcaça não for suficientemente rígida, sofrerá flexão, o que danificará a tela. O desafio: identificar materiais para carcaças que sejam, no mínimo, tão rígidas quanto uma carcaça de ABS de 2 mm, porém mais finas e mais leves. Temos de reconhecer que o mais fino pode não ser o mais leve, e vice-versa. Será necessária uma permuta. A Tabela 9.9 resume os requisitos.

TABELA 9.9. **Os requisitos de projeto: carcaça para eletrônicos portáteis**

Função	• *Carcaça leve e fina (barata)*
Restrições	• *Rigidez à flexão S* especificada* • *Dimensões L e W especificadas*
Objetivos	• *Minimizar espessura da carcaça* • *Minimizar massa da carcaça* • *(Minimizar custo do material)*
Variáveis livres	• *Espessura t da parede da carcaça* • *Escolha de material*

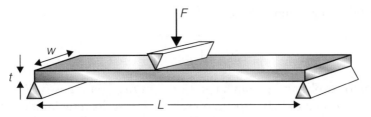

FIGURA 9.9. A carcaça pode ser idealizada como um painel de dimensões $L \times W$ e espessura t, carregado sob flexão.

A tradução. Idealizamos o carregamento aplicado a um painel da carcaça do modo mostrado na Figura 9.9. Cargas externas fazem com que ele sofra flexão. A rigidez à flexão é

$$S = \frac{48EI}{L^3}$$

com

$$I = \frac{wt^3}{12} \qquad (9.14)$$

onde E é módulo de Young, I é o momento de inércia de área do painel e as dimensões L, W e t são mostradas na figura. A rigidez S deve ser igual ou maior do que um requisito de projeto S^* se quisermos que o painel execute sua função adequadamente. Combinando as duas equações e resolvendo para a espessura t, obtemos

$$t \geq \left(\frac{S^* L^3}{4EW}\right)^{1/3} \qquad (9.15)$$

O painel mais fino de todos é o feito do material que tem o menor valor do índice:

$$M_1 = \frac{1}{E^{1/3}}$$

A massa do painel por unidade de área, m_a, é exatamente ρt, onde ρ é sua densidade — o painel mais leve de todos é aquele feito do material que tem o menor valor de:

$$M_2 = \frac{\rho}{E^{1/3}} \qquad (9.16)$$

Usamos o painel de ABS existente, de rigidez S^*, como padrão de comparação. Se o ABS tem módulo E_o e densidade ρ_o, então o painel feito de qualquer outro material (módulo E, densidade ρ) terá, de acordo com a Equação (9.15), uma espessura t em relação à do painel de ABS, t_o, dada por:

$$\frac{t}{t_o} = \left(\frac{E_o}{E}\right)^{1/3} \qquad (9.17)$$

e massa relativa por unidade de área de

$$\frac{m_a}{m_{a,o}} = \left(\frac{\rho}{E^{1/3}}\right)\left(\frac{E_o^{1/3}}{\rho_o}\right) \quad (9.18)$$

Desejamos explorar a permuta entre t/t_o e $m_a/m_{a,o}$ para possíveis soluções.

A seleção. A Figura 9.10 mostra o gráfico necessário, aqui limitado a poucas classes de material por simplicidade. O gráfico está dividido em quatro setores, sendo que o ABS está no centro, nas coordenadas (1,1). As soluções no setor **A** são ao mesmo tempo mais finas e mais leves do que ABS, algumas por um fator de 2. As que estão nos setores **B** e **C** são melhores em uma métrica, mas piores na outra. Aquelas que estão no setor **D** são piores em ambas. Para focalizar uma escolha ótima, desenhamos uma superfície de permuta, representada pela linha azul. As soluções que estão mais próximas dessa superfície são boas escolhas, em termos de uma métrica ou da outra. A intuição nos guia até as que estão próximas do setor **A**.

Isso já é suficiente para sugerir escolhas que oferecem economias em espessura e em peso. Se quisermos ir mais adiante, devemos formular uma função penalidade relativa. Definimos Z^*, medida em unidades de moeda, como:

$$Z^* = \alpha_t^* \frac{t}{t_o} + \alpha_m^* \frac{m_a}{m_{a,o}} \quad (9.19)$$

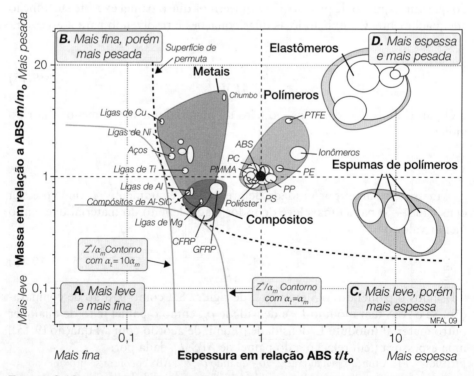

FIGURA 9.10. A espessura e a massa relativas de carcaças feitas de materiais alternativos. Os que estão próximos da superfície de permuta são identificados (ver caderno colorido).

A constante de troca α_t^* mede a redução da penalidade — ou ganho em valor — para uma redução fracionária na espessura; α_m^*, para uma redução fracionária na massa. Como exemplo, faça $\alpha_t^* = \alpha_m^*$, o que significa que damos o mesmo valor a ambas. Então, soluções que têm a mesma penalidade Z^* são as que se encontram no contorno:

$$\frac{Z^*}{\alpha_m^*} = \frac{t}{t_o} + \frac{m_a}{m_{a,o}} \qquad (9.20)$$

onde o primeiro termo à direita é dado pela Equação (9.17) e o segundo pela Equação (9.18). Esses dados são representados no gráfico para uma seleção de metais, polímeros e compósitos na Figura 9.11. ABS encontra-se perto do meio do grupo de polímeros. CFRP, GFRP, titânio, alumínio e magnésio, todos oferecem carcaças com valores mais baixos (melhores) de Z^*.

O problema desse gráfico é que ele é específico para um único valor da razão α_t^*/α_m^*. Se a importância relativa da espessura e da leveza for mudada, a classificação também muda. Precisamos de um método mais geral. Ele é dado pela construção de contornos de penalidade no gráfico da permuta. Dois são mostrados como linhas azuis na Figura 9.10. O gráfico da relação linear da Equação (9.20) é uma família de curvas (e não de linhas retas, porque as escalas são logarítmicas), com Z^*/α_m^* decrescente na direção da parte inferior esquerda. O valor absoluto de Z^*/α_m^* não importa — só precisamos dele para identificar o ponto onde um contorno é tangente à superfície de permuta, como mostrado

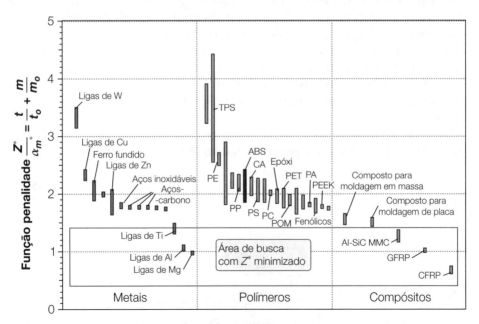

FIGURA 9.11. A função penalidade Z^*/α_m^* quando α_t^*/α_m^*. ABS encontra-se próximo do meio da coluna de polímeros. Materiais abaixo dele têm penalidade mais baixa — são as melhores escolhas (ver caderno colorido).

na Figura 9.10. As soluções mais próximas desse ponto são as escolhas ótimas: CFRP, ligas de magnésio e compósitos de Al-SiC. Se, em vez disso, fizermos $\alpha_t^* = 10\alpha_m^*$, o que significa que a finura tem valor muito mais alto do que a leveza, o contorno se desloca para a segunda posição, mostrada na Figura 9.10. Agora titânio e até aço (inoxidável, para evitar acoplamento magnético) se tornam candidatos atraentes.

Observação. Por volta de 1997, quando a finura e a leveza extremas tornaram-se grandes impulsionadoras do design e do projeto pela primeira vez, as conclusões às quais chegamos aqui eram novas. Naquela época, quase todas as carcaças para eletrônicos de mão eram feitas de ABS, policarbonato ou, ocasionalmente, de aço. Agora, cerca de 20 anos depois, exemplos de carcaças de alumínio, magnésio, titânio e até CFRP podem ser encontrados em produtos comerciais. O valor do estudo de caso (que data de 1996) é como uma ilustração da maneira a qual os métodos sistemáticos podem ser aplicados para a seleção multiobjetivos.

Estudo de caso relacionado
9.8 "Objetivos conflitantes: materiais para uma pinça de freio a disco"

9.7 Objetivos conflitantes: para-choques de baixo custo

Os para-choques de um carro são projetados para suportar momentos de flexão (Figura 9.12). Sua função em um acidente é transferir carga do ponto de impacto para elementos de colisão que a suportam ou a absorvem. Para fazer isso, o material do para-choque deve ter uma alta resistência, σ_y. O para-choque aumenta a massa do veículo e, portanto, o seu consumo de combustível. Isso também tem um custo. A tarefa é selecionar um material para um para-choque leve e forte (Tabela 9.10). Isto não é direto: quanto mais leve o material não significa ser mais barato; nem mais barato ser mais leve. Nós precisaremos de métodos de permuta.

Sabemos, pelo Capítulo 4, que a massa por unidade de resistência à flexão, para uma dada geometria, é proporcional ao índice

$$M_1 = \frac{\rho}{\sigma_y^{2/3}} \qquad (9.21)$$

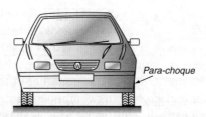

Figura 9.12. Para-choque de carro.

TABELA 9.10. **Requisitos de projeto para para-choques**

Função	• Para-choque: transmitir a carga de impacto para elementos que a absorveram
Restrições	• Alta resistência • Tenacidade à fratura adequada
Objetivos	• Minimizar a massa para uma determinada resistência à flexão • Minimizar o custo para uma determinada resistência à flexão
Variáveis livres	• Escolha do material

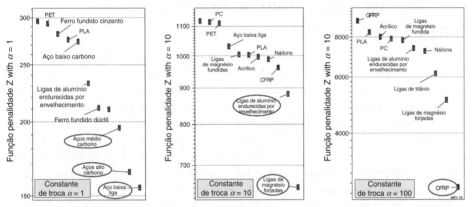

FIGURA 9.13. A escolha do material para um para-choque depende do valor da constante de troca, α (ver caderno colorido).

onde ρ é a densidade do material. O custo do material é proporcional ao custo C_m por unidade de massa:

$$M_2 = \frac{C_m \rho}{\sigma_y^{2/3}} \tag{9.22}$$

Para prosseguir ainda mais, definimos uma função penalidade

$$Z = \frac{C_m \rho}{\sigma_y^{2/3}} + \alpha \frac{\rho}{\sigma_y^{2/3}} = \frac{\rho}{\sigma_y^{2/3}}(C_m + \alpha) \tag{9.23}$$

na qual α é a constante de troca, a qual, como nós vimos na Tabela 8.1, depende do sistema de transporte. Para um dado valor de α a melhor escolha é o material com o menor valor de Z.

A função penalidade da Equação (9.23) é plotada na Figura 9.13 para três valores de α, mantendo em cada caso somente os materiais com os menores Z. Quando $\alpha = 1$, aços ao carbono e baixa liga são as melhores escolhas. Quando $\alpha = 10$, ligas leves a base de alumínio e magnésio ganham. Quando $\alpha = 100$, CFRP se torna a escolha mais atrativa que qualquer outro material.

Observação. Existem, é claro, outros componentes de custo além daqueles ligados ao material: o custo de conformação e acabamento do para-choque e o custo das ligações necessárias para uni-lo ao veículo todos contam para o

336   Seleção de Materiais no Projeto Mecânico

custo. Mas o estudo de caso ilustra satisfatoriamente a maneira significativa em que a constante de troca da Tabela 8.1 influencia o custo de material.

Estudos de casos relacionados

9.5   "Objetivos conflitantes: pernas de mesas novamente"
9.6   "Objetivos conflitantes: carcaças finíssimas para eletrônicos indispensáveis"
9.8   "Objetivos conflitantes: materiais para uma pinça de freio a disco"

9.8 Objetivos conflitantes: materiais para uma pinça de freio a disco

É incomum — muito incomum — perguntar se o custo é importante na seleção de um material e ter como resposta um "Não". Mas, às vezes, isso acontece, notavelmente quando o material deve executar uma função crítica no espaço (berílio para componentes estruturais, irídio para proteção contra radiação), em procedimentos médicos (lembre-se das obturações dentárias de ouro) e em equipamentos para esportes altamente competitivos (uma motocicleta de corrida tinha uma cabeça de cilindro feita de prata sólida, em razão de sua alta condutividade térmica). Aqui, damos outro exemplo — materiais para as pinças do freio de um carro de corrida de Fórmula 1.

A tradução. A pinça do freio pode ser idealizada como duas vigas de comprimento L, profundidade b e espessura h, presas uma à outra em suas extremidades (foto da abertura deste capítulo e Figura 9.14). Cada viga é carregada sob flexão quando a pressão do freio é aplicada e, como a frenagem gera calor, ela fica quente. O desenho esquemático na parte inferior da figura representa uma das vigas. Seu comprimento L e sua profundidade b são determinados pelo projeto. A rigidez da viga, S, é crítica: se for inadequada, a pinça sofrerá flexão, o que prejudicará a eficiência da frenagem e permitirá vibração. Sua capacidade de transmitir calor também é crítica, visto que parte do calor gerado na frenagem deve ser dissipado pela pinça. A Tabela 9.11 resume os requisitos.

A massa da pinça aumenta com a de uma das vigas. Sua massa por unidade de área é simplesmente

$$m_a = hp \text{(unidades}: \text{kg/m}^2) \tag{9.24}$$

onde ρ é a densidade do material do qual ela é feita. A transferência de calor q depende da condutividade térmica λ do material da viga; o fluxo de calor por unidade de área é

$$q_a = \lambda \frac{\Delta T}{h} \text{(unidades}: \text{Watts/m}^2) \tag{9.25}$$

onde ΔT é a diferença de temperatura entre as superfícies.

As quantidades L, b e ΔT são especificadas. A única variável livre é a espessura h. Porém, há uma restrição: a pinça deve ser rígida o suficiente para garantir que não sofra flexão nem vibração excessivas. Para atingir isso, precisamos que

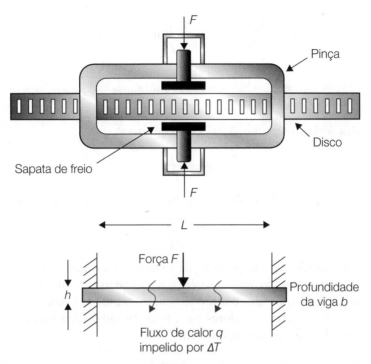

FIGURA 9.14. Desenho esquemático de uma pinça de freio. Os longos braços da pinça são carregados sob flexão e devem ser bons condutores de calor para evitar superaquecimento.

TABELA 9.11. **Os requisitos de projeto: pinça de freio**

Função	• *Pinça de freio*
Restrições	• *Rigidez à flexão, S*, especificada* • *Dimensões L e b especificadas*
Objetivos	• *Minimizar massa da pinça* • *Maximizar transferência de calor através da pinça*
Variáveis livres	• *Espessura h da parede da pinça* • *Escolha de material*

$$S = \frac{C_1 E 1}{L^3} = \frac{C_1 E b h^3}{12 L^3} \geq S^* \text{(unidades : N/m)} \quad (9.26)$$

onde S^* é a rigidez desejada, E é o módulo de Young, C_1 é uma constante que depende da distribuição de carga e $I = bh^3/12$ é o momento de inércia de área da viga. Assim,

$$h \geq \left(\frac{12 S^*}{C_1 b E} \right)^{1/3} L \quad (9.27)$$

Inserindo essa expressão nas Equações (9.24) e (9.25), obtemos as equações para a massa m_a do braço e o calor q_a transferido por ele, por unidade de área:

$$m_a \geq \left(\frac{12S^*}{C_1 b}\right)^{1/3} L\left(\frac{\rho}{E^{1/3}}\right) \text{(unidades : kg/m}^2) \qquad (9.28)$$

$$q_a = \frac{\Delta T}{L}\left(\frac{C_1 b}{12S^*}\right)^{1/3} (\lambda E^{1/3})\text{(unidades : W / m}^2) \qquad (9.29)$$

A primeira equação contém o índice de mérito:

$$M_1 = \frac{\rho}{E^{1/3}}$$

A segunda (expressa de modo a procurar um mínimo) contém o índice:

$$M_2 = \frac{1}{\lambda E^{1/3}}$$

O material-padrão para uma pinça de freio é ferro fundido dúctil (ou nodular) — ele é barato e rígido, mas também é pesado e um condutor relativamente ruim. Usamos isso como um padrão de comparação, normalizando as Equações (9.28) e (9.29) para os valores para ferro fundido (densidade ρ_o, módulo E_o e condutividade λ_o), o que resulta em

$$\frac{m_a}{m_{a,o}} = \left(\frac{\rho}{E^{1/2}}\right)\left(\frac{E_0^{1/3}}{\rho_o}\right) \qquad (9.30)$$

e

$$\frac{q_{a,o}}{q_a} = \frac{\lambda_o E_o^{1/3}}{\lambda E^{1/3}} \qquad (9.31)$$

A Figura 9.15 mostra um diagrama no qual elas são os eixos. O diagrama é dividido em quatro quadrantes, centrado no ferro fundido no ponto (1,1). Cada bolha descreve um material. As que estão mais abaixo, à esquerda, são melhores do que ferro fundido para ambos objetivos; uma pinça de alumínio, por exemplo, tem metade do peso e oferece duas vezes mais transferência de calor. A escolha definitiva é o berílio ou sua liga Be 40%Al.

Para irmos adiante, formulamos a função penalidade relativa

$$Z^* = \alpha_m^*\left(\frac{m_a}{m_{a,o}}\right) + \alpha_q^*\left(\frac{q_{a,o}}{q_a}\right) \qquad (9.32)$$

na qual os termos entre parênteses são dados pelas Equações (9.30) e (9.31) e as constantes de troca α_m^* e α_q^* medem o valor relativo de uma economia fracionária de peso ou de aumento da transferência de calor em relação ao ferro fundido. O gráfico da função penalidade é apresentado na Figura 9.15 para três valores da razão α_q^*/α_m^* entre as constantes de troca. Cada uma é tangente a uma superfície de permuta que exclui as "exóticas" ligas de berílio, que, caso

Caderno Colorido

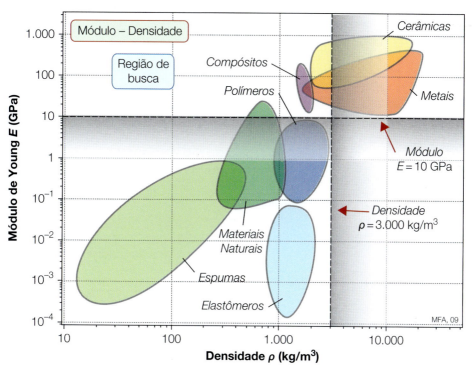

FIGURA 4.10. Um diagrama esquemático $E - \rho$ que mostra um limite inferior para E e um limite superior para ρ.

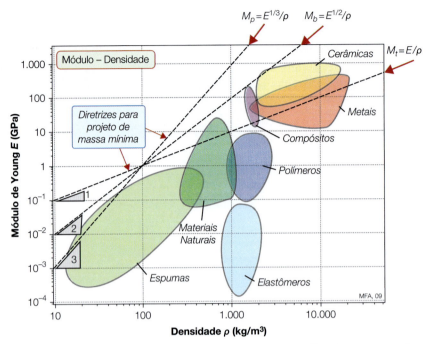

FIGURA 4.11. Um diagrama esquemático $E - \rho$ que mostra as diretrizes para os três índices de mérito para projeto rígido, leve.

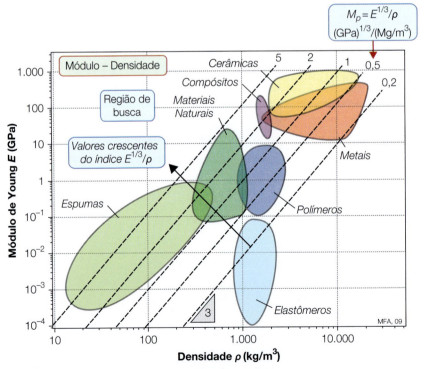

FIGURA 4.12. Um diagrama esquemático $E - \rho$ que mostra uma grade de linhas para o índice de mérito $M = E^{1/3}/\rho$ As unidades são $(GPa)^{1/3} (Mg/m^3)$.

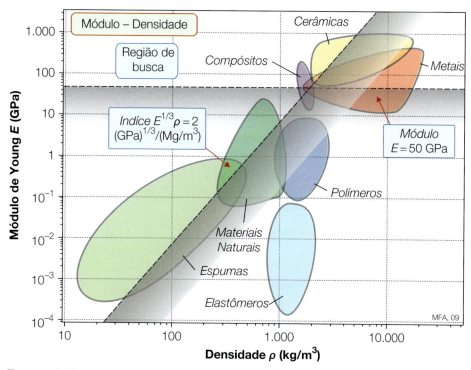

FIGURA 4.13. Uma seleção baseada no índice $M = E^{1/3}/\rho > 2$ GPa)$^{1/3}$ (Mg/m³) juntamente com o limite de propriedade $E > 50$ GPa. Os materiais contidos na região de busca tornam-se os candidatos para o próximo estágio do processo de seleção.

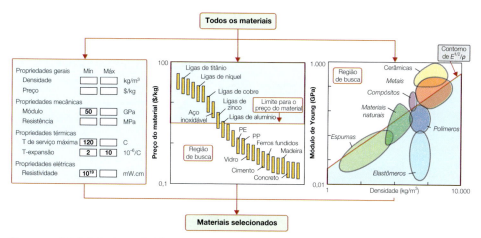

FIGURA 4.14. Seleção assistida por computador com a utilização do software CES. O desenho esquemático mostra os três tipos de janela de seleção. Elas podem ser usadas em qualquer ordem e qualquer combinação. O motor de seleção isola o subconjunto de materiais que passa por todos os estágios de seleção.

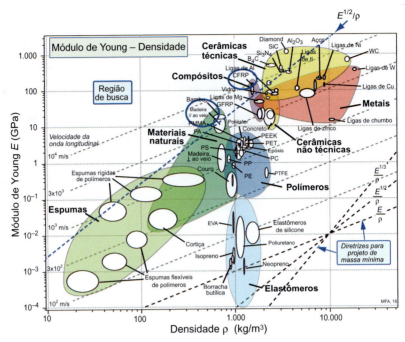

FIGURA 5.2. Materiais para remos. CFRP é melhor do que madeira porque a estrutura pode ser controlada.

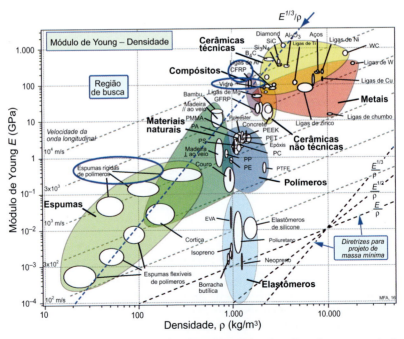

FIGURA 5.4. Materiais para espelhos de telescópio. Vidro é melhor do que a maioria dos metais, entre os quais o magnésio é uma boa escolha. Polímeros reforçados com fibra de carbono proporcionam, potencialmente, o peso mais baixo de todos, mas pode lhes faltar a estabilidade dimensional adequada. Vidro espumado é um possível candidato.

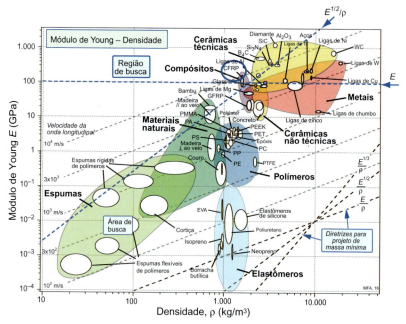

FIGURA 5.6. Materiais para pernas de mesa leves e delgadas. Madeira é uma boa escolha; um compósito como CFRP também é bom, já que, por ter um módulo mais alto do que a madeira, fornece uma coluna leve e ao mesmo tempo delgada. Cerâmicas cumprem as metas de projeto estabelecidas, mas são frágeis.

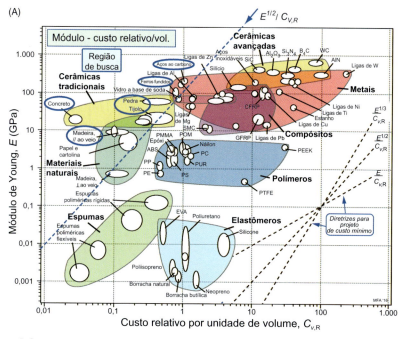

FIGURA 5.8. (A) A seleção de materiais rígidos e baratos para os esqueletos estruturais de construções e

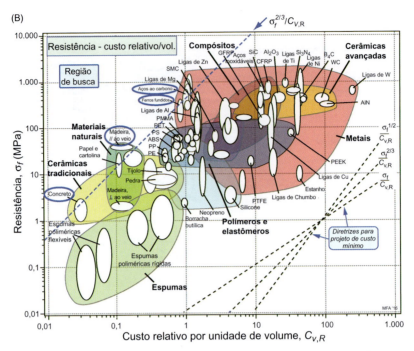

FIGURA 5.8. *(Cont.)* (B) a seleção de materiais fortes e baratos para os esqueletos estruturais de edifícios.

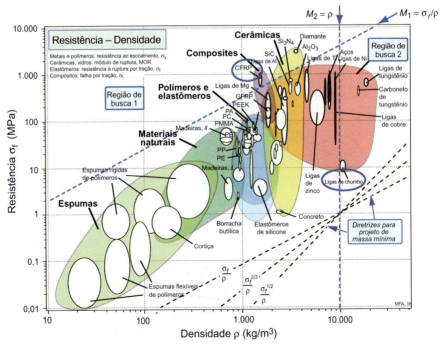

FIGURA 5.10. Materiais para volantes. Compósitos são as melhores escolhas. Chumbo e ferro fundido, tradicionais para volantes, são bons quando o desempenho é limitado pela velocidade rotacional, e não pela resistência.

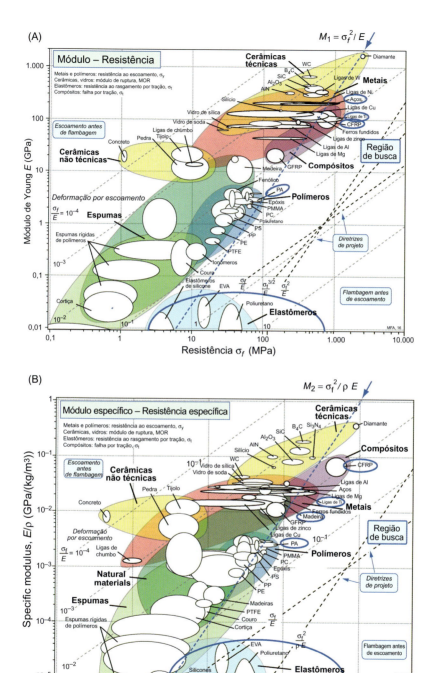

FIGURA 5.12. (A) Materiais para molas pequenas. Aço de alta resistência ("aço de molas"), vidro, CFRP e GFRP todos produzem boas molas. Elastômeros se sobressaem. (B) Materiais para molas leves. Metais estão em desvantagem por suas altas densidades. Compósitos e elastômeros são excelentes.

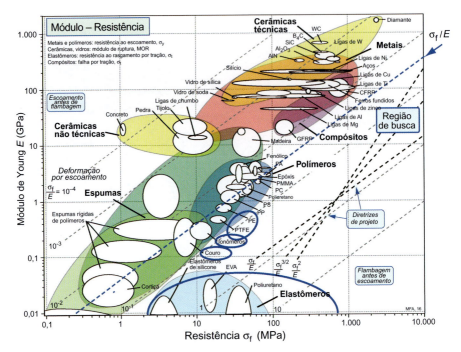

FIGURA 5.14. Materiais para dobradiças elásticas. Elastômeros são melhores, mas podem não ser rígidos o suficiente para satisfazer as outras necessidades do projeto. Então polímeros como náilon, PTFE e PE são melhores. Aço de molas não é tão bom, porém é muito mais forte.

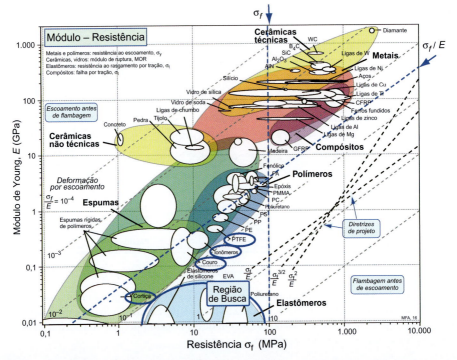

FIGURA 5.16. Materiais para vedações elásticas. Elastômeros, polímeros que se adaptam e espumas fazem boas vedações.

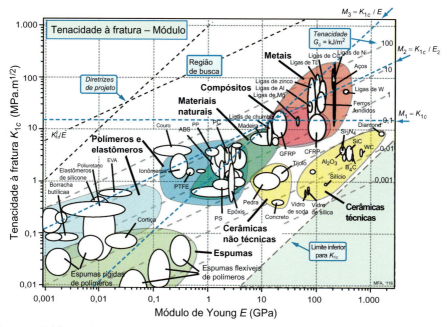

FIGURA 5.18. A seleção de materiais para projeto limitado por carga, deflexão e energia. Em projeto limitado por deflexão, polímeros são tão bons quanto metais, apesar de terem valores muito baixos de tenacidade à fratura.

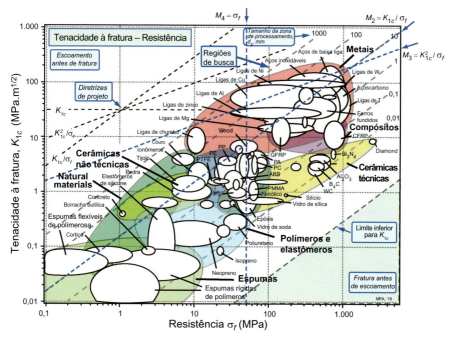

FIGURA 5.20. Materiais para vasos de pressão. Aço, ligas de cobre e ligas de alumínio satisfazem melhor o critério "escoar antes de sofrer ruptura". Além disso, alta resistência ao escoamento permite alta pressão de operação. Os materiais no triângulo da região de busca são a melhor escolha. O critério "vazar antes de sofrer ruptura" resulta essencialmente na mesma seleção.

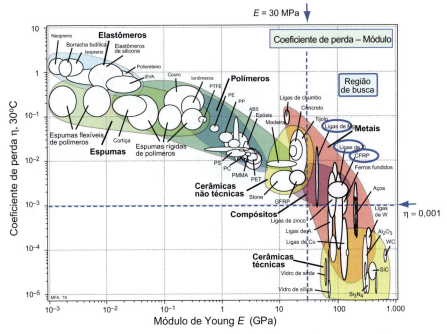

FIGURA 5.22. Seleção de materiais para a mesa vibratória. Ligas de magnésio, ferros fundidos, GFRP, concreto e as ligas especiais de Mn-Cu de alto amortecimento são candidatas.

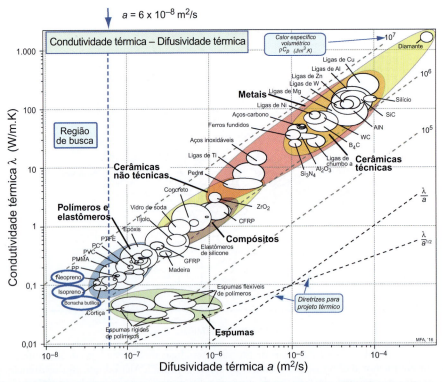

FIGURA 5.24. Materiais para recipientes isotérmicos de curto prazo. Elastômeros são bons; espumas, não.

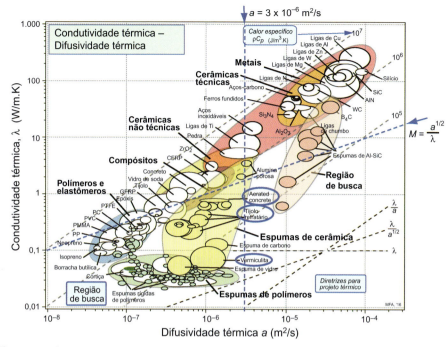

FIGURA 5.26. Materiais para paredes de forno de calcinação. Cerâmicas de baixa densidade, porosas ou parecidas com espuma são a melhor escolha.

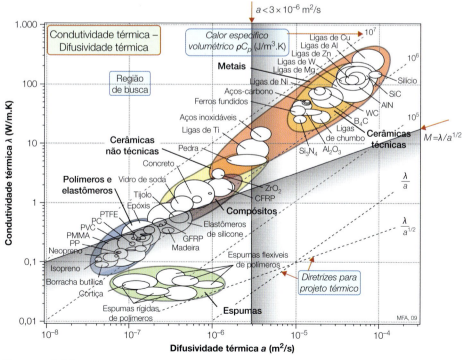

FIGURA 5.28. Materiais para paredes que armazenam calor. Adobe (terra batida), concreto e pedra são escolhas práticas; tijolo não é tão bom.

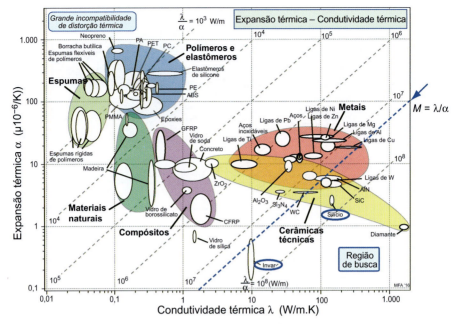

FIGURA 5.30. Materiais para dispositivos de medição de precisão. Metais não são tão bons quanto cerâmicas porque têm frequências de vibração mais baixas. Silício pode ser a melhor escolha.

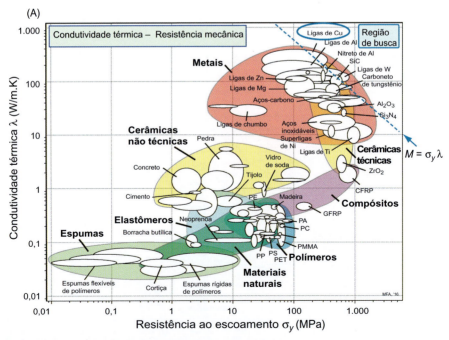

FIGURA 5.32. (A) Um diagrama de resistência ao escoamento (limite elástico), σ_y, em relação à condutividade térmica, λ, mostrando o índice, M_1.

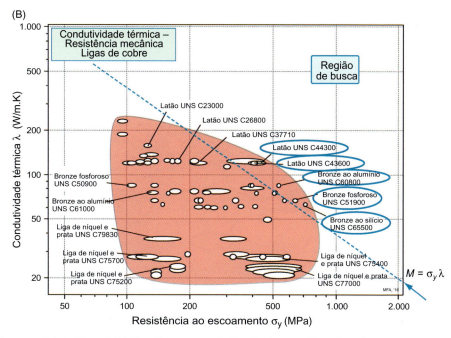

FIGURA 5.32. *(Cont.)* (B) Um diagrama mais detalhado para ligas de cobre.

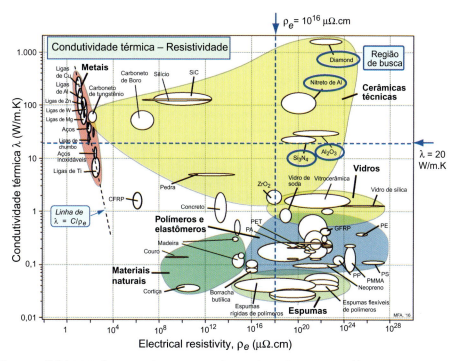

FIGURA 5.34. T O diagrama $\lambda - \rho_e$, com o limite de atributo $\rho_e > 10^{18}$ $\mu\Omega$.cm e o índice λ representados no gráfico. A seleção é refinada pela elevação da posição da linha de seleção λ.

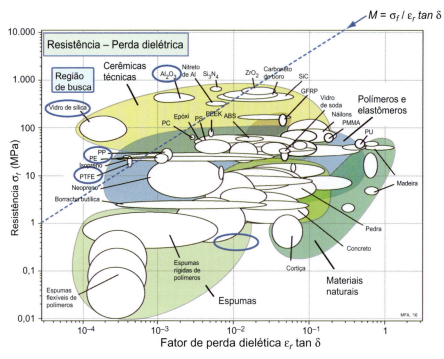

FIGURA 5.36. Gráfico do limite elástico, σ_f, em relação ao fator de perda, $\varepsilon_r \tan \delta$, mostrando o índice, M.

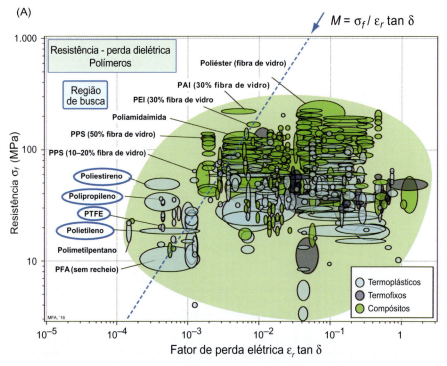

FIGURA 5.37. Gráfico do limite elástico, σ_f, em relação ao fator de potência, $\varepsilon_r \tan \delta$, em detalhe, (A) para polímeros, polímeros preenchidos e compósitos e (B) para cerâmicas.

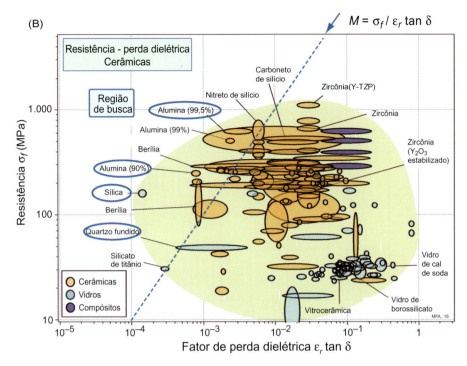

FIGURA 5.37. *(Cont.)*

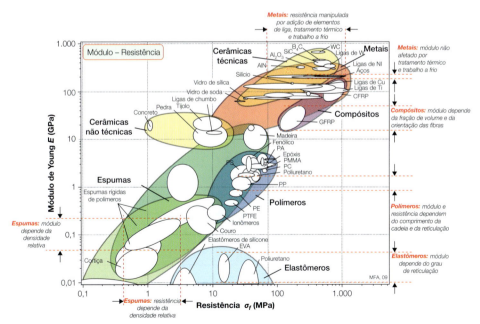

FIGURA 6.15. A extensão das bolhas de materiais nos diagramas de propriedades oferece uma ideia do grau em que as propriedades podem ser manipuladas por processamento.

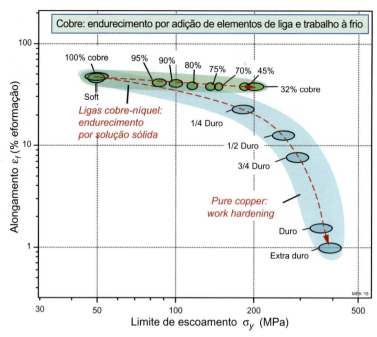

FIGURA 6.17. O efeito de endurecimento por elementos de liga e trabalho à frio na resistência e alongamento do cobre.

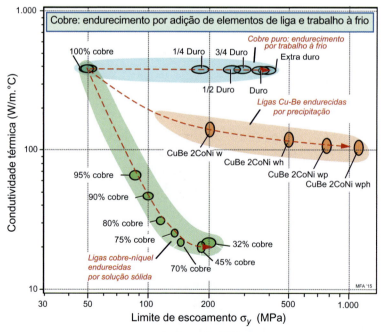

FIGURA 6.18. O efeito de endurecimento por solução sólida, por precipitação e por trabalho à frio, sobre a resistência e a condutividade térmica do cobre. O símbolo "w" significa solubilizado por tratamento térmico; "wh" significa solubilizado por tratamento térmico e endurecido por trabalho a frio; e "whp" significa solubilizado por tratamento térmico, endurecido por trabalho à frio e envelhecido para permitir precipitação.

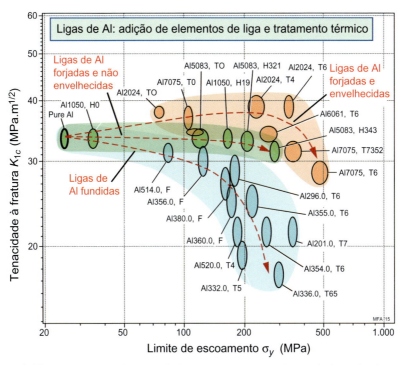

FIGURA 6.19. As trajetórias de tenacidade e resistência para classes de ligas de alumínio. Todos os três mecanismos da Figura 6.16 são envolvidos.

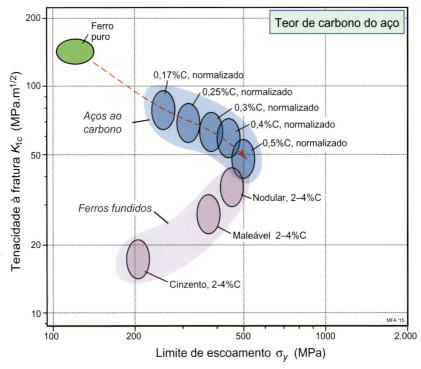

FIGURA 6.20. As trajetórias tenacidade-resistência para ligas ferro carbono conforme o teor de carbono é aumentado.

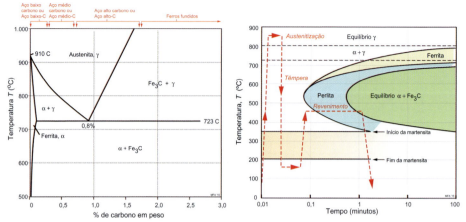

FIGURA 6.21. (Esquerda) O diagrama de fases ferro-carbono mostrando as faixas de composição de aços ao carbono e ferros fundidos. (Direita) Uma curva esquemática Tempo-Temperatura-Transformação para um aço médio carbono, mostrando a rota de processamento.

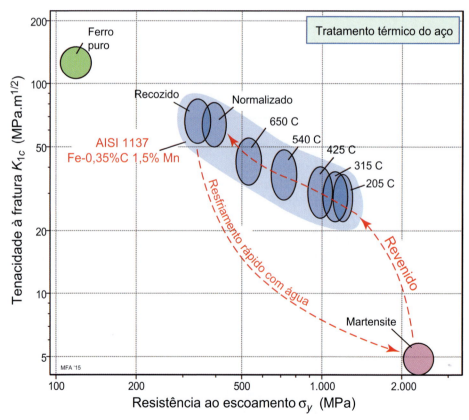

FIGURA 6.22. A trajetória tenacidade–resistência para o revenimento de um aço médio carbono.

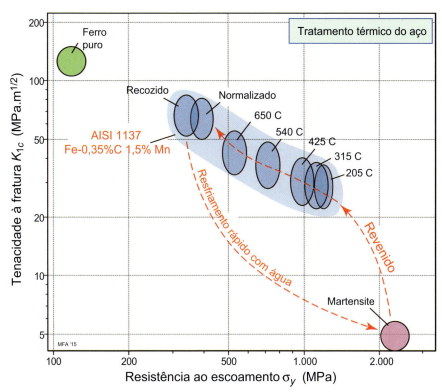

FIGURA 6.23. Aços inoxidáveis. O grau de adição de elementos de liga, tratamento térmico e endurecimento por trabalho à frio aumenta da esquerda para a direita.

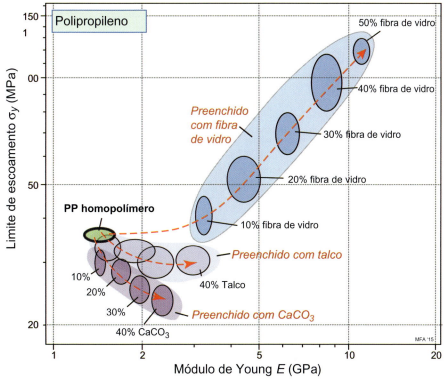

FIGURA 6.25. Resistência e modulo de polipropileno reforçado.

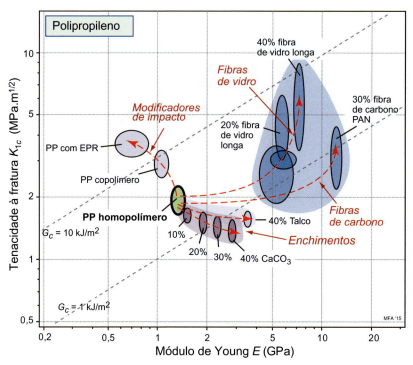

FIGURA 6.26. O efeito de reforços, modificadores de impacto e fibras sobre a resistência e a tenacidade do polipropileno.

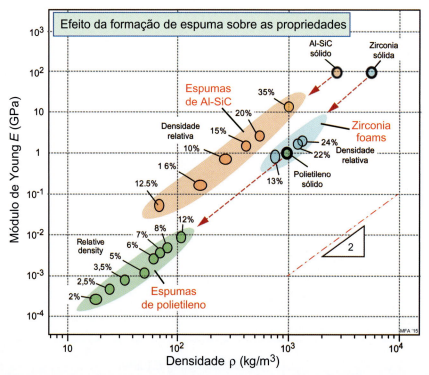

FIGURA 6.28. O efeito de formação de espuma sobre o módulo de Young de metais, polímeros e cerâmicas.

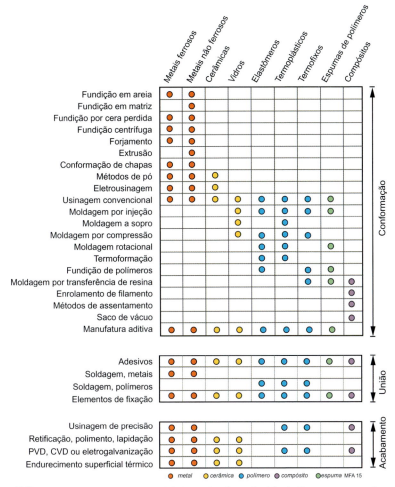

FIGURA 7.3. A matriz processo-material. Um círculo colorido indica que o par é

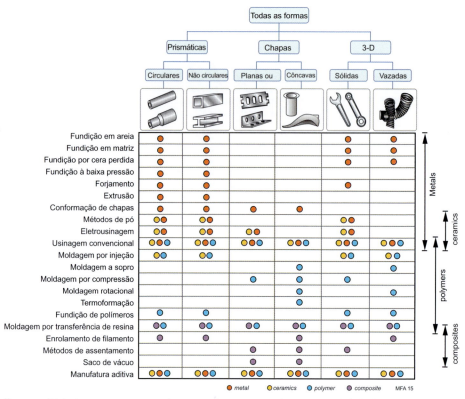

FIGURA 7.4. A matriz processo-forma. Informações sobre compatibilidade de materiais estão incluídas na extrema direita.

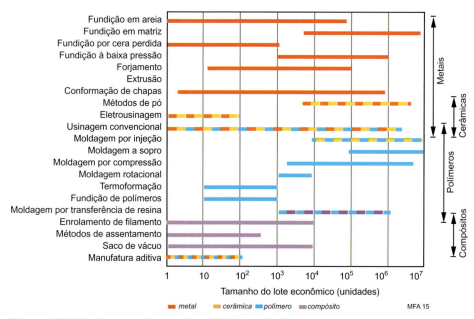

FIGURA 7.6. O diagrama do tamanho do lote econômico.

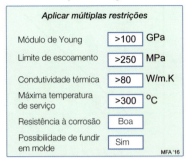
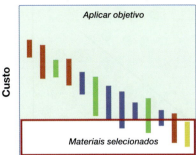

FIGURA 8.2. Seleção com múltiplas restrições (à esquerda) e um único objetivo. Triar usando as restrições e classificar usando o objetivo.

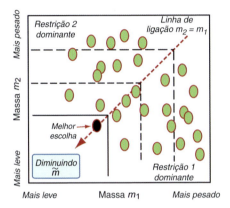
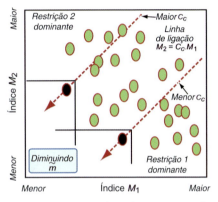

FIGURA 8.4. A abordagem gráfica para problemas mín–máx. Esquerda: seleção conjugada usando métricas de desempenho (aqui, massa m). Direita: uma abordagem mais geral: seleção conjugada usando índices de materiais M e uma constante de ligação C_c. Os eixos são logarítmicos.

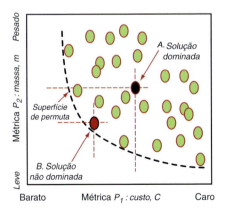
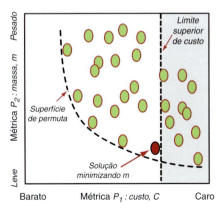

FIGURA 8.5. (Esquerda) Gráfico de permuta para procurar materiais que minimizam ao mesmo tempo massa e custo. Cada bolha é uma *solução* — uma escolha de material que cumpre todas as restrições. (Direita) Gráfico de permuta com uma restrição simples imposta ao custo.

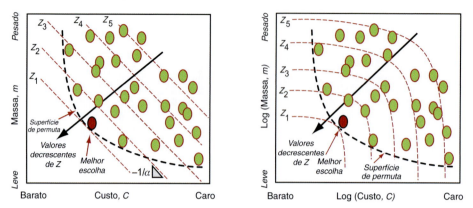

FIGURA 8.6. (Esquerda) Função penalidade Z sobreposta ao gráfico de permuta. O contorno que é tangente à superfície de permuta identifica a solução ótima. (Direita) O mesmo, em gráfico de escalas logarítmicas; agora, a relação linear aparece como linhas curvas.

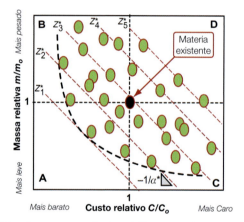

FIGURA 8.7. Um gráfico de permuta relativa, útil para explorar a substituição de um material existente com a finalidade de reduzir massa, ou custo, ou ambos. O material existente encontra-se nas coordenadas (1,1). Soluções no setor A são ao mesmo tempo mais leves e mais baratas.

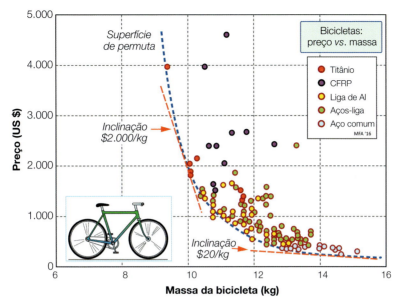

FIGURA 8.8. Um gráfico da permuta custo-massa para quadros de bicicletas. As soluções seguem um código de cor conforme o material. A tangente à superfície de permuta em qualquer ponto oferece uma estimativa da constante de troca. Esta depende da aplicação: para um consumidor que procura uma bicicleta barata para fazer compras, o valor da economia de peso é baixo (US$ 20/kg). Para um entusiasta que quer desempenho, pode ser alto (US$ 2.000/kg).

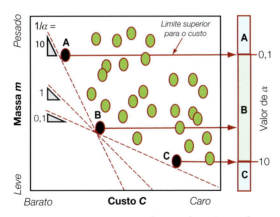

FIGURA 8.9. Muitas vezes, um único material (ou subconjunto de materiais) pode ser ótimo em uma ampla faixa de valores da constante de troca. Nesse caso, valores aproximados para constantes de troca são suficientes pra chegar a conclusões precisas sobre a escolha de materiais.

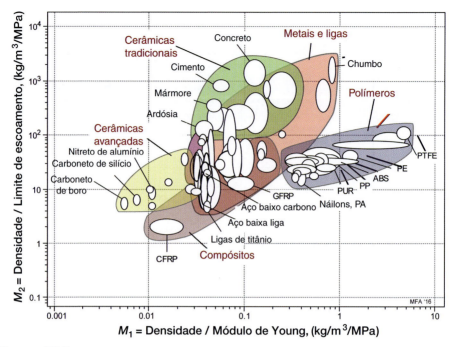

Figura E8.2

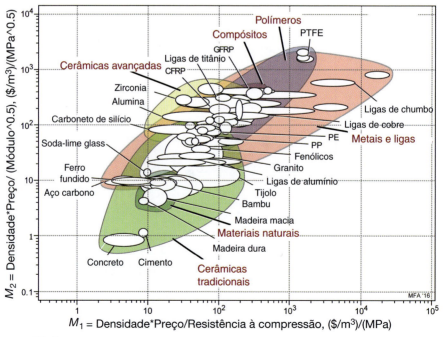

Figura E8.4

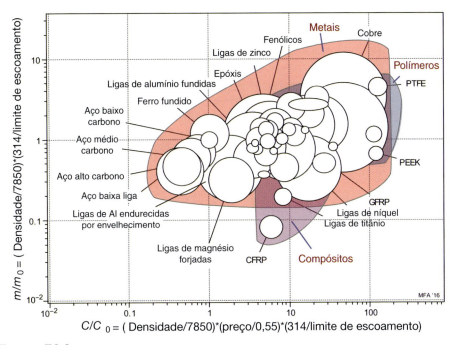

Figura E8.8

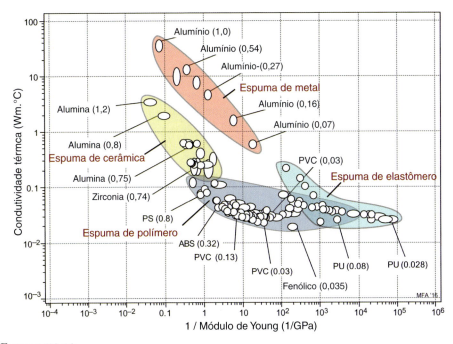

Figura E8.10

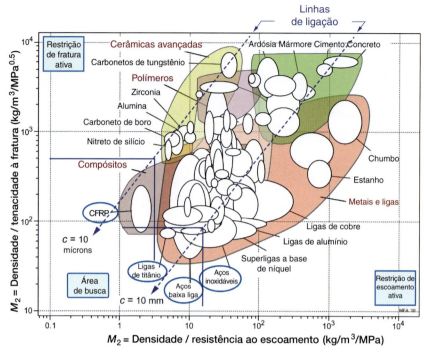

FIGURA 9.2. O projeto super-restringido conduz para dois ou mais índices unidos por uma equação de ligação. As linhas diagonais mostram a equação de ligação para dois valores de comprimento de trinca, c.

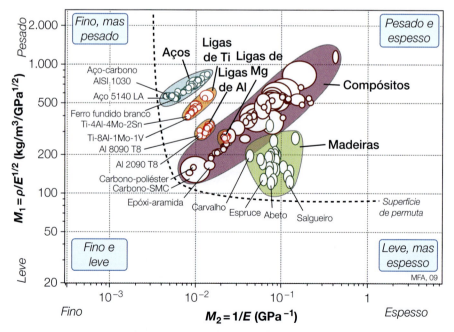

FIGURA 9.5. A construção para a restrição conjugada para a biela. As linhas diagonais tracejadas mostram a equação de ligação para dois valores extremos de F/L^2. As áreas de busca retangulares são mostradas.

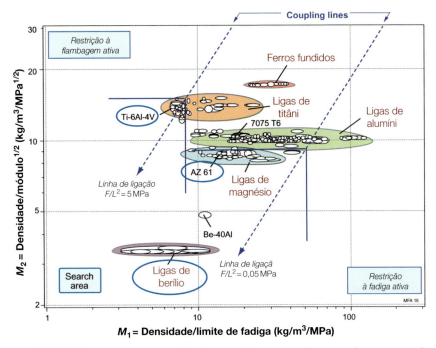

FIGURA 9.7. O diagrama para a escolha de material para enrolamento de magnetos de alta potência ou motores elétricos. As linhas de ligação e cantos de retângulos identificam a melhor escolha para uma determinada duração de pulso.

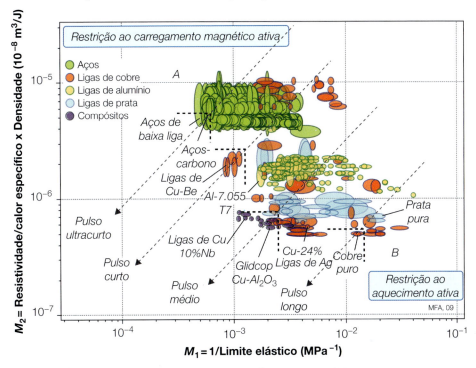

FIGURA 9.8. O gráfico de permuta para a perna de mesa. Materiais que se encontram próximos da superfície de permuta são identificados.

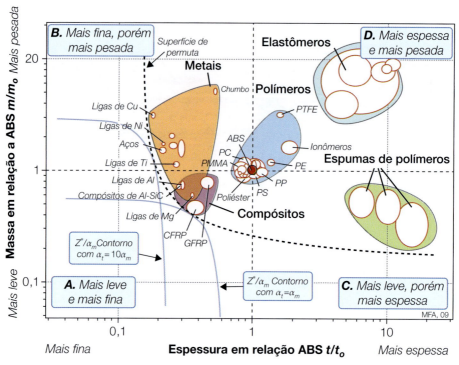

FIGURA 9.10. A espessura e a massa relativas de carcaças feitas de materiais alternativos. Os que estão próximos da superfície de permuta são identificados.

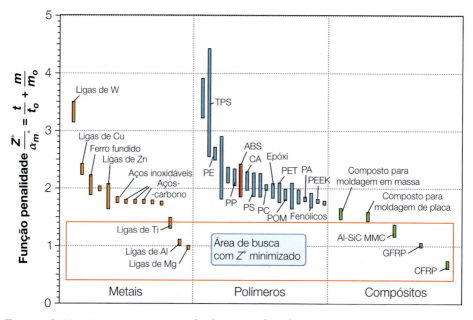

FIGURA 9.11. A função penalidade Z^*/α_m^* uando $\alpha_t^* = \alpha_m^*$ ABS encontra-se próximo do meio da coluna de polímeros. Materiais abaixo dele têm penalidade mais baixa — são as melhores escolhas.

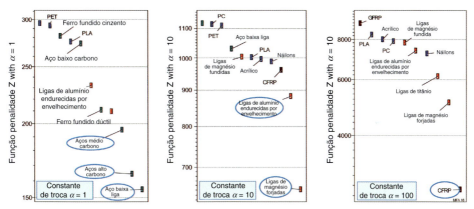

FIGURA 9.13. A escolha do material para um para-choque depende do valor da constante de troca, α.

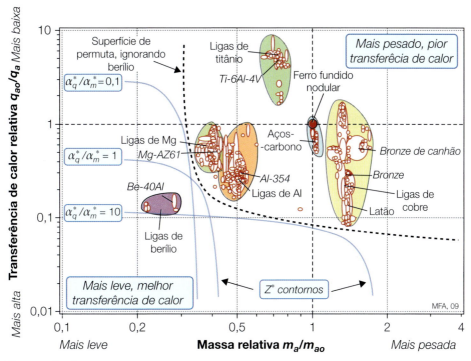

FIGURA 9.15. Um diagrama cujos eixos são as Equações (9.30) e (9.31). Berílio e suas ligas minimizam massa e maximizam a transferência de calor. Porém, se excluirmos esses materiais exóticos, a escolha torna-se dependente da razão α_q^*/α_m^*.

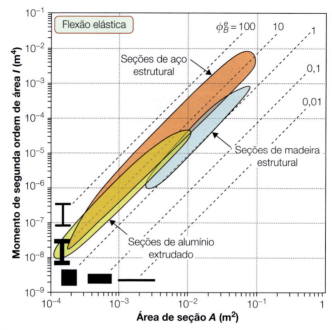

FIGURA 10.6. Gráfico do momento de inércia de área I em relação à área da seção A. Estruturas eficientes têm valores altos de ϕ_B^e estruturas ineficientes (as que sofrem flexão com facilidade) têm valores baixos. Seções estruturais reais têm valores que se encontram nas zonas sombreadas. O limite superior para a eficiência de forma ϕ_B^e epende do material.

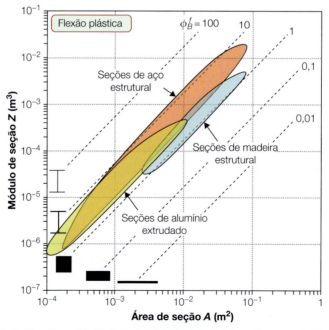

FIGURA 10.7. Gráfico do módulo de seção Z em relação à área da seção A. Estruturas eficientes têm valores altos da razão ϕ_B^f estruturas ineficientes (as que sofrem flexão com facilidade) têm valores baixos. Seções estruturais reais têm valores de Z e A que se encontram nas zonas sombreadas. O limite superior para ϕ_B^f epende novamente do material.

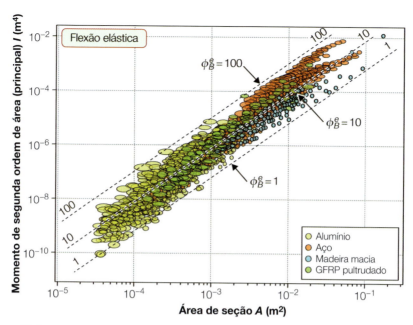

FIGURA 10.8. Gráfico de log (I) em relação a log (A) para seções padronizadas de aço, alumínio, GFRP pultrudado e madeira. Linhas de ϕ_B^e são mostradas, ilustrando que há um limite superior. Um gráfico semelhante para log (Z) em relação a log (A) revela um limite superior para ϕ_B^f.

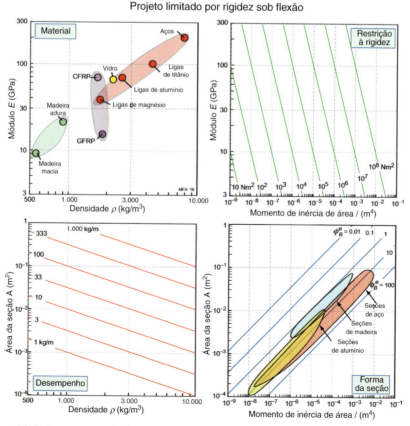

FIGURA 10.9. A montagem do diagrama de quatro quadrantes para explorar seções estruturais em projeto limitado por rigidez. Cada diagrama compartilha seus eixos com os vizinhos.

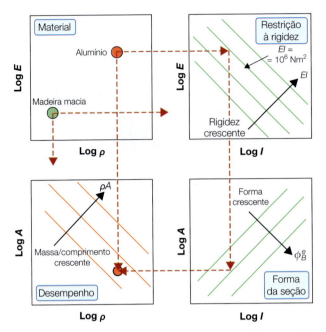

FIGURA 10.10. Um desenho esquemático que mostra como o diagrama de quatro quadrantes é usado.

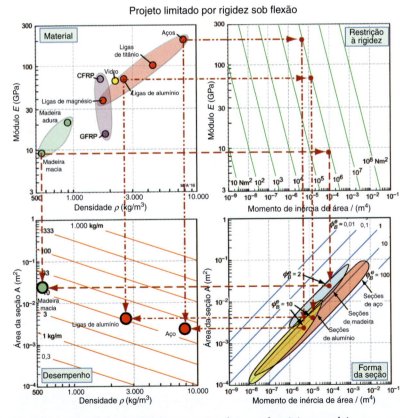

FIGURA 10.11. Uma comparação entre seções de aço, alumínio e madeira para um projeto limitado por rigidez com $EI = 10^6$ Nm². Alumínio produz uma seção com massa de 10 kg/m; aço é quase três vezes mais pesado.

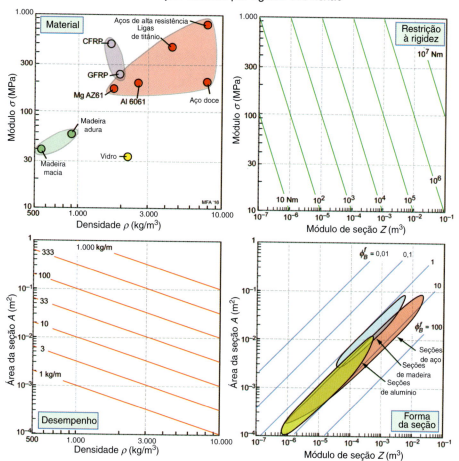

FIGURA 10.12. A montagem do diagrama de quatro quadrantes para explorar seções estruturais para projeto limitado por resistência. Como os diagramas para rigidez, cada diagrama compartilha seus eixos com seus vizinhos.

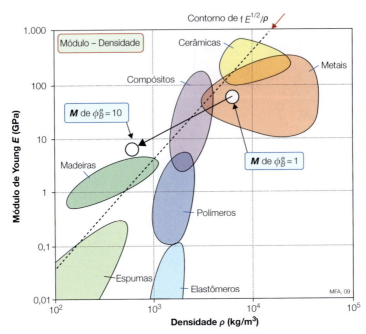

FIGURA 10.13. O material estruturado comporta-se como um novo material com módulo $E^* = E/\phi_B^e$ densidade $\rho^* = \rho/\phi_B^e$ o que o desloca de sua posição abaixo da linha de seleção tracejada para uma posição acima dela.

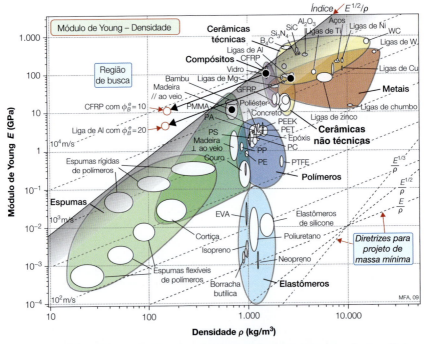

FIGURA 11.2. Os materiais e formas para longarinas de asas, representados no diagrama módulo-densidade. O desempenho de uma longarina feita de CFRP com fator de forma 10 supera o das longarinas feitas de alumínio com fator de forma 20 e o da madeira com fator de forma próximo de 1.

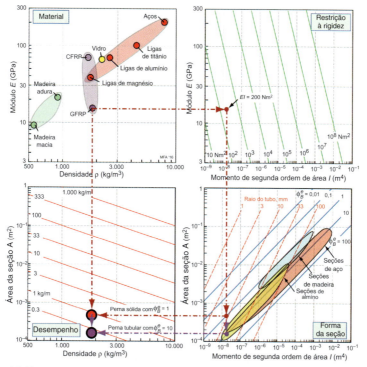

FIGURA 11.5. A montagem do diagrama para explorar projeto limitado por rigidez com tubos. O quadrante I–A agora tem linhas de raio de tubo r. A perna de GFRP mais fina de todas é a que tem $\phi_B^e = 1$ A mais leve é a que tem $\phi_B^e = 10$ o valor máximo para GFRP.

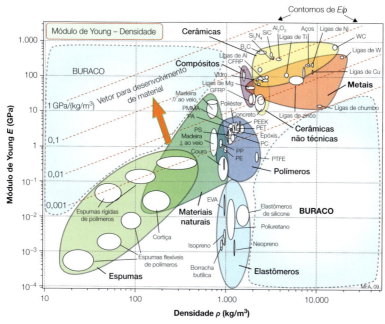

FIGURA 12.3. Vazios no espaço módulo-densidade, com contornos de módulos específicos, E/ρ O desenvolvimento de materiais que ampliou o território ocupado na direção da seta (o "vetor para desenvolvimento") permite componentes com maior rigidez em relação ao peso do que qualquer material existente atualmente.

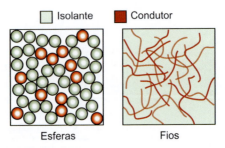

FIGURA 12.8. Esferas empacotadas e fios distribuidos, ambos aleatoriamente.

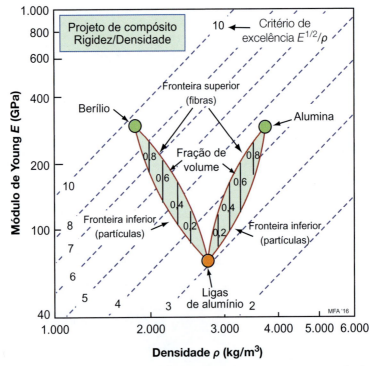

FIGURA 12.11. Parte do diagrama de propriedades E – ρ, mostrando ligas de alumínios, berílio e alumina (Al_2O_3). Fronteiras para os módulos de híbridos produzidos por misturas do alumínio com os outros dois são mostrados. Os contornos diagonais representam o critério de excelência para uma viga leve e rígida $E^{1/2}/\rho$.

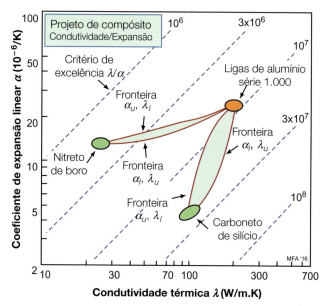

FIGURA 12.14. Uma parte do espaço coeficiente de expansão/condutividade mostrando ligas de alumínio, nitreto de boro e carbeto de silício. As propriedades dos compósitos Al-BN e Al-SiC são abrangidas pelas fronteiras das Equações (12.10) a (12.13). Compósitos de Al-SiC aprimoram o desempenho; compósitos de Al-BN o reduzem.

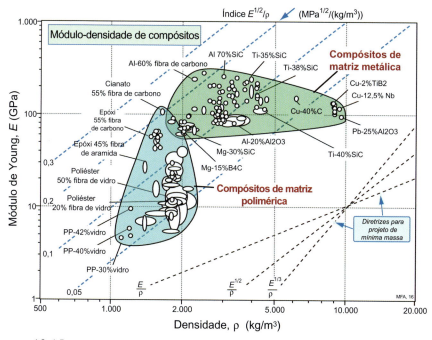

FIGURA 12.15. Compósitos em matriz de polímero (PMC) e metal (MMC) expandem a área ocupada do espaço módulo-densidade.

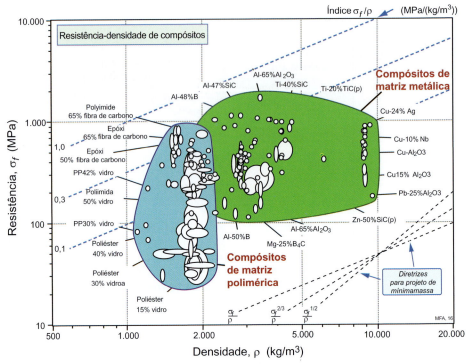

FIGURA 12.16. Compósitos em matriz de polímero (PMC) e metal (MMC) também expandem a área ocupada do espaço resistência-densidade.

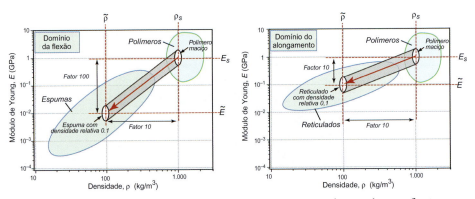

FIGURA 12.19. Esquerda: Formação de espuma cria estruturas dominadas por flexão com módulo e densidade mais baixos. Direita: Reticulados que são dominados por alongamento têm módulos que são muito maiores do que aqueles de espumas com a mesma densidade.

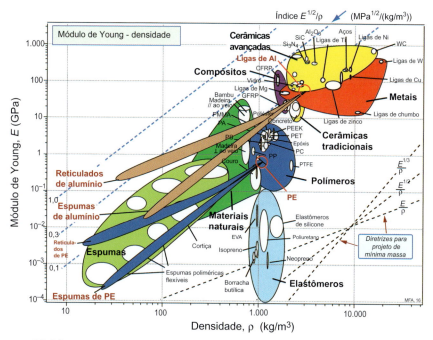

FIGURA 12.22. Espumas e estrutura de microtreliça são híbridos formados de material e espaço. Espumas são usualmente dominadas por flexão e se encontram ao longo de uma linha de inclinação 2 nesse diagrama. Microtreliças são dominadas por alongamento e se encontram em uma linha de inclinação 1. Ambos extendem a área ocupada desse diagrama em algumas potências de 10.

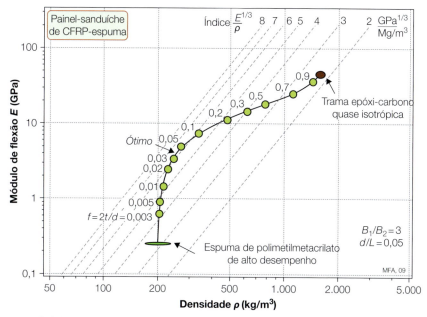

FIGURA 12.28. O módulo e a densidade equivalentes de um sanduíche de CFRP-espuma são comparados com os de materiais monolíticos. Os contornos do índice $E^{1/3}/\rho$ ermitem otimização das proporções do sanduíche.

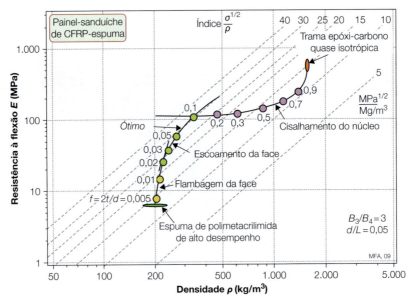

FIGURA 12.29. A resistência e a densidade equivalentes de um sanduíche de CFRP-espuma são comparadas com as de materiais monolíticos. O envelope mostra o menos resistente dos modos de falha concorrentes. Os contornos do índice $\sigma^{1/2}/\rho$ permitem otimização das proporções do sanduíche. A indentação é incluída pela imposição de um mínimo sobre a razão de espessura $2t/d$.

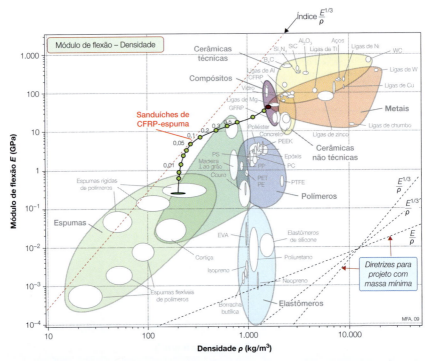

FIGURA 12.30. Os dados para o sanduíche da Figura 12.28 sobrepostos a um diagrama módulo-densidade, mostrando o excepcional valor do índice de rigidez à flexão $E^{1/3}/\rho$.

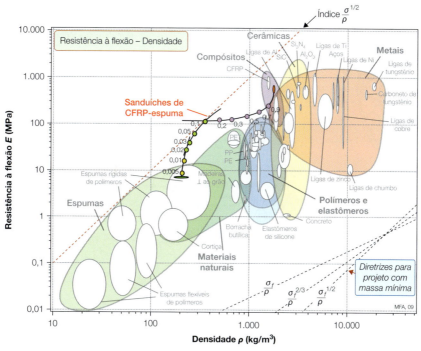

FIGURA 12.31. Os dados para o sanduíche da Figura 12.29 sobrepostos a um diagrama resistência-densidade, mostrando o excepcional valor do índice de rigidez à flexão $\sigma^{1/2}/\rho$.

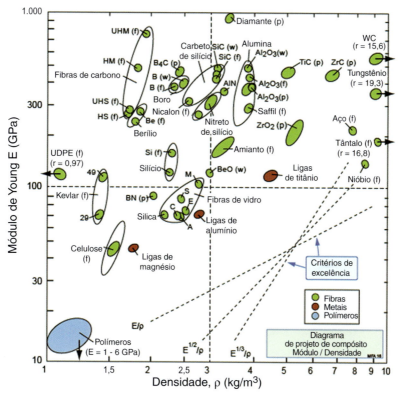

FIGURA E12.2. Os módulos e densidade de ligas leves e fibras.

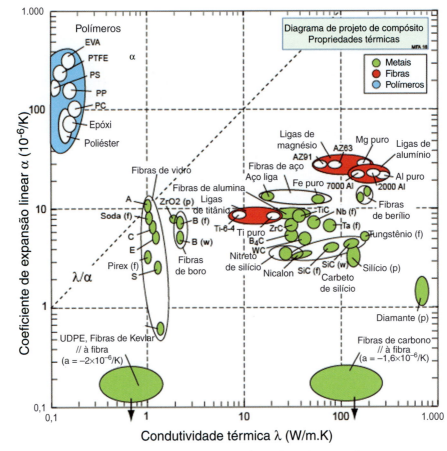

FIGURA E12.3. Expansão e condutividade para fibras, ligas leves e polímeros.

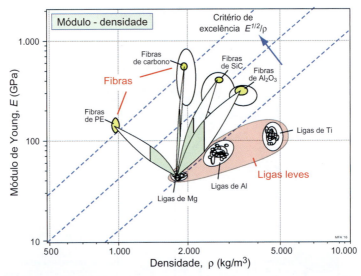

FIGURA 13.1. Possíveis compósitos em matriz de magnésio. Os losangos mostram as áreas delimitadas pelas fronteiras superior e inferior da Tabela 13.2. As áreas verdes sombreadas dentro deles se estendem até uma fração de volume de 0,5.

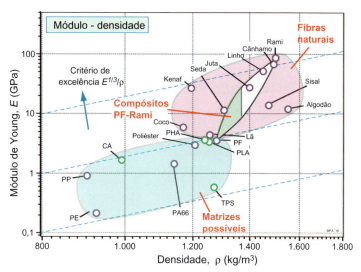

FIGURA 13.2. Explorando compósitos de fibra natural possíveis, usando o critério de excelência para painéis rígidos e leves, $E^{1/3}/\rho$ Compósito TPS–Sisal oferece muito pouco. Compósito P –Rami, incluído pelo envelope, oferece muito mais. A área verde sombreada dentro deles se estende até uma fração de volume de 0,5.

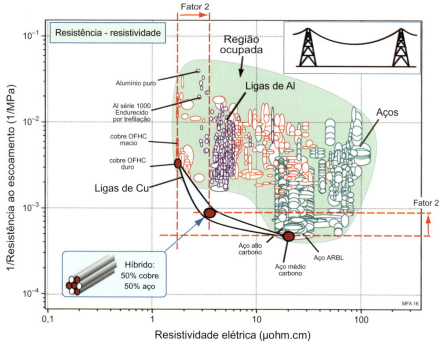

FIGURA 13.3. A resistividade e o inverso da resistência à tração para 1.700 metais e ligas. A construção é para híbridos de cobre OFHC endurecidos por trefilação e aço médio carbono trefilado, mas a figura em si permite a pesquisa de muitos híbridos.

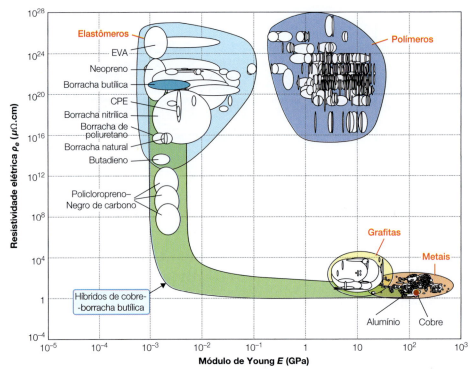

FIGURA 13.4. Quando partículas ou fibras condutoras são misturadas em um elastômero isolante, um buraco no espaço material-propriedade é preenchido. Borrachas butílicas recheadas de carbono encontram-se nessa parte do espaço.

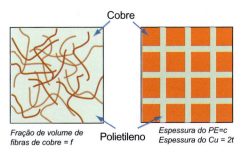

FIGURA 13.5. Duas configurações alternativas de cobre e polietileno.

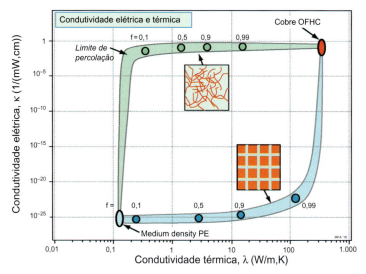

FIGURA 13.6. Duas configurações alternativas de híbridos de cobre e polietileno resultam em combinações muito diferentes de condutividade térmica e elétrica, e criam novos "materiais" cujas propriedades não são encontradas em materiais homogêneos.

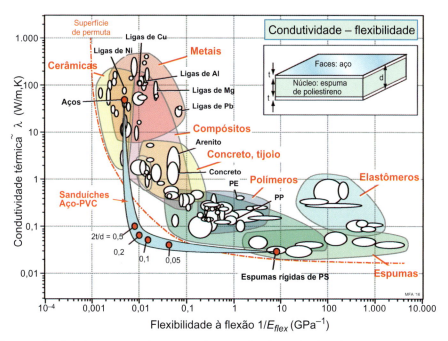

FIGURA 13.8. A linha tracejada segue o desempenho de sanduíches de aço e espuma de poliestireno. O desempenho térmico é representado no eixo vertical, o desempenho mecânico no horizontal. Ambos devem ser minimizados.

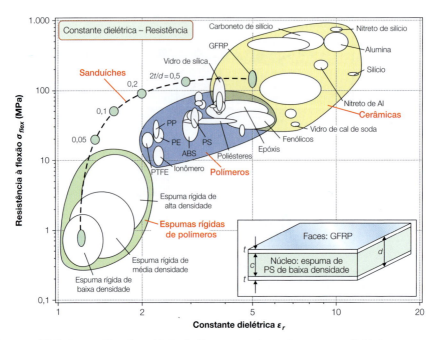

FIGURA 13.9. Um gráfico de módulo de flexão em relação à constante dielétrica para materiais de baixa constante dielétrica. A trajetória mostra as possibilidades oferecidas por híbridos de GFRP e espuma de polímero.

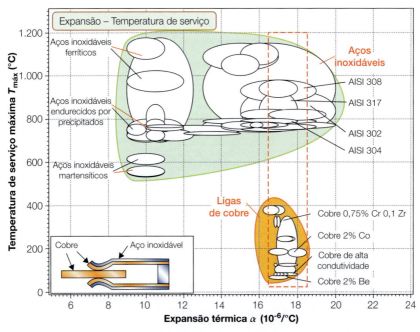

FIGURA 13.10. Um conector híbrido. Procuramos materiais com expansão térmica compatível, dentre os quais um deles conserve bem a resistência e a rigidez acima de 200 °C. O cobre é escolhido para o Material 1 em razão de sua excelente condutividade elétrica. Aço inoxidável austenítico é uma boa escolha para o Material 2.

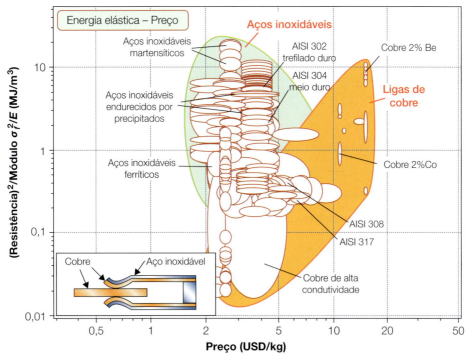

FIGURA 13.11. O conector tem dois serviços — conduzir e exercer uma força de aperto que não afrouxa. Cobre de alta condutividade e aço inoxidável austenítico são ambos muito mais baratos do que Cu 2% Be.

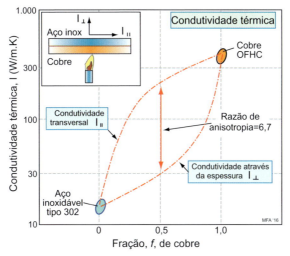

FIGURA 13.12. Criando anisotropia. Uma camada dupla de cobre e aço inoxidável cria um "material" com boa condutividade e uma razão de anisotropia maior do que 6.

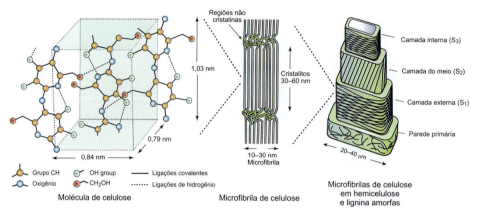

FIGURA 13.13. A estrutura hierarquica da madeira.

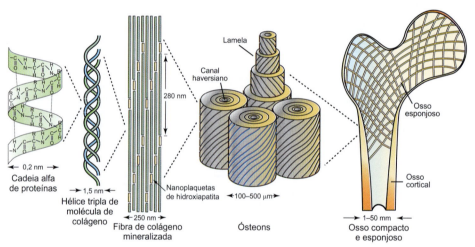

FIGURA 13.14. A estrutura hierárquica do osso.

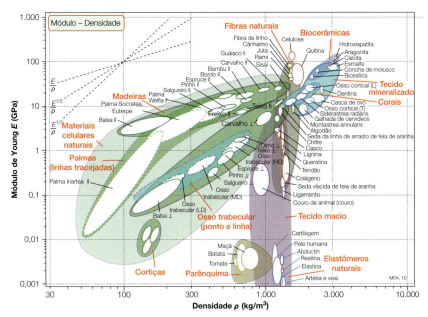

FIGURA 13.15. Um diagrama material-propriedade para materiais naturais, para módulo de Young em relação à densidade. As diretrizes identificam materiais estruturalmente eficientes que são leves e rígidos.

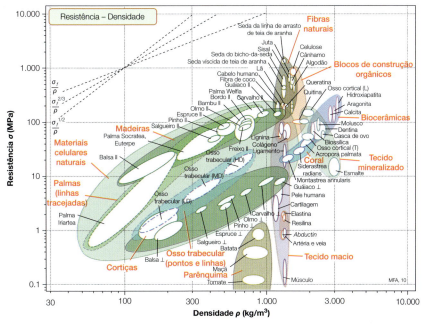

FIGURA 13.16. Um diagrama material-propriedade para materiais naturais, para resistência em relação à densidade. Diretrizes identificam materiais estruturalmente eficientes que são leves e resistentes.

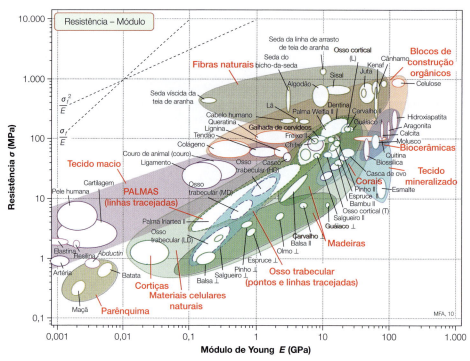

FIGURA 13.17. Um diagrama material-propriedade para materiais naturais, para módulo de Young em relação à resistência. As diretrizes identificam materiais que armazenam a maior quantidade de energia elástica por unidade de volume e que fazem boas dobradiças elásticas.

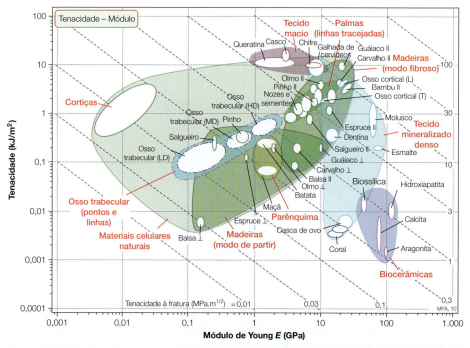

FIGURA 13.18. Um diagrama material-propriedade para materiais naturais, mostrando tenacidade em relação a módulo de Young. As diretrizes mostram tenacidade à fratura $(EJc)^{1/2}$ $(MPa)^{1/2}$.

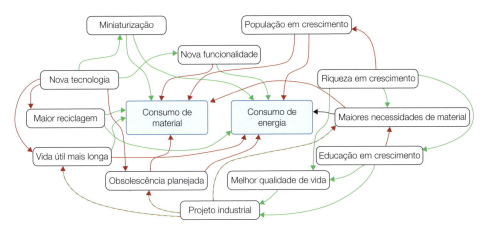

→ Influência geralmente positiva
→ Influência geralmente negativa
→ Influência positiva e negativa

FIGURA 14.2. As influências sobre o consumo de materiais e energia. É essencial ver o projeto ecológico como um problema de sistemas que não pode ser resolvido pela simples escolha de "bons" materiais e rejeição de "maus", mas pela compatibilização do material com os requisitos do sistema.

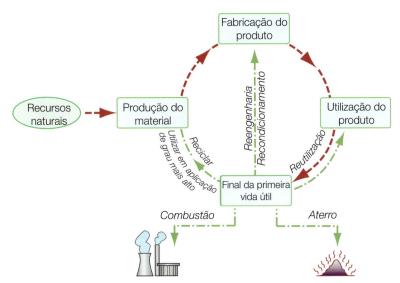

FIGURA 14.3. Opções para o final da vida útil são mostradas em verde: aterro, combustão com recuperação de energia, reciclagem, recondicionamento e reutilização.

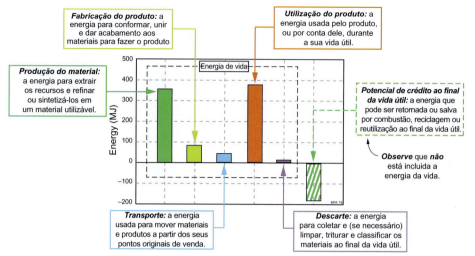

FIGURA 14.4. O resultado de uma auditoria-eco: a digital de energia de um produto.

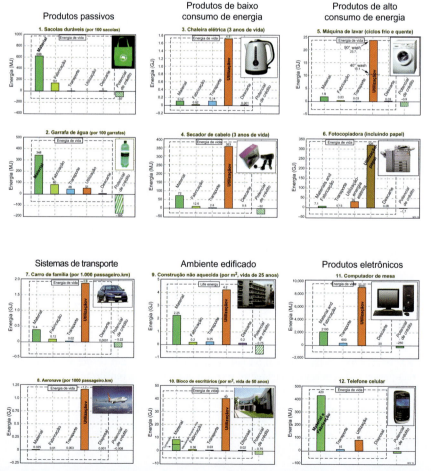

FIGURA 14.5. Digitais de energia aproximada de produtos. Eles são agrupados em pares com características em comum.

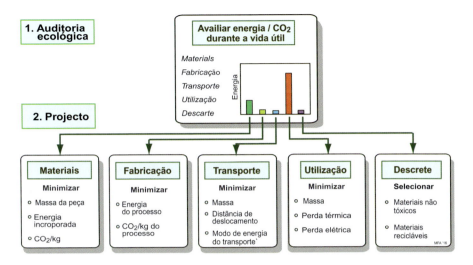

FIGURA 14.6. Projeto para o ambiente começa com uma análise da fase da vida útil a ser visada, guiando a escolha da tática para minimizar o impacto ecológico.

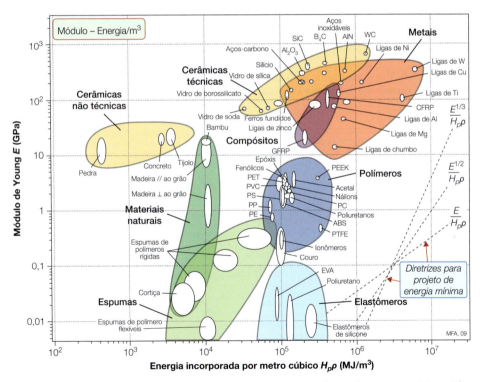

FIGURA 14.7. Um diagrama de seleção para rigidez com produção de energia mínima. Ele é usado do mesmo modo que a Figura 3.3.

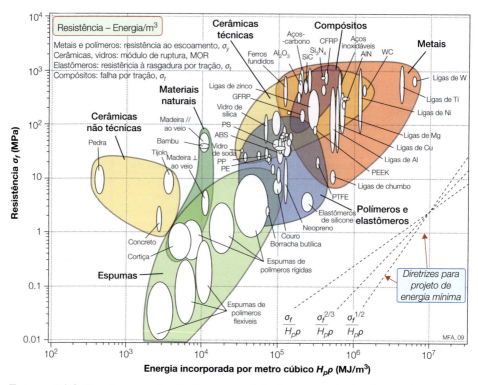

FIGURA 14.8. Um diagrama de seleção para resistência com produção de energia mínima. Ele é usado do mesmo modo que a Figura 3.4.

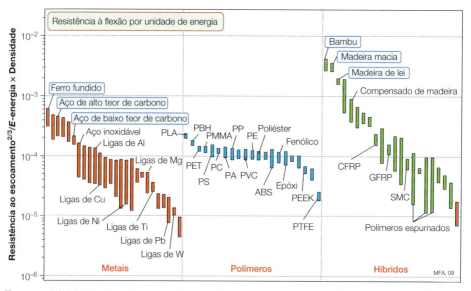

FIGURA 14.11. Escolha de material para a barreira estática (as unidades são $(MPa)^{2/3}/(MJ/m^3)$). Ferros fundidos, aços-carbono, aços de baixa liga e madeira são as melhores escolhas.

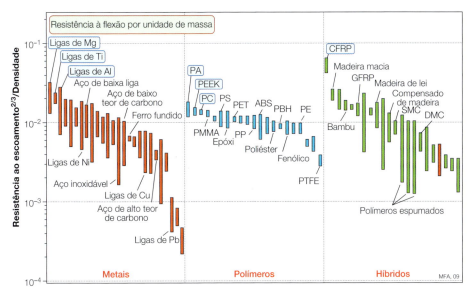

FIGURA 14.12. Escolha de material para a barreira móvel (as unidades são $(MPa)^{2/3}/(kg/m^3)$). CFRP e ligas leves oferecem o melhor desempenho; o desempenho do náilon e do policarbonato é tão bom quanto o do aço.

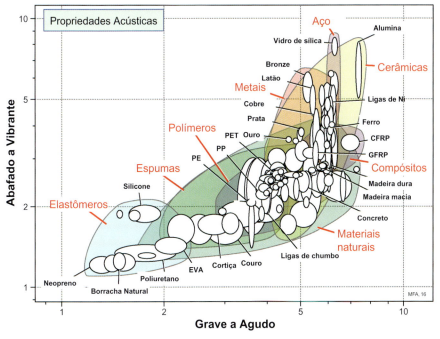

FIGURA 15.6. Propriedades acústicas dos materiais. O tinido de uma taça de vinho ocorre porque o vidro é um material acusticamente brilhante com um tom natural agudo; um copo de plástico emite um ruído surdo porque os polímeros são muito menos brilhantes e, da mesma forma, vibram a uma frequência mais baixa. Os materiais que estão em cima à direita são bons para sinos; os que estão embaixo à esquerda são bons para amortecer som.

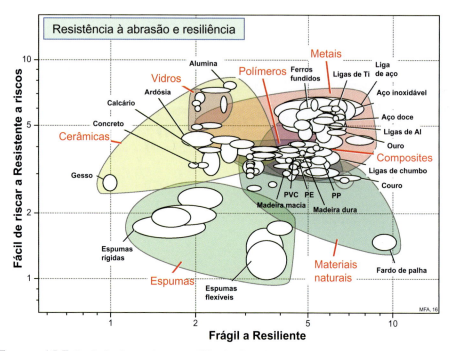

FIGURA 15.7. Resistência ao risco e resiliência. A cerâmica é resistente a riscos, mas não são resilientes. Os polímeros são resilientes, mas são riscados facilmente. Metais — particularmente aços — são resistentes a riscos e resilientes.

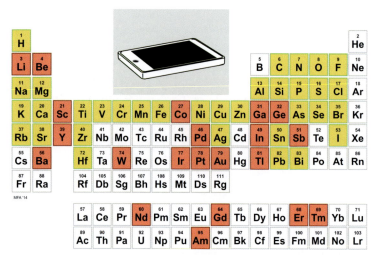

FIGURA 16.4. Os elementos em um smartphone estão coloridos em uma tabela periódica. Aqueles coloridos em vermelho são elementos críticos.

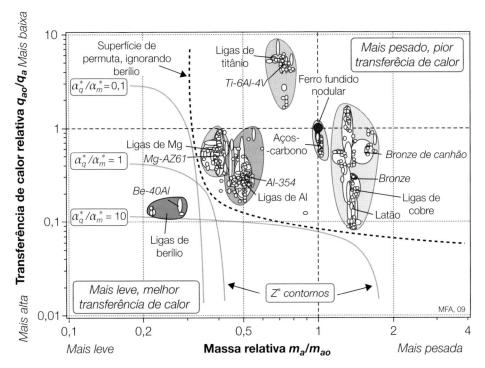

FIGURA 9.15. Um diagrama cujos eixos são as Equações (9.30) e (9.31). Berílio e suas ligas minimizam massa e maximizam a transferência de calor. Porém, se excluirmos esses materiais exóticos, a escolha torna-se dependente da razão α_q^*/α_m^* (ver caderno colorido).

contrário, dominariam a seleção para todos os valores. Para $\alpha_q^*/\alpha_m^* = 0,1$, o que significa que a redução da massa é de importância primordial, ligas de magnésio são a melhor escolha. Se dermos o mesmo peso à redução de massa e à transferência de calor ($\alpha_q^*/\alpha_m^* = 1$), ligas de alumínio tornam-se uma boa escolha. Se a transferência de calor for a consideração preponderante ($\alpha_q^*/\alpha_m^* = 10$), ligas de cobre são as vencedoras. Porém, se realmente quisermos o melhor, tem de ser berílio.

Observação. Certa vez, a Ferrari Racing encomendou pinças de freio de berílio. Hoje, as restrições impostas aos materiais para tornar a Fórmula 1 mais competitiva proibiram o seu uso.

Estudos de casos relacionados

5.16 "Materiais para minimizar distorção térmica em dispositivos de precisão"
9.5   "Objetivos conflitantes: pernas de mesas novamente"
9.6   "Objetivos conflitantes: carcaças finíssimas para eletrônicos indispensáveis"
9.7   "Objetivos conflitantes: para-choques de baixo custo"

9.9 Resumo e conclusões

A maioria dos projetos são super-restringidos: eles devem cumprir simultaneamente vários requisitos competitivos e muitas vezes conflitantes. Porém, embora conflitantes, uma seleção ótima ainda é possível. O método da "restrição ativa", desenvolvido no Capítulo 8, permite a seleção de materiais que cumprem otimamente duas ou mais restrições. Ele é ilustrado aqui por três estudos de casos, dois deles mecânicos, um eletromecânico.

Maiores desafios surgem quando o projeto deve cumprir dois ou mais objetivos conflitantes (tal como minimizar massa, volume, custo e impacto ambiental). Nesse caso, precisamos de um modo de expressar todos os objetivos nas mesmas unidades, uma "moeda comum", por assim dizer. Os fatores de conversão são denominados "constantes de troca". Estabelecer o valor da constante de troca é uma etapa importante na solução do problema. Com ele, podemos construir uma função penalidade Z que combina os objetivos. Materiais que minimizam Z cumprem todos os objetivos de um modo adequado e equilibrado. A moeda comum mais óbvia é o custo em si, que requer uma "taxa de troca" que deve ser estabelecida entre o custo e os outros objetivos. Isso pode ser feito para massa e, ao menos em princípio, para outros objetivos também. O método é ilustrado para mais quatro estudos de casos.

Exercícios. Este é um capítulo de estudos de casos. Exercícios relacionados com os métodos que eles usam estão ao final do Capítulo 8.

Capítulo 10
Seleção de material e forma

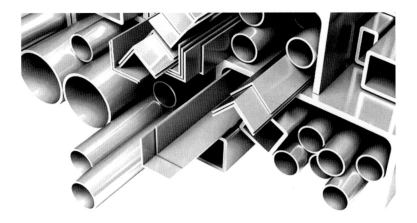

Resumo

Formas podem ser usadas para aumentar a eficiência mecânica de um material. Seções conformadas suportam carregamentos de flexão, torção e compressão axial de modo mais eficiente que seções maciças. "Conformadas" significa que a seção transversal tem a forma de um tubo, uma seção caixão, uma seção I ou similares. "Eficiente" significa que, para dadas condições de carregamento, a seção usa tão pouco material quanto possível. Tubos, seções I e caixões são formas simples. Eficiências ainda maiores são possíveis com painéis sanduíche (finas camadas que suportam carga, unidas a um interior de espuma ou *honeycomb*) e com estruturas mais elaboradas (a treliça Warren, por exemplo). Os Capítulos 10 e 11 estendem os métodos de seleção de modo a incluir a forma.

Palavras-chave: Seções conformadas; fatores de forma; eficiência de forma; combinações material-forma; limites para fatores de forma; forma microscópica.

10.1 Introdução e sinopse

Pare um pouco e reflita sobre como a forma é usada para modificar o modo como os materiais se comportam. Um material tem um módulo e uma resistência, mas podemos fazê-lo ficar mais rígido e mais resistente quando carregado sob flexão ou torção, conformando-o como um perfil de abas duplas (viga I) ou um tubo vazado. Podemos torná-lo menos rígido achatando-o como uma folha ou placa plana, ou enrolando-o na forma de um arame em uma hélice. Formas afinadas ajudam a dissipar calor; formas celulares, ajudam a conservá-lo. Há formas para maximizar capacitância elétrica e para conservar campo magnético, formas que controlam reflexão, difração e reflexão óticas, formas para refletir um som e formas para absorvê-lo. A forma é usada até mesmo para mudar o toque de um material, tornando-o mais macio, ou mais áspero, mais escorregadio ou mais fácil de segurar. E, claro, é a forma que distingue a Vênus de Milo do bloco de mármore do qual ela foi esculpida. Este é um assunto rico.

Aqui exploramos uma parte dele — o modo como a forma pode ser usada para aumentar a eficiência mecânica de um material. Seções conformadas suportam cargas de flexão, torção e compressão axial com mais eficiência do que seções sólidas. Por "conformadas" queremos dizer que a seção transversal é conformada como um tubo, uma seção caixão (quadrada ou retangular), uma seção I ou algo semelhante. Por "eficiente" queremos dizer que, para condições de carregamento dadas, a seção usa o mínimo de material possível. Tubos, caixões e seções I serão denominados "formas simples". Eficiências ainda maiores são possíveis com painéis-sanduíche (finas películas que suportam cargas ligadas a um interior de espuma ou de estrutura alveolar — *honeycomb*) e com estruturas mais elaboradas (a treliça Warren, por exemplo).

Este capítulo amplia os métodos de seleção de modo a incluir forma (Figura 10.1). Muitas vezes isso não é necessário: nos estudos de casos do Capítulo 6, a forma ou não entrou, de fato, ou, quando entrou, não era uma variável (isto é, comparamos materiais diferentes com a mesma forma). Porém, quando há dois materiais diferentes disponíveis, cada um com sua própria forma de seção, surge o problema mais geral: como escolher a melhor combinação? Tome o exemplo de uma bicicleta: seus garfos são carregados sob flexão. Poderiam, digamos, ser feitos de aço ou de madeira — as primeiras bicicletas *eram* feitas de madeira. Porém, o aço está disponível como um tubo de parede fina, e a madeira, não; componentes de madeira são normalmente sólidos. Uma bicicleta de madeira sólida é certamente mais leve para a mesma rigidez do que uma de aço sólido, porém é mais leve do que uma feita de tubos de aço? Uma seção I de magnésio seria ainda mais leve? Em resumo, como escolher a melhor combinação de material e forma?

Um procedimento para responder a essas perguntas e perguntas relacionadas é desenvolvido neste capítulo, e envolve a definição de *fatores de forma*. Podemos pensar que um *material* tem propriedades, mas nenhuma forma. Uma *estrutura* é um material feito sob uma forma (Figura 10.2). Fatores de forma são medidas da eficiência da utilização de material. Eles permitem a definição de índices de

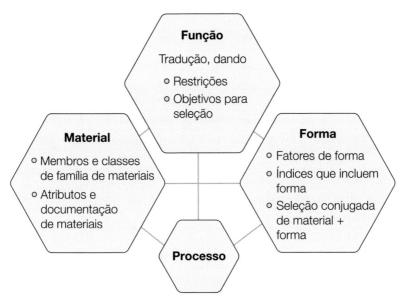

FIGURA 10.1. A forma da seção é importante para certos modos de carregamento. Quando a forma é uma variável, um novo termo, o fator de forma ϕ, aparece em alguns dos índices de mérito.

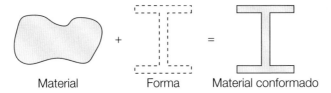

FIGURA 10.2. . Eficiência mecânica é obtida pela combinação de material com forma macroscópica. A forma é caracterizada por um fator de forma ϕ adimensional.

materiais, tais como os do Capítulo 4, porém agora incluem forma. Quando a forma é constante, os índices se reduzem a exatamente os apresentados no Capítulo 4; entretanto, quando a forma é uma variável, o fator de forma aparece nas expressões para os índices. Eles permitem que você compare materiais conformados e guiam a escolha da melhor combinação de material e forma. Por conveniência, os símbolos usados no desenvolvimento são apresentados na Tabela 10.1. Mas não se assuste com eles; as ideias não são difíceis.

10.2 Fatores de forma

As cargas que incidem sobre um componente podem ser decompostas em cargas axiais, cargas que exercem momentos fletores e cargas que exercem torques. Normalmente uma delas domina a tal ponto que os elementos estruturais são projetados especialmente para suportá-la, e esses elementos têm nomes comuns. Assim, *tirantes* suportam cargas de tração; *vigas* suportam momen-

344   Seleção de Materiais no Projeto Mecânico

TABELA 10.1. **Definição de símbolos**

Símbolo	Definição
M	Momento (Nm)
F	Força (N)
E	Módulo de Young do material da seção (GPa)
G	Módulo de elasticidade transversal do material da seção (GPa)
σ_f	Resistencia ao escoamento ou a falha do material da seção (MPa)
ρ	Densidade do material da seção (kg/m^3)
ml	Massa por unidade de comprimento da seção (kg/m)
A	Área da seção transversal da seção (m^2)
I	Momento de inércia de área da seção (m^4)
I_o	Momento de inércia de área da seção quadrada de referência (m^4)
Z	Módulo de seção da seção (m^3)
Z_o	Módulo de seção da seção quadrada de referência (m^3)
K	Momento de torção de área (m^4)
K_o	Momento de torção de área para a seção quadrada de referência (m^4)
Q	Módulo de torção da seção (m^3)
Q_o	Módulo de torção de seção para a seção quadrada de referência (m^3)
ϕ_B^e	Fator de macroforma para deflexão elástica sob flexão (−)
ϕ_B^f	Fator de macroforma para início de plasticidade ou falha sob flexão (−)
ϕ_T^e	Fator de macroforma para deflexão elástica por torção (−)
ϕ_T^f	Fator de macroforma para início de plasticidade ou falha sob torção (−)
ψ_B^e	Fator de microforma para deflexão elástica sob flexão (−)
ψ_B^f	Fator de microforma para início de plasticidade ou falha sob flexão (−)
ψ_T^e	Fator de microforma para deflexão elástica por torção (−)
ψ_T^f	Fator de microforma para início de plasticidade ou falha sob torção (−)
S_B	Rigidez à flexão (N/m)
S_T	Rigidez à torção (N.m)
(EI)	Termo essencial em rigidez à flexão (N.m^2)
$(Z\sigma_f)$	Termo essencial em resistência à flexão (N.m)
t	Espessura de alma e flange (m)
c	Altura da alma (m)
d	Altura da seção (2t + c) de sanduíche (m)
B	Largura de seção (flange) (m)
L	Comprimento de seção (m)

tos fletores; *eixos* suportam torques; *colunas* suportam cargas de compressão axiais. A Figura 10.3 mostra esses modos de carregamento aplicados a formas que resistem bem a eles. O ponto a ressaltar é que a melhor combinação material-forma depende do modo de carregamento. No que virá a seguir, separamos os modos e tratamos deles também separadamente.

Sob tensão axial, a área da seção transversal é importante, sua forma, porém, não é: todas as seções que têm a mesma área suportarão a mesma carga. Isso não acontece sob flexão: vigas caixão de seção vazada ou vigas de seção I são melhores do que as de seções sólidas que tenham a mesma área de seção transversal. Também a torção tem suas formas eficientes: tubos circulares, por

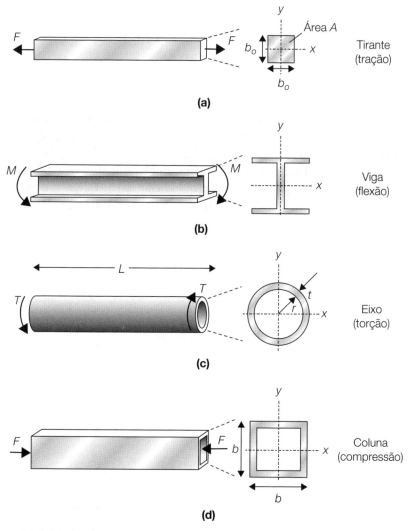

FIGURA 10.3. Modos de carregamento comuns e as formas da seção que são escolhidas para suportá-los: (A) tração axial, (B) flexão, (C) torção e (D) compressão axial, o que pode resultar em flambagem.

exemplo, são mais eficientes do que seções sólidas ou seções I. Para caracterizar isso, precisamos de uma métrica — um modo de medir a eficiência estrutural de uma forma de seção, independentemente do material do qual ela é feita. Uma métrica óbvia é dada pela razão ϕ (phi) entre a rigidez ou a resistência da seção conformada e a rigidez ou a resistência de uma forma de referência "neutra", que entendemos ser a de uma seção quadrada sólida com a mesma área de seção transversal A e, por consequência, a mesma massa por unidade de comprimento m_l, da seção conformada (Figura 10.4).

Flexão elástica de vigas (Figura 10.3B). A rigidez à flexão S de uma viga é proporcional ao produto EI:

$$S \propto \frac{EI}{L^3}$$

Aqui E é o módulo de Young e I é o momento de inércia de área da viga de comprimento L ao redor do eixo de flexão (o eixo x):

$$I = \int_{\text{seção}} y^2 \, dA \tag{10.1}$$

onde y é medido na normal ao eixo de flexão e dA é o elemento diferencial de área em y. Valores do momento I e da área A para seções comuns são apresentados nas duas primeiras colunas da Tabela 10.2. Os valores para as formas mais complexas são aproximados, porém completamente adequados para as necessidades presentes. O momento de inércia de área, I_o, para uma viga de seção quadrada de referência com comprimento de borda b_o e área de seção $A = b_o^2$, é simplesmente:

$$I_o = \frac{b_o^4}{12} = \frac{A^2}{12} \tag{10.2}$$

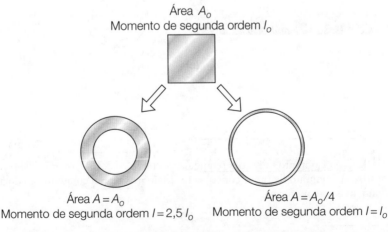

FIGURA 10.4. O efeito da forma da seção sobre a rigidez à flexão EI: uma viga de seção quadrada comparada com um tubo, à esquerda, de mesma área (porém 2,5 vezes mais rígido) e com um tubo de igual rigidez, à direita (porém 4 vezes mais leve).

(Aqui e em todos os outros lugares, o "o" subscrito refere-se à seção quadrada sólida de referência.) A rigidez à flexão da seção conformada difere da rigidez à flexão de uma seção quadrada com a mesma área A pelo fator ϕ_B^e, onde:

$$\phi_B^e = \frac{S}{S_o} = \frac{EI}{EI_o} = \frac{12I}{A^2} \quad (10.3)$$

Esse fator ϕ_B^e é denominado *fator de forma para flexão elástica*. Observe que ele é adimensional — I tem dimensões de (comprimento)^4 e também A^2. Ele depende somente da forma, e não da escala: vigas grandes e vigas pequenas têm o mesmo valor de ϕ_B^e se as formas de suas seções forem as mesmas.[1] Isso é mostrado na Figura 10.5. Os três membros de cada grupo horizontal têm escalas diferentes, mas o mesmo fator de forma — cada membro é uma versão ampliada ou reduzida de seus vizinhos.

Fatores de eficiência de forma ϕ_B^e para formas comuns sob flexão, calculados pelas expressões para A e I na Tabela 10.2, são apresentados na primeira coluna da Tabela 10.3. Seções sólidas equiaxiais (circulares, quadradas, hexagonais,

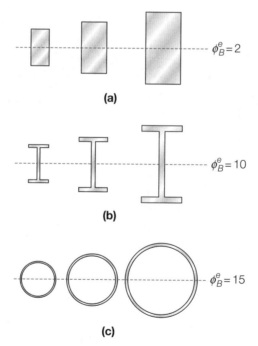

FIGURA 10.5. (A) Conjunto de seções retangulares com $\phi_B^e = 2$. (B) Conjunto de seções I com $\phi_B^e = 10$. (C) Conjunto de tubos com $\phi_B^e = 15$. Membros de um conjunto são diferentes no tamanho, mas não na forma.

---

1. Esse fator de eficiência para forma elástica está relacionado com o raio de giração, Rg, por $= 12Rg^2/A$. Ele está relacionado com o "parâmetro de forma", k_1, de Shanley (1960), por $= 12k_1$.

TABELA 10.2. Momentos de seções (com unidades)

Forma da seção	Área A (m²)	Momento I, (m⁴)	Momento K, (m⁴)	Momento Z, (m³)	Momento Q, (m³)
retângulo (h, b)	bh	$\dfrac{bh^3}{12}$	$\dfrac{bh^3}{3}\left(1-0,58\dfrac{b}{h}\right)(h>b)$	$\dfrac{bh^2}{6}$	$\dfrac{b^2h^2}{(3h+1,8b)}$ $(h>b)$
triângulo (a)	$\dfrac{\sqrt{3}}{4}a^2$	$\dfrac{a^4}{32\sqrt{3}}$	$\dfrac{\sqrt{3}a^4}{80}$	$\dfrac{a^3}{32}$	$\dfrac{a^3}{20}$
círculo (2r)	πr^2	$\dfrac{\pi}{4}r^4$	$\dfrac{\pi}{2}r^4$	$\dfrac{\pi}{4}r^3$	$\dfrac{\pi}{2}r^3$
elipse (2a, 2b)	πab	$\dfrac{\pi}{4}a^3b$	$\dfrac{\pi a^3b^3}{(a^2+b^2)}$	$\dfrac{\pi}{4}a^2b$	$\dfrac{\pi}{2}a^2b$ $(a<b)$
tubo ($2r_i$, $2r_o$, t)	$\pi\left(r_o^2-r_i^2\right)$ $\approx 2\pi rt$	$\dfrac{\pi}{4}\left(r_o^4-r_i^4\right)$ $\approx \pi r^3 t$	$\dfrac{\pi}{2}\left(r_o^4-r_i^4\right)$ $\approx 2\pi r^3 t$	$\dfrac{\pi}{4r_o}\left(r_o^4-r_i^4\right)$ $\approx \pi r^2 t$	$\dfrac{\pi}{2r_o}\left(r_o^4-r_i^4\right)$ $\approx 2\pi r^2 t$

Seleção de material e forma   349

Seção (dimensões)	A	I	K	Z	Q
Tubo/caixa (t, b)	$2t(h+b)$ $(h,b \gg t)$	$\dfrac{1}{6}b^3 t\left(1+3\dfrac{b}{h}\right)$	$\dfrac{2tb^2h^2}{(b+h)}\left(1-\dfrac{t}{h}\right)^4$	$\dfrac{1}{3}b^2 t\left(1+3\dfrac{b}{h}\right)$	$2tbh\left(1-\dfrac{t}{h}\right)^2$
Tubo elíptico ($2a$, $2b$, t)	$\pi(a+b)t$ $(a,b \gg t)$	$\dfrac{\pi}{4}a^3 t\left(1+\dfrac{3b}{a}\right)$	$\dfrac{4\pi(ab)^{5/2}\,t}{(a^2+b^2)}$	$\dfrac{\pi}{4}a^2 t\left(1+\dfrac{3b}{a}\right)$	$2\pi\left(a^3 b\right)^{1/2}$ $(b>a)$
Duas placas (h_o, h_i, b, t)	$b(h_o-h_i)$ $\approx 2bt$ $(h,b \gg t)$	$\dfrac{b}{12}\left(h_o^3-h_i^3\right)$ $\approx \dfrac{1}{2}bth_o^2$	—	$\dfrac{b}{6h_o}\left(h_o^3-h_i^3\right)$ $\approx bth_o$	—
Perfil H (t, b, $2t$, h)	$2t(h+b)$ $(h,b \gg t)$	$\dfrac{1}{6}b^3 t\left(1+3\dfrac{b}{h}\right)$	$\dfrac{2}{3}bt^3\left(1+4\dfrac{h}{b}\right)$	$\dfrac{1}{3}b^2 t\left(1+3\dfrac{b}{h}\right)$	$\dfrac{2}{3}bt^2\left(1+4\dfrac{h}{b}\right)$
Perfil T ($2t$, h)	$2t(h+b)$ $(h,b \gg t)$	$\dfrac{t}{6}\left(h^3+4bt^2\right)$	$\dfrac{t^3}{3}\left(8b+h\right)$	$\dfrac{t}{3b}\left(h^3+4bt^2\right)$	$\dfrac{t^2}{3}\left(8b+h\right)$
Perfil I ($2t$, t, h)	$2t(h+b)$ $(h,b \gg t)$	$\dfrac{t}{6}\left(h^3+4bt^2\right)$	$\dfrac{2}{3}ht^3\left(1+4\dfrac{b}{h}\right)$	$\dfrac{t}{3b}\left(h^3+4bt^2\right)$	$\dfrac{2}{3}ht^2\left(1+4\dfrac{b}{h}\right)$

TABELA 10.3. Fatores de eficiência de forma

Forma da seção	Fator de flexão ϕ_B^e	Fator de torção ϕ_T^e	Fator de flexão ϕ_B^f	Fator de torção ϕ_T^f
retângulo ($h \times b$)	$\dfrac{h}{b}$	$2{,}38\dfrac{b}{h}\left(1-0{,}58\dfrac{b}{h}\right)$ $(h>b)$	$\left(\dfrac{h}{b}\right)^{0,5}$	$1{,}6\sqrt{\dfrac{b}{h}}\;\dfrac{1}{\left(1+0{,}6\dfrac{b}{h}\right)}$ $(h>b)$
triângulo (a)	$\dfrac{2}{\sqrt{3}}=1{,}15$	$0{,}832$	$\dfrac{3^{1/4}}{2}=0{,}658$	$0{,}83$
círculo ($2r$)	$\dfrac{3}{\pi}=0{,}955$	$1{,}14$	$\dfrac{3}{2\sqrt{\pi}}=0{,}846$	$1{,}35$
elipse ($2a \times 2b$)	$\dfrac{3}{\pi}\dfrac{a}{b}$	$\dfrac{2{,}28ab}{(a^2+b^2)}$	$\dfrac{3}{2\sqrt{\pi}}\sqrt{\dfrac{a}{b}}$	$1{,}35\sqrt{\dfrac{a}{b}}$ $(a<b)$
tubo ($2r_o$, $2r_i$, t)	$\dfrac{3}{\pi}\left(\dfrac{r}{t}\right)$ $(r>>t)$	$1{,}14\left(\dfrac{r}{t}\right)$	$\dfrac{3}{\sqrt{2\pi}}\sqrt{\dfrac{r}{t}}$	$1{,}91\sqrt{\dfrac{r}{t}}$
caixão ($h \times b$, t)	$\dfrac{1}{2}\dfrac{b}{t}\dfrac{(1+3b/h)}{(1+b/h)^2}$ $(h, b>>t)$	$\dfrac{3{,}57b^2\left(1-\dfrac{t}{h}\right)^4}{tb\left(1+\dfrac{b}{h}\right)^3}$	$\dfrac{1}{\sqrt{2}}\sqrt{\dfrac{b}{t}}\dfrac{\left(1+\dfrac{3b}{h}\right)}{\left(1+\dfrac{b}{h}\right)^{3/2}}$	$3{,}39\sqrt{\dfrac{b^2}{bt}}\dfrac{1}{\left(1+\dfrac{b}{h}\right)^{3/2}}$

Seção (forma)				
2a, 2b, t (seção elíptica vazada)	$\dfrac{3}{\pi}\dfrac{a}{t}\dfrac{\left(1+3b/a\right)}{\left(1+b/a\right)^2}$ $(a,b>>t)$	$\dfrac{9{,}12(ab)^{5/2}}{t\left(a^2+b^2\right)(a+b)^2}$	$\dfrac{3}{2\sqrt{\pi}}\sqrt{\dfrac{a}{t}}\,\dfrac{\left(1+\dfrac{3b}{a}\right)}{\left(1+\dfrac{b}{a}\right)^{3/2}}$	$5{,}41\sqrt{\dfrac{a}{t}}\,\dfrac{1}{\left(1+\dfrac{a}{b}\right)^{3/2}}$
h_o, h_i, t	$\dfrac{3}{2}\dfrac{b_o^2}{bt}$ $(b,b>>t)$	—	$\dfrac{3}{\sqrt{2}}\dfrac{h_o}{\sqrt{bt}}$	—
h, b, t, $2t$ (seção H)	$\dfrac{1}{2}\dfrac{h}{t}\dfrac{\left(1+3b/h\right)}{\left(1+b/h\right)^2}$ $(h,b>>t)$	$1{,}19\left(\dfrac{t}{b}\right)\dfrac{\left(1+\dfrac{4h}{b}\right)}{\left(1+\dfrac{b}{h}\right)^2}$	$\dfrac{1}{\sqrt{2}}\sqrt{\dfrac{h}{t}}\,\dfrac{\left(1+\dfrac{3b}{h}\right)}{\left(1+\dfrac{b}{h}\right)^{3/2}}$	$1{,}13\sqrt{\dfrac{t}{b}}\sqrt{\dfrac{b}{h}}\,\dfrac{\left(1+\dfrac{4h}{b}\right)}{\left(1+\dfrac{b}{h}\right)^{3/2}}$
h, b, $2t$ (seção T/L)	$\dfrac{1}{2}\dfrac{h}{t}\dfrac{\left(1+4bt^2/h^3\right)}{\left(1+b/h\right)^2}$ $(h,b>>t)$	$0{,}595\left(\dfrac{t}{b}\right)\dfrac{\left(1+\dfrac{8h}{b}\right)}{\left(1+\dfrac{b}{h}\right)^2}$	$\dfrac{3}{4}\sqrt{\dfrac{h}{t}}\,\dfrac{\left(1+\dfrac{4bt^2}{h^3}\right)}{\left(1+\dfrac{b}{h}\right)^{3/2}}$	$0{,}565\sqrt{\dfrac{t}{b}}\sqrt{\dfrac{b}{h}}\,\dfrac{\left(1+\dfrac{8h}{b}\right)}{\left(1+\dfrac{b}{h}\right)^{3/2}}$
h, b, $2t$, t (seção I)	$\dfrac{1}{2}\dfrac{h}{t}\dfrac{\left(1+4bt^2/h^3\right)}{\left(1+b/h\right)^2}$ $(h,b>>t)$	$1{,}19\left(\dfrac{t}{b}\right)\dfrac{\left(1+\dfrac{4h}{b}\right)}{\left(1+\dfrac{b}{h}\right)^2}$	$\dfrac{3}{4}\sqrt{\dfrac{h}{t}}\,\dfrac{\left(1+\dfrac{4bt^2}{h^3}\right)}{\left(1+\dfrac{b}{h}\right)^{3/2}}$	$1{,}13\sqrt{\dfrac{t}{b}}\sqrt{\dfrac{b}{h}}\,\dfrac{\left(1+\dfrac{4h}{b}\right)}{\left(1+\dfrac{b}{h}\right)^{3/2}}$

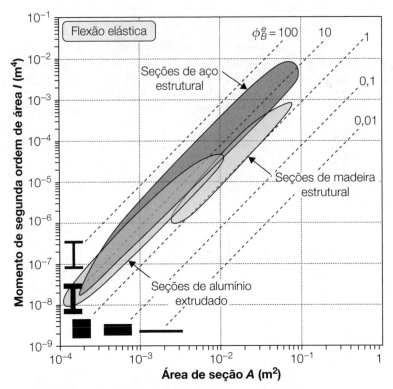

FIGURA 10.6. Gráfico do momento de inércia de área I em relação à área da seção A. Estruturas eficientes têm valores altos de ϕ_B^e; estruturas ineficientes (as que sofrem flexão com facilidade) têm valores baixos. Seções estruturais reais têm valores que se encontram nas zonas sombreadas. O limite superior para a eficiência de forma ϕ_B^e depende do material (ver caderno colorido).

octogonais) têm valores muito próximos de 1 — de modo que, para finalidades práticas, podem ser considerados iguais a 1. Porém, se a seção é alongada, vazada ou de seção I, as coisas mudam; um tubo de parede fina ou uma viga I delgada pode ter um valor de ϕ_B^e de 50 ou mais. Uma viga com $\phi_B^e = 50$ é 50 vezes mais rígida do que uma viga sólida com o mesmo peso.

A Figura 10.6 é um gráfico de I em relação a A para valores de ϕ_B^e [Equação (10.3)]. A linha para $\phi_B^e = 1$ descreve a viga de seção quadrada de referência. As linhas para $\phi_B^e = 10$ e $\phi_B^e = 100$ descrevem formas mais eficientes, como sugerem os ícones embaixo, à esquerda, em cada uma das quais o eixo de flexão é horizontal. Porém, nem sempre o que queremos é alta rigidez. Molas, berços, armações, cabos e outras estruturas que devem sofrer flexão e ao mesmo tempo têm alta resistência à tração confiam na baixa rigidez à flexão. Então queremos baixa eficiência de forma. Isto é conseguido mediante o espalhamento do material em um plano que contenha o eixo de flexão para formar chapas ou fios (arames), como sugerido pelas linhas para $\phi_B^e = 0,1$ e $0,01$.

Seleção de material e forma   353

Calculando fatores de forma de flexão

Um tubo tem raio $r = 10$ mm e espessura de parede $t = 1$ mm. De quanto ele é mais rígido sob flexão do que um cilindro sólido com a mesma massa por unidade de comprimento m_1?

Resposta

A diferença é a razão entre os dois fatores de forma. O fator de forma para o tubo, pela Tabela 10.3, é $\phi_B^e = \dfrac{3}{\pi}\left(\dfrac{r}{t}\right) = 9,55$. Para um sólido de seção circular, é $\phi_B^e = \dfrac{3}{\pi} = 0,955$. O tubo é mais rígido por um fator de 10.

Torção elástica de eixos (Figura 10.3C). Formas que resistem bem à flexão podem não ser tão boas quando submetidas à torção. Os passos para encontrar um fator de forma para a torção são exatamente correspondentes para flexão. A rigidez de um eixo — o torque T dividido pelo ângulo de torção, θ (Figura 10.3C) — é proporcional a GK, onde G é seu módulo de elasticidade transversal e K é seu momento de área de torção. Para seções circulares, K é idêntico ao momento polar de área J:

$$J = \int_{\text{seção}} r^2 \, dA \tag{10.4}$$

onde dA é o elemento diferencial de área na distância radial r, medida desde o centro da seção. Para seções não circulares K é menor do que J; ele é definido de tal modo que o ângulo de torção θ está relacionado com o torque T por

$$S_T = \frac{T}{\theta} = \frac{KG}{L} \tag{10.5}$$

onde L é o comprimento do eixo e G é o módulo de elasticidade transversal do material do qual ele é feito. Expressões aproximadas para K são apresentadas na Tabela 10.2.

O fator de forma para torção elástica é definido, como antes, pela razão entre a rigidez à torção das seções conformadas ST e de um eixo quadrado sólido S_{To} do mesmo comprimento L e seção transversal A, que, usando a Equação (10.5), é:

$$\phi_T^e = \frac{S_T}{S_{To}} = \frac{K}{K_o} \tag{10.6}$$

A constante de torção K_o para uma seção quadrada sólida (Tabela 10.2, primeira fila com b = h) é:

$$K_o = 0,14A^2$$

resultando em:

$$\phi_T^e = 7,14 \frac{K}{A^2} \tag{10.7}$$

354 Seleção de Materiais no Projeto Mecânico

Ela também tem o valor 1 para uma seção quadrada sólida e tem valores próximos de 1 para qualquer seção sólida equiaxial; porém, para formas com paredes finas, em particular tubos, essa constante pode ser grande. Como antes, seções com um mesmo valor de ϕ_T^e são diferentes no tamanho, mas não na forma. Valores derivados das expressões para K e A na Tabela 10.2 são apresentados na Tabela 10.3.

Falha sob flexão. A plasticidade começa quando a tensão, em algum lugar, alcança pela primeira vez a resistência ao escoamento σ_y; a fratura ocorre quando essa tensão ultrapassa pela primeira vez a resistência à fratura σ_{fr}; e a falha por fadiga ocorre se a tensão exceder o limite de fadiga σ_e. Qualquer um desses fatos constitui falha. Como em capítulos anteriores, usamos o símbolo σ_f para a tensão de falha, o que quer dizer "a tensão local que primeiro causará falha por escoamento ou fratura ou fadiga".

Sob flexão, a tensão σ é maior no ponto y_m sobre a superfície da viga que estiver mais afastado do eixo neutro. Seu valor é

$$\sigma = \frac{My_m}{I} = \frac{M}{Z} \tag{10.8}$$

onde M é o momento fletor. A falha ocorre quando, pela primeira vez, essa tensão excede σ_f. Portanto, em problemas de falha de viga, a forma entra por meio do *módulo de seção*, $Z = I / y_m$. A eficiência de resistência da viga conformada ϕ_B^f é medida pela razão Z/Z_o, onde Z_o é o módulo de seção de uma viga de seção quadrada de referência com a mesma área da seção transversal, A:

$$Z_o = \frac{b_o^3}{6} = \frac{A^{3/2}}{6} \tag{10.9}$$

Assim:

$$\phi_B^f = \frac{Z}{Z_o} = \frac{6Z}{A^{3/2}} \tag{10.10}$$

Como o outro fator de eficiência de forma, ele é adimensional e, portanto, independente de escala. Como antes, $\phi_B^f = 1$ descreve a viga de seção quadrada de referência. A Tabela 10.3 fornece expressões para ϕ_B^f para outras formas derivadas dos valores do módulo de seção, Z, na Tabela 10.2. Uma viga com um fator de falha por eficiência de forma 10 é 10 vezes mais resistente sob flexão do que uma seção quadrada sólida com o mesmo peso. A Figura 10.7 é um gráfico de Z em relação a A para valores de ϕ_B^f [Equação (10.10)]. As outras linhas descrevem formas que são mais ou menos eficientes, como sugerem os ícones.

Calculando fatores de forma de falha para flexão

Uma viga caixão tem seção quadrada com altura $h = 100$ mm, largura $b = 100$ mm e espessura de parede $t = 5$ mm. Qual é o valor de seu fator de forma ϕ_B^f?

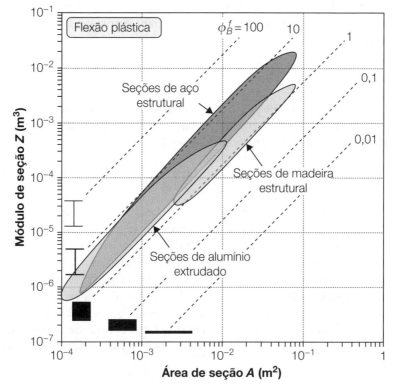

FIGURA 10.7. Gráfico do módulo de seção Z em relação à área da seção A. Estruturas eficientes têm valores altos da razão ϕ_B^f; estruturas ineficientes (as que sofrem flexão com facilidade) têm valores baixos. Seções estruturais reais têm valores de Z e A que se encontram nas zonas sombreadas. O limite superior para ϕ_B^f depende novamente do material. (ver caderno colorido)

Resposta

O fator de forma para a seção caixão, pela Tabela 10.3, é

$$\phi_B^f = \frac{1}{\sqrt{2}}\sqrt{\frac{h}{t}}\frac{\left(1+\frac{3b}{h}\right)}{\left(1+\frac{b}{h}\right)^{3/2}} = 4,47.$$

A seção caixão é mais forte do que uma viga sólida de seção quadrada com a mesma massa por unidade de comprimento por um fator de 4,5.

Falha sob torção. Sob torção, o problema é mais complicado. Para hastes ou tubos circulares sujeitos a um torque T (como na Figura 10.3C) a tensão de cisalhamento τ é um máximo na superfície externa, a uma distância radial r_m do eixo de flexão:

$$\tau = \frac{Tr_m}{J} \tag{10.11}$$

356   Seleção de Materiais no Projeto Mecânico

A quantidade J/r_m sob torção tem o mesmo caráter que I/y_m sob flexão. Para seções não circulares com extremidades livres para deformar, a tensão de superfície máxima é dada, então, por

$$\tau = \frac{T}{Q} \tag{10.12}$$

onde Q, com unidades de m^3, agora desempenha, na torção, o mesmo papel de Z quando sob flexão. Isso permite a definição de um fator de forma, ϕ_T^f, para falha sob torção, seguindo o mesmo padrão de antes:

$$\phi_T^f = \frac{Q}{Q_o} = 4,8\frac{Q}{A^{3/2}} \tag{10.13}$$

Valores de Q e ϕ_T^f são apresentados nas Tabelas 10.2 e 10.3. Eixos com seções equiaxiais sólidas têm valores de ϕ_T^f próximos de 1.

Flexão ou torção totalmente plástica (tal que a resistência ao escoamento é ultrapassada em toda a seção) envolve mais um par de fatores de forma. Em termos gerais, formas que resistem bem ao início da plasticidade são também resistentes à plasticidade total, portanto ϕ_B^{pl} não é muito diferente de ϕ_B^f. Nesse estágio, novos fatores de forma para essas formas não são necessários.

Carregamento axial: flambagem de coluna. Uma coluna de comprimento L, carregada sob compressão, sofre flambagem elástica quando a carga excede a carga de Euler:

$$F_c = \frac{n^2\pi^2 EI_{min}}{L^2} \tag{10.14}$$

onde n é uma constante que depende das restrições nas extremidades. Então, a resistência à flambagem depende do menor momento de inércia de área, $I_{mín}$, e o fator de forma apropriado (ϕ_B^e) é o mesmo que o para flexão elástica [Equação (10.3)] com $I_{mín}$ no lugar de I.

Usando Forma para Impedir a Flambagem

Uma coluna cilíndrica sólida e delgada de altura L suporta uma carga F. Se supercarregada, a coluna falha por flambagem elástica. De quanto aumentará a capacidade de suportar carga se o cilindro sólido for substituído por um tubo circular vazado com a mesma seção transversal A?

Resposta

Substituindo $I_{mín}$ na Equação (10.14) por $\phi_B^e A^2 / 12$ da Equação (10.3), obtemos:

$$F_c = \frac{n^2\pi^2 A^2}{12L^2}E\phi_B^e$$

A carga de falha aumenta conforme a razão entre o fator de forma para o tubo $\phi_B^e = 3r / \pi t$ e o fator de forma do cilindro sólido, $\phi_{B,Sólido}^e = 3/\pi$ (Tabela 10.3). Então:

$$\frac{F_c}{F_{c,Sólido}} = \frac{\phi_B^e}{\phi_{B,Sólido}^e} = \frac{r}{t}$$

10.3 Limites para a eficiência de forma

As conclusões até agora: se você quiser fazer estruturas rígidas, fortes e eficientes (usando o mínimo possível de material), escolha a forma com o maior fator de forma possível, ϕ. Tudo verdade, porém há limites. Examinaremos em seguida.

Limites empíricos. Há limites práticos para a esbeltez de seções, que determinam, para um dado material, as máximas eficiências atingíveis. Esses limites podem ser impostos por restrições à fabricação: a dificuldade ou despesa envolvida na fabricação de uma forma eficiente pode ser, simplesmente, grande demais. Mais frequentemente, eles são impostos pelas propriedades do material em si. Exploraremos esses limites de dois modos. O primeiro é empírico: examinando as formas nas quais materiais reais — aço, alumínio e assim por diante — são feitos de fato, registrando a eficiência limitadora de seções disponíveis. O segundo é pela análise da estabilidade mecânica de seções conformadas.

Seções padronizadas para vigas, eixos e colunas são, em geral, prismáticas. É fácil fabricar formas prismáticas por laminação, extrusão, trefilação, pultrusão ou serramento (veja a foto da abertura deste capítulo). A seção pode ser sólida, vazada e fechada (como um tubo ou caixão), ou vazada e aberta (uma seção I, U ou L, por exemplo). Cada classe de forma pode ser feita de uma gama de materiais. Algumas estão disponíveis em seções padronizadas existentes no comércio, notavelmente de aço estrutural, liga de alumínio extrudada, GFRP pultrudado (poliéster ou epóxi reforçado com fibra de vidro), e madeira estrutural. A Figura 10.8 mostra valores para I e A (os mesmos eixos da Figura 10.6) para 1.880 seções padronizadas feitas desses quatro materiais, com linhas do fator de forma ϕ_B^e superpostas. Algumas dessas seções têm $\phi_B^e \approx 1$; elas são sólidas cilíndricas ou quadradas. Mais interessante é que nenhuma tem valor de ϕ_B^e maior do que aproximadamente 65; há um *limite superior* para a forma. Um gráfico semelhante para Z e A (os eixos da Figura 10.7) indica um limite superior para ϕ_B^f de aproximadamente 15. Quando esses dados são segregados por material,[2] constatamos que cada um tem seu próprio limite superior de forma e que esses limites são muitíssimo diferentes. Limites semelhantes também valem para fatores de forma de torção, e são apresentados na Tabela 10.4, além de aparecem no gráfico como faixas sombreadas nas Figuras 10.6 e 10.7.

Os limites superiores para eficiência de forma são importantes. São centrais para o projeto de estruturas leves ou para as quais, por outras razões (custo, talvez), o conteúdo de material deve ser minimizado. Então surgem duas perguntas. O que determina o limite superior para a eficiência de forma? E por que o limite depende do material? Uma explicação é simplesmente a dificuldade de fazê-las. Aço, por exemplo, pode ser trefilado em tubos de parede fina ou conformado (por laminação, dobramento ou soldagem) em eficientes seções I; fatores de forma de até 50 são comuns. A madeira pode não ser tão fácil de conformar; a tecnologia do compensado de madeira poderia, em princípio, ser usada para fazer tubos finos ou seções I, porém, na prática, formas de madeira

---

2. Birmingham e Jobling (1996) e Weaver e Ashby (1997) em Leitura Adicional.

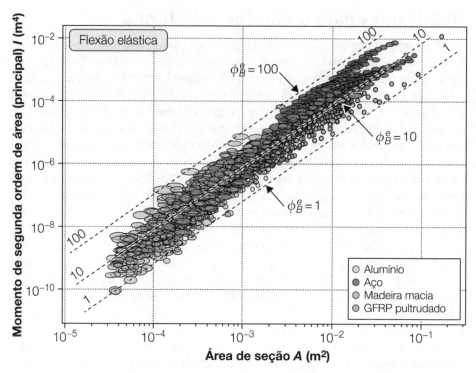

FIGURA 10.8. Gráfico de log (I) em relação a log (A) para seções padronizadas de aço, alumínio, GFRP pultrudado e madeira. Linhas de ϕ_B^e são mostradas, ilustrando que há um limite superior. Um gráfico semelhante para log (Z) em relação a log (A) revela um limite superior para ϕ_B^f (ver caderno colorido).

TABELA 10.4. Limites superiores empíricos para os fatores de forma $\phi_B^e, \phi_T^e, \phi_B^f$ e ϕ_T^f

Material	$\left(\phi_B^e\right)_{max}$	$\left(\phi_T^e\right)_{max}$	$\left(\phi_B^f\right)_{max}$	$\left(\phi_T^f\right)_{max}$
Aço estrutural	65	25	13	7
Liga de alumínio 6061	44	31	10	8
GFRP e CFRP	39	26	9	7
Polímeros (por exemplo, náilons)	12	8	5	4
Madeiras (seções sólidas)	5	1	3	1
Elastômeros	<6	3	–	–

com valores de ϕ_B^e maiores do que 5 são raras. Os compósitos também podem ser limitados pela dificuldade atual de transformá-los em formas prismáticas de parede fina, embora a tecnologia para tal já exista.

Porém, há uma restrição mais fundamental para a eficiência de forma, que está relacionada com flambagem local.

Limites impostos por flambagem local. Quando formas eficientes *podem* ser fabricadas, os limites da eficiência são determinados pela competição entre modos de falha. Seções ineficientes falham de um modo simples: sofrem escoamento, fratura, ou flambagem de grande escala. Quando procuramos mais eficiência, escolhemos uma forma que aumente a carga exigida para o modo de falha simples; porém, ao fazermos isso, a estrutura é empurrada para mais perto da carga à qual novos modos de falha — em particular os que envolvem *flambagem local* — tornam-se dominantes.

É uma característica das formas que se aproximam de seu limite de eficiência que dois ou mais modos de falha ocorram quase à mesma carga. Por quê? Damos uma explicação simples. Se a falha por um mecanismo ocorrer a uma carga mais baixa do que as outras, a forma da seção pode ser ajustada para suprimi-la; porém, isso empurra a carga para cima até que outro mecanismo torna-se dominante. Se a forma for descrita por uma única variável (ϕ), quando dois mecanismos ocorrem à mesma carga, temos de parar — nenhum outro ajuste de forma pode melhorar as coisas. Acrescentar tramas, nervuras ou outros enrijecedores resulta em variáveis adicionais, o que permite que a forma seja otimizada ainda mais, porém não discutiremos esse assunto aqui.

Aqui temos um exemplo simples para ilustrar esse limite imposto pela flambagem local. Pense em um canudinho de bebida — ele é um tubo vazado de parede fina com aproximadamente 5 mm de diâmetro. Ele é feito de poliestireno, porém não há muito desse material. Se o canudinho fosse transformado em um cilindro sólido, o cilindro teria menos de 1 mm de diâmetro e, como o poliestireno tem baixo módulo, teria baixa rigidez à flexão. Se fletido suficientemente, falharia por escoamento plástico, e, se fletido um pouco mais, falharia por fratura. Agora restaure o cilindro sólido à forma anterior do canudinho e curve-o. Ele está muito mais rígido do que antes, porém, à medida que é curvado, adota uma forma ovalada e então falha repentinamente em uma dobra — uma forma de flambagem local (experimente).

Uma análise mais completa[3] indica que a máxima eficiência de forma prática — quando não limitada por restrições à fabricação — é, de fato, ditada pelo início de flambagem local. Uma seção de parede grossa, carregada sob flexão, sofre escoamento antes de sofrer flambagem local. Ela pode ser feita com mais eficiência aumentando seu diâmetro e diminuindo sua espessura de parede, aumentando I e Z, mas isso reduz a carga sob a qual as paredes cada vez mais esbeltas da seção começam a flambar como um canudinho de bebidas. Quando a carga para flambagem local cai abaixo da carga para escoamento, a seção falha por flambagem local e isso é indesejável, uma vez que a flambagem é dependente de defeito e pode levar a um colapso repentino e imprevisível. Outras formas de seção — caixão, seções I e semelhantes — também têm seus próprios modos de flambagem local quando finas. A implicação que tiramos de versões detalhadas de gráficos, como o da Figura 10.8, é que seções reais são projetadas para evitar flambagem local, o que determina o limite superior da eficiência de forma. Não é nenhuma surpresa que o limite dependa do material

---

3. Gerard (1956) e Weaver e Ashby (1997) em Leitura Adicional.

360 Seleção de Materiais no Projeto Mecânico

— os que têm baixa resistência e alto módulo escoam facilmente, mas não sofrem flambagem facilmente, e vice-versa. Uma regra prática que decorre disso é que

$$\left(\phi_B^e\right)_{max} \approx 2,3\left(\frac{E}{\sigma_f}\right)^{1/2} \tag{10.15a}$$

e (uma consequência do fato que $I / Zh \approx 0,5$, onde h é a profundidade da seção)

$$\left(\phi_B^f\right)_{max} \approx \sqrt{\left(\phi_B^e\right)_{max}} \tag{10.15b}$$

que permitem estimativas aproximadas para a máxima eficiência de forma de materiais.

É possível conseguir eficiências mais altas quando as condições de carregamento são conhecidas com precisão, o que permite a aplicação padronizada de enrijecedores e almas para suprimir flambagem local. Isso possibilita um aumento adicional nos valores de ϕ até o aparecimento de novos modos de flambagem localizada. Também esses podem ser suprimidos por uma hierarquia de estruturação adicional; no final, os valores de ϕ são limitados somente por restrições à fabricação. Porém, isso está ficando mais sofisticado do que precisamos para uma seleção geral de material e forma. As Equações (10.15a e b) farão tudo o que precisamos.

10.4 Explorando combinações material–forma

Projeto limitado por rigidez. O diagrama de propriedades de materiais $E - \rho$ (Figura 3.3) apresenta a propriedade relacionada com a rigidez (o módulo) de materiais. O diagrama forma-eficiência da Figura 10.6 captura informações sobre a influência da forma sobre a rigidez à flexão. Se ligarmos os dois,[4] o desempenho da seção pode ser estudado. Na Figura 10.9 os dois diagramas estão localizados em vértices opostos de um quadrado. O diagrama de propriedades de materiais (aqui muito simplificado, mostrando apenas uns poucos materiais) está em cima, à esquerda. O diagrama forma-eficiência está embaixo, à direita, com os eixos trocados de modo que I encontra-se ao longo da parte inferior e A está na lateral; faixas sombreadas nesse gráfico mostram as áreas ocupadas, derivadas de gráficos como os da Figura 10.8. Os dois quadrantes restantes formam automaticamente mais dois diagramas, cada um compartilhando eixos com os dois primeiros. O que está em cima, à direita, tem eixos E e I; as linhas diagonais mostram a rigidez à flexão da seção EI. O que se encontra embaixo, à esquerda, tem eixos A e ρ; as linhas diagonais mostram a métrica de desempenho: a massa por unidade de comprimento, $m_l = \rho A$, da seção.

Esse conjunto de diagramas permite a avaliação e a comparação de seções limitadas por rigidez. Isso pode ser usado de vários modos, dos quais o que descrevemos a seguir é típico, mostrado na Figura 10.10.

---

4. Birmingham (1996).

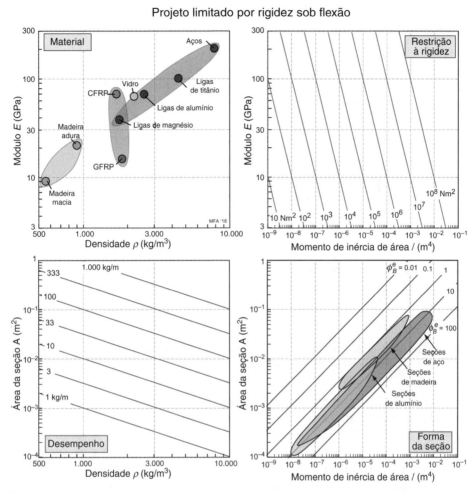

FIGURA 10.9. A montagem do diagrama de quatro quadrantes para explorar seções estruturais em projeto limitado por rigidez. Cada diagrama compartilha seus eixos com os vizinhos (ver caderno colorido).

- Escolha um material para a seção e marque seu módulo E e sua densidade ρ sobre o **diagrama de propriedade de material** no primeiro quadrante da figura.
- Escolha a rigidez de seção desejada (EI); ela é uma restrição que deve ser cumprida pela seção. Trace uma linha horizontal desde o valor de E para o material até a linha adequada no **diagrama de restrição à rigidez** no segundo quadrante.
- Puxe uma linha vertical desse ponto até o **diagrama de forma de seção** no terceiro quadrante até encontrar a linha que descreve o fator de forma ϕ_B^e para a seção. Valores de I e A fora das faixas sombreadas são proibidos.
- Estenda a linha horizontal desse ponto até o **diagrama de desempenho** no último quadrante. Puxe uma linha vertical desde a densidade ρ no diagrama de materiais. A interseção mostra a massa por unidade de comprimento da seção.

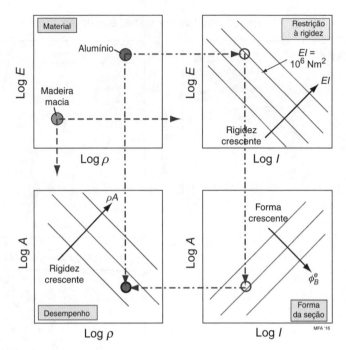

FIGURA 10.10. Um desenho esquemático que mostra como o diagrama de quatro quadrantes é usado (ver caderno colorido).

A Figura 10.11 compara a massa de seções de aço laminado e de alumínio extrudado ambas com $\phi_B^e = 10$ e para seções de madeira de construção com $\phi_B^e = 2$, com a restrição de rigidez à flexão de $EI = 10^6 \text{N} \cdot \text{m}^2$. A seção de alumínio extrudado produz a viga mais leve. Notavelmente, uma viga de aço eficientemente conformada é quase tão leve — para uma determinada rigidez à flexão — quanto uma feita de madeira de construção, ainda que a densidade de aço seja 12 vezes maior do que a da madeira. Isso se deve ao fator de forma possível, que é mais alto com o aço.

Projeto limitado por resistência. O raciocínio nesse caso segue um caminho similar. Na Figura 10.12, há o **diagrama de propriedade de material** resistência-densidade ($\sigma_f - \rho$) localizado em cima, à esquerda. O **diagrama de forma** Z-A (Figura 10.7 com os eixos trocados) está embaixo, à direita. Como antes, os dois quadrantes restantes geram mais dois diagramas. O **diagrama de restrição à resistência** em cima, à direita, tem eixos σ_f e Z; as linhas diagonais mostram a resistência à flexão da seção, $Z\sigma_f$. O **diagrama de desempenho** embaixo, à esquerda, tem os mesmos eixos que antes — as quantidades A e ρ — e as linhas diagonais novamente mostram a métrica de desempenho: a massa por unidade de comprimento da seção, $m_l = \rho A$.

É usado do mesmo modo que o usado para projeto limitado por rigidez. Experimente usá-lo para aço com $\phi_B^f = 15$, alumínio com $\phi_B^f = 10$ e GFRP com $\phi_B^f = 5$ para um momento de falha exigido de $Z\sigma_f = 10^4 \text{N} \cdot \text{m}$.

Você constatará que GFRP oferece a solução mais leve de todas.

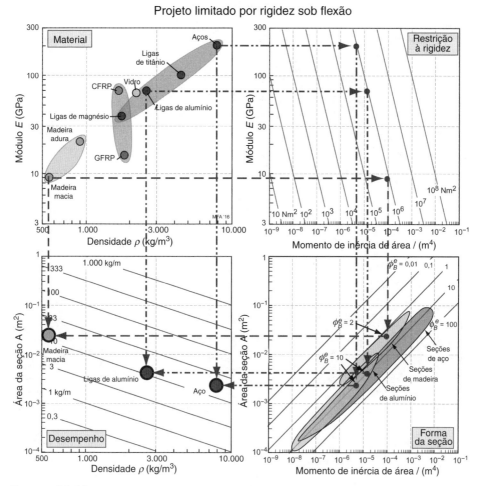

FIGURA 10.11. Uma comparação entre seções de aço, alumínio e madeira para um projeto limitado por rigidez com $EI = 10^6$ Nm². Alumínio produz uma seção com massa de 10 kg/m; aço é quase três vezes mais pesado (ver caderno colorido).

10.5 Índices de mérito que incluem forma

Os arranjos de diagramas nas Figuras 10.9 e 10.12 ligam material, forma, restrição e objetivo de desempenho de um modo gráfico, porém bastante desajeitado. Existe um modo mais elegante, que faz com que estes sejam embutidos nos índices de mérito do Capítulo 4. Lembre-se de que a maioria dos índices não precisa desse refinamento — o desempenho que eles caracterizam não depende de forma. Porém, o projeto limitado por rigidez e resistência depende. Os índices para esses podem ser adaptados para incluir o fator de forma relevante, de modo tal que caracterizem combinações material-forma.

O método ilustrado a seguir, para o projeto de peso mínimo, pode ser adaptado a outros objetivos de modos óbvios. O método decorre das derivações do Capítulo 4 com uma etapa extra para incluir a forma.

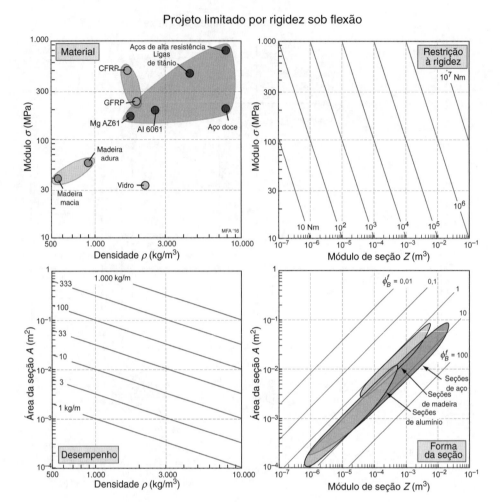

FIGURA 10.12. A montagem do diagrama de quatro quadrantes para explorar seções estruturais para projeto limitado por resistência. Como os diagramas para rigidez, cada diagrama compartilha seus eixos com seus vizinhos (ver caderno colorido).

Flexão elástica de viga. Considere a seleção de um material para uma viga de rigidez à flexão S_B^* e comprimento L especificados (as restrições), para ter massa mínima, m (o objetivo). A massa m de uma viga de comprimento L e área de seção A é dada, como antes, por:

$$m = AL\rho \qquad (10.16)$$

Sua rigidez à flexão é

$$S_B = C_1 \frac{EI}{L^3} \qquad (10.17)$$

onde C_1 é uma constante que depende somente do modo como as cargas são distribuídas na viga. Substituindo I por $\phi_B^e A^2 / 12$ [Equação (10.3)], obtemos:

$$S_B = \frac{C_1}{12}\frac{E}{L^3}\phi_B^e A^2 \qquad (10.18)$$

Usando essa expressão para eliminar A na Equação (10.16) e inserindo a rigidez desejada, S_B^*, temos a massa da viga:

$$m = \left(\frac{12S_B^*}{C_1}\right)^{1/2} L^{5/2} \left[\frac{\rho}{\left(\phi_B^e E\right)^{1/2}}\right] \qquad (10.19)$$

Esta é idêntica à Equação (4.14), exceto por uma coisa: o módulo E na primeira derivação é substituído por $\phi_B^e E$ nesta. Tudo nessa equação é especificado, exceto o termo entre colchetes, que depende somente de material e forma. Para vigas com a *mesma* forma (e, portanto, com o mesmo valor de ϕ_B^e), a melhor escolha é o material que tem o maior valor de $E^{1/2} / \rho$ — o resultado derivado no Capítulo 4. Porém, se quisermos a combinação material-forma mais leve de todas, é a que tem o maior valor do índice:

$$M_1 = \frac{\left(\phi_B^e E\right)^{1/2}}{\rho} \qquad (10.20)$$

Esse índice permite a classificação de combinações material-forma. Aqui, temos um exemplo.

Comparando materiais diferentes com formas e rigidez diferentes

Precisa-se de um material conformado para uma viga rígida de massa mínima. Há quatro materiais disponíveis cujas propriedades e formas típicas são apresentadas na Tabela 10.5. Qual combinação material-forma tem a massa mais baixa para uma rigidez determinada?

Resposta

A penúltima coluna da tabela mostra o índice simples de "forma fixa" $E^{1/2} / \rho$. A madeira tem o maior valor, mais de duas vezes o do aço. Porém, quando cada material é conformado eficientemente (última coluna), a madeira tem o *menor* valor de M_1 — até o aço é melhor; a liga de alumínio vence, ultrapassando o aço e o GFRP.

Torção elástica de eixos. O procedimento para torção elástica de eixos é semelhante. Um eixo de seção A e comprimento L está sujeito a um torque T e ele gira um ângulo θ. Queremos a rigidez à torção, $S_T = T/\theta$, que atinja um alvo especificado, S_T^*, com massa mínima. A rigidez à torção é:

366   Seleção de Materiais no Projeto Mecânico

Tabela 10.5. A seleção de material e forma para uma viga leve e rígida

Material	$\rho\left(\text{Mg/m}^3\right)$	E (GPa)	ϕ_B^e	$E^{1/2}/\rho$	$\left(\phi_B^e E\right)^{1/2}/\rho$
Aço 1020	7,85	205	20	1,8	8,2
Al 6061-T4	2,7	70	15	3,1	12,0
GFRP (isotrópico)	1,75	28	8	2,9	8,5
Madeira (carvalho)	0,9	13,5	2	4,1	5,8

$$S_T = \frac{KG}{L} \qquad (10.21)$$

onde G é o módulo de elasticidade transversal. Substituindo K por ϕ_T^e, usando a Equação (10.7), obtemos:

$$S_T = \frac{G}{7,14L}\,\phi_T^e A^2 \qquad (10.22)$$

Usando essa expressão para eliminar A na Equação (10.16) e inserindo a rigidez desejada S_T^* temos:

$$m = \left(7,14\frac{S_T^*}{L^3}\right)^{1/2} L^{3/2} \left[\frac{\rho}{\left(\phi_T^e G\right)^{1/2}}\right] \qquad (10.23)$$

A melhor combinação material-forma é a que tem o maior valor de $\dfrac{\left(\phi_T^e G\right)^{1/2}}{\rho}$.

O módulo de elasticidade transversal G é intimamente relacionado com o módulo de Young E. Para finalidades práticas, aproximamos G para $3/8E$, então o índice se torna:

$$M_2 = \frac{\left(\phi_T^e E\right)^{1/2}}{\rho} \qquad (10.24)$$

Para eixos da mesma forma, essa expressão se reduz a $E^{1/2}/\rho$ novamente. Quando o material e a forma dos eixos são ambos diferentes, o índice de mérito [Equação (10.24)] é o que deve ser usado.

As Equações (10.19) e (10.23) mostram um modo de calcular fatores de forma para estruturas complexas como pontes e treliças. Invertendo a Equação (10.19), por exemplo, temos:

$$\phi_B^e = \frac{12S_B}{C_1}\frac{L^5}{m^2}\left[\frac{\rho^2}{E}\right] \qquad (10.25)$$

Assim, se a massa da estrutura, seu comprimento e sua rigidez à flexão são conhecidas (como são para grandes vãos de ponte), e a densidade e o módulo do material do qual ela é feita também o são, o fator de forma pode ser calculado.

Seleção de material e forma **367**

Inserindo dados para pontes existentes, essa expressão fornece valores entre 50 e 200. Esses valores são maiores do que os valores máximos na Tabela 10.4. Isso ocorre porque as pontes são "estruturas estruturadas" com dois ou mais níveis de estrutura. Os altos valores de ϕ são exemplos do modo como a eficiência de forma pode ser aumentada por uma hierarquia de estruturação.

Calculando novamente fatores de forma a partir de rigidez e massa conhecidas

Uma forma tubular e vazada, extrudada em alumínio e com nervuras complexas tem massa por unidade de comprimento $m_l = 0,3$ kg/m. Um comprimento $L = 1$ m dessa forma, carregado sob flexão em três pontos por uma carga central de $W = 10$ kg, sofre uma deflexão $\delta = 2$ mm no ponto médio. Qual é o fator de forma ϕ_B^e da seção? (Para alumínio $E = 70$ GPa e $\rho = 2.700$ kg/m^3 e para flexão em 3 pontos, $C_1 = 48$ (Apêndice A).)

Resposta

A força exercida pela carga W é $F = Wg = 98,1$ N. A rigidez da viga é $S_B = \dfrac{F}{\delta} = 4,9 \times 10^4 \, \text{N/m}$. Inserindo os dados na Equação (10.25), obtemos $\phi_B^e = 13,2$.

Falha de vigas e eixos. O procedimento é o mesmo. A viga de comprimento L, carregada sob flexão, deve suportar uma carga especificada F sem falhar e ser o mais leve possível. Quando a forma da seção é uma variável, a melhor escolha é determinada da seguinte maneira. A falha ocorre se o momento de flexão exceder

$$M = Z\sigma_f$$

onde Z é o módulo de seção e σ_f é a tensão à qual a falha ocorre. Substituindo Z por $\dfrac{1}{6}\phi_B^f A^{3/2}$ [Equação (10.10)], temos:

$$M = \frac{\sigma_f}{6}\phi_B^f A^{3/2} \tag{10.26}$$

Substituindo essa expressão na Equação (10.16) para a massa da viga, obtemos:

$$m = \left(6M\right)^{2/3} L \left[\frac{\rho^{3/2}}{\phi_B^f \sigma_f}\right]^{2/3} \tag{10.27}$$

A melhor combinação material-forma é aquela com o maior valor do índice:

$$M_3 = \frac{\left(\phi_B^f \sigma_f\right)^{2/3}}{\rho} \tag{10.28}$$

368   Seleção de Materiais no Projeto Mecânico

Uma análise semelhante para falha sob torção fornece:

$$M_4 = \frac{\left(\phi_T^f \sigma_f\right)^{2/3}}{\rho} \tag{10.29}$$

Com forma constante, ambos os índices se reduzem ao familiar $\sigma_f^{2/3} / \rho$ do Capítulo 4; porém, quando temos de comparar forma, assim como material, devemos usar o índice completo.

Comparando materiais diferentes com formas e resistência diferentes

Precisa-se de um material conformado para uma viga forte de massa mínima. Há quatro materiais disponíveis cujas propriedades e formas típicas são apresentadas na Tabela 10.6. Qual é a combinação que tem a massa mais baixa para uma dada resistência à flexão?

Resposta

A penúltima coluna da tabela mostra o índice simples de "forma fixa" $\sigma_f^{2/3}/\rho$: a madeira tem o maior valor, mais de três vezes o do aço. Porém, quando cada material é conformado (última coluna), a liga de alumínio vence, superando o aço e o GFRP.

10.6 Cosseleção gráfica usando índices

Materiais conformados podem ser representados em diagramas de propriedades de materiais. Todos os critérios de seleção ainda são válidos. Isso funciona da forma descrita a seguir.

O índice de mérito para flexão elástica [Equação (10.20)] pode ser reescrito como:

$$M_1 = \frac{\left(\phi_B^e E\right)^{1/2}}{\rho} = \frac{\left(E / \phi_B^e\right)^{1/2}}{\rho / \phi_B^e} = \frac{E^{*1/2}}{\rho^*} \tag{10.30}$$

TABELA 10.6. **Seleção de material e forma para uma viga leve e forte**

Material	$\rho\left(\mathrm{Mg/m^3}\right)$	$\sigma_f\left(\mathrm{MPa}\right)$	ϕ_B^f	$\sigma_f^{2/3}/\rho$	$\left(\phi_B^f\sigma_f\right)^{2/3}/\rho$
Aço 1020, normalizado	7,85	330	5	6,1	17,8
Al 6061-T4	2,7	110	4	8,5	<u>21,4</u>
GFRP SMC (isotrópico)	2,0	80	3	9,3	19,3
Madeira (carvalho), ao longo do veio	0,9	50	1,5	<u>15</u>	19,7

A equação diz que um material com módulo E e densidade ρ, quando estruturado, pode ser considerado um novo material com módulo e densidade de:

$$E^* = \frac{E}{\phi_B^e} \text{ e } \rho^* = \frac{\rho}{\phi_B^e} \qquad (10.31)$$

O desenho esquemático do diagrama $E - \rho$ é mostrado na Figura 10.13. As "novas" propriedades de material E^* e ρ^* podem ser representadas nesse diagrama. Introduzir a forma ($\phi_B^e = 10$, por exemplo) desloca o material **M** para baixo à esquerda, ao longo de uma linha de inclinação 1, desde a posição E, ρ até a posição $E/10, \rho/10$, como mostrado na figura. Os critérios de seleção são representados na figura como antes: um valor constante do índice $E^{1/2}/\rho$, por exemplo, é representado por uma linha reta de inclinação 2, mostrada para um valor de $E^{1/2}/\rho$ como uma linha azul. A introdução da forma deslocou o material de uma posição abaixo da linha para uma acima; seu desempenho melhorou. A torção elástica de eixos é tratada do mesmo modo.

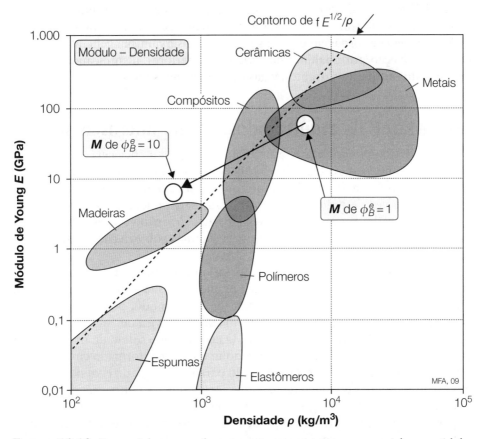

FIGURA 10.13. O material estruturado comporta-se como um novo material com módulo $E^* = E/\phi_B^e$ e densidade $\rho^* = \rho/\phi_B^e$, o que o desloca de sua posição abaixo da linha de seleção tracejada para uma posição acima dela (ver caderno colorido).

370 Seleção de Materiais no Projeto Mecânico

A seleção de materiais baseada em resistência (em vez de rigidez) com peso mínimo usa um procedimento semelhante. O índice de mérito para falha sob flexão [Equação (10.28)] pode ser reescrito da seguinte maneira:

$$M_3 = \frac{\left(\phi_B^f \sigma_f\right)^{\frac{2}{3}}}{\rho} = \frac{\left(\sigma_f / \left(\phi_B^f\right)^2\right)^{\frac{2}{3}}}{\rho / \left(\phi_B^f\right)^2} = \frac{\sigma_f^{*2/3}}{\rho^*} \qquad (10.32)$$

O material com resistência σ_f e densidade ρ, quando conformado, comporta-se sob flexão como um novo material de resistência e densidade:

$$\sigma_f^* = \frac{\sigma_f}{\left(\phi_B^f\right)^2} \text{ e} \rho^* = \frac{\rho}{\left(\phi_B^f\right)^2} \qquad (10.33)$$

O resto será óbvio. A introdução da forma ($\phi_B^f = 3$, digamos) desloca um material **M** ao longo de uma linha de inclinação 1, levando-o, no desenho esquemático, da posição σ_f, ρ, abaixo da linha do índice de mérito (a linha tracejada), até a posição $\sigma_f/9$, $\rho/9$, que se encontra acima dela. Novamente, o desempenho melhorou. A falha em torção é analisada usando ϕ_T^f no lugar de ϕ_B^f.

O valor dessa abordagem é que os gráficos conservam sua generalidade. Ela permite a seleção por qualquer dos critérios anteriores, identificando corretamente materiais para os tirantes, vigas ou painéis mais leves.

10.7 Materiais arquitetados: forma microscópica

A sobrevivência na natureza está intimamente ligada à eficiência estrutural. A árvore que captura mais luz solar é aquela que, com um determinado recurso de celulose, cresce mais alta. A criatura que ganha a maioria das lutas ou — se for presa, em vez de predador — corre com mais rapidez é aquela que, com uma determinada alocação de hidroxiapatita, desenvolve a estrutura óssea mais forte e mais leve. Eficiência estrutural significa sobrevivência. Vale a pena perguntar como a natureza faz isso.

Forma microscópica. As formas apresentadas anteriormente nas Tabelas 10.2 e 10.3 conseguem eficiência por meio de sua forma *macroscópica*. Eficiência estrutural pode ser conseguida de outro modo: por meio de forma em uma escala pequena; ou seja, uma forma *microscópica* ou "microestrutural" (Figura 10.14). Madeira é um exemplo. O componente sólido da madeira (um compósito de celulose, lignina e outros polímeros) é conformado em pequenas células prismáticas que dispersam o sólido para mais longe do eixo de flexão ou torção do ramo ou do tronco da árvore, o que aumenta tanto a rigidez quanto a resistência. A eficiência agregada é caracterizada por um conjunto de *fatores de forma microscópica*, ψ *(psi)*, cujas definições são exatamente as mesmas de ϕ.

A característica da forma microscópica é que a estrutura repete a si mesma: ela é *extensiva*. O sólido microestruturado pode ser considerado um "material" por mérito próprio: tem um módulo, uma densidade, uma resistência e assim

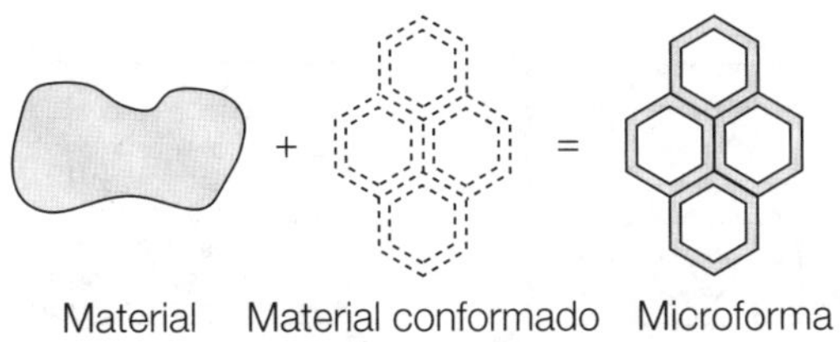

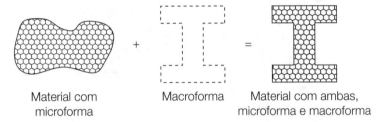

Material   Material conformado   Microforma

FIGURA 10.14. Eficiência mecânica pode ser obtida pela combinação de material com forma microscópica, ou interna, que se repete a si mesma, para dar uma estrutura extensa. A forma é caracterizada por fatores de forma microscópica, ψ.

Material com microforma   Macroforma   Material com ambas, microforma e macroforma

FIGURA 10.15. A forma microestrutural pode ser combinada com forma macroscópica para gerar estruturas eficientes. O fator de forma global é o produto dos fatores de forma microscópica e macroscópica.

por diante. É possível cortar formas desse sólido. Desde que as formas sejam grandes em comparação com o tamanho das células (de forma que elas contenham muitas células), elas herdam suas propriedades. É possível, por exemplo, fabricar uma seção I de madeira que tenha forma macroscópica (como definida anteriormente), bem como forma microscópica, como sugere a Figura 10.15. Mostraremos logo em seguida que o fator de forma total para uma viga I de madeira é o *produto* entre o fator de forma para a estrutura de madeira e o fator para a viga I, e que esse produto pode ser grande.

Muitos materiais naturais têm forma microscópica. A madeira é apenas um exemplo. Osso, caules e folhas de plantas, e a carapaça de uma lula têm estruturas que dão alta rigidez com peso baixo. É mais difícil pensar em exemplos feitos pelo homem, embora aparentemente seja possível fazê-los. A Figura 10.16 mostra quatro estruturas extensivas com forma microscópica, todas elas encontradas na natureza. A primeira é uma estrutura de células hexagonais prismáticas, parecida com a da madeira, que é isotrópica no plano da seção quando as células são hexágonos regulares. A segunda é um arranjo de fibras separadas por uma matriz espumada, típica da madeira de palmeira, e também é isotrópica no plano. A terceira é uma estrutura simétrica em relação ao eixo formada por conchas cilíndricas concêntricas separadas por uma matriz espumada, como o caule de algumas plantas. E a quarta é uma estrutura em camadas, uma espécie de painel-sanduíche múltiplo, como a concha da lula.

Fatores de forma microscópica. Considere o ganho em rigidez à flexão quando uma viga sólida quadrada como a mostrada como um sólido quadrado, de lado b_o, na Figura 10.16 é expandida, com massa constante, até uma

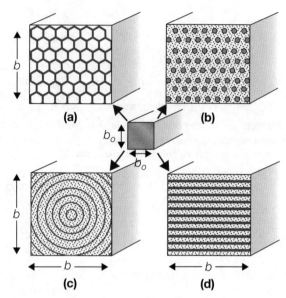

FIGURA 10.16. Quatro materiais microestruturados extensivos que são mecanicamente eficientes: (A) células prismáticas; (B) fibras embebidas em uma matriz espumada; (C) conchas cilíndricas concêntricas com espuma entre elas; e (D) placas paralelas separadas por espaçadores espumados.

seção quadrada maior com qualquer das estruturas que a cercam na figura. A rigidez à flexão S_s da viga sólida original é proporcional ao produto entre seu módulo E_s e seu momento de inércia de área I_s

$$S_s \propto E_s I_s \tag{10.34}$$

onde o "s" subscrito significa "uma propriedade da viga sólida" e $I_s = b_o^4 / 12$. Quando a viga é expandida com massa constante, sua densidade cai de ρ_s para ρ, e o comprimento de sua aresta aumenta de b_o para b onde

$$b = \left(\frac{\rho_s}{\rho}\right)^{1/2} b_o \tag{10.35}$$

e o resultado é que seu momento de inércia de área aumenta de I_s para

$$I = \frac{b^4}{12} = \frac{1}{12}\left(\frac{\rho_s}{\rho}\right)^2 b_o^4 = \left(\frac{\rho_s}{\rho}\right)^2 I_s \tag{10.36}$$

Se as células, fibras ou anéis nas Figuras 10.16A, B e C se estenderem na direção paralela ao eixo da viga, o módulo paralelo a esse eixo cai do valor do módulo do sólido, E_s, para

$$E = \left(\frac{\rho}{\rho_s}\right) E_s \tag{10.37}$$

Seleção de material e forma   373

A rigidez à flexão da viga expandida aumenta conforme EI, de modo que ela é mais rígida do que a viga sólida original pelo fator:

$$\psi_B^e = \frac{S}{S_s} = \frac{EI}{E_s I_s} = \frac{\rho_s}{\rho} \qquad (10.38)$$

Referimo-nos a ψ_B^e como o fator de *forma microscópica para flexão elástica*. O fator para estruturas prismáticas como as da Figura 10.16A é simplesmente a recíproca da densidade relativa, ρ/ρ_s. Observe que, no limite de um sólido (quando $\rho = \rho_s$), ψ_B^e assume o valor 1, como obviamente deveria. Uma análise semelhante para falha sob flexão gera o fator de forma:

$$\psi_T^e = \frac{\rho_s}{\rho} \qquad (10.39)$$

Torção, como sempre, é mais difícil. Quando a estrutura da Figura 10.16C, que tem simetria circular, é torcida, seus anéis agem como tubos concêntricos, e para esses:

$$\psi_T^e = \frac{\rho_s}{\rho} \, e \, \psi_B^f = \left(\frac{\rho_s}{\rho}\right)^{1/2} \qquad (10.40)$$

As outras estruturas têm rigidez e resistência à torção mais baixas (e, por consequência, fatores de microforma também mais baixos) pela mesma razão que as seções I, boas sob flexão, têm desempenho ruim sob torção.

Microforma semelhante à espuma versus prismática

Qual é o ganho em rigidez à flexão EI se uma viga, inicialmente com uma seção transversal sólida, for expandida para criar uma estrutura prismática como as da Figura 10.16? Se, em vez disso, for expandida para criar uma estrutura semelhante à espuma para a qual $E = \left(\dfrac{\rho}{\rho_s}\right)^2 E_s$, qual é o ganho em rigidez à flexão?

Resposta

O fator de forma ψ_B^e na Equação (10.38) mede a razão entre a rigidez de uma viga prismática microestruturada e a de uma viga sólida com a mesma massa. O ganho em EI aumenta conforme $\psi_B^e = \rho_s/\rho$. Repetindo a dedução usando a expressão para módulo de espuma em termos da densidade relativa, mostrada anteriormente, constatamos que $\psi_B^e = 1$: Espumar não resulta em nenhum ganho em rigidez à flexão.

Então, estruturar converte um sólido com módulo E_s e resistência $\sigma_{f,s}$ em um novo sólido com propriedades E e σ_f. Se esse novo sólido for conformado eficientemente (um tubo, digamos, ou uma seção I) sua rigidez à flexão aumenta por um fator adicional de ϕ_B^e. Então, a rigidez da viga, expressa em termos da rigidez do sólido do qual ela é feita, é

374   Seleção de Materiais no Projeto Mecânico

$$S = \psi_B^e \phi_B^e S_s \qquad\qquad (10.41)$$

isto é, os fatores de forma são simplesmente multiplicados. O mesmo vale para a resistência.

Esse é um exemplo de hierarquia estrutural e dos benefícios que ela traz. É possível estendê-la ainda mais: as paredes da célula ou camadas individuais poderiam, por exemplo, ser estruturadas, fornecendo um terceiro multiplicador para o fator de forma global, e essas unidades também poderiam ser estruturadas. A Natureza faz isso com bons resultados, porém, para estruturas feitas pelo homem, há dificuldades. Existe a dificuldade óbvia de fabricação de formas estruturadas hierarquicamente. E há a dificuldade menos óbvia de resiliência estrutural. Se a estrutura for otimizada em todos os níveis de estrutura, uma falha de um membro em qualquer nível pode provocar a falha no nível acima, causando uma cascata que termina com a falha da estrutura como um todo. Quanto mais complexa a estrutura, mais difícil torna-se assegurar a integridade em todos os níveis. Essa dificuldade poderia ser superada pela incorporação de redundância (ou de um fator de segurança) em cada nível, porém, isso implica uma perda cumulativa de eficiência. É prático ir até dois níveis de estrutura; mais do que isso, não.

Como indicamos antes, um material microestruturado pode ser considerado um novo material. Tem uma densidade, uma resistência, uma condutividade térmica e assim por diante; dificuldades surgem apenas se o tamanho da amostra for comparável com o tamanho da célula, quando "propriedades" tornam-se dependentes do tamanho. Isso significa que materiais microestruturados podem ser representados nos diagramas de materiais — na verdade, a madeira já aparece neles —, e que todos os critérios de seleção desenvolvidos no Capítulo 4, se aplicam, sem mudanças, aos materiais microestruturados. Essa linha de raciocínio será desenvolvida com mais detalhes no Capítulo 13, que inclui diagramas de materiais para uma gama de materiais naturais.

10.8 Resumo e conclusões

O projetista tem dois grupos de variáveis com os quais otimizar o desempenho de um componente que suporta carga: as propriedades de materiais e a forma da seção. Eles não são independentes. A melhor escolha de material, em uma determinada aplicação, depende das formas nas quais ele está disponível ou nas quais poderia ser potencialmente conformado.

A contribuição da forma é isolada com a definição de quatro fatores de forma. O primeiro, ϕ_B^e, é para flexão elástica e flambagem de vigas; o segundo, ϕ_T^e, é para torção elástica de eixos; o terceiro, ϕ_B^f, é para falha plástica de vigas carregadas sob flexão; e o último, ϕ_T^f, é para falha plástica de eixos sob torção (Tabela 10.7). Os fatores de forma são números adimensionais que caracterizam a eficiência de uso do material em cada modo de carregamento. São definidos de modo tal que os quatro têm valor 1 para uma seção quadrada

Seleção de material e forma   375

Tabela 10.7. **Definições de fatores de forma**

Restrição de projeto[a]	Flexão	Torção
Rigidez	$\phi_B^e = \dfrac{12I}{A^2}$	$\phi_T^e = \dfrac{7,14K}{A^2}$
Resistência	$\phi_B^f = \dfrac{6Z}{A^{3/2}}$	$\phi_T^f = \dfrac{4,8Q}{A^{3/2}}$

[a] A; I, K, Z e Q são definidos no texto e catalogados na Tabela 10.2.

sólida. Com essa definição, todas as seções sólidas equiaxais (cilindros sólidos, seções hexagonais e outras seções poligonais) têm fatores de forma próximos de 1. Formas eficientes que dispersam o material para longe do eixo de flexão ou torção (vigas I, tubos vazados, seções caixão etc.) possuem valores muito maiores. Eles estão reunidos para formas comuns na Tabela 10.3.

As formas nas quais um material pode, na prática, ser feito, são limitadas por restrições à fabricação e pela restrição de que a seção deve escoar antes de sofrer flambagem local. Esses limites podem ser representados em um "diagrama de forma" que, quando combinado com um diagrama de propriedades de materiais em um arranjo de quatro diagramas (Figuras 10.9 e 10.12), permite a exploração de potenciais combinações material-forma alternativas.

Embora isso seja instrutivo, há uma alternativa mais eficiente: desenvolver índices que incluem fatores de forma. A melhor combinação material-forma para uma viga leve com uma rigidez à flexão prescrita é a que maximiza o índice de mérito:

$$M_1 = \frac{\left(E\phi_B^e\right)^{1/2}}{\rho}$$

A combinação material-forma para uma viga leve com uma resistência prescrita é a que maximiza o índice de mérito:

$$M_3 = \frac{\left(\phi_B^f \sigma_f\right)^{2/3}}{\rho}$$

Essas expressões permitem que seções conformadas sejam representadas em diagramas de propriedades. São usadas para seleção exatamente do mesmo modo que os índices do Capítulo 4.

Combinações semelhantes envolvendo ϕ_T^e e ϕ_T^f fornecem o eixo rígido ou resistente mais leve. Aqui, o critério de "desempenho" era o de cumprir uma especificação de projeto para o peso mínimo. Outras combinações material-forma como essa maximizam outros critérios de desempenho: minimizar custo em vez de peso, por exemplo, ou maximizar armazenagem de energia.

O procedimento para selecionar combinações material-forma é mais bem-ilustrado por exemplos. Estes podem ser encontrados nos exercícios ao fim deste capítulo e nos estudos de casos do Capítulo 11.

376 Seleção de Materiais no Projeto Mecânico

10.9 Leitura adicional

Ashby, M.F. (1991) Material and shape. Acta Metall. Mater. 39, 1025-1039. (*Texto cujas ideais nas quais este capítulo é baseado foram desenvolvidas inicialmente.*)

Birmingham, R.W.; Jobling, B. (1996) Material selection: comparative procedures and the significance of formInternational Conference on Lightweight Materials in Naval Architecture. Londres: The Royal Institution of Naval Architects. (*Artigo no qual foram introduzidos os diagramas de quatro quadrantes, como os das Figuras 10.12 e 10.15.*)

Gerard, G. (1956) Minimum Weight Analysis of Compression Structures. New York: New York University Press. (*Este e o livro de Shanley, citado a seguir, estabeleceram os princípios de design de peso mínimo. Ambos, infelizmente, estão fora de catálogo, mas podem ser encontrados em bibliotecas.*)

Gere, J.M.; Timoshenko, S.P. (1985) Mechanics of Materials. Londres: Wadsworth International. (*Uma introdução para as mecânicas de sólidos elásticos.*)

Shanley, F.R. (1960) Weight-Strength Analysis of Aircraft Structures. 2ª ed. New York: Dover Publications. Library of Congress, Catalog Number 60-501011. (*Este livro e o de Gerard, citado anteriormente, estabelecem os princípios do projeto para peso mínimo. Infelizmente, ambos estão fora de catálogo, mas podem ser encontrados em bibliotecas.*)

Timoshenko, S.P.; Gere, J.M. (1961) Theory of Elastic Stability. Londres: McGraw-Hill Koga Kusha Ltd. (*Um texto definitivo sobre flambagem.*)

Weaver, P.M.; Ashby, M.F. (1998) Material Limits for Shape Efficiency. Oxford: Elsevier, 61-128. (*Uma revisão da forma-eficiência de seções padronizadas, e a análise que leva aos resultados usados neste capítulo para os fatores de forma mais práticos para flexão e torção.*)

Young, W.C. (1989) Roark's Formulas for Stress and Strain. 6ª ed. New York: McGraw-Hill. ISBN 0-07-100373-8. (*Uma espécie de Páginas Amarelas de fórmulas para tensão e deformação, que cataloga as soluções para milhares de problemas mecânicos-padrão.*)

10.10 Exercícios

Os exemplos nesse item estão relacionados com a análise de material e forma do Capítulo 9 e deste capítulo. Eles abrangem a dedução de fatores de forma e de índices que combinam material e forma, e a utilização dos arranjos de diagramas de quatro quadrantes para explorar combinações de material e forma. Para essa última finalidade, é útil ter à mão cópias limpas dos arranjos de diagramas das Figuras 10.9 e 10.12. Como os diagramas de propriedades de materiais, eles podem ser copiados do texto para propósitos educacionais sem restrições de direitos autorais.

E10.1. *Fatores de forma de rigidez para tubos* (Figura E10.1). Avalie o fator de forma ϕ_B^e para projeto limitado por rigidez sob flexão de uma seção caixão quadrada, com comprimento da borda externa $h = 100$ mm e espessura de parede $t = 3$ mm. Essa forma é mais eficiente do que uma feita do mesmo material na forma de um tubo de diâmetro $2r = 100$ mm e espessura de parede $t = 3{,}82$ mm (o que lhe dá a mesma massa por unidade de comprimento m/L)? Trate ambas como formas de paredes finas. Use as expressões na Tabela 10.3 do texto para o fator de forma ϕ_B^e.

E10.2. *Fatores de forma de resistência para tubos* (Figura E10.1, novamente). Avalie o fator de forma ϕ_B^f para projeto limitado por resistência à flexão de uma seção caixão quadrada, com comprimento da borda externa h = 100 mm e espessura de parede t = 3 mm. Essa forma é mais eficiente do que uma feita do mesmo material na forma de um tubo de diâmetro $2r$ = 100 mm e espessura de parede t = 3,82 mm (o que lhe dá a mesma massa por unidade de comprimento m/L)? Trate ambas como formas de paredes finas. Use as expressões na Tabela 10.3 do texto para o fator de forma ϕ_B^f.

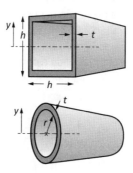

FIGURA E10.1

E10.3. *Deduzindo fatores de forma para projeto limitado por rigidez* (Figura E10.2). Deduza a expressão para o fator de eficiência de forma para ϕ_B^e para projeto limitado por rigidez para um tubo circular com o raio externo de $5t$ e espessura da parede t, carregado em flexão (Figura E10.2). Não assuma que a aproximação para parede fina seja válida.

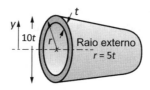

FIGURA E10.2

E10.4. *Deduzindo fatores de forma para projeto limitado por rigidez* (Figura E10.3). Deduza a expressão para o fator de eficiência de forma para ϕ_B^e para projeto limitado por rigidez para um canal de seção com espessura t, largura global de flange $5t$ e profundidade global $10t$, fletida ao longo do seu maior eixo (a linha tracejada e pontilhada na Figura E10.3). Não assuma que a aproximação para parede fina seja válida.

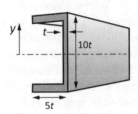

FIGURA E10.3

E10.5. *Deduzindo fatores de forma para projeto limitado por rigidez* (Figura E10.4). Deduza a expressão para o fator de eficiência de forma para ϕ_B^e para projeto limitado por rigidez para uma seção caixão quadrada de espessura de parede t, e altura e largura $h_1 = 10t$, fletida ao longo do seu maior eixo (a linha tracejada e pontilhada na Figura E10.4). Não assuma que a aproximação para parede fina seja válida.

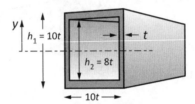

FIGURA E10.4

E10.6. *Deduzindo fatores de forma para projeto limitado por resistência.* Determine o fator de eficiência de forma ϕ_B^f para projeto limitado por resistência sob flexão usando as dimensões mostrada nos diagramas
  a. Para uma seção de tubo mostrada na Figura E10.5A
  b. Para uma seção caixão mostrada na Figura E10.5B
  c. Para uma seção de canaleta mostrada na Figura E10.5C
A expressão para ϕ_B^f para as duas primeiras seções podem ser consultadas na Tabela 10.3. Você terá que deduzir a expressão para a terceira.

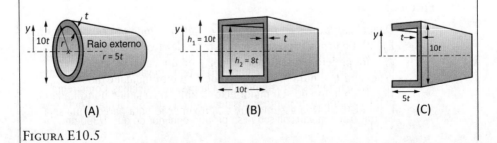

FIGURA E10.5

E10.7. *Deduzindo índices que incluem forma.* Uma viga de comprimento *L*, carregada sob flexão, deve suportar um momento fletor *M* especificado, sem falhar e ser tão leve quanto possível. Mostre que para minimizar a massa da viga por unidade de comprimento *m/L*, temos de selecionar um material e uma forma de seção para maximizar a quantidade

$$M = \frac{\left(\phi_B^f \sigma_f\right)^{2/3}}{\rho}$$

onde σ_f é a tensão de falha e ρ a densidade do material da viga; ϕ_B^f é o fator de eficiência de forma para falha sob flexão.

E10.8. *Determinando fatores de forma a partir de dados de rigidez.* O fator de forma elástica mede o ganho em rigidez obtido pela conformação em relação a uma seção quadrada sólida de mesma área de seção transversal, e, portanto, mesma massa por unidade de comprimento. Fatores de forma podem ser determinados por experimentação medindo a rigidez e a massa de uma estrutura e usando esses para calcular ϕ_B^e através da inversão da Equação (10.19) do texto e solucionando para ϕ_B^e. Aplique essa abordagem para calcular o fator de forma ϕ_B^e a partir dos seguintes dados experimentais, medidos para uma viga de liga de alumínio (Figura E10.6) carregada sob flexão em três pontos (para a qual $C_1 = 48$ – veja Apêndice B, Seção B3) usando os dados apresentados na tabela a seguir.

Atributo	Valor
Rigidez à flexão *SB*	$7{,}2 \times 10^5$ N/m
Massa/unidade de comprimento *m/L*	1 kg/m
Comprimento da viga *L*	1 m
Material da viga	Liga de alumínio 6061
Densidade do material ρ	2.670 kg/m³
Módulo do material *E*	GPa

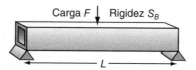

FIGURA E10.6

E10.9. *Calculando fatores de forma a partir de dados de rigidez.* Uma ponte de treliça de aço, mostrada na Figura E10.7, tem um vão *L* e é simplesmente apoiada em ambas as extremidades. Ela pesa *m* toneladas. Como regra prática, o projeto de pontes considera uma rigidez *SB* tal que a deflexão central δ de um vão sob seu peso próprio é menor do que 1/300 do comprimento L (portanto, $S_B \geq 300$ mg/L, onde g é a aceleração da gravidade, 9,81 m/s²). Use as informações apresentadas na tabela para calcular o fator de forma mínimo ϕ_B^e de três vãos de ponte de treliça de aço listados na tabela. Considere que a densidade ρ do aço é 7.900 kg/m³ e que seu módulo E é 205 GPa. A constante $C_1 = 384/5 = 76,8$ para carga uniformemente distribuída (Apêndice B, Seção B3).

Ponte e data de construção[a]	Vão L (m)	Massa m (toneladas)
Ponte Royal Albert, Tamar, Saltash, Reino Unido (1857)	139	1.060
Ponte Carquinez Strait, Califórnia (1927)	132	650
Ponte Chesapeake Bay, Maryland (1952)	146	850

a Chen, W-F.; L. Duan, L. (eds.) (2014) Bridge Engineering Handbook. 2ª ed. Londres: CRC Press.

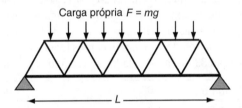

FIGURA E10.7

E10.10. *Deduzindo índices para flexão.* Uma viga, carregada sob flexão, deve suportar um momento fletor M^* especificado sem falhar e ser tão leve quanto possível. A forma da seção é uma variável e "falhar" significa, aqui, o primeiro indício de início de plasticidade. Deduza o índice de mérito. A tabela a seguir resume os requisitos.

Função	*Viga leve*
Restrições	*Momento de falha M^* especificado* *Comprimento L especificado*
Objetivo	*Massa mínima m*
Variáveis livres	*Escolha de material* *Escala e forma da seção*

E10.11. *Deduzindo índices para torção* (Figura E10.8). Um eixo de comprimento L, carregado sob torção, deve suportar um torque especificado T^* sem falhar e ser tão barato quanto possível. A forma da seção forma é uma variável e "falhar" significa novamente o primeiro indício de início de plasticidade. Deduza o índice de mérito. A tabela a seguir resume os requisitos.

Função	Eixo barato
Restrições	Torque de falha T^* especificado Comprimento L especificado
Objetivo	Minimizar o custo de material C
Variáveis livres	Escolha de material Forma e escala da seção

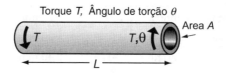

FIGURA E10.8

E10.12. *Material e forma para suprimir flambagem* (Figura E10.9). A figura mostra um conceito para um estande de demonstração leve. O pedestal deve suportar uma massa *m* de 100 kg, que será colocada sobre sua superfície superior a uma altura *h*, sem falhar por flambagem elástica. Ele deve ser feito de tubo encontrado no comércio e ser o mais leve possível. Use os métodos deste capítulo para deduzir um índice de mérito para o material tubular para o pedestal do estande que inclua a forma da seção, descrita pelo fator de forma

$$\phi_B^e = \frac{12I}{A^2}$$

onde *I* é o momento de inércia de área e *A* é a área da seção do pedestal. A tabela a seguir resume os requisitos.

Função	Coluna leve
Restrições	Carga de flambagem F especificada Altura h especificada
Objetivo	Minimizar a massa m
Variáveis livres	Escolha de material Forma e escala da seção

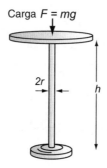

FIGURA E10.9

E10.13. *Seleção de material e forma para suprimir flambagem.* Tubos cilíndricos de mercado estão disponíveis nos seguintes materiais e tamanhos. Use essa informação e o índice de mérito para identificar o melhor material encontrado no comércio para a coluna do pedestal da Figura E10.9.

Material	Módulo E (GPa)	Raio do tubo r	Espessura da parede/raio do tubo, t/r
Ligas de alumínio	69	25 mm	0,07 até 0,25
Aço	210	30 mm	0,045 até 0,1
Ligas de cobre	120	20 mm	0,075 até 0,1
Policarbonato (PC)	3,0	20 mm	0,15 até 0,3
Madeiras variadas	7–12	40 mm	Somente seções circulares sólidas

E10.14. *Forma microscópica: arranjos de tubos* (Figura E10.10). Calcule o ganho em eficiência sob flexão, ψ_B^e, quando um sólido é conformado como tubos pequenos de parede fina de raio r e espessura da parede t, que então são montados e ligados em um grande arranjo, parte do qual é mostrado na figura. Considere que o módulo e a densidade do sólido do qual os tubos são feitos sejam E_s e ρ_s. Expresse o resultado em termos de r e t.

FIGURA E10.10

E10.15. *A eficiência estrutural de painéis espumados* (Figura E10.11). Calcule a mudança na eficiência estrutural para rigidez e resistência sob flexão quando um painel plano sólido de área unitária e espessura t é espumado para gerar um painel de espuma de área unitária e espessura h com massa

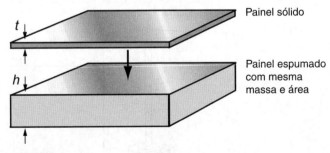

FIGURA E10.11

constante. O módulo E e a resistência σ_f de espumas aumentam com a densidade relativa ρ/ρ_s conforme

$$E = \left(\frac{\rho}{\rho_s}\right)^2 E_s \quad \text{e} \quad \sigma_f = \left(\frac{\rho}{\rho_s}\right)^{3/2} \sigma_{f,s}$$

onde E, ρ_f e ρ são o módulo, a resistência e a densidade da espuma e E_s, $\sigma_{f,s}$ e ρ_s são as mesmas propriedades para o painel sólido.

E10.16. *Utilização do diagrama de quatro quadrantes para projeto limitado por rigidez.* Use o diagrama de quatro quadrantes para projeto limitado por rigidez mostrado na Figura 10.9 do texto para comparar a massa por unidade de comprimento, m/L, de uma seção com $EI = 10^5$ Nm^2 feita de:

    a.   aço estrutural com fator de forma ϕ_B^e de 20, módulo $E = 210$ GPa e densidade $\rho = 7.900$ kg/m^3

    b.   plástico reforçado com fibra de carbono com fator de forma ϕ_B^e de 10, módulo $E = 70$ GPa e densidade $\rho = 1.600$ kg/m^3

E10.17. *Comparação numérica para projeto limitado por rigidez.* Mostre, por cálculo direto, que as conclusões do Exercício 10.16 — de que a viga de CFRP com $EI = 10^5$ Nm^2 e $\phi_B^e = 10$ pesa menos que a viga de aço com o mesmo $\phi_B^e = 20$ — são consistentes com a ideia de que, para minimizar a massa para uma determinada rigidez, devemos maximizar $\sqrt{E^*}/\rho^*$ com $E^* = E/\phi_B^e$ e $\rho^* = \rho/\phi_B^e$.

E10.18. *Utilização do diagrama de quatro quadrantes para resistência.* Use o diagrama de quatro quadrantes para projeto limitado por resistência da Figura 10.12 do texto para comparar a massa por unidade de comprimento, m/L, de uma seção com $Z\sigma_f = 10^4$ Nm (onde Z é o módulo da seção) feita de:

    a.   liga de alumínio 6061 com fator de forma ϕ_B^f de 3, resistência $\sigma_f = 200$ MPa, e densidade $= 2.700$ kg/m^3, e

    b.   liga de titânio com fator de forma ϕ_B^f de 10, resistência $\sigma_f = 480$ MPa e densidade $= 4.420$ kg/m^3

E10.19. *Comparação numérica para projeto limitado por resistência.* Mostre, por cálculo direto, que as conclusões do Exercício E10.18 — de que a viga da liga de titânio com $Z\sigma_f = 10^4$ Nm e ϕ_B^f de 10 é muito mais leve que a viga da liga de alumínio 6061 com a mesma resistência e ϕ_B^f — são consistentes com a ideia de que, para minimizar a massa para uma determinada resistência, devemos maximizar $\dfrac{\left(\phi_B^f \sigma_f\right)^{2/3}}{\rho}$.

Capítulo 11
Material e forma: estudos de casos

Resumo

Formas podem ser usadas para aumentar a eficiência mecânica de um material. Seções conformadas suportam carregamentos de flexão, torção e compressão axial de modo mais eficiente que seções maciças. "Conformadas" significa que a seção transversal tem a forma de um tubo, uma seção caixão, uma seção I ou similares. "Eficiente" significa que, para dadas condições de carregamento, a seção usa tão pouco material quanto possível. Tubos, seções I e caixões são formas simples. Eficiências ainda maiores são possíveis com painéis sanduíche (finas camadas que suportam carga, unidas a um interior de espuma ou *honeycomb*) e com estruturas mais elaboradas (a treliça Warren, por exemplo). Os Capítulos 10 e 11 estendem os métodos de seleção de modo a incluir a forma.

Palavras-chave: Seções conformadas; fatores de forma; eficiência de forma; combinações material-forma; limites para fatores de forma; forma microscópica; aeronaves de propulsão humana; bicicletas de corrida; molas ultraeficientes.

Materials Selection in Mechanical Design. DOI: http://dx.doi.org/10.1016/B978-0-08-100599-6.00011-9
© 2017 Michael F. Ashby. Elsevier Ltd. Todos os direitos reservados.

386   Seleção de Materiais no Projeto Mecânico

11.1 Introdução e sinopse

Este capítulo, bem como os Capítulos 5 e 9, são uma coletânea de estudos de casos. Eles ilustram a utilização de fatores de forma, da construção do diagrama de quatro quadrantes e de índices de mérito que incluem forma. Eles são necessários para a restrita classe de problemas nos quais a forma da seção influencia diretamente o desempenho, isto é, quando a função primordial de um componente é suportar cargas que podem sofrer flexão, torção ou flambagem.

Índices que incluem forma proporcionam uma ferramenta para otimizar a cosseleção de material e forma. Os importantes estão resumidos na Tabela 11.1. O primeiro passo do procedimento de seleção é identificar materiais candidatos e as formas de seção em que cada um está disponível ou na qual poderia ser fabricado. As propriedades e fatores de forma relevantes para cada material são tabulados e o índice relevante é avaliado. A melhor combinação de material e forma é a que tem o maior valor do índice. A mesma informação pode ser representada em diagramas de seleção de materiais, o que permite uma solução gráfica para o problema — uma solução que muitas vezes sugere outras possibilidades.

O método tem outros usos. Ele fornece uma ideia do modo como os materiais naturais — muitos dos quais são bastante eficientes — evoluíram. O bambu é um exemplo: tem forma interna ou microscópica, bem como forma macroscópica tubular, o que lhe dá propriedades muito atraentes. Esses e outros aspectos são revelados nos estudos de casos apresentados a seguir.

Tabela 11.1. Índices com forma: projeto limitado por rigidez e por resistência com peso mínimo

Forma do componente, carregamento e restrições	Projeto limitado por rigidez[a]	Projeto limitado por resistência[a]
Tirante (membro sob tração) Carga, rigidez e comprimento especificados, área de seção livre	$\dfrac{E}{\rho}$	$\dfrac{\sigma_f}{\rho}$
Viga (carregada em flexão) Carregado externamente ou por peso próprio; rigidez, resistência e comprimento especificados; área e forma de seção livres	$\dfrac{\left(\phi_B^e E\right)^{1/2}}{\rho}$	$\dfrac{\left(\phi_B^f \sigma_f\right)^{2/3}}{\rho}$
Barra ou tubo em torção Carregado externamente, rigidez, resistência e comprimento especificados, área e forma de seção livres	$\dfrac{\left(\phi_T^e E\right)^{1/2}}{\rho}$	$\dfrac{\left(\phi_T^f \sigma_f\right)^{2/3}}{\rho}$
Coluna (escora de compressão) Carga de colapso por flambagem ou esmagamento plástico e comprimento especificados, área e forma de seção livres.	$\dfrac{\left(\phi_B^e E\right)^{1/2}}{\rho}$	$\dfrac{\sigma_f}{\rho}$

[a] Os fatores de forma ϕ_B^e e ϕ_B^f são para flexão; ϕ_T^e e ϕ_T^f são para torção. Para projeto de custo mínimo, substitua ρ por $C_m \rho$ nos índices.

11.2 Longarinas para aeronave de propulsão humana

Muitos projetos de engenharia envolvem uma complexa permuta entre desempenho e custo. Porém, no projeto de uma longarina para aeronave de propulsão humana, o objetivo é simples: a longarina deve ser tão leve quanto possível e, ainda assim, rígida o suficiente para manter a eficiência aerodinâmica das asas. Resistência, confiabilidade e até custo dificilmente importam quando se trata de bater recordes. A aeronave de propulsão humana (Figura 11.1) tem duas longarinas principais: a longarina transversal que suporta as asas e a longarina longitudinal que suporta toda montagem da cauda. Ambas estão carregadas primariamente sob flexão (na realidade, a torção não pode ser desprezada, embora aqui nós a desprezaremos).

Aproximadamente 60 aeronaves de propulsão humana voaram com sucesso. Aeroplanos da primeira geração eram feitos de madeira balsa, espruce e seda. Os da segunda geração confiavam em uma tubulação de alumínio para a estrutura que suportava a carga. Os ultraleves com motores elétricos, mostrados na primeira página do capítulo, possuem estrutura tubular de alumínio. A atual geração, a terceira, usa longarinas de fibra de carbono/epóxi, moldadas nas formas adequadas. Como ocorreu essa evolução? E até onde ela pode chegar? (Tabela 11.2).

A tradução e a seleção. Procuramos uma combinação material-forma que minimize massa para uma dada rigidez à flexão. A medida de desempenho, lida da Tabela 11.1, é:

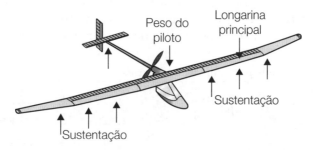

FIGURA 11.1. O carregamento sobre uma aeronave de propulsão humana é suportado por duas longarinas, uma que abrange as asas e a outra que liga as asas à cauda. Ambas são projetadas para rigidez com peso mínimo.

TABELA 11.2. **Requisitos de projeto para longarinas de asas**

Função	• *Longarina de asa*
Restrições	• *Rigidez especificada* • *Comprimento especificado*
Objetivo	• *Massa mínima*
Variáveis livres	• *Escolha de material* • *Forma e escala da seção*

388   Seleção de Materiais no Projeto Mecânico

$$M_1 = \frac{\left(\phi_B^e E\right)^{1/2}}{\rho} \qquad (11.1)$$

Dados para cinco materiais estão reunidos na parte superior da Tabela 11.3. Se todos tiverem a mesma forma, M_1 se reduz ao conhecido $E^{1/2}/\rho$, e a classificação é a da quarta coluna. Balsa e espruce são extraordinariamente eficientes; é por isso que os construtores de aeromodelos os utilizam agora e os fabricantes de aeronaves reais confiavam tanto neles no passado. O CFRP sólido está próximo. Aço e alumínio vêm bem atrás.

Agora adicione forma. Fatores de forma que podem ser obtidos para os cinco materiais aparecem na coluna 5 da tabela; são típicos de seções existentes no mercado e estão bem abaixo do máximo para cada material. O efeito da conformação da seção para um retângulo para as madeiras e para uma seção caixão para alumínio e CFRP gera os resultados na última coluna. Agora o alumínio é marginalmente melhor do que as madeiras; CFRP é o melhor de todos.

A mesma informação é mostrada na Figura 11.2, usando o método da Seção 10.6. Cada forma é tratada como um novo material com módulo $E^* = E/\phi_B^e$ e $\rho^* = \rho/\phi_B^e$. Os valores de E^* e ρ^* estão representados no diagrama. A superioridade tanto da tubulação de alumínio com $\phi_B^e = 25$ quanto da seção caixão de CFRP com $\phi_B^e = 10$ é claramente demonstrada.

Observação. Por que a madeira é tão boa? Sem nenhuma conformação, ela se sai tão bem quanto o aço extremamente conformado. Isso acontece porque a madeira *é* conformada: sua estrutura celular lhe dá microforma interna, aumentando o desempenho do material sob flexão; é a resposta da natureza para a viga I. Avanços na tecnologia da trefilação de tubos de alumínio de parede fina permitiram um fator de forma que não pode ser reproduzido em madeira, o que dá ao alumínio um desempenho de ponta — um fato que não escapou aos

Tabela 11.3. **Materiais para longarinas de asas**

Material	Módulo E (GPa)	Densidade $\rho\left(kg/m^3\right)$	Índice[a]$E^{1/2}/\rho$ (GPa1/2/Mg/m3)	Fator de forma ϕ_B^e	Índice[a]$M_1\left(\phi_B^e E\right)^{1/2}/\rho$ (GPa1/2/Mg/m3)
Balsa	4,6	210	<u>10</u>	2	14
Espruce	10,3	450	8	2	11
Aço	205	7.850	1,8	25	9
Al 7075 T6	70	2.700	3	25	15
CFRP	115	1.550	7	10	<u>22</u>
Berílio	300	1.840	9,3	15	<u>36</u>
Be 38%Al (AlBeMet 162)	185	2.100	6,5	15	25
Vidro de borossilicato	63	2.200	3,6	10	11

[a] Os valores do índice são baseados em valores médios das propriedades de materiais. As melhores escolhas são mostradas em negrito e sublinhadas.

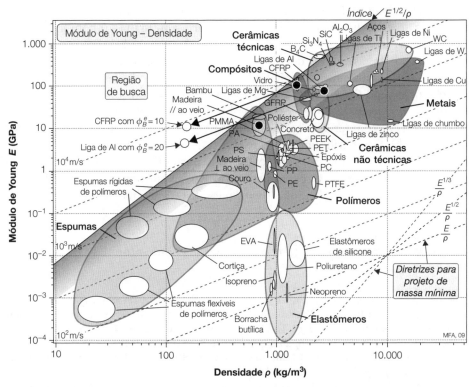

FIGURA 11.2. Os materiais e formas para longarinas de asas, representados no diagrama módulo-densidade. O desempenho de uma longarina feita de CFRP com fator de forma 10 supera o das longarinas feitas de alumínio com fator de forma 20 e o da madeira com fator de forma próximo de 1 (ver caderno colorido).

projetistas da segunda geração de aeronaves de propulsão humana. Há um limite, é claro: tubos demasiadamente finos sofrerão dobramento (como descrito no Capítulo 10), o que estabelece um limite superior de aproximadamente 40 para o fator de forma do alumínio. Avanços posteriores exigiram um novo material com densidade mais baixa e módulo mais alto, condições atendidas pelo CFRP. Adicionar forma a ele faz com que o desempenho do CFRP supere o de todos os outros.

Podemos melhorar? Não é fácil, porém, se realmente vale a pena, talvez. O Capítulo 12 desenvolve métodos para projetar combinações de materiais cujo desempenho ultrapassa qualquer coisa que um material poderia fazer por si mesmo, mas deixaremos isso para mais tarde. O que pode ser feito com um único material? Se classificarmos os materiais por $E^{1/2}/\rho$, obtemos uma lista encabeçada por diamante, boro e — ah! — berílio. O berílio tem uma densidade excepcionalmente baixa, um módulo alto, e pode ser conformado, mas a sua toxicidade e custo inibem o seu uso nas aplicações de engenharia mais comuns. Muitas cerâmicas têm valores muito altos de $E^{1/2}/\rho$, porém raramente são escolhas práticas por causa de sua fragilidade e da dificuldade de conformá-las em

390 Seleção de Materiais no Projeto Mecânico

qualquer forma útil. Porém, acima dessas, no meio das cerâmicas e muito acima das ligas de alumínio e magnésio está... o vidro. Um planador com longarinas de asas de vidro? Parece loucura, mas pense um pouco. Vidro endurecido, vidro à prova de bala, assoalhos de vidro, escadas de vidro; o vidro pode ser usado como material estrutural. E é fácil de conformar. E nem é mesmo tão caro.

Portanto, suponha que déssemos forma ao berílio ou ao vidro — poderia qualquer um deles superar o desempenho do CFRP? Novamente, não é fácil; porém, talvez. Aqui teríamos de adivinhar. Em teoria [Equação (10.15a)], poderíamos atribuir ao berílio um fator de forma de 60, ao vidro, de 30. Sendo mais realistas, fatores de 15 e 10 são possíveis. A parte inferior da tabela mostra o que tudo isso significa. O desempenho do berílio ultrapassa o do CFRP por larga margem. O do vidro, não. Bem, não custa imaginar. Para mais, veja o Capítulo 12.

Leitura adicional

Há um grande acervo bibliográfico sobre aeronaves de propulsão humana. Por exemplo, experimente estas:

Bliesner, W. (1991) The design and construction details of the marathon eagle. In: Technology for Human Powered Aircraft. Proceedings of the Human-Powered Aircraft Group Half Day Conference. Londres: The Royal Aeronautical Society (*Detalhes de mais uma tentativa de construir um aeroplano que bata os recordes existentes.*)

Drela, M.; Langford, J.D. (1985) Man-powered flight. Sci. Am. 122. (*Uma história concisa do voo com propulsão humana até 1985.*)

Grosser, M. (1981) Gossamer Odyssey. New York: Dover Publications. ISBN 0-486-26645-1. (*Relatos do Gossamer Condor e Albatross que foram tentativas de conquistar o recorde mundial de vôo com propulsão humana.*)

Nadel, E.R.; Bussolari, S.R. (1988) The Daedalus project: physiological problems and solutions. Am. Sci., July-August. (*Um relato do projeto Daedalus, uma competição de voo com propulsão humana de Creta até a Grécia continental — a mítica rota de Dédalo e seu pai.*)

Sherwin, K. (1971) Man powered flight. Kings Langley: Model & Allied Publications, Argus Books Ltd.

Sherwin, K. (1976) To fly like a bird. Bailey Brothers & Swinfen. ISBN 561-00283-5.

Estudos de casos relacionados

5.5   "Custo: materiais estruturais para construções"
11.3   "Garfos para uma bicicleta de corrida"
11.4   "Vigas de assoalho: madeira, bambu ou aço?"

11.3 Garfos para uma bicicleta de corrida

A primeira consideração no projeto de uma bicicleta (Figura 11.3) é a resistência. A rigidez é importante, é claro, porém, o critério de projeto inicial é que o quadro e os garfos não sofram colapso em uso normal. O carregamento nos garfos é predominantemente *flexão*. Se a bicicleta é de corrida, a massa é a consideração primordial: os garfos devem ser tão leves quanto possível. Qual é a melhor escolha de material e forma para garfos de bicicleta leves? (Tabela 11.4)

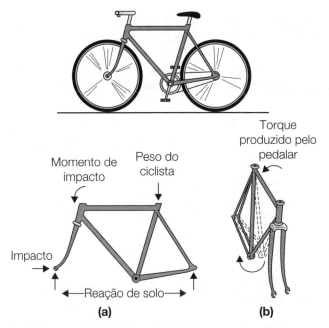

FIGURA 11.3. A bicicleta. (A) os garfos e (B) o quadro são carregados sob flexão. Os garfos mais leves que não sofrerão colapso plástico sob uma carga de projeto especificada são aqueles feitos do material e forma com o maior valor de $\left(\phi_B^f \sigma_f\right)^{2/3}/\rho$.

TABELA 11.4. **Requisitos de projeto para garfos de bicicleta**

Função	• *Garfos de bicicleta*
Restrições	• *Não deve falhar sob cargas de projeto — uma restrição à resistência* • *Comprimento especificado*
Objetivo	• *Minimizar massa*
Variáveis livres	• *Escolha de material* • *Forma da seção*

A tradução e a seleção. Modelamos os garfos como vigas de comprimento L que devem suportar uma carga máxima P (ambos fixados pelo projeto) sem sofrer colapso plástico ou fratura. Os garfos são tubulares, de raio r e espessura de parede fixa, t. Procuramos a melhor combinação material e forma para uma viga leve e resistente. Mais detalhes sobre carga e geometria são desnecessários: o melhor material e forma, pela Tabela 11.1, é o que tiver o maior valor de:

$$M_2 = \frac{\left(\phi_B^f \sigma_f\right)^{2/3}}{\rho} \qquad (11.2)$$

A Tabela 11.5 apresenta sete materiais candidatos com suas propriedades. Se os garfos são maciços, o que significa que $\phi_B^f = 1$, o espruce vence (penúltima coluna da tabela). Bambu é especial porque cresce como um tubo vazado com

392 Seleção de Materiais no Projeto Mecânico

Tabela 11.5. Material para garfos de bicicleta

Material	Resistência σ_f (MPa)	Densidade $\rho\left(kg/m^3\right)$	Fator de forma ϕ_B^f	Índice [a]$\sigma_f^{2/3}/\rho$ $((MPa)^{2/3}/$ $Mg/m^3)$	Índice $M_2{}^{[a]}\left(\phi_B^f\sigma_f\right)^{2/3}/\rho$ $((MPa)^{2/3}/Mg/$ $m^3)$
Espruce (norueguês)	75	450	1,5	<u>**39**</u>	51
Bambu	70	700	2,2	24	41
Aço (Reynolds 531)	880	7.850	7,5	12	46
Al (6061-T6)	250	2.700	5,9	15	49
Titânio 6%Al-4%V	950	4.420	5,9	22	72
Magnésio AZ 61	165	1.810	4,25	17	45
CFRP	375	1.550	4,25	33	<u>**87**</u>

[a] Os valores dos índices são baseados nos valores médios das propriedades de materiais. As melhores escolhas são mostradas em negrito e sublinhadas.

fator de forma macroscópica ϕ_B^f de aproximadamente 2,2, o que lhe dá uma resistência à flexão muito mais alta do que a do espruce maciço (última coluna da tabela). Entretanto, quando a forma é adicionada aos outros materiais, a classificação muda. Os fatores de forma apresentados na tabela podem ser conseguidos por métodos de produção normais. Aço é bom. Titânio 6-4 é melhor. Mas entre todos, o melhor é o CFRP. O magnésio, apesar de sua baixa densidade, é ruim em aplicações limitadas por resistência.

Observação. Bicicletas têm sido feitas de todos os sete materiais apresentados na tabela — ainda podemos comprar bicicletas feitas de seis deles. As antigas eram feitas de madeira; as de corrida contemporâneas, de aço, alumínio ou CFRP; às vezes são intercalados com fibras de carbono que têm camadas de vidro ou Kevlar para melhorar a resistência à fratura. Bicicletas para ciclismo em montanhas (*mountain bikes*), para as quais a resistência e a resistência ao impacto são particularmente importantes, têm garfos de aço ou titânio.

O leitor talvez tenha estranhado a maneira improvisada pela qual a teoria para uma viga reta com uma carga normal agindo em sua extremidade é aplicada a uma viga carregada a um ângulo agudo. Não há motivo para alarme. Quando (como explicamos no Capítulo 4) as variáveis que descrevem os requisitos funcionais (*F*), a geometria (*G*) e os materiais (*M*) na equação do desempenho são separáveis, os detalhes de carregamento e geometria afetam os termos *F* e *G*, mas não *M*. Damos um exemplo: a curvatura da viga e o ângulo de aplicação de carga não mudam o índice de mérito, que depende somente do requisito de projeto de resistência sob flexão com peso mínimo.

Leitura adicional

Oliver, T. (1992) Touring bikes, a practical guide. Wiltshire: Crowood Press. ISBN 1-85223-339-7. (*Uma boa fonte de informação sobre materiais e construção de bicicletas, com tabelas de dados para os aços usados nos conjuntos de tubos.*)

Sharp, A. (1979) Bicycles and tricycles, an elementary treatise on their design and construction. Cambridge: The MIT Press. ISBN 0-262-69066-7. (*Um tratado longe de ser elementar, apesar de seu título, publicado pela primeira vez em 1977. É o livro a se consultar se precisarmos saber da mecânica das bicicletas.*)

Watson, R.; Gray, M. (1978) The Penguin book of the bicycle. Harmondesworth: Penguin Books. ISBN 0-1400-4297-0. (*Watson e Gray descrevem a história e o uso de bicicletas. Não muito sobre projeto, mecânica ou materiais.*)

Whitt, F.R.; Wilson, D.G. (1982) Bicycling Science. 2ª ed. Cambridge: The MIT Press. ISBN 0-262-73060-X. (*Um livro de autoria de dois professores do MIT entusiastas por bicicletas, mais fácil de digerir do que o de Sharp, e com um bom capítulo sobre materiais.*)

Wilson, D.G. (1986) A short history of human powered vehicles. Am. Sci., 74, p. 350. (*Artigo típico da Scientific American: bom conteúdo, equilíbrio e apresentação. Um bom ponto de partida.*)

Revistas especializadas em bicicletas como *Mountain Bike, Which Bike?* e *Cycling and Mountain Biking* apresentam tabelas extensivas de bicicletas disponíveis e suas características — tipo, fabricante, custo, peso, conjunto de câmbio etc.

Estudos de casos relacionados

5.5 "Custo: materiais estruturais para construções"
11.2 "Longarinas para aeronaves de propulsão humana"
11.4 "Vigas de assoalho: madeira, bambu ou aço?"

11.4 Vigas de assoalho: madeira, bambu ou aço?

Assoalhos são apoiados sobre vigas, que abrangem o espaço entre as paredes (Figura 5.7 e Figura 11.4). Vamos supor que precisamos de uma viga para suportar uma carga de flexão especificada (o "carregamento do assoalho"), sem ceder excessivamente ou falhar, e que ela deve ser barata. Tradicionalmente, nos Estados Unidos e na Europa, as vigas de assoalho são feitas de madeira com seção retangular de proporção 2:1, o que dá um fator de forma elástico (Tabela 10.3) de $\phi_B^e = 2$. Em países asiáticos, o bambu, com um fator de forma

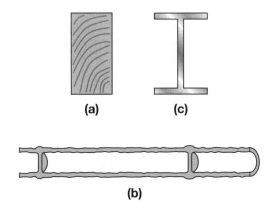

FIGURA 11.4. As seções transversais de (A) uma viga de madeira $\phi_B^e = 2$; (B) uma viga I de aço $\phi_B^e = 10$; e (C) uma viga de bambu (fatores de forma "naturais" de $\phi_B^e = 3,2$). Os valores de ϕ_B^e são calculados pelas razões entre as dimensoes de cada viga, usando as fórmulas na Tabela 10.3.

394   Seleção de Materiais no Projeto Mecânico

"natural" para flexão elástica, de aproximadamente $\phi_B^e = 3,2$, é um substituto para a madeira em construções menores. Porém, à medida que a madeira se torna mais escassa e as construções maiores, o aço substitui a madeira e o bambu como o material estrutural primordial. Vigas padronizadas de seção I de aço têm fatores de forma na faixa $5 < \phi_B^e < 25$ (seções I especiais podem ter valores muito maiores). Vigas I de aço são uma escolha mais barata do que as de madeira? A Tabela 11.6 contém um resumo dos requisitos de projeto.

A tradução e a seleção. Considere primeiramente a rigidez. A viga mais barata, para uma determinada rigidez, é a que tem o maior valor do índice (da Tabela 11.1 com ρ substituída por $C_m\rho$ para minimizar custo):

$$M_1 = \frac{\left(\phi_B^e E\right)^{1/2}}{C_m\rho} \qquad (11.3)$$

Dados para o módulo E, a densidade ρ, o custo do material Cm e o fator de forma ϕ_B^e são apresentados na Tabela 11.7, juntamente com os valores do índice M_1 com e sem forma. A viga de aço com $\phi_B^e = 25$ tem um valor ligeiramente maior de M_1 do que a de madeira, o que significa que é um pouco mais barata para a mesma rigidez.

Mas e a resistência? A melhor escolha para uma viga leve de resistência especificada é a que maximiza o índice de mérito:

$$M_2 = \frac{\left(\phi_B^f \sigma_f\right)^{2/3}}{C_m\rho} \qquad (11.4)$$

Os valores de resistência à falha σ_f, fator de forma ϕ_B^f e índice M_2 também são dadas na tabela. O desempenho da viga de madeira é melhor até mesmo do que o da mais eficiente viga I de aço.

Observação. Então a conclusão, no que concerne ao desempenho por unidade de custo de material, é que não há muita razão para escolher entre as seções padronizadas de madeira e as seções padronizadas de aço usadas para vigas. Como definição geral, isso não é nenhuma surpresa — se uma fosse muito mais barata do que a outra, a outra já não existiria. Porém — por uma visão mais profunda —, a madeira domina em certos setores do mercado, o bambu em outros e em outros, ainda, o aço. Por quê?

TABELA 11.6. **Requisitos de projeto para vigas de assoalho**

Função	• *Viga de assoalho*
Restrições	• *Comprimento especificado* • *Rigidez especificada* • *Resistência especificada*
Objetivo	• *Custo de material mínimo*
Variáveis livres	• *Escolha de material* • *Forma da seção*

TABELA 11.7. **(A) Propriedades de materiais para vigas de assoalho. (B) Índices para vigas de assoalho.**

(A)				
Material	Densidade $\rho\,(kg/m^3)$	Custo Cm \$/kg	Módulo de flexão E (GPa)	Resistência à flexão σ_f (MPa)
Madeira (Pinus)	490	1,0	9,5	41
Bambu	700	1,9	17	42
Aço (1020)	7.850	0,65	205	355

(B)						
Material	Fator de forma ϕ_B^e	Fator de forma ϕ_B^f	Índice $E^{1/2}/C_m\rho$	Índice[a] M_1 $\left(\phi_B^e E\right)^{1/2}/C_m\rho$	Índice $\sigma_f^{2/3}/C_m\rho$	Índice[a] M_2 $\left(\phi_B^f \sigma_f\right)^{2/3}/C_m\rho$
Madeira (Pinus)	2	1,4	<u>6,3</u>	8,9	<u>24</u>	<u>30</u>
Bambu	3,2	2	3,1	5,5	9	14
Aço (1020)	15	4	2,8	<u>11</u>	9,8	25

[a] Os valores dos índices são baseados nos recursos de propriedades dos materiais. As unidades dos índices para flexão elástica são (GPa)$_{1/2/(k\$/m3)}$; as de falha (MPa)$_{2/3/(k\$/m3)}$. As melhores escolhas estão sublinhadas.

Madeira e bambu são nativos de alguns países e crescem localmente; o aço tem de vir de mais longe, com os custos de transporte associados. Montar estruturas de madeira é mais fácil do que as de aço; elas se adaptam melhor aos desajustes de dimensões, podem ser desbastadas no local, é possível fincar pregos em qualquer lugar. É um material amigável ao usuário.

Porém, a madeira é um material variável e, como nós, vulnerável aos estragos do tempo, presa de fungos, insetos e pequenos mamíferos de dentes afiados. Os problemas que eles criam em pequenas construções — digamos, uma residência familiar — são fáceis de resolver, mas em um grande edifício comercial — um bloco de escritórios, por exemplo — criam riscos maiores e são difíceis de consertar. Aqui o aço vence.

Leitura adicional

Cowan, H.J.; Smith, P.R. (1988) The science and technology of building materials. New York: Van Nostrand Reinhold. ISBN 0-442-21799-4. (*Um amplo levantamento de materiais para a estrutura, revestimento, isolamento e acabamento da superfície interior de construções — uma excelente introdução ao assunto.*)

Farrelly, D. (1984) The Book of Bamboo. San Francisco: Sierra Club Books. ISBN 0-87156-825-X. (*Uma introdução ao bambu e suas muitas variedades.*)

Janssen, J.J. (1995) Building with Bamboo: A Handbook. Practical Action. ISBN 1-85339-203-0. (*O bambu continua sendo um material de construção de grande importância, bem como o material de assoalhos, tapeçaria e cestaria. As técnicas de construção com bambu têm uma longa história, documentada aqui.*)

Estudos de casos relacionados

5.5   "Custo: materiais estruturais para construções"

11.2   "Longarinas para aeronaves de propulsão humana"

11.3   "Garfos para uma bicicleta de corrida"

11.5 Pernas de mesas mais uma vez: finas ou leves?

A mesa de Luigi Tavolino (Seção 5.4, Figura 5.5) é um grande sucesso. Ele decide desenvolver uma linha de móveis de pernas tubulares mais baratos. Alguns devem ter pernas finas, outros têm de ser leves. Ele precisa de um modo mais geral de encontrar o material e a forma que funcionarão melhor.

Tradução e seleção. Tubos podem ser feitos com quase qualquer raio r e espessura de parede t, embora (como sabemos pelo Capítulo 10) não seja viável fazê-los com r/t demasiadamente grande porque eles sofrem flambagem local, e isso é ruim. Luigi escolhe o GFRP como o material para as pernas de seus móveis e para esse material o máximo fator de forma disponível é $\phi_B^e = 10$ que corresponde a um valor de $r/t = 11,5$ (Tabela 10.3). A área da seção transversal A e o momento de inércia de área I de um tubo de parede fina são

$$A = 2\pi r t$$

e

$$I = \pi r^3 t$$

do qual

$$r = \left(\frac{2I}{A}\right)^{1/2} \tag{11.5}$$

Isso permite a representação de linhas da constante r no quadrante $A - I$ do diagrama de quatro quadrantes mostrado na Figura 11.5 (elas formam uma família de linhas de inclinação 1), que agora podem ser usados na seleção para minimizar a massa ou para minimizar o raio do tubo.

Luigi poderia usá-lo da seguinte maneira. Ele projeta uma mesa com pernas cilíndricas não presas, cada uma com comprimento $L = 1$ m. Por segurança, cada perna deve suportar 50 kg sem flambagem, o que exige que

$$F_{flambagem} = \frac{\pi^2}{4} \frac{EI}{\ell^3} \geq 500\text{N}$$

de onde

$$EI \geq 200\text{N} \cdot \text{m}^2.$$

Agora, Luigi traça um caminho de seleção retangular no diagrama de quatro quadrantes da maneira mostrada na Figura 11.5. A perna mais leve de todas é a que tem o maior valor permissível de ϕ_B^e (10 no caso do GFRP), mas isso resulta em uma perna grossa, de aproximadamente 15 mm de raio, como podemos ler nas linhas de raios. A perna mais fina de todas é maciça e tem $\phi_B^e = 1$. Ela é muito mais fina — somente 8 mm de raio —, mas é também quase três vezes mais pesada.

Observação. Portanto, Luigi tem de chegar a um acordo: grossas e leves ou finas e pesadas — ou alguma coisa entre as duas. Ou poderia usar outro material. A força do método dos quatro quadrantes é que ele pode explorar outros

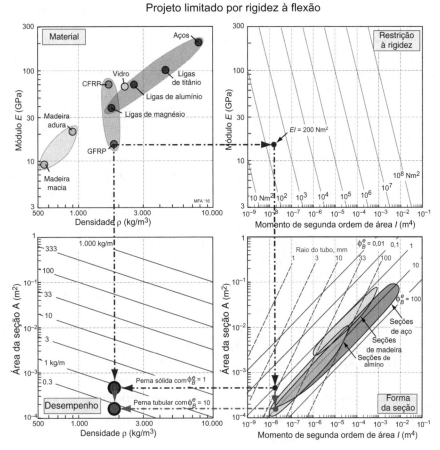

FIGURA 11.5. A montagem do diagrama para explorar projeto limitado por rigidez com tubos. O quadrante I–A agora tem linhas de raio de tubo r. A perna de GFRP mais fina de todas é a que tem $\phi_B^e = 1$. A mais leve é a que tem $\phi_B^e = 10$, o valor máximo para GFRP (ver caderno colorido).

materiais com facilidade. Repetir a construção para o alumínio, estabelecendo um limite superior para ϕ_B^e de, digamos 15, ou para CFRP com o mesmo limite superior do GFRP leva apenas um instante.

Estudos de casos relacionados
5.4   "Materiais para pernas de mesa"
9.5   "Objetivos conflitantes: pernas de mesa, novamente"

11.6 Aumentando a rigidez de chapas de aço

Como você poderia fazer uma chapa de aço mais rígida? Há muitas razões pelas quais poderíamos querer fazer isso. A mais óbvia: permitir que estruturas de chapas limitadas por rigidez sejam mais leves do que são agora; permitir que painéis suportem cargas de compressão maiores em relação ao plano sem flambagem; e elevar as frequências de vibrações naturais de estruturas de chapa.

A rigidez à flexão é proporcional a $E.I$ (E é o módulo de Young, I é o momento de inércia de área da chapa, igual a $t_3/12$ por unidade de largura onde t é a espessura da chapa). Não há muito que se possa fazer para mudar o módulo do aço, que é sempre próximo de 210 GPa. A resposta é adicionar um pouco de forma, aumentando I. Portanto, considere as diretrizes de projeto da Tabela 11.8.

A tradução e a seleção. O velho modo de fazer uma chapa de aço ficar mais rígida é corrugá-la, dando-lhe um perfil aproximadamente senoidal. As ondulações aumentam o momento de inércia de área da chapa em torno de um eixo normal às próprias ondulações. Desse modo, a resistência à flexão em uma direção aumenta, porém, nada muda na direção transversal.

As ondulações são a ideia, entretanto — para serem úteis — devem enrijecer a chapa em todas as direções e não apenas em uma. Uma grade hexagonal de ondulações (Figura 11.6) consegue isso. Agora não há nenhuma direção de flexão que não tenha ondulações. Estas não precisam ser hexágonos; qualquer padrão organizado de maneira tal que não seja possível traçar uma linha reta que atravesse a chapa, sem interceptar uma ondulação, serve. Hexágonos são provavelmente as melhores.

Considere uma seção transversal idealizada como a apresentada na parte inferior da Figura 11.6, que mostra a seção A–A ampliada. Como antes, definimos o fator de forma como a razão entre a rigidez da chapa ondulada e a da chapa plana da qual se originou. O momento de inércia de área da chapa plana por unidade de largura é:

TABELA 11.8. **Requisitos de projeto para chapa de aço enrijecida**

Função	Chapa de aço para estruturas limitadas por rigidez
Restrições	Perfil limitado a um desvio máximo de ± 5 vezes a espessura da chapa a partir do plano Fabricação barata
Objetivo	Maximizar rigidez à flexão da chapa
Variável livre	Perfil da seção

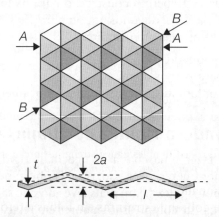

FIGURA 11.6. Uma chapa com um perfil de estampas hexagonais adjacentes.

$$I_o = \frac{t^3}{12} \tag{11.6}$$

O da chapa ondulada com amplitude a é

$$I \approx \frac{1}{12}(2a+t)^2 t \tag{11.7}$$

o que dá um fator de forma definido, como antes, como a razão entre a rigidez da chapa antes e depois da estampagem:

$$\phi_B^e = \frac{I}{I_o} \approx \frac{(2a+t)^2}{t^2} \tag{11.8}$$

Observe que o fator de forma tem valor unitário quando a amplitude é zero, mas aumenta à medida que a amplitude aumenta. O fator de forma equivalente para falha sob flexão é:

$$\phi_B^f = \frac{Z}{Z_o} \approx \frac{(2a+t)}{t} \tag{11.9}$$

Essas equações preveem grandes ganhos em rigidez e resistência. A realidade é um pouco menos animadora. Isso porque, ao passo que todas as seções transversais da chapa são onduladas, somente as que cortam os picos das ondas têm amplitude igual à altura de pico (todas as outras têm menos) e, mesmo entre essas, somente algumas têm estampas adjacentes; a seção B–B, por exemplo, não tem. Apesar disso, e dos limites impostos pelo início de flambagem local, o ganho é real.

Observação. Estampagem ou corrugação pode ser aplicada à maioria dos produtos de chapas laminadas. A estampa é feita no último passe de laminação por rolos gêmeos com a malha da estampa, o que soma pouco ao custo. É mais comumente aplicada à chapa de aço. Nesse caso, ela encontra aplicações na indústria automobilística para armaduras de para-choques, estruturas de assentos e barras laterais de proteção contra impacto, permitindo economia de peso sem comprometer o desempenho mecânico. Enrijecer a chapa também aumenta as frequências de suas vibrações naturais, o que as torna mais difíceis de excitar, ajudando assim a suprimir vibração em painéis.

Porém, uma palavra final de advertência: enrijecer a chapa pode mudar seu mecanismo de falha. Chapas planas sofrem escoamento quando curvadas; chapas estampadas, se finas, podem falhar por um modo de flambagem local. É isso que, afinal, limita a extensão utilitária da estampagem.

Leitura adicional
Fletcher, M. (1998) Cold-rolled dimples gauge strength. Eureka, p. 212. (*Um breve relato sobre a conformação de painéis de aço para melhorar a rigidez e a resistência à flexão.*)

Estudo de caso relacionado
11.7   "Formas que dobram: estruturas em folhas e retorcidas"

11.7 Formas que dobram: estruturas em folhas e retorcidas

Cabos flexíveis, molas em folhas ou helicoidais e dobradiças de flexão exigem eficiência estrutural baixa, e não alta. Aqui, o requisito é para baixa rigidez à flexão ou à torção em torno de um ou dois eixos, conservando ao mesmo tempo alta rigidez e resistência em outras direções. O exemplo mais simples é a barra de torção (Figura 11.7A), com fator de forma $\phi_T^e \approx 1$. A mola de uma folha só (Figura 11.7B) permite valores muito mais baixos de ϕ_B^e ($\phi_B^e = h/w$; as dimensões são definidas na figura).

Cabos múltiplos retorcidos e montagens de folhas múltiplas têm um desempenho muito melhor. Considere a mudança em eficiência quando uma viga quadrada sólida de seção $A = b_2$ é subdividida em n tiras cilíndricas, cada uma de raio r (Figuras 11.7C e D), tal que:

$$n\pi r^2 = b^2 \tag{11.10}$$

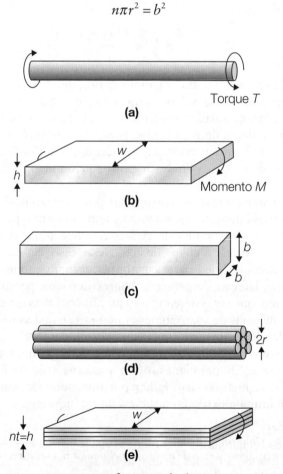

FIGURA 11.7. Formas que se torcem ou flexionam facilmente, mas que retém resistência e rigidez axial. (A) Uma barra de torção; (B) uma placa fina; (C) uma barra delgada; (D) um cabo multifios; e (E) uma mola de folhas.

A rigidez axial da barra original é proporcional a EA, e sua rigidez à flexão So, proporcional a EI_o, onde E é o módulo do material e I_o é o momento de inércia de área. Quando a viga é transformada em um cabo de n fios cilíndricos paralelos, a rigidez axial permanece inalterada, mas a rigidez à flexão S cai até um valor proporcional a nEI, onde I é o momento de inércia de área de um único fio. Assim:

$$S \propto nE\frac{\pi r^4}{4} = \frac{1}{4\pi}E\frac{b^4}{n} \qquad (11.11)$$

A eficiência estrutural do cabo é, portanto:

$$\phi_B^e = \frac{S}{S_o} = \frac{nEI}{EI_o} = \frac{3}{n\pi} \qquad (11.12)$$

O número de fios, n, pode ser muito grande, permitindo que a rigidez à flexão seja ajustada em uma faixa grande e ao mesmo tempo deixando a rigidez axial inalterada.

Montagens multifolhas permitem uma anisotropia ainda mais dramática. Se a folha grossa mostrada em (b) na figura for dividida na pilha de folhas finas da mesma largura mostrada em (e), a rigidez à flexão muda de

$$S_o = Ewh^3/12$$

para

$$S = nEwt^3/12$$

onde $t = h/n$. A eficiência de forma da pilha é:

$$\phi_B^e = \frac{S}{S_o} = \frac{nt^3}{h^3} = \frac{1}{n^2} \qquad (11.13)$$

Assim, uma pilha de 10 camadas é 100 vezes menos rígida do que uma folha simples com a mesma espessura total, ao passo que a rigidez no plano permanece inalterada.

Observação. Quando a estrutura segmentada é curvada, os segmentos deslizam um contra o outro. A análise que acabamos de fazer considerou que não havia nenhum atrito opondo-se ao deslizamento. Um grande atrito impede o deslizamento e, até ele começar, a rigidez à flexão é a mesma que a de uma barra ou placa não segmentada. Molas em folhas (feixes de molas) são lubrificadas ou intercaladas com calços de Teflon para facilitar o deslizamento.

Estudos de casos relacionados
11.6   "Aumentando a rigidez de chapas de aço"
11.8   "Molas ultraeficientes"

11.8 Molas ultraeficientes

Molas armazenam energia. Deduzimos na Seção 5.7 que elas são melhores quando feitas com material de alto valor de σ_f^2/E, ou, se a massa for mais importante do que o volume, então de $\sigma_f^2/\rho E$. Molas podem ficar ainda mais eficientes pela conformação de sua seção. Revelamos a seguir exatamente quão mais eficientes elas ficam.

Adotamos como medida de desempenho a energia armazenada por unidade de volume do sólido do qual a mola é feita; desejamos maximizar essa energia. Energia por unidade de peso e por unidade de custo são maximizadas por procedimentos semelhantes (Tabela 11.9).

A tradução e a seleção. Considere em primeiro lugar uma mola de uma única folha (Figura 11.8A). Uma mola de folha é uma viga flexionada elasticamente. A energia armazenada em uma viga flexionada, carregada por uma força F, é

$$U = \frac{1}{2}\frac{F^2}{S_B} \qquad (11.14)$$

onde S_B, a rigidez à flexão da mola, é dada pela Equação (10.17) ou, após substituir I por ϕ_B^e, pela Equação (10.18), que, repetida, é:

$$S_B = \frac{C_1}{12L^3} E\phi_B^e A^2 \qquad (11.15)$$

TABELA 11.9. Requisitos de projeto para molas ultraeficientes

Função	• Mola eficiente em termos de material
Restrição	• Deve permanecer elástica sob cargas de projeto
Objetivo	• Energia armazenada máxima por unidade de volume (ou massa, ou custo)
Variáveis livres	• Escolha de material • Forma da seção

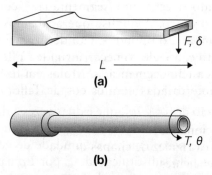

FIGURA 11.8. Molas vazadas usam material com maior eficiência do que molas maciças (A) uma mola em lâmina vazada; e (B) uma barra de torção vazada (tubular).

Material e forma: estudos de casos   403

A força F na Equação (11.14) é limitada pelo início de escoamento; seu valor máximo é:

$$F_f = C_2 Z \frac{\sigma_f}{L} = \frac{C_2}{6L} \sigma_f \phi_B^f A^{3/2} \tag{11.16}$$

(As constantes C_1 e C_2 estão tabuladas no Apêndice B, Seções B3 e B4). Arranjando-as, temos a máxima energia que a mola pode armazenar

$$\frac{U_{max}}{V} = \frac{C_2^2}{6C_1} \left(\frac{\left(\phi_B^f \sigma_f \right)^2}{\phi_B^e E} \right) \tag{11.17}$$

onde $V = AL$ é o volume de sólido na mola. O melhor conjunto material e forma para a mola — o que usa menos material — é o que tem o maior valor da quantidade:

$$M_1 = \frac{\left(\phi_B^f \sigma_f \right)^2}{\phi_B^e E} \tag{11.18}$$

Para uma forma da seção fixa, a razão que envolve os dois ϕs é uma constante, e a melhor escolha de material é aquele que tem o maior valor de σ_f^2/E — o mesmo resultado de antes. Quando a forma é uma variável, as mais eficientes são as que têm grandes $\left(\phi_B^f \right)^2 /\phi_B^e$. Valores para essas razões estão tabulados para formas de seções comuns na Tabela 11.10; seções caixão vazadas e elípticas são até três vezes mais eficientes do que formas maciças.

Barras de torção e molas helicoidais são carregadas sob torção (Figura 11.8B). Um cálculo semelhante fornece:

$$\frac{U_{max}}{V} = \frac{1}{6,5} \frac{\left(\phi_T^f \sigma_f \right)^2}{\phi_T^e G} \tag{11.19}$$

O conjunto material e forma mais eficiente para uma mola de torção é o que tem o maior valor de:

$$M_2 = \frac{\left(\phi_T^f \sigma_f \right)^2}{\phi_T^e E} \tag{11.20}$$

(onde G foi substituído por $3E/8$). Os critérios são os mesmos: quando a forma não é uma variável, os melhores materiais para barras de torção são os que têm valores altos de σ_f^2/E. A Tabela 11.10 mostra que as melhores formas são tubos vazados, com uma razão de $\left(\phi_T^f \right)^2 /\phi_T^e$, que é duas vezes a de um cilindro maciço; todas as outras formas são menos eficientes. Molas que armazenam energia máxima por unidade de peso (em vez de unidade de volume) são selecionadas com índices dados pela substituição de E por $E\rho$ nas Equações (11.18) e (11.20). Para energia máxima por unidade de custo, substitua E por $EC_m\rho$, onde C_m é o custo do material por quilo (kg).

TABELA 11.10. Fatores de forma para a eficiência de molas

Forma da seção	$\left(\phi_B^f\right)^2/\phi_B^e$	$\left(\phi_T^f\right)^2/\phi_T^e$
(seção retangular, $b \times h$)	1	$1{,}08\dfrac{b^2}{h^2}\dfrac{1}{\left(1+0{,}6\dfrac{b}{h}\right)^2\left(1-0{,}58\dfrac{b}{h}\right)}$
(seção triangular, a)	0,38	0,83
(seção circular, $2r$)	0,75	1,6
(seção elíptica, $2a \times 2b$)	0,75	$0{,}8\left(1+\dfrac{a^2}{b^2}\right)(a<b)$
(seção circular vazada, $2r_i$, $2r_o$, t)	1,5	3,2
(seção retangular vazada, $b \times h$, t)	$\dfrac{(1+3b/h)}{(1+b/h)}(h,b \gg t)$	$3{,}32\dfrac{1}{(1-t/h)^4}(h,b \gg t)$
(seção elíptica vazada, $2a \times 2b$, t)	$\dfrac{3}{4}\dfrac{(1+3b/a)}{(1+b/a)}(a,b \gg t)$	$3{,}2\dfrac{(1+a^2/b^2)}{(1+a/b)}\left(\dfrac{b}{a}\right)^{3/2}(a,b \gg t)$
(seção I / duas abas, b, t, h_i, h_o)	3	–

Material e forma: estudos de casos   405

TABELA 11.10. **Fatores de forma para a eficiência de molas** *(Cont.)*

Forma da seção	$\left(\phi_B^f\right)^2/\phi_B^e$	$\left(\phi_T^f\right)^2/\phi_T^e$
(seção I)	$\dfrac{(1+3b/h)}{(1+b/h)}(h,b\gg t)$	$1,07\dfrac{(1+4b/h)}{(1+b/h)}(h,b\gg t)$
(seção T)	$1,13\dfrac{\left(1+4bt^2/h^3\right)}{(1+b/h)}(h\gg t)$	$0,54\dfrac{(1+8b/h)}{(1+b/h)}(h,b\gg t)$
(seção H)	$1,13\dfrac{\left(1+4bt^2/h^3\right)}{(1+b/h)}(h\gg t)$	$1,07\dfrac{(1+4h/b)}{(1+h/b)}(h,b\gg t)$

Observação. Molas vazadas são comuns em dispositivos vibradores e oscila-dores e para instrumentos nos quais as forças inerciais devem ser minimizadas. A seção elíptica vazada é amplamente usada para molas carregadas sob flexão; o tubo vazado para as carregadas sob torção. Mais sobre esse problema pode ser encontrado no clássico artigo de autoria de Boiten (1963).

Leitura adicional

Boiten, R.G. (1963) Mechanics of Instrumentation. Proc. I. Mech. E. 177, p. 269. (*Uma análise definitiva do projeto mecânico de instrumentos de precisão.*)

Estudos de casos relacionados
5.7   "Materiais para molas"
11.7   "Formas que dobram: estruturas em folhas e retorcidas"

11.9 Resumo e conclusões

Ao projetar componentes que são carregados de modo a sofrer flexão, torção ou flambagem, o projetista tem dois grupos de variáveis com as quais otimizar o desempenho: a escolha do *material* e da *forma da seção*. A melhor escolha de material depende das formas nas quais ele está disponível ou das formas em que poderia ser potencialmente conformado. O procedimento do Capítulo 10 fornece um método para otimizar a escolha conjugada de material e forma.

O procedimento é ilustrado neste capítulo. Muitas vezes o projetista tem detemprados materiais de estoque disponíveis em certas formas. Se isso ocorrer, o que tiver o maior valor do índice de mérito adequado (vários dos quais foram apresentados na Tabela 11.1) maximiza o desempenho. Às vezes, seções podem ser projetadas especialmente; então, as propriedades de materiais e as cargas de projeto determinam um valor prático máximo para o fator de forma, acima do qual a flambagem local leva à falha. Novamente, o procedimento gera uma escolha ótima de material e forma.

Ganhos adicionais de eficiência são possíveis mediante a combinação de forma microscópica com forma macroscópica — algo ao qual retornaremos em um capítulo posterior.

Capítulo 12
Projetando materiais híbridos

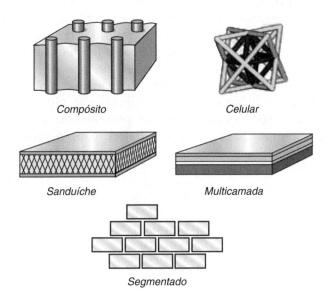

Compósito

Celular

Sanduíche

Multicamada

Segmentado

Resumo

Materiais híbridos são combinações de dois ou mais materiais reunidos de maneira que possuam atributos não oferecidos por nenhum deles isoladamente. Compósitos particulados e fibrosos são exemplos de um tipo de híbrido, mas existem muitos outros: estruturas sanduíche, estruturas reticuladas, estruturas segmentadas e mais. Este capítulo explora maneiras de projetar materiais híbridos, enfatizando a escolha de componentes, suas configurações, suas frações volumétricas relativas e escala. A abordagem adotada é usar métodos de fronteira para estimar as propriedades de cada configuração. Com estes, as propriedades de um dado par de materiais em uma dada configuração podem ser calculadas. Estas podem ser então plotadas em diagramas de seleção de materiais que se tornam ferramentas para selecionar tanto configuração quanto material.

Materials Selection in Mechanical Design. DOI: http://dx.doi.org/10.1016/B978-0-08-100599-6.00012-0
© 2017 Michael F. Ashby. Elsevier Ltd. Todos os direitos reservados.

Palavras-chave: Vazios no espaço propriedade-material; compósitos; estruturas sanduíche; estruturas segmentadas; estruturas celulares; estruturas reticuladas; multicamadas; materiais naturais.

12.1 Introdução e sinopse

Por que criadores de cavalos cruzam um cavalo com um burro para obter uma mula? Por que fazendeiros preferem milho híbrido à linhagem natural? Afinal, mulas são mais conhecidas por sua teimosia, e — como o milho híbrido — não podem se reproduzir, portanto, a cada geração temos de começar tudo de novo. Então, por quê? Porque, embora tenham alguns atributos que não são tão bons quanto os de seus antecessores, têm outros — vigor, força, resistência a doenças — que são melhores. A frase botânica "vigor híbrido" resume tudo.

Portanto, vamos explorar a ideia de materiais híbridos — combinações de dois ou mais materiais associados de tal modo que têm atributos não oferecidos por nenhum deles por si sós (Figura 12.1, círculo central). Como ocorre com a mula, podemos achar que alguns atributos não são tão bons (o custo, ou a capacidade de ser reciclado, por exemplo), porém, se os atributos particulares que importam para nós são melhores, conseguimos alguma coisa.

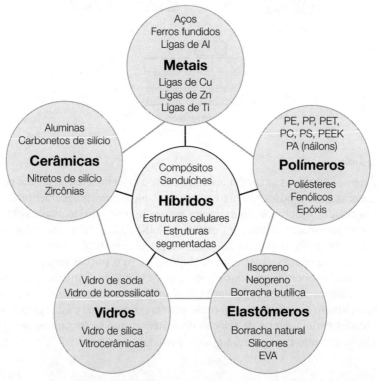

FIGURA 12.1. Materiais híbridos combinam as propriedades de dois (ou mais) materiais monolíticos ou de um material e espaço.

Compósitos particulados e fibrosos são exemplos de um tipo de híbrido, porém há muitos outros: estruturas-sanduíche, estruturas reticuladas, estruturas segmentadas e mais. Aqui, estudamos modos de projetar materiais híbridos, enfatizando a escolha de componentes, sua configuração, sua fração de volume relativa e sua escala (Tabela 12.1). As novas variáveis expandem o espaço de projeto, permitindo a criação de novos "materiais" com perfis de propriedades específicos.

E isso destaca um dos desafios. Como comparar um híbrido como um sanduíche com materiais monolíticos como — digamos — policarbonato ou titânio? Para tal, precisamos pensar no sanduíche não apenas como um híbrido com faces feitas de um material ligadas a um núcleo feito de outro, mas como um "material" por mérito próprio, com seu conjunto de propriedades efetivas; é isso que permite a comparação.

A abordagem adotada aqui é a da amplitude, em vez da precisão. A meta é compor métodos que permitam a varredura e a comparação de propriedades de híbridos alternativos, buscando os que melhor cumprem um determinado conjunto de requisitos de projeto. Uma vez escolhidos materiais e configuração, métodos-padrão — rotinas de otimização, análise de elementos finitos — podem ser usados para refiná-los. Porém, a varredura rápida de combinações alternativas é justamente o ponto em que os métodos padrões *não* são bons. E é nesse ponto em que os métodos aproximados desenvolvidos a seguir, nos quais material e configuração tornam-se as variáveis, compensam.

A palavra "configuração" requer elaboração. A Figura 12.2 mostra quatro diferentes configurações para uma ponte. Na primeira, todos os membros estão

TABELA 12.1. **Ingredientes do projeto de híbridos**

Componentes	*A escolha de materiais que serão combinados*
Configuração	*A forma e conectividade dos componentes*
Volumes relativos	*A fração volumétrica de cada componente*
Escala	*A escala de comprimento da unidade estrutural*

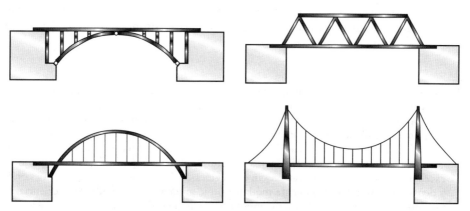

FIGURA 12.2. Quatro configurações para uma ponte. As variáveis de projeto que descrevem o desempenho de cada uma são diferentes.

410   Seleção de Materiais no Projeto Mecânico

carregados sob compressão. Na segunda, membros suportam tração, bem como compressão, dependendo de como a ponte é carregada. Na terceira e na quarta, cabos de suspensão estão carregados exclusivamente sob tração. Qualquer dessas configurações pode ser otimizada, porém não há otimização possível que fará com que uma configuração evolua para outra, porque isso envolve um salto discreto na configuração, cada uma caracterizada por seu próprio conjunto de variáveis.[1]

O projeto de híbridos tem a mesma característica: as classes de híbridos são distinguidas por sua configuração. Aqui, focalizaremos cinco classes, cada uma com uma quantidade de membros discretos. As imagens apresentadas na primeira página deste capítulo sugerem a aparência de cada uma. Para evitar um excesso de palavras toda vez que nos referirmos a uma delas, usaremos as abreviaturas: *compósito, sanduíche, mutilcamada* e estruturas *celular* e *segmentada*. *Compósitos* combinam dois componentes sólidos, um (o reforço) como fibras ou partículas, contido no outro (a matriz). Suas propriedades são alguma média das propriedades desses componentes e, em comparação com a do reforço, em grande escala, os compósitos comportam-se como se fossem materiais homogêneos. *Sanduíches* têm faces externas de um material suportadas por um núcleo de outro, normalmente um material de baixa densidade — uma configuração que fornece uma rigidez à flexão por unidade de peso maior do que a oferecida por qualquer dos componentes por si sós. *Multicamadas* é a generalização do sanduíche em sucessivas camadas de diferentes materiais de diferentes espessuras, como o revestimento de construções modernas. *Estruturas celulares* são combinações de material e espaço (que pode, é claro, ser preenchido com outro material). *Estruturas segmentadas* são materiais subdivididos em uma, duas ou três dimensões; as subdivisões reduzem a rigidez e, por dividirem o material em unidades discretas, proporcionam tolerância ao dano.

A abordagem que adotamos é usar métodos de limitação para estimar as propriedades de cada configuração. Com isso, as propriedades de um determinado par de materiais em uma determinada configuração podem ser calculadas. Tais propriedades podem ser representadas em diagramas de seleção de materiais, que se transformam em ferramentas para selecionar ambos, configuração e material. Mas, primeiramente: O que estamos tentando atingir? Qual será nosso critério de excelência?

---

1. Existem agora ferramentas numéricas que permitem um grau de *otimização topológica*, isto é, o desenvolvimento de uma configuração. Elas funcionam assim: comece com um envelope — um conjunto de fronteiras — e preencha-o com um "material" homogêneo com uma densidade relativa inicialmente estipulada como 0,5, com propriedades que dependem linearmente da densidade relativa. Imponha restrições, o que significa cargas mecânicas, térmicas e outras que a estrutura deve suportar. Dê a ela um critério de excelência e permita que se condensem em regiões de densidade relativa 1 e regiões onde a densidade é 0, retendo somente mudanças que aumentam a medida da excelência. O método exige muito trabalho de computação, mas tem alcançado algum sucesso para sugerir configurações que usam um material com eficiência (para mais informações, veja Leitura Adicional).

12.2 Vazios no espaço material–propriedade

Todos os diagramas do Capítulo 3 têm algo em comum: partes deles estão ocupadas com materiais e partes não — há *vazios* (Figura 12.3). Algumas partes são inacessíveis por razões fundamentais relacionadas com o tamanho de átomos e a natureza das forças que os ligam. Porém, outras partes estão vazias ainda que, em princípio, pudessem ser preenchidas.

Temos algo a ganhar com o desenvolvimento de materiais (ou combinações de materiais) que se encontrariam nesses vazios? Os índices de mérito do Capítulo 4 mostram onde isso é lucrativo. O gráfico da Figura 12.3 apresenta uma grade de linhas de um índice, E/ρ. Se as áreas preenchidas puderem ser expandidas na direção da seta (isto é, até valores maiores de E/ρ), será possível construir estruturas mais leves e mais rígidas. A seta é perpendicular às linhas de índices. Ela define um *vetor para desenvolvimento de material*.

Uma abordagem para preencher os vazios, há muito estabelecida, é o desenvolvimento de novas ligas de metal, novos processos químicos para polímeros e novas composições de vidro e cerâmica de modo a ampliar as áreas ocupadas dos diagramas de propriedades. Porém, desenvolver novos materiais pode ser

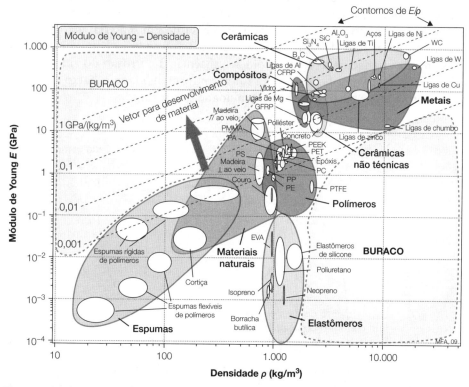

FIGURA 12.3. Vazios no espaço módulo-densidade, com contornos de módulos específicos, E/ρ. O desenvolvimento de materiais que ampliou o território ocupado na direção da seta (o "vetor para desenvolvimento") permite componentes com maior rigidez em relação ao peso do que qualquer material existente atualmente (ver caderno colorido).

um processo caro e incerto, e os ganhos tendem a ser incrementais, em vez de por degraus. Uma alternativa é combinar dois ou mais materiais existentes de modo a permitir uma superposição de suas propriedades — em suma, criar híbridos. O sucesso espetacular dos compósitos reforçados com fibra de carbono e de vidro em um extremo, e o dos materiais espumados em outro (híbridos de material e espaço), no preenchimento de áreas anteriormente vazias dos diagramas de propriedades, é incentivo suficiente para explorar modos possíveis nos quais híbridos podem ser projetados.

12.3 Conceitos chaves para projeto híbrido

Se você mistura dois materiais, porque as propriedades do híbrido resultante não são simplesmente a soma daquelas dos ingredientes, proporcional à sua fração volumétrica? Algumas propriedades seguem essa "regra das misturas": a densidade, o calor específico e a constante dielétrica se comportam exatamente dessa maneira (Figura 12.4, caixa de texto central). Porém, outras se combinam de outras formas. Dependendo da configuração dos materiais e da forma como são combinados, podemos encontrar qualquer uma das seguintes (Figura 12.4).
• *Cenário "melhor de ambos"*. O ideal muitas vezes é a criação de um híbrido com as melhores propriedades de ambos os componentes. Há exemplos, mais comumente quando uma propriedade de massa de um material é combinada com as propriedades de superfície de outro. Aço revestido com zinco tem a resistência e a tenacidade do aço com a resistência à corrosão do zinco. Utensílios de cerâmica vitrificada exploram a conformabilidade e baixo custo da argila com a impermeabilidade e durabilidade do vidro.

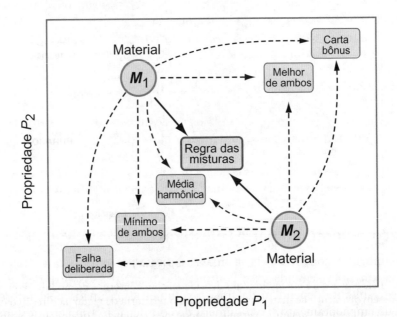

FIGURA 12.4. As possibilidades de hibridização

Projetando materiais híbridos   413

- *Cenário "média harmônica"*. Às vezes, temos de conviver com um compromisso menos interessante, tipificado pela rigidez de compósitos particulados, no qual as propriedades do híbrido ficam abaixo das propriedades obtidas com uma regra de misturas, situando-se mais próximas da média harmônica do que da média aritmética das propriedades. Embora os ganhos sejam menos espetaculares, ainda são úteis.
- *Cenário "o mínimo de ambos" ou "do elo mais fraco"*. Às vezes, não é a maior das propriedades que procuramos, mas a menor. Sistemas de extinção de incêndio, por exemplo, usam um híbrido cera-metal, projetado para falhar, que libera o jato de água quando o ponto de fusão do material cujo ponto de fusão é o mais baixo dos dois (a cera) é ultrapassado.

E, ocasionalmente,

- *Cenário "carta bonus"*. O híbrido adquire valores de uma propriedade que excede aquela de qualquer um de seus componentes — a tenacidade dos compósitos —, frequentemente, é maior que a dos seus componentes.
- *Cenário "falha deliberada"*. A propriedade híbrida cai abaixo daquela de qualquer componente, alcançada, por exemplo, pelo processamento, de forma a incorporar uma distribuição de trincas no híbrido.

Quando um híbrido é um "material"? Há certa dualidade no modo de considerar e discutir híbridos. Alguns, como polímeros recheados, compósitos ou madeira são tratados como materiais por mérito próprio, cada um caracterizado por seu conjunto de propriedades de material. Outros, como o aço galvanizado, são vistos como um material (aço) ao qual foi aplicado um revestimento de um segundo material (zinco), ainda que possa ser considerado um novo material com a mesma resistência do aço, mas com as propriedades de superfície do zinco ("zincaço", talvez?). Painéis-sanduíche ilustram a dualidade, às vezes vistos como duas chapas de material de face separadas por um núcleo de outro material, e outras vezes — para permitir comparação com materiais sólidos comuns — como "materiais" com suas próprias densidade, rigidez e resistência à flexão. Chamar qualquer um desses de "material" e caracterizá-lo como tal é uma abreviação útil que permite que os projetistas usem métodos existentes quando desenvolvem projetos com eles. Porém, se tivermos de projetar o híbrido, propriamente dito, temos de desconstruí-lo e pensar nele como uma combinação de materiais (ou de material e espaço) em uma configuração escolhida.

Exploramos sistemas híbridos específicos nas seções subsequentes deste capítulo. Antes de fazer sso, é útil examinar alguns conceitos sublinhados.

Empacotamento de barras e esferas

Muitos híbridos consistem de partículas discretas de uma fase (o "reforço") dispersa em uma segunda fase contínua (a "matriz"). As propriedades do híbrido resultante dependem da fração volumétrica ocupada pelo reforço (o "fator de empacotamento") e o número de coordenação (número de contatos por partícula, charmosamente chamado, em textos iniciais, de número beijante

414   Seleção de Materiais no Projeto Mecânico

— do inglês, *kissing number* — ou número de osculação). Há limites para a fração volumétrica de barras ou esferas que pode ser empacotada dentro de um espaço determinado. Barras paralelas, empacotadas aleatoriamente, irão "cristalizar" espontaneamente em um arranjo de empacotamento fechado, se comprimidas, ocupando uma fração de volume máxima de 0,91. Esferas também podem ser dispostas em um empacotamento fechado, ocupando uma fração de volume máxima de 0,74, porém elas não fazem isso espontaneamente. Esferas de um único tamanho vertidas em um frasco formam inicialmente uma matriz não cristalina em um arranjo "empacotado aleatoriamente solto" que ocupa uma fração volumétrica de cerca de 0,6; "Solto" significa que a matriz pode ser cisalhada sem alteração de volume. No entanto, se as esferas empacotadas aleatoriamente soltas são vibradas no campo gravitacional da Terra, a matriz se densifica em um arranjo "empacotado aleatoriamente denso" que ocupa uma fração volumétrica de 0,64, que se dilata, se cisalhado. Se a restrição de um único tamanho de haste ou esfera for flexibilizada, maiores fatores de empacotamento tornam-se possíveis. A Tabela 12.2 resume isso.

Transferência de carga através de interfaces

Partículas ou fibras de vidro e cerâmica são rígidas e fortes, mas lhes faltam tenacidade e ductilidade. A transferência de carga permite que algumas de suas propriedades desejáveis sejam transmitidas a uma matriz de menor resistência e rigidez. Esse compartilhamento de propriedade depende da transferência de carga (ilustrada pela Figura 12.5 e pelo exemplo que a acompanha), e a transferência de carga, por sua vez, depende da interface entre a partícula ou a fibra (a "inclusão") e o material no qual ela está incorporada (a "matriz"). Se a inclusão e a matriz estão fortemente ligadas ou o coeficiente de atrito entre elas é alto, a deformação da matriz transfere a carga para a inclusão. A carga necessária para deformar o híbrido é a média volumétrica da carga suportada

TABELA 12.2. **Fator de empacotamento e coordenação de esferas e barras mono-dispersadas**

Tipo de Empacotamento	Fator de empacotamento	Número de coordenação
Barras paralelas	0,91	6
Arranjo cúbico de diamante	0,34	4
Esferas empacotadas aletoriamente soltas	0,56–0,6	4 a 6
Esferas empacotadas aleatoriamente densas	0,6–0,64	6 a 8
Esferas em um arranjo cúbico de corpo centrado	0,68	8
Esferas em um arranjo cúbico de face centrada	0,74	12

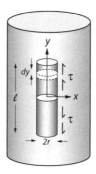

FIGURA 12.5. Uma célula unitária de híbrido.

pela inclusão e matriz, de modo que, ao transferir a carga para a inclusão, a resistência do híbrido é aumentada.

Uma série de híbridos depende da transferência de carga. Eles incluem compósitos reforçados com fibra, estruturas sanduíche e estruturas multicamadas.

Calculando transferência de carga

A Figura 12.5 mostra uma unidade de um híbrido consistindo de fibras curtas, de comprimento l e raio r, incorporadas em uma matriz. A resistência ao cisalhamento da interface na qual elas se encontram é τ. Quanta carga pode ser transferida da matriz para a fibra?

A transferência de carga F através de um segmento de fibra de comprimento dy é:

$$dF = 2\pi r \tau dy$$

Integrando a partir do centro da fibra para suas pontas resulta na carga $F = \pi r l \tau$ no centro da seção; dividindo esta pela seção transversal da fibra resulta no pico de tensão na fibra:

$$\sigma\text{fibra} = \frac{F}{\pi r^2} = \frac{l}{r}\tau$$

Se identficarmos τ com a resistência ao cisalhamento da matriz em si e aproximarmos $\tau \approx \sigma_m/2$, onde σ_m é a resistência à tração da matriz, encontramos:

$$\sigma_{\text{fibra}} = \frac{l}{2r}\sigma_m \qquad (12.1)$$

A tensão na fibra é ampliada pela proporção l/r da fibra.

Estruturas dominadas por flexão e alongamento

Uma classe de híbrido é aquela criada pela combinação de um sólido com espaço, o que cria um material poroso ou semelhante a uma rede. Se a conectividade for baixa, de modo que a rede esteja aberta, os membros da estrutura

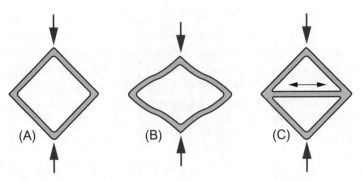

FIGURA 12.6. Estruturas dominadas por flexão e alongamento (A) não deformada; (B) deformação por flexão; e (C) deformação envolvendo alongamento.

flexionam quando a estrutura é carregada (Figuras 12.6A e B). Se, em vez disso, a conectividade é maior, de modo que a rede é triangulada, a flexão é suprimida e os membros se esticam ou são comprimidos quando a estrutura é carregada (Figura 12.6C). As estruturas dominadas por flexão têm baixos módulos e forças. As estruturas dominadas por alongamento são muito mais rígidas e fortes. A distinção é crucial na modelagem de espumas e estruturas celulares.

Para entender isso de forma mais completa, precisamos de uma dessas leis simples e profundas: o critério de estabilidade Maxwell. A condição para que uma estrutura unida por pinos (que significa que é articulada em seus cantos), constituída por escoras b e juntas sem atrito j (Figura 12.7), seja *estaticamente* e *cinematicamente determinada* (o que significa que é rígida e não se dobre quando carregada) em 2 dimensões é:

$$M = b - 2j + 3 \geq 0 \qquad (12.2)$$

Em 3 dimensões, a condição equivalente é

$$M = b - 3j + 6 \geq 0 \qquad (12.3)$$

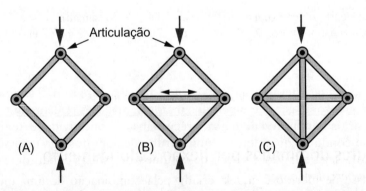

FIGURA 12.7. A estrutura unida por pinos em (A) é um mecanismo; em (B) é uma estrutura eficientemente triangulada; e em (C) é super-restringida.

Se $M < 0$, a estrutura é um *mecanismo* (Figura 12.7A). Ela não tem rigidez ou resistência, e colapsa se carregada. Se suas articulações estiverem bloqueadas, impedindo a rotação, as barras do quadro se *flexionam* quando a estrutura é carregada, como as da Figura 12.6B. Se, em vez disso, $M \geq 0$ o quadro deixa de ser um mecanismo. A estrutura articulada, triangular, na Figura 12.7B é rígida quando carregada porque a barra transversal suporta tração, evitando o colapso. O bloqueio das dobradiças agora faz pouca diferença porque as estruturas esbeltas são muito mais rígidas quando alongadas do que quando flexionadas. A estrutura em C é super-restringida. Se a barra horizontal estiver apertada, a vertical é colocada em tração mesmo quando não há cargas externas. As estruturas super-restringidas são menos desejáveis devido a essa capacidade de possuir autotensões, o que pode ser prejudicial.

Há um princípio fundamental aqui: *estruturas dominadas por alongamento tem alta eficiência estrutural; estruturas dominadas por flexão tem baixa.*

Conectividade

Uma estrutura 3-D é constituída de escoras unidas por pino $b = 120$ em juntas $j = 36$. Ela é um mecanismo ou uma estrutura rígida?
A soma Maxwell para uma estrutura 3-D requer que, para rigidez:

$$M = b - 3j + 6 \geq 0$$

Inserindo os dados nós encontramos $M = 18$. A estrutura é rígida. Ela também é super-restringida (ela possui mais escoras do que é necessário para rigidez), e então pode possuir autotensões.

Percolação

As propriedades de transporte de híbridos — condutividade elétrica, por exemplo — dependem da conectividade. Pense em misturar esferas condutoras e isolantes do mesmo tamanho agitando-as em um recipiente. Se houver apenas algumas esferas condutoras, elas não formam um caminho de conexão e o arranjo como um todo é um isolante. Se cada esfera condutora contatar apenas uma outra, ainda não há nenhum caminho de conexão. Se, em média, cada esfera tocar duas, ainda não há caminho. Adicionar mais esferas condutoras gera aglomerados maiores, mas eles podem ainda ser discretos. Para a condução em massa, precisamos de conectividade: o arranjo se torna um condutor quando uma única trilha de contatos liga uma superfície à outra, ou seja, quando a fração de volume f de esferas condutoras atinge o *limite de percolação, fc.*

Os problemas de percolação são fáceis de descrever, mas difíceis de resolver. Pesquisas desde 1960 têm fornecido soluções aproximadas para a maioria dos

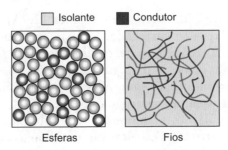

FIGURA 12.8. Esferas empacotadas e fios distribuidos, ambos aleatoriamente (ver caderno colorido).

problemas de percolação associados ao projeto de híbridos (veja Leitura Adicional para uma revisão). Para empacotamento cúbico simples, $fc = 0,248$, para empacotamento fechado, $fc = 0,180$. Para um arranjo aleatório, esboçado à esquerda na Figura 12.8, está em algum lugar entre esses dois valores — aproximadamente 0,2. Esses resultados são para arranjos infinitos, ou pelo menos muito grandes. As experiências geralmente dão valores na faixa de 0,19-0,22, com alguma variabilidade devido ao tamanho finito das amostras.

Fazer as esferas menores impede a transição para fora. O limite de percolação ainda é 0,2, mas o primeiro caminho de conexão agora é delgado e extremamente tortuoso — é o único fora da grande quantidade de caminhos quase completos que realmente se conectam. Aumentar a fração de volume aumenta o número de caminhos de condução, inicialmente conforme $(f - f_c)^2$, depois linearmente, retornando a uma regra de misturas. Se as partículas são muito pequenas, podem ser necessárias até 40% para uma boa condução. Um carregamento de 40% é muito, o suficiente para ter um grande efeito sobre as outras propriedades do híbrido. A condução com um carregamento muito mais baixo seria interessante.

A forma nos dá uma saída. Se as esferas são substituídas por fibras delgadas, elas se tocam mais facilmente e o limite de percolação cai (Figura 12.8, à direita). Se a proporção geométrica das fibras é $\beta = L/d$ (onde L é o comprimento da fibra e d o diâmetro), então, empiricamente, o limite de percolação cai de f_c para aproximadamente $f_c/\beta^{1/2}$, de forma que a proporção de 25 reduz f_c, a fração volumétrica da fase condutora, por um fator de 5.

O conceito de percolação é uma ferramenta necessária na concepção de híbridos. A condutividade elétrica é apenas um exemplo. Outro é a passagem de líquidos através de espuma ou meio poroso — sem canais conectados, e sem fluxo de fluido; basta apenas um (de um milhão de possibilidades) e há um vazamento. Adicione mais algumas conexões e há uma inundação. As ideias de percolação são particularmente importantes na compreensão das propriedades de transporte de híbridos — propriedades que determinam o fluxo de eletricidade ou calor, de fluido, ou de fluxo por difusão —, especialmente quando as diferenças nas propriedades dos componentes são extremas, porque é aí então que os caminhos conectados geram o maior efeito.

> ## Percolação
>
> Uma fração volumétrica $f = 0,05$ de fios finos de prata com uma proporção geométrica de $\beta=36$ é dispersa aleatoriamente em uma matriz acrílica. O híbrido acrílico-prata será condutor elétrico?
>
> O critério de percolação, significando um caminho conectado através de fios de prata, é
>
> $$f \geq \frac{f_c}{\beta^{1/2}} = \frac{0,2}{6} = 0,033$$
>
> Os 5% de fios de prata são suficientes para fazer do híbrido um condutor.

Segmentação

A forma pode ser usada para reduzir a rigidez e resistência à flexão assim como para aumentá-las. Molas, suspensões, cabos flexíveis e outras estruturas que devem flexionar usam a forma para oferecer uma baixa rigidez à flexão. Isso é conseguido moldando o material em fios ou folhas, como explicado no Capítulo 11, Seção 11.7. Os fios ou as folhas esbeltas dobram-se facilmente, mas não se alongam quando a seção é flexionada: um cabo de n-fios é menos rígido por um fator de $3/\pi n$ em relação à seção de referência maciça; um painel n-folhas por um fator $1/n^2$.

A subdivisão pode ser usada de outra forma: para conferir *tolerância ao dano*. Uma janela de vidro, atingida por um projétil, despedaçará. Uma janela feita de pequenos tijolos de vidro, organizados da forma como tijolos geralmente são, perderá um tijolo ou dois, mas não se despedaçará totalmente; ou seja, é tolerante a danos. Ao subdividir e separar o material, uma trinca em um segmento não penetra em seus vizinhos, permitindo uma falha local, mas não global. Esse é o princípio da "tenacificação topológica". Os construtores em pedra e tijolos exploraram a idéia por milhares de anos: a pedra e o tijolo são frágeis, mas as construções feitas deles — mesmo aquelas feitas sem cimento ("construção em pedra seca") — sobrevivem ao movimento do solo, inclusive os pequenos terremotos, por meio de sua capacidade de deformação com alguma falha local, mas sem colapso total.

Com a visão mais simples, são necessárias duas coisas para a tolerância ao dano topológico: discretização das unidades estruturais e um entrelaçamento das unidades de tal forma que o arranjo como um todo possa carregar carga. Os arranjos de tijolos (Figura 12.9A) carregam grandes cargas e toleram danos na compressão e cisalhamento, mas se desintegram sob tensão. Estruturas de fios e camadas são tolerantes a danos na tração, porque se um fio falhar, a trinca não penetra em seus vizinhos — o princípio de cordas e cabos com multifios. A configuração de quebra-cabeça (Figura 12.9B) suporta tração, compressão e cisalhamento no plano, mas ao custo de introdução de um fator de concentração de tensão de cerca de $\sqrt{R/r}$, onde R é o raio aproximado de uma unidade

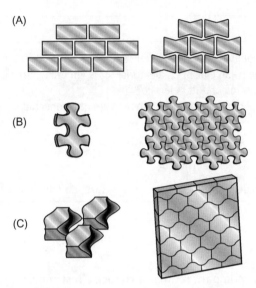

FIGURA 12.9. Exemplos de bloqueios topológicos: estruturas discretas, não unidas ou unidas fracamente que suportam carga (A) montagens como tijolo; (B) segmentos que bloqueiam em 2-dimensiões; e (C) segmentos que bloqueiam em 3-dimensões.

e r o raio do engate. As fontes listadas na seção Leitura Adicional exploram um conjunto específico de topologias que dependem de condições de contorno compressivas ou rígidas para criar camadas contínuas que toleram forças fora do plano e momentos de flexão, como ilustrado na Figura 12.9C. Isso é feito criando unidades interligadas com superfícies não planares que têm curvatura tanto no plano do arranjo quanto no normal a ela. Desde que o arranjo esteja restringido na sua periferia, as formas de encaixamento limitam o movimento relativo das unidades, fixando-as juntas. O bloqueio topológico deste tipo permite a formação de camadas contínuas que podem ser usadas para revestimentos cerâmicos ou revestimentos para oferecer proteção à superfície. E é claro que as unidades não precisam ser feitas de um único material. Uma vez que o único requisito é o da forma interligada, os segmentos podem ser feitos de diferentes materiais. Assim como um construtor que constrói uma parede de tijolos pode inserir tijolos porosos para ventilação e tijolos transparentes para admitir luz, o projetista de um híbrido segmentado pode adicionar funcionalidade pela escolha do material para as unidades.

Métodos de modelagem: Fronteiras e limites

Em uma escala macroscópica — que é grande em comparação com a dos componentes —, um híbrido se comporta como um sólido homogêneo com seu próprio conjunto de propriedades mecânicas, térmicas e elétricas. Calcular estas, precisamente, pode ser feito, mas é difícil. É muito mais fácil agrupá-las por *fronteiras* ou *limites*: valores superiores e inferiores entre os quais as

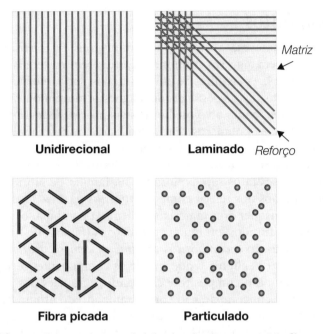

FIGURA 12.10. Desenho esquemático de híbridos do tipo compósito: fibra unidirecional, fibra laminada, fibra descontínua e particulados. Fronteiras e limites, descritos no texto, abrangem as propriedades de todos esses.

propriedades se encontram. O termo "fronteira" significa um limite rigoroso, aquele que o valor da propriedade *não pode* — sujeito a determinadas premissas — exceder ou ficar abaixo. Nem sempre é possível calcular fronteiras, caso em que o melhor que pode ser feito é calcular "limites" fora dos quais é *improvável* que o valor da propriedade irá se encontrar. O ponto importante é que as fronteiras ou limites agrupam as propriedades de *todas* as configurações de matriz e reforço mostradas na Figura 12.10: usando essas quatro configurações, escapamos da necessidade de modelar geometrias individuais. Nas seções a seguir, exploramos cinco classes de híbridos — compósitos, estruturas celulares, sanduíches, multicamadas e segmentadas, desenvolvendo fronteiras e limites para suas propriedades[2] e examinando as que podem preencher vazios no espaço material-propriedade.

Os cálculos ficam um pouco entediantes; se você quiser ver o que pode ser feito com eles, vá para o Capítulo 13, que contém estudos de casos. Se mais tarde quiser conhecer as bases teóricas ou simplesmente estiver interessado nos métodos, volte para este capítulo.

---

2. Essas são implementadas na ferramenta Synthesizer do CES EduPack e Selector: www.grantadesign.com.

422   Seleção de Materiais no Projeto Mecânico

12.4 Compósitos

Engenheiros de aeronaves, fabricantes de automóveis e projetistas de equipamentos esportivos têm algo em comum: todos querem materiais rígidos, resistentes, tenazes e leves. As escolhas de um material isolado que melhor cumprem esses requisitos são as *ligas leves*: ligas de magnésio, alumínio e titânio. Grande parte da pesquisa tem como alvo melhorar suas propriedades. Porém, elas não são todas tão leves — polímeros têm densidades muito mais baixas. E nem todas são tão rígidas — cerâmicas são muito mais rígidas e, especialmente quando se encontram na forma de pequenas partículas ou fibras finas, bem mais resistentes. Esses fatos são explorados na família de híbridos estruturais aos quais costumamos nos referir como *compósitos particulados e fibrosos*.

Em princípio, quaisquer dois materiais podem ser combinados para fazer um compósito e ser misturados em muitas geometrias (Figura 12.10). Neste item, restringimos a discussão a *compósitos totalmente densos, fortemente ligados*, de modo a não haver nenhuma tendência de os componentes se separarem em suas interfaces quando o compósito é carregado, e àqueles nos quais a escala do reforço é grande em comparação com o tamanho do átomo ou molécula e do espaçamento das discordâncias, o que permite o uso de métodos contínuos.

Densidade. Quando uma fração de volume f de um reforço r (densidade ρ_r) é misturada com uma fração de volume $(1 - f)$ de uma matriz m (densidade ρ_m) para formar um compósito sem nenhuma porosidade residual, a densidade do compósito densidade $\tilde{\rho}$ é dada exatamente por uma regra de misturas (uma média aritmética ponderada por fração de volume):

$$\tilde{\rho} = f\rho_r + (1-f)\rho_m. \tag{12.4}$$

A geometria ou forma do reforço não importa, exceto na determinação da máxima fração de empacotamento do reforço e, desse modo, o limite superior para f.

Módulo. O módulo de um compósito é abrangido pelas bem conhecidas fronteiras de Voigt e Reuss. A fronteira superior, $\tilde{E}_u$, é obtida pelo postulado que diz que, sob carregamento, os dois componentes sofrem a mesma deformação; então, a tensão é a média em volume das tensões locais, e o módulo do compósito segue a regra de misturas:

$$\tilde{E}_u = fE_r + (1-f)E_m. \tag{12.5a}$$

Aqui, E_r é o módulo de Young do reforço e E_m o da matriz. A fronteira inferior, $\tilde{E}_L$, é determinada postulando, em vez daquilo, que os dois componentes suportam a mesma tensão; a deformação é a média em volume das deformações locais e o módulo do compósito é:

$$\tilde{E}_L = \frac{E_m E_r}{fE_m + (1-f)E_r} \tag{12.5b}$$

Fronteiras mais precisas são possíveis, porém as simples são adequadas para ilustrar o método.

Projetando materiais híbridos   423

Para saber como as fronteiras são usadas, considere o exemplo a seguir.

Projeto de compósito para rigidez com massa mínima

Uma viga é feita atualmente de uma liga de alumínio. Berílio é mais rígido e também menos denso do que alumínio; a alumina cerâmica (Al_2O_3) também é mais rígida, porém mais densa. Híbridos de alumínio com qualquer dos dois podem oferecer desempenho melhorado, medido pelo critério de excelência $E^{1/2}/\rho$ derivado no Capítulo 4?

Os três materiais estão representados sobre um segmento do espaço de propriedades $E - \rho$ na Figura 12.11. Compósitos obtidos com uma mistura deles têm densidades dadas exatamente pela Equação (12.4) e módulos abrangidos pelas fronteiras das Equações (12.5a) e (12.5b). Ambos os módulos dependem da fração de volume do reforço e, em razão disso, da densidade. Assim, fronteiras superiores e inferiores para a relação módulo-densidade podem ser representadas no diagrama $E - \rho$, usando a fração de volume f como parâmetro, como mostra a Figura 12.11. Qualquer compósito produzido pela combinação de alumínio com alumina terá um módulo contido no envelope para Al–Al_2O_3; o mesmo para Al–Be. Reforço fibroso fornece um módulo próximo da fronteira superior em uma direção paralela às fibras; reforço particulado ou fibras carregadas na direção transversal proporcionam módulos próximos da fronteira inferior.

O critério de excelência, $E^{1/2}/\rho$, é representado como uma grade na figura. A fronteira do envelope para compósitos de Al–Be estende-se em uma direção quase perpendicular à grade, enquanto o envelope para Al–Al_2O_3 forma um ângulo raso com ela. Fibras de berílio melhoram o desempenho (conforme medido por $E^{1/2}/\rho$) aproximadamente quatro vezes em comparação a fibras de alumina para a mesma fração de volume. A diferença em relação ao reforço particulado é ainda mais marcante. A fronteira inferior para Al–Be encontra-se perpendicular aos contornos: 30% de berílio particulado aumenta $E^{1/2}/\rho$ por um fator de 1,5. A fronteira inferior para Al–Al_2O_3 é, inicialmente, paralela à grade $E^{1/2}/\rho$: 30% de Al_2O_3 particulada praticamente não oferece nenhum ganho. A razão intrínseca é que ambos, berílio e Al_2O_3, aumentam o módulo, porém somente o berílio reduz a densidade; o critério de excelência é mais sensível à densidade do que ao módulo.

A liga comercial AlBeMet (62% Be, 38% Al) explora essa ideia. Os dois metais são insolúveis entre si, criando um compósito de duas fases de Al e Be com $E^{1/2}/\rho = 6,5$ em comparação com 3,1 para o Al sozinho.

Criando anisotropia

As propriedades elásticas e plásticas de sólidos monolíticos maciços são frequentemente anisotrópicas, mas fracamente — as propriedades não dependem fortemente da direção. A hibridização oferece um meio de criar anisotropia controlada, que pode ser grande. Já vimos um exemplo na Figura 12.11, que mostra as fronteiras superior e inferior para os módulos de compósitos. As propriedades

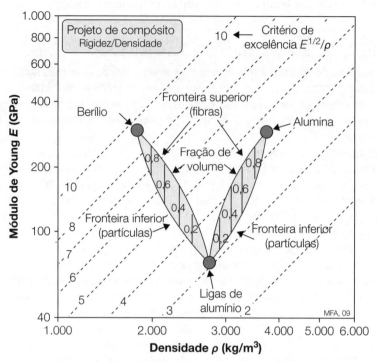

FIGURA 12.11. Parte do diagrama de propriedades E – ρ, mostrando ligas de alumínios, berílio e alumina (Al_2O_3). Fronteiras para os módulos de híbridos produzidos por misturas do alumínio com os outros dois são mostrados. Os contornos diagonais representam o critério de excelência para uma viga leve e rígida $E^{1/2}/\rho$ (ver caderno colorido).

longitudinais de compósitos de fibra longa unidirecional encontram-se perto da fronteira superior; as propriedades transversais, perto da inferior. A largura vertical da faixa entre elas mede a anisotropia. Um compósito de fibra contínua unidirecional tem uma razão de anisotropia máxima R_α dada pela razão entre as fronteiras – neste exemplo:

$$R_\alpha = \frac{\tilde{E}_u}{\tilde{E}_L} = f^2 + (1-f)^2 + f(1-f)\left(\frac{E_m}{E_r} + \frac{E_r}{E_m}\right)$$

Na Figura 12.11, R_α máxima é somente 1,5. Um exemplo mais marcante que envolve propriedades térmicas será dado no Capítulo 13.

Resistência. De todas as fronteiras e limites descritos neste capítulo, as que se referem à resistência são as menos satisfatórias. A não linearidade do problema, a grande quantidade de mecanismos de falha[3] e a sensibilidade da resistência e

---

3. O tratamento aqui é o mais simples que permita a demonstração do método. A total complexidade da modelagem da falha de compósitos é documentada nos textos citados em Leitura Adicional.

da tenacidade às impurezas e defeitos de processamento dificultam a modelagem precisa. A literatura contém muitos cálculos para casos especiais: reforço por fibras unidirecionais ou por uma dispersão diluída de esferas. Desejamos evitar modelos que exigem conhecimento detalhado do modo de comportamento de uma arquitetura particular e buscamos limites menos restritivos.

À medida que a carga sobre um compósito de fibra contínua aumenta, ela é redistribuída entre os componentes até que um deles sofra escoamento generalizado ou fratura (Figura 12.12A). Para além desse ponto, o compósito já sofreu deformação ou dano permanentes, mas ainda pode suportar carga; a falha final requer escoamento ou fratura de ambos. O compósito é mais forte se ambos chegarem a seu estado de falha simultaneamente. Assim, uma fronteira superior para um filamento de fibra contínua, como o denominado "Unidirecional" na Figura 12.10, carregado na direção paralela às fibras (a resistência axial sob tração, subscrito a), é uma regra de misturas

$$(\tilde{\sigma}_f)_{u,a} = f(\sigma_f)_r + (1-f)(\sigma_f)_m \qquad (12.6a)$$

onde $(\sigma_f)_m$ é a resistência da matriz e $(\sigma_f)_r$ é a do reforço. Se um componente falhar antes do outro, a carga é suportada pelo sobrevivente. Assim, uma fronteira inferior para resistência sob tração é dada por:

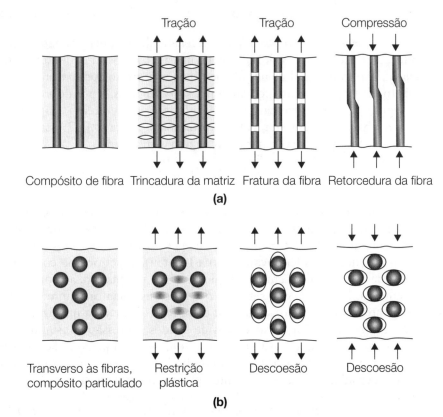

FIGURA 12.12. Modos de falha em compósitos (A) fibrosos e (B) particulados.

426 Seleção de Materiais no Projeto Mecânico

$$(\tilde{\sigma}_f)_{L,a} = Maior\, de(f(\sigma_f)_r,(1-f)(\sigma_f)_m) \tag{12.6b}$$

Determinar a resistência transversal (Figura 12.12B) é mais difícil. Depende da resistência de ligação da interface, da distribuição das fibras, das concentrações de tensão e dos vazios. Em geral, a resistência transversal é menor do que a da matriz sem reforço, e a deformação até a falha também é menor. Em uma matriz dúctil contínua que contém partículas ou fibras fortemente ligadas, que não se deformam, o escoamento na matriz é restringido. A restrição aumenta a tensão exigida para escoamento na matriz, dando uma fronteira de resistência à tração superior de:

$$\text{Menor de}\begin{cases} (\tilde{\sigma}_f)_{u,t} \approx (\sigma_f)_m\left(\dfrac{1}{1-f^{1/2}}\right) \\[2em] (\tilde{\sigma}_f)_{u,t} \approx (\sigma_f)_r \end{cases}$$

O mais comum é a resistência transversal ser mais baixa do que a da matriz sozinha em razão da concentração de tensão e da desunião na interface fibra-matriz. Hull e Clyne (1996) dão o limite inferior aproximado para resistência à tração:

$$(\tilde{\sigma}_f)_{L,r} \approx (\sigma_f)_m(1-f^{1/2}) \tag{12.7b}$$

Os dois pares de limites permitem que o potencial de uma determinada escolha de reforço e matriz seja explorado. A Figura 12.13 mostra os limites para resistência axial e transversal de um filamento de compósito epóxi-vidro.

Compósitos de fibra contínua podem falhar sob compressão por dobramento da fibra (Figura 12.12A, extrema direita). O dobramento enfrenta a oposição da resistência ao cisalhamento da matriz, aproximadamente $(\sigma_f)_m/2$. Isso leva a uma tensão de compressão axial para flambagem de fibras de:

$$(\tilde{\sigma}_c)_{u,a} = \frac{1}{\vartheta}\frac{(\sigma f)m}{2} \approx 14(\sigma_f)_m \tag{12.8}$$

Aqui, ϑ é o desalinhamento inicial das fibras em relação ao eixo de compressão, em radianos. Experimentos mostram que um valor típico em compósitos cuidadosamente alinhados é $\vartheta \approx 0,035$, o que gera o valor final mostrado do lado direito da equação. Identificamos uma fronteira superior que contém o menor valor desse desalinhamento e a Equação (12.6a). Quando, ao contrário, o desalinhamento é grave, o que significa $\vartheta \approx 1$, a resistência cai muito. Identificamos a fronteira inferior para falha por compressão com a da matriz, $(\sigma_f)_m$.

Calor Específico. Os calores específicos de sólidos à pressão constante, C_p, são quase os mesmos daqueles submetidos a volume constante, C_v. Se fossem idênticos, a capacidade calorífica por unidade de volume de um compósito seria, como a densidade, dada exatamente por uma regra de misturas

$$\tilde{\rho}\tilde{C}_p = f\rho_r(C_p)_r + (1-f)\rho_m(C_p)_m \tag{12.9}$$

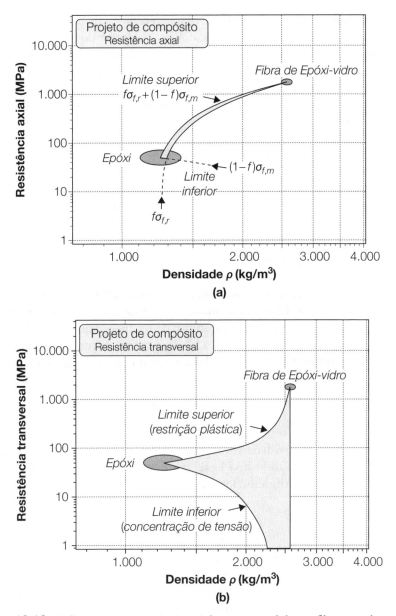

FIGURA 12.13. Os limites para resistência axial e transversal de um filamento de compósito.

onde $(C_p)_r$ é o calor específico do reforço e $(C_p)_m$ é o da matriz (as densidades entram porque as unidades de C_p são J/kg.K). Uma ligeira diferença aparece porque a expansão térmica gera um desajuste entre os componentes quando o compósito é aquecido; o desajuste cria pressões locais sobre os componentes e, assim, altera o calor específico. O efeito é muito pequeno e não precisamos nos preocupar com ele.

428   Seleção de Materiais no Projeto Mecânico

Coeficiente de expansão térmica. A expansão térmica de um compósito pode, em algumas direções, ser maior do que a de qualquer dos componentes; em outras, menor. Isso ocorre porque uma constante elástica — coeficiente de Poisson — acopla as principais deformações elásticas; se a matriz for impedida de se expandir em uma direção (por fibras embutidas, por exemplo), então ela se expande nas direções transversais. Por simplicidade, usaremos a fronteira inferior aproximada:

$$\tilde{\alpha}_L = \frac{E_r \alpha_r f + E_m \alpha_m (1-f)}{E_r f + E_m (1-f)}$$ (12.10)

(que se reduz à regra de misturas quando os módulos são os mesmos) e a fronteira superior

$$\tilde{\alpha}_u = f \alpha_r (1+v_r) + (1-f)\alpha_m (1+v_m) - \alpha_L [f v_r + (1-f)v_m]$$ (12.11)

onde α_r e α_m são os dois coeficientes de expansão e v_r e v_m são os coeficientes de Poisson.

Condutividade térmica. A condutividade térmica determina fluxo de calor a uma taxa estacionária. Um compósito de dois materiais, ligados para fornecer bom contato térmico, tem uma condutividade térmica λ que se encontra entre as dos componentes individuais, λ_m e λ_r. Não é surpresa que um compósito que contém fibras contínuas paralelas tenha uma condutividade, paralela às fibras, dada por uma regra de misturas:

$$\tilde{\lambda}_u = f \lambda_r + (1-f)\lambda_m$$ (12.12)

Essa é uma fronteira superior: em qualquer outra direção, a condutividade é mais baixa. A condutividade transversal de um compósito de fibras paralelas (novamente considerando boa ligação e bom contato térmico) encontra-se perto da fronteira inferior deduzida pela primeira vez por Maxwell:

$$\tilde{\lambda}_L = \lambda_m \left(\frac{\lambda_r + 2\lambda_m - 2f(\lambda_m - \lambda_r)}{\lambda_r + 2\lambda_m + f(\lambda_m - \lambda_r)} \right)$$ (12.13)

Os compósitos particulados também têm condutividade próxima dessa fronteira inferior. Má condutividade na interface pode fazer λ cair abaixo dela. Desunião ou uma camada interfacial entre reforço e matriz podem causar isso; portanto, uma grande diferença de módulo entre reforço e matriz (visto que isso reflete fônons, criando uma impedância na interface), ou uma escala estrutural mais curta do que os comprimentos de ondas dos fônons, também podem.

Difusividade térmica. A difusividade térmica

$$\alpha = \frac{\lambda}{\rho C_p}$$

determina o fluxo de calor quando as condições são transientes, isto é, quando o campo de temperatura muda com o tempo. É formada por três das propriedades já apresentadas: λ, ρ e Cp. A segunda e a terceira dessas são dadas exatamente pelas Equações (12.4) e (12.9), o que permite exprimir a difusividade como:

$$\tilde{\alpha} = \frac{\tilde{\lambda}}{f\rho r(C_p)r + (1-f)\rho m(C_p)_m} \qquad (12.14)$$

Suas fronteiras superior e inferior são determinadas substituindo aquelas por $\tilde{\lambda}$ [Equações (12.12) e (12.13)] nessa equação.

Projeto de Compósito para Resposta Térmica Controlada

Projeto termomecânico envolve o calor específico, C_p, a expansão térmica, α, a condutividade, λ, e a difusividade, α. Essas propriedades de compósitos estão limitadas pelas Equações (12.9) a (12.14). Elas estão envolvidas em vários índices. Um deles é o critério para minimizar distorção térmica deduzido no Capítulo 5, que é maximizar o índice λ/α.

A Figura 12.14 apresenta uma pequena parte do diagrama de seleção de materiais $\alpha - \lambda$, com uma grade que mostra o critério de excelência, λ/α. Três materiais

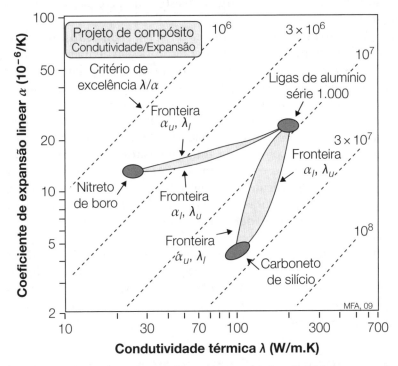

FIGURA 12.14. Uma parte do espaço coeficiente de expansão/condutividade mostrando ligas de alumínio, nitreto de boro e carbeto de silício. As propriedades dos compósitos Al-BN e Al-SiC são abrangidas pelas fronteiras das Equações (12.10) a (12.13). Compósitos de Al-SiC aprimoram o desempenho; compósitos de Al-BN o reduzem (ver caderno colorido).

430   Seleção de Materiais no Projeto Mecânico

> são apresentados: alumínio, nitreto de boro (BN) e carbeto de silício (SiC). As propriedades térmicas dos compósitos Al–BN e Al–SiC estão envolvidas por envelopes calculados pelas equações de fronteiras. (Ambas α e λ têm fronteiras superior e inferior, portanto há quatro combinações possíveis para cada par de materiais. Os mostrados na figura são os pares mais externos dos quatro.) O gráfico revela imediatamente que o reforço de SiC em alumínio aumenta o desempenho (conforme medido por λ/α); o reforço com BN o reduz.

Constante dielétrica. A constante dielétrica $\tilde{\varepsilon}_r$ é dada por uma regra de misturas

$$\tilde{\varepsilon}_r = f\varepsilon_{r,r} + (1-f)\varepsilon_{r,m} \qquad (12.15)$$

onde $\varepsilon_{r,r}$ é a constante dielétrica do reforço e $\varepsilon_{r,m}$ a da matriz.

Condutividade elétrica e percolação. Quando as magnitudes das condutividades elétricas κ dos componentes de um compósito são comparáveis, as fronteiras para a condutividade elétrica são dadas pelas da condutividade térmica com a substituição de λ por κ. Quando, ao contrário, essas magnitudes são diferem por muitas ordens de grandeza (um pó metálico disperso em um polímero isolante, por exemplo), surgem questões de percolação, como discutido na Seção 12.3.

Preenchimento do espaço de propriedades com compósitos. Terminamos este item com duas figuras que ilustram como o desenvolvimento de compósitos preencheu os vazios do espaço material-propriedade. A primeira, Figura 12.15, é uma seção módulo-densidade $(E - \rho)$. As áreas preenchidas por metais e polímeros reforçados são mostradas como envelopes vermelho e azul claros; os membros são identificados em cinza (foram retirados do diagrama original $E - \rho$ da Figura 3.3). Compósitos de matriz polimérica ocupam a zona roxa cercada por uma linha de contorno negra; compósitos de matriz metálica ocupam a zona em vermelho mais escuro, também cercada por uma linha de contorno negra. Ambas se estendem até áreas que antes estavam vazias. Usando qualquer um dos índices para estruturas leves e rígidas $(E/\rho, E^{1/2}/\rho$ e $E^{1/3}/\rho)$ como critério de excelência, constatamos que compósitos oferecem desempenho que antes não podia ser obtido.

A Figura 12.16 pinta um quadro semelhante para a seção resistência-densidade $\sigma_y - \rho$. O código de cores é o mesmo da figura anterior. Novamente os compósitos expandem a área ocupada em uma direção que, usando os índices para estruturas leves e resistentes $(\sigma_y/\rho, \sigma_f^{2/3}/\rho$ e $\sigma_f^{1/2}/\rho)$ como critério, oferecem desempenho aprimorado.

12.5 Estruturas celulares: espumas e reticulados

Estruturas celulares — espumas e reticulados — são híbridos de um sólido e um gás. As propriedades do gás poderiam, de início, parecer irrelevantes, mas não são. A condutividade térmica de espumas de baixa densidade do tipo

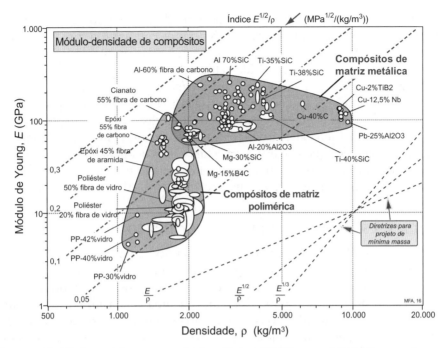

FIGURA 12.15. Compósitos em matriz de polímero (PMC) e metal (MMC) expandem a área ocupada do espaço módulo-densidade (ver caderno colorido).

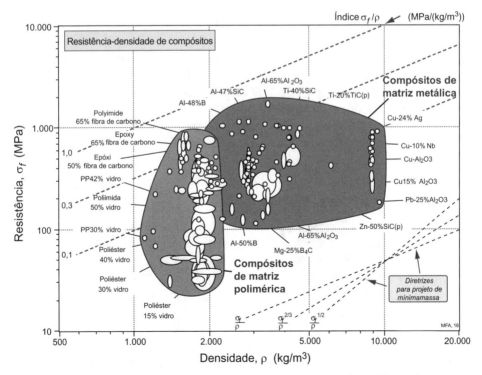

FIGURA 12.16. Compósitos em matriz de polímero (PMC) e metal (MMC) também expandem a área ocupada do espaço resistência-densidade (ver caderno colorido).

usado para isolamento é determinada pela condutividade do gás contido em seus poros; e a constante dielétrica, o potencial de ruptura (ou força dielétrica) e até mesmo a compressibilidade podem depender das propriedades do gás.

Há duas espécies distintas de sólido celular. A distinção é mais óbvia em suas propriedades mecânicas. A primeira, caracterizada por espumas, são *estruturas dominadas por flexão*; a segunda, caracterizada por estruturas reticuladas triangulares, são *dominadas por alongamento* — uma distinção que explicamos na Seção 12.3. Para dar uma ideia da diferença: uma espuma com densidade relativa de 0,1 (o que significa que as paredes da célula sólida ocupam 10% do volume) é menos rígida por um fator de 10 do que um reticulado triangular com a mesma densidade relativa. A palavra "configuração" tem especial relevância aqui.

Espumas: Estruturas dominadas por flexão

Espumas são sólidos celulares feitos por expansão de polímeros, metais, cerâmicas ou vidros com um agente espumante — um termo genérico para um dos muitos modos de introduzir gás, muito parecido com a ação do fermento na fabricação do pão. A Figura 12.17 mostra uma célula idealizada de uma espuma de baixa densidade. Consiste em paredes ou arestas de células sólidas ao redor de um espaço vazio que contém um gás ou um fluido. Sólidos celulares são caracterizados por sua *densidade relativa* que, para a estrutura mostrada aqui (com $t \ll L$), é

$$\frac{\tilde{\rho}}{\rho s} \approx \left(\frac{t}{L}\right)^2 \qquad (12.16)$$

onde $\tilde{\rho}$ é a densidade da espuma, ρs é a do sólido do qual ela é feita, L é o tamanho da célula e t é a espessura das arestas da célula.

Quando carregadas, as paredes das células das espumas sofrem *flexão*, com as consequências que analisaremos agora.

Propriedades mecânicas. A curva tensão-deformação de compressão de espumas dominadas por flexão é parecida com a da Figura 12.18. O material é

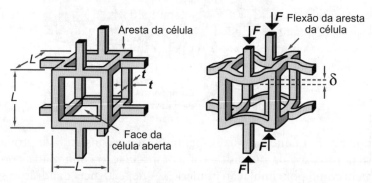

FIGURA 12.17. Uma célula em uma espuma de baixa densidade. Quando a espuma é carregada, as arestas da célula sofrem flexão.

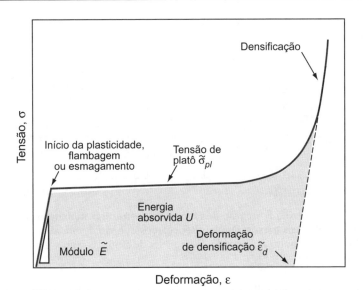

FIGURA 12.18. A tensão de platô é determinada por flambagem, flexão plástica ou fratura das paredes da célula.

elástico linear, com módulo $\tilde{E}$ até seu limite elástico, ponto em que as arestas da célula sofrem escoamento, flambagem ou fratura. A espuma continua, até o colapso, em uma tensão aproximadamente constante (a "tensão de platô" $\tilde{\sigma}_{pl}$), até que os lados opostos das células colidam (a "deformação por densificação" $\tilde{\varepsilon}_d$), quando a tensão sobe rapidamente.

Uma tensão de compressão remota σ exerce uma força $F \propto \sigma L^2$ sobre as arestas da célula, fazendo com que sofram uma flexão, o que resulta em uma deflexão por flexão δ, como mostra a Figura 12.17. Para a estrutura de célula aberta mostrada na figura, a deflexão por flexão (Apêndice B3) aumenta conforme

$$\delta \propto \frac{FL^3}{E_s I} \quad (12.17)$$

onde E_s é o módulo do sólido do qual a espuma é feita e $I = \dfrac{t^4}{12}$ é o momento de inércia de área da aresta da célula de seção transversal quadrada, $t \times t$. Portanto, a deformação por compressão sofrida pela célula como um todo é $\varepsilon = 2\delta/L$. Reunindo esses resultados, temos o módulo $\tilde{E} = \sigma/\varepsilon$ da espuma como:

$$\frac{\tilde{E}}{E_s} \propto \left(\frac{\tilde{\rho}}{\rho_s}\right)^2 \text{(comportamento dominado por flexão)} \quad (12.18)$$

Visto que $\tilde{E} = E_s$ quando $\tilde{\rho} = \rho_s$, esperamos que a constante de proporcionalidade esteja próxima da unidade — uma especulação confirmada por experimentos, bem como por simulação numérica. A dependência quadrática significa que uma pequena redução na densidade relativa provoca uma grande queda no módulo (Figura 12.19, à esquerda).

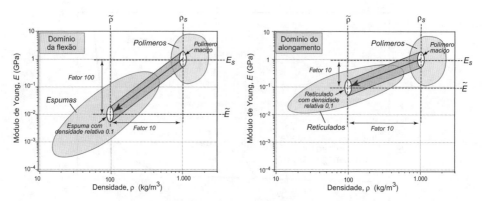

FIGURA 12.19. Esquerda: Formação de espuma cria estruturas dominadas por flexão com módulo e densidade mais baixos. Direita: Reticulados que são dominados por alongamento têm módulos que são muito maiores do que aqueles de espumas com a mesma densidade (ver caderno colorido).

Uma abordagem semelhante pode ser usada para modelar a tensão de platô da espuma. As paredes da célula sofrem escoamento, como mostra a Figura 12.20A, quando a força exercida sobre elas ultrapassa seu momento totalmente plástico (Apêndice A4):

$$M_f = \frac{\sigma_s t^3}{4} \quad (12.19)$$

onde σ_s é a resistência ao escoamento do sólido do qual a espuma é feita. Esse momento está relacionado com a tensão remota por $M \propto FL \propto \sigma L^3$. Reunindo esses resultados, temos a resistência à falha $\tilde{\sigma}_{pl}$:

$$\frac{\tilde{\sigma}_{pl}}{\sigma_{f,s}} = C\left(\frac{\tilde{\rho}}{\rho s}\right)^{3/2} \text{ (comportamento dominado por flexão)} \quad (12.20)$$

onde a constante de proporcionalidade, $C \approx 0{,}3$, foi determinada por experimento, bem como por cálculo numérico por computador.

Espumas elastoméricas sofrem colapso não por escoamento, mas por flambagem elástica; espumas frágeis, por fratura da parede da célula (Figuras 12.20B e C). Como ocorre com o colapso plástico, leis simples de aumento de escala descrevem bem esse comportamento. Colapso por flambagem (Apêndice B5) ocorre quando a tensão ultrapassa $\tilde{\sigma}_{el}$, dada por

$$\frac{\tilde{\sigma}_{el}}{Es} \approx 0{,}05\left(\frac{\tilde{\rho}}{\rho s}\right)^2 \quad (12.21)$$

e por fratura da parede da célula (Apêndice B, Seção B4, novamente) quando ultrapassa $\tilde{\sigma}_{cr}$, onde

$$\frac{\tilde{\sigma}_{cr}}{\sigma_{cr,s}} \approx 0{,}3\left(\frac{\tilde{\rho}}{\rho s}\right)^{3/2} \quad (12.22)$$

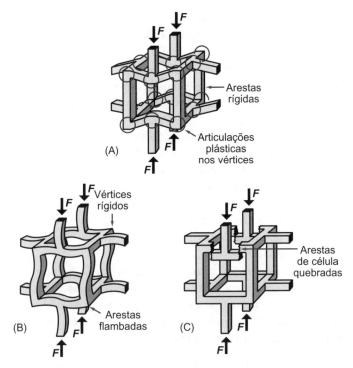

FIGURA 12.20. Colapso de espumas. (A) Quando uma espuma feita de um material plástico é carregada além do seu limite elástico, as arestas da célula sofrem flexão plástica. (B) Uma espuma elastomérica, em contraste, sofre colapso pela flambagem elástica das arestas de suas células. (C) Uma espuma frágil sofre colapso pela fratura sucessiva de arestas da célula.

e onde $\sigma_{cr,s}$ é a resistência à flexão do material da parede da célula. Densificação, quando a tensão aumenta rapidamente, é um efeito puramente geométrico: os lados opostos das células são forçados a entrar em contato e então flexão ou flambagem adicionais não são mais possíveis. Constata-se que isso ocorre a uma deformação $\tilde{\varepsilon}d$ (a deformação por densificação) de:

$$\tilde{\varepsilon}d \approx 1 - 1{,}4\left(\frac{\tilde{\rho}}{\rho s}\right) \qquad (12.23)$$

Espumas são frequentemente usadas para amortecimento, embalagem e proteção contra impacto. A energia útil que uma espuma pode absorver por unidade de volume é aproximada por

$$\tilde{U} \approx \tilde{\sigma}_{pl}\tilde{\varepsilon}_d \qquad (12.24)$$

onde $\tilde{\sigma}_{pl}$ é a tensão de platô — o menor valor entre a resistência ao escoamento, flambagem ou fratura da espuma.

Esse comportamento não se limita apenas a espumas de células abertas de estrutura idealizada, mostradas anteriormente na Figura 12.17. A maioria das espumas de células fechadas também segue essas leis de aumento de escala,

436 Seleção de Materiais no Projeto Mecânico

à primeira vista um resultado inesperado, porque as faces das células devem suportar tensões de membrana quando a espuma é carregada, e isso deveria levar a uma dependência linear entre ambas — a rigidez e a resistência — e a densidade relativa. A explicação está no fato de que as faces das células são muito finas; sofrem flambagem ou ruptura a tensões tão baixas que sua contribuição à rigidez e à resistência é pequena, e o resultado disso é que as arestas da célula suportam a maior parte da carga.

Propriedades térmicas. O calor específico de espumas, quando expresso em unidades de $J/m^3.K$, é dado por uma regra de misturas, que soma as contribuições do sólido e do gás. O coeficiente de expansão térmica de uma espuma de células abertas é o mesmo que o do sólido do qual ela é feita. O mesmo vale para espumas rígidas de células fechadas, mas não necessariamente para espumas elastoméricas de baixa densidade, porque a expansão do gás dentro das células pode expandir a própria espuma, o que lhe dá um coeficiente aparentemente mais alto.

As células na maioria das espumas são pequenas o bastante para que a convecção do gás dentro delas seja completamente suprimida. Assim, a condutividade térmica da espuma é a soma da convecção que é conduzida através das paredes da célula e da que é conduzida pelo ar parado (ou outro gás) que elas contêm. Por uma aproximação adequada,

$$\tilde{\lambda} = \frac{1}{3}\left(\left(\frac{\tilde{\rho}}{\rho s}\right) + 2\left(\frac{\tilde{\rho}}{\rho s}\right)^{3/2}\right)\lambda_s + \left(1 - \left(\frac{\tilde{\rho}}{\rho s}\right)\right)\lambda_g \qquad (12.25)$$

onde λ_s é a condutividade do sólido e λ_g a do gás (para ar seco é 0,025 W/m.K). O termo associado com o gás é importante: agentes insufladores para espumas que se destinam a isolamento térmico têm baixo valor de λ_g.

Estimando as propriedades de espumas dominadas por flexão

Uma espuma de polietileno tem uma densidade ρ de 150 kg/m^3. A densidade, o módulo, resistência e condutividade térmica do polietileno do qual ele é feito são listados na tabela a seguir. Quais os valores que você esperaria para as mesmas propriedades da espuma?

PE de alto peso molecular, maciço	Densidade ρ_s (kg/m³)	Módulo de Young E_s (GPa)	Resistência à flexão $\sigma_{f,s}$ (MPa)	Condutividade térmica λ_s (W/m·K)
	950	0,94	33	0,195

Resposta

A densidade relativa da espuma é $\tilde{\rho}/\rho_s = 0,16$. Usando as Equações (12.18), (12.20) e (12.25), encontramos:

Espuma de PE de alto peso molecular	Módulo de Young $\tilde{E}$ (GPa)	Resistência à flexão $\tilde{\sigma}_{pl}$ (MPa)	Conductividade térmica $\tilde{\lambda}$ (W/m·K)
	0,024	0,63	0,04

Propriedades elétricas. Espumas isolantes são atraentes por sua baixa constante dielétrica, $\tilde{\varepsilon}_r$, que tende a 1 (o valor para ar ou vácuo) à medida que a densidade relativa diminui:

$$\tilde{\varepsilon}_r = 1 + (\varepsilon_{r,s} - 1)\left(\frac{\tilde{\rho}}{\rho_s}\right) \qquad (12.26)$$

onde $\varepsilon_{r,s}$ é a constante dielétrica do sólido do qual a espuma é feita. A condutividade elétrica segue a mesma lei de aumento de escala da condutividade térmica.

Reticulado: Estruturas dominadas por alongamento

Se as espumas convencionais têm baixa rigidez, visto que a configuração das arestas de suas células permite que sofram flexão, será que não seria possível criar outras configurações nas quais as arestas da célula fossem feitas para que se alongassem? Esse raciocínio resulta na ideia de *estruturas reticuladas de microtreliças* (Figura 12.21).

Propriedades mecânicas. Esses critérios proporcionam uma base para o projeto de estruturas microreticuladas eficientes. Para a estrutura celular da Figura 12.17, $M < 0$ de Maxwell e a flexão domina. Contudo, a estrutura mostrada na Figura 12.21 apresenta $M > 0$ e se comporta como uma estrutura quase isotrópica, dominada por alongamento. Em média, um terço de suas barras suporta tração quando a estrutura é carregada sob tensão simples. Desse modo:

$$\frac{\tilde{E}}{E_s} \approx \frac{1}{3}\left(\frac{\tilde{\rho}}{\rho_s}\right) \text{(comportamento dominado por alongamento isotrópico)} \qquad (12.27)$$

O módulo é linear, não quadrático, em densidade (Figura 12.19, à direita), o que dá uma estrutura muito mais rígida para a mesma densidade. Ocorre colapso quando as arestas da célula sofrem escoamento, dando a tensão de colapso:

$$\frac{\tilde{\sigma}}{\sigma_{f,s}} \approx \frac{1}{3}\left(\frac{\tilde{\rho}}{\rho_s}\right) \text{(comportamento dominado por alongamento isotrópico)} \qquad (12.28)$$

FIGURA 12.21. A célula unitária de uma microtreliça.

438   Seleção de Materiais no Projeto Mecânico

Essa é uma fronteira superior visto que assume que as escoras sofrem escoamento sob tração ou compressão quando a estrutura é carregada. Se as escoras forem delgadas, podem sofrer flambagem antes de escoamento. Então, a "resistência", como aquela de uma espuma que sofre flambagem [Equação (12.21)], é:

$$\frac{\tilde{\sigma}_{el}}{E_s} \approx 0,2 \left(\frac{\tilde{\rho}}{\rho_s} \right)^2 \qquad (12.29)$$

Propriedades térmicas e elétricas. A distinção flexão/alongamento influencia profundamente as propriedades mecânicas, mas não tem efeito algum sobre as térmicas ou elétricas, que são descritas adequadamente pelas equações que apresentamos anteriormente para espumas.

Estimando as propriedades de reticulados dominados por alongamento

Um reticulado de polietileno tem densidade ρ de 150 kg/m^3. A densidade, o módulo, a resistência e a condutividade térmica do polietileno são as mesmas apresentadas no exemplo anterior. Na sua opinião, quais seriam essas mesmas propriedades para o reticulado?

Resposta

A densidade relativa do reticulado é $\tilde{\rho}/\rho_s = 0,16$. Usando as Equações (12.27), (12.28) e (12.25), encontramos:

Reticulado de PE de alto peso molecular	Módulo de Young $\tilde{E}$ (GPa)	Resistência à flexão $\tilde{\sigma}$ (MPa)	Conductividade térmica $\tilde{\lambda}$ (W/m·K)
	0,05	1,8	0,04

Preenchimento do espaço de propriedades com estruturas celulares. Todos os diagramas do Capítulo 4 têm um envelope rotulado "Espumas", indicando onde se encontram as propriedades de espumas de polímeros comerciais. Isso é destacado na Figura 12.22, que mostra novamente a seção módulo-densidade ($E - \rho$) no espaço material-propriedade. O envelope da espuma de polímero estende-se ao longo de uma reta de inclinação 2, como previsto pela Equação (12.18). Estruturas reticuladas, por contraste, estendem-se ao longo de uma reta de inclinação 1, como a Equação (12.27) prevê. Ambos preenchem áreas do espaço $E - \rho$ que não estão preenchidas por materiais sólidos. Estruturas reticuladas empurram a área preenchida a valores mais altos dos índices $E^{1/2}/\rho$ e $E^{1/3}/\rho$.

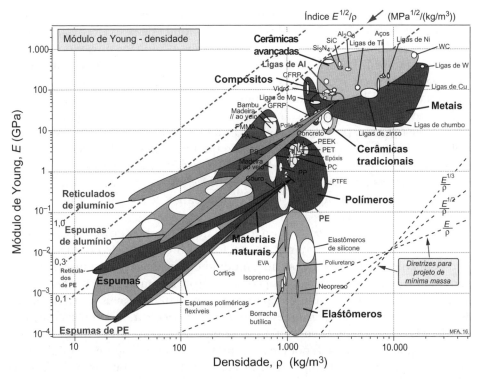

FIGURA 12.22. Espumas e estrutura de microtreliça são híbridos formados de material e espaço. Espumas são usualmente dominadas por flexão e se encontram ao longo de uma linha de inclinação 2 nesse diagrama. Microtreliças são dominadas por alongamento e se encontram em uma linha de inclinação 1. Ambos extendem a área ocupada desse diagrama em algumas potências de 10 (ver caderno colorido).

12.6 Estruturas sanduíche e multicamadas

Um painel-sanduíche é o epítome do conceito de um híbrido. Combina dois materiais em geometria e escalas especificadas, configuradas de modo tal que um deles forma as faces e o outro o núcleo para gerar uma estrutura de alta rigidez e resistência à flexão com baixo peso (Figura 12.23). A separação das faces pelo núcleo aumenta o momento de inércia da seção, I, e seu módulo

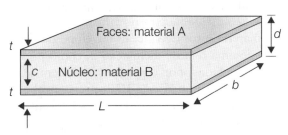

FIGURA 12.23. O painel sanduíche.

440   Seleção de Materiais no Projeto Mecânico

de seção, Z, produzindo uma estrutura que resiste bem a cargas de flexão e flambagem. Sanduíches são usados onde a economia de peso é crítica: aeronaves, trens, caminhões, carros, estruturas portáteis e equipamentos esportivos. A Natureza também faz uso de projetos sanduíche: seções do crânio humano, a asa de um pássaro e o caule e as folhas de muitas plantas mostram um núcleo de baixa densidade, semelhante à espuma, separando duas faces sólidas.[4]

As faces, cada uma de espessura t, suportam a maior parte da carga, portanto devem ser rígidas e resistentes; como formam as superfícies exteriores do painel, devem também tolerar o ambiente no qual trabalham. O núcleo, de espessura c, ocupa a maior parte do volume; deve ser leve, rígido e forte o suficiente para suportar as tensões de cisalhamento necessárias para que o painel inteiro se comporte como uma unidade de suporte de carga (se o núcleo for muito mais espesso do que as faces, essas tensões são pequenas).

Um sanduíche como um "material". Até aqui, falamos do sanduíche como uma *estrutura*: faces do material A apoiadas sobre um núcleo de material B, cada um com sua própria densidade, módulo e resistência. Mas também podemos pensar nele como um *material* com seu próprio conjunto de propriedades, e isso é útil porque permite comparação com materiais mais convencionais. Para tal, calculamos *propriedades de materiais equivalentes* para o sanduíche e as identificamos, como fizemos para os compósitos, com um til (por exemplo, $\tilde{\rho}, \tilde{E}$). As quantidades $\tilde{\rho}$ e $\tilde{E}$ podem ser representadas no diagrama módulo-densidade, o que permite comparação direta com todos os outros materiais no diagrama. Todas as interpretações que usam índices de mérito se aplicam sem alterações. Os símbolos das fronteiras e limites deduzidos a seguir envolvem uma série de símbolos. Eles estão definidos na Tabela 12.3.

Procurando propriedades equivalentes de materiais estruturados por experimentos

Considere uma estrutura-sanduíche com cascas sólidas separadas por um núcleo celular. O painel tem densidade equivalente igual à sua massa dividida por seu volume, m_a/d, onde m_a é sua massa por unidade de área e $d = 2t + c$ é sua espessura global. Tem rigidez à flexão EI, medida pelo carregamento do painel sob flexão, registrando a deflexão. Definimos um material homogêneo equivalente com $\tilde{\rho} = \rho$ e $\tilde{E}\tilde{I} = EI$, onde $\tilde{I} = bd^3/12$ (Apêndice B2) é o momento de inércia de área para um painel *homogêneo* com as mesmas dimensões do real. Portanto, a densidade e o módulo equivalentes são:

$$\tilde{\rho} = \frac{m_a}{d} \tag{12.30}$$

$$\tilde{E} = \frac{12EI}{bd^3} \tag{12.31}$$

---

4. Allen (1969) e Zenkert (1995) dão boas introduções ao projeto de painéis-sanduíche para aplicações de engenharia. Gibson et al. (2010) faz o mesmo para seu uso na natureza.

Projetando materiais híbridos   441

Tabela 12.3. Os símbolos

Símbolo	Significado e unidades usuais
t, c, d	Espessura da face, espessura do núcleo e espessura global do painel (m)
L, b	Comprimento e largura do painel (m)
m_a	Massa por unidade de área de painel (kg/m^2)
$f = 2t/d$	Volumes relativos ocupados pelas faces
$(1-f) = c/d$	Volume relativo ocupado pelo núcleo
I	Momento de inércia de área (m^4)
ρ_f, ρ_c	Densidades do material da face e do núcleo (kg/m^3)
$\tilde{\rho}$	Densidade equivalente do painel (kg/m^3)
E_f	Módulo de Young das faces (GN/m^2)
E_c, G_c	Módulo de Young e módulo de elasticidade transversal do núcleo (GN/m^2)
$\tilde{E}_{no\,plano}, \tilde{E}_{flex}$	Módulo no plano e módulo de flexão equivalentes do painel (GN/m^2)
σ_f	Resistência ao escoamento das faces (MN/m^2)
σ_c, τ_c	Resistência ao escoamento e resistência ao escoamento por cisalhamento do núcleo (MN/m^2)
$\tilde{\sigma}_{no\,plano}$	Resistência no plano equivalente do painel (MN/m^2)
$\tilde{\sigma}_{flex1}, \tilde{\sigma}_{flex2}, \tilde{\sigma}_{flex3}$	Resistência à flexão equivalente do painel, dependendo do mecanismo de falha (MN/m^2)

Carregar o painel até a falha permite a medição experimental do momento de falha, M_f. Então, é possível definir uma resistência à flexão equivalente via $\tilde{Z}\tilde{\sigma}_{flex} = M_f$, onde $\tilde{Z} = bd^2/4$ é o módulo da seção (totalmente plástica) do painel. Assim, a resistência à flexão equivalente é:

$$\tilde{\sigma}_{flex} = \frac{4M_f}{bd^2} \tag{12.32}$$

Um breve exemplo ilustrará o método.

Ensaios realizados em um painel-sanduíche carbono-aramida usado como assoalho em uma aeronave Boeing deram os resultados apresentados na tabela a seguir.

Material da face	0,25 mm carbono/fenólico
Material do núcleo	Célula 3,2 mm, 147 kg/m^3, aramida alveolar (*honeycomb*)
Peso do painel por unidade de área, m_a	2,69 kg/m^2
Comprimento do painel, L	510 mm

Largura do painel, b	51 mm
Espessura do painel, d	10,0 mm
Rigidez à flexão, EI	122 N·m^2
Momento de falha, M_f	196 Nm

A densidade equivalente pela Equação (12.13) é:

$$\tilde{\rho} = \frac{m_a}{d} = 269\,kg/m^3$$

O módulo equivalente $\tilde{E}$ pela Equação (12.14) é:

$$\tilde{E} = \frac{12EI}{bd^3} = 28,8\,GPa$$

A resistência à flexão equivalente $\tilde{\sigma}_{flex}$ pela Equação (12.15) é:

$$\tilde{\sigma}_{flex} = \frac{4M_f}{bd^2} = 154\,MPa$$

Propriedades equivalentes de estruturas sanduíche por análise

Neste item, desenvolvemos equações para a rigidez e a resistência de painéis sanduíche e as expressamos como propriedades de um material homogêneo equivalente.

Densidade equivalente. A densidade equivalente do sanduíche (sua massa dividida por seu volume) é:

$$\tilde{\rho} = f\rho_f + (1-f)\rho_c \tag{12.33}$$

Aqui, f é a fração volumétrica ocupada pelas faces: $f = 2t/d$.

Propriedades mecânicas. Painéis-sanduíche são projetados para serem rígidos e resistentes sob flexão. Portanto, se pensarmos no painel como um "material", devemos distinguir o módulo e a resistência no plano do módulo e da resistência sob flexão. O módulo efetivo no plano, $\tilde{E}_{no\,plano}$, e a resistência efetiva no plano, $\tilde{\sigma}_{no\,plano}$, são dados, por uma aproximação adequada, pela regra de misturas.

Módulo de flexão equivalente. Propriedades de flexão são bem diferentes. A flexibilidade à flexão (a recíproca da rigidez) tem duas contribuições: uma da flexão do painel como um todo e outra do cisalhamento do núcleo (Figura 12.24). Elas se somam. A rigidez à flexão é:

$$EI = \frac{b}{12}(d^3 - c^3)E_f + \frac{bc^3}{12}E_c$$

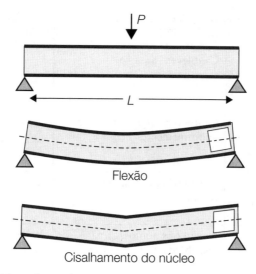

FIGURA 12.24. Rigidez à flexão de painel-sanduíche. Há contribuições da flexão e do cisalhamento do núcleo.

A rigidez ao cisalhamento é:

$$AG = \frac{bd^2}{c}G_c$$

Aqui as dimensões d, c, t e L são identificadas na Figura 12.23, E_f é o módulo de Young das chapas das faces, G_c é o módulo de elasticidade transversal do núcleo e A é a área de sua seção transversal.

A soma das deflexões dá:

$$\delta = \frac{12PL^3}{B_1 b\left\{(d^3-c^3)E_f + c^3 Ec\right\}} + \frac{PLc}{B_2 d^2 b G_c} \qquad (12.34)$$

A configuração da carga determina os valores das constantes B_1 e B_2, como resumidos na Tabela 12.4. A comparação com $\delta = \dfrac{12PL^3}{\tilde{E}d^3 b}$ para o material "equivalente" resulta em:

$$\frac{1}{\tilde{E}_{flex}} = \frac{1}{12}\frac{1}{E_f\left\{(1-(1-f)^3) + \dfrac{E_c}{E_f}(1-f)^3\right\}} + \frac{B_1}{B_2}\left(\frac{d}{L}\right)^2 \frac{(1-f)}{G_c}$$

(12.35)

Observe que, com exceção do termo para o equilíbrio flexão/cisalhamento $(d/L)^2$, a propriedade equivalente é independente de escala (como uma propriedade de material deve ser); a única variável é a espessura relativa de faces e núcleo, f. A rigidez à flexão (EI) é recuperada pela formação de EI onde $\tilde{I}$ é o momento de inércia de um painel homogêneo ($\tilde{I} = bd^3/12$).

444　Seleção de Materiais no Projeto Mecânico

Tabela 12.4. **Constantes para descrever modos de carregamento**

Modo de carregamento	Descrição	B_1	B_2	B_3	B_4
	Cantiléver, carga na extremidade	3	1	1	1
	Cantiléver, carga distribuída uniformemente	8	2	2	1
	Flexão três pontos, carga central	48	4	4	2
	Flexão três pontos, carga distribuída uniformemente	384/5	8	8	2
	Extremidades engastadas, carga central	192	4	8	2
	Extremidades engastadas, carga distribuída uniformemente	384	8	12	2

Resistência à flexão equivalente. Painéis-sanduíche podem falhar de muitos modos diferentes (Figura 12.25). Os mecanismos de falha competem, o que significa que o que ocorrer sob a carga mais baixa domina. Calculamos uma *resistência à flexão equivalente* para cada modo e então procuramos o mais baixo.

Escoamento da face. O momento totalmente plástico do sanduíche é:

$$M_f = \frac{b}{4}\left\{(d^2 - c^2)\sigma_f + c^2\sigma_c\right\}$$

Usando o fato de que $c/d = (1-f)$, a Equação (12.15) fornece a seguinte resistência à falha equivalente quando o escoamento da face é o modo de falha dominante:

$$\tilde{\sigma}_{flex1} = (1-(1-f)^2)\sigma_f + (1-f)^2\sigma_c \tag{12.36}$$

que, novamente, é independente de escala.

Flambagem da face (Figura 12.26). Sob flexão, uma face do sanduíche está sob compressão. Se sofrer flambagem, o sanduíche falha. A tensão na face na qual isso acontece[5] é:

$$\sigma_b = 0,57(E_f E_c^2)^{1/3} \tag{12.37}$$

---

5. Deduções dessa equação e das outras citadas aqui podem ser encontradas em Gibson e Ashby (1997), na seção Leitura Adicional.

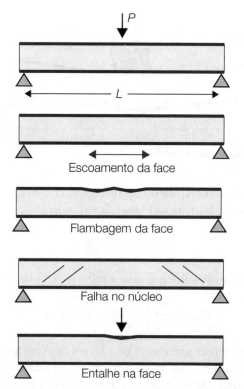

FIGURA 12.25. Modos de falha de painéis-sanduíche sob flexão.

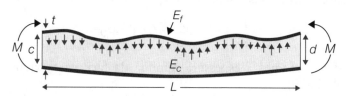

FIGURA 12.26. Flambagem da face.

Flambagem é um problema somente quando as faces são finas e o núcleo oferece pouco suporte. Então, o momento de falha M_f é bem aproximado por:

$$M_f = 2\sigma_b tbc = 1{,}14(E_f E_c^2)^{1/3} tbc$$

que, pela Equação (12.32), resulta em:

$$\tilde{\sigma}_{flex2} = 2{,}28 f(1-f)(E_f E_c^2)^{1/3} \qquad (12.38)$$

Cisalhamento do núcleo (Figura 12.27). Falha por cisalhamento do núcleo ocorre à carga:

$$P_f = B_4 bc\left(\tau_c + \frac{t^2}{cL}\sigma_f\right)$$

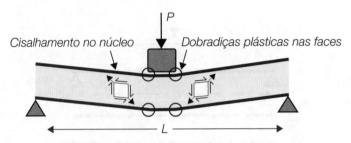

FIGURA 12.27. Cisalhamento do núcleo.

Aqui o primeiro termo resulta do cisalhamento no núcleo, o segundo da formação de dobradiças plásticas nas faces. Igualando a

$$P_f = \frac{B_3 bd^2}{4L}\tilde{\sigma}_3$$

temos a resistência equivalente quando a falha é por cisalhamento:

$$\sigma_{flex3} = \frac{B_4}{B_3}\left\{4\frac{L}{d}(1-f)\tau_c + f^2\sigma_f\right\} \qquad (12.39)$$

A configuração da carga determina os valores constantes B_3 e B_4, como resumido antes na Tabela 12.4. Quando o material do núcleo é aproximadamente isotrópico (as espumas são), τ_c pode ser substituída por $\sigma_c/2$. Quando não é (um exemplo é um núcleo alveolado [*honeycomb*]), τ_c deve ser mantida.

Indentação. A pressão de indentação $p_{ind} = P/a$ é

$$\frac{F}{ab} = p_{ind} = \frac{2t}{a}(\sigma_y^f \sigma_y^c)^{1/2} + \sigma_y^c \qquad (12.40)$$

pela qual determinamos a espessura mínima da face para evitar indentação (Ashby et al., 2000).

A eficiência de estruturas-sanduíche. Sanduíches são comparados com materiais monolíticos como ilustrado nas Figuras 12.28 e 12.29. O primeiro deles mostra a densidade equivalente $\tilde{\rho}$ e o módulo de flexão equivalente, $\tilde{E}$ [Equações (12.33) e (12.35)] para sanduíches, usando os dados na Tabela 12.4. Aqui, chapas da face feitas de CFRP são combinadas com um núcleo de espuma de alto desempenho em diferentes razões, que aumentam conforme os valores de 2t/d, para uma razão escolhida d/L que produz a trajetória mostrada. Sua forma duplamente curvada surge em razão da interação entre os modos de deformação por flexão e por cisalhamento. Contornos mostram valores do índice para um painel leve e rígido:

$$M_3 = \frac{E^{1/3}}{\rho}$$

O painel ótimo, de uma perspectiva da rigidez por unidade de peso, é aquele cujo contorno é tangente à trajetória. A Figura 12.28 mostra que isso ocorre a

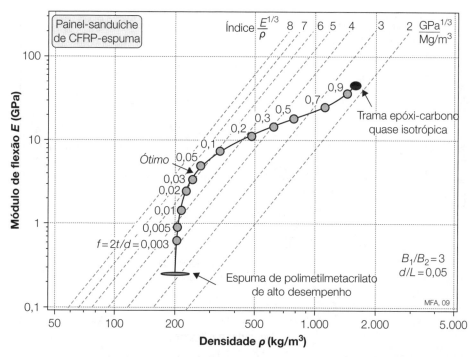

FIGURA 12.28. O módulo e a densidade equivalentes de um sanduíche de CFRP-espuma são comparados com os de materiais monolíticos. Os contornos do índice $E^{1/3}/\rho$ permitem otimização das proporções do sanduíche (ver caderno colorido).

TABELA 12.5. Dados para face e núcleo de sanduíche

Material da face e do núcleo	Densidade ρ kg/m^3	Módulo E (GPa)	Resistência σ_f (MPa)
Trama carbono-epóxi quase isotrópica	1.570	46	550
Espuma de polimetacrilimida de alto desempenho	200	0,255	6,8

$f \approx 0{,}04$, o que dá um painel que é 2,8 vezes mais leve do que um painel sólido de CFRP com a mesma rigidez (ou $(2{,}8)^3 = 22$ vezes mais rígido para a mesma massa) (Tabela 12.5).

A resistência (Figura 12.29) é tratada de modo semelhante, mas aqui há o problema de mecanismos concorrentes. Consideramos que a resistência à falha equivalente é a menor de: $\tilde{\sigma}_{flex1}, \tilde{\sigma}_{flex2}$ e $\tilde{\sigma}_{flex3}$ [Equações (12.36), (12.38) e (12.39)], o que leva em conta adequadamente a concorrência entre eles. Para as condições escolhidas aqui, a flambagem da face domina para $f < 0{,}025$; o escoamento da face domina de $f = 0{,}025$ a $f = 0{,}1$, quando ocorre uma mudança para cisalhamento do núcleo. O envelope mostra a resistência que se pode obter com estruturas sanduíche de CFRP-espuma e permite comparação direta

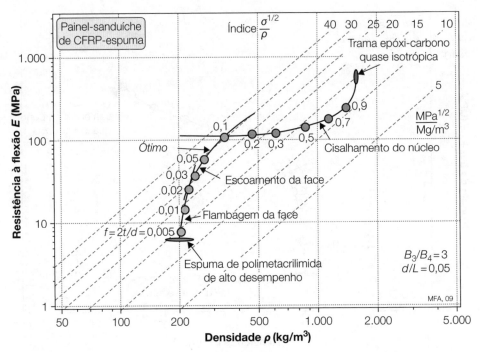

FIGURA 12.29. A resistência e a densidade equivalentes de um sanduíche de CFRP-espuma são comparadas com as de materiais monolíticos. O envelope mostra o menos resistente dos modos de falha concorrentes. Os contornos do índice $\sigma^{1/2}/\rho$ permitem otimização das proporções do sanduíche. A indentação é incluída pela imposição de um mínimo sobre a razão de espessura $2t/d$ (ver caderno colorido).

com materiais monolíticos. Contornos mostram o índice para estruturas leves e resistentes

$$M_6 = \frac{\sigma_f^{1/2}}{\rho}$$

que mede a eficiência do material quando a resistência à flexão é o requisito principal. O ótimo encontra-se logo abaixo de $f = 0{,}1$, ao qual o painel é 2 vezes mais leve do que um painel sólido de CFRP com a mesma resistência (ou $2^2 = 4$ vezes mais forte para a mesma massa).

A indentação não foi incluída nessa competição porque é um mecanismo local — depende da área de contato (ou de impacto) com o indentador, quase sempre um evento para o qual o painel não foi primordialmente projetado. A proteção é possível mediante a estimativa de um "pior caso" para a carga e a área de indentação e o cálculo do valor t/a exigido para suportá-la. Isso é feito usando a Equação (12.40) para calcular o limite de segurança mais baixo para t/a, que então é aplicado como uma restrição à trajetória.

Propriedades térmicas. Propriedades térmicas são tratadas de modo semelhante. O calor específico C_p segue uma regra de misturas, como mostra a Equação (12.9). A condutividade térmica no plano $\lambda_\parallel$ também segue tal regra, o que é visto na Equação (12.12). A condutividade através da espessura, $\lambda_{\perp}$, é dada pela média harmônica:

$$\tilde{\lambda}_{\perp} = \left(\frac{f}{\lambda f} + \frac{1-f}{\lambda_c} \right)^{-1} \qquad (12.41)$$

A expansão térmica no plano é complicada pelo fato de que as faces e o núcleo têm coeficientes de expansão diferentes, porém, como estão ligados, são forçados a sofrer a mesma deformação. Essa restrição resulta em um coeficiente de expansão no plano de:

$$\tilde{\alpha}_{//} = \frac{fE_{faf} + (1-f)E_c a_c}{fE_f + (1-f)E_c} \qquad (12.42)$$

O coeficiente através da espessura é mais simples; é dado pela média ponderada:

$$\tilde{\alpha}_{\perp} = fa_f + (1-f)a_c \qquad (12.43)$$

A difusividade térmica através da espessura não é uma quantidade de valor único, mas depende do tempo. Quando o tempo é curto, o calor não penetra no núcleo e a difusividade é a da face, porém, quando o tempo é mais longo, a difusividade tende ao valor dado pela razão $\tilde{\lambda}/\tilde{\rho}\tilde{C}_p$.

Propriedades elétricas. A constante dielétrica de um sanduíche, como a dos compósitos, é dada por uma regra de misturas, vista na Equação (12.15), com $f = 2t/d$. Espumas de polímeros têm constantes dielétricas muito baixas, portanto, sanduíches com faces de GFRP e núcleos de espuma de polímero permitem a construção de conchas rígidas e resistentes com perda dielétrica excepcionalmente baixa. A condutividade elétrica no plano também segue uma regra de misturas. A condutividade elétrica através da espessura, como a de calor, é descrita pela média harmônica [o equivalente da Equação (12.41)].

Multicamadas. Um sanduíche é um exemplo de estrutura de multicamadas. As suas resistência e rigidez à flexão são fáceis de analisar porque há somente três camadas e a estrutura é simétrica em relação ao seu plano médio. De maneira mais geral, as multicamadas têm mais de três camadas e não são simétricas, de modo que o eixo neutro de flexão não está mais no plano médio. O quadro matemático para lidar com isso é apresentado no Apêndice deste capítulo. Eles não se prestam a soluções analíticas simples, mas são facilmente resolvidos numericamente. Eles são implementados na ferramenta Synthesizer do CES EduPack, que permite que as propriedades das multicamadas definidas pelo usuário sejam plotadas em gráficos de propriedades de materiais como os deste capítulo.

Preencher espaço de propriedades com estruturas-sanduíche. Terminamos esta seção, como fizemos com a anterior, com duas figuras que ilustram como as estruturas-sanduíche podem expandir a ocupação do espaço material-propriedade. A primeira, Figura 12.30, é uma seção módulo de flexão-densidade $(E - \rho)$. As áreas

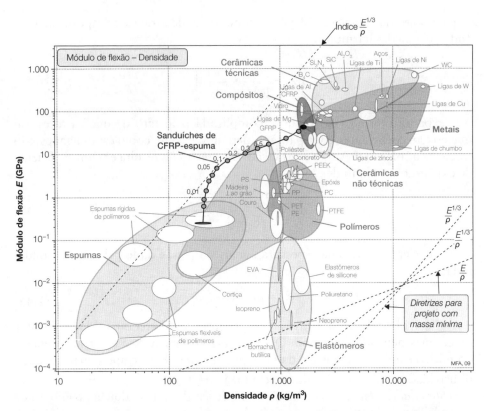

FIGURA 12.30. Os dados para o sanduíche da Figura 12.28 sobrepostos a um diagrama módulo-densidade, mostrando o excepcional valor do índice de rigidez à flexão $E^{1/3}/\rho$ (ver caderno colorido).

preenchidas por metais, polímeros, cerâmicas, compósitos e espumas aparecem como envelopes claros; os membros são identificados em cinza. A rigidez e a densidade dos sanduíches de CFRP-espuma da Figura 12.28 estão superpostas. Os que têm $0{,}01 < f < 0{,}2$ estendem-se até uma área que antes estava vazia. Usando o índice $E^{1/3}/\rho$ para um painel leve e rígido como um critério de excelência, constatamos que sanduíches oferecem desempenho que antes não era possível obter.

A Figura 12.31 conta uma história semelhante para a seção resistência-densidade ($\sigma_f - \rho$). O código de cores é o mesmo da figura anterior. A trajetória resistência-densidade da Figura 12.29 está sobreposta. Novamente, os sanduíches expandem a área ocupada em uma direção que, usando o índice para um painel leve e resistente ($\sigma_f^{1/2}/\rho$) como critério, oferece melhor desempenho.

12.7 Estruturas segmentadas

Subdivisão como uma variável de projeto

Os quebra-cabeças, as montagens Lego e os cubos mágicos são exemplos de estruturas segmentadas, introduzidas na Seção 12.3. À primeira vista, as estruturas de suporte de carga montadas em segmentos discretos, interligados, mas não unidos, não parecem promissoras. Mas, como explicado anterior-

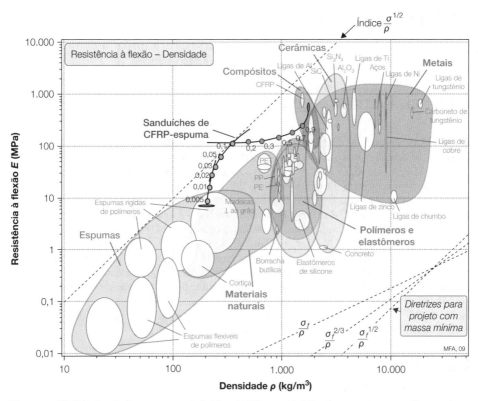

FIGURA 12.31. Os dados para o sanduíche da Figura 12.29 sobrepostos a um diagrama resistência-densidade, mostrando o excepcional valor do índice de rigidez à flexão $\sigma^{1/2}/\rho$ (ver caderno colorido).

mente, a segmentação dá tolerância ao dano; permite a desmontagem e a capacidade de misturar segmentos feitos de diferentes materiais, e cria estruturas com propriedades que não podem ser alcançadas de outras maneiras.

12.8 Resumo e conclusões

As propriedades de materiais de engenharia podem ser imaginadas como eixos que definem um espaço multidimensional, no qual cada propriedade é uma dimensão. O Capítulo 3 mostrou como esse espaço pode ser mapeado. Os mapas revelam que algumas áreas do espaço de propriedades são ocupadas e outras, não — há vazios. Às vezes, os vazios podem ser preenchidos por meio da fabricação de híbridos: combinações de dois (ou mais) materiais em configuração e escala escolhidas. Requisitos de projeto isolam um pequeno retângulo em um espaço material-propriedade multidimensional. Se estiver ocupado por materiais, os requisitos podem ser cumpridos. Entretanto, se o retângulo atingir um vazio em qualquer uma das dimensões, precisamos de um híbrido. Existem várias famílias de configurações e cada uma oferece diferentes combinações de funcionalidade. Cada configuração é caracterizada por um conjunto de fronteiras que abrangem suas propriedades efetivas. Os métodos desenvolvidos neste capítulo fornecem ferramentas para explorar combinações de configurações com materiais alternativos. O Capítulo 13 dá exemplos de seu uso.

452   Seleção de Materiais no Projeto Mecânico

12.9 Leitura adicional

Este capítulo baseia-se em muitas fontes diversas. Para tornar a Leitura Adicional mais acessível, as referências estão agrupadas por tópico.

Materiais híbridos – geral

Ashby, M.F.; Brechet, Y. (2003) Designing hybrid materials. Acta Mater, 51, 5647-6019. (*Uma introdução à materiais híbridos para designs termomecânicos.*).
Bendsoe, M.P.; Sigmund, O. (2003) Topology Optimization, Theory Methods and Applications. Berlim: Springer-Verlag. Berlin, Germany, ISBN 3-540-42992-1. (*O primeiro tratamento abrangente de métodos emergentes para otimizar configuração e escala.*).
Kromm, F.X.; Quenisset, J.M.; Harry, R.; Lorriot, T. (2001) An example of multimaterial design. Rimini: Proc Euromat'01. (*Um dos primeiros artigos a abordar o projeto de híbridos.*)
McDowell, D.L.; Allen, J.; Mistree, F.; Panchal, J.; Choi, H.-J. (2009) Integrated Design of Multiscale Materials and Products. Amsterdam: Elsevier Science & Technology Books. ISBN-13: 9781856176620. (*McDowell et al procuram integrar a abordagem "materiais por design" de Olson/Ques Tek LLC com a abordagem de "seleção de materiais" desenvolvida neste livro e implementada no software CES.*).
Isola, R. (2008) Packing of granular materials. PhD Dissertation, U. on Nottingham, Nottingham. (*Uma análise exaustiva do empacotamento de esferas.*)

Compósitos

Ashby, M.F. (1993) Criteria for selecting the components of composites. Acta Mater, 41, 1313-1335. (*Uma compilação de modelos para propriedades de compósitos, introduzindo os métodos desenvolvidos aqui.*).
Budiansky, B.; Fleck, N.A. (1993) Compressive failure of fibre composites. J. Mech. Phys. Solids., 41, 183-211. (*A análise definitiva de retorcedura da fibra na compressão de compósitos.*).
Chamis, C.C. (1987) Engineers Guide to Composite Materials. Materials Park: Am. Soc. Metals, p. 3-8-3-24. (*Uma compilação de modelos para propriedades de compósitos.*)
Clyne, T.W.; Withers, P.J. (1993) An Introduction to Metal Matrix Composites. Cambridge: Cambridge University Press. ISBN 0-521-41808-9. (*Uma ampla introdução para a modelagem de compósito de matriz metálica — um volume complementar a Hull e Clyne.*).
Hull, D.; Clyne, T.W. (1996) An Introduction to Composite Materials. Cambridge: Cambridge University Press. (*Uma ampla introdução para a modelagem de compósitos de matriz de polímero — um volume complementar a Clyne e Withers.*).
Schoutens, J.E.; Zarate, D.A. (1986) Composites. 17, 188. (*Uma compilação de modelos para propriedades de compósitos.*).
Watt, J.P.; Davies, G.F.; O'Connell, R.J. (1976) Reviews of Geophysics and Space Physics. 14, 541. (*Uma compilação de modelos para propriedades de compósitos.*)

Estruturas celulares

Deshpande, V.S.; Ashby, M.F.; Fleck, N.A. (2001) Foam topology: bending versus stretching dominated architectures. Acta Mater, 49, 1035-1040. (*Uma discussão sobre as topologias dominadas por flexão vs. dominadas por alongamento.*).
Gibson, L.J.; Ashby, M.F. (1997) Cellular Solids, Structure and Properties. 2ª ed. Cambridge: Cambridge University Press. ISBN 0-521-49560-1. (*Uma monografia que analisa as propriedades, o desempenho e os usos de espumas dando as deduções e verificações das equações usadas na Seção 12.6.*)
Gibson, L.J.; Ashby, M.F.; Harley, B. (2010) Cellular Bio-Materials. Cambridge: Cambridge University Press. (*Uma análise das funções de sólidos celulares na natureza.*).

Estruturas sanduíche

Allen, H.G. (1969) Analysis and Design of Structural Sandwich Panels. Oxford: Pergamon Press. (*A bíblia: o livro que estabeleceu os princípios do design sanduíche.*).

Ashby, M.F.; Evans, A.G.; Fleck, N.A.; Gibson, L.J.; Hutchinson, J.W.; Wadley, H.N.G. (2000) Metal Foams: A Design Guide. Oxford: Butterworth Heinemann. ISBN 0-7506-7219-6. (*Texto instituindo as bases experimentais e teóricas de espumas de metal, com dados sobre espumas reais e exemplos de sua aplicação.*).

Gill M.C. (2009) Simplified sandwich panel design. Disponível em <http://www.mcgillcorp.com/doorway/pdf/97_Summer.pdf>.

Pflug, J. (2006) J. Sandwich Structures Mater, 8(5): 407-421.

Pflug, J.; Vangrimde, B.; Verpoest, I. (2003) Material efficiency and cost effectiveness of sandwich materials. Sampe US Proceedings.

Pflug, J.; Verpoest, I.; Vandepitte, D. (2004) SAND.CORE Workshop, Bruxelas, Dezembro 2004.

Zenkert, D. (1995) An introduction to sandwich construction. Engineering Advisory Services Ltd., Solihull. Publicado por Chameleon Press Ltd., Londres. ISBN 0 947817778. (*Uma cartilha com o objetivo de ensinar a análise básica de estruturas sanduíche.*)

Estruturas segmentadas

Dyskin, A.V.; Estrin, Y.; Kanel-Belov, A.J.; Pasternak, E. (2001) Toughening by fragmentation: how topology helps. Adv. Eng. Mater, 3, 885-888. (2003) "Topological interlocking of platonic solids: a way to new materials and structures", Phil. Mag. 83, 197203. (*Dois estudos que introduzem as configurações interligadas que possuem cargas flexíveis, mas têm tolerância a danos.*).

Autruffe, A.; Pelloux, F.; Brugger, C.; Duval, P.; Brechet, Y.; Fivel, M. (2007) Indentation behaviour of interlocked structures made of ice: influence of the friction coefficient. Adv. Eng. Mater, 9(8): 664-666.

Stauffer, D.; Aharony, A. (1994) Introduction to Percolation Theory. 2ª ed. Londres: Taylor and Francis. (*Uma introdução pessoal, porém de leitura muito fácil, sobre a teoria da percolação.*)

Weibull, W. (1951) J. Appl. Mech, 18, 293. (*O criador do modelo "do elo mais fraco" de um sólido frágil.*).

12.10 Apêndice: a rigidez e a resistência de multicamadas[6]

Equações básicas. Considere uma multicamada com n camadas fortemente unidas. Ela é flexionada até uma curvatura K, positiva quando côncava para cima. Assumimos que as seções planas permanecem planas. Defina a cordenada y de modo que (Figura 12.32)

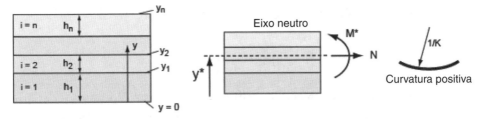

FIGURA 12.32. A multicamada, o carregamento e a curvatura. O passo chave é calcular a posição do eixo neutro.

---

6. Meus agradecimentos ao Professor J.W. Hutchinson pela estrutura dessa dedução. As equações são implementadas na ferramenta Synthesizer do CES EduPack.

454   Seleção de Materiais no Projeto Mecânico

$$y_o = 0,$$

e

$$y_i = \sum_{j=1}^{i} h_j$$

com

$$i = 1, n$$

A deformação em y é $\varepsilon = \varepsilon_o - Ky$
A tensão na i-ésima camada é $\sigma = \bar{E}_i \varepsilon$
onde

$$\tilde{E}_i = E_i / (1 - v_i^2)$$

Defina $N=$ Força por unidade de largura e $M=$ Momento por unidade de largura em relação a $y= 0$. Então,

$$N = \int \sigma \, dy = \int \tilde{E}_i (\varepsilon_o - Ky) \, dy = \varepsilon_o \sum_{i=1}^{n} \tilde{E}_i h_i - K \sum_{i=1}^{n} \frac{1}{2} \bar{E}_i (y_i^2 - y_{i-1}^2)$$

e

$$M = -f\sigma \cdot y \, dy = -\int \bar{E}_i (\varepsilon_o - Ky) \cdot y \, dy = \varepsilon_o \sum_{i=1}^{n} \frac{1}{2} \bar{E}_i (y_i^2 - y_{i-1}^2) + K \sum_{i=1}^{n} \frac{1}{3} \bar{E}_i (y_i^3 - y_{i-1}^3)$$

Assumindo

$$C_{11} = \sum_{i=1}^{n} \bar{E}_i h_i C_{12} = C21 = -\sum_{i=1}^{n} \frac{1}{2} \bar{E}_i (y_i^2 - y_{i=1}^2) C_{12} = C_{21} = -\sum_{i=1}^{n} \bar{E}_i (y_i^2 - y_{i=1}^2)$$

Então $N = C_{11}\varepsilon_o + C_{12}K$ e $M = C_{12}\varepsilon_o + C_{22}K$
Identificar o eixo de flexão neutra:

$$N = C_{11}\varepsilon_o + C_{12}K$$

$$M^* = M + Ny^*$$

Portanto, $M^* = (C_{12} + C_{11}y^*)\varepsilon_o + (C_{22} + C_{12}y^*)K$
Fazendo $\varepsilon_o^* = \varepsilon_o - Ky^*$ da qual $\varepsilon_o = \varepsilon_o^* + Ky^*$
e

$$N = C_{11}\varepsilon_o^* + (C_{12} + C_{11}y^*)K$$

$$M^* = (C_{12} + C_{11}y^*)\varepsilon_o^* + (C_{22} + 2C_{12}y^* + C_{11}y^{*2})K$$

Em flexão simples, $N = 0$, resultando em $y^* = -\dfrac{C_{12}}{C_{11}}$.

Os resultados chaves até aqui são montados no retângulo a seguir.

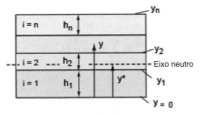

FIGURA 12.33. Calculando o escoamento inicial.

$$\left.\begin{array}{l} N = C_{11} \varepsilon_o^* \\ M^* = BK \\ B = \left[C_{22} - \dfrac{2C_{12}^2}{C_{11}} + \dfrac{C_{12}^2}{C_{11}} \right] = \left[C_{22} - \dfrac{C_{12}^2}{C_{11}} \right] \end{array}\right\}$$

Rigidez e vigas e painéis de multicamadas. A equação chave é

$$\frac{M}{I} = \frac{\tilde{E}}{R} = \tilde{E}K$$

onde $I = \dfrac{bh^3}{12}$ e $\tilde{E}$ é o módulo efetivo de flexão. Verificamos na página anterior que a relação entre M e K é (Figura 12.32)

$$M^* = BK \text{ com } B = \left[C_{22} - \frac{C_{12}^2}{C_{11}} \right]$$

e

$$C_{11} = \sum_{i=1}^{n} \overline{E}_i h_i \quad C_{12} = C_{21} = -\sum_{i=1}^{n} \frac{1}{2} \overline{E}_i (y_i^2 - y_{i-1}^2) \quad C_{22} = \sum_{i=1}^{n} \frac{1}{3} \overline{E}_i (y_i^3 - y_{i-1}^3)$$

Então,

$$\tilde{E} = \frac{B}{I} = \frac{12B}{bh^3}.$$

A rigidez da viga é, portanto,

$$S = \frac{C_1 \tilde{E} I}{L^3}$$

com C_1 determinado pelos valores da Tabela B.3 do Apêndice B.

Resistência de vigas e painéis multicamadas (Figura 12.33). Definimos "falha" como o escoamento de uma camada em qualquer local da viga. Se seções planas permanecem planas, a deformação em qualquer ponto y na multicamada, quando ela é flexionada para uma curvatura K, é:

$$\varepsilon = (y - y^*)K$$

456   Seleção de Materiais no Projeto Mecânico

O centro da camada i se encontra em uma distância

$$y_i - y^* = \sum_{j=1}^{i-1} h_j + \frac{1}{2} h_i - y^*$$

e a tensão nessa camada é

$$\sigma_i = E_i(y_i - y^*)K = E_i K \left(\sum_{j=1}^{i-1} h_j + \frac{1}{2} h_i - y^* \right)$$

A condição de escoamento na camada i é a de que $\sigma_i \geq \sigma_{y,i}$ onde $\sigma_{y,i}$ é o limite de escoamento da camada i. A curvatura maxima antes que a camada escoe é, então:

$$K_{max} = Menor\, de \left\{ \frac{\sigma_{y,i}}{E_i(y_i - y^*)} \right\}_{i=1-n} \quad com\, y_i - y^* = \sum_{j=1}^{i-1} h_j + \frac{1}{2} h_i - y^*$$

O momento de falha $M_f = \tilde{E} I K_{max}$. A carga de falha é dada por $F = \dfrac{C_2 M_f}{L}$ com valores de C_2 dados pela Tabela B.4 do Apêndice B.

12.11 Exercícios

Os exemplos neste item estão relacionados com o projeto de material híbrido descrito neste capítulo e no Capítulo 13. Os quatro primeiros envolvem a utilização de conceitos chaves da Seção 12.3. Os quatro seguintes envolvem a utilização de fronteiras para avaliar o potencial de sistemas compósitos e o projeto de híbrido para preencher vazios no espaço de propriedades. Os exercícios restantes usam os diagramas para materiais naturais e aumentam o desafio: explorar o potencial de hibridização de dois materiais muito diferentes.

E12.1.   *Fator de empacotamento para ligação não direcional.* As estruturas cúbicas de corpo centrado e do diamante da Tabela 12.1 são estáveis somente quando as ligações unindo os átomos dependem da direção. Quando a ligação é não direcional (quando as esferas são empacotadas através do campo gravitacional da Terra, por exemplo), o empacotamento pode ser aleatoriamente solto, aleatoriamente denso ou compacto. Trace o fator de empacotamento P em função do número de coordenação C para empacotamentos não direcionais. Existe uma correlação?

E12.2.   *Compósito de fibras descontínuas.* Náilon 66 tem uma resistência à tração σ_m de 55 MPa. Deve ser reforçado com fibras curtas de vidro-S com 12 mícrons de diâmetro e uma resistência à tração $\sigma_{ts,f}$ de 4.750 MPa. Qual é o comprimento máximo l de fibra para o aumento de resistência eficaz?

E12.3.   *Reticulado rígido* (Figura E12.1). A célula unitária do reticulado mostrado a direita tem:

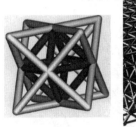 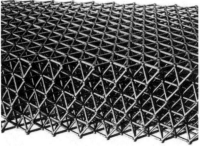

FIGURA E12.1. O reticulado e sua célula sanduíche unitária.

12 barras que são exclusivas da célula
24 barras que são compartilhadas entre 2 células } portanto 24 barras, b, por célula

6 juntas, cada uma compartilhada entre 2 células
8 juntas, cada uma compartilhada entre 4 células } portanto 24 juntas, b, por célula

Aplique o critério de estabilidade de Maxwell para decidir se essa estrutura é
a. Um mecanismo
b. Uma estrutura perfeitamente rígida, livre de auto-tensões
c. Uma estrutura super-restringida, com potencial para auto-tensões.

E12.4. *Polímeros condutores.* Nanotubos de carbono condutores com uma proporção geométrica de $\beta = 200$ são dispersos em uma matriz de polilactida, um biopolímero não condutor. Se a dispersão é aleatória (não é fácil de alcançar), qual a fração volumétrica de nanotubos necessária para permitir a condução?

E12.5. *Conceitos para compósitos leves e rígidos (1)* (Figura E12.2). O diagrama para explorar compósitos rígidos em matrizes de ligas leves ou de polímero é mostrado a seguir. Uma construção como aquela apresentada na Figura 12.11 do texto permite a avaliação do potencial de qualquer combinação matriz-reforço determinada. Quatro materiais de matriz são mostrados, destacados em vermelho. Os materiais apresentados em verde estão disponíveis na forma de fibras (f), whiskers (w) ou partículas (p). Os critérios de excelência (os índices $E/\rho, E^{1/2}/\rho$ e $E^{1/3}/\rho$ para estruturas leves e rígidas) são mostrados; o valor desses índices aumenta para a esquerda e para cima. Use o diagrama para comparar o desempenho de um compósito de matriz de titânio reforçado com (a) carboneto de zircônio, ZrC, (b) fibras de alumina Saffil e (c) fibras de carbeto de silício nicalon. Mantenha a simplicidade: use as Equações (12.4) e (12.5) para calcular a densidade e as fronteiras superior e inferior para o módulo para uma fração volumétrica de $f = 0,5$ e represente esses pontos no gráfico. Em seguida, desenhe arcos de círculos desde a matriz até o reforço passando por aqueles pontos. Ao fazer o seu julgamento, considere que $f = 0,5$ é o nível de reforço prático máximo.

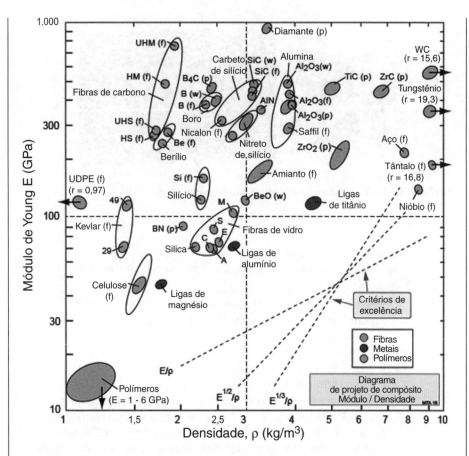

FIGURA E12.2. Os módulos e densidade de ligas leves e fibras (ver caderno colorido).

E12.6. *Conceitos para compósitos leves e rígidos (2)*. Use o diagrama Módulo – Densidade para ligas leves e fibras mostrado na Figura E12.2 para explorar o potencial relativo de compósitos de magnésio – fibra de vidro-E e compósitos magnésio – berílio para estruturas leves e rígidas.

E12.7. *Conceitos para compósitos com propriedades térmicas definidas* (Figura E12.3). O diagrama a seguir permite explorar componentes de compósitos com combinações desejadas de condutividade térmica e expansão térmica, usando matrizes de liga leve ou polímero. Três matrizes possíveis – alumínio, magnésio e titânio – são mostradas em vermelho. Os materiais apresentados em verde estão disponíveis na forma de fibras (f), whiskers (w) ou partículas (p). Uma construção como a apresentada na Figura 12.14 permite a avaliação do potencial de qualquer combinação matriz-reforço determinada. Um critério de excelência (o índice para materiais para minimizar distorção térmica λ/α) é mostrado; o valor desse índice aumenta para a direita e para baixo. Use o diagrama para comparar o desempenho de um compósito de matriz de liga de magnésio AZ63 reforçado com (a) fibras de aço ligado, (b) fibras de carbeto de silício, SiC (f) e (c) partículas

Projetando materiais híbridos 459

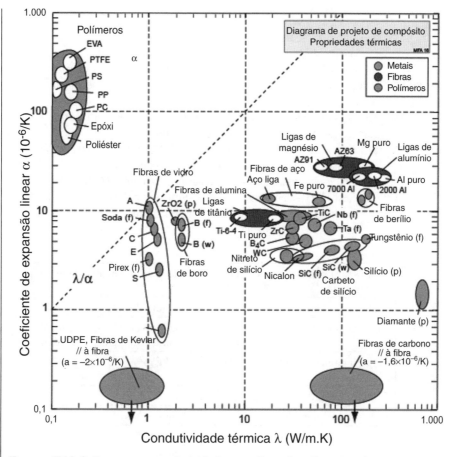

FIGURA E12.3. Expansão e condutividade para fibras, ligas leves e polímeros (ver caderno colorido).

de carbono com estrutura de diamante. Mantenha a simplicidade: use as Equações (12.10) a (12.13) para calcular as fronteiras superior e inferior para α e λ para uma fração volumétrica de $f = 0,5$ e represente esses pontos no gráfico. Em seguida, desenhe curvas que ligam a matriz ao reforço e passe pelo ponto mais externo de todos. Quando fizer o seu julgamento, considere que $f = 0,5$ é o nível prático máximo de reforço.

E12.8. *Híbridos com combinações excepcionais de rigidez e amortecimento.* O diagrama coeficiente de perda-módulo ($\eta - E$), mostrado na Figura 3.9, está preenchido somente ao longo de uma tira diagonal. (O coeficiente de perda η mede a fração da energia elástica que é dissipada durante um ciclo de carga-descarga.) Materiais monolíticos com E baixos têm η altos; os que têm E altos têm η baixos. O desafio aqui é inventar híbridos para preencher os vazios do diagrama, tendo em mente as seguintes aplicações.

a. Placas de aço (como usada em painéis de carrocerias de automóveis, por exemplo) tendem a apresentar vibrações sob flexão ligeiramente

460 Seleção de Materiais no Projeto Mecânico

amortecidas. Invente uma placa híbrida que combine a alta rigidez E do aço com o alto coeficiente de perda η.

b. Coeficiente de perda alto significa que energia é dissipada em ciclagem mecânica. Essa energia aparece como calor, às vezes com consequências indesejáveis. Invente um híbrido com módulo E baixo e coeficiente de perda η baixo.

E12.9. *Painéis sanduíche*. Um painel-sanduíche de qualidade aeronáutica tem as características apresentadas na tabela a seguir.

a. Use os dados e Equações (12.30) a (12.32) do texto para calcular a densidade, o módulo de flexão e a resistência equivalentes.

b. Represente esses dados em cópias dos diagramas Módulo-Densidade, Resistência–Densidade e Módulo-Resistência (Figuras 3.3, 3.4 e 3.5). As propriedades de flexão do painel encontram-se em uma região do espaço de propriedades não preenchida por materiais monolíticos?

Dados para painel-sanduíche de fibra de vidro/alumínio alveolado (*honeycomb*)	
Material da face	0,38 mm fibra de vidro/epóxi
Material do núcleo	Alveoládo de Al 5052, célula de 3,2 mm, 97,8 kg/m³
Peso do painel por unidade de área, *ma*	2,65 kg/m²
Comprimento do painel, *L*	510 mm
Largura do painel, *b*	51 mm
Espessura do painel, *d*	10,0 mm
Rigidez sob flexão, *EI*	67 N m²
Momento de falha M_f	160 Nm

E12.10. *Híbridos naturais leves e rígidos*. Represente ligas de alumínio, aços, CFRP e GFRP sobre uma cópia do diagrama $E - \rho$ para materiais naturais (Figura 13.15, Capítulo 13), onde E é o módulo de Young e ρ é a densidade. Como eles se confrontam, usando o índice de rigidez sob flexão, $E^{1/2}/\rho$, como critério de excelência? A tabela a seguir lista os dados necessários.

Material	Módulo de Young E (GPa)	Densidade ρ (kg/m³)
Liga de alumínio	74	2.700
Aço	210	7.850
CFRP	100	1.550
GFRP	21	1.850

Projetando materiais híbridos   461

E12.11. *Híbridos naturais leves e resistentes.* Represente ligas de alumínio, aços, CFRP e GFRP sobre uma cópia do diagrama resistência-densidade para materiais naturais da Figura 13.16, Capítulo 13, usando o índice de resistência sob flexão $\sigma_f^{2/3}/\rho$ (onde σ_f é a tensão de falha) como critério de excelência. A tabela a seguir lista os dados necessários.

Material	Densidade ρ (kg/m^3)	Resistência, σ_f (MPa)
Liga de alumínio	2.700	335
Aço	7.850	700
CFRP	1.550	760
GFRP	1.850	182

E12.12. *Híbridos naturais que agem como molas.* A tabela a seguir mostra os módulos e resistências de materiais para molas. Represente-os sobre uma cópia do diagrama $E - \rho_f$ para materiais naturais apresentados na Figura 13.15, Capítulo 13, e compare seus desempenhos em armazenagem de energia com os de materiais naturais, usando σ_f^2/E como critério de escolha. Aqui, σ_f é a tensão de falha, E é módulo de Young e ρ é a densidade.

Material	Módulo (GPa)	Resistência (MPa)	Densidade (kg/m^3)
Aço de mola	206	1.100	7.850
Cobre-2% Berílio	130	980	8.250
Filamentos enrolados de CFRP	68	760	1.580

E12.13. *Procurando um substituto para osso.* Procure um material de engenharia que mais se assemelhe à resistência longitudinal do osso compacto (*osso cortical (L)*) em suas características resistência/peso, representando os dados para esse material, lidos na Figura 13.15, Capítulo 13, sobre uma cópia do diagrama resistência-densidade para materiais de engenharia (Figura 3.4).

E12.14. *Criatividade: o que você poderia fazer com X?* Os mesmos materiais aparecem em todos os diagramas do Capítulo 3. Eles podem ser usados como o ponto de partida para exercícios "E se...?". Como desafio, use qualquer diagrama ou combinação de diagramas para explorar o que poderia ser possível pela hibridização de qualquer par dos materiais citados a seguir, em qualquer configuração que você queira escolher.

a. Cimento
b. Madeira
c. Polipropileno
d. Aço
e. Cobre.

Capítulo 13
Híbridos: estudos de casos

Resumo

Materiais híbridos são combinações de dois ou mais materiais reunidos de maneira que possuam atributos não oferecidos por nenhum deles isoladamente. Compósitos particulados e fibrosos são exemplos de um tipo de híbrido, mas existem muitos outros: estruturas sanduíche, estruturas reticuladas, estruturas segmentadas e mais. Este capítulo explora maneiras de projetar materiais híbridos, enfatizando a escolha de componentes, suas configurações, suas frações volumétricas relativas e escala. A abordagem adotada é usar métodos de fronteira para estimar as

464   Seleção de Materiais no Projeto Mecânico

propriedades de cada configuração. Com estes, as propriedades de um dado par de materiais em uma dada configuração podem ser calculadas. Estas podem ser então plotadas em diagramas de seleção de materiais que se tornam ferramentas para selecionar tanto configuração quanto material.

Palavras-chave: Vazios no espaço propriedade-material; compósitos; estruturas sanduíche; estruturas segmentadas; estruturas celulares; estruturas reticuladas; multicamadas; materiais naturais.

13.1 Introdução e sinopse

O Capítulo 12 explorou híbridos de quatro tipos: compósitos, espumas e reticulados, sanduíches e multicamadas, e estruturas segmentadas. Cada um está associado a um conjunto de modelos que permitem que suas propriedades sejam estimadas. Neste capítulo, ilustramos o uso dos modelos para projetar híbridos que atendam as necessidades especificadas — necessidades que não podem ser atendidas pela escolha de um único material. A fotografia na página de abertura deste capítulo é um lembrete do uso disseminado de híbridos para maximizar desempenho: o iate é feito quase inteiramente de materiais híbridos.

13.2 Projetando compósitos de matriz metálica

O estado de carregamento mais comum em estruturas é o de flexão. Uma medida de excelência no projeto de materiais para suportar momentos fletores com peso mínimo é o índice $E^{1/2}/\rho$, onde E é o módulo de Young e ρ, a densidade. Ligas de alumínio e de magnésio têm alta classificação por esse critério; ligas de titânio e aços são menos desejáveis. Como poderíamos melhorar ainda mais o desempenho do magnésio (o melhor do lote)? A Tabela 13.1 resume o desafio.

Método. A Figura 13.1 mostra um diagrama de E e ρ para ligas leves e fibras de polietileno, carbono, carbeto de silício e alumina.[1] As ligas de magnésio aparecem na extrema esquerda do envelope "Ligas leves". O critério de excelência $E^{1/2}/\rho$ é mostrado como um conjunto de linhas diagonais, e aumenta na direção superior esquerda. A classificação do magnésio é ligeiramente mais alta do que as outras classes de ligas.

TABELA 13.1. **Requisitos de projeto para o material do painel**

Função	• *Viga leve e rígida*
Restrição	• *Matriz de magnésio*
Objetivo	• *Maximizar a rigidez em relação ao peso sob flexão (índice $E^{1/2}/\rho$)*
Variável livre	• Escolha de reforço e fração volumétrica

---

1. Spectra PE, VHM carbono, Nicalon SiC e Nextel Al_2O_3.

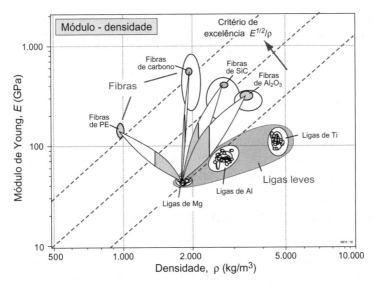

FIGURA 13.1. Possíveis compósitos em matriz de magnésio. Os losangos mostram as áreas delimitadas pelas fronteiras superior e inferior da Tabela 13.2. As áreas sombreadas dentro deles se estendem até uma fração de volume de 0,5 (ver caderno colorido).

TABELA 13.2. **Regras de sobreposição para densidade e módulo de compósitos**[a]

Propriedade	Fronteira inferior	Fronteira superior
Densidade	$\tilde{\rho} = f\rho_r + (1-f)\rho_m (exato)$	
Módulo	$\tilde{E}_L = \dfrac{E_m E_r}{fE_m + (1-f)E_r}$	$\tilde{E}_u = fE_r + (1-f)E_m$

[a] Subscritos m e r significam "matriz" e "reforço"; f= fração volumétrica.

Os quatro envelopes superiores mostram o desempenho alcançável para quatro compósitos a base de magnésio, baseados nas fronteiras listadas na Tabela 13.2. O limite superior para a fração volumétrica, o qual fixaremos em 0,5, é mostrado como uma barra vertical dentro de cada envelope. Somente a parte verde-sombreada do envelope abaixo da barra é acessível. As combinações que têm os valores mais altos do critério de excelência oferecem o maior ganho em rigidez por unidade de peso.

Resultados. A maior promessa é mostrada pelos compósitos de magnésio com polietileno (PE) estirado ou fibras de carbono; magnésio-SiC é o pior. Magnésio-Al_2O_3 não oferece praticamente nenhum ganho — o envelope se estende quase paralelo à linha do critério de excelência. O método permite que o potencial de escolhas alternativas seja explorado rapidamente.

Observação. Compósitos de magnésio-PE parecem bons e são promissores, porém resta o desafio de fabricá-los, na prática. Fibras de polietileno já são usadas em cordas e cabos em razão de sua alta rigidez, resistência e baixo peso. Entretanto, são destruídas em temperaturas muito acima de 120 °C, de modo que fundir ou sinterizar o magnésio ao redor das fibras não é uma opção.

466   Seleção de Materiais no Projeto Mecânico

Uma possibilidade é usar placas de PE estirado em vez de fibras e fabricar um laminado multicamadas mediante a ligação de placas de PE entre chapas de magnésio. Uma segunda possibilidade é explorar compósitos ternários: dispersar pó de magnésio em um epóxi e usar essa mistura como a matriz para conter as fibras de PE, por exemplo. Caso contrário, teremos de recuar até o magnésio-carbono, uma opção atraente.

Estudos de casos relacionados
5.12   "Materiais rígidos de alto amortecimento para mesas vibratórias"
13.3   "Compósitos de fibra natural"

13.3 Compósitos de fibra natural

Os fabricantes de automóveis expressam interesse em compósitos que contêm fibras naturais e não artificiais, possivelmente contidas em uma matriz de biopolímeros. A ideia é usá-los para painéis não estruturais: os revestimentos internos da porta e as costas dos bancos, por exemplo. Em aplicações como essas, a rigidez da flexão com baixo peso é desejada, então o critério de excelência é o índice de painéis rígidos e leves, $E^{1/3}/\rho$. Existem muitas fibras naturais e muitas matrizes potenciais. Antes de embarcar em um programa de desenvolvimento caro, é útil explorar quais combinações podem ser as mais atraentes. Qual é a melhor forma de fazer isso? (Tabela 13.3).

O método. A abordagem desenvolvida na Seção 12.3 e usada no Estudo de Caso 13.2 funciona igualmente bem para materiais naturais. A Figura 13.2 mostra os módulos e densidades de dez fibras naturais e nove materiais possíveis para matriz, dos quais quatro são biopolímeros (Tabela 13.4). As fronteiras permitem construção de envelopes de compósitos baseados em pares destes. O mais promissor é mostrado na figura: ele é poliformaldeído (PF) reforçado com fibras de rami; o poliformaldeído pode ser substituído pelo PLA com pequena perda de desempenho. Outras combinações são muito menos promissoras: amido termoplástico (TPS) reforçado com sisal, por exemplo, gera propriedades de compósitos que são menos úteis que PF ou PLA no estado não reforçado. Um segundo exemplo, PF reforçado com algodão, tem uma trajetória que é quase paralela à linha do critério de excelência não oferecendo ganho real de desempenho.

Observação. A pesquisa de compósitos a base de fibra natural para carros não é nova: Henry Ford criou um composto baseado em cânhamo para painéis de "lataria" já em 1942. Ele não conseguiu, em parte porque a palavra "cânhamo"

Tabela 13.3. **Requisitos de projeto para o material do painel**

Função	• *Painéis leves e rígidos usando materiais naturais*
Restrição	• *Custo e propriedades comparáveis ao GFRP*
Objetivo	• *Maximizar a rigidez em relação ao peso sob flexão (índice $E^{1/3}/\rho$)*
Variável livre	• *Escolha do reforço, matriz e fração volumétrica*

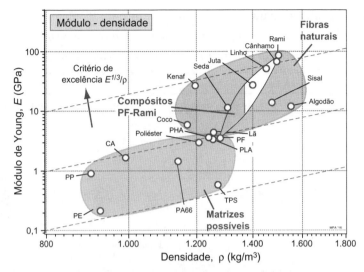

FIGURA 13.2. Explorando compósitos de fibra natural possíveis, usando o critério de excelência para painéis rígidos e leves, $E^{1/3}/\rho$. Compósito TPS–Sisal oferece muito pouco. Compósito P–Rami, incluído pelo envelope, oferece muito mais. A área sombreada dentro deles se estende até uma fração de volume de 0,5 (ver caderno colorido).

TABELA 13.4. Abreviaturas para materiais de matriz

PE	Polietilieno	
PP	Polipropileno	
PA66	Naílon 66	Polímeros derivados de petróleo de *commodities*
PF	Poliformaldeído	
Poliéster	Poliéster Termorígido	
CA	Acetato de Celulose	
TPS	Amido Termoplástico	Biopolímeros
PLA	Polilactida	
PHA	Polihidroxialcanoatos	

tem associações indesejáveis, apesar do fato de que as espécies usadas no compósito não são as mesmas que a erva perfumada.

Estudo de caso relacionado
13.2 "Projetando compósitos de matriz metálica"

13.4 Materiais para cabos de energia de longo alcance

No projeto de cabos de energia suspensos, os objetivos são minimizar a resistência elétrica, mas ao mesmo tempo maximizar a resistência mecânica, pois isso permite a maior extensão. Este é um exemplo de otimização multiobjetivo,

TABELA 13.5. **Materiais para cabos de longo alcance**

Função	• Conduzir energia elétrica com menos torres de suporte
Restrição	• Minimizar a resistência elétrica por unidade de comprimento do cabo • Maximizar a capacidade de suportar carga em tração • Acessível
Variável livre	• Escolha da matriz, do reforço, configuração e fração volumétrica

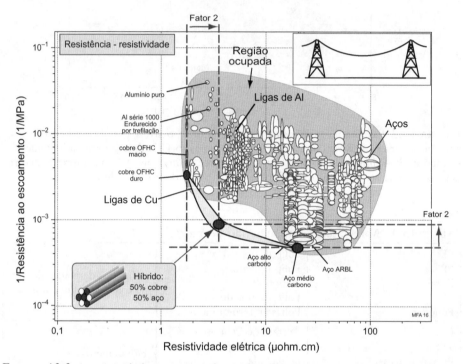

FIGURA 13.3. A resistividade e o inverso da resistência à tração para 1.700 metais e ligas. A construção é para híbridos de cobre OFHC endurecidos por trefilação e aço médio carbono trefilado, mas a figura em si permite a pesquisa de muitos híbridos (ver caderno colorido).

discutido no Capítulo 8. Conforme explicado a seguir, cada objetivo é expresso, por convenção, de modo que seja solicitado um mínimo para isso. A Tabela 13.5 resume os requisitos de projeto.

O método e os resultados. Buscamos materiais com os valores mais baixos de resistividade, ρ_e e o recíproco do limite de escoamento, $1/\sigma_y$. A Figura 13.3 mostra o resultado: os materiais que melhor atendem aos requisitos de projeto estão no canto inferior esquerdo. Mas há, aqui, um vazio: todos os 1.700 metais e ligas traçados aqui possuem propriedades que se encontram dentro do envelope verde, nenhum abaixo. Aqueles com menor resistência — cobre, alumínio e algumas de suas ligas — não são muito resistentes, e aqueles que são — carbono estirado e aço de baixa liga — não conduzem muito bem.

Híbridos: estudos de casos   469

Agora, considere um cabo fabricado por intercalação de fios de cobre e aço, de modo que cada um ocupe a metade da seção transversal. Se o aço não conduzir corrente e o cobre não suportar carga mecânica (o cenário mais pessimista), o desempenho do cabo se encontrará no ponto marcado pela seta na figura — ele tem o dobro da resistividade do cobre e metade da força do aço. Encontra-se em uma parte do espaço de propriedade que estava vazio, oferecendo desempenho que não era anteriormente possível. Outras razões entre cobre-e-aço preenchem outras partes do espaço; ao variar a proporção, o envelope sombreado na figura é abrangido.

Observação. Híbridos similares de alumínio e aço preenchem uma área diferente, como é facilmente observado, repetindo a construção usando "ligas de Al da série 1000" em lugar de "cobre OFHC, duro" na combinação. Suas combinações de ρ_e e σ_y são menos aceitáveis, mas são mais leves e mais baratas e, por esse motivo, são amplamente utilizadas.

Estudo de caso relacionado
13.9   "Conectores que não afrouxam seus apertos"

13.5 Elastômeros condutores

Precisa-se de um material para vedações desmontáveis em equipamentos especializados. O material deve se conformar às superfícies curvas entre as quais é fixado, deve ser condutor elétrico para evitar o acúmulo de carga e deve ser moldável. A Tabela 13.6 resume os requisitos.

O método e os resultados. Metais, carbono e alguns carbonetos e intermetálicos são bons condutores, porém são rígidos e não podem ser moldados (Figura 13.4). Elastômeros podem ser moldados e são flexíveis, mas não são condutores. Então, como combiná-los? Revestimento metálico em polímeros é viável se o produto for usado em ambiente protegido, mas revestimentos são facilmente danificados. Se precisarmos de um produto robusto, flexível, a condução em todo volume, em vez da condução na superfície, é essencial. Como isso pode ser feito? A resposta em uma palavra: percolação.

Elastômeros condutores podem ser fabricados por meio da dispersão de partículas ou fios de um material condutor dentro dele. A condutividade elétrica requer um caminho condutor. Conforme explicado na Seção 12.3, o limite de percolação no qual uma mistura de esferas condutoras e isolantes começa a conduzir é de aproximadamente 0,2. Para fios condutores, o limite é menor – 0,02, se a proporção geométrica dos fios for de 100:1. Acima do limite de

Tabela 13.6. **Materiais para condutores flexíveis**

Função	*Sólido condutor flexível*
Restrições	*Baixo módulo de Young para permitir conformação* *Baixa resistividade para permitir condução ($\rho e < 1.000\ \mu\Omega.cm$)* *Capaz de ser moldado*
Variável livre	*Escolha de matriz, reforço, configuração e fração volumétrica*

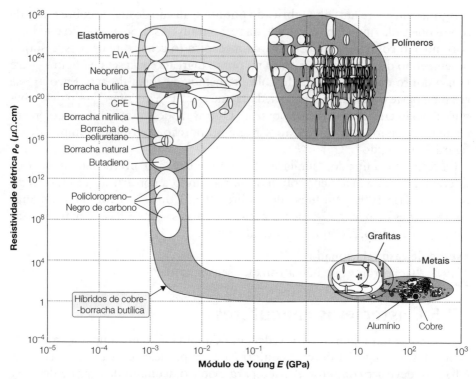

FIGURA 13.4. Quando partículas ou fibras condutoras são misturadas em um elastômero isolante, um buraco no espaço material-propriedade é preenchido. Borrachas butílicas recheadas de carbono encontram-se nessa parte do espaço (ver caderno colorido).

percolação, a condutividade tende a uma regra de misturas [Equação (12.12) com a condutividade térmica substituída pela condutividade elétrica]:

$$\tilde{\kappa}_1 = f\kappa_{cu} + (1-f)\kappa_{PE} \qquad (13.1)$$

Há um grande vazio na parte inferior esquerda da Figura 13.4, onde materiais que têm a combinação de propriedades que queremos estariam localizados. Os híbridos de policloropreno-carbono negro (grafite) deslocam-se para baixo nesta região, mas pelo fato do carbono ser de forma particulada e de escala extremamente fina, é preciso muito para dar uma condução significativa. O envelope em forma de L engloba as propriedades de híbridos de borracha com fios de cobre descontínuos. A resistividade cai acentuadamente no limite de percolação, a qual para fios cai até uma pequena porcentagem. O material retém toda a flexibilidade do elastômero, porém comporta-se como um condutor maciço.

Observação. Elastômeros condutores que exploram essas ideias são largamente disponíveis. Tais materiais encontram aplicação em vestimentas e tapetes antiestáticos, como elementos de sensoriamento de pressão e até como conectores sem solda.

Estudo de caso relacionado
13.6   "Combinações extremas de condução térmica e elétrica"

Híbridos: estudos de casos   471

13.6 Combinações extremas de condução térmica e elétrica

Materiais que são bons condutores elétricos são bons condutores térmicos também. O cobre, por exemplo, é excelente em ambas as propriedades. Os polímeros, ao contrário, são isolantes elétricos (o que significa que sua condutividade é tão baixa que, para finalidades práticas, não conduzem absolutamente nada) e, no que se refere a sólidos, também são maus condutores térmicos — polietileno é um exemplo. Assim, as combinações de condução "alta-alta" e "baixa-baixa" podem ser satisfeitas por materiais monolíticos, e há abundância deles. As combinações "alta-baixa" e "baixa-alta" são uma questão diferente: a Natureza nos dá um número muito pequeno de qualquer uma delas. O desafio está resumido na Tabela 13.7: usando somente cobre e polietileno, encontre materiais híbridos que conseguem essas duas combinações. A Tabela 13.8 fornece dados para ambos.

Método e resultados. A Figura 13.5 mostra duas configurações possíveis de híbridos que diferem muito na fração volumétrica da fase condutora. A primeira é um emaranhado de finos fios de cobre embebidos em uma matriz de polietileno. Como vimos na Seção 12.3, condutividade elétrica requer percolação; acima do limite de percolação a condutividade tende a uma regra de misturas [Equação (13.1)]. A condutividade térmica para um arranjo aleatório como esse se encontrará perto da fronteira inferior [Equação (12.13)]:

$$\tilde{\lambda}_1 = \lambda_{PE}\left(\frac{\lambda_{Cu} + 2\lambda_{PE} - 2f(\lambda_{PE} - \lambda_{Cu})}{\lambda_{Cu} + 2\lambda_{PE} + f(\lambda_{PE} - \lambda_{Cu})} \right) \tag{13.2}$$

TABELA 13.7. **Requisitos para os condutores híbridos de cobre e polietileno**

Função	• *Combinações extremas de condução*
Restrição	• *Materiais: cobre e polietileno*
Objetivo	• *Maximizar a diferença entre as condutividades elétrica e térmica*
Configuração	• *Livre escolha*
Variável livre	• *Configuração e frações volumétricas relativas dos dois materiais*

TABELA 13.8. **Dados para cobre e polietileno**

Material	Condutividade elétrica (1/$\mu\Omega$·cm)	Conductividade térmica (W/m·K)
Cobre de alta condutividade	0,6	395
Polietileno de alta densidade	1×10^{-25}	0,16

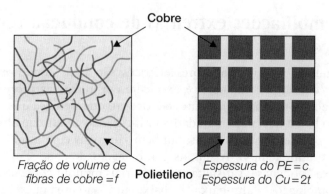

FIGURA 13.5. Duas configurações alternativas de cobre e polietileno (ver caderno colorido).

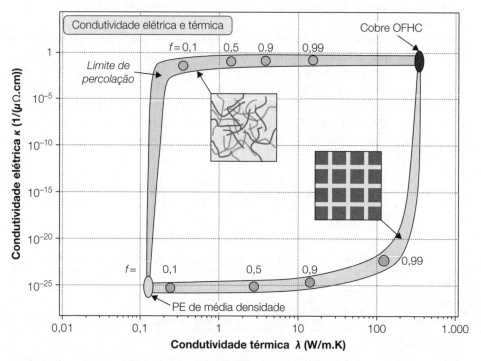

FIGURA 13.6. Duas configurações alternativas de híbridos de cobre e polietileno resultam em combinações muito diferentes de condutividade térmica e elétrica, e criam novos "materiais" cujas propriedades não são encontradas em materiais homogêneos (ver caderno colorido).

As propriedades do compósito $\tilde{\kappa}_1$ e $\tilde{\lambda}_1$ estão representadas no gráfico da Figura 13.6, passando gradativamente por valores de f, gerando a curva superior.

O segundo híbrido é um compósito multicamadas com três famílias ortogonais de chapas de PE separando blocos de cobre. Recorremos novamente às fronteiras da Seção 12.4. Quando as camadas de PE são finas, as resistências térmicas através da espessura se somam; o mesmo vale para as resistências elétricas. Isso significa que tanto a condutividade elétrica quanto a condutividade térmica são dadas pelas médias harmônicas:

$$\tilde{\kappa}_2 = \left(\frac{f}{\kappa_{Cu}} + \frac{(1-f)}{\kappa_{PE}} \right)^{-1} \tag{13.3}$$

$$\tilde{\lambda}_2 = \left(\frac{f}{\lambda_{Cu}} + \frac{(1-f)}{\lambda_{PE}} \right)^{-1} \tag{13.4}$$

As propriedades dos compósitos $\tilde{\kappa}_2$ e $\tilde{\lambda}_2$ também estão representadas no gráfico da Figura 13.6, gerando a curva inferior. A forma da curva é uma consequência das faixas de valores muito diferentes das duas propriedades: um fator de 1.000 para λ, um fator de 10^{25} para κ. A diferença no comportamento dos dois polímeros é marcante. A hibridização permitiu a criação de "materiais" com combinações extremas de condutividades.

Observação. Híbridos do primeiro tipo são amplamente usados para blindagem elétrica em gabinetes de computadores e aparelhos de TV. Os do segundo tipo são menos comuns, mas poderiam encontrar aplicação como dissipadores de calor para instrumentos eletrônicos nos quais condução elétrica em grande escala resultaria em perdas por acoplamento e por correntes parasitas. Como faríamos isso? Talvez fosse possível unir uma pilha de chapas de cobre intercaladas com películas de polietileno por processo térmico, cortar a pilha em camadas na direção perpendicular, empilhar novamente essas camadas com películas de PE intercaladas e finalmente cortar essa pilha e a empilhar uma terceira vez para dar o último conjunto de camadas.

Estudos de casos relacionados
5.17 "Materiais para trocadores de calor"
13.5 "Elastômeros condutores"
13.9 "Conectores que não afrouxam seus apertos"

13.7 Paredes de refrigerador

Os painéis de um refrigerador ou congelador como o da Figura 13.7 executam duas funções primárias. A primeira é isolar, e para isso a condutividade térmica através da espessura deve ser minimizada. A segunda é mecânica: as paredes proporcionam rigidez e resistência, e suportam as prateleiras sobre as quais o conteúdo é colocado. Para uma determinada espessura de painel, a primeira é conseguida minimizando λ, onde λ é a condutividade térmica adequada. A segunda é conseguida pela procura de materiais ou híbridos que maximizem $\tilde{E}_{flex}$, onde $\tilde{E}_{flex}$ é o módulo de flexão. A Tabela 13.9 resume os requisitos.

O método e os resultados. Selecionamos um híbrido do tipo "sanduíche" e estudamos como o desempenho de várias combinações de face e núcleo se comparam umas com as outras e com materiais monolíticos. A quantidade $\tilde{E}_{flex}$ para o sanduíche é dada pela Equação (12.35) e sua condutividade térmica através da espessura é dada pela Equação (12.41). Equações simplificadas que

FIGURA 13.7. Um refrigerador. Os painéis devem isolar e ser rígidos e resistentes sob flexão.

TABELA 13.9. Requisitos de projeto para o painel isolante

Função	• Painel isolante
Restrições	• Rigidez suficiente para suprimir vibração e suportar cargas internas • Baixo custo • Proteger contra o ambiente • Não muito grosso
Objetivo	• Minimizar transferência de calor através da espessura
Variável livre	• Material para faces e núcleo; suas espessuras relativas

TABELA 13.10. Regras de sobreposição para rigidez e condutividade de sanduíche

Propriedade	Fronteira inferior	Fronteira superior
Módulo de flexão	$\tilde{E}_{flex} = (1-(1-\frac{2t}{d})^3)E_f K_s$	$\tilde{E}_{flex} = (1-(1-\frac{2t}{d})^3)E_f$
Condutividade através da espessura	$\tilde{\lambda}_\perp = \left(\frac{2t/d}{\lambda_f} + \frac{(1-2t/d)}{\lambda_c}\right)^{-1}$ (exato)	

as descrevem estão reunidas na Tabela 13.10, na qual t é a espessura da chapa da face, d a espessura do painel, E_f o módulo do material da face, λ_f e λ_c as condutividades da face e do núcleo e K_s o fator de derrocada (*knock-down*) que leva em conta o cisalhamento do núcleo, idealmente igual a 1 (nenhum cisalhamento), porém potencialmente tão baixo quanto 0,5.

A Figura 13.8 mostra o gráfico adequado, usando a condutividade térmica $\tilde{\lambda}_\perp$ e a flexibilidade à flexão $1/\tilde{E}_{flex}$ em vez de sua inversa, de modo que procuramos um mínimo para ambas as quantidades. A superfície de permuta mostrada em azul identifica os materiais monolíticos que oferecem as melhores combinações de rigidez e isolamento. O desempenho aproximado de um híbrido sanduíche com faces de aço doce e núcleo de PVC rígido espumado é representado no gráfico usando as equações apresentadas na tabela para quatro valores de espessura face/núcleo; todos os outros valores estão contidos na faixa mais fina.

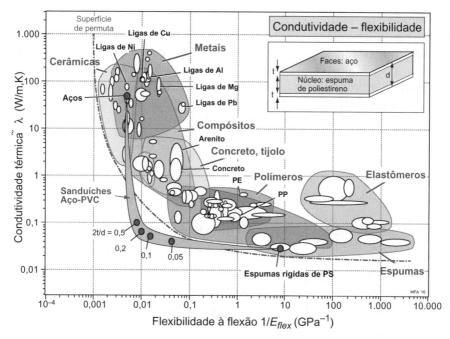

FIGURA 13.8. A linha tracejada segue o desempenho de sanduíches de aço e espuma de poliestireno. O desempenho térmico é representado no eixo vertical, o desempenho mecânico no horizontal. Ambos devem ser minimizados (ver caderno colorido).

O painel oferece combinações de rigidez e isolamento que são muito melhores (por um fator de 10) do que os de metais monolíticos, compósitos, polímeros ou espumas. Outras combinações de face e núcleo (faces de alumínio ou SMC com núcleo de poliestireno espumado, por exemplo) podem ser avaliadas eficientemente usando o mesmo diagrama.

Observação. A tecnologia de adesivos avançou rapidamente nas duas últimas décadas. Agora há adesivos disponíveis para unir quase quaisquer dois materiais, e com ligações de alta resistência (embora alguns adesivos sejam caros). Fabricar o sanduíche não deve ser um problema.

Estudos de casos relacionados
5.14   "Paredes de forno eficientes energeticamente"
13.8   "Materiais para encapsulamentos transparentes a micro-ondas"

13.8 Materiais para encapsulamentos transparentes a micro-ondas

Radomes transparentes a micro-ondas foram apresentados no Capítulo 5, Seção 5.19. O radome é um painel ou concha fina, que exige rigidez e resistência à flexão, porém requer uma constante dielétrica, ε_r, tão baixa quanto possível. Híbridos poderiam oferecer melhor desempenho do que materiais monolíticos?

O método e os resultados Estruturas-sanduíche oferecem rigidez e resistência à flexão e permitem algum controle sobre propriedades elétricas. Portanto, estudaremos essas estruturas procurando cumprir os requisitos da Tabela 13.11.

A Figura 13.9 mostra o gráfico da resistência à flexão, σ_{flex}, de espumas, polímeros e cerâmicas em relação à constante dielétrica, ε_τ. Muitos polímeros têm constantes dielétricas entre 2 e 5. A constante dielétrica da espuma cai linearmente com a densidade relativa, aproximando-se de 1 em baixas densidades [Equação (12.26)]:

$$\tilde{\varepsilon}_\tau = 1 + (\varepsilon_{\tau,s} - 1)\left(\frac{\tilde{\rho}}{\rho s}\right) \qquad (13.5)$$

TABELA 13.11. **Requisitos para película de radome com baixa constante dielétrica**

Função	• Material para proteção de detector de micro-ondas
Restrição	• Deve cumprir restrições à resistência à flexão σ_{flex}
Objetivo	• Minimizar constante dielétrica ε_τ
Variáveis livres	• Escolha de material para face e núcleo • Espessura relativa dos dois materiais

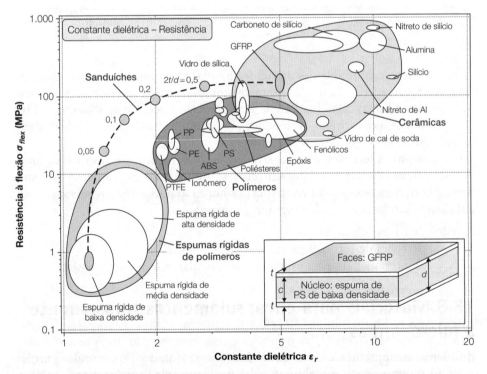

FIGURA 13.9. Um gráfico de módulo de flexão em relação à constante dielétrica para materiais de baixa constante dielétrica. A trajetória mostra as possibilidades oferecidas por híbridos de GFRP e espuma de polímero (ver caderno colorido).

Híbridos: estudos de casos   477

onde $\varepsilon_{r,s}$ é a constante dielétrica do sólido do qual a espuma é feita e $\tilde{\rho}/\rho_s$ é sua densidade relativa. Todavia, espumas não são muito resistentes. Poliéster reforçado com fibra de vidro (GFRP), com uma constante dielétrica de 5, é muito mais forte. Com base em um levantamento de possíveis faces e núcleos dentre os representados na Figura 13.9, escolhemos estudar um sanduíche com faces de GFRP e núcleo de espuma de polímero rígido expandida de baixa/ média densidade (LD/MD). A resistência à flexão fornecida pelo sanduíche, desde que fabricado adequadamente e que o material do núcleo tenha resistência suficiente, é [Equação (12.36)]:

$$(\tilde{\sigma}_{flex})U = (1-(1-f)^2)\sigma_f + (1-f)^2\sigma_c \qquad (13.6)$$

A constante dielétrica para o painel [Equação (12.15)] com $f = 2t/d$) é:

$$\tilde{\varepsilon}_r = f\varepsilon_f + (1-f)\varepsilon_c \qquad (13.7)$$

O modo mais simples de explorar essas propriedades é construir um gráfico das duas propriedades, usando $f = 2t/d$ como parâmetro de ligação entre elas. A Figura 13.9 mostra os resultados. O sanduíche permite a criação de um conjunto de materiais com combinações de resistência à flexão e constante dielétrica cujo desempenho supera o de todos os materiais homogêneos que aparecem na figura — na verdade, supera até mesmo o desempenho dos melhores compósitos (não mostrados aqui). A figura é usada identificando a resistência à flexão desejada, σ_{flex}, e lendo os valores de $2t/d$ e da constante dielétrica.

Leitura adicional
Huddleston, G.K.; Bassett, H.L. In: Johnson, R.D.; Jasik, H. (eds.) Antenna Engineering Handbook. 2ª ed. New York: McGraw-Hill.
Lewis, C.F. (1998) Materials keep a low profile. Mech. Eng., 37-41.

Estudo de caso relacionado
5.19   "Materiais para radome (cúpula de radar)"

13.9 Conectores que não afrouxam seus apertos

Há quilômetros de fiação em um carro. A transição para sistemas de controle eletrônico (*drive-by-wire*) aumentará ainda mais essa quantidade. Fios têm extremidades; eles não servem para muita coisa a menos que as extremidades estejam ligadas a algo. Os conectores são o problema: afrouxam com o tempo até que, eventualmente, a conexão é interrompida.

Fabricantes de automóveis, em resposta a forças de mercado, agora projetam carros para rodar no mínimo 300.000 quilômetros e durar, em média, 10 anos. Espera-se que o sistema elétrico funcione *sem manutenção* durante a vida útil do carro. Sua integridade é vital: você não ficaria feliz em um carro de controle eletrônico com conectores frouxos. Com o aumento da instrumentação nos sistemas de motor e exaustão, muitos dos conectores ficam quentes; alguns têm de manter bom contato elétrico a temperaturas de até 200 °C.

478   Seleção de Materiais no Projeto Mecânico

TABELA 13.12. **Requisitos de projeto para o conector**

Função	• *Condutor híbrido para conector elétrico*
Restrições	• *Prover boa conexão elétrica* • *Manter força de aperto a 200 °C durante a vida útil do veículo*
Objetivo	• *Minimizar custo*
Variáveis livres	• *Material 1 e 2; suas espessuras relativas*

Atualmente, a escolha primária de material para conectores é uma liga de cobre-berílio, Cu 2% Be: ela tem excelente condutividade e a alta resistência necessária para agir como uma mola para dar a força de aperto necessária na conexão. Porém, a temperatura de serviço máxima de longo prazo das ligas de cobre-berílio é de apenas 130 °C, aproximadamente. Em temperaturas mais altas o relaxamento por fluência faz com que o conector afrouxe o aperto. O desafio: sugerir um modo de resolver esse problema (Tabela 13.12).

O método e os resultados. A resposta é separar as funções, selecionar o melhor material para cada uma, verificar a compatibilidade e combinar os materiais. Então, vamos lá.

• Função 1: conduzir eletricidade. O cobre é excelente nisso; nenhum outro material que se possa bancar é tão bom. Suas ligas (entre elas cobre-berílio) são mais resistentes, mas à custa de alguma perda de condutividade e um grande aumento no preço. Escolhemos cobre para dar condução.

• Função 2: prover força de aperto durante a vida útil do veículo. O material escolhido para cumprir a função 2 terá de ser ligado ao cobre e, se quisermos que a combinação não sofra distorção quando aquecida, deverá ter o mesmo coeficiente de expansão.

As Figuras 13.10 e 13.11 guiam a escolha. A primeira mostra a temperatura de serviço máxima e o coeficiente de expansão para cobre, Cu 2% Be e uma faixa de aços. O retângulo engloba materiais com o mesmo coeficiente de expansão do cobre. Os aços inoxidáveis austeníticos tipo 302 e 304 se igualam ao cobre no coeficiente de expansão e podem ser usados a temperaturas muito mais altas. Mas será que fazem boas molas? Será que podemos bancá-los? O segundo diagrama responde a essas perguntas. Bons materiais para molas (Capítulo 5, Seção 5.7) são os que têm altos valores de σ_f^2/E — esse é um dos eixos do diagrama. O outro eixo é o preço/kg aproximado. O diagrama mostra que ambos os aços inoxidáveis 302 e 304, quando forjados, são quase tão bons quanto Cu 2% Be como molas e consideravelmente mais baratos.

Então, a solução proposta é um híbrido de cobre e aço inoxidável tipo 302, unidos por laminação para formar uma camada dupla como a mostrada no detalhe inserido em ambas as figuras. Na fase de detalhamento do projeto, é claro, será necessário determinar a espessura de cada camada, o melhor grau de trabalho a frio, a conformabilidade e a resistência ao ambiente no qual ele será usado. Porém, o método nos guiou até um conceito sensato com rapidez e eficiência.

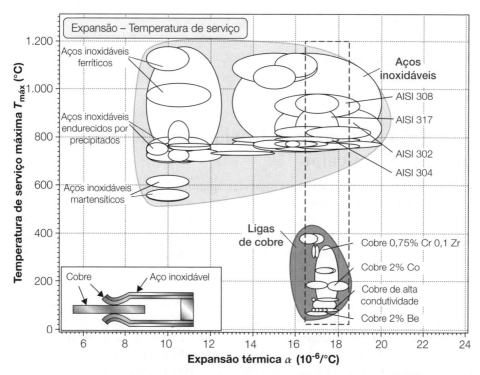

FIGURA 13.10. Um conector híbrido. Procuramos materiais com expansão térmica compatível, dentre os quais um deles conserve bem a resistência e a rigidez acima de 200 °C. O cobre é escolhido para o Material 1 em razão de sua excelente condutividade elétrica. Aço inoxidável austenítico é uma boa escolha para o Material 2 (ver caderno colorido).

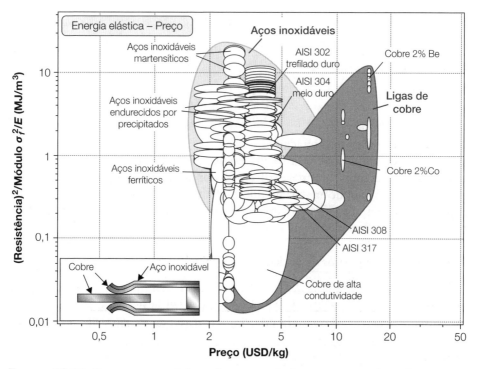

FIGURA 13.11. O conector tem dois serviços — conduzir e exercer uma força de aperto que não afrouxa. Cobre de alta condutividade e aço inoxidável austenítico são ambos muito mais baratos do que Cu 2% Be (ver caderno colorido).

480 Seleção de Materiais no Projeto Mecânico

Estudos de casos relacionados
5.7   "Materiais para molas"
11.8   "Molas ultraeficientes"

13.10 Explorando anisotropia: superfícies que espalham calor

Uma frigideira feita de um único material, quando aquecida sobre uma chama viva, desenvolve locais pontuais quentes que podem queimar seu conteúdo. Isso porque a frigideira é fina; o calor é transmitido através da espessura mais rapidamente do que pode ser espalhado na transversal para levar a toda superfície da panela uma temperatura uniforme. Os metais dos quais as frigideiras costumam ser feitas — férro fundido, alumínio, aço inoxidável ou cobre — têm condutividades térmicas que são isotrópicas, a mesma em todas as direções. O que queremos, claramente, é uma condutividade térmica mais alta na direção transversal do que na direção da espessura. Um híbrido de duas camadas (ou multicamadas) pode conseguir isso. A Tabela 13.13 resume a situação.

O método e os resultados. O calor transmitido no plano de uma camada dupla (Figura 13.10, detalhe) tem duas trajetórias paralelas; o fluxo total de calor é a soma do fluxo de calor em cada uma das trajetórias. Se for feita de uma camada do material 1 com espessura t_1 e condutividade λ_1, ligada a uma camada do material 2 com espessura t_2 e condutividade λ_2, a condutividade na direção paralela às camadas é:

$$\tilde{\lambda}_{//} = f\lambda_1 + (1-f)\lambda_2 \tag{13.8}$$

Equação (12.12) com $f = t_1/(t_1 + t_2)$. Na direção perpendicular às camadas, a condutividade é:

$$\tilde{\lambda}_\perp = \left(\frac{f}{\lambda_1} + \frac{(1-f)}{\lambda_2} \right)^{-1} \tag{13.9}$$

[A média harmônica da Equação (12.41).]

Se a camada dupla for feita de materiais com coeficientes de expansão térmica muito diferentes, a panela sofrerá distorção quando aquecida. Portanto, procuramos um par de materiais que tenham quase o mesmo coeficiente de expansão, porém com as mais diversas condutividades possíveis, de modo a maximizar a diferença entre as Equações (13.8) e (13.9).

TABELA 13.13. **Requisitos de projeto para o painel**

Função	*Superfície que espalha calor*
Restrição	*Temperaturas de até 200 °C sem distorção*
Objetivo	*Maximizar a anisotropia térmica e ao mesmo tempo manter boa condução*
Variável livre	*Escolha de materiais e suas espessuras relativas*

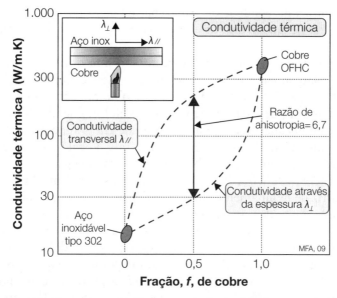

FIGURA 13.12. Criando anisotropia. Uma camada dupla de cobre e aço inoxidável cria um "material" com boa condutividade e uma razão de anisotropia maior do que 6 (ver caderno colorido).

Os resultados. Cobre é um excelente condutor térmico. Vimos, no Estudo de Caso 13.9, que a expansão térmica do cobre é compatível com a dos aços inoxidáveis 302 ou 304. Todavia, as condutividades térmicas dos dois são muito diferentes. A Figura 13.12 mostra as condutividades $\tilde{\lambda}_\perp$ e $\tilde{\lambda}_{//}$ da camada dupla em função da espessura relativa f para uma camada dupla de cobre (λ_1 = 390 W/m.K) e aço inoxidável austenítico (λ_2 = 16 W/m.K). A máxima separação entre $\lambda\perp$ e $\lambda//$ ocorre, de modo geral, com f = 0,5 (cada material ocupa aproximadamente metade da espessura) quando a razão entre as duas condutividades (a razão de anisotropia) é 6,7. O híbrido estendeu a área ocupada do espaço de propriedades ao longo de uma dimensão incomum — a anisotropia térmica.

Estudos de casos relacionados
5.15 "Materiais para aquecedores solares passivos"
13.9 "Conectores que não afrouxam seus apertos"

13.11 A eficiência mecânica de materiais naturais

"Como princípio geral, a seleção natural está continuamente tentando economizar cada parte da organização", escreveu Charles Darwin cerca de 150 anos atrás. Materiais naturais são notavelmente eficientes. Por eficientes, queremos dizer que cumprem os complexos requisitos apresentados pelo modo de funcionamento de plantas e animais e fazem isso usando o mínimo de material possível. Muitos dos requisitos são de natureza mecânica: a necessidade de suportar cargas estáticas e dinâmicas criadas pela massa do organismo ou por cargas de vento, a necessidade de armazenar e liberar energia elástica, a necessidade de sofrer flexão em grandes ângulos e a necessidade de resistir à flambagem e à fratura.

Virtualmente todos os materiais naturais são híbridos. Consistem em uma quantidade relativamente pequena de componentes ou blocos de construção poliméricos e cerâmicos que muitas vezes são compósitos em si. Paredes de células de plantas, por exemplo, combinam celulose, hemicelulose e pectina, e podem ser lignificadas; tecido animal consiste em grande parte de colágeno, elastina, queratina, quitina e minerais como sais de cálcio ou sílica. A partir desses "ingredientes" limitados, a Natureza fabrica uma gama notável de híbridos estruturados. Madeira, bambu e palma consistem em fibras de celulose em uma matriz de lignina/hemicelulose, conformadas como células prismáticas vazadas com paredes de espessura variável. Cabelo, unha, chifre, pelo, escamas de répteis e cascos são feitos de queratina, enquanto a cutícula de insetos contém quitina em uma matriz de proteína. O ingrediente dominante da concha dos moluscos é o carbonato de cálcio, ligado com uma pequena porcentagem de proteína. Dentina, osso e galhadas de cervídeos são formados por "tijolos" de hidroxiapatita cimentada com colágeno. Colágeno é o elemento estrutural básico para tecidos moles e duros de animais, como tendão, ligamento, pele, vasos sanguíneos, músculo e cartilagem, muitas vezes utilizado de maneira a explorar a forma.

Do ponto de vista mecânico, não há nada de muito especial sobre os blocos de construção individuais. Fibras de celulose têm módulos de Young que são aproximadamente os mesmos dos da linha de pescar de náilon, porém muito menores do que os do aço; e a matriz lignina-hemicelulose na qual elas estão embebidas tem propriedades muito semelhantes às do epóxi. Hidroxiapatita tem tenacidade à fratura comparável com a de cerâmicas feitas pelo homem, o que quer dizer, em outras palavras, que ela é frágil. Portanto, é a *configuração* dos componentes que dá origem à notável eficiência dos materiais naturais.

As complexas hierarquias de configurações que compõem madeira e osso são ilustradas nas Figuras 13.13 e 13.14. A rigidez, resistência e tenacidade da

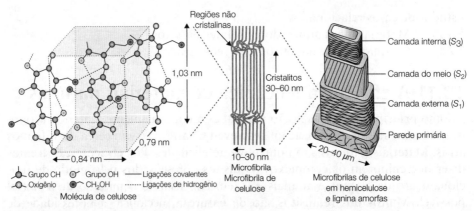

FIGURA 13.13. A estrutura hierárquica da madeira (ver caderno colorido).

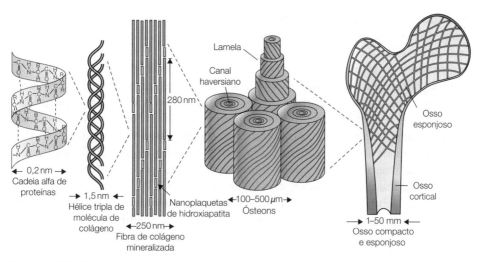

FIGURA 13.14. A estrutura hierárquica do osso (ver caderno colorido).

madeira se derivam em grande parte daquelas da celulose, mostrada à esquerda na Figura 13.13. Microfibrilas cristalinas são compostas por moléculas alinhadas, algumas com comprimentos de aproximadamente 30 a 60 nm. Elas formam as fibras reforçadoras das lamelas, cuja matriz é lignina e hemicelulose amorfas. Pilhas de lamelas no padrão de quatro camadas e orientação da fibra, mostradas à direita, tornam-se o material estrutural da parede da célula. As fibrilas da parede da célula primária formam uma trama aleatória como na lã de algodão. Em camadas subsequentes, as fibrilas são paralelas, e em empacotamento compacto. A camada externa S_1 tem lamelas em enrolamentos de fibrilas em espiral alternadas para a direita e para a esquerda. Abaixo dela, a camada S_2 mais grossa tem fibrilas que estão orientadas mais aproximadamente ao longo do eixo da célula. A composição da camada S_3 mais interna é parecida com a de S_1. A célula como um todo está ligada às suas vizinhas pela lamela do meio (não mostrada), um complexo de lignina-pectina desprovido de celulose.

Há um interessante paralelo entre a estrutura hierárquica do osso e a da madeira, apesar da grande diferença em sua química molecular (Figura 13.14). O ponto de partida aqui é a estrutura em hélice tripla da molécula de colágeno, mostrada à esquerda. Porém — diferentemente da madeira —, isso se torna a matriz, e não o reforço do tecido mineralizado de osso. Nanoplaquetas de hidroxiapatita se depositam no tecido nascente e sua fração de volume aumenta com o tempo para produzir ósteons maduros, com uma configuração ordenada de fibras altamente mineralizadas com resistência e rigidez para suportar cargas estruturais as quais o osso deve suportar em um organismo maduro. Na escala mais macro de todas, há uma casca externa de osso compacto totalmente denso, contendo reforço de osso trabecular (ou esponjoso) altamente poroso.

Da mesma maneira que acontece com os materiais de engenharia, os blocos de construção de materiais naturais também podem ser agrupados em classes: biocerâmicas (calcita, aragonita, hidroxiapatita), biopolímeros (os blocos de construção orgânicos: polissacarídeos; celulose; e as proteínas quitina, colágeno, seda e queratina) e elastômeros naturais (elastina, resilina, abductina, pele, artéria e cartilagem). Esses se combinam para formar uma gama de híbridos, entre eles compósitos e sanduíches (osso, galhada de cervídeos, esmalte, dentina, concha, lula e coral), estruturas celulares (materiais celulares naturais como madeira, cortiça, palma, bambu, osso trabecular) e estruturas segmentadas (escamas, cabelo). As propriedades deles, como as dos materiais de engenharia, podem ser exploradas e comparadas por meio de diagramas de propriedades de materiais. Concluímos este capítulo examinando diagramas para híbridos naturais e os blocos de construção dos quais são feitos.

Diagrama módulo de Young-densidade. A Figura 13.15 mostra dados para módulo de Young, E, e densidade, ρ. Os dados para as classes de materiais naturais estão circunscritos por grandes envelopes; os membros das classes são mostrados em bolhas menores dentro deles. Dados para madeiras, palmas, cortiças, osso trabecular (parecido com espuma) e corais são englobados em envelopes subsidiários. Fibras naturais (seda, fibra de linho, juta e similares) têm seu próprio envelope, assim como tecido mineralizado (osso, concha etc.) e tecido macio (ligamento, cartilagem e assim por diante). Muitos são anisotrópicos. Quando esse é o caso, os módulos na direção paralela (símbolo ||) e na direção perpendicular (símbolo ⊥) à orientação da fibra ou veio são representados

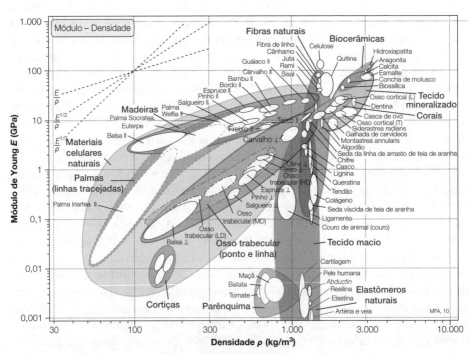

FIGURA 13.15. Um diagrama material-propriedade para materiais naturais, para módulo de Young em relação à densidade. As diretrizes identificam materiais estruturalmente eficientes que são leves e rígidos (ver caderno colorido).

separadamente. Ossos trabeculares exibem uma gama particularmente ampla de densidades; para esses são mostradas bolhas para alta densidade (HD – High Density), uma para média densidade (MD – Medium Density) e uma para baixa densidade (LD – Low Density). As bem conhecidas diretrizes de rigidez E/ρ, $E^{1/2}/\rho$ e $E^{1/3}/\rho$ são mostradas, cada uma representando o índice de mérito para um modo particular de carregamento.

O polímero natural que tem a mais alta eficiência sob tração, medida pelo índice E/ρ, é a celulose; ela ultrapassa a do aço por um fator de cerca de 2,6 vezes. Os altos valores para as fibras de linho, cânhamo e algodão são derivadas disso. Madeira, palma e bambu são particularmente eficientes sob flexão e resistentes a flambagem, como indicam os altos valores do índice de flexão $E^{1/2}/\rho$ quando carregados paralelamente ao veio. O índice para a madeira balsa, por exemplo, pode ser cinco vezes maior que o do aço.

Diagrama resistência à tração-densidade. Dados para a resistência, σ_f, e densidade, ρ, de materiais naturais são mostrados na Figura 13.16. O código de cores e o esquema de envelopes seguem iguais aos da Figura 13.15. Para cerâmicas naturais, a resistência à tração é identificada com a resistência à flexão (módulo de ruptura) no símbolo para a flexão de vigas. Para polímeros e elastômeros naturais, as resistências são as resistências à tração. Em complemento, para materiais celulares naturais, a tensão de tração é ou a tensão de platô

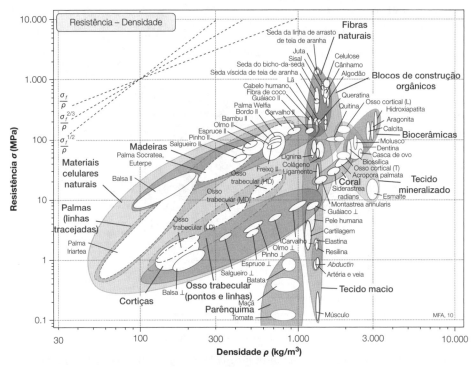

FIGURA 13.16. Um diagrama material-propriedade para materiais naturais, para resistência em relação à densidade. Diretrizes identificam materiais estruturalmente eficientes que são leves e resistentes (ver caderno colorido).

ou a resistência à flexão, símbolo (T), dependendo da natureza do material. Quando diferentes, as resistências na direção paralela (símbolo ||) e na direção perpendicular (símbolo ⊥) à orientação da fibra ou veio são representadas separadamente.

A evolução para dar resistência à tração — prevemos — resultaria em materiais com altos valores de σ_f/ρ. Quando a resistência sob flexão ou flambagem é exigida, esperamos encontrar materiais com alto $\sigma_f^{2/3}/\rho$. Seda e celulose têm os valores mais altos de σ_f/ρ; o da seda é ainda mais alto do que o de fibras de carbono. Também as fibras de linho, cânhamo e algodão têm valores elevados desse índice. Bambu, palma e madeira têm altos valores de $\sigma_f^{2/3}/\rho$, o que fornece resistência à falha por flexão.

Diagrama módulo de Young-resistência. Dados para a resistência, σ_f, e o módulo, E, de materiais naturais são mostrados na Figura 13.17. Duas das combinações são significativas. Materiais com grandes valores de σ_f^2/E armazenam energia elástica e fazem boas molas; aqueles com grandes valores de σ_f/E têm resiliência excepcional. Ambos os critérios aparecem na figura. Sedas (incluindo as de teias de aranha) se destacam como excepcionalmente eficientes, com valores de σ_f^2/E que ultrapassam os de molas de aço ou o da borracha. Altos valores de outro índice, σ_f/E, significam que um material permite grandes

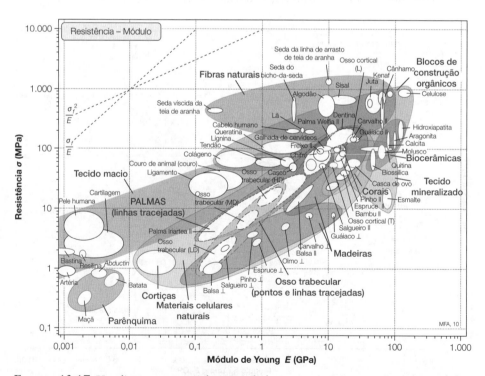

FIGURA 13.17. Um diagrama material-propriedade para materiais naturais, para módulo de Young em relação à resistência. As diretrizes identificam materiais que armazenam a maior quantidade de energia elástica por unidade de volume e que fazem boas dobradiças elásticas (ver caderno colorido).

deflexões recuperáveis e, por essa razão, fazem boas dobradiças elásticas. A palma (madeira do coqueiro) tem um valor mais alto desse índice do que a madeira, o que permite a flexão das palmas sob ventos fortes. A Natureza faz muito uso disso: pele, couro e cartilagem, todos têm de agir como dobradiças de flexão e de torção.

Diagrama tenacidade-módulo de Young. A tenacidade de um material mede sua resistência à propagação de uma trinca. Os dados limitados para a tenacidade, J_c, e módulo de Young, E, de materiais naturais são mostrados na Figura 13.18. Quando o componente deve absorver uma determinada *energia de impacto* sem falhar, o melhor material terá o maior valor de J_c. Esses materiais encontram-se no topo da Figura 13.18: galhada de cervídeos, casco, chifre, bambu e madeiras se destacam. Quando, ao contrário, um componente que contém uma trinca deve suportar uma determinada *carga* sem falhar, a escolha mais segura de material é o que tem os maiores valores da tenacidade à fratura $K_{1c} \approx (EJ_c)^{1/2}$. Contornos diagonais direcionados da esquerda superior para a direita inferior na Figura 13.18 mostram valores desse índice. As conchas dos moluscos e o esmalte dos dentes se destacam.

Muitos materiais de engenharia — aços, alumínio, ligas — têm valores de J_c e K_1c que são muito mais altos do que os dos melhores materiais naturais. Todavia, os valores de tenacidade de cerâmicas naturais como nácar, dentina, osso cortical (denso) e esmalte são uma ordem de magnitude mais alta do que

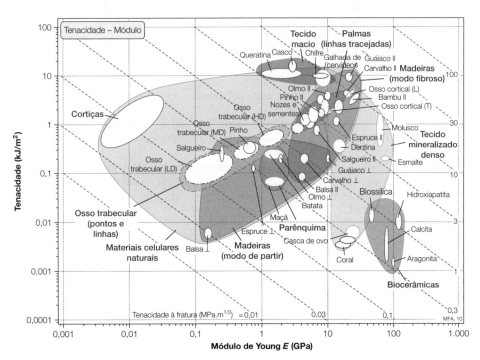

FIGURA 13.18. Um diagrama material-propriedade para materiais naturais, mostrando tenacidade em relação a módulo de Young. As diretrizes mostram tenacidade à fratura $(EJc)^{1/2}$ $(MPa)^{1/2}$ (ver caderno colorido).

488 Seleção de Materiais no Projeto Mecânico

a de cerâmicas de engenharia convencionais, como a alumina. A tenacidade desses materias se deve à sua estrutura segmentada: plaquetas de cerâmicas como calcita, hidroxiapatita ou aragonita, ligadas por uma pequena fração de volume de polímero, normalmente colágeno; ela aumenta com a diminuição do conteúdo de mineral e com o aumento do conteúdo de colágeno.

Observação. Os diagramas confirmam a ideia de Darwin de que materiais naturais evoluem para fazer o máximo com o que está disponível para eles — são eficientes no sentido que usamos anteriormente. Porém, esse assunto não acaba aqui. Se quiser uma percepção mais profunda, consulte os livros apresentados em Leitura Adicional.

Leitura adicional: materiais naturais

Há uma literatura crescente que examina as propriedades mecânicas e térmicas dos materiais naturais. Os livros listados a seguir fornecem uma boa e ampla introdução.

Beukers, A.; van Hinte, E. (1998) Lightness. The Inevitable Renaissance of Minimum Energy Structures. Rotterdam: 010 Publishers.

Currey, J.D.; Wainwright, S.A.; Biggs, W.D. (1982) Mechanical Design in Organisms. Princeton: Princeton University Press.

Gibson, L.J.; Ashby, M.F. (1997) Cellular Solids. 2ª ed. Cambridge: Cambridge University Press. ISBN 0-521-49560-1. (*Uma ampla introdução à estrutura e propriedades das espumas e dos sólidos celulares de todos os tipos.*)

Gibson, L.J.; Ashby, M.F.; Harley, B.A. (2010) Cellular Materials in Nature and in Medicine. Cambridge: Cambridge University Press. (*Uma monografia explorando a estrutura, a mecânica e o uso de materiais celulares na natureza.*).

McMahon, T.; Bonner, J. (1983). On Size and Life. New York: American Books.

Sarikaya, M.; Aksay, I.A. (1995) Biomimetics: Design and Processing of Materials. Woodbury: AIP Press.

Thompson, D.A.W. (1994) On Growth and Form. Cambridge: Cambridge University Press.

Vincent, J.F.V. (1990) Structural Biomaterials. Princeton: Princeton University Press. ISBN 0691025134.

Vincent, J.F.V.; Currey, J.D. (1980) The mechanical properties of biological materials. Cambridge: Cambridge University Press for the Society for Experimental Biology.

Wegst, U.G.K.; Ashby, M.F. (2004) The mechanical efficiency of natural materials. Philos. Mag., 84, 2167-2181.

Capítulo 14
Os materiais e o ambiente

Resumo

A fabricação e o uso de produtos, com o consumo associado de materiais e energia, tem impacto no meio ambiente. O projeto para o meio ambiente é geralmente interpretado como o esforço para ajustar nossos métodos de projeto atuais para corrigir a degradação ambiental conhecida e mensurável; a escala de tempo deste pensamento é de 10 anos ou mais, a vida média esperada de um produto. O desenvolvimento sustentável é a visão de mais longo prazo: adaptação a um estilo de vida que atende as necessidades atuais sem comprometer as necessidades das gerações futuras. A escala de tempo aqui, medida em décadas ou séculos, é menos clara, e a adaptação necessária é muito maior. Este capítulo enfatiza o papel dos materiais e processos na obtenção do projeto para o meio ambiente. Retornaremos à questão mais ampla da sustentabilidade no Capítulo 16.

490 Seleção de Materiais no Projeto Mecânico

Palavras-chave: Ciclo de vida do material; atributos-eco de materiais; energia incorporada; pegada de carbono; avaliação de ciclo de vida; auditorias-eco; impressões digitais de energia; transporte; fim da vida; reciclagem; recondicionamento; reutilização; combustão; aterro sanitário.

14.1 Introdução e sinopse

Toda atividade humana causa algum impacto sobre o ambiente no qual vivemos. O ambiente tem alguma capacidade de lidar com isso, de modo que certo nível de impacto pode ser absorvido sem dano duradouro. Porém, é claro que as atividades humanas atuais ultrapassam esse patamar com frequência cada vez maior, reduzindo a qualidade do mundo em que vivemos agora e ameaçando o bem-estar de gerações futuras. A fabricação e utilização de produtos, com seu consumo associado de materiais e energia, estão entre os culpados. A posição é resumida de um modo dramático pela seguinte declaração: a uma taxa global de crescimento de 3% ao ano, extrairemos, processaremos e descartaremos mais "coisas" nos próximos 25 anos do que em toda a história industrial da humanidade. *Projeto para o ambiente* é geralmente interpretado como o esforço para ajustar nossos métodos de projeto atuais para corrigir a degradação ambiental conhecida e mensurável. A escala de tempo desse modo de pensar é de aproximadamente 10 anos, a vida útil esperada de um produto médio. *Desenvolvimento sustentável* é a visão de prazo mais longo: a de adaptação a um estilo de vida que atenda as necessidades presentes sem comprometer as necessidades de gerações futuras. Aqui, a escala de tempo, medida em décadas ou séculos, é menos clara, e a adaptação exigida é muito maior. Este capítulo focaliza o papel dos materiais e processos na obtenção de projetos para o meio ambiente. Retornamos à questão mais ampla da sustentabilidade no Capítulo 16.

14.2 O ciclo de vida do material

A natureza do problema é colocada em foco pelo exame do ciclo de vida do material mostrado no desenho esquemático da Figura 14.1. Minérios e insumos primários, a maioria deles não renovável, são processados para produzir materiais; esses são transformados em produtos que são usados e, ao final de suas vidas, descartados — uma fração, talvez, entre em uma etapa de reciclagem, o restante é dirigido à incineração ou a um aterro. Energia e materiais são consumidos em cada ponto desse ciclo (que devemos chamar "fases") com uma penalidade associada de CO_2 e outras emissões — calor e resíduos gasosos, líquidos e sólidos.

O raciocínio deste capítulo é: primeiro, explore o consumo de recursos e as emissões associadas a cada uma das fases da vida. Identificar a fase que é culpada por causar o maior impacto — porque reduzi-la será a maneira mais efetiva de reduzir o total. Em seguida, use os métodos de seleção de materiais

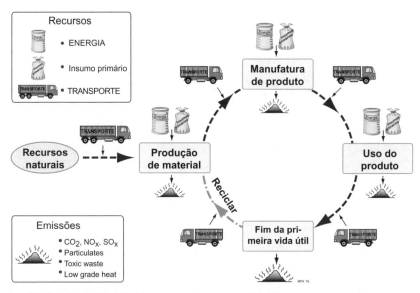

FIGURA 14.1. O ciclo de vida do material.

desenvolvidos anteriormente neste livro para buscar um substituto ou um reprojeto de uma forma mais abrangente para reduzir o impacto do culpado.

Os ecossistemas podem ser complexos; mudar uma parte pode ter efeitos imprevistos em outras partes. Então, antes de começarmos o argumento principal, aqui está uma rápida lembrança da interatividade de sistemas complexos.

14.3 Sistemas que consomem material e energia

Parece que os meios óbvios para preservar materiais seriam fazer produtos menores, fazer com que durem mais tempo e reciclá-los quando finalmente chegarem ao final de suas vidas úteis. Porém, aquilo que parece óbvio às vezes pode ser enganoso. Materiais e energia são partes de um sistema complexo e com um grau de interação muito alto, como ilustrado na Figura 14.2. Aqui, catalisadores primários de consumo como *crescimento da riqueza, crescimento da população, nova tecnologia e obsolescência programada* influenciam aspectos da utilização do produto e, por meio desses, o consumo de materiais e energia, e os produtos secundários que eles produzem. As linhas de ligação indicam influências; uma linha clara sugere influência positiva e, em termos gerais, desejável; uma linha escura sugere influência negativa, indesejável; e uma linha tracejada sugere que o impulsionador tenha capacidade tanto para influência positiva quanto para influência negativa.

O diagrama revela e destaca a complexidade. Siga, por exemplo, as linhas de influência da *nova tecnologia* e suas consequências. Ela oferece mais material e produtos eficientes em energia; porém, ao oferecer também uma nova funcionalidade, cria obsolescência e o desejo de substituir um produto que ainda tem em si vida útil. Produtos eletrônicos são exemplos primordiais disso: a maioria

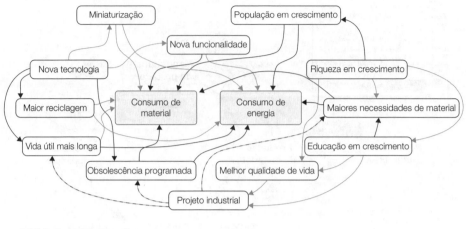

FIGURA 14.2. As influências sobre o consumo de materiais e energia. É essencial ver o projeto ecológico como um problema de sistemas que não pode ser resolvido pela simples escolha de "bons" materiais e rejeição de "maus", mas pela compatibilização do material com os requisitos do sistema (ver caderno colorido).

é descartada quando ainda funciona. E observe, mesmo nesse nível simples, as consequências de uma *vida mais longa* — uma medida aparentemente óbvia. Conservar materiais (uma influência positiva) certamente pode ajudar, porém, em uma era na qual novas tecnologias entregam produtos mais eficientes em energia (em particular verdadeiro hoje para carros, eletrônicos e eletrodomésticos), estender a vida de produtos velhos pode ter uma influência negativa sobre o consumo de energia.

Como um exemplo final, considere a influência bivalente do projeto, ou design, industrial — o assunto do Capítulo 15. Os projetos duradouros do passado são a evidência da habilidade da indústria em criar produtos que são conservados e guardados como tesouros. Porém, atualmente, o design industrial é frequentemente usado como uma ferramenta potente para estimular o consumo por obsolescência deliberada, criando a percepção de que o "novo" é desejável e que até mesmo o que é levemente "velho" não é atraente.

14.4 Os atributos-eco de materiais

Produção de material: Energia e emissões

A maior parte da energia consumida nas fases da Figura 14.1 é derivada atualmente de combustíveis fósseis. Alguma é consumida diretamente naquele estado — como gás, petróleo, carvão ou coque. Grande parte é primeiramente convertida em eletricidade a uma eficiência média de conversão de aproximadamente 38% (Estados Unidos e Europa). Nem toda eletricidade é gerada de combustíveis fósseis — há contribuições de fontes nucleares, hidráulicas, solares, eólicas e geotérmicas. Porém, com exceção da Noruega (70% hidrelétrica) e França (80% nuclear), as fontes de energia predominantes são hidrocarbonetos fósseis.

A energia consumida para fazer um quilograma de material é denominada como sua *energia incorporada*. Uma parte da energia é armazenada no material criado e pode ser reutilizada, em um sentido ou outro, no final da vida útil. Polímeros feitos de petróleo (a maioria é) contêm energia em outro sentido — a do petróleo que entra na produção como um insumo primário. De modo semelhante, materiais naturais como a madeira contêm energia "intrínseca" ou "contida", dessa vez derivada da radiação solar absorvida durante o crescimento. Os pontos de vista diferem quanto à inclusão ou não da energia intrínseca na energia incorporada. Há um senso de que não somente polímeros e madeiras, mas também metais portam energia intrínseca que poderia — por reação química ou queima do metal na forma de pó finamente dividido — ser recuperada; portanto, omiti-la ao reportar a informação da energia de produção para polímeros, mas incluí-la quando se refere a metais parece inconsistente. Por essa razão, incluiremos a energia intrínseca de recursos não renováveis ao reportarmos as energias incorporadas, que geralmente encontram-se na faixa de 25 a 250 MJ/kg (Figura 3.20), embora algumas sejam muito mais altas. A existência de energia intrínseca tem outra consequência: a energia para reciclar um material às vezes é muito menor do que a exigida para a sua primeira produção, porque a energia intrínseca é retida. Valores típicos para reciclagem encontram-se na faixa de 10 a 100 MJ/kg.

A produção de material está associada a *emissões de gases indesejadas*, entre as quais as de CO_2, NO_x, SO_x e CH_4 causam preocupação geral (aquecimento global, acidificação, destruição da camada de ozônio). As quantidades podem ser grandes — cada quilograma de alumínio virgem produzido com energia elétrica proveniente de combustíveis fósseis cria em torno de 9 kg de CO_2, 40 g de NO_x e 90 g de SO_x. A produção de materiais geralmente é associada a outras saídas indesejáveis, em particular resíduos e particulados tóxicos, mas esses podem, em princípio, ser tratados na fonte.

Dados aproximados para energia incorporada e pegada de CO_2 de materiais são apresentados no Apêndice A, Seção A10.

Energias e emissões de processamento de material

Muitos processos dependem de fundição, evaporação ou deformação. É útil ter uma ideia das magnitudes aproximadas das energias exigidas por esses processos. A utilização de energia primária (considerada a quantidade equivalente de petróleo) para processar materiais envolve várias etapas de conversão de energia, cada uma com eficiência de conversão menor do que 100%. Muitos processos usam energia elétrica, gerada a partir de energia primária com uma eficiência de conversão da ordem de 38%. A utilização desta para aquecimento ou processamento elétrico (como eletroconformação) envolve perdas adicionais. É possível, como faremos a seguir, estimar a energia para fundir, moldar,

494 Seleção de Materiais no Projeto Mecânico

vaporizar ou deformar um material, porém, para expressar isso em termos de energia primária, ela deve ser dividida pelo produto das eficiências de conversão de cada etapa de conversão. Para uma questão de exemplo, fixamos essa eficiência global em (realistas) 15%.

Fusão. Para fundir um material, em primeiro lugar ele deve ser aquecido até seu ponto de fusão, o que exige uma entrada mínima de calor $C_p(T_m - T_o)$, e então quando fundido, requerendo o calor latente de fusão, L_m:

$$H_{min} = C_p(T_m - T_o) + L_m \qquad (14.1)$$

onde H_{min} é a energia mínima por quilograma para fusão, C_p o calor específico, T_m o ponto de fusão e T_o a temperatura ambiente. Existe uma correlação íntima entre L_m e $C_p T_m$:

$$L_m \approx 0,4 C_p T_m \qquad (14.2)$$

e para a maioria dos metais e ligas $T_m \approx T_o$, o que resulta em:

$$H_{min} \approx 1,4 C_p T_m \qquad (14.3)$$

Considerando eficiência de processo de 15%, a energia estimada para fundir um quilograma H_m^* é

$$H_m^* \approx 8,4 C_p T_m \qquad (14.4)$$

e o asterisco nos lembra que isso é uma estimativa. Para metais e ligas, a quantidade H_m^* encontra-se na faixa de 1 a 8 MJ/kg.

Vaporização. Como regra prática, o calor latente de vaporização, L_v, é maior do que o de fusão, Lm, por um fator de 24 ± 5, e o ponto de ebulição T_b é maior do que o ponto de fusão, T_m, por um fator de 2,1 ± 0,5. Usando as mesmas considerações de antes, constatamos que uma estimativa para a energia para evaporar 1 kg de material (como no processamento de PVD – Physical Vapor Deposition) é

$$H_v^* \approx 76 C_p T_m \qquad (14.5)$$

novamente considerando uma eficiência de 15%. Para metais e ligas, a quantidade H_v^* encontra-se na faixa de 6 a 60 MJ/kg.

Deformação. Processos de deformação como laminação ou forjamento em geral envolvem grandes deformações. Considerando uma resistência ao fluxo média de $(\sigma_y + \sigma_{uts})/2$, uma deformação de ordem 1 e um fator de eficiência fator de 15%, constatamos que o trabalho de deformação por kg é

$$W_D^* \approx 3(\sigma_y + \sigma_{uts}) \qquad (14.6)$$

onde σ_y é a resistência ao escoamento e σ_{uts} é a resistência à tração. Para metais e ligas, a quantidade W_D^* encontra-se na faixa de 0,05 a 2 MJ/kg.

Concluímos que fundição ou deformação requerem energias de processamento que são pequenas em comparação com a energia de produção do material que está sendo processado, mas as maiores energias exigidas para processamento na fase de vapor podem tornar-se comparáveis com as de produção de materiais.

Fim de vida útil

A Figura 14.3 apresenta as opções: *aterro sanitário, combustão para recuperação de calor, reciclagem, reengenharia* e *reutilização*.

Aterro sanitário. Grande parte do que rejeitamos agora é destinada ao aterro sanitário. Já existe um problema — a disponibilidade de terrenos para "preencher" desse modo já está quase esgotada em alguns países da Europa. As administrações reagem cobrando uma taxa de aterro — atualmente próxima de €50 por tonelada, mas que tende a aumentar, procurando desviar resíduos para os outros canais da Figura 14.3.

Combustão para recuperação de calor. Recuperação de calor permite que alguma parte da energia armazenada no material seja recuperada por combustão controlada, capturando o calor. Porém, isso não é tão fácil quanto parece. Em primeiro lugar, há a necessidade de uma classificação primária para separar materiais combustíveis de não combustíveis. Então, a combustão deve ser realizada sob condições que não gerem vapores ou resíduos tóxicos, o que exige altas temperaturas, controle sofisticado e equipamentos caros. A recuperação de energia é imperfeita em parte porque é incompleta e em parte porque o resíduo resultante porta um teor de umidade que tem de ser dissipado por ebulição.

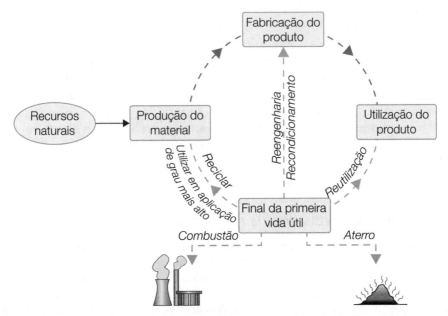

FIGURA 14.3. Opções para o final da vida útil são mostradas pelas linhas mais claras: aterro, combustão com recuperação de energia, reciclagem, recondicionamento e reutilização (ver caderno colorido).

496   Seleção de Materiais no Projeto Mecânico

Reciclagem. Reciclagem requer energia, e essa energia leva consigo sua carga de gases. Porém, em geral, a *energia de reciclagem* é pequena em comparação com a energia de produção inicial, o que torna a reciclagem — quando ela é possível — uma proposição eficiente em energia. Todavia, pode não ser uma solução eficiente em custo; isso depende do grau de dispersão do material. A sucata de processo, gerada nas etapas de produção ou fabricação, é localizada e já é reciclada eficientemente (perto de 100% de recuperação). "Sucata" amplamente distribuída — material contido em produtos descartados — é muito mais cara para coletar, separar e limpar. Muitos materiais não podem ser reciclados, embora ainda possam ser reutilizados em atividades de grau mais baixo; compósitos com fibras contínuas, por exemplo, não podem ser separados economicamente em fibra e polímero para reciclagem, embora possam ser picados e utilizados como reforços. A maioria dos outros materiais requer a entrada de material virgem para evitar o acúmulo de impurezas incontroláveis. Assim, a fração da produção de um material que, afinal, pode reentrar no ciclo da Figura 14.3 depende tanto do material em si quanto do produto ao qual será incorporada.

Reengenharia. Reengenharia é o recondicionamento ou a utilização em uma aplicação de grau mais alto do produto ou de seus componentes recuperáveis. Certos critérios devem ser cumpridos para que essa operação seja prática. Um é que o projeto do produto é fixo ou que a tecnologia na qual ele é baseado evolui tão lentamente que sempre sobra um mercado para o produto restaurado. Alguns exemplos são motores de carros e caminhões, maquinário de agricultura, residências, espaço de escritórios e infraestrutura de rodovias e ferrovias.

Reutilização. Reutilização é a redistribuição do produto a um setor de consumo que está disposto a aceitá-lo em seu estado usado, talvez para reutilizá-lo em sua finalidade original (por exemplo, um carro de segunda mão), talvez para adaptá-lo para outra (converter um carro em outro com motor envenenado ou um ônibus em uma casa móvel). Lojas mantidas por instituições de caridade passam adiante roupas, livros e objetos adquiridos daqueles para os quais estes já se tornaram sobras, os vendendo a outros que percebem neles algum valor. A reutilização é o mais benigno dos cenários de final de vida útil.

Copos descartáveis *versus* reutilizáveis

Os organizadores de um importante evento esportivo, conscientes com o meio ambiente, planejam substituir os copos de poliestireno descartáveis utilizados em sua área de refeição por copos de policarbonato reutilizáveis que serão coletados, lavados e reutilizados. O material policarbonato possui energia incorporada e pegada hídrica maiores do que o poliestireno (ver a tabela a seguir, os dados do Apêndice A e a Tabela A.10) e os copos reutilizáveis são mais resistentes e, portanto, mais pesados que os descartáveis.

Material	Energia incorporada* (MJ/kg)	Pegada hídrica (l/kg)
Poliestireno	96	140
Policarbonato	105	175

O ato de lavar os copos também consume energia e água. Aqui estão os detalhes:
• Copo descartável de poliestireno (PS) pesa 0,04 kg e é usado comente uma vez.
• O copo reutilizável de policarbonato (PC) pesa 0,1 kg e é usado n vezes.
• Uma lavadora de louças suporta 40 copos, consome 1 kW h (3,6 MJ) e 18 L de água por lavagem.

Quantas vezes (n) os copos reutilizáveis têm que ser reutilizados para se tornarem mais eficientes do ponto de vista de energia e de água do que os descartáveis?

Resposta

A energia e pegada hídrica por copo por utilização para os copos descartáveis é somente a energia H_m e a água W_m por kg do material multiplicada pela massa m do copo em si, então 3,8 MJ e 5,6 L. A energia para o copo reutilizável, por uso, é

$$\text{Energia por uso} = \frac{1}{n}(m \cdot H_m + n \cdot H_{\text{lavagem}})$$

onde $H_{\text{lavagem}} = \frac{3,6}{40} = 0,09 \text{MJ}$. Igualando a energia por uso de um copo reutilizável com aquela de um descartável (3,8 MJ), em seguida resolvendo para n e arredondando para o número inteiro mais próximo, temos:

$$n = \frac{m \cdot H_m}{(3,8 - H_{\text{lavagem}})} = 3$$

Uma análise análoga para a água gera um número de reúso de equilíbrio de 2.
Observação. Parece que os copos reutilizáveis são uma boa escolha do ponto de vista ambiental. O uso de copos reutilizáveis foi experimentado nos Jogos Olímpicos de Barcelona, em 1992. Não funcionou porque poucos copos foram retornados: muitos estavam inutilizáveis quando devolvidos, não puderam ser recuperados ou foram roubados. Problemas ambientais podem ter um elemento humano.

14.5 Avaliação de ciclo de vida, auditorias–eco e impressões digitais de energia

O ponto de partida para o ciclo de vida de um material é a sua criação a partir de minério e matéria-prima. Os materiais são transformados em produtos que são distribuídos e utilizados. Os produtos (como nós) têm uma vida finita, no final da qual eles se tornam sucata. Os materiais que eles contêm, no entanto, ainda estão lá; alguns (ao contrário de nós) podem ser reutilizados, recondicionados ou reciclados para fornecer um serviço útil adicional.

A *avaliação do ciclo de vida* (LCA — Life-Cycle Assessment) traça essa progressão, documentando os recursos consumidos e as emissões excretadas durante cada fase da vida. A saída é uma espécie de biografia, documentando onde os materiais estiveram, o que fizeram e as consequências disso para seus arredores. Em particular, documenta a energia consumida e as emissões de carbono para a atmosfera (a *pegada de carbono*) causada pelo produto ao longo de sua vida.

O projeto responsável, hoje, visa fornecer serviços seguros e acessíveis, minimizando o escoamento dos recursos e a liberação de emissões indesejadas. Para fazer isso, o projetista precisa de comentários (*feedback*) sobre o perfil-ecológico do projeto (ou reprojeto) à medida que progride. Para ser útil, esse *feedback* deve ser rápido, permitindo a rápida exploração "e se?" das consequências de opções alternativas de material, padrão de uso e escolha de fim de vida. Um LCA completo não está bem adaptado para esta tarefa — é lento e caro. *LCA simplificada* e os métodos de *auditoria-eco* evoluíram para preencher a lacuna.

Esses métodos são aproximados, mas as distinções que elaboram podem ser suficientemente nítidas para distinguir as fases mais prejudiciais da vida do produto, assim como as mudanças que podem melhorar o desempenho-eco e aquelas que não podem. A saída é uma *impressão digital de energia:* o padrão característico do consumo de energia durante as fases da vida. As emissões de carbono (e as de enxofre e nitrogênio) não se dimensionam exatamente como energia, mas como muita energia dentre aquela que usamos é derivada de combustíveis de hidrocarbonetos, suas impressões digitais são uma espécie de aproximação para os outros.

A Figura 14.4 apresenta o resultado de uma auditoria ecológica. Cada barra descreve, para um determinado produto, a energia consumida em cada fase do ciclo de vida: produção de material, fabricação do produto, uso do produto, disposição do produto no final da vida e transporte intermediário. As emissões de carbono e as outras seguem um padrão similar, não precisamente, mas bastante próximo. Há duas barras para o fim de vida, uma complicação explicada em um momento. A energia de vida total é a soma das cinco barras de esquerda, como mostrado na figura.

A primeira barra, mostra a soma ponderada em massa das energias incorporadas dos materiais no produto. A dedução é feita para a inclusão de material reciclado. A segunda barra, é uma estimativa da energia para fabricar o produto. O transporte está presente — a terceira barra, resume a energia envolvida

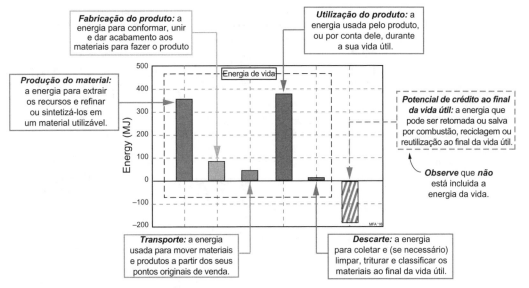

FIGURA 14.4. O resultado de uma auditoria-eco: a digital de energia de um produto (ver caderno colorido).

nisso. A quarta barra, descreve a energia consumida pelo produto ou por conta dele durante o uso. Alguns produtos (fotocopiadoras, por exemplo), consomem tanto energia quanto materiais (papel, toner) durante o uso. Estes são tratados aqui como uma contribuição energética para a fase de uso. A quinta barra, quase sempre muito pequena, é a energia para coletar o produto no final da vida, limpar, triturar e classificar seus materiais. A soma destas cinco barras oferece uma estimativa da energia de vida.

Há mais uma barra. Um projetista que deseja minimizar o impacto ecológico de um produto pode desejar usar materiais reciclados, reduzindo assim a energia de vida. A auditoria-eco reconhece isso, que aparece como uma altura reduzida da barra de materiais verdes. O mesmo projetista também pode desejar estruturar o projeto para que seja fácil de desmontar para reciclagem e usar os materiais que reciclam bem. Isso não pode ser incluído como um crédito na energia de vida, porque o crédito já foi concedido para o uso de materiais reciclados no início da vida e porque continua a ser uma opção futura que pode não ser adotada. No entanto, a auditoria-eco deve sinalizar o retorno de energia habilitado permitindo a reciclagem. É o que descreve a última barra, hachurada.

A Figura 14.5 mostra o que as auditorias-eco reais parecem para uma variedade de produtos. Existem seis famílias, cada uma com dois exemplos. O primeiro par mostra produtos passivos, aqueles que requerem pouca ou nenhuma energia durante o uso. Para estes, são as energias incorporadas de seus materiais que fazem a maior contribuição. Os próximos dois pares mostram produtos que requerem energia para funcionar. Para estes, é a fase de uso que domina.

O quarto par da Figura 14.5 — sistemas de transporte — mostra um contraste interessante. A barra da fase de uso para aeronaves (também trens, navios) con-

500 Seleção de Materiais no Projeto Mecânico

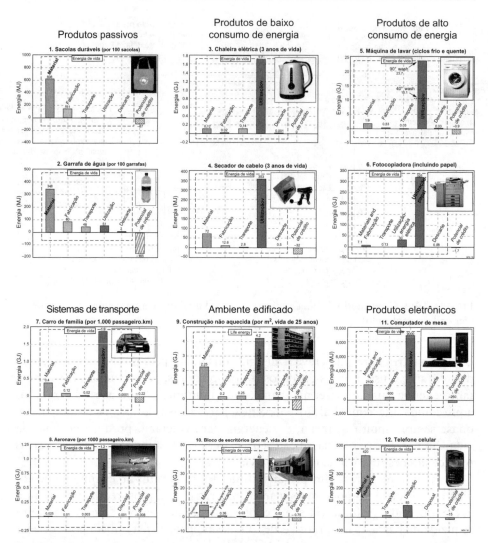

FIGURA 14.5. Digitais de energia aproximada de produtos. Eles são agrupados em pares com características em comum (ver caderno colorido).

some muito mais energia que todas as outras fases da vida juntas. Para os carros, a distribuição é menos distorcida: a energia do material é agora uma fração maior da energia de vida, embora ainda menor do que a energia de uso. O uso crescente de compósitos para reduzir o peso do veículo reduz a energia de uso, mas com a penalidade de aumentar a energia de material. O próximo par descreve as construções. As alturas relativas das barras dependem da vida da construção: quanto mais ela dura, maior se torna a energia de uso. As vidas assumidas são indicadas. A energia de material também aumenta com a vida devido à manutenção, redecoração e reposição. Mesmo com essas incertezas, é a energia de uso que domina nas construções de hoje. O último grupo da Figura 14.5 — produtos eletrônicos — também tem algumas surpresas. Os materiais e a fabricação de produtos eletrônicos são elevados em energia e suas vidas são relativamente baixas, tanto que a energia de materiais e manufatura pode exceder a de uso.

14.6 Seleção-eco

Para selecionar materiais para minimizar o impacto sobre o ambiente, em primeiro lugar temos de perguntar — como fizemos na Seção 14.2 — qual é a fase do ciclo de vida do produto em consideração que dá a maior contribuição? A resposta guia a escolha da estratégia para melhorar tal contribuição (Figura 14.6). As estratégias são descritas a seguir.

A fase de produção do material. Se a produção do material é a fase dominante da vida útil, é ela que se torna o primeiro alvo. Recipientes de bebidas nos oferecem um exemplo: consomem materiais e energia durante a extração do material e a produção do recipiente, porém, fora o transporte e a refrigeração, eles não consomem muito depois disso. Usamos a energia incorporada do material como medida e como aproximações para emissões de CO_2, NO_x e SO_x. A energia associada à produção de um quilograma de um material é H_p, que por unidade de volume é $H_p \rho$, onde ρ é a densidade do material.

Os diagramas de barras das Figuras 3.20 e 3.21 mostram essas duas quantidades para materiais. Na base "por kg", o vidro, o material do primeiro recipiente, carrega a penalidade mais baixa. A do aço é ligeiramente mais alta. A de

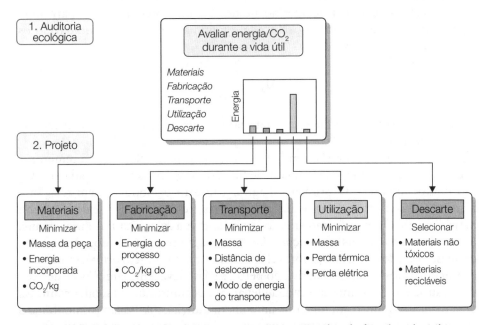

FIGURA 14.6. Projeto para o ambiente começa com uma análise da fase da vida útil a ser visada, guiando a escolha da tática para minimizar o impacto ecológico (ver caderno colorido).

502　Seleção de Materiais no Projeto Mecânico

polímeros é ainda mais alta. Alumínio carrega a penalidade de energia mais alta de todas. Porém, se esses mesmos materiais forem comparados na base "por m³", as conclusões mudam: a do vidro ainda é a mais baixa, mas agora, polímeros *commodities*, como polietileno (PE) e polipropileno (PP), carregam um fardo *mais baixo* do que a do aço. Porém, a comparação "por kg" ou "por m³" é o modo certo de fazê-lo? Raramente. Para lidar adequadamente com o impacto ambiental na fase de produção, temos de procurar minimizar a energia ou a pegada de CO_2 *por unidade de função*.

Índices de desempenho que incluem quantidade de energia são derivados do mesmo modo que os para peso ou custo (Capítulo 4). Como um exemplo, considere a seleção de um material para uma viga que deve cumprir uma restrição de rigidez com uma quantidade de energia mínima. Repetindo as deduções do Capítulo 4, mas com o objetivo de minimizar a energia incorporada em vez da massa, temos como resultado equações de desempenho e índices de mérito que são simplesmente os do Capítulo 4, com a substituição de ρ por $H_p\rho$. Assim, os melhores materiais para minimizar a energia incorporada de uma viga de rigidez e comprimento especificados são os que têm grandes valores do índice

$$M_1 = \frac{E^{1/2}}{H_p\rho} \tag{14.7}$$

onde E é o módulo do material da viga. A melhor solução é fazer o tirante rígido com quantidade de energia mínima com um material de alto $E/H_p\rho$; o painel rígido, de um material com alto $E^{1/3}/H_p\rho$ e assim por diante.

A resistência funciona do mesmo modo. Os melhores materiais para uma viga de resistência à flexão especificada e mínima energia incorporada são os que têm grandes valores de

$$M_3 = \frac{\sigma_f^{2/3}}{H_p\rho} \tag{14.8}$$

onde σ_f é a resistência à falha do material da viga. Outros índices ocorrem de modo semelhante.

As Figuras 14.7 e 14.8 são um par de diagramas para seleção para minimizar energia incorporada H_p por unidade de função (os gráficos para pegada de CO_2 são muito similares). O primeiro diagrama mostra o módulo E em relação a $H_p\rho$; as linhas diretrizes dão as inclinações para três dos índices de desempenho mais comuns. O segundo mostra a resistência σ_f em relação a $H_p\rho$; novamente, linhas diretrizes dão as inclinações. Os dois diagramas são usados exatamente do mesmo modo que os diagramas $E - \rho$ e $\sigma_f - \rho$ para projeto de massa mínima.

A maioria dos polímeros deriva do petróleo. Isso leva a declarações de que seu uso resulta em consumo de energia elevado e, portanto, uma escolha ruim. Os dois diagramas mostram que, por unidade de função sob flexão (o modo mais comum de carregamento), a maioria dos polímeros carrega uma penalidade de energia mais baixa do que a do alumínio, magnésio ou titânio primários, e que vários competem com o aço em uma base de energia.

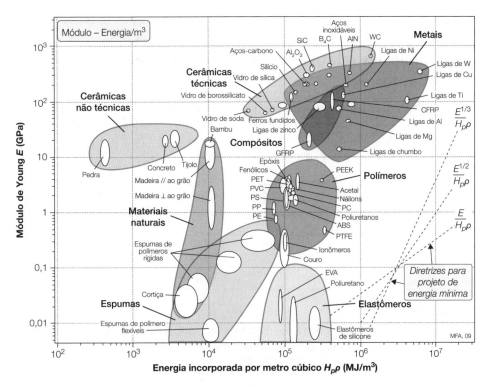

FIGURA 14.7. Um diagrama de seleção para rigidez com produção de energia mínima. Ele é usado do mesmo modo que a Figura 3.3 (ver caderno colorido).

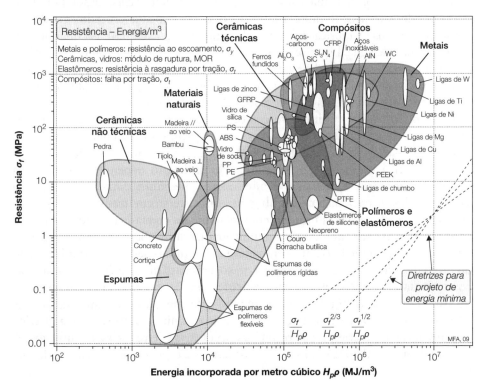

FIGURA 14.8. Um diagrama de seleção para resistência com produção de energia mínima. Ele é usado do mesmo modo que a Figura 3.4 (ver caderno colorido).

504   Seleção de Materiais no Projeto Mecânico

Contribuições relativas a energia incorporada de produtos

O núcleo de um conversor catalítico para carros tem um núcleo de alumina (cerâmica) alveolar (*honeycomb*) comportando 5 g de platina. Os componentes ativos são contidos em uma carcaça de aço inoxidável. Qual componente contribui mais para energia incorporada do produto?

Componente	Massa (kg)	Energia incorporada (MJ/kg)	Contribuição de energia para o produto (MJ)
Núcleo de alumina	0,7	52	36
Platina catalisadora	0,005	$2,9 \times 10^5$	1450
Carcaça de aço inoxidável	1,2	68	81

Resposta

Os dados relevantes são mostrados na tabela anterior. A platina catalisadora compõe somente 0,3% da massa do conversor, porém 93% da energia incorporada.

A fase de fabricação do produto. Conformar materiais, como já discutimos, requer energia. Certamente é importante economizar energia na produção. Porém, muitas vezes a prioridade mais alta está ligada ao impacto *local* causado por emissões e resíduos tóxicos durante a fabricação, e isso depende crucialmente de circunstâncias locais. A fabricação de papel (para dar um exemplo) usa quantidades muito grandes de água. Historicamente, a água descartada tinha grandes quantidades de poluentes como álcalis e particulados, que devastavam os sistemas fluviais nos quais era despejada. Hoje, as melhores fábricas de papel despejam água tão limpa e pura como a que entrou na planta. Aqui, a fabricação limpa é a questão.

A fase de utilização. O impacto ecológico da fase de utilização de produtos que consomem energia nada tem a ver com a quantidade de energia dos materiais em si — na verdade, minimizar isso muitas vezes pode ter o efeito oposto sobre a energia de utilização. A energia de utilização depende de eficiências mecânicas, térmicas e elétricas; é minimizada mediante a maximização dessas eficiências. A eficiência do combustível em sistemas de transporte (medida, digamos, por MJ/km) está intimamente relacionada com a massa do veículo em si; o objetivo passa, então, a ser minimizar massa. A eficiência em energia de sistemas de refrigeração ou aquecimento é conseguida mediante a minimização do fluxo de calor que entra ou que sai do sistema; assim, o objetivo é minimizar condutividade térmica ou inércia térmica. A eficiência de energia em geração, transmissão e conversão elétrica é maximizada mediante a minimização das perdas ôhmicas no condutor; aqui, o objetivo é minimizar a resistência elétrica e ao mesmo tempo cumprir as restrições necessárias de resistência, custo etc. A seleção de material para cumprir esses objetivos é exatamente o assunto de que tratavam os capítulos anteriores deste livro.

Pegada de carbono e custo da fase de utilização

Um carro pequeno pesa 1.300 kg; ele percorre 180.000 milhas ao longo de sua vida em uma economia de combustível média de 35 milhas por galão dos EUA. O carro carrega uma roda e um pneu sobressalente pesando 13 kg, o qual o proprietário nunca teve ocasião de usar. Se o consumo de combustível é linearmente proporcional ao peso do veículo, qual foi a penalidade de carbono e de custo de transportar a roda sobressalente durante a vida do veículo? (A gasolina custou uma média de US$ 2,1 por galão nos Estados Unidos em 2016. Queimar um galão de gasolina libera 11 kg de dióxido de carbono.)

Resposta

O carro queima 180.000/35 = 5.140 galões de gasolina custando US$ 10.800 durante sua vida e libera 56.540 kg de dióxido de carbono. Então, aumentar o seu peso em 1% (a contribuição da roda sobressalente) suporta uma penalidade de 565 kg de dióxido de carbono e custa certa de US$ 110 durante toda a vida. Na Europa, a penalidade de carbono é a mesma, porém o custo é cerca de duas vezes maior.

A fase de descarte do produto. As consequências ambientais da fase final da vida útil do produto têm muitos aspectos. Cada vez mais a legislação dita procedimentos de descarte, retomada e requisitos de reciclagem, e — por meio de taxas de aterro e reciclagem subsidiada — desencadeia forças de mercado para determinar a escolha do final da vida útil.

Transporte. Devido à globalização, materiais e produtos são transportados em grandes distâncias antes de chegarem ao consumidor. Isso geralmente é visto como equivocado — melhor, argumenta-se, seria usar materiais nativos e fabricar localmente. Os economistas argumentam o contrário: os custos trabalhistas mais baixos nas economias emergentes mais que compensam o custo do transporte de materiais e produtos entre eles e os países desenvolvidos onde são vendidos e usados. A Tabela 14.1 dá uma ideia da energia e da pegada de carbono de vários modos de transporte.

TABELA 14.1. **Pegada de carbono e energia aproximados para transporte**

Tipo de transporte e combustível	Energia (MJ/tonelada·km)	Pegada de carbono (kg CO_2/tonelada·km)
Navio – diesel	0,16	0,015
Trem – diesel	0,25	0,019
Caminhão grande – diesel	0,71	0,05
Caminhão pequeno – diesel	1,5	0,11
Carro de família – diesel	1,4–2,0	0,1–0,14
Carro de família – gasoline	2,2–3,0	0,14–0,19
Carro de família – híbrido	1,55	0,10
Aeronave – querosene	19–15	0,6–1,0

Estimando energias e pegada de carbono para transporte

Os aparelhos de televisão são fabricados em Xangai, na China, e transportados para Le Havre, na França. Qual é a pegada de carbono por conjunto, (massa de transporte 21 kg por unidade) se enviado por frete marítimo? E por frete aéreo?

Resposta

A distância de Xangai a Le Havre pelo mar através do Cabo da Boa Esperança é de 13.800 km. A pegada de carbono deste trecho de transporte é de $0,21 \times 0,015 \times 13.800 = 43,5$ kg de CO_2.

A distância de Xangai a Le Havre pelo ar sobre a Rússia é de 5.714 km. A pegada de carbono desta perna de transporte é de $0,21 \times 0,8 \times 5.714 = 960$ kg de CO_2, cerca de 20 vezes mais do que pelo mar.

14.7 Estudos de casos: recipientes para bebidas e barreiras contra colisão

Recipientes para bebidas. Os recipientes para bebidas da Figura 14.9 são feitos de cinco materiais diferentes. Todos os cinco podem ser reciclados. Eles são exemplos de produtos para os quais a primeira fase de vida — produção de materiais — consome a maior quantidade de energia e geram a maior parte das emissões. O projeto ecológico foca em reduzir o impacto dessa fase. Qual a melhor escolha? A Tabela 14.2 resume os requisitos.

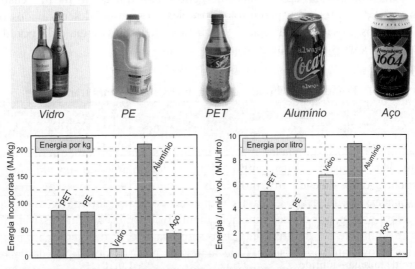

FIGURA 14.9. Recipientes para líquidos: vidro, polietileno, PET, alumínio e aço. Todos podem ser reciclados. Qual deles carrega a menor penalidade de pegada de carbono?

Os materiais e o ambiente   507

TABELA 14.2. Requisitos de projeto para recipientes

Função	• Recipiente para refrigerante
Restrição	• Deve ser reciclável
Objetivo	• Minimizar energia incorporada por unidade de capacidade
Variável livre	• Escolha de material

TABELA 14.3. Detalhes dos recipientes

Tipo de recipiente	Material	Energia incorporada de material (MJ/kg)	Massa (g)	Massa/Litro, (kg/L)	Energia/Litro (MJ/L)
Garrafa PET 400 ml	PET	84	25	62	5,4
Garrafa de leite PE 1 litro	PE de alta densidade	81	38	38	3,2
Garrafa de vidro 750 ml	Vidro de soda	15,5	325	433	8,2
Lata Al 440 ml	Liga de alumínio série 5000	210	20	45	9,0
Lata Aço 440 ml	Aço-carbono comum	32	45	102	2,4

Os materiais de cada recipiente, suas energias incorporadas por kg e a massa e volume do recipiente estão listados na Tabela 14.3. A partir destes é calculada a energia por litro de fluido contido (última coluna). O recipiente de aço (valor mostrado em negrito, sublinhado) tem a menor penalidade de energia por unidade de volume, o vidro e o alumínio são os mais altos.

Barreiras contra colisão. Barreiras para proteger motoristas e passageiros de veículos de passeio são de dois tipos: as estáticas — o canteiro central de uma rodovia, por exemplo — e as que se movimentam — o para-choque do veículo em si (Figura 14.10). As do tipo estático se alinham por dezenas de milhares de quilômetros de rodovias. Uma vez instaladas, não consomem energia, não geram CO_2 e duram muito tempo. As fases dominantes de sua vida útil, no sentido do ciclo de vida útil mostrado na Figura 14.1, são as de produção e fabricação do material. O para-choque, ao contrário, faz parte do veículo; acrescenta peso e, por consequência, aumenta o consumo de combustível. Aqui, a fase dominante é a de utilização. Isso significa que, se o objetivo é o projeto ecológico, os critérios de seleção de materiais para os dois tipos de barreira serão diferentes. Adotamos como critério, para a primeira, o de maximizar a energia que a barreira pode absorver por unidade de produção de energia;

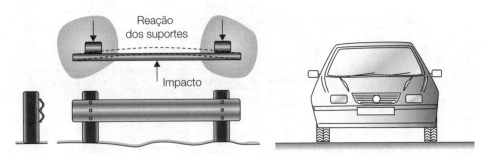

FIGURA 14.10. Duas barreiras de proteção contra colisão: uma estática, a outra — o para-choque — ligada a algo que se move. Diferentes critérios ecológicos são necessários para selecionar material para cada uma.

TABELA 14.4. Requisitos de projeto para barreiras de proteção contra colisão

Função	• Barreiras contra colisão absorvedoras de energia
Restrição	• Devem ser recicláveis
Objetivo	• Maximizar energia absorvida por unidade de produção de energia, ou • Maximizar energia absorvida por unidade de massa
Variável livre	• Escolha de material

para a segunda, adotamos a energia por unidade de massa. A Tabela 14.4 é um resumo disso.

Em um impacto, a barreira é carregada sob flexão (Figura 14.10). Sua função é transferir carga do ponto de impacto para a estrutura de suporte, onde a reação da fundação ou dos elementos de colisão no veículo a suportam ou a absorvem. Para tal, o material da barreira de proteção deve ter alta resistência σ_f, ser adequadamente tenaz e poder ser reciclado. O material da barreira estática deve cumprir essas restrições com *energia incorporada mínima* como objetivo, visto que isso reduzirá a energia de vida útil global com mais eficiência. Sabemos, pela Seção 14.6, que isso significa materiais com grandes valores do índice

$$M_3 = \frac{\sigma_f^{2/3}}{H_p \rho} \quad (14.9)$$

onde σ_f é a resistência ao escoamento, ρ a densidade e H_p a energia incorporada por kg de material. Para o para-choque o problema é a massa, não a energia incorporada. Se mudarmos o objetivo para *massa mínima*, precisamos de materiais com altos valores do índice:

$$M_4 = \frac{\sigma_f^{2/3}}{\rho} \quad (14.10)$$

Esses índices podem ser representados nos diagramas apresentados nas Figuras 14.8 e 3.4, habilitando uma seleção. Deixamos isso como um dos exercícios para mostrar aqui uma alternativa: simplesmente representar o próprio índice como um diagrama de barras. As Figuras 14.11 e 14.12 mostram o resultado para metais, polímeros e compósitos de matriz polimérica. A primeira guia a seleção para barreiras estáticas. Mostra que a energia incorporada (para deter-

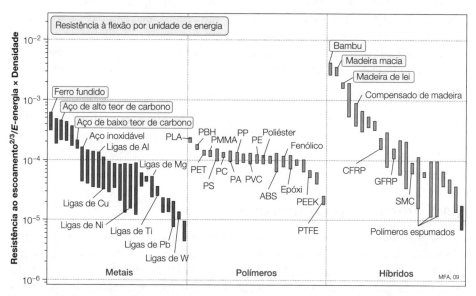

FIGURA 14.11. Escolha de material para a barreira estática (as unidades são $(MPa)^{2/3}/(MJ/m^3)$). Ferros fundidos, aços-carbono, aços de baixa liga e madeira são as melhores escolhas (ver caderno colorido).

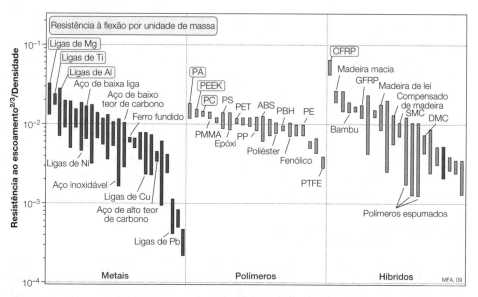

FIGURA 14.12. Escolha de material para a barreira móvel (as unidades são $(MPa)^{2/3}/(kg/m^3)$). CFRP e ligas leves oferecem o melhor desempenho; o desempenho do náilon e do policarbonato é tão bom quanto o do aço (ver caderno colorido).

510   Seleção de Materiais no Projeto Mecânico

minada capacidade de suportar carga) é minimizada por uma barreira construída de aço-carbono ou ferro fundido, madeira ou bambu; não há nada que chegue perto desses materiais. A segunda, Figura 14.12, guia a seleção para a barreira móvel. Nesse caso, polímeros reforçados com fibra de carbono (CFRP) (epóxi com fibra de carbono contínua, por exemplo) são excelentes em sua resistência por unidade de peso, mas não são recicláveis. Mais pesadas, porém recicláveis, são as ligas de magnésio, titânio e alumínio. Polímeros, cuja classificação é ruim na Figura 14.11, agora tornam-se candidatos — mesmo sem reforço, polímeros podem ser tão bons quanto o aço porque sua densidade é muito baixa.

Observação. Barreiras de proteção contra colisão, feitas de metal, têm um perfil como o mostrado à esquerda na Figura 14.10. A curvatura aumenta o momento de inércia de área da seção transversal e, com isso, a rigidez e a resistência à flexão. Isso é um exemplo de combinação entre escolha de material e forma de seção (Capítulo 10) para otimizar um projeto.

14.8 Resumo e conclusões

A seleção racional de materiais para cumprir objetivos ambientais começa pela identificação da fase da vida útil do produto que causa a maior preocupação: produção, fabricação, utilização ou descarte. Lidar com tudo isso exige dados não apenas para os atributos ecológicos óbvios (por exemplo, energia, emissões de CO_2 e outras emissões, toxicidade e capacidade de reciclagem), mas também para propriedades mecânicas, térmicas, elétricas e químicas. Assim, se a produção do material é a fase que nos preocupa, a seleção tem como base a minimização da energia de produção ou das emissões associadas (produção de CO_2, por exemplo). Porém, se estivermos preocupados com a fase de utilização, a seleção é, ao invés disso, baseada em peso baixo, excelência como isolante térmico, ou como condutor elétrico (e ao mesmo tempo cumprindo outras restrições impostas à rigidez, resistência, custo etc.). Este capítulo desenvolveu métodos para lidar com essas questões. Os métodos são mais efetivos quando implementados em software. O sistema CES Edu, descrito nos Capítulos 4 e 5 contém dados ecológicos para materiais e inclui uma ferramenta de auditoria ecológica para analisar a vida útil do produto ao modo das Figuras 14.4 e 14.5.

Se você achou este capítulo interessante e gostaria de ler mais, encontrará as ideias que ele contém, desenvolvidas com mais detalhes, no primeiro livro apresentado em Leitura Adicional.

14.9 Leitura adicional

Textos sobre o Projeto para o Meio Ambiente e para o Desenvolvimento Sustentável diferem em sua abordagem. Alguns observam negligência deliberada e destruição iminente por todos os lados, outros tomam uma abordagem mais imparcial e analítica. Os listados a seguir visam uma avaliação ponderada e equilibrada.

Os materiais e o ambiente   511

Ashby, M.F. (2012) Materials and the Environment — Eco-Informed Material Choice. 2ª ed. Oxford: Butterworth Heinemann. ISBN 978-0-12-385971-6. (*Um texto didático que proporciona os recursos — histórico, métodos, dados — que possibilitam a exploração profunda de questões ambientais relacionadas com materiais.*)

Ashby, M.F.; Ferrer-Balas, D.; Segalas Coral, J. (2016) Materials and Sustainable Development. Oxford: Butterworth-Heinemann ISBN-10:0081001762 ISBN-13:978-0-08-100176-9. (*Uma introdução ao conceito de desenvolvimento sustentável com estudos de caso e exercícios.*).

CESEdu (2016) The Cambridge Engineering Selector. Cambridge: Granta Design. (*A plataforma de seleção de materiais agora possui um módulo opcional de projeto ecológico, www.grantadesign.com.*).

Fuad-Luke, A. (2002) The Eco-Design Handbook. Londres: Thames and Hudson. ISBN 0-500-28343-5. (*Um incrível livro-guia de exemplos, ideias e materiais de ecodesign.*).

Goedkoop, M.J.; Demmers, M.; Collignon, M.X. (1995) Eco-Indicator '95, Manual. Pré Consultants, and the Netherlands Agency for Energy and the Environment, Amersfort.

Goedkoop, M.; Effting, S.; Collignon, M. (2000) The Eco-Indicator 99: A Damage Oriented Method for Life Cycle Impact Assessment. Manual for Designers. (*PRé Consultants oferece uma ferramenta de análises de ciclo de vida e propõe o método ecoindicador. <http://www.pre.nl>*).

ISO 14001, 1996 e ISO 14040, 1997, 1998, 1999. International Organisation for Standardisation (ISO). Environmental Management System-Specification with Guidance for Use, Geneva.

Lovins, L.H.; von Weizsäcker, E.; Lovins, A.B. (1998) Factor Four: Doubling Wealth, Halving Resource Use. Londres: Earthscan Publications. ISBN 1-853834-068. (*Um livro importante que argumenta que a produtividade de recursos pode e deve crescer em quatro vezes, ou seja, a riqueza extraída por uma unidade de recurso natural pode quadruplicar, permitindo que o mundo viva duas vezes melhor, mas usando metade dos recursos.*).

MacKay, D.J.C. (2008) Sustainable Energy — Without the Hot Air. Department of Physics. Cambridge: Cambridge University, <www.withouthotair.com>. (*MacKay traz uma dose de senso comum para a discussão sobre fontes e uso de energia. Ar puro no lugar de ar quente.*).

Mackenzie, D. (1997) Green Design: Design for the Environment. 2ª ed. Londres: Lawrence King Publishing. ISBN 1-85669-096-2. (*Uma generosa compilação de estudos de casos de projetos ecológicos em arquitetura, embalagem e design de produto.*)

Schmidt-Bleek, F. (1997) How Much Environment Does the Human Being Need — Factor 10 — The Measure for an Ecological Economy. Munique: Deutscher Taschenbuchverlag. (*O autor discorre que a sustentabilidade verdadeira requer uma redução no consumo de energia e recursos pelas nações desenvolvidas em um fator de 10.*).

Wenzel, H.; Hauschild, M.; Alting, L. (1997) Environmental Assessment of Products. Vol. 1, Londres: Chapman and Hall. (*Professor Alting lidera a pesquisa dinamarquesa em ecodesign.*).

14.10 Exercícios

E14.1. *Pegada de carbono e energia incorporada de materiais.* Faça um diagrama de barras de pegada de CO_2 dividido por energia incorporada, usando dados das tabelas do Apêndice A, Tabela A.10, para:

a. Cimento

b. Aço baixo carbono

c. Cobre

d. Policloreto de vinila (PVC)

e. Ligas de Alumínio e

f. Madeira macia

Qual material tem a proporção mais alta? Por quê? Observe o valor médio desta relação para a maioria dos materiais — ela é quase constante e é útil ao estimar as pegadas de carbono a partir das energias incorporadas e vice-versa.

512   Seleção de Materiais no Projeto Mecânico

E14.2. Energias incorporadas.
  a. Esquadrias de janelas são feitas de alumínio extrudado. Argumenta-se que, ao invés disso, fazê-las de PVC extrudado as tornaria um produto com menores energia incorporada e pegada de carbono. Se a forma e a espessura da seção do alumínio e de PVC das janelas são iguais e ambas são feitas de material virgem, a reivindicação é justificada? Você encontrará energias incorporadas e densidades para os dois materiais nas tabelas do Apêndice A, Tabelas A.2 e A.10. Use os valores médios dos intervalos dados.
  b. Produtos como esquadrias de janelas seriam geralmente feitos de alumínio reciclado. Se a energia incorporada de alumínio reciclado é de 30 MJ/kg, a conclusão muda?

E14.3. Energia incorporada.
  a. Uma gama de móveis de escritório inclui uma mesa volumosa de madeira dura com peso de 18 kg e uma mesa muito mais leve com uma estrutura de alumínio virgem de 3,0 kg e uma tampa de vidro de 3,0 kg. Qual das duas mesas tem a menor energia incorporada? Use dados das tabelas do Apêndice A para descobrir.
  b. Se a mesa vidro-alumínio é feita a partir de alumínio reciclado com uma energia incorporada de 30 MJ/kg, a conclusão muda?

E14.4. *Obtendo uma sensação de energias incorporadas.* O alumínio é feito pela eletrólise da bauxita. A energia incorporada de alumínio virgem é aproximadamente (todas as energias incorporadas são aproximadas) 210 MJ/kg. O que mais você poderia fazer com essa energia elétrica? Explore:
  a. Quanta água poderia ser fervida?
  b. Quão longe movimentaria um carro elétrico se a energia média na roda para impulsionar um carro pequeno é 0,6 MJ/km?

E14.5. *Minimizando energia incorporada.* Use o gráfico $E - H_p\rho$ da Figura 14.7 para encontrar o polímero que tenha módulo E maior que 1 GPa e a menor energia incorporada por unidade de volume.

E14.6. *Comparando produtos por energia incorporada.* Um fabricante de mobiliário de jardim de polipropileno (PP) está preocupado porque a concorrência está roubando parte do seu mercado por declarar que ferro fundido, o material "tradicional" para mobiliário de jardim, demanda muito menos energia e emite muito menos CO_2 do que o PP. Uma cadeira típica de PP pesa 1,6 kg; uma feita de ferro fundido pesa 8,5 kg.
  a. Use os dados para esses dois materiais, apresentados no Apêndice A, Tabela A.10, para descobrir quem está certo; as diferenças são significativas se a precisão dos dados para a energia incorporada for de apenas ±25%?
  b. Se a cadeira de PP durar 5 anos e a de ferro fundido 25 anos, a conclusão será outra?

E14.7. *Materiais com baixa energia incorporada.* Carcaças idênticas para uma ferramenta elétrica poderiam ser de alumínio fundido em molde ou moldadas em ABS ou poliéster reforçado com fibras de vidro GFRP. Use o diagrama de barras da energia incorporada por unidade de volume da Figura 3.21 para decidir qual escolha minimiza a energia incorporada da carcaça, considerando que o mesmo volume de material é usado para cada carcaça.

E14.8. *Facas e garfos descartáveis.* Uma pizzaria consciente em relação ao ambiente fez um pedido de facas e garfos descartáveis. A forma de cada um (e, portanto, o comprimento, a largura e o perfil) é fixa, mas a espessura é livre: ela é escolhida para dar suficiente rigidez para cortar e espetar o pedaço de pizza sem flexão excessiva. O proprietário da pizzaria deseja realçar a imagem verde de sua empresa minimizando a quantidade de energia dos utensílios de mesa descartáveis, que poderiam ser moldados de poliestireno (PS) ou estampados em chapa de alumínio.

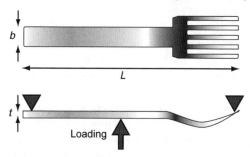

Determine um índice de mérito adequado para selecionar materiais para garfos econômicos em energia. Modele o utensílio como uma viga de comprimento fixo L e largura fixa w, mas com a espessura t livre, e carregado sob flexão, como na figura. A função-objetivo é o volume de material no garfo vezes seu conteúdo de energia, $H_p\rho$ por unidade de volume (H_p é a energia incorporada por kg e ρ é a densidade). O limite à flexão impõe uma restrição à rigidez (Apêndice B, Seção B3). Use essa informação para desenvolver o índice. Flexão em talheres é uma inconveniência. Falha — seja por deformação plástica ou por fratura — é algo mais sério: causa perda de função e poderia até causar fome. Repita a análise, deduzindo um índice quando a restrição é uma resistência exigida.

E14.9. *Materiais para estruturas de baixa energia incorporada.* Mostre que o índice para selecionar materiais para um painel resistente com as dimensões mostradas na figura, carregado sob flexão, com a quantidade mínima de energia incorporada é o que tiver o maior valor de:

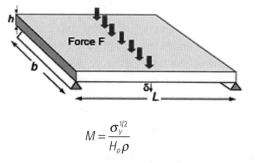

$$M = \frac{\sigma_y^{1/2}}{H_p\rho}$$

onde H_p é a energia incorporada do material, ρ sua densidade e σ_y sua tensão de escoamento. Para tal, volte à dedução do painel no Capítulo 4,

Equação (4.9), substitua a restrição à rigidez por restrição à falha sob carga F e exija que ela exceda um valor escolhido F^*

$$F = C_2 \frac{I\sigma_y}{hL} > F^*$$

onde C_2 é uma constante e I é o momento de inércia de área do painel, $I = \frac{bh^3}{12}$.

E14.10. *Índices de seleção para minimizar energia incorporada.* Use os índices para as barreiras de proteção contra colisão [Equações (14.9) e (14.10)] com os diagramas para resistência e densidade (Figura 3.4) e resistência e energia incorporada (Figura 14.8) para selecionar materiais para cada uma das barreiras. Posicione sua linha de seleção de modo a incluir um metal para cada. Rejeite cerâmicas e vidro com a justificativa da fragilidade. Organize uma lista com o que encontrou para cada barreira.

E14.11. *Materiais eficientes energeticamente para transporte.* Os fabricantes de um pequeno carro elétrico desejam fabricar para-choques de um termoplástico moldado. Qual é o índice que guiará essa seleção se o objetivo for maximizar a faixa para uma determinada capacidade de armazenamento de colisão? Represente o resultado no diagrama apropriado selecionado do texto e faça uma seleção.

E14.12. *Vigas de assoalho eficientes energeticamente: energia incorporada e forma.* Vigas de assoalho são carregadas em flexão. Podem ser feitas de madeira, de aço, ou de concreto armado com aço, com os fatores de forma apresentados a seguir. Para rigidez à flexão e resistência à flexão dadas, qual delas carrega a penalidade mais baixa de energia de produção? Os dados relevantes, extraídos de tabelas no Apêndice A, são apresentados na lista.

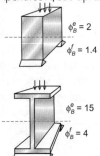

a. Comece pela rigidez. Localize, pela Equação (10.20), o índice de mérito para vigas conformadas limitadas por rigidez, com massa mínima. Adapte esses dados para formar o índice para vigas conformadas limitadas por rigidez com energia incorporada multiplicando a densidade ρ pela energia incorporada/kg, H_p. Use o índice modificado para classificar três vigas.

b. Repita o procedimento, dessa vez para a resistência, criando o índice adequado para vigas conformadas, limitadas por resistência com a mínima quantidade de energia incorporada, adaptando a Equação (10.28).

O que você conclui sobre a penalidade em energia relativa de projeto com madeira e com aço?

Material	Densidade ρ (kg/m^3)	Módulo $E(GPa)$	Resistência σ_f (MPa)	Energia H_p(MJ/kg))	Fator de forma ϕ_B^e	Fator de forma ϕ_B^f
Madeira Macia	700	10	40	7,5	2	1,4
Concreto	2.900	35	10	5	2	1,4
Aço	7.900	210	200	30	15	4

E14.13. *Sistemas de energia: tempo de compensação de energia.* A tabela a seguir mostra dados para os principais materiais utilizados em uma turbina eólica: a massa aproximada utilizada por kW instalado e a energia incorporada por kg desses materiais.

Lista de materiais	Massa por unidade de capacidade de energia instalada (kg/kW)	Energia incorporada dos materiais (MJ/kg)
Alumínio	2	200
CFRP	7,5	480
Concreto	500	1,8
Cobre	1,5	65
GFRP	7,5	160
Aço	120	25
Neodímio (imãs)	0,012	85
Plásticos	5	80

516 Seleção de Materiais no Projeto Mecânico

a. Use esses dados para estimar a energia incorporada total dos materiais em uma turbina eólica de 1 MW.

b. O fator de capacidade para uma típica turbina eólica instalada em terra é de 20%. (Fator de capacidade é a fração equivalente do tempo que a turbina está operando por sua capacidade avaliada; então uma turbina de 1 MW produz, em média, o equivalente a 0,2 MW de energia elétrica.) Quanto tempo demorará para uma turbina de 1 MW retornar a energia incorporada dos materiais dos quais ela é feita?

E14.14. *População global.* A população global, P, é de 7,5 bilhões de pessoas, aumentando exponencialmente com uma taxa de crescimento $\alpha = 1{,}13\%$ por ano. Nessa taxa de crescimento, quanto tempo levará para que ela dobre para 15 bilhões?

E14.15. *População global de biopolímeros.* A população global de biopolímeros, P, é atualmente de 1 milhão de toneladas por ano e se diz que está aumentando exponencialmente com uma taxa de crescimento $\alpha = 12\%$ por ano. Nessa taxa de crescimento, quanto tempo levará para que ela dobre?

E14.16. *Consumo acumulado.* O parágrafo inicial deste capítulo continha a afirmação de que, a uma taxa de crescimento global de 3% ao ano, nós faremos mineração, processamento, uso e descarte de mais "coisas" nos próximos 5 anos do que em toda a história industrial da humanidade. Prove isso, supondo que a história industrial da humanidade tenha começado com a revolução industrial, há 300 anos.

Capítulo 15
Os materiais e o design industrial

518   Seleção de Materiais no Projeto Mecânico

Resumo

O bom projeto funciona. O projeto excelente proporciona prazer. O prazer decorre da forma, cor, textura, sensação e as associações que estas invocam. O design agradável diz algo sobre si mesmo e, em geral, as declarações honestas são mais satisfatórias do que o engano, embora projetos excêntricos ou humorísticos também possam ser atrativos. Os materiais desempenham um papel central no design. Uma das principais razões para a introdução de novos materiais é a maior liberdade de design que eles permitem. Este capítulo apresenta algumas das ideias de design industrial, enfatizando o papel dos materiais, e termina com estudos de casos.

Palavras-chave: Design industrial; funcionalidade; usabilidade e satisfação; caráter do produto; personalidade do produto; estética; associações; percepções, materiais e sentidos.

15.1 Introdução e sinopse

O bom projeto funciona. O projeto excelente também dá prazer.

Prazer deriva da forma, cor, textura, toque e das associações que esses invocam. O projeto prazeroso diz algo sobre si mesmo, e em termos gerais, declarações honestas são mais satisfatórias do que as enganosas, embora projetos excêntricos ou humorísticos também possam ser atraentes.

Materiais desempenham um papel central nisso. Uma razão principal para a introdução de novos materiais é a maior liberdade de projeto que eles permitem. Durante o século passado, metais permitiram a construção de estruturas que não poderiam ter sido erguidas antes: ferro fundido, o Palácio de Cristal; ferro forjado, a Torre Eiffel; cabos de aço trefilados, a ponte Golden Gate — todas inegavelmente bonitas. Polímeros se prestam a cores vivas, texturas prazerosas e grande liberdade de forma. Eles inauguraram novos estilos de projeto, dos quais alguns dos melhores exemplos são encontrados em eletrodomésticos: misturadores, secadores de cabelo, telefones celulares, tocadores de MP3 e aspiradores de pó fazem uso intensivo e imaginativo de materiais para permitir estilo, peso, toque e forma que dão prazer.

Os profissionais que se preocupam com essa dimensão estética da engenharia são conhecidos, de um modo um tanto confuso, como "projetistas ou designers industriais". Este capítulo apresenta algumas das ideias do design industrial, com ênfase no papel dos materiais, e termina com estudos de casos. Porém, uma palavra de advertência, antes de tudo.

Os capítulos anteriores trataram sobre modos sistemáticos de escolher material e processos. "Sistemático" significa que, se *você* o fizer e *eu* o fizer, seguindo o mesmo procedimento, obteremos o mesmo resultado, e esse resultado, no ano que vem, será o mesmo que hoje. O design industrial não é, nesse sentido, sistemático. Aqui, o sucesso envolve sensibilidade à moda, cultura e formação educacional, e é influenciado (e até manipulado) por propaganda e divulgação. Os pontos de vista deste capítulo são em parte os de escritores que me parecem dizer coisas sensatas e, em parte, os meus próprios. Você pode não concordar com eles, mas se eles o fizerem pensar sobre projeto voltado para dar prazer, o capítulo cumpriu seu papel.

15.2 A pirâmide de requisitos

A caneta com a qual estou escrevendo este capítulo custa US$ 5 (Figura 15.1, imagem superior). Se você for à loja certa, poderá encontrar uma caneta que custa bem mais de US$ 1.000 (imagem inferior). Ela escreve 200 vezes melhor do que a minha? Improvável — a minha escreve perfeitamente bem. No entanto, há um mercado para canetas caras. Por quê?

Um produto tem um *custo* — o desembolso realizado para fabricá-lo, distribuí-lo e comercializá-lo. E tem um *preço* — a quantia à qual é oferecida ao consumidor. E tem um *valor* — uma medida do que o consumidor acha que ele vale. As canetas caras têm o preço que têm porque o consumidor percebe o valor que o justifica.

O que determina o valor? Três coisas. A *funcionalidade*, dada por projeto técnico perfeito, claramente desempenha um papel. A pirâmide de requisitos na Figura 15.2 tem isso como sua base: o produto deve funcionar adequadamente

Figura 15.1. Canetas baratas e caras.

Figura 15.2. A pirâmide de requisitos.

e ser seguro e econômico. A funcionalidade sozinha não é o suficiente: o produto deve ser fácil de entender e operar, e essas são questões de *usabilidade*, a segunda divisão da figura. A terceira, que completa a pirâmide, é o requisito de que o produto dê *satisfação*: que aprimore a vida dos que o possuem ou utilizam. A parte inferior da pirâmide tende a ser chamada de "Projeto técnico", e a parte superior, "Projeto ou Design industrial", o qual sugere que são atividades separadas. É melhor pensar nos três níveis como parte de um processo único que devemos chamar de "Projeto do produto".

O valor de um produto é uma medida do grau em que ele cumpre (ou mais do que cumpre) a expectativa do consumidor para todos os três itens — funcionalidade, usabilidade e satisfação. Pense nisso como o caráter do produto. É muito parecido com o caráter humano. Um caráter admirável é aquele que funciona bem, interage com eficiência e é uma companhia compensadora. Um caráter não atraente é aquele que não cumpre nenhum desses itens. Um caráter odioso é aquele que se comporta, em relação a um dos itens ou mais, de um modo tão desagradável que ninguém consegue ficar perto dele.

Produtos são a mesma coisa. Todas as canetas da Figura 15.1 funcionam bem e são fáceis de usar. A enorme diferença de preço implica que as duas de baixo oferecem um grau de satisfação não oferecido pelas duas em cima. A diferença mais óbvia entre elas são os materiais de que são feitas — o par de cima é de acrílico moldado, o par embaixo é de ouro, prata e esmalte. Acrílico é o material de cabos de escovas de dentes, algo que jogamos fora depois de usar. Ouro e prata são os materiais das joias preciosas; são associados a perfeição, a objetos de herança, que passam de uma geração para a seguinte. Bom, isso é parte da diferença, porém há mais. Para descobrir isso, precisamos responder uma pergunta chave: o que cria o caráter do produto?

15.3 Caráter do produto

A Figura 15.3 mostra um modo de dissecar o caráter do produto. É um mapa das ideias que vamos explorar; como todos os mapas, esse tem muitos detalhes, mas precisamos dele para encontrar o nosso caminho. No centro, encontramos a informação sobre o PRODUTO em si: os requisitos do projeto básico, sua função, seus aspectos. O modo como tudo isso é considerado e desenvolvido está condicionado pelo *contexto*, mostrado no círculo acima do produto. O contexto é determinado pelas respostas às perguntas que estão no retângulo na parte de cima da figura: *Quem? Onde? Quando? Por quê?* Considere a primeira: *Quem?* Um projetista que procura criar um produto atraente para donos(as) de casa fará escolhas diferentes das que faria para um produto dirigido às crianças, aos mais idosos ou aos esportistas. *Onde?* Um produto para usar em casa exige uma escolha diferente de material e forma do que aquele a ser usado — digamos — em uma escola ou hospital. *Quando?* Um produto destinado a utilização ocasional é projetado de um modo diferente de um que será usado o tempo todo; um produto para ocasiões formais é diferente de um

Os materiais e o design industrial 521

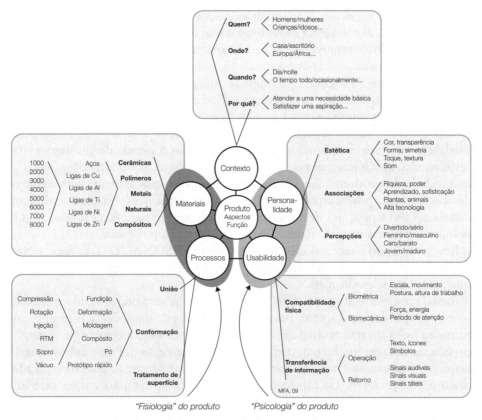

FIGURA 15.3. A subdivisão do caráter do produto. *Contexto* define as intenções ou "jeito" (mood); *materiais* e *processos* criam a carne e os ossos; *usabilidade* determina como o usuário e o produto interagem; e a estética, associações e percepções do produto criam sua *personalidade*.

para utilização informal. *Por quê?* Um produto que é primariamente utilitário envolve decisões de projeto diferentes das tomadas para um que é, em grande parte, uma afirmação de estilo de vida. O contexto influencia e condiciona todas as decisões que o projetista toma para encontrar uma solução. Determina o *jeito* (o *mood*).[1]

À esquerda do círculo do PRODUTO estão pacotes de informações sobre os MATERIAIS e os PROCESSOS usados para conformá-lo, uni-lo e lhe dar acabamento. Cada um ilustra o cardápio, por assim dizer, do qual as escolhas podem ser feitas. Elas são as famílias, classes e membros de que falamos a

---

1. Muitos projetistas montam uma *mood board* para um projeto específico com imagens do tipo de pessoa a quem o produto é dirigido, o ambiente nos quais eles supõem que o produto será usado e outros produtos que o grupo de usuários pretendido poderia possuir, procurando capturar o sabor de seu estilo de vida.

primeira vez no Capítulo 4. Escolher esses para dar funcionalidade — a base da pirâmide — foi o assunto deste livro até agora. Material e processo dão ao produto sua forma tangível, sua carne e ossos, por assim dizer; eles criam a *fisiologia do produto*.

No lado direito da Figura 15.3 há mais dois pacotes de informações. O inferior — USABILIDADE — caracteriza os modos como o produto se comunica com o usuário: a interação com suas funções sensoriais, cognitivas e motoras. O sucesso do produto requer um modo de operação que, tanto quanto possível, seja intuitivo e uma interface que comunique o estado do produto e sua resposta à ação do usuário por reações visuais, acústicas ou táteis. É notável a quantidade de produtos que falham nesse quesito e, por isso, excluem muitos de seus usuários potenciais. Hoje, há uma consciência desse aspecto do design, que dá origem à pesquisa de *design inclusivo*: o projeto para fazer produtos que podem ser usados por um espectro mais amplo da população.

Resta ainda um pacote: o identificado como PERSONALIDADE. A personalidade do produto se deriva de *estética*, *associações* e *percepções*, três palavras que precisam de explicação.

Inestética amortece os sentidos. Estética, pelo contrário, estimula os cinco sentidos: visão, audição, tato, paladar e olfato, e, por meio deles, o cérebro. A primeira linha do retângulo da personalidade elabora o conceito: aqui estamos preocupados com cor, forma, textura, toque, cheiro e som. Pense em um carro novo: seu estilo, seu cheiro, o som que suas portas fazem ao fecharem. Nada disso é por acidente. Os fabricantes de carros gastam milhões para fazê-los como são.

Um produto também tem associações — a segunda linha do retângulo. Associações são as coisas das quais o produto nos faz lembrar, as coisas que ele sugere. O Land Rover e outros veículos utilitários (SUV) têm formas e (muitas vezes) cores que imitam as dos veículos militares. Os aperfeiçoamentos dos carros estadunidenses das décadas de 1960 e 1970 traziam associações com a era aeroespacial. Pode ser por acidente que o novo Fusca da VW tem uma forma que lembra um inseto (no caso um besouro — *beetle*), mas as outras não são nada acidentais; foram escolhidas deliberadamente pelo projetista para atrair o grupo de consumidores (o *Quem?*) ao qual o produto se dirigia.

Finalmente, a qualidade mais abstrata de todas: as percepções. Percepções são as reações que o produto induz em um observador, o modo como ele faz com que você se *sinta*. Aqui há espaço para discordância; as percepções de um produto mudam com o tempo e dependem da cultura e antecedentes do observador. Entretanto, na análise final, é a percepção que faz o consumidor, quando escolhe entre uma grande quantidade de modelos semelhantes, preferir um e não os outros; é ela que cria aquele sentimento de "preciso ter" (veja a imagem na primeira página deste capítulo). A Tabela 15.1 apresenta uma lista com algumas percepções e seus opostos, para reforçar o significado. Elas foram encontradas em resenhas e revistas especializadas em design de produto; fazem parte de um vocabulário usado para comunicar visões sobre o caráter do produto.

TABELA 15.1. **Alguns atributos percebidos de produtos**

Percepções com opostos	
Agressivo — Passivo	Extravagante — Discreto
Barato — Caro	Feminino — Masculino
Clássico — Na moda	Formal — Informal
Clínico — Amigável	Feito à mão — Produzido em massa
Esperto — Tolo	Honesto — Enganador
Comum — Exclusivo	Engraçado — Sério
Decorado — Simples	Informal — Formal
Delicado — Grosseiro	Irritante — Adorável
Descartável — Duradouro	Duradouro — Descartável
Sem graça — Sensual	Maduro — Jovem
Elegante — Desajeitado	Nostálgico — Futurista

15.4 Utilizando materiais e processos para criar personalidade de produto

Os materiais, por si sós, têm uma personalidade? Há uma escola de pensamento cujo dogma central é que os materiais devem ser usados "honestamente". Isso significa que trapaça e disfarce são inaceitáveis — cada material deve ser usado de modo que exponham suas qualidades intrínsecas e aparência natural. As raízes desse modo de pensar estão na tradição do trabalho — a utilização de argilas e esmaltes pelos ceramistas, a utilização de madeiras e ferramentas pelos carpinteiros, as habilidades dos ourives de prata e dos fabricantes de vidros na criação de lindos objetos que exploram as qualidades únicas dos materiais com os quais trabalham.

Essa é uma visão a ser respeitada, mas não é a única. A integridade do projeto é uma qualidade que os consumidores valorizam, mas eles também valorizam outras qualidades: humor, simpatia, surpresa, provocação e até mesmo choque. Não precisamos procurar muito para encontrar um produto que tenha uma dessas, e muitas vezes essa qualidade é conseguida com a utilização de materiais de modo enganoso. Polímeros são frequentemente usados dessa maneira — sua adaptabilidade convida a isso. E, claro, é em parte uma questão de definição — se dissermos que um atributo característico dos polímeros é sua capacidade de imitar outros materiais, então usá-los desse modo *é* honesto.

Materiais e os sentidos: atributos estéticos. Atributos estéticos são os que estão relacionados com os sentidos: tato, visão, audição, olfato e paladar (Tabela 15.2). Quase todos concordariam que o toque dos metais é "frio"; que o toque da cortiça é "quente"; que o som de uma taça de vinho, quando percutida de leve, é "como o de uma campainha"; que o som de uma caneca de estanho (peltre) é "abafado", até mesmo "mortiço". Um copo de água de

TABELA 15.2. **Alguns atributos estéticos de materiais**

Sentido	Atributo	Sentido	Atributo
Tato	Quente Frio Macio Duro Flexível Rígido	Audição	Abafado Sem brilho Agudo Ressonante Vibrante Tom agudo Tom grave
Visão	Oticamente claro Transparente Translúcido Opaco Refletivo Brilhante Fosco Texturizado	Paladar Olfato	Amargo Doce Ácido Azedo

poliestireno pode parecer indistinguível de um copo de vidro, mas, quando o pegamos, sentimos que ele é mais leve, menos frio, menos rígido; se o percutirmos de leve, o som obtido não é o mesmo. A impressão que ele deixa é tão diferente da deixada por um copo de vidro que, em um restaurante caro, seria completamente inaceitável. Então, materiais têm certos atributos estéticos que os caracterizam. Vamos ver se podemos identificá-los.

Tato: macio-duro/quente-frio. Aço é "duro"; vidro também; diamante é mais duro do que qualquer um dos dois. Materiais duros não são arranhados com facilidade; na verdade, podem ser usados para arranhar outros materiais. Em geral, aceitam alto polimento, resistem a desgaste e são duráveis. A impressão de que um material é duro está diretamente relacionada com sua dureza Vickers H. Esse é um exemplo de atributo sensorial relacionado diretamente com um atributo técnico.

"Macio" parece ser o oposto de "duro", porém tem mais a ver com o módulo E do que com a dureza H. Um material macio sofre deflexão quando manuseado, cede um pouco, é mole; entretanto, quando liberado, retorna à sua forma original (Figura 15.4). Elastômeros (borrachas) são macias ao toque; as espumas de polímeros também. Ambos têm módulos de elasticidade que são 100 a 10.000 mais baixos do que os dos sólidos "duros" comuns; é isso que lhes dá o toque macio. "Macio a duro" é usado como um dos eixos da Figura 15.5. Ela usa a quantidade $\sqrt{EH}$ como medida para uma faixa de 1–10.

Um material é "frio" ao tato se conduz o calor para longe do dedo rapidamente; é "quente" se não o fizer (Figura 15.4, novamente). Isso tem algo a ver com sua condutividade térmica λ, porém é mais do que isso — depende também do calor específico C_p. O fluxo de calor do dedo para dentro da superfície ocorre de modo que, depois de um tempo t e uma profundidade x o material foi aquecida significantemente, enquanto suas partes mais distantes não. Todas as

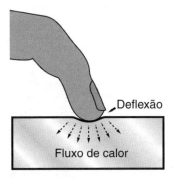

FIGURA 15.4. Propriedades tácteis.

soluções para problema de fluxo de calor transiente dessa classe (Apêndice B, Seção B15) têm a parte essencial de que

$$x \approx \sqrt{at}.$$

de a a difusividade térmica do material

$$a = \frac{\lambda}{\rho C_p}.$$

onde λ a condutividade térmica, C_p o calor específico e ρ é a densidade. A quantidade de calor que saiu de cada unidade de área do dedo em uma escala de tempo t:

$$Q = x\rho C_p = \sqrt{\rho \lambda C_p}.$$

Q é pequeno, o material é quente ao toque; se é grande, o sentimos frio. Então, uma medida da frieza ou calidez percebida de um material é a quantidade $\sqrt{\lambda C_p \rho}$. Ela é mostrada como o outro eixo da Figura 15.5, que apresenta as propriedades táteis dos materiais de um modo muito interessante. Espumas de polímeros e madeiras de baixa densidade são quentes e moles; a balsa e a cortiça, também. Cerâmicas e metais são frios e duros; o vidro também. Polímeros e compósitos encontram-se entre os dois grupos.

Audição: tom e brilho. A frequência do som (tom – agudo ou grave) emitido quando percutimos um objeto está relacionada com as propriedades do material de que é feito. Uma medida desse tom $\sqrt{E/\rho}$ usada como um eixo da Figura 15.6. A frequência não é o único aspecto da resposta acústica — o outro tem a ver com o amortecimento ou coeficiente de perda, η. O som emitido por um material muito amortecido é surdo e abafado; o som de um material pouco amortecido é um tinido como o de uma campainha. O brilho acústico — o inverso do amortecimento — é usado como o outro eixo da Figura 15.6. Ela agrupa materiais que têm comportamento acústico semelhante.

Bronze, vidro e aço tinem quando percutidos, e o som que emitem tem — em uma escala relativa — um tom agudo; são usados para fabricar sinos. A

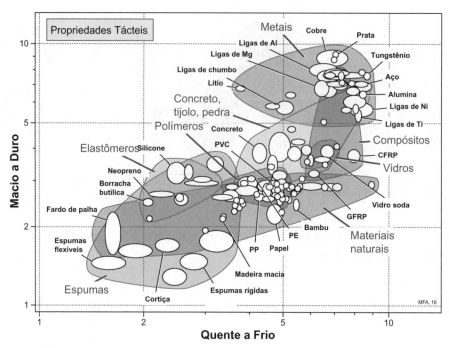

FIGURA 15.5. Qualidades táteis de materiais. Espumas e muitos materiais naturais são macios e quentes; metais, cerâmicas e vidros são duros e frios. Polímeros ficam entre estes.

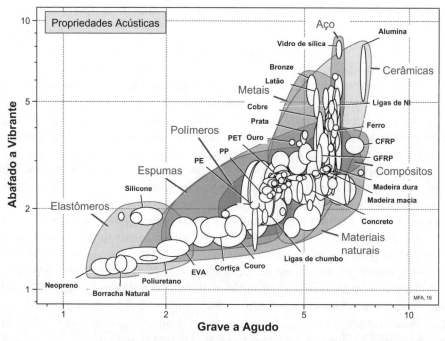

FIGURA 15.6. Propriedades acústicas dos materiais. O tinido de uma taça de vinho ocorre porque o vidro é um material acusticamente brilhante com um tom natural agudo; um copo de plástico emite um ruído surdo porque os polímeros são muito menos brilhantes e, da mesma forma, vibram a uma frequência mais baixa. Os materiais que estão em cima à direita são bons para sinos; os que estão embaixo à esquerda são bons para amortecer sons (ver caderno colorido).

alumina, nessa classificação, tem essa mesma qualidade de soar como um sino. O som da borracha, das espumas e de muitos polímeros é abafado e, em relação aos metais, vibram em baixas frequências; são usados para amortecer o som. O chumbo também tem um som abafado e de tom grave; é utilizado como revestimento para isolamento acústico.

Robustez: resistência à abrasão e resiliência. Resistência à abrasão é a resistência a arranhões; ela é relacionada diretamente com a propriedade "dureza" do material, *H*. Resiliência é a capacidade de suportar o uso indevido, particularmente o impacto. Ela é relacionada com a capacidade de absorver energia quando atingido — um objeto resiliente sobrevive a um golpe de martelo, já um frágil, quebra. A resiliência é medida por um atributo técnico, "tenacidade", definida por:

$$G_{1C} = \frac{K_{1C}^2}{E}.$$

resistência à abrasão e resiliência são usados como os eixos da Figura 15.7.

Visão: transparência, cor, refletividade. Metais são opacos porque contêm elétrons livres. A maioria das cerâmicas não contém elétrons livres, mas elas ainda são opacas ou translucidas porque são policristalinas e os cristais dispersam a luz. Vidros e monocristais de algumas cerâmicas são transparentes. Polímeros têm a maior diversidade de propriedades ópticas, que variam da transparência a opacidade completa. A transparência é comumente descrita por uma classificação de quatro níveis que usa palavras corriqueiras, de fácil compreensão: "opaco", "translúcido", "transparente" e "transparente como água".

A cor pode ser quantificada por análise espectral, mas isso — do ponto de vista do design — não ajuda muito. Um método mais efetivo é o da compatibilidade de cores, que utiliza diagramas de cores como os fornecidos pela Pantone[2]; uma vez encontrada uma compatibilidade, ela pode ser descrita pelo código dado a cada cor. Finalmente, há a refletividade, um atributo que depende em parte do material e em parte do estado de sua superfície. Como a transparência, é comumente descrita por uma classificação: totalmente fosco, casca de ovo, semibrilho, brilho, espelhado.

As três figuras que examinamos mostram que cada classe de material tem certo caráter estético reconhecível. Cerâmicas são duras, frias, de tom agudo e acusticamente brilhante. Os metais também são relativamente duros e frios, porém, embora alguns (por exemplo, bronze) emitam um tinido quando percutidos, outros (por exemplo, chumbo) emitem um som abafado. Polímeros e espumas são, na maioria, quase como materiais naturais — quentes, macios, de tom grave e abafado, embora alguns tenham clareza óptica notável e quase todos possam ser coloridos. Porém, sua baixa dureza significa que são fáceis de arranhar, o que os faz perder o brilho.

---

2. A Pantone (www.pantone.com) oferece conselhos detalhados para seleção de cores, incluindo diagramas de compatibilidade de cores e boas descrições das associações e percepções de cor.

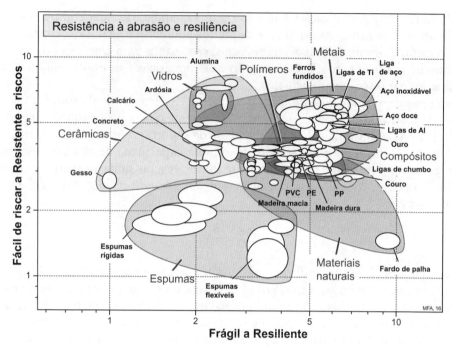

FIGURA 15.7. Resistência ao risco e resiliência. A cerâmica é resistente a riscos, mas não são resilientes. Os polímeros são resilientes, mas são riscados facilmente. Metais — particularmente aços — são resistentes a riscos e resilientes (ver caderno colorido).

O produto adquire alguns dos atributos do material do qual é feito, um efeito que os designers reconhecem quando procuram criar uma personalidade. Um painel frontal de aço inoxidável, seja em um carro ou em um sistema de som, tem uma personalidade diferente da de um painel de polímero reforçado com fibra de carbono (CFRP), de um de madeira polida ou couro, e, em parte, isso ocorre quando o produto adquire algumas das qualidades estéticas do material do qual ele é feito.

Os materiais e a mente: Associações e percepções

Portanto, um material certamente tem qualidades estéticas, mas podemos dizer que tem personalidade? À primeira vista, não — ele a adquire somente quando usado em um produto. Como um ator, pode incorporar muitas personalidades diferentes, dependendo do papel que lhe pedem para representar. Madeira em mobília fina sugere perícia e perfeição, mas em um caixote de embalagem, utilidade barata. Vidro nas lentes de uma máquina fotográfica tem associações de engenharia de precisão, mas em uma garrafa de cerveja sugere uma embalagem descartável. Até o ouro, tão frequentemente associado à riqueza e ao poder, tem associações diferentes quando utilizado em microcircuitos: a de funcionalidade técnica.

Mas espere um pouco. O objeto mostrado na Figura 15.8 tem sua própria associação sombria. Parece feito de madeira de lei polida — o material tradicional para tais coisas. Se você tivesse de escolher um, é provável que não achasse a madeira de lei polida inadequada. Porém, suponha que eu lhe dissesse que

FIGURA 15.8. Um caixão.

ele é feito de *espuma de poliestireno* — você sentiria o mesmo? De repente ele se torna um caixote, uma lata de lixo, inadequado para a sua digna finalidade. Então, parece que materiais *têm* personalidade.

Expressão por meio do material. Pense na madeira. É um material natural com veios que dão a ela uma textura superficial, padrão, cor e uma sensação ao tato que outros materiais não têm. Ela é tátil — é percebida como mais quente do que muitos outros materiais e aparentemente mais mole. É associada com sons e cheiros característicos. Tem tradição; desperta associações de artesanato. Não há duas peças exatamente iguais; o carpinteiro seleciona a peça na qual trabalhará por seu veio e textura. Madeira realça valor: o interior de muitos carros baratos é de plástico, enquanto o dos mais caros é de nogueira e mogno. E envelhece bem, adquirindo caráter adicional com o tempo; objetos feitos de madeira são mais valorizados quando velhos do que quando novos. Isso é mais do que apenas estética; são coisas que definem uma personalidade, que deve ser revelada pelo designer, certamente, mas que, apesar disso, está ali.

E metais... Metais são frios, limpos e precisos. Produzem um tinido quando percutidos. Refletem luz — particularmente quando polidos. São aceitos e confiáveis: metal usinado parece forte, e sua própria natureza sugere que ele foi *projetado*. Metais são associados com robustez, confiabilidade e perenidade. Sua resistência permite estruturas delgadas — o espaço semelhante ao de uma catedral de estações ferroviárias ou o vão de pontes. Podem ser trabalhados e adquirir formas fluidas como rendas intricadas, ou fundidos em formas sólidas com detalhes complexos e elaborados. A história dos seres humanos e a dos metais estão entrelaçadas — os títulos "Idade do bronze" e "Idade do ferro" confirmam quão importantes esses metais foram — e suas qualidades são definidas com tamanha clareza que eles se tornaram modos de descrever qualidades humanas: uma vontade de ferro, uma voz de prata, um toque de ouro, um olhar de chumbo. E, como a madeira, metais podem envelhecer bem, adquirindo com a idade uma pátina que os torna mais atraentes do que quando acabaram de ser polidos — o bronze das esculturas, o estanho (peltre) das canecas, o chumbo dos telhados.

Cerâmicas e vidro? Eles têm uma tradição excepcionalmente longa — pense na cerâmica grega e no vidro romano. Aceitam praticamente qualquer cor. Sua resistência total a arranhões, abrasão, descoloração e corrosão lhes dá certa imortalidade, ameaçada somente por sua fragilidade. São — ou foram — os materiais de grandes indústrias artesanais: o vidro de Veneza, a porcelana de Meissen, a cerâmica de Wedgwood, cujo valor às vezes chegou a ser mais alto que o da prata. Porém, ao mesmo tempo, cerâmicas e vidro podem ser robustos

530   Seleção de Materiais no Projeto Mecânico

e funcionais — lembrem-se dos azulejos e para-brisas de carro. A transparência do vidro lhe confere uma qualidade efêmera — às vezes você o vê, às vezes não. Ele interage com a luz transmitindo-a, refratando-a e refletindo-a. Atualmente, as cerâmicas têm associações adicionais — as da tecnologia avançada: fogões de cozinha, válvulas de alta pressão/alta temperatura, revestimento de ônibus espaciais... todos materiais para condições extremas.

E, finalmente, os polímeros. "Uma imitação barata de plástico" era uma frase comum — e é difícil sobreviver a uma reputação como essa. Ela surgiu das primeiras utilizações do plástico para simular a cor e o brilho da cerâmica japonesa feita à mão, muito valorizada na Europa. Polímeros *commodities* de fato *são* baratos. São fáceis de colorir e moldar (é por isso que são denominados "plásticos"), o que facilita a imitação. Diferentemente das cerâmicas, seu brilho é fácil de arranhar e suas cores desbotam — eles não envelhecem graciosamente. Você pode entender de onde vem a reputação. Mas ela é justificada? Nenhuma outra classe de material pode adotar tantos caracteres quanto os polímeros; coloridos, parecem cerâmica; impressos, podem parecer madeira ou têxteis; metalizados, parecem exatamente um metal. Podem ser tão transparentes quanto o vidro ou tão opacos quanto o chumbo, tão flexíveis quanto a borracha ou tão rígidos quanto o alumínio, quando reforçados com fibras.

Plásticos imitam pedras preciosas em joalheria, vidro em copos e vitrificados, madeira em balcões, veludo e peles em roupas, e até mesmo grama. Porém, apesar desse comportamento camaleônico, o comportamento deles *tem* certa personalidade: são quentes ao tato — muito mais do que metal ou vidro. São adaptáveis — isso é parte do seu caráter especial; e se prestam, particularmente, a projetos em cores brilhantes, despreocupados e até engraçados. Mas o seu custo muito baixo cria tanto problemas quanto benefícios: nossas ruas, campo e rios estão cheios de pacotes plásticos descartados que se decompõem muito lentamente.

15.5 Estudos de casos: analisando a personalidade do produto

O modo como material, processos, usabilidade e personalidade se combinam para criar um caráter de produto afinado com o contexto ou "mood" são mais bem-ilustrados em exemplos. A Figura 15.9 ilustra o primeiro. A luminária na parte superior foi projetada para escritório. É angular, funcional, cinzenta e pesada. Sua forma e cor ecoam as dos painéis de computadores e teclados, criando associações de tecnologia contemporânea de escritórios. Seu peso transmite uma ideia de estabilidade, robustez, eficiência e adequação a uma tarefa — mas para tarefas relacionadas com o local de trabalho, e não com o quarto de dormir. Os materiais e processos foram escolhidos para reforçar essas associações e percepções. A estrutura esmaltada é uma chapa de aço prensada e dobrada, o peso da base é de ferro fundido e o refletor é de aço inoxidável instalado em um envoltório de ABS de alto impacto.

A luminária na parte inferior da Figura 15.9 tem as mesmas classificações técnicas das de cima, bem como as mesmas funcionalidades e usabilidade. Contudo, a semelhança acaba aí. Esse produto não foi projetado para o executivo

Os materiais e o design industrial 531

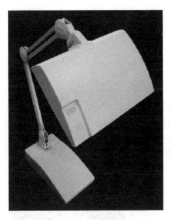 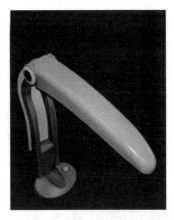

FIGURA 15.9. Luminárias. As duas têm as classificações técnicas similares, mas são completamente diferentes em personalidade.

atarefado, mas para crianças (e adultos que ainda gostam de ser crianças), para ser usado no quarto de brinquedos ou no quarto de dormir. Tem uma forma arredondada, cores translúcidas contrastantes e é leve. É feita de acrílico colorido em tons translúcidos de modo que, quando acesa, seu exterior brilhe calorosamente. Sua forma é inspirada em parte na natureza e em parte em desenhos animados e histórias em quadrinhos, o que lhe dá um caráter descontraído. Eu a percebo como divertida, engraçada, jovial e inteligente — mas também como excêntrica e fácil de ser danificada. Você talvez a perceba de outros modos — percepção é algo pessoal; depende de onde você vem. Designers habilidosos manipulam a percepção para atrair o grupo de usuários que querem conquistar.

A Figura 15.10 mostra um segundo exemplo. Aqui estão dois modos contrastantes de apresentar sistemas de som domésticos. Acima: uma central de som dirigida a profissionais de sucesso que têm renda disponível, que se sentem confortáveis com tecnologia avançada (ou são viciados nela) e que só ficam satisfeitos com o que há de melhor. A forma linear, a utilização de primitivas (retângulos, círculos, cilindros, cones) e o prateado fosco e a cor negra proclamam que esse produto não foi apenas *feito*, foi *Projetado* (com P maiúsculo). A geometria e o acabamento formais sugerem instrumentos de precisão, telescópios, microscópios eletrônicos e as formas lembram as dos tubos de órgão (daí associações com música, com cultura). A percepção é de tecnologia de ponta e de qualidade, um símbolo de gosto discriminatório. A forma tem muito a ver com essas associações e percepções, assim como com os materiais: alumínio escovado, aço inoxidável e esmalte negro não são materiais que escolheríamos para um brinquedo engraçadinho.

A Figura 15.10 apresenta equipamentos de outro modo. Essa é uma empresa que manteve sua participação de mercado, e até a aumentou, por nunca mudar *nada*, ao menos no que se refere à aparência. (Cinquenta anos atrás eu tinha um rádio exatamente igual a esse.) O contexto? Claramente, o lar, talvez dirigido a consumidores que não se sentem confortáveis com tecnologia moderna (embora a eletrônica desses rádios seja bem moderna) ou que simplesmente acham que tal tecnologia não combina com o ambiente caseiro. Cada rádio tem uma forma simples, as cores são suaves e é macio e quente ao tato. São os

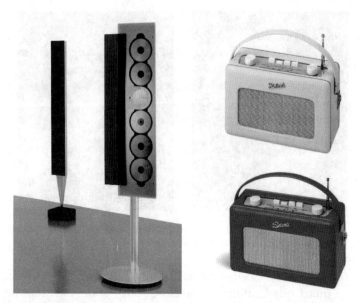

FIGURA 15.10. Bens de consumo eletrônicos. O sistema de som na imagem superior visa a um grupo de consumidores diferente do visado pelos rádios abaixo.

materiais que fazem a diferença: esses produtos são revestidos com camurça ou couro em seis ou mais cores. A combinação de forma e material cria associações de mobília confortável, carteiras e bolsas de couro (portanto, luxo, conforto, estilo), de passado (portanto, estabilidade) e percepções de sólido artesanato, confiabilidade, apelo ao passado e projeto tradicional, porém durável.

Assim, há um caráter oculto em um material antes mesmo de ser fabricado em uma forma reconhecível — um tipo de personalidade embutida, tímida que seja, nem sempre óbvia, fácil de ocultar ou disfarçar, mas que, quando adequadamente manipulada, passa as suas qualidades ao projeto. É por essa razão que certos materiais são ligados tão intimamente a determinados *estilos de design*. *Estilo* é a forma abreviada de designar um modo de projeto que tem um conjunto compartilhado de estética, associações e percepções. O estilo Industrial Antigo (Early Industrial – 1800-1890)[3] adotou as tecnologias da Revolução Industrial, usando ferro fundido e aço, muitas vezes com decorações elaboradas para lhes dar uma fachada histórica. O Movimento Artes e Ofícios (Arts and Crafts Movement), de 1860 a 1910, rejeitou isso e escolheu materiais e tecidos naturais para criar produtos com o caráter de qualidade tradicional de objetos feitos à mão. O estilo Art Nouveau (1890-1918), por contraste, explorava as formas fluidas e a durabilidade possibilitadas por ferro forjado e bronze fundido, o calor e a textura das madeiras de lei e a transparência do vidro para criar produtos de caráter fluente e orgânico. O movimento Art Déco (1918-1935) ampliou a gama de materiais para incluir pela primeira vez os plásticos (Baquelite e Catalin), permitindo a produção de produtos luxuosos para os ricos e produzidos em massa para um mercado mais amplo. A simplicidade

---

3. As datas são, claro, aproximadas. Estilos de design não aparecem e somem em datas específicas; surgem como um desenvolvimento ou uma reação a estilos anteriores, com os quais frequentemente coexistem, e se fundem com os estilos que vêm depois.

Os materiais e o design industrial   533

e o caráter explícito dos projetos do movimento Bauhaus (1919-1933) são expressos com mais clareza pela utilização de tubos de aço cromado, vidro e compensado de madeira moldado. Os plásticos chegaram à maturidade pela primeira vez no projeto de produtos com o caráter insolente e iconoclasta do estilo Pop Art (1940-1960). Desde então, a gama de materiais continuou a crescer, mas seu papel no auxílio para moldar o caráter do produto permanece.

15.6 Resumo e conclusões

O que aprendemos? O elemento de satisfação é central ao projeto e design de produto contemporâneo. Ele é conseguido por meio da integração às boas técnicas de projeto para gerar funcionalidade, consideração adequada das necessidades do usuário no projeto da interface e design industrial imaginativo para criar um produto que atrairá os consumidores aos quais se destina.

Materiais desempenham um papel fundamental nisso. A funcionalidade depende da escolha do material e do processo adequados para cumprir os requisitos técnicos do projeto com segurança e economia. A usabilidade depende das propriedades visuais e táteis dos materiais para transmitir informações e responder às ações do usuário. Acima de tudo, a estética, as associações e as percepções do produto são fortemente influenciadas pela escolha do material e seu processamento, imbuindo o produto com uma personalidade que, em maior ou menor extensão, reflete a do próprio material.

Consumidores procuram mais do que funcionalidade nos produtos que compram. Nos mercados sofisticados de nações desenvolvidas, os "bens de consumo duráveis" são coisas do passado. O desafio para o projetista não é mais cumprir somente os requisitos funcionais, mas fazer isso de modo que também satisfaça necessidades estéticas e emocionais. O produto deve portar a imagem e transmitir o significado que o consumidor busca: elegância atemporal, talvez, ou novidade vigorosa. Um fabricante japonês vai mais longe ao dizer: "O *desejo* substitui a *necessidade* como motor do projeto."

Talvez nem todos queiram aceitar isso. Portanto, terminamos com palavras mais simples — as mesmas com as quais começamos. O bom projeto funciona. O projeto excelente também dá prazer. A utilização imaginativa de materiais proporciona isso.

15.7 Leitura adicional

Se você achou este capítulo interessante e gostaria de ler mais sobre o assunto, encontrará as ideias que ele contém desenvolvidas com mais profundidade no primeiro livro citado aqui.

Ashby, M.F.; Johnson, K. (2014) Materials and Design – The Art and Science of Materials Selection in Product Design. 3ª ed. Oxford: Butterworth Heinemann. ISBN 978-0-08-098205-2. (*Um texto que desenvolve com mais profundidade as ideias delineadas neste capítulo.*)

Clark, P.; Freeman, J. (2000) Design, a Crash Course. New York: The Ivy Press Ltd, Watson-Guptil Publications, BPI Communications Inc. ISBN 0-8230-0983-1. (*Um passeio pela história de design de produto de 5.000 AC até os dias atuais.*).

Coates, D. (2003) Watches Tell more than the Time. New York: McGraw Hill. ISBN 0-07-136243-6. (*Uma análise de estética, associações e percepções de produtos passados e atuais com exemplos, muitos retirados de design de automóveis.*).

534   Seleção de Materiais no Projeto Mecânico

Dormer, P. (1993) Design Since 1945. Londres: Thames and Hudson. ISBN 0-500-20269-9. (*Um livro barato e bem-ilustrado documentando a influência do design industrial nos móveis, utensílios e têxteis – um histórico do design contemporâneo que complementa o histórico maior de Haufe (1998), q.v.*).

Figuerola, M.; Lai, Q.; Ashby, M. (2016) The CES EduPack Products, Materials and Processes Database – a White Paper. Cambridge: Granta Design. (www.grantadesign.com/education). (*The White Paper introduz uma base de dados de produtos, cada um conectado aos materiais e processos usados para fazê-lo, e é organizado para apoiar o ensino de design de produto.*).

Forty, A., 1986. Objects of Desire – Design in Society Since 1750. Thames and Hudson, Londres. ISBN 0-500-27412-6. (*Uma agradável revisão da história do design de tecidos impressos, produtos domésticos, equipamentos de escritório e sistema de transporte. O livro é completamente livre de elogios sobre designers e foca no que o design industrial faz, em vez de quem fez. As ilustrações em preto e branco decepcionam, sendo do século XIX ou início do século XX, com alguns exemplos de design contemporâneo.*).

Haufe, T. (1998) Design, a Concise History. Londres: Laurence King Publishing (originalmente em alemão). ISBN 1-85669-134-9. (*Uma publicação em brochura de preço acessível. Provavelmente a melhor introdução para o design industrial para estudantes (e todos os outros). Conciso, abrangente, claro e com layout inteligível, e com boas, mesmo que pequenas, ilustrações coloridas.*).

Jordan, P.S. (2000) Designing Pleasurable Products. Londres: Taylor and Francis. ISBN 0-748-40844-4. (*Jordan, Gerente de Aesthetic Research and Philips Design, argumenta que os produtos atuais precisam funcionar, ser fáceis de utilizar e ser prazerosos. Muito do livro é a descrição dos métodos de pesquisa de marketing para suscitar reações dos usuários à produtos.*).

Julier, G. (1993) Encyclopedia of 20th Century Design and Designers. Londres: Thames & Hudson. ISBN 0-500-20261-3. (*Um pequeno apanhado da história do design com boas imagens e discussões da evolução dos designs de produto.*).

Karana, E.; Pedgley, O.; Rognoli, V. (2014) Materials Experiences – Fundamentals of Materials and Design. Oxford: Butterworth Heinemann. ISBN 978-0-08-099359-1. (*Uma compilação de ensaios e entrevistas de grandes designers industriais e especialistas em materiais.*).

Manzini, E. (1989) The Material of Invention. Londres: The Design Council. ISBN 0-85072-247-0 (*Descrição intrigante do papel do material no design e nas invenções. A tradução do italiano para o inglês proporciona comentários e vocabulários interessantes e frequentemente inspiradores raramente usada em escritas tradicionais sobre materiais.*).

McDermott, C. (1999) The Product Book. Londres: D&AD e Rotovison. (*50 ensaios sobre designers respeitados que descrevem suas definições de design, o papel das respectivas companhias e sua abordagem a design de produto.*).

Norman, D.A. (1988) The Design of Everyday Things. New York: Doubleday. ISBN 0-385-26774-6. (*Um livro que proporciona conhecimento sobre o design de produto com enfase particular em ergonomia e facilidade de uso.*).

Vezzoli, C.; Manzini, E. (2008) Design for Environmental Sustainability. Londres: Springer-Verlag. ISBN 978-1-84800-162-6. (*Um livro coescrito pelo autor de "The Materials of Invention" descrevendo ferramentas e estratégias para integrar requerimentos ambientais em desenvolvimento de produto.*).

15.8 Exercícios

E15.1. *Explorando o contexto.* As imagens mostram duas máquinas de café contrastantes. Analise o contexto para o qual foram projetadas respondendo às cinco perguntas W: Quem? O que? Onde? Quando? Por quê? (*Who? What? Where? When? Why?*)

Os materiais e o design industrial   535

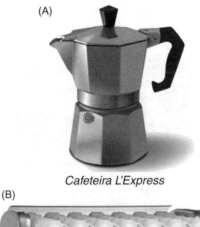

Cafeteira L'Express

Máquina de café Lacimbala

Figura E15.1

E15.2. *Valor e preço (1).* Hoje (2016), as aspiradoras sem sacos variam em preço por quase um fator de 10, uma Argos VC 403 tem um preço de £ 38 (US$ 53), uma Dyson DC23 tem um preço de £ 333 (US$ 466). Existe um mercado para ambas, por isso deve existir um setor de mercado que perceba que o valor da limpadora mais cara seja maior do que seu alto preço. Como a Dyson criou essa percepção de valor? Examine estes (ou dois produtos equivalentes) na internet e analise como isso foi feito.

E15.3. *Valor e preço (2).* Os relógios variam no preço por um fator de mais de 10.000. Eu tenho um relógio muito barato que eu gosto porque tem um cronômetro e é impermeável, então posso nadar com ele. É extremamente preciso e se eu o perder, um novo me custará £ 5,80 (cerca de US$ 9) na Amazon. Este relógio é mostrado na figura que acompanha este exercício, juntamente com um Rolex, com um preço atual de US$ 11.870, mas isso não é nada comparado com o Sky Moon Tourbillon 5002 P da Patek Philippe, o qual irá custar a você US$ 1,5 milhão. Como os fabricantes de relógios realmente caros criam o valor que seus produtos aparentemente têm, pelo menos para algumas pessoas? Suas propagandas em revistas

(A) Aspirador sem saco Panasonic

(B) Aspirador sem saco Dyson

FIGURA E15.2

brilhantes e seus sites revelam muito. Pesquise estes para revelar como materiais, associações e status de imagem de marca podem criar valor.

E15.4. *Valor e preço (3)*. Faça uma comparação e análise como a do exercício anterior para:
   a. *Malas (bagagem)*
   b. *Refrigeradores*

Relógios Casio e Rolex

FIGURA E15.4

Qual é a faixa de preço para um dado caso ou para a capacidade de refrigerador? Qual aspecto do caráter do produto dá ao mais caro dos produtos o seu alto valor? Os preços, tamanhos e outras informações que você precisa estão prontamente disponíveis nas Revistas do Consumidor ou em sites de comparação de produtos.

E15.5. *Associações.* Escreva abaixo as primeiras associações que vêm à sua mente quando você dá uma olhada em cada uma das imagens de carros mostradas a seguir. Como os projetistas sugeriram essas associações?

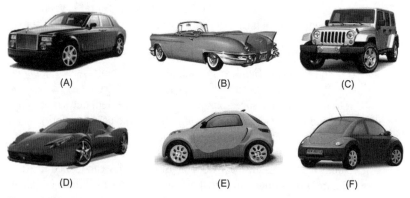

Figura E15.5

E15.6. *Percepções.* Olhe as seis imagens de carro novamente e considere-as por um momento. Como você percebe cada um? Como eles fazem você se sentir? Se você tivesse uma escolha entre qualquer um desses, qual escolheria? Por quê?

E15.7. *Associações de materiais.* O que as pessoas pensam quando veem algo feito de ouro? Podem – por causa de suas despesas – associá-lo com riqueza e luxo; ou talvez – porque é um símbolo visível de riquezas – com extravagância e poder; ou quem sabe – devido à sua resistência total a ataques químicos – com estabilidade e perenidade. Quais associações você anexaria a um ou mais dos seguintes materiais? Pergunte: "O que você pensa quando vê algo feito de ...?"

Aço usinado	Chumbo	Madeira de cerejeira polida
Aço inoxidável	Polietileno	Plástico com uma superfície simulada de madeira
Aço oxidado	Náilon	Mármore
Alumínio escovado	Diamante	Vidro

E15.8. *Capturando associações.* Aqui está um pequeno exercício de design. Você adquiriu o direito de comercializar um novo biopolímero – um feito de

538   Seleção de Materiais no Projeto Mecânico

uma cultura de crescimento rápida e prolífica. Como vai chamá-lo? O nome deve levar as associações certas. Defina o problema (o que?). Explore alternativas (como?). Selecione uma solução (qual?). Aqui está uma tentativa.

a. *Desafio?* Nome para um novo biopolímero.

b. *O que?* Um nome sugestivo. Por quê? Para transmitir que ele é bio e ecológico. Por quê? Para vendê-lo para um crescente público preocupado ecologicamente.

c. *Como?* Algumas sínteses de palavras e noções ecológicas? Sustentável. Renovável. Responsável. Benevolente. Salvando o futuro. Legal. Nova geração. OK, aqui estão algumas tentativas: *Respoxy. Biofutene, Gen4biocool. Benegen.*

d. *Qual? Respoxy* (definitivamente não). *Biofutene* (Acho que não – muito óbvio). *Gen4biocool* (agradável, mas muitas sílabas). *Benegen* (talvez – pode ser a melhor opção, no fim das contas).

Não foi um grande sucesso. Agora é sua chance. Tem que ser um nome que ainda não está em uso (pesquise no Google para descobrir).

E15.9. *Produtos com longa vida de design.* Muitos produtos muito simples tiveram (e continuam tendo) vidas muito longas. A tabela a seguir lista alguns destes. Pesquise a história de um deles, buscando o contexto (Quem, O Que, Onde, Quando, Por que) que o inventor tinha em mente, e a visão atual de sua utilidade, estética e associações. Você consegue identificar o que o tornou tão durável?

Produto	Materiais	Produto	Materiais
Código de barras (1966)	*Tinta de impressão*	Zíperes (1913)	POM
Band-aid (início do século XX)	*Tecido ou plástico com adesivo*	Velcro (1948)	*Náilon – Poliéster*
Filtros de café (1908)	*Papel crepom*	Saca rolhas (1795)	*Aço*
Botão de pressão (1850)	*Aço mola*	Caixas de ovos (década de 1930)	*Polpa de papel*
Caneta esferográfica 1888	*Carboneto de tungstênio com textura*	Clip de papel (1899)	*Aço doce*
Lata de estanho (1813)	*Aço doce/estanho*	Post-its (1977)	*Adesivo*
Guarda chuva (2000 a.C.)	*Bambu/seda*	Prendedores de roupa (1832)	*Madeira/polímero*
Elástico de borracha (1845)	*Borracha natural de látex*	Saquinhos de chá (1904)	*Papel*

Produto	Materiais	Produto	Materiais
Olhos de gato (refletores de estrada) (1933)	*Vidro, ferro fundido*	Fita adesiva (1930)	*Acetato de celulose /adesivo a base de borracha*
Lâmpada de filamento de tungstênio (1906)	*Tungstênio, vidro*	Chupeta (aproximadamente 1850)	*Borracha*
Mosquetão (1910)	*Aço/alumínio*	Contêiner naval (1956)	*Aço*
Plástico bolha (1960)	*PE*	Lego (1949)	*ABS*
Lápis (1565)	*Grafite*	Kleenex (1924)	*Papel*

E15.10. *Humor.* Um clipe de papel (inventado em 1899) é um dos produtos mais simples com uma das vidas mais longas. Todo escritório os tem. Eles normalmente não despertam interesse ou diversão. Aqui está um exemplo de um novo projeto que fornece esses elementos em falta. Encontre um produto diário muito simples (talvez um da tabela no exercício anterior) e o projete novamente para introduzir um elemento de humor.

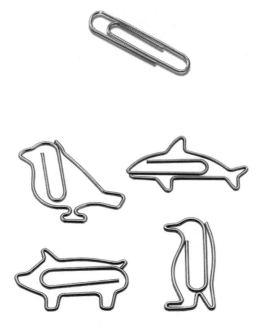

Um clipe de papel e variações sobre o tema de clipes de papel.

FIGURA E15.10

E15.11. *Design de nicho.* Cada um desses mouses é projetado para preencher um nicho específico no mercado de mouses. Aplique o método de análise do produto delineado no exercício anterior para explicar as escolhas de materiais do designer, forma estética e associações.

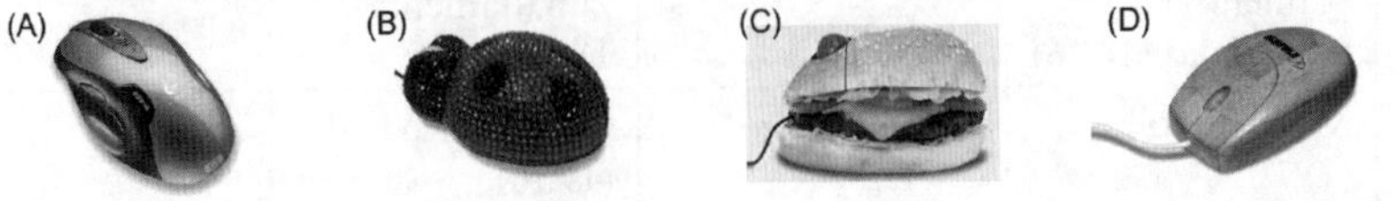

(A) (B) (C) (D)

Mouse Logitec $23   Mouse Ladybird $14.50   Mouse Hamburguer $20   Mouse Bambu, $50 up

Figura E15.11

E15.12. *Analisando caráter de produto.* Examine um produto e pergunte o seguinte:
  a. O que o produto faz?
  b. Quem irá usá-lo? Onde? Quando? Por quê?
  c. Quais são suas aspirações? Como eles se vêm?
  d. Quais estéticas o designer usou? Por quê?
  e. Que associações? Como o designer os criou? Por quê?
  f. Quais percepções? Qual a sua reação ao produto? O que fez você sentir dessa maneira?
  g. Como (intencionalmente ou não intencionalmente) o designer criou essa percepção?
  h. E finalmente: O que o designer está tentando dizer?

Capítulo 16
Resposta sustentável para forças de mudança

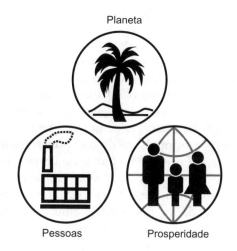

Resumo

As circunstâncias evolutivas do mundo em que vivemos mudam as condições de contorno para o projeto e, com elas, aquelas para selecionar materiais e processos. Essas mudanças são conduzidas por uma série de forças. Existe a pressão do mercado: a demanda da indústria para materiais mais leves, mais rígidos, mais resistentes, mais tenazes, mais baratos e mais tolerantes aos extremos de temperatura e ambiente e que oferecem maior funcionalidade. Existe o impulso da ciência: as pesquisas orientadas pela curiosidade de especialistas em materiais nos laboratórios de universidades, indústrias e agências governamentais. Existe a força motriz do que pode ser chamado megaprojetos: geração e armazenamento de energia alternativa, resposta às ameaças de terrorismo; transporte autônomo de alta velocidade e aumento da funcionalidade e interatividade dos produtos domésticos. O desafio é adaptar-se a essas forças de mudanças de formas sustentáveis.

542   Seleção de Materiais no Projeto Mecânico

Palavras-chave: Pressão de mercado; impulso científico; elementos críticos; população; capital natural; capital manufaturado; capital humano e social; economia linear de materiais; economia circular de materiais; desenvolvimento sustentável.

16.1 Introdução e sinopse

Se não existissem forças de mudança, tudo continuaria igual. Mas vivemos em um mundo dinâmico, não estático, com a consequência que exatamente o oposto é verdade: as coisas estão mudando mais rapidamente agora do que nunca. A evolução das circunstâncias do mundo em que vivemos muda as condições de contorno do projeto, e, com elas, as de seleção de materiais e processos.

Essas mudanças são impulsionadas por várias forças. A primeira é a *pressão do mercado*: a demanda da indústria por materiais mais leves, mais rígidos, mais resistentes, mais tenazes, mais baratos e mais tolerantes a extremos de temperatura e ambiente, e que ofereçam maior funcionalidade. Então há o *impulso da ciência*: a pesquisa motivada pela curiosidade realizada por especialistas em materiais nos laboratórios de universidades, indústrias e agências governamentais. Há a força propulsora do que poderíamos denominar *megaprojetos*: historicamente, o Projeto Manhattan, o desenvolvimento da energia atômica, a corrida espacial e vários programas de defesa. Hoje, poderíamos pensar na geração e armazenamento de energia alternativa, transportes não poluentes de alta velocidade, nos problemas com a ameaça provocada pelo terrorismo, sistemas autônomos e a interatividade de produtos. Há uma legislação que regulamenta a segurança do produto, assim como uma ênfase cada vez maior na responsabilidade estabelecida por precedente legal recente e também a consciência de que temos que gerenciar nossa adaptação a essas forças de mudança de modos sustentáveis. Uma boa lista.[1]

Este capítulo examina as forças de mudança e as direções nas quais elas empurram os materiais e seu desenvolvimento, finalizando com o desafio final: o do desenvolvimento sustentável. A Figura 16.1 monta o cenário.

16.2 Pressão de mercado e impulso da ciência

Forças de mercado e competição

Os usuários finais dos materiais são as indústrias manufatureiras. Elas decidem quais materiais comprarão e adaptam seus projetos para fazer o melhor uso daqueles materiais. Suas decisões são baseadas na natureza de seus produtos.

---

1. Se você quer uma visão dos Grande Desafios que enfrentamos, aqui está uma atual (2016): a da Academia Nacional de Engenharia Norte Americana http://www.engineeringchallenges.org/14373/GrandChallengesBlog/8275.aspx. Muitos deles envolvem materiais. Porém, esteja ciente de que a visão terá evoluído quando você ler este livro.

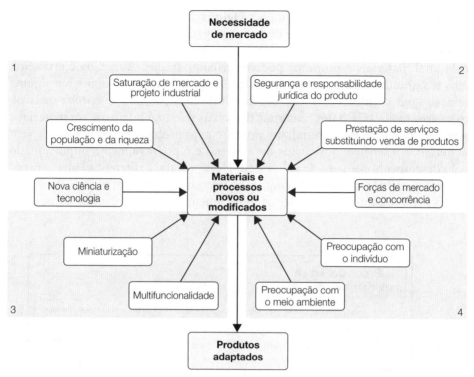

FIGURA 16.1. Algumas forças de mudança. Cada uma exerce pressão para mudar a escolha de material e processo e estimula esforços para desenvolver novos.

Materiais para grandes estruturas civis (que podem pesar 100.000 toneladas ou mais) devem ser baratos e confiáveis; disponibilidade e a economia são as considerações preponderantes. Em contraste, os materiais para produtos de alta tecnologia (equipamentos esportivos, maquinaria militar, projetos espaciais, aplicações biomédicas) são escolhidos pelo seu desempenho; o custo representa um papel menos importante. O custo do material para uma válvula cardíaca artificial, por exemplo, é quase irrelevante.

O preço de mercado de um produto tem várias contribuições. Há o custo dos materiais do qual o produto é feito, o custo de fabricação e de marketing, o custo da pesquisa e do desenvolvimento que entraram em seu projeto (Capítulo 7). Há também a margem criada para o valor percebido associado ao desejo, propaganda, à moda e a raridade (Capítulo 15). Quando os custos do material são uma grande parte do valor de mercado (50%, digamos) — isto é, quando o valor agregado ao material é pequeno —, o fabricante procura economizar na utilização do material para aumentar o lucro ou a participação de mercado. Quando, ao contrário, os custos de material são uma minúscula fração do valor de mercado (1%, digamos), o fabricante procura os materiais que mais melhorarão o desempenho do produto, com pouca preocupação com seu custo.

Tendo isso como base, examine as Figuras 16.2 e 16.3. O eixo vertical da primeira é o preço por unidade de peso ($/kg, dólares americanos de 2016) de materiais; o da segunda é o mesmo para produtos. Isso dá uma medida comum pela qual materiais e produtos podem ser comparados. A medida é grosseira, mas seu grande mérito é não ser ambígua, ser fácil de determinar e ter alguma relação com o valor agregado. Um produto cujo preço/kg é apenas duas ou três vezes maior que o dos materiais dos quais é feito é intensivo em material e sensível aos custos do material; um produto cujo preço/kg é 100 vezes o de seus materiais é insensível aos custos de material e é provavelmente impulsionado pelo desempenho, em vez de pelo custo. Nessa escala, a diferença entre o preço por kg de um par de lentes de contato e o de uma garrafa de vidro é da ordem de 10^5, embora ambos sejam feitos praticamente do mesmo vidro; a diferença

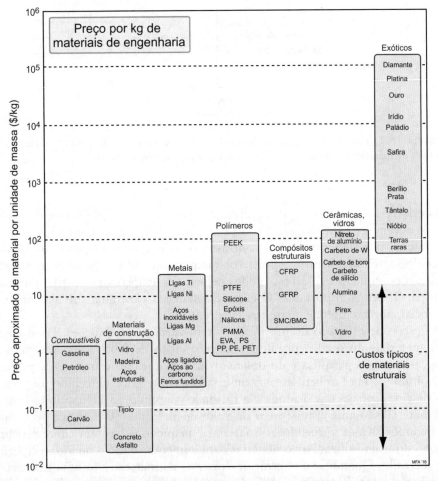

FIGURA 16.2. O preço por unidade de massa para materiais. A faixa sombreada abrange a faixa onde se encontram os materiais *commodities* mais amplamente usados em fabricação e construção.

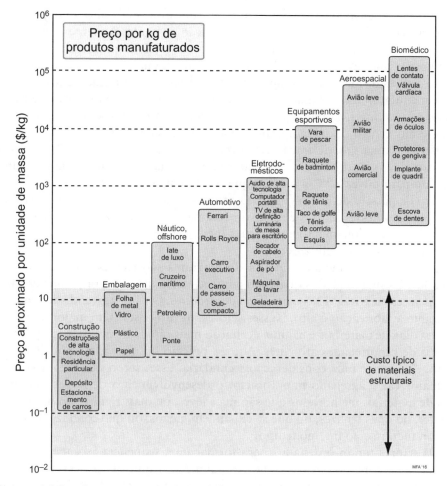

FIGURA 16.3. A faixa sombreada abrange a faixa na qual se encontram a maioria dos materiais dos quais os produtos são feitos. Os produtos na faixa sombreada são intensivos em material; os que estão acima dela, não.

entre o custo por kg de uma válvula cardíaca e de uma garrafa de plástico é de ordem semelhante, embora ambas sejam feitas de polietileno. É óbvio que há algo a aprender aqui.

Os materiais de construção e manufatura em massa *commodities* encontram-se na faixa sombreada da Figura 16.2; todos custam entre US$ 0,05 e US$ 20/kg. Materiais de construção como concreto, tijolo, madeira de construção e aço estrutural encontram-se na extremidade inferior; materiais de alta tecnologia como ligas de titânio encontram-se na extremidade superior. Polímeros abrangem uma faixa semelhante: polietileno na parte de baixo, polietereterce-tona (PEEK) perto da parte de cima. Compósitos se encontram em uma faixa similar com compostos de chapas de polyester moldados na parte inferior da faixa e epóxies reforçadas com fibra de carbono na superior. Atualmente, as

546 Seleção de Materiais no Projeto Mecânico

cerâmicas de engenharia encontram-se em um local mais alto ainda, embora isso esteja mudando à medida que a produção aumenta. Somente os materiais "exóticos" de baixo volume estão muito acima da faixa sombreada.

O preço por kg de produtos (Figura 16.3) mostra uma distribuição diferente. Oito setores de mercado são apresentados, abrangendo grande parte da indústria manufatureira. A faixa sombreada nessa figura engloba o custo de materiais *commodities*, exatamente como a figura anterior. Setores e seus produtos que estão dentro da faixa sombreada têm a característica de que o custo do material é uma grande fração do preço do produto: cerca de 50% na construção civil, grandes estruturas náuticas e algumas embalagens de consumo, caindo para talvez 20% à medida que se aproxima da parte superior da faixa (carro de passeio de baixo custo). O valor agregado na conversão do material em produto nesses setores é relativamente baixo, mas o volume do mercado é grande. O direcionamento aqui é para melhorar o processamento de materiais convencionais para reduzir custo.

Os produtos na metade superior do diagrama são tecnicamente mais sofisticados. Os materiais dos quais são feitos são responsáveis por menos de 10% — às vezes menos de 1% — do preço do produto. O valor agregado ao material durante a fabricação é alto. Nesses setores, os projetistas têm maior liberdade na escolha de materiais e há uma aceitação mais rápida de novos materiais com perfis de propriedades atraentes. Aqui, a pressão do mercado é por desempenho, e o custo é uma consideração secundária. Esses setores de menor volume e maior valor agregado impulsionam o desenvolvimento de novos materiais ou de materiais melhorados que são mais leves, ou mais rígidos, ou mais resistentes, ou mais tenazes, ou que se expandem menos, ou que conduzem melhor — ou tudo isso ao mesmo tempo.

Os setores foram ordenados para formar uma sequência ascendente, o que sugere a pergunta: o que o eixo horizontal mede? Muitos fatores estão envolvidos aqui, um dos quais pode ser identificado como "conteúdo de informação". O conhecimento técnico necessário para a fabricação de um par de lentes de contato ou de uma válvula cardíaca é claramente maior do que o necessário para fazer um copo de água ou uma garrafa de plástico. Os setores à esquerda exigem pouco dos materiais que empregam; os à direita forçam os materiais até seus limites e ao mesmo tempo exigem a mais alta confiabilidade. Esses aspectos os tornam intensivos em informação. Mas há outros fatores: tamanho do mercado, concorrência (ou falta dela), valor percebido, propaganda, moda e gosto pessoal. Por essa razão, o diagrama não deve ser superinterpretado: é uma ajuda para estruturar informações, mas não uma ferramenta quantitativa.

Nova ciência: pesquisa motivada pela curiosidade

A curiosidade pode matar gatos, mas é o sangue novo (*life-blood*) da engenharia inovadora. Países tecnicamente avançados sustentam o fluxo de novas ideias mediante o apoio à pesquisa em universidades, laboratórios governamentais e laboratórios de pesquisa industrial. Alguns dos cientistas e engenheiros que trabalham nessas instituições têm liberdade para perseguir ideias que podem não ter nenhum objetivo econômico imediato, mas podem evoluir para materiais e métodos de fabricação em décadas futuras. Vários materiais que agora são comerciais começaram assim. O alumínio, no tempo de Napoleão III, era uma maravilha científica — ele encomendou um conjunto de colheres de alumínio pelo qual pagou mais do que se fossem feitas de prata sólida. Mais recentemente, o titânio teve uma história semelhante. Metais amorfos (isto é, não cristalinos), que são, hoje em dia, importantes na tecnologia de transformadores e nos cabeçotes de drives de discos, foram, durante anos, somente de interesse acadêmico. Semicondutores e supercondutores não surgiram em resposta às forças de mercado; foi preciso um longo tempo de pesquisa motivada pela curiosidade, recompensada, em ambos os casos, por prêmios Nobel, para revelar os princípios em que eram baseados. O polietileno foi descoberto por químicos que estudavam o efeito da pressão em reações químicas, e não por departamentos de vendas ou de marketing de corporações multinacionais. Até mesmo o verso pegajoso dos Post-it foi uma aplicação inspirada no que no início parecia um fracasso. A História é pontuada com exemplos de materiais e processos que surgiram da curiosidade, acidente e casualidade.

Novos materiais continuam a surgir. *Cerâmicas monolíticas*, agora produzidas em quantidades comerciais, oferecem alta dureza, estabilidade química, resistência ao desgaste e resistência a temperaturas extremas. Sua utilização como substratos para microcircuitos está estabelecida; seu uso em aplicações resistentes ao desgaste está crescendo e sua utilização em motores térmicos está sendo explorada. A ênfase no desenvolvimento de *materiais compósitos* está se deslocando na direção dos que podem suportar cargas a temperaturas mais altas. *Compósitos de matriz metálica* (alumínio contendo partículas ou fibras de carbeto de silício, por exemplo) e *compósitos de matriz intermetálica* (alumineto de titânio ou dissilicieto de molibdênio contendo carbeto de silício, por exemplo) podem fazer isso. *Compósitos de matriz cerâmica* (alumina com fibras de carboneto de silício) também podem, potencialmente, apesar da extrema fragilidade desses materiais exigir novas técnicas de projeto. *Espumas metálicas*, até 90% menos densas do que o material original, prometem estruturas sanduíche leves e rígidas que concorrem com os compósitos. *Aerogéis*, espumas de densidade ultrabaixa, proporcionam condutividades térmicas excepcionalmente baixas.

Novos *biomateriais*, projetados para implante no corpo humano, têm estruturas nas quais o tecido em crescimento adere sem rejeição. Novos *polímeros* que podem ser usados em temperaturas de até 350 °C permitem que plásticos substituam metais em um número ainda maior de aplicações — o coletor de admissão do motor automotivo é um exemplo. Novos *elastômeros* são flexíveis, porém resistentes e tenazes; permitem vedações, dobradiças elásticas e revestimentos resilientes melhores. Técnicas para produzir *materiais de funcionalidade graduada* podem fornecer gradientes de composição e estrutura personalizados por meio de um componente para que ele possa ser resistente à corrosão na superfície externa, tenaz no meio e duro na superfície interna.

548 Seleção de Materiais no Projeto Mecânico

Materiais nanoestruturados prometem propriedades mecânicas, elétricas, magnéticas e ópticas únicas. Materiais *"inteligentes"* que podem sentir e informar sua condição (via sensores embutidos) possibilitam a redução de margens de segurança. *Materiais autorrestauráveis* têm a capacidade de consertar danos em serviço sem a intervenção de seres humanos.

Desenvolvimentos na *prototipagem rápida* agora permitem a fabricação rápida, sem matrizes nem moldes, de peças individuais complexas feitas de uma ampla gama de materiais. *Métodos de fabricação na escala micrométrica* criam sistemas eletromecânicos em miniatura (Miniature Electro-Mechanical Systems – MEMS). Novas técnicas de *engenharia de superfície* permitem adicionar elementos de liga, revestir ou tratar termicamente uma fina camada da superfície de um componente, modificando suas propriedades para aprimorar o desempenho. Elas incluem o endurecimento a laser, revestimentos de polímeros e cerâmicas de boa aderência, implantação de íons e até deposição de películas de carbono ultraduras com estrutura e propriedades como as do diamante. Novos *adesivos* desbancam rebites e soldas a ponto; o automóvel com peças coladas é uma possibilidade real. E novas técnicas de *modelagem de processo e controle* permitem controle muito mais rigoroso da composição e da estrutura durante a fabricação, o que reduz o custo e aumenta a confiabilidade e a segurança.

Tudo isso e muito mais agora são realidades. Têm o potencial de capacitar novos projetos e estimular o reprojeto de produtos que já estão no mercado, aumentando sua participação de mercado. O projetista deve estar sempre alerta.

16.3 População e riqueza crescente; e saturação do mercado

A população mundial continua a crescer em número e em riqueza. Atualmente, a capacidade mundial de produção de produtos está se expandindo cada vez mais rápido, com o resultado de que, em países desenvolvidos e em desenvolvimento, os mercados de produtos estão saturados. Se você quer um produto — um telefone celular, um refrigerador, um carro —, não terá de ficar em um fila de espera (como há não muito tempo era o caso em toda a Europa). Ao contrário, um vendedor entusiasmado o guiará por um conjunto de produtos quase idênticos com preços quase idênticos para encontrar o que mais lhe agrada.

Essa ampla escolha tem certas consequências. Uma delas é o crescimento maciço e contínuo do consumo de energia e recursos materiais e o impacto que esses têm sobre o ambiente — o assunto do Capítulo 14. Outra surge porque, em um mercado saturado, o projetista deve procurar novos modos de atrair o consumidor. A confiança mais tradicional nas qualidades de engenharia para vender um produto é substituída (ou ampliada) por qualidades visuais, associações e percepções cuidadosamente orquestradas, criadas pelo design industrial. Isso também influencia a escolha de material e processo, o que foi o assunto de um capítulo prévio — o anterior a este.

16.4 Responsabilidade jurídica do produto e prestação de serviços

Agora a legislação exige que, se um produto tiver um defeito, deve ser recolhido e o defeito, consertado. Recolher produtos é extremamente caro e prejudica a imagem da empresa. Quanto mais alto formos no diagrama da Figura 16.3, mais catastróficas se tornam a consequência de um defeito. Quando compramos um pacote de seis canetas esferográficas, não é uma grande tragédia se uma delas não funcionar adequadamente. O índice de probabilidade 1:6 em uma distribuição gaussiana corresponde a um desvio-padrão, ou "1 sigma". Mas viajaríamos em um avião que está projetado nessa mesma faixa de "1 sigma"? Hoje, sistemas nos quais a segurança é crítica são projetados com uma taxa de confiabilidade de "6 sigmas", o que significa que a probabilidade de um componente ou conjunto de componentes não cumprir a especificação é menos que uma parte em 10^9.

Isso influencia a maneira como os materiais são produzidos e processados. Confiabilidade e reprodutibilidade exigem controle de processo sofisticado, monitoramento e verificação. Aços limpos (aços com contagem de inclusões muito reduzida), ligas de alumínio com controle rigoroso de composição, controle de processamento e realimentação em tempo real, novos ensaios não destrutivos para determinar qualidade e integridade e amostragem aleatória para testes, tudo isso ajuda a garantir que a qualidade é mantida.

Essa pressão imposta aos fabricantes de assumir a responsabilidade durante toda a vida útil de seus produtos faz com que considerem tirar a manutenção e a substituição das mãos do consumidor e eles mesmos passarem a fazer isso. Desse modo, podem monitorar a utilização do produto e substituí-lo, retomando o original não quando está gasto, mas quando ainda está ótimo para recondicionamento e devolução ao mercado. Os fabricantes não vendem mais um produto; vendem um serviço. Como muitas outras universidades, a minha não possui máquinas copiadoras, embora tenhamos muitas delas. Em vez disso, a universidade tem um contrato com um provedor que garante certo serviço de cópia — o fornecimento de "páginas copiadas por semana", por assim dizer.

Isso muda as condições econômicas de contorno para o projetista. O objetivo deixa de ser construir copiadoras com o maior número possível de recursos ao menor preço, mas copiadoras que, no longo prazo, fornecerão cópias ao custo mais baixo por página. A prioridade para um projeto se torna a facilidade de substituição, recondicionamento e reutilização, além da padronização de materiais e componentes entre modelos. A copiadora não é um exemplo isolado. Fabricantes de motores aeronáuticos agora adotam uma estratégia de prover "potência por hora": os motores pertencem a eles, eles monitoram sua utilização e os substituem no avião no ponto em que a permuta entre custo, confiabilidade e capacidade de fornecer potência é ótima.

A legislação exerce outras forças de mudança. Agora, os fabricantes devem registrar substâncias controladas, que existem em grande número, estão contidas nos produtos que fazem ou são usadas em sua fabricação. Se o nível de utilização ultrapassar um determinado patamar, o material deve ser substituído. A lista inclui os metais cádmio, chumbo e mercúrio, além de um grande número de compostos e derivados químicos, muitos deles usados em processamento de materiais. Portanto, as restrições exercem forças de mudança tanto na escolha do material quanto no modo como o material é conformado, unido e acabado.

16.5 A informação econômica, materiais críticos e circularidade

Informação econômica. A informação é agora tão central para a forma como vivemos que os governos consideram que a provisão de acesso à Internet é tão importante quanto o fornecimento de água potável e energia elétrica. A comunicação digital não é apenas central para a forma como nos comunicamos uns com os outros, mas também para a forma como fazemos transações bancárias, navegamos e nos defendemos; é a maneira como os produtos interagem uns com os outros e com seu ambiente, a base da robótica e do transporte autônomo, e muito mais. Uma economia moderna depende fortemente dos elementos que permitem a comunicação eletrônica.

Dos 110 elementos da tabela periódica, cerca de 90 são utilizáveis, a maioria deles metálicos. Há meio século, usávamos relativamente poucos deles. O telefone da década de 1960 continha apenas nove metais para o quadro, condutores, ímãs, molas e contatos. Um smartphone contemporâneo contém cerca de 53 (Figura 16.4). Mesmo materiais estruturais aparentemente não sofisticados — aços, ligas de alumínio — agora têm suas propriedades dependentes de um portfólio de elementos amplamente expandido (Tabela 16.1).

Materiais críticos. Os materiais hoje são obtidos e negociados globalmente. Os minérios e as matérias-primas necessários para fazer alguns deles estão

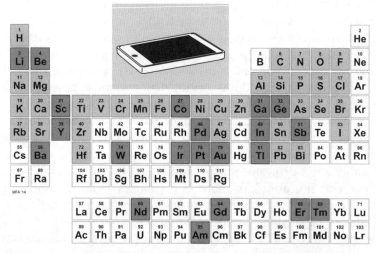

FIGURA 16.4. Os elementos em um smartphone estão coloridos em uma tabela periódica. Aqueles com cor mais escura são elementos críticos (ver caderno colorido).

TABELA 16.1. O aumento da diversidade de elementos usados em materiais estruturais nos últimos 75 anos

Ligas e dispositivos	Mudança na demanda de elementos em materiais estruturais ao longo do tempo	
	75 anos atrás	Hoje
Ligas ferrosas[a]	Fe, C	Al, Co, Cr, Fe, Mn, Mo, Nb, Ni, Si, Ta, Ti, V, W
Ligas de Alumínio[a]	Al, Cu, Si	Al, Be, Ce, Cr, Cu, Fe, Li, Mg, Mn, Si, I, V, Zn, Zr
Ligas de Níquel[a]	Ni, Cr	Al, B, Be, C, Co, Cr, Cu, Fe, Mo, Ni, Si, Ta, Ti, W, Zr
Ligas de Cobre[a]	Cu, Sn, Zn	Al, Be, Cd, Co, Cu, Fe, Mn, Nb, P, Pb, Si, Sn, Zn
Materiais Magnéticos[a]	Fe, Ni, Si	Al, B, Co, Cr, Cu, Dy, Fe, Nd, Ni, Pt, Si, Sm, V, W

[a] Dados dos campos de composição dos registros na base de dados CES EduPack '14 Nível 3, Granta Design (2016).

amplamente disponíveis, permitindo que um mercado livre funcione facilmente. Outros, no entanto, são extraídos de minérios reduzidos que são geograficamente restritos em sua distribuição. As nações de onde chegam podem limitar a oferta por razões econômicas ou políticas; e instabilidade política ou conflito podem interromper completamente o suprimento. A cadeia de abastecimento de cobalto, por exemplo, foi interrompida recentemente pela guerra na República Democrática do Congo, e a dos metais de terras raras não funcionou facilmente no passado recente devido a restrições de monopólio que levaram a escassez e preços instáveis.

Os materiais que são considerados essenciais para a segurança nacional ou a saúde industrial são classificados como "críticos" se o acesso a eles puder ser restringido. Os governos elaboram listas destes materiais críticos e desenvolvem estratégias para garantir o fornecimento, negociando acordos de fornecimento exclusivos, buscando novas fontes ou estocando. Essas listas não são idênticas porque a "criticidade" depende, em certa medida, das necessidades e recursos domésticos da nação, mas eles têm muito em comum. Aqueles que aparecem nas listas dos Estados Unidos são mostrados na Tabela 16.2. As listas atuam como avisos, alertando os fabricantes sobre o riscos potenciais de fornecimento.

TABELA 16.2. Materiais críticos[a]

Antimônio	Berílio	Bismuto	Cério
Cobalto	Cromo	Disprósio	Érbio
Escândio	Estanho	Európio	Gálio
Germânio	Índio	Irídio	Lantânio
Lítio	Manganês	Neodímio	Ósmio
Paládio	Platina	Praseodímio	Rhódio
Ruthênio	Samário	Tântalo	Telúrio
Térbio	Thulium	Tungstênio	Ytria

[a] Retirado de listas dos EUA. Uma lista europeia se assemelha muito.

FIGURA 16.5. A economia linear de materiais: *pegar – fazer – usar – descartar*.

Economia circular dos materiais. Antes da Revolução Industrial, os materiais eram caros e o trabalho era barato. O alto valor dos materiais em relação ao trabalho garantiu que os produtos feitos por eles fossem preservados, reparados e atualizados. A eficiência do material era prática normal.

Desde a Revolução Industrial, a mineração em larga escala e o comércio global permitiram que os custos de materiais caíssem. Ao mesmo tempo, os custos da mão de obra aumentaram, com o resultado de que os métodos de fabricação (produção em massa, montagem robótica e similares) evoluíram para minimizar o uso do trabalho. A disponibilidade e o baixo custo dos materiais incentivaram a indústria a adotar uma abordagem de circuito aberto cada vez mais linear para os recursos materiais, resumida como: pegar – fazer – usar – descartar (Figura 16.5).

Cerca de 80% do uso de material ainda segue esse caminho, mas há uma consciência crescente de que isso não pode continuar. O consumo global de materiais, atualmente cerca de 77 bilhões de toneladas por ano, deverá aumentar para 100 bilhões até 2030.[2] A drenagem dos recursos naturais necessários para atender a esse consumo não pode ser sustentada, criando vetores para conservar materiais ao invés de rejeitá-los. Uma maneira de fazer isso é estabelecer uma economia de materiais mais circular. Os materiais em uma economia circular são vistos não como *commodities* descartáveis, mas como ativos valorizados a serem rastreados e conservados para reutilização, da mesma forma que o capital financeiro é investido, recuperado como receita e reinvestido. A Figura 16.6 introduz a ideia. Os materiais são produzidos e fabricados em produtos que entram no serviço onde permanecem pela sua vida de projeto. No modelo circular, a eliminação no final da vida em um aterro ou como descarte não é uma opção. Em vez disso, o produto é reutilizado de forma menos exigente, ou recondicionado para dar uma segunda vida útil, ou desmontado em seus componentes materiais para reciclagem. Todas essas três opções retém os materiais do produto como *estoque ativo* (o retângulo superior da figura). Pode ser impraticável reciclar materiais perecíveis; aqueles que são biodegradáveis — podem ser compostados, devolvendo-os à biosfera; aqueles que são combustíveis podem ser incinerados com recuperação de energia; somente o residuo restante vai ao aterro sanitário. Quanto mais material puder ser mantido dentro do retângulo "Estoque ativo", na parte superior da Figura 14.6, menor será

---

2. http://www.foe.co.uk/sites/default/files/downloads/overconsumption.pdf.

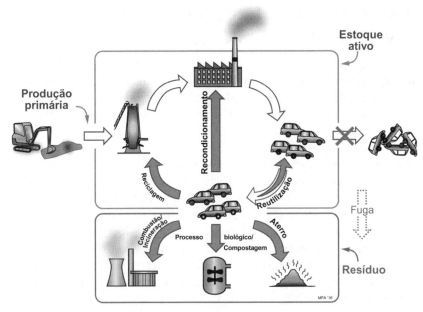

FIGURA 16.6. A economia circular de materiais. O objetivo é reter materiais em um retângulo "Estoque ativo" para reutilização, recondicionamento e reciclagem, minimizando a fuga para o retângulo do "Resíduo".

a necessidade de serem adicionados por meio de produção primária, mostrada à esquerda. Certamente, se as melhorias de projeto usassem materiais de forma mais eficiente, poderia ser possível funcionar, pelo menos por um tempo, sem nenhuma produção primária.

Economia circular significa mais do que apenas reciclagem eficiente. Tomada literalmente, significa confiar em energia renovável, rastreando materiais através da economia para que seus locais sejam conhecidos e usá-los em projetos que permitam sua reutilização com o menor reprocessamento possível. O conceito vai além da mecânica de produção e consumo de bens, passando da ideia de *consumo* de materiais para o de *uso* deles, um pouco na forma como a terra devidamente administrada é usada para a agricultura sem consumi-la. Isso implica em uma abordagem diferente para o projeto, que retém ou regenera materiais durante vários ciclos de fabricação[3] e reduz a demanda no uso de materiais críticos. É uma parte importante de uma economia eficiente em termos de recursos e com baixas emissões de carbono, reduzindo custos e riscos de oferta, e gerando valor.[4]

Esse é o ideal. Os ideais têm valor; eles estabelecem um alvo, algo a ser trabalhado, mesmo que o cumprimento perfeito não seja possível.

---

3. http://www.ellenmacarthurfoundation.org/.

4. https://www.innovateuk.org/competition-display-page/-/asset_publisher/RqEt2AKmEBhi/content/resource-efficiency-new-designs-for-a-circular-economy.

16.6 Respostas para forças de mudança: desenvolvimento sustentável

Governos, organizações não governamentais e indivíduos respondem às forças de mudança, propondo mudanças. Ao considerar uma resposta a uma das muitas forças de mudança, precisamos de uma maneira de avaliar o grau em que contribui para um mundo mais sustentável. Precisamos perguntar: isso é um *desenvolvimento sustentável*?

Mas o que é um "desenvolvimento sustentável"? Tornou-se uma frase vibrante, algo quente e confortável, mas muitas vezes significa pouco mais do que "ambientalmente desejável"; e tornou-se uma forma privilegiada de dar um novo rótulo a algo que já está acontecendo para dar-lhe o toque de responsabilidade. Precisamos fazer melhor do que isso. Aqui está uma resposta curta: um desenvolvimento sustentável é aquele que fornece produtos ou serviços necessários de forma a reduzir a drenagem dos recursos naturais, é legal, economicamente viável, aceitável para todas as partes interessadas e equitativa tanto dentro de uma geração quanto entre diferentes gerações. Para avançar, precisamos dos três Capitais[5] (Figura 16.7).

Três "Capitais" essenciais sustentam a sociedade como a conhecemos hoje. Conhecemos o primeiro — Capital Natural — no Capítulo 14. O objetivo final do projeto ecológico é preservar uma atmosfera limpa, terra e mar produtivos, água potável para humanos, pecuária e agricultura, e a conservação de recursos materiais e energéticos. Projeto ecológico é um componente do

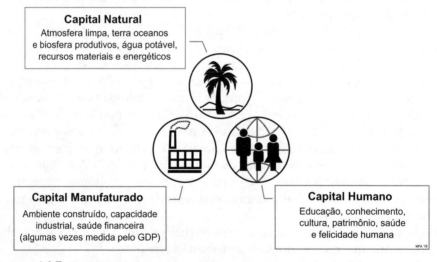

FIGURA 16.7. Os três capitais.

---

5. Muitas vezes simplificado equivocadamente para "Planeta – Pessoas – Lucro" (*Planet – People – Profit*).

projeto sustentável, mas não é o único componente. O Capital Manufaturado fornece a infraestrutura essencial para a sociedade: habitação, transporte, base de fabricação e serviços financeiros que permitem o intercâmbio de bens e serviços permitidos. Nada disso pode ser gerenciado sem Capital Humano, uma medida não só de educação e criatividade, mas também de capacidade de passar conhecimento, cultura e patrimônio de uma geração para a outra e, assim, formas que promovam a realização e a felicidade. Cada capital é como um saldo bancário do qual sacamos e em que contribuições podem ser feitas, mas não pensadas, como três contas independentes. Os Capitais interagem; eles são componentes de um sistema complexo e incompletamente compreendido.

O mérito do conceito de Três Capitais é que ele fornece critérios mediante os quais um desenvolvimento sustentável proposto pode ser julgado. Um conjunto de listas de verificação (Tabelas 16.3A, B e C) sugerem questões para expor o impacto de um desenvolvimento proposto em cada Capital. Nem todas podem ser respondidas — algumas são mais relevantes para alguns projetos, outras para outros. Mas a tentativa de respondê-las fornece os antecedentes que permitem que o mérito final da proposta seja debatido.

É aqui que os valores, a cultura, as crenças e a ética entram. Pense em cada Capital representando a visão de mundo associada a um determinado conjunto de valores. Um ambientalista pode argumentar que o impacto no Capital Natural é o mais importante: afinal, o ambiente natural é o sistema de apoio de toda a vida. Os humanistas podem ver o compartilhamento de conhecimento,

TABELA 16.3. **Listas de verificação para os três capitais**

(A) Capital natural
• É possível um efeito rebote? (Maior eficiência causando aumento do consumo.)
• O projeto reduz a dependência de recursos finitos?
• Ele reduz as emissões para o ar, água e terra?
• Como a biodiversidade e os ecossistemas são afetados?
• Isso causa mudanças irreversíveis?
(B) Capital manufaturado
• Qual o custo do projeto? Qual receita ele gerará?
• Aumentará a capacidade industrial?
• Como as instituições existentes serão afetadas?
• Ele aumenta o emprego e os meios de subsistência?
• Ele está criando novas oportunidades de desenvolvimento ou inovações?
(C) Capital humano
• As partes interessadas foram devidamente consultadas? As suas preocupações foram abordadas?
• Como a saúde humana, a educação e as habilidades são afetadas pela articulação?
• O projeto contribuirá para a felicidade e o bem-estar humanos?
• Ele aumenta o conhecimento?
• Ele é culturalmente aceitável? Isso afeta a identidade ou patrimônio cultural?
• Ele promove a igualdade?
• Ele é consistente com os princípios da liberdade de informação e fala, boa governança e democracia?

556   Seleção de Materiais no Projeto Mecânico

compreensão, razão, humanidade e felicidade como os pilares centrais de uma sociedade civilizada e acharem que qualquer impacto adverso no Capital Humano seja inaceitável. Para um economista, a estabilidade econômica e o crescimento do Capital Manufaturado podem parecer ser a prioridade, argumentando que estes fornecem os recursos necessários para proteger o meio ambiente, possibilitar a inovação e apoiar uma sociedade vibrante. Cada um desses grupos reconhece as conjunturas feitas pelos outros; de fato, eles têm muitas preocupações em comum. Mas seu julgamento final será influenciado por suas crenças e valores subjacentes, culturais, religiosos e políticos. Não é surpresa que um conjunto de fatos possa ser interpretado de mais de uma maneira. Uma visão equilibrada é melhor formada debatendo os fatos da perspectiva de cada um desses conjuntos de valores por vez, buscando identificar o que tem valor e o que é inaceitável para cada um. Não há uma resposta completamente "certa" para questões de desenvolvimento de sustentabilidade; em vez disso, há uma resposta pensativa e bem pesquisada que reconhece as muitas facetas conflitantes e busca o compromisso mais produtivo.

Essas ideias são mais detalhadas no texto que aparece como o segundo registro em Leitura Adicional.

16.7 Resumo e conclusões

Forças poderosas impulsionam o desenvolvimento de materiais novos e aprimorados, incentivam a substituição e modificam o modo como os materiais são produzidos e usados. Forças de mercado e prerrogativas militares, historicamente as mais influentes, continuam sendo as mais fortes. A engenhosidade de cientistas pesquisadores também impulsiona a mudança por revelar um notável espectro de novos materiais com possibilidades interessantes, embora o tempo gasto para desenvolvê-los e comercializá-los seja longo: típicos 12 anos do laboratório ao mercado.

Hoje, novos impulsionadores adicionais influenciam o desenvolvimento e a utilização de materiais. O crescimento da riqueza cria mercados para produtos cada vez mais sofisticados. A tendência por produtos de menor tamanho, mais leves e com maior funcionalidade exige cada vez mais das propriedades mecânicas dos materiais usados para fazê-los. A maior insistência na confiabilidade e na segurança do produto, responsabilizando o fabricante por defeitos ou mau funcionamento, exige materiais que tenham propriedades consistentemente reproduzíveis e processos que são rigorosamente controlados. A preocupação com o impacto do crescimento industrial sobre o ambiente natural introduz o novo objetivo de selecionar materiais de modo a minimizar tal impacto.

As respostas para forças de mudança, hoje, visam desenvolvimentos "sustentáveis". Isso inclui a preocupação com o ambiente natural, mas há mais do que isso. Um desenvolvimento que ignora as necessidades, a cultura e os desejos das pessoas afetadas por ele está exposto à oposição e à ruptura. Um que não é financeiramente viável corre, igualmente, o risco de falhar. As questões de sustentabilidade não são simples: incluem questões legais, sociais e ambientais que interagem de maneira complexa. Examinar os desenvolvimentos propostos pela lente dos Três Capitais da maneira descrita no capítulo fornece um caminho para antecipar problemas e uma oportunidade para refletir sobre como estes podem ser superados.

16.8 Leitura adicional

Allwood, J.M.; Cullen, J.M. (2012) Sustainable Materials – With Both Eyes Open. Cambridge: UIT Cambridge. ISBN-13: 978-1906860073. *(Soluções criativas para alcançar eficiência manufatureira e a mesma funcionalidade ou serviços usando menos material.).*

Ashby, M.F. (2013) Materials and the Environment – Eco-Informed Material Choice. 2ª ed. oxford: Butterworth Heinemann. ISBN 978-0-12-385971-6. (*Um texto que apresenta os conceitos e fatos sobre as preocupações com o meio ambiente e os métodos de design ecológico para mitigá-los a partir da perspectiva dos materiais.*)

Ashby, M.F.; Ferrer-Balas, D.; Segalas Coral, J. (2016) Materials and Sustainable Development. Oxford: Butterworth-Heinemann. ISBN-10: 0081001762 ISBN-13: 978-0081001769. *(Uma introdução ao conceito de desenvolvimento sustentável com estudos de caso e exercícios.).*

Dasgupta, P. (2010) Natures role in sustaining economic development. Phil. Trans. R. Soc. B., 365, 5-11. *(Uma exposição concisa de ideias de capital econômico, humano e natural.).*

DEFRA (2003) Delivering the Evidence: Defra's Science and Innovation Strategy (2003-06), UK Department for Environment, Food and Rural Affairs (DEFRA), Maio. Disponível em <http://www.defra.gov.uk/science/S_IS>.

Gutowski, T.G.; Sahni, S.; Allwood, J.; Ashby, M.; Worrell, E. (2013) The energy required to produce materials: constraints on energy intensity improvements, parameters of demand. Phil. Trans. R. Soc. A., 371.

Hertwich, E.G.; Peters, G.P. (2009) Carbon footprint of nations: a global trade-linked analysis. Environ. Sci. Technol., 43, 6414-6420.

Mulder, K. (2006) Sustainable Development for Engineers: A Handbook and Resource Guide. Sheffield: Greenleaf Publishing.

NAC (2000) Defence and aerospace materials and structures. National Advisory Committee (NAC) Annual report. (*Uma análise dos materiais críticos sob a perspectiva norte-americana.*)

Rockström, J. (2009) Safe operating space for humanity. Nature, 461.

van Griethuysen, A.J. (1987) New Applications of Materials, 1987. Haia: Scientific and Technical Publications. *(Um estudo holandês sobre a evolução de materiais.).*

Apêndice A
Dados para materiais de engenharia

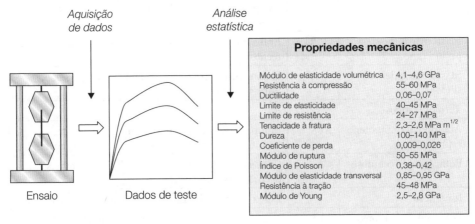

Este apêndice lista os nomes e as aplicações típicas de materiais de engenharia comuns com dados de suas propriedades (Tabelas A.1 a A.10).

A.1 Modos de verificação e estimativa de dados

O valor de um banco de dados de propriedades de materiais depende de sua precisão e completude — em suma, de sua qualidade. Um modo de manter ou aprimorar sua qualidade é submeter seu conteúdo a procedimentos de validação. As verificações de faixas de propriedades e correlações adimensionais, descritas a seguir, nos dão ferramentas poderosas para tal. Os mesmos procedimentos cumprem uma segunda função: fornecer estimativas para dados faltantes, essenciais quando não há nenhuma medição direta disponível.

Faixas de propriedades. Cada propriedade de uma determinada classe de material tem uma *faixa* característica. Um modo conveniente de apresentar a informação é uma tabela na qual estão armazenados um valor baixo (L – low) e um valor alto (H – high), identificados por família e classe de material.

Tabela A.1. Nomes de materiais e aplicações

Polímeros		Aplicações
Elastômeros		
Borracha butílica		Pneus, vedações, suportes antivibração, isolamento elétrico, tubulação
Etileno acetato de vinila	EVA	Sacos, películas, embalagem, luvas, isolamento, tênis de corrida
Isopreno	IR	Pneus, tubulações internas, isolamento, tubulação, calçados
Borracha natural	NR	Luvas, pneus, isolamento elétrico, tubulação
Policloropreno (Neopreno)	CR	Roupas de proteção de borracha, gaxetas circulares e vedações, calçados
Elastômeros de poliuretano	el-PU	Embalagem, mangueiras, adesivos, revestimentos de tecidos
Elastômeros de silicone		Isolamento elétrico, encapsulamento eletrônico, implantes médicos
Termoplásticos		
Acrilonitrila butadieno estireno	ABS	Equipamentos de comunicação, interiores de automóveis, malas de viagem, brinquedos, barcos
Polímeros de cellulose	CA	Cabos de ferramentas e de cutelaria, arremates decorativos, canetas
Ionômero	I	Embalagem, bolas de golfe, plástico-bolha, garrafas
Poliamidas (Náilons)	PA	Engrenagens, mancais, encanamento, embalagem, garrafas, tecidos, têxteis, cordas
Policarbonato	PC	Óculos de segurança, escudos, capacetes, luminárias, componentes médicos
Polieteretercetona	PEEK	Conectores elétricos, peças de carros de corrida, compósitos de fibra
Polietileno	PE	Embalagem, sacos, tubos de apertar, brinquedos, juntas artificiais
Polietileno tereftalato	PET	Garrafas moldadas a sopro, película, fitas de áudio/vídeo, velas de barcos
Polimetil metacrilato	PMMA	Janelas de aeronaves, lentes, refletores, luminárias, CDs
Polioximetileno (Acetal)	POM	Zíperes, peças e utensílios domésticos, maçanetas
Polipropileno	PP	Cordas, mobiliário de jardim, tubulação, chaleiras, isolamento elétrico, AstroTurf (grama sintética)
Poliestireno	PS	Brinquedos, embalagem, cutelaria, caixinhas de CD/fitas cassete
Termoplásticos de poliuretano	tp-PU	Amortecimento, assentos, solas de sapatos, mangueiras, para-choques de carros, isolamento
Policloreto de vinila	PVC	Tubulação, calhas, esquadrias de janelas, embalagem
Politetrafluoretileno (Teflon)	PTFE	Revestimentos não aderentes, mancais, esquis, isolamento elétrico, fitas

Dados para materiais de engenharia   561

TABELA A.1. **Nomes de materiais e aplicações** *(Cont.)*

Polímeros		Aplicações
Termofixos		
Epóxi	EP	Adesivos, compósitos de fibra, encapsulamento eletrônico
Fenólicos	PHEN	Plugues elétricos, soquetes, panelas, maçanetas, adesivos
Poliéster	PEST	Móveis, barcos, artigos esportivos
Espumas Poliméricas		
Espuma polimérica flexível		Embalagem, flutuabilidade, almofadas de amortecimento, esponjas, esteiras para dormir
Espuma polimérica rígida		Isolamento térmico, painéis-sanduíche, embalagem, flutuabilidade

Metais	Aplicações
Metais Ferrosos	
Ferros fundidos	Peças automotivas, blocos de motor, partes estruturais de máquinas operatrizes, barramentos de tornos
Aços alto carbono	Ferramentas de corte, molas, mancais, manivelas, eixos, trilhos de trem
Aços médio carbono	Engenharia mecânica geral (ferramentas, mancais, engrenagens, eixos)
Aços baixo carbono	Estruturas de aço ("aço doce") — pontes, plataformas de perfuração de poços de petróleo, navios; reforço para concreto; peças automotivas, painéis de carrocerias de automóveis; chapa galvanizada; embalagem (latas, tambores)
Aços baixa liga	Molas, ferramentas, mancais de esferas, peças automotivas (engrenagens, bielas etc.)
Aços inoxidáveis	Transporte, indústrias químicas e de processamento de alimentos, usinas nucleares, utensílios domésticos (cutelaria, máquinas de lavar roupa, fogões), implementos cirúrgicos, tubulação, vasos de pressão, recipientes de gás líquido
Metais Não Ferrosos	
Ligas de alumínio	
Ligas fundidas	Peças automotivas (blocos de cilindros), utensílios domésticos (ferros)
Ligas não tratáveis termicamente	Condutores elétricos, trocadores de calor, papel alumínio, tubos, panelas, latas de bebida, embarcações leves, painéis arquitetônicos
Ligas tratáveis termicamente	Engenharia aeroespacial, carrocerias e painéis de automóveis, estruturas leves, navios
Ligas de cobre	Condutores e fios elétricos, placas de circuitos elétricos, trocadores de calor, caldeiras, panelas, cunhagem, esculturas
Ligas de chumbo	Revestimentos de telhados e paredes, materiais de solda, blindagem de raios X, eletrodos de baterias
Ligas de magnésio	Peças automotivas fundidas, rodas, peças gerais fundidas e leves para transporte, recipientes para combustível nuclear; principal elemento de liga adicionado a ligas de alumínio

562   Seleção de Materiais no Projeto Mecânico

Tabela A.1. **Nomes de materiais e aplicações** *(Cont.)*

Metais	Aplicações
Ligas de níquel	Turbinas a gás e motores a jato, termopares, moedas; elemento de liga adicionado a aços inoxidáveis austeníticos
Ligas de titânio	Pás de turbinas de aeronaves; aplicações gerais de estruturas aeroespaciais; implantes biomédicos
Ligas de zinco	Peças fundidas em molde (automotivas, utensílios domésticos, brinquedos, maçanetas); revestimento sobre aço galvanizado
Materiais Naturais	**Aplicações**
Bambu	Construção civil, andaimes, papel, cordas, cestos, móveis
Cortiça	Rolhas e batoques, vedações, flutuadores, embalagem, assoalhos
Couro	Sapatos, roupas, sacos, correias de transmissão
Madeira	Construção, assoalho, portas, móveis, embalagem, artigos esportivos
Compósitos	**Aplicações**
Carbeto de alumínio/silício	Peças automotivas, artigos esportivos
CFRP	Peças estruturais leves (aeroespaciais, quadros de bicicleta, artigos esportivos, cascos e remos de barcos, molas)
GFRP	Cascos de barcos, peças automotivas, indústrias químicas
Cerâmicas	**Aplicações**

Vidros

Vidro de borossilicato	Utensílios para fornos, utensílios de laboratório, faróis de automóveis
Vitrocerâmica	Panelas, lasers, espelhos de telescópio
Vidro de sílica	Janelas de alto desempenho, cadinhos, aplicações de alta temperatura

Avançadas

Alumina	Ferramentas de corte, velas de ignição, substratos de microcircuitos, válvulas
Nitreto de alumínio	Substratos de microcircuitos e dissipadores de calor
Carbeto de boro	Blindagem leve, bocais, matrizes, partes de ferramentas de precisão
Silício	Microcircuitos, semicondutores, instrumentos de precisão, janelas de infravermelho (IR), MEMS
Carbeto de silício	Equipamento de alta temperatura, grãos para polimento abrasivo, mancais, blindagem
Nitreto de silício	Mancais, ferramentas de corte, matrizes, peças de motor
Carbeto de tungstênio	Ferramentas de corte, brocas, abrasivos

Tradicionais

Tijolo	Construções
Concreto	Construções de engenharia civil em geral
Pedra	Construções, arquitetura, escultura

Dados para materiais de engenharia   563

Tabela A.2. Densidade e preço

Metais		Densidade (kg/m³)	Preço (2016 US$/kg)
Metais ferrosos	Ferro fundido, dúctil (nodular)	7.100–7.300	0,54–0,6
	Ferro fundido, cinzento	7.100–7.300	0,45–0,5
	Aço alto carbono	7.800–7.900	0,52–0,58
	Aço baixa liga	7.800–7.900	0,56–0,62
	Aço baixo carbono	7.800–7.900	0,52–0,58
	Aço médio carbono	7.800–7.900	0,52–0,58
	Aço inoxidável	7.600–8.100	5,9–6,5
Não ferrosos	Ligas de alumínio	2.500–2.900	2,1–2,3
	Ligas de cobre	8.900	7,1–7,8
	Ligas de chumbo	10.000–11.000	6,9–7,6
	Ligas de magnésio	1.700–2.000	3,1–3,4
	Ligas de níquel	8.800–9.000	17–19
	Prata	10.000–10.100	650–710
	Estanho	7.300	23–25
	Ligas de titânio	4.400–4.800	22–25
	Ligas de tungstênio	10.800–20.000	51–57
	Ligas de zinco	5.000–7.000	2,4–2,6
Cerâmicas		Densidade (kg/m³)	Preço (2016 US$/kg)
Vidros	Vidro de borossilicato	2.200–2.300	4,5–7,5
	Vidro de sílica	2.200	6,2–10
	Vidro sodo-cálcico	2.400–2.500	1,4–1,7
Cerâmicas Avançadas	Alumina	3.800–400	18–27
	Nitreto de alumínio	3.300	100–170
	Silício	2.300–2.400	9,1–15
	Carbeto de silício	3.100–3.200	15–21
	Carbetos de tungstênio	10.500–10.600	19–29
Cerâmicas Tradicionais	Tijolo	1.600–2.100	0,62–1,7
	Concreto	2.300–2.600	0,04–0,06
	Pedra	2.000–2.600	0,41–0,62
Natural		Densidade (kg/m³)	Preço (2016 US$/kg)
	Cortiça	120–240	2,7–13
	Papel e papelão	480–860	0,99–1,2
	Madeira típica (alinhamento transversal)	660–800	0,66–0,73
	Madeira típica (alinhamento longitudinal)	600–800	0,66–0,73

(Continua)

564   Seleção de Materiais no Projeto Mecânico

Tabela A.2. **Densidade e preço** *(Cont.)*

Polímeros		Densidade (kg/m³)	Preço (2016 US$/kg)
Elastômeros	Borracha butílica (IIR)	900–920	3,9–4,5
	Etileno acetato de vinila (EVA)	950–960	2,3–2,5
	Borracha natural	920–930	3,5–3,9
	Policloropreno (Neopreno)	1.200–1.300	5,3–5,9
	Borracha de poliisopreno	930–940	3,2–3,6
	Poliuretano	1.000–1.300	4,1–4,6
	Elastômeros de silicone	1.300–1.800	11–13
Termoplásticos	Acrilonitrila butadieno estireno (ABS)	1.000–1.200	2,4–2,7
	Polímeros de celulose (CA)	980–1.300	4,1–4,5
	Ionômero (I)	930–960	3,2–4,2
	Poliamidas (Nálions, PA)	1.100	4,1–4,5
	Policarbonato (PC)	1.100–1.200	4,6–5,1
	Polieteretercetona (PEEK)	1.300	94–100
	Polietileno (PE)	940–960	2,1–2,3
	Polietileno tereftalato (PET)	1.300–1.400	2,1–2,3
	Polimetil metacrilato (Acrílico, PMMA)	1.200	2,7–3
	Polioximetileno (Acetal, POM)	1.400	3–3,3
	Polipropileno (PP)	890–910	2,1–2,4
	Poliestireno (PS)	1.000–1.100	2,8–3,5
	Politetrafluoretileno (Teflon, PTFE)	2.100–2.200	15–17
	Poliuretano (PUR)	1.100–1.200	4,1–4,6
	Policloreto de vinila (PVC)	1.300–1.600	2–2,2
Termofixos	Epóxi	1.100–1.400	2,2–2,5
	Fenólicos	1.200–1.300	1,7–1,9
	Poliéster	1.000–1.400	3,8–4,3
Espumas	Espumas poliméricas flexíveis (LD)	38–70	2,6–2,9
	Espumas poliméricas flexíveis (MD)	70–120	2,8–3,1
	Espumas poliméricas rígidas (HD)	170–470	
	Espumas poliméricas rígidas (LD)	36–70	
Compósitos		Densidade (kg/m³)	Preço (2016 US$/kg)
	CFRP, matriz epóxi (isotrópico)	1.500–1.600	37–42
	GFRP, matriz epóxi (isotrópico)	1.800–2.000	24–34

Dados para materiais de engenharia   565

Tabela A.3. **Módulo de Young e resistência ao escoamento**

Metais		Módulo de Young (GPa)	Resistência ao escoamento (MPa)
Metais ferrosos	Ferro fundido, dúctil (nodular)	170–180	250–680
	Ferro fundido, cinzento	80–140	140–420
	Aço alto carbono	200–220	400–1.200
	Aço baixa liga	210–220	400–1.500
	Aço baixo carbono	200–220	250–400
	Aço médio carbono	200–220	310–900
	Aço inoxidável	190–210	170–100
Não ferrosos	Ligas de alumínio	68–82	30–500
	Ligas de cobre	110–150	30–500
	Ligas de chumbo	13–15	8–14
	Ligas de magnésio	42–47	70–400
	Ligas de níquel	190–220	70–1.100
	Prata	69–73	190–300
	Estanho	41–45	7–15
	Ligas de titânio	90–120	250–1.200
	Ligas de tungstênio	310–380	530–800
	Ligas de Zinco	68–95	80–450
Cerâmicas		Módulo de Young (GPa)	Limite elástico (MPa)
Vidros	Vidro de borossilicato	61–64	22–32
	Vidro de sílica	68–74	45–160
	Vidro sodo-cálcico	68–72	30–35
Cerâmicas Avançadas	Alumina	340–390	350–590
	Nitreto de alumínio	300–350	300–350
	Silício	140–160	160–180
	Carbeto de silício	400–460	400–610
	Carbetos de tungstênio	630–700	340–550
Cerâmicas Tradicionais	Tijolo	15–30	5–14
	Concreto	15–25	1–3
	Pedra	20–60	2–25
Natural		Módulo de Young (GPa)	Resistência ao escoamento (MPa)
	Cortiça	0,013–0,050	0,3–1,5
	Papel e papelão	3–8,9	15–34
	Madeira típica (alinhamento transversal)	0,5–3	2–6
	Madeira típica (alinhamento longitudinal)	6–20	30–70

(Continua)

566   Seleção de Materiais no Projeto Mecânico

TABELA A.3. **Módulo de Young e resistência ao escoamento** *(Cont.)*

Polímeros		Módulo de Young (GPa)	Resistência ao escoamento (MPa)
Elastômeros	Borracha butílica (IIR)	0,001–0,002	2–3
	Etileno acetato de vinila (EVA)	0,01–0,04	12–18
	Borracha natural	0,0015–0,0025	20–30
	Policloropreno (Neopreno)	0,0007–0,002	3,4–24
	Borracha de poliisopreno	0,0014–0,004	20–25
	Poliuretano	0,002–0,030	25–51
	Elastômeros de silicone	0,005–0,022	2,4–5,5
Termoplásticos	Acrilonitrila butadieno estireno (ABS)	1,1–2,9	19–51
	Polímeros de celulose (CA)	1,6–2	25–45
	Ionômero (I)	0,2–0,42	8,3–16
	Poliamidas (Náilons, PA)	2,6–3,2	50–95
	Policarbonato (PC)	2–2,4	59–70
	Polieteretercetona (PEEK)	3,8–4	65–95
	Polietileno (PE)	0,62–0,9	18–29
	Polietileno tereftalato (PET)	2,8–4,1	57–62
	Polimetil metacrilato (Acrílico, PMMA)	2,2–3,8	54–72
	Polioximetileno (Acetal, POM)	2,5–5	49–72
	Polipropileno (PP)	0,9–1,6	21–37
	Poliestireno (PS)	1,2–2,6	29–56
	Politetrafluoretileno (Teflon, PTFE)	0,4–0,55	15–25
	Poliuretano (tpPUR)	1,3–2,1	40–54
	Policloreto de vinila (tpPVC)	2,1–4,1	35–52
Termofixos	Epóxi	2,4–3,1	36–72
	Fenólicos	2,8–4,8	28–50
	Poliéster	2,1–4,4	33–40
Espumas	Espumas poliméricas flexíveis (LD)	0,001–0,003	0,02–0,3
	Espumas poliméricas flexíveis (MD)	0,004–0,012	0,048–0,7
	Espumas poliméricas rígidas (HD)	0,2–0,48	0,8–12
	Espumas poliméricas rígidas (LD)	0,023–0,080	0,3–1,7
Compósitos		Módulo de Young (GPa)	Resistência ao escoamento (MPa)
	CFRP, matriz epóxi (isotrópico)	69–150	550–1.100
	GFRP, matriz epóxi (isotrópico)	15–28	110–190

Dados para materiais de engenharia   567

Tabela A.4. **Resistência à tração e tenacidade à fratura**

Metais		Resistência à tração (MPa)	Tenacidade à fratura (MPa·m$^{1/2}$)
Metais ferrosos	Ferro fundido, dúctil (nodular)	410–830	22–54
	Ferro fundido, cinzento	140–450	10–24
	Aço alto carbono	550–1.600	27–92
	Aço baixa liga	550–1.800	14–200
	Aço baixo carbono	350–580	41–82
	Aço médio carbono	410–1.200	12–92
	Aço inoxidável	480–2.200	62–150
Não ferrosos	Ligas de alumínio	58–550	22–35
	Ligas de cobre	100–550	30–90
	Ligas de chumbo	12–20	5–15
	Ligas de magnésio	190–480	12–18
	Ligas de níquel	350–1.200	80–110
	Prata	260–340	40–60
	Estanho	11–18	15–30
	Ligas de titânio	300–1.600	14–120
	Ligas de tungstênio	720–300	50–60
	Ligas de zinco	140–520	10–100
Cerâmicas		Resistência à tração (MPa)	Tenacidade à fratura (MPa·m$^{1/2}$)
Vidros	Vidro de borossilicato	22–32	0,5–0,7
	Vidro de sílica	45–160	0,6–0,8
	Vidro sodo-cálcico	31–35	0,55–0,7
Cerâmicas Avançadas	Alumina	350–590	3,3–4,8
	Nitreto de alumínio	300–350	2,5–3,4
	Silício	160–180	0,83–0,94
	Carbeto de silício	400–610	3–5,6
	Carbetos de tungstênio	370–550	2–3,8
Cerâmicas Tradicionais	Tijolo	5–14	1–2
	Concreto	1–1,5	0,35–0,45
	Pedra	2–25	0,7–1,4
Natural		Resistência à tração (MPa)	Tenacidade à fratura (MPa·m$^{1/2}$)
	Cortiça	0,5–2,5	0,05–0,1
	Papel e papelão	23–51	6–10
	Madeira típica (alinhamento transversal)	4–9	0,5–0,8
	Madeira típica (alinhamento longitudinal)	60–100	5–9

(Continua)

568   Seleção de Materiais no Projeto Mecânico

TABELA A.4. **Resistência à tração e tenacidade à fratura** *(Cont.)*

Polímeros		Resistência à tração (MPa)	Tenacidade à fratura (MPa·m$^{1/2}$)
Elastômeros	Borracha butílica (IIR)	5–10	0,07–0,1
	Etileno acetato de vinila (EVA)	16–20	0,5–0,7
	Borracha natural	22–32	0,15–0,25
	Policloropreno (Neopreno)	3,4–24	0,1–0,3
	Borracha de poliisopreno	20–25	0,077–0,1
	Poliuretano	25–51	0,2–0,4
	Elastômeros de silicone	2,4–5,5	0,033–0,5
Termoplásticos	Acrilonitrila butadieno estireno (ABS)	28–55	1,2–4,3
	Polímeros de celulose (CA)	25–50	1–2,5
	Ionômero (I)	17–37	1,1–3,4
	Poliamidas (Nálions, PA)	90–170	2,2–5,6
	Policarbonato (PC)	60–72	2,1–4,6
	Polieteretercetona (PEEK)	70–100	2,7–4,3
	Polietileno (PE)	21–45	1,4–1,7
	Polietileno tereftalato (PET)	48–72	4,5–5,5
	Polimetil metacrilato (Acrílico, PMMA)	48–80	0,7–1,6
	Polioximetileno (Acetal, POM)	60–90	1,7–4,2
	Polipropileno (PP)	28–41	3–4,5
	Poliestireno (PS)	36–57	0,7–1,1
	Politetrafluoretileno (Teflon, PTFE)	20–30	1,3–1,8
	Poliuretano (tpPUR)	31–62	1,8–5
	Policloreto de vinila (tpPVC)	41–65	1,5–5,1
Termofixos	Epóxi	45–90	0,4–2,2
	Fenólicos	35–62	0,79–1,2
	Poliéster	41–90	1,1–1,7
Espumas	Espumas poliméricas flexíveis (LD)	0,24–2,4	0,015–0,05
	Espumas poliméricas flexíveis (MD)	0,43–3	0,03–0,09
	Espumas poliméricas rígidas (HD)	1,2–12	0,024–0,09
	Espumas poliméricas rígidas (LD)	0,45–2,3	0,002–0,02
Compósitos		Resistência à tração (MPa)	Tenacidade à fratura (MPa·m$^{1/2}$)
	CFRP, matriz epóxi (isotrópico)	550–1.100	6,1–20
	GFRP, matriz epóxi (isotrópico)	140–240	7–23

Dados para materiais de engenharia   569

Tabela A.5. **Temperatura de fusão, temperatura de transição vítrea e calor específico**

Metais		Tm ou Tg (°C)	Calor específico (J/kg·C)
Metais ferrosos	Ferro fundido, dúctil (nodular)	1.100–1.200	460–500
	Ferro fundido, cinzento	1.100–1.400	430–500
	Aço alto carbono	1.300–1.500	440–510
	Aço baixa liga	1.400–1.500	410–530
	Aço baixo carbono	1.470–1.500	460–510
	Aço médio carbono	1.400–1.500	440–520
	Aço inoxidável	1.350–1.400	450–530
Não ferrosos	Ligas de alumínio	470–680	860–990
	Ligas de cobre	980–1.100	370–390
	Ligas de chumbo	320–330	120–150
	Ligas de magnésio	450–650	960–1.100
	Ligas de níquel	1.400–1.500	450–460
	Prata	960–970	230–240
	Estanho	230	220–230
	Ligas de titânio	1.500–1.700	520–600
	Ligas de tungstênio	3.200–3.400	130–140
	Ligas de zinco	370–490	410–540

Cerâmicas		Tm ou Tg (°C)	Calor específico (J/kg·C)
Vidros	Vidro de borossilicato	450–600	760–800
	Vidro de sílica	960–1.600	680–730
	Vidro sodo-cálcico	440–590	850–950
Cerâmicas Avançadas	Alumina	200–2.100	790–820
	Nitreto de alumínio	2.400–2.500	780–820
	Silício	1.400	670–720
	Carbeto de silício	2.200–2.500	660–800
	Carbetos de Tungstênio	2.800–2.900	180–290
Cerâmicas Tradicionais	Tijolo	930–1.200	750–850
	Concreto	930–1.200	840–1.100
	Pedra	1.200–1.400	840–920

Natural		Tm ou Tg (°C)	Calor específico (J/kg·C)
	Cortiça		
	Papel e papelão	47–67	1.300–1.400
	Madeira típica (alinhamento transversal)	77–100	1.700
	Madeira típica (alinhamento longitudinal)	77–100	1.700

(Continua)

570 Seleção de Materiais no Projeto Mecânico

TABELA A.5. **Temperatura de fusão, temperatura de transição vítrea e calor específico** *(Cont.)*

Polímeros		Tm ou Tg (°C)	Calor específico (J/kg·C)
Elastômeros	Borracha butílica (IIR)	−73 to −63	1.800–2.500
	Etileno acetato de vinila (EVA)	−73 to −23	2.000–2.200
	Borracha natural	−78 to −63	1.800–2.500
	Policloropreno (Neopreno)	−48 to −43	2.000–2.200
	Borracha de poliisopreno	−83 to −78	1.800–2.500
	Poliuretano	−73 to −23	1.700–1.800
	Elastômeros de silicone	−120 to −73	1.100–1.300
Termoplásticos	Acrilonitrila butadieno estireno (ABS)	88–130	1.400–1.900
	Polímeros de celulose (CA)	−9–110	1.400–1.700
	Ionômero (I)	30–64	1.800–1.900
	Poliamidas (Nálions, PA)	44–56	1.600–1.700
	Policarbonato (PC)	140–200	1.500–1.600
	Polieteretercetona (PEEK)	140–200	1.400–1.500
	Polietileno (PE)	120–130	1.800–1.900
	Polietileno tereftalato (PET)	68–80	1.400–1.500
	Polimetil metacrilato (Acrílico, PMMA)	85–160	1.500–1.600
	Polioximetileno (Acetal, POM)	160–180	1.400
	Polipropileno (PP)	150–170	1.900–2.000
	Poliestireno (PS)	74–110	1.700–1.800
	Politetrafluoretileno (Teflon, PTFE)	110–120	1.000–1.100
	Poliuretano (tpPUR)	60–90	1.600
	Policloreto de vinila (tpPVC)	75–100	1.400
Termofixos	Epóxi	67–170	1.500–2.000
	Fenólicos	170–270	1.500
	Poliéster	150–210	1.500–1.600
Espumas	Espumas poliméricas flexíveis (LD)	−110– −13	1.800–2.300
	Espumas poliméricas flexíveis (MD)	−110– −13	1.800–2.300
	Espumas poliméricas rígidas (HD)	67–170	1.000–1.900
	Espumas poliméricas rígidas (LD)	67–170	1.100–1.900
Compósitos		Tm ou Tg (°C)	Calor específico (J/kg·C)
	CFRP, matriz epóxi (isotrópico)	100–180	900–100
	GFRP, matriz epóxi (isotrópico)	150–200	100–1.200

Dados para materiais de engenharia   571

Tabela A.6. Condutividade térmica e expansão térmica

Metais		Condutividade térmica (W/m/K)	Expansão térmica (10^{-6} °C)
Metais ferrosos	Ferro fundido, dúctil (nodular)	29–44	10–13
	Ferro fundido, cinzento	40–72	11–13
	Aço alto carbono	47–53	11–14
	Aço baixa liga	34–55	11–14
	Aço baixo carbono	49–54	12–13
	Aço médio carbono	45–55	10–14
	Aço inoxidável	12–24	13–20
Não ferrosos	Ligas de alumínio	76–240	21–24
	Ligas de cobre	160–390	17–18
	Ligas de chumbo	22–36	18–32
	Ligas de magnésio	50–160	25–28
	Ligas de níquel	67–91	12–14
	Prata	420	20
	Estanho	60–62	23–24
	Ligas de titânio	7–14	7,9–11
	Ligas de tungstênio	100–140	4–5,6
	Ligas de zinco	100–140	23–28
Cerâmicas		**Condutividade térmica (W/m/K)**	**Expansão térmica (10^{-6} °C)**
Vidros	Vidro de borossilicato	1–1,3	3,2–4
	Vidro de sílica	1,4–1,5	0,55–0,75
	Vidro sodo-cálcico	2400–2500	1,4–1,7
Cerâmicas Avançadas	Alumina	26–39	7–7,9
	Nitreto de alumínio	140–200	4,9–5,5
	Silício	140–150	2–3,2
	Carbeto de silício	80–130	4–4,8
	Carbetos de tungstênio	55–88	5,2–7,1
Cerâmicas Tradicionais	Tijolo	0,46–0,73	5–8
	Concreto	0,8–2,4	6–13
	Pedra	5,4–6	3,7–6,3
Natural		**Condutividade térmica (W/m/K)**	**Expansão térmica (10^{-6} °C)**
	Cortiça	0,035–0,048	130–230
	Papel e papelão	0,06–0,17	5–20
	Madeira típica (alinhamento transversal)	0,15–0,19	32–43
	Madeira típica (alinhamento longitudinal)	0,31–0,38	2–11

(Continua)

572   Seleção de Materiais no Projeto Mecânico

TABELA A.6. **Condutividade térmica e expansão térmica** *(Cont.)*

Polímeros		Condutividade térmica (W/m/K)	Expansão térmica (10^{-6} °C)
Elastômeros	Borracha butílica (IIR)	0,08–0,1	120–300
	Etileno acetato de vinila (EVA)	0,3–0,4	160–190
	Borracha natural	0,1–0,14	150–450
	Policloropreno (Neopreno)	0,1–0,12	580–610
	Borracha de poliisopreno	0,08–0,14	150–450
	Poliuretano	0,28–0,3	150–170
	Elastômeros de silicone	0,3–1	250–300
Termoplásticos	Acrilonitrila butadieno estireno (ABS)	0,19–0,34	85–230
	Polímeros de celulose (CA)	0,13–0,3	150–300
	Ionômero (I)	0,24–0,28	180–310
	Poliamidas (Náilons, PA)	0,23–0,25	140–150
	Policarbonato (PC)	0,19–0,22	120–140
	Polieteretercetona (PEEK)	0,24–0,26	72–190
	Polietileno (PE)	0,4–0,44	130–200
	Polietileno tereftalato (PET)	0,14–0,15	110–120
	Polimetil metacrilato (Acrílico, PMMA)	0,084–0,25	72–160
	Polioximetileno (Acetal, POM)	0,22–0,35	76–200
	Polipropileno (PP)	0,11–0,17	120–180
	Poliestireno (PS)	0,12–0,13	90–150
	Politetrafluoretileno (Teflon, PTFE)	0,24–0,26	130–220
	Poliuretano (tpPUR)	0,23–0,24	90–140
	Policloreto de vinila (tpPVC)	0,15–0,29	100–150
Termofixos	Epóxi	0,18–0,5	58–120
	Fenólicos	0,14–0,15	120
	Poliéster	0,29–0,3	99–180
Espumas	Espumas poliméricas flexíveis (LD)	0,040–0,059	120–220
	Espumas poliméricas flexíveis (MD)	0,041–0,078	120–220
	Espumas poliméricas rígidas (HD)	0,034–0,063	22–70
	Espumas poliméricas rígidas (LD)	0,023–0,040	20–80
Compósitos		Condutividade térmica (W/m/K)	Expansão térmica (10^{-6} °C)
	CFRP, matriz epóxi (isotrópico)	1,3–2,6	1–4
	GFRP, matriz epóxi (isotrópico)	0,4–0,55	8,6–33

Dados para materiais de engenharia   573

TABELA A.7. **Resistividade elétrica e constante dielétrica**

Metais		Resistividade (µohm·cm)	Constante dielétrica (–)
Metais ferrosos	Ferro fundido, dúctil (nodular)	49–56	
	Ferro fundido, cinzento	62–86	
	Aço alto carbono	17–20	
	Aço baixa liga	15–35	
	Aço baixo carbono	15–20	
	Aço médio carbono	15–22	
	Aço inoxidável	64–110	
Não ferrosos	Ligas de alumínio	3,8–6	
	Ligas de cobre	1,7–5	
	Ligas de chumbo	15–22	
	Ligas de magnésio	5,5–15	
	Ligas de níquel	8–10	
	Prata	1,7–1,8	
	Estanho	10–12	
	Ligas de titânio	100–170	
	Ligas de tungstênio	10–14	
	Ligas de zinco	5,4–7,2	
Cerâmicas		Resistividade (µohm·cm)	Constante dielétrica (–)
Vidros	Vidro de borossilicato	$3,2 \times 10^{21}$–32×10^{21}	4,7–6
	Vidro de sílica	100×10^{21}–1×10^{27}	3,7–3,9
	Vidro sodo-cálcico	790×10^{15}–$7,9 \times 10^{18}$	7–7,6
Cerâmicas Avançadas	Alumina	100×10^{18}–10×10^{21}	6,5–6,8
	Nitreto de Alumínio	10×10^{18}–1×10^{21}	8,3–9,3
	Silício	1×10^{6}–1×10^{12}	11–12
	Carbeto de silício	1×10^{9}–1×10^{12}	6,3–9
	Carbetos de tungstênio	20–100	
Cerâmicas Tradicionais	Tijolo	100×10^{12}–30×10^{15}	7–10
	Concreto	$1,9 \times 10^{12}$–19×10^{12}	8–12
	Pedra	10×10^{9}–100×10^{12}	6–9
Natural		Resistividade (µohm·cm)	Constante dielétrica (–)
	Cortiça	1×10^{9}–100×10^{9}	6–8
	Papel e papelão	210×10^{12}–700×10^{12}	2,5–6
	Madeira típica (alinhamento transversal)	60×10^{12}–200×10^{12}	5–6
	Madeira típica (alinhamento longitudinal)	10×10^{12}–1×10^{15}	5–6

(Continua)

574 Seleção de Materiais no Projeto Mecânico

TABELA A.7. **Resistividade elétrica e constante dielétrica** *(Cont.)*

Polímeros		Resistividade (μohm·cm)	Constante dielétrica (–)
Elastômeros	Borracha butílica (IIR)	1×10^{15}–10×10^{15}	2,8–3,2
	Etileno acetato de vinila (EVA)	$3,2 \times 10^{21}$–10×10^{21}	2,9–3
	Borracha natural	1×10^{15}–10×10^{15}	3–4,5
	Policloropreno (Neopreno)	10×10^{18}–100×10^{21}	6,7–8
	Borracha de poliisopreno	1×10^{15}–10×10^{15}	2,5–3
	Poliuretano	1×10^{18}–10×10^{21}	5–9
	Elastômeros de silicone	32×10^{18}–10×10^{21}	2,9–4
Termoplásticos	Acrilonitrila butadieno estireno (ABS)	$3,3 \times 10^{21}$–30×10^{21}	2,8–3,2
	Polímeros de celulose (CA)	100×10^{15}–450×10^{18}	3–5
	Ionômero (I)	$3,3 \times 10^{21}$–30×10^{21}	2,2–2,4
	Poliamidas (Náilons, PA)	15×10^{18}–140×10^{18}	3,7–3,9
	Policarbonato (PC)	100×10^{18}–8–1×10^{21}	3,1–3,3
	Polieteretercetona (PEEK)	$3,3 \times 10^{21}$–30×10^{21}	3,1–3,3
	Polietileno (PE)	33×10^{21}–3×10^{24}	2,2–2,4
	Polietileno tereftalato (PET)	330×10^{18}–3×10^{21}	3,5–3,7
	Polimetil metacrilato (Acrílico, PMMA)	330×10^{21}–$3e \times 10^{24}$	3,2–3,4
	Polioximetileno (Acetal, POM)	330×10^{18}–3×10^{21}	3,6–4
	Polipropileno (PP)	33×10^{21}–300×10^{21}	2,1–2,3
	Poliestireno (PS)	10×10^{24}–1×10^{24}	3–3,2
	Politetrafluoretileno (Teflon, PTFE)	330×10^{21}–3×10^{24}	2,1–2,2
	Poliuretano (tpPUR)	$3,3 \times 10^{18}$–8–30×10^{18}	6,6–7,1
	Policloreto de vinila (tpPVC)	100×10^{18}–10×10^{21}	3,1–4,4
Termofixos	Epóxi	100×10^{18}–6×10^{21}	3,4–5,7
	Fenólicos	$3,3 \times 10^{18}$–30×10^{18}	4–6
	Poliéster	$3,3 \times 10^{18}$–30×10^{18}	2,8–3,3
Espumas	Espumas poliméricas flexíveis (LD)	100×10^{18}–100×10^{21}	1,1–1,2
	Espumas poliméricas flexíveis (MD)	100×10^{18}–100×10^{21}	1,2–1,3
	Espumas poliméricas rígidas (HD)	10×10^{15}–100×10^{18}	1,2–1,5
	Espumas poliméricas rígidas (LD)	100×10^{15}–1×10^{21}	1–1,1
Compósitos		Resistividade (μohm·cm)	Constante dielétrica (–)
	CFRP, matriz epóxi (isotrópico)	170×10^{3}–950×10^{3}	
	GFRP, matriz epóxi (isotrópico)	$2,4 \times 10^{21}$–19×10^{21}	4,9–5,2

Dados para materiais de engenharia 575

Tabela A.8. Materiais piezoelétricos, piroelétricos e ferroelétricos

Materiais ferroelétricos		Constante dielétrica (–)	Potencial de ruptura (MV/m)
	Titanato de Bário	3.400	4,2
	PLZT	2.500	12
	PZT, duro	1.300	11
	PZT, macio	2.700	11
Materiais piezoelétricos		Coeficiente de carga piezoelétrica d_{33} (pC/N) ou (pm/V)	Coeficiente de tensão/voltagem piezoelétrica g_{33} (mV m/N)
	Titanato de bário	82–190	12–17
	Titanato de bismuto	12–25	10–17
	PZT, duro	70–350	14–54
	PZT, macio	400–950	14–54
	Niobato de lítio	21–32	19–28
	Tantalato de lítio	6–8,1	17–26
	Quartzo, grau de dispositivo	2–2,6	47–71
Materiais piroelétricos		Coeficiente piroelétrico ($\mu C/m^2 \cdot K$)	Temperatura de Curie (ferroelétrica) (°C)
	Titanato de bário	120–140	110–400
	Titanato de bismuto	650–820	87–100
	PZT, duro	190–370	200–460
	PZT, macio	190–370	200–460
	Niobato de lítio	1.100–1.200	83–95
	Tantalato de lítio	600–660	210–250

Tabela A.9. Materiais magnéticos, magnetoestrictivo e magnetocalórico

Materiais magnéticos duros		Indução remanente (T)	Campo coercitivo (A/m)	Produto de energia máxima (MJ/m³)
	Alnico	0,52–1,4	3.600–6.300	9.600–60.000
	Ferrites, duro	0,2–0,46	13.000–35.000	6.400–41.000
	Neodímio ferro boro	0,98–1,5	60.000–1.100.000	190.000–180.000
	Samário cobalto	0,78–1,2	33.000–82.000	110.000–250.000

(Continua)

576   Seleção de Materiais no Projeto Mecânico

Tabela A.9. Materiais magnéticos, magnetoestrictivo e magnetocalórico *(Cont.)*

Materiais magnéticos macios		Indução de saturação (T)	Campo coercitívo (A/m)	Permeabilidade máxima (–)
	Ligas de ferro amorfas	1,4–1,8	1,4–5,5	35.000–60.000
	Ferritas, macias	0,22–0,45	2,4–32	850–15.000
	Níquel-ferro (45%)	1,5–1,6	2,4–8	60.000–180.000
	Níquel-ferro (75%)	0,77–1,1	0,3–4	150.000–1.000.000
	Ferro silício	2–2,1	24–44	7.700–19.000
Materiais magnetoestrictivos		Magnetoestricção de saturação (µdeformação)	Campo coercitívo (A/m)	Temperatura de Curie ©
	Galfenol	200–300	720–880	620
	Terfenol-D	1.400–2.000	5.400–6.400	680
Materiais magnetocalóricos		Mudança de temperatura adiabática (0-2T) (°C)	Mudança de entropia (0-2T) (J/kg·°C)	Temperatura de operação (°C)
	Ferro-rénio	7,6–9,2	12–15	30–60
	Gadolínio	5,7–5,8	4,5–5,5	0–40
	Arsenieto de manganês	4,1–4,7	24–32	–50–50

Tabela A.10. Energia incorporada, pegada de carbono e demanda de água

Metais		Energia (MJ/kg)	Carbono (kg/kg)	Água (L/kg)
Metais ferrosos	Ferro fundido, dúctil (nodular)	18–22	1,7–1,8	43–47
	Ferro fundido, cinzento	17–21	1,7–1,8	42–46
	Aço alto carbono	25–28	1,7–1,9	44–48
	Aço baixa liga	29–32	1,9–2,1	48–53
	Aço baixo carbono	25–28	1,7–1,9	43–48
	Aço médio carbono	25–28	1,7–1,9	44–48
	Aço inoxidável	80–89	4,7–5,2	130–140

Dados para materiais de engenharia   577

Tabela A.10. **Energia incorporada, pegada de carbono e demanda de água** *(Cont.)*

Metais		Energia (MJ/kg)	Carbono (kg/kg)	Água (L/kg)
Não ferrosos	Ligas de alumínio	200–220	12–13	1.100–1.300
	Ligas de cobre	57–63	3,5–3,9	290–320
	Ligas de chumbo	66–73	4,2–4,6	2.400–2.700
	Ligas de magnésio	290–320	34–37	930–1.000
	Ligas de níquel	160–180	11–12	220–250
	Prata	1.400–1.600	95–110	1.200–3.500
	Estanho	220–240	13–14	10.000–12.000
	Ligas de titânio	650–720	44–49	190–210
	Ligas de tungstênio	510–560	33–36	150–160
	Ligas de zinco	57–63	3,9–4,3	400–440
Cerâmicas		Energia (MJ/kg)	Carbono (kg/kg)	Água (L/kg)
Vidros	Vidro de borossilicato	27–30	1,7–1,8	14–16
	Vidro de sílica	37–41	2,2–2,4	1,3–1,5
	Vidro sodo-cálcico	10–11	0,72–0,8	14–15
Cerâmicas Avançadas	Alumina	50–55	2,7–3	54–60
	Nitreto de alumínio	220–240	12–13	230–260
	Silício	57–63	3,8–4,2	23–26
	Carbeto de silício	70–78	6,2–6,9	34–100
	Carbetos de tungstênio	82–91	4,4–4,9	48–140
Cerâmicas Tradicionais	Tijolo	2,2–5	0,21–0,23	23–26
	Concreto	1–1,3	0,09–0,1	34–100
	Pedra	0,4–0,6	0,027–0,03	41–120
Natural		Energia (MJ/kg)	Carbono (kg/kg)	Água (L/kg)
	Papel e papelão	49–54	1,1–1,2	1.600–1.800
	Madeira típica (alinhamento transversal)	9,8–11	0,84–0,93	670–740
	Madeira típica (alinhamento longitudinal)	9,8–11	0,84–0,93	670–740

(Continua)

578 Seleção de Materiais no Projeto Mecânico

Tabela A.10. **Energia incorporada, pegada de carbono e demanda de água** *(Cont.)*

Polímeros		Energia (MJ/kg)	Carbono (kg/kg)	Água (L/kg)
Elastômeros	Borracha butílica (IIR)	110–120	6,3–7	64–190
	Etileno acetato de vinila (EVA)	75–83	2–2,2	2,7–2,9
	Borracha natural	64–71	2–2,2	15.000–20.000
	Policloropreno (Neopreno)	61–68	1,6–1,8	130–380
	Borracha de poliisopreno	99–110	5,1–5,7	140–150
	Poliuretano	83–92	3,5–3,9	94–100
	Elastômeros de silicone	120–130	7,6–8,3	190–570
Termoplásticos	Acrilonitrila butadieno estireno (ABS)	90–100	3,6–4	170–190
	Polímeros de celulose (CA)	85–94	3,6–4	230–250
	Ionômero (I)	100–110	4–4,4	270–300
	Poliamidas (Nálions, PA)	120–130	7,6–8,4	180–190
	Policarbonato (PC)	100–110	5,7–6,4	170–180
	Polieteretercetona (PEEK)	280–310	22–24	530–1.600
	Polietileno (PE)	77–85	2,6–2,9	55–61
	Polietileno tereftalato (PET)	81–90	3,8–4,2	130–140
	Polimetil metacrilato (PMMA)	110–120	6,5–7,1	72–80
	Polioximetileno (Acetal, POM)	85–94	3,9–4,3	140–410
	Polipropileno (PP)	76–84	3–3,3	37–41
	Poliestireno (PS)	92–100	3,6–4	130–150
	Politetrafluoretileno (Teflon, PTFE)	110–120	5,7–6,3	430–480
	Poliuretano (tpPUR)	83–92	3,5–3,9	94–100
	Policloreto de vinila (tpPVC)	55–61	2,4–2,6	200–220
Termofixos	Epóxi	130–140	6,8–7,6	27–29
	Fenólicos	75–83	3,4–3,8	49–54
	Poliéster	68–75	2,8–3,1	190–210
Espumas	Espumas poliméricas flexíveis (LD)	100–110	4,3–4,7	220–240
	Espumas poliméricas flexíveis (MD)	100–110	3,4–3,8	170–180
	Espumas poliméricas rígidas (HD)	97–110	3,7–4,1	440–480
	Espumas poliméricas rígidas (LD)	97–110	3,7–4,1	440–480
Compósitos		**Energia (MJ/kg)**	**Carbono (kg/kg)**	**Água (L/kg)**
	CFRP, matriz epóxi (isotrópico)	450–500	33–36	1.300–1.500
	GFRP, matriz epóxi (isotrópico)	150–170	9,5–11	150–170

Dados para materiais de engenharia   579

TABELA A.11. Faixas de módulo de Young E para classes de material gerais

Classe de material	EL (GPa)	EH (GPa)
Todos os Sólidos	0,00001	1.000
Classes de Sólidos		
Metais: ferrosos	70	220
Metais: não ferrosos	4,6	570
Cerâmicas avançadas[a]	91	1.000
Vidros	47	83
Polímeros: termoplásticos	0,1	4,1
Polímeros: termofixos	2,5	10
Polímeros: elastômeros	0,0005	0,1
Espumas poliméricas	0,00001	2
Compósitos: matriz metálica	81	180
Compósitos: matriz polimérica	2,5	240
Madeiras: paralela ao veio	1,8	34
Madeiras: perpendicular ao veio	0,1	18

a Cerâmicas avançadas são densas e monolíticas, tais como SiC, Al_2O_3, ZrO_2 etc.

Um exemplo de lista para o módulo de Young, E, é mostrado na Tabela A.11, na qual E_L é o limite inferior e E_H é o limite superior.

Todas as propriedades têm faixas característica como essas. A faixa torna-se mais estreita quanto mais restrições forem impostas às classes. Para as finalidades de verificação e estimativa, que descreveremos a seguir, é proveitoso subdividir a família de *metais* em classes de ferros fundidos, aços, ligas de alumínio, ligas de magnésio, ligas de titânio, ligas de cobre e assim por diante. Subdivisões semelhantes para polímeros (termoplásticos, termofixos, elastômeros) e para cerâmicas e vidros (cerâmicas de engenharia, louças, vidros de silicato, minerais) aumentam a resolução aqui também.

Correlações entre propriedades de materiais. Materiais rígidos têm pontos de fusão altos. Sólidos de baixa densidade têm calores específicos altos. Metais com altas condutividades térmicas têm altas condutividades elétricas. Essas regras práticas descrevem correlações entre duas ou mais propriedades de materiais que podem ser expressas de um modo mais quantitativo como limites para os valores de *grupos de propriedades adimensionais*. Eles tomam a forma:

$$C_L < P_1 P_2^n < C_H \tag{A.1}$$

ou

$$C_L < P_1 P_2^n P_3^m < C_H \tag{A.2}$$

(ou maiores agrupamentos), onde P_1, P_2 e P_3 são propriedades de materiais, n e m são potências (usualmente -1, $-1/2$, $+1/2$, ou $+1$) e C_L e C_H são constantes

580   Seleção de Materiais no Projeto Mecânico

adimensionais — os limites inferior e superior entre os quais se encontram os valores do grupo da propriedade. As correlações exercem restrições rigorosas sobre os dados, o que resulta nos "padrões" de envelopes de propriedades que aparecem nos diagramas de seleção de materiais. Um exemplo é a relação entre coeficiente de expansão, α (unidades: K − 1), e o ponto de fusão, T_m (unidades: K), ou, para materiais amorfos, a temperatura de transição vítrea, Tg:

$$C_L \leq \alpha T_m \leq C_H \qquad\qquad (A.3a)$$

$$C_L \leq \alpha T_g \leq C_H \qquad\qquad (A.3b)$$

uma correlação que tem a forma da Equação (A.1). Valores para os limites adimensionais C_L e C_H para esse grupo são apresentados na Tabela A.12 para várias classes de materiais. Os valores abrangem um fator de 2 a 10 em vez do fator de 10 a 100 das faixas de propriedades. Há muitas outras correlações como essas. Elas formam a base de um esquema hierárquico para verificação e estimativa de dados (usado na preparação dos diagramas neste livro), descrito a seguir.

Verificação de dados. A verificação de dados é realizada em três etapas. Cada dado é associado primeiro a uma classe de material, ou, em um nível mais alto de verificação, a uma subclasse. Isso identifica os valores da faixa da propriedade e os limites de correlação em relação aos quais ela será verificada. Em seguida, o dado é comparado com os limites de faixa L e H para aquela classe e propriedade. Se estiver dentro dos limites da faixa, o dado é aceito; se não estiver, é marcado para verificação.

Por que nos incomodarmos com algo de nível tão baixo? Porque isso oferece uma verificação de sanidade. O erro mais comum em manuais e outras compilações de propriedades de materiais ou processos é o de expressar um valor em unidades erradas ou, por razões menos óbvias, um valor errado por uma ou mais ordens de magnitude (vírgula no lugar errado, por exemplo). Verificações de faixa pegam erros desse tipo. Se for necessária uma demonstração, basta aplicar verificações aos conteúdos de qualquer manual de referência de dados padronizados; nenhum entre os que testamos passou sem erros.

Na terceira etapa, cada um dos grupos de propriedades adimensionais como o grupo na Tabela A.12 é criado por vez e comparado com a faixa abarcada pelos limites C_L e C_H. Se o valor estiver dentro de seus limites de correlação, é aceito; se não estiver, é verificado. Verificações de correlação têm maior poder de discernimento que as faixas de verificação e encontram erros mais sutis, o que permite um aprimoramento ainda maior da qualidade dos dados.

Estimativa de dados. As relações têm outra função, igualmente útil. Algumas lacunas permanecem no nosso conhecimento de propriedades de materiais. A tenacidade à fratura de muitos materiais ainda não foi medida, nem o potencial de ruptura elétrica; e mesmo os módulos de elasticidade nem sempre são conhecidos. A ausência de um dado para um material o eliminaria falsamente em um exercício de triagem que usasse tal propriedade, ainda que o material pudesse ser um candidato viável. Essa dificuldade é evitada pela utilização da

Dados para materiais de engenharia 581

TABELA A.12. **Limites para o grupo αTm e αTg para classes de material gerais**

Correlação[a]$CL < \alpha Tm < CH$	$CL\ (\times 10^{-3})$	$CH\ (\times 10^{-3})$
Todos os Sólidos	0,1	56
Classes de Sólidos		
Metais: ferrosos	13	27
Metais: não ferrosos	2	21
Cerâmicas avançadas[a]	6	24
Vidros	0,3	3
Polímeros: termoplásticos	18	35
Polímeros: termofixos	11	41
Polímeros: elastômeros	35	56
Espumas poliméricas	16	37
Compósitos: matriz metálica	10	20
Compósitos: matriz polimérica	0,1	10
Madeiras: paralela ao veio	2	4
Madeiras: perpendicular ao veio	6	17

a Para sólidos amorfos, o ponto de fusão Tm é substituído pela temperatura de transição vítrea Tg.

correlação e dos limites de faixa para estimar um valor para o dado faltante, acrescentando um alerta para avisar o usuário que se trata de uma estimativa.

Na estimativa de valores de propriedades, o procedimento usado para a verificação é invertido: os grupos adimensionais são usados em primeiro lugar porque são os mais precisos. Eles podem ser surpreendentemente bons. Como exemplo, considere a estimativa do coeficiente de expansão, α, do policarbonato por sua temperatura de transição vítrea, Tg. Invertendo a Equação (A.3b), temos a regra de estimativa:

$$\frac{C_L}{T_g} \leq \alpha \leq \frac{C_H}{T_g} \tag{A.4}$$

Inserindo valores de C_L e C_H da Tabela A.12, e o valor $Tg = 420$ K para uma determinada amostra de policarbonato, temos a estimativa média:

$$\bar{\alpha} = 63 \times 10^{-3}\,K^{-1} \tag{A.5}$$

O valor reportado para o policarbonato é

$$\alpha = 54 - 62 \times 10^{-3}\,K^{-1}$$

A estimativa está dentro de 9% da média dos valores medidos, o que é perfeitamente adequado para a finalidade de triagem. Entretanto, não devemos esquecer de que se trata de uma estimativa: se a expansão térmica for crucial para o projeto, dados melhores ou medição direta são essenciais.

582   Seleção de Materiais no Projeto Mecânico

Somente quando o potencial das correlações é esgotado as faixas de propriedades são invocadas. Elas nos dão uma primeira estimativa grosseira do valor
da propriedade faltante, muito menos precisa do que as correlações, porém
ainda úteis no fornecimento de valores guias para triagem.

Leitura adicional

Ashby, M.F. (1998) Checks and estimates for material properties. Cambridge University
    Engineering Department. Proc. R. Soc. A. 454, 1301-1321.
Bassetti, D.; Brechet, Y.; Ashby, M.F. (1998) Estimates for material properties: the method of
    multiple correlations. Proc. R. Soc. A. 454, 1323-1336.

Apêndice B
Soluções úteis para problemas-padrão

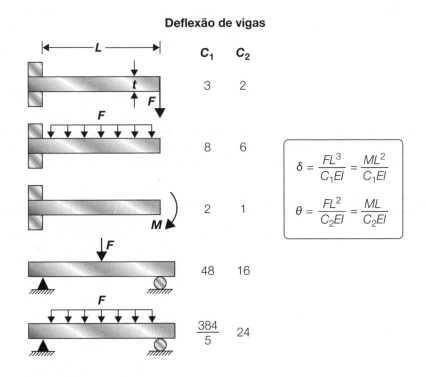

Deflexão de vigas

$$\delta = \frac{FL^3}{C_1 EI} = \frac{ML^2}{C_1 EI}$$

$$\theta = \frac{FL^2}{C_2 EI} = \frac{ML}{C_2 EI}$$

Introdução e sinopse

Modelagem é uma parte fundamental do projeto. No estágio inicial, a modelagem aproximada determina se um conceito funcionará e identifica a combinação de propriedades de materiais que maximizam o desempenho. No estágio de desenvolvimento de esboços, a modelagem mais precisa limita valores para forças, deslocamentos, velocidades, fluxos de calor e dimensões dos componentes. E no estágio final, a modelagem fornece valores precisos para tensões, deformações e probabilidade de falha em componentes fundamentais; potência, velocidade, eficiência e assim por diante.

584 Seleção de Materiais no Projeto Mecânico

Muitos componentes com geometria e cargas simples já foram modelados. Vários componentes mais complexos podem ser modelados de maneira aproximada idealizando-os como um desses. Não há nenhuma necessidade de reinventar a viga ou a coluna ou o vaso de pressão; o comportamento desses componentes sob todos os tipos comuns de carregamento já foi analisado. O importante é saber que os resultados existem e onde encontrá-los.

Este apêndice resume os resultados da modelagem de vários problemas-padrão. Sua utilidade não pode ser superestimada. Muitos problemas de projeto conceitual podem ser tratados com precisão adequada juntando as soluções dadas aqui; até mesmo a análise detalhada de componentes não críticos muitas vezes pode ser tratada do mesmo modo. Mesmo quando essa abordagem aproximada não tem a precisão suficiente, a ideia que ela passa é valiosa.

Este apêndice contém 16 seções de duas páginas que apresentam, acompanhadas de comentários curtos, listas de resultados para equações constitutivas; para carregamento de vigas, colunas e barras de torção; para tensões de contato, trincas e outras concentrações de tensão; para vasos de pressão, vibrações de vigas e placas; e para o fluxo de calor e massa. São extraídas de numerosas fontes, apresentadas em Leitura Adicional na Seção B.17.

B.1 Equações constitutivas para resposta mecânica

O comportamento de um componente, quando carregado, depende do *mecanismo* pelo qual ele se deforma. Uma viga carregada sob flexão pode sofrer deflexão elástica; pode sofrer escoamento plástico; pode se deformar por fluência; e pode sofrer fratura de maneira frágil ou dúctil. A equação que descreve a resposta do material é conhecida como uma *equação constitutiva*. Cada mecanismo é caracterizado por uma equação constitutiva diferente, que contém uma ou mais de uma *propriedade de material*: módulo de Young, E, e coeficiente de Poisson, v, são as propriedades de materiais que entram na equação constitutiva para deformação elástica linear; o limite de escoamento, σ_y, é a propriedade de material que entra na equação constitutiva para fluxo plástico; constantes de fluência, $\dot{\varepsilon}_o$, σ_o e n entram na equação para fluência; tenacidade à fratura, K_{1c}, entra na de fratura frágil.

As equações constitutivas comuns para deformação mecânica são apresentadas na página oposta. Em cada caso, a equação para carregamento uniaxial por uma tensão de tração, σ, é dada em primeiro lugar; abaixo dela vêm as equações para carregamento multiaxial por tensões principais σ_o, σ_2 e σ_3, sempre escolhidas de modo que σ_1 seja a de maior tração e σ_3 a de maior compressão (ou menor tração). Essas são as equações básicas que determinam a resposta mecânica.

Elástica

Uniaxial
$$\epsilon = \frac{\sigma}{E}$$

Geral
$$\varepsilon_1 = \frac{\sigma_1}{E} - v(\sigma_2 + \sigma_3) \qquad \text{etc.}$$

Plástica

Uniaxial
$$\sigma \geq \sigma_y$$

$$\sigma_1 - \sigma_3 \geq \sigma_y \qquad (\sigma_1 > \sigma_2 > \sigma_3) \qquad \text{ou}$$

Geral
$$\left[\frac{1}{2}\{(\sigma_1 - \sigma_2)^2 + (\sigma_2 - \sigma_3)^2 + (\sigma_3 - \sigma_1)^2\}\right]^{\frac{1}{2}} > \sigma_y$$

Fluência

Uniaxial
$$\dot{\varepsilon} = \dot{\varepsilon}_0 \left(\frac{\sigma}{\sigma_0}\right)^n$$

Geral
$$\dot{\varepsilon}_1 = \dot{\varepsilon}_0 \frac{\sigma_0^{n-1}}{\sigma_0^n} \{\sigma_1 - \frac{1}{2}(\sigma_2 + \sigma_3)\} \qquad \text{etc.}$$

Fratura

Uniaxial
$$\sigma \geq C K_{1c}/(\pi a)^{1/2}$$

Geral
$$\sigma_1 \geq C K_{1c}/(\pi a)^{1/2} \qquad (\sigma_1 > \sigma_2 > \sigma_3)$$

E	= Módulo de Young
n	= Coeficiente de Poisson
σ_y	= Limite de escoamento plástico
$n, \varepsilon_0, \sigma_0$	= Constantes de fluência
K_{1c}, a	= Tenacidade à fratura, comprimento da trinca
C	$\approx$ 1 Tração
C	$\approx$ 15 Compressão

FIGURA B.1. Equações mecânicas constitutivas.

B.2 Momentos de seções

Uma viga de seção uniforme, carregada sob tração simples por uma força, F, suporta uma tensão

$$\sigma = F / A$$

onde A é a área da seção. Sua resposta é calculada pela equação constitutiva adequada. Aqui, a característica importante da seção é sua área, A. Outros modos de carregamento envolvem momentos de área mais altos. Aqueles para várias seções comuns são dados na página oposta. São definidos como segue.

O momento de inércia de área, I, mede a resistência da seção à flexão em torno de um eixo horizontal (mostrado como uma linha tracejada). Ele é

$$I = \int_{seção} y^2 b(y) \, dy$$

onde y é medido na vertical e $b(y)$ é a largura da seção em y. O momento, K, mede a resistência da seção à torção. É igual ao momento polar J para seções circulares, onde:

$$J = \int_{seção} 2\pi r^3 \, dr$$

onde r é medido na direção radial desde o centro da seção circular. Para seções não circulares, K é menor do que J.

O módulo de seção $Z = I/y_m$ (onde y_m é a distância medida na perpendicular desde o eixo neutro de flexão até a superfície externa da viga) mede a tensão de superfície gerada por um momento de flexão dado, M:

$$\sigma = \frac{M y_m}{I} = \frac{M}{Z}$$

Finalmente, o momento Zp, definido por

$$Z_p = \int_{seção} y b(y) \, dy$$

mede a resistência da viga até a flexão plástica total. O momento plástico total para uma viga sob flexão é

$$M_p = Z_p \sigma_y$$

Soluções úteis para problemas-padrão 587

Forma da seção	Área A m^2	Momento I m^4	Momento K m^4	Momento Z m^3	Momento Z_p m^3
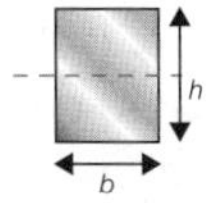	bh	$\dfrac{bh^3}{12}$	$\dfrac{bh^3}{3}(1-0{,}58\dfrac{b}{h})$ $(h>b)$	$\dfrac{bh^2}{6}$	$\dfrac{bh^2}{4}$
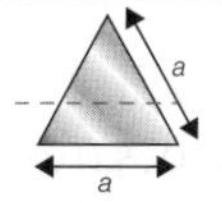	$\dfrac{\sqrt{3}}{4}a^2$	$\dfrac{a^4}{32\sqrt{3}}$	$\dfrac{\sqrt{3}a^4}{80}$	$\dfrac{a^3}{32}$	$\dfrac{3a^3}{64}$
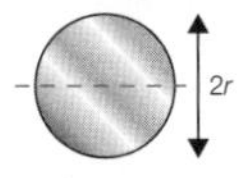	πr^2	$\dfrac{\pi}{4}r^4$	$\dfrac{\pi}{2}r^4$	$\dfrac{\pi}{4}r^3$	$\dfrac{\pi}{3}r^3$
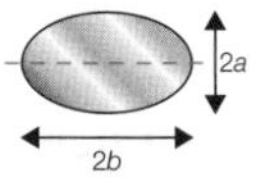	πab	$\dfrac{\pi}{4}a^3b$	$\dfrac{\pi a^3 b^3}{(a^2+b^2)}$	$\dfrac{\pi}{4}a^2b$	$\dfrac{\pi}{3}a^2b$
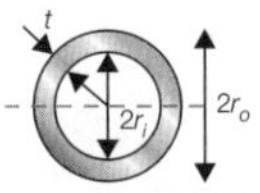	$\pi(r_o^2-r_i^2)$ $\approx 2\pi r t$	$\dfrac{\pi}{4}(r_o^4-r_i^4)$ $\approx \pi r^3 t$	$\dfrac{\pi}{2}(r_o^4-r_i^4)$ $\approx 2\pi r^3 t$	$\dfrac{\pi}{4r_o}(r_o^4-r_i^4)$ $\approx \pi r^2 t$	$\dfrac{\pi}{3}(r_o^3-r_i^3)$ $\approx \pi r^2 t$
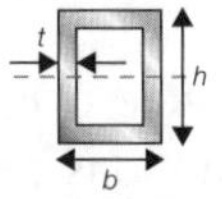	$2t(h+b)$ $(h,\,b>>t)$	$\dfrac{1}{6}h^3t\left(1+3\dfrac{b}{h}\right)$	$\dfrac{2tb^2h^2}{(h+b)}\left(1-\dfrac{t}{h}\right)^4$	$\dfrac{1}{3}h^2t\left(1+3\dfrac{b}{h}\right)$	$bht\left(1+\dfrac{h}{2b}\right)$
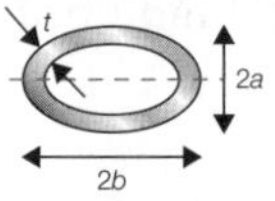	$\pi(a+b)t$ $(a,\,b>>t)$	$\dfrac{\pi}{4}a^3t\left(1+\dfrac{3b}{a}\right)$	$\dfrac{4\pi(ab)^{5/2}t}{(a^2+b^2)}$	$\dfrac{\pi}{4}a^2t\left(1+\dfrac{3b}{a}\right)$	$\pi abt\left(2+\dfrac{a}{b}\right)$
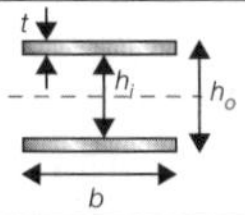	$b(h_o-h_i)$ $\approx 2bt$ $(h,\,b>>t)$	$\dfrac{b}{12}(h_o^3-h_i^3)$ $\approx \dfrac{1}{2}bth_o^2$	$-$	$\dfrac{b}{6h_o}(h_o^3-h_i^3)$ $\approx bth_o$	$\dfrac{b}{4}(h_o^2-h_i^2)$ $\approx bth_o$
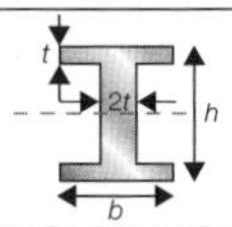	$2t(h+b)$ $(h,\,b>>t)$	$\dfrac{1}{6}h^3t\left(1+3\dfrac{b}{h}\right)$	$\dfrac{2}{3}bt^3\left(1+4\dfrac{h}{b}\right)$	$\dfrac{1}{3}h^2t\left(1+3\dfrac{b}{h}\right)$	$bht\left(1+\dfrac{h}{2b}\right)$
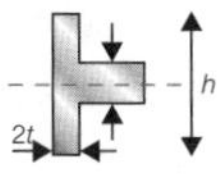	$2t(h+b)$ $(h,\,b>>t)$	$\dfrac{t}{6}(h^3+4bt^2)$	$\dfrac{t^3}{3}(8b+h)$	$\dfrac{t}{3h}(h^3+4bt^2)$	$\dfrac{th^2}{2}\left\{1+\dfrac{2t(b-2t)}{h^2}\right\}$

FIGURA B.2. Momentos de seções.

B.3 Flexão elástica de vigas

Quando uma viga é carregada por uma força, F, ou momentos, M, o eixo, inicialmente reto, é deformado em uma forma curva. Se a viga tem seção e propriedades uniformes, se é longa em relação a sua largura, e se em nenhum lugar estiver sujeita a uma tensão que ultrapasse o seu limite elástico, a deflexão, δ, e o ângulo de rotação, θ, podem ser calculados pela teoria da viga elástica (veja Leitura Adicional na Seção B.17). A equação diferencial básica que descreve a curvatura da viga em um ponto x ao longo de seu comprimento é

$$EI\frac{d^2y}{dx^2} = M$$

onde y é a deflexão lateral e M é o momento fletor no ponto x sobre a viga. E é o módulo de Young e I é o momento de inércia de área (Seção B.2). Quando M é constante, isso se torna

$$\frac{M}{I} = E\left(\frac{1}{R} - \frac{1}{R_o}\right)$$

onde R_o é o raio de curvatura antes da aplicação do momento e R é o raio após a aplicação do momento. Deflexões δ e rotações θ são determinadas pela integração dessas equações ao longo da viga. A rigidez da viga é definida por

$$S = \frac{F}{\delta} = \frac{C_1 EI}{L^3}$$

e depende do módulo de Young, E, do material da viga, de seu comprimento, L, e do momento de inércia de sua seção, I. A inclinação da viga, θ, é dada por

$$\theta = \frac{FL^2}{C_2 EI}$$

Equações para a deflexão, δ, e inclinação da extremidade, θ, de vigas para vários modos comuns de carregamento são mostradas na página oposta com valores de C_1 e C_2.

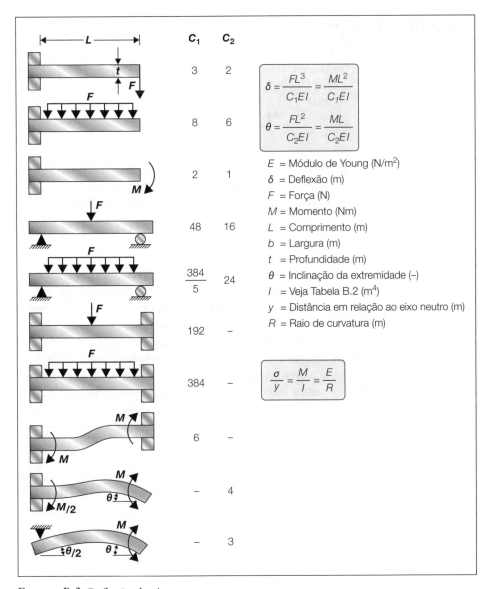

Figura B.3. Deflexão de vigas.

B.4 Falha de vigas e painéis

A tensão longitudinal (ou "de fibra"), σ, em um ponto, y, em relação ao eixo neutro de uma viga uniforme carregada elasticamente sob flexão por um momento, M, é

$$\frac{\sigma}{y} = \frac{M}{I} = E\left(\frac{1}{R} - \frac{1}{R_o}\right)$$

onde I é o momento de inércia de área (Seção B.2), E é o módulo de Young, R_o é o raio de curvatura antes da aplicação do momento e R é o raio após a aplicação do momento. A tensão de tração na fibra externa de tal viga é

$$\sigma = \frac{My_m}{I} = \frac{M}{Z}$$

onde y_m é a distância medida na perpendicular desde o eixo neutro até a superfície externa da viga. Se essa tensão alcançar a limite de escoamento, σ_y, do material da viga, pequenas zonas de plasticidade aparecem na superfície (topo da Figura B.4). A viga deixa de ser elástica e, nesse sentido, falhou. Se, em vez disso, a tensão máxima de fibra alcançar a resistência à fratura de material frágil, σ_f (o "módulo de ruptura", muitas vezes abreviado como MOR), do material da viga, uma trinca se nucleia na superfície e se propaga para dentro (segunda imagem, de cima para baixo na figura); nesse caso, a viga certamente falhou. Um terceiro critério para falha, frequentemente importante, é o das zonas plásticas que penetram na seção da viga e se ligam para formar uma dobradiça plástica (terceira imagem, na figura).

Os momentos e cargas de falha para cada um desses tipos de falha, e para cada uma de várias geometrias de carregamento, são dados no diagrama. A fórmula identificada como "início" refere-se aos dois primeiros modos de falha; os identificados como "plasticidade total" referem-se ao terceiro. Duas novas funções de forma de seção estão envolvidas. Início de falha envolve a quantidade Z; plasticidade total envolve a quantidade H. Ambas são apresentadas na tabela da Seção B.2 e definidas no texto que as acompanha.

Soluções úteis para problemas-padrão 591

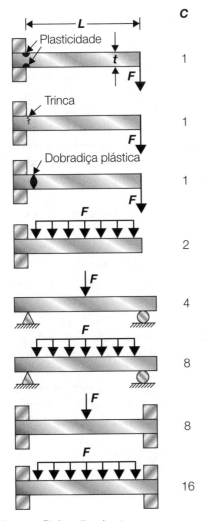

$M_f = Z\sigma^*$ (início)

$M_f = Z_p\sigma_y$ (plasticidade total)

$F_f = CZ\dfrac{\sigma^*}{L}$ (início)

$F_f = \dfrac{CZ_p\sigma_y}{L}$ (plasticidade total)

M_f = Momento de falha (Nm)
F_f = Força na falha (N)
L = Comprimento (m)
t = Profundidade (m)
b = Largura (m)
I = Veja Tabela B.2 (m^4)
Z = Veja Tabela B.2 (m^3)
Z_p = Veja Tabela B.2 (m^3)
σ_y = Limite de escoamento (N/m^2)
σ_f = Módulo de ruptura (N/m^2)
$\sigma^* = \sigma_y$ (material plástico)
$ = \sigma_f$ (material frágil)

FIGURA B.4. Falha de vigas.

B.5 Flambagem de colunas, placas e cascas

Se suficientemente delgada, uma coluna elástica, carregada sob compressão, falha por flambagem elástica a uma carga crítica, F_{crit}. Essa carga é determinada pelas restrições às extremidades, das quais quatro casos extremos são ilustrados na página oposta: uma extremidade pode ser restringida em uma posição e direção; pode ser livre para girar, mas não para fazer um movimento de translação (ou "oscilar"); pode oscilar sem rotação; e pode oscilar e também girar. Pares dessas restrições aplicadas às extremidades da coluna resultam nos cinco casos mostrados na página oposta. Cada um é caracterizado por um valor da constante n que é igual ao número de meios comprimentos de onda da forma flambada.

A adição do momento fletor, M, reduz a carga de flambagem pela quantidade mostrada no segundo retângulo. Um valor negativo de F_{crit} significa que é necessária uma força de tração para evitar flambagem.

Uma fundação elástica é aquela que exerce uma pressão lateral restauradora, p, proporcional à deflexão

$$p = ky$$

onde k é a rigidez da fundação por unidade de profundidade e y é a deflexão lateral local. Seu efeito é aumentar F_{crit} pela quantidade mostrada no terceiro retângulo.

Um tubo elástico de parede fina sofrerá flambagem para dentro sob uma pressão externa, p', dada no último retângulo. Aqui, I se refere ao momento de inércia de área de uma seção da parede do tubo cortada na direção paralela ao eixo do tubo.

Formas finas ou delgadas podem sofrer flambagem local antes da ocorrência de escoamento ou fratura. A consideração de forma determina um limite prático à espessura de paredes e almas de tubo.

Soluções úteis para problemas-padrão 593

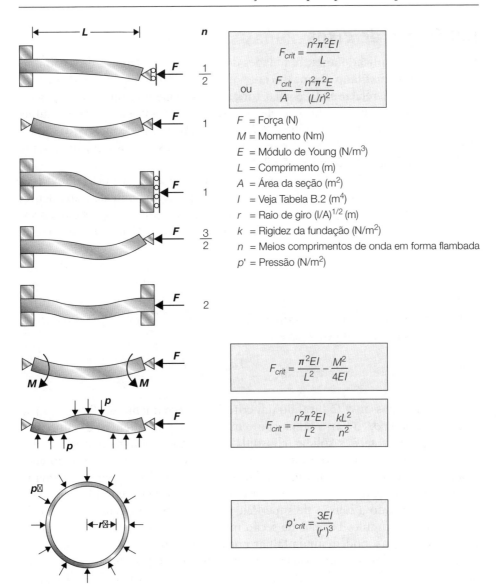

FIGURA B.5. Flambagem de colunas, placas e cascas.

594   Seleção de Materiais no Projeto Mecânico

B.6 Torção de eixos

Um torque, T, aplicado às extremidades de uma barra isotrópica de seção uniforme e agindo no plano normal ao eixo da barra produz um ângulo de torção, θ. A torção está relacionada com o torque pela primeira equação na página oposta, na qual G é o módulo de elasticidade transversal. Para barras e tubos de seção circular, o fator K é igual a J, o momento polar de inércia da seção, definido na Seção B.2. Para qualquer outra forma de seção, K é menor do que J. Valores de K são dados na Seção B.2.

Se a barra parar de se deformar elasticamente, dizemos que ela falhou. Isso acontecerá se a tensão de superfície máxima ultrapassar o limite de escoamento, σ_y, do material ou a tensão à qual ele sofre fratura, σ_{fr}. Para seções circulares, a tensão de cisalhamento em qualquer ponto a uma distância, r, do eixo de rotação é

$$\tau = \frac{Tr}{K} = \frac{G\theta r}{K}$$

A tensão de cisalhamento máxima, τ_{max}, e a tensão de tração máxima, σ_{max}, estão na superfície e têm os valores:

$$\tau_{max} = \sigma_{max} = \frac{Td_o}{2K} = \frac{G\theta d_o}{2L}$$

Se τ_{max} ultrapassar $\sigma_y/2$ (usando um critério de escoamento de Tresca), ou se σ_{max} ultrapassar σ_{fr}, a barra falha, como mostra a figura. A tensão de superfície máxima para as seções sólidas elipsoidal, quadrada, retangular e triangular encontra-se nos pontos sobre a superfície que estão mais próximos do centroide da seção (os pontos médios dos lados mais longos). Ela pode ser estimada aproximadamente inscrevendo o maior círculo que pode ser contido dentro da seção e calculando a tensão de superfície para uma barra circular com o diâmetro daquele círculo. Formas de seção mais complexas exigem consideração especial e, se finas, podem ainda falhar por flambagem.

Molas helicoidais são um caso especial de deformação por torção. A extensão de uma mola helicoidal de n espiras e raio R, sob uma força, F, e a força de falha, F_{crit}, são dadas na página oposta.

Torção de eixos.

Soluções úteis para problemas-padrão 595

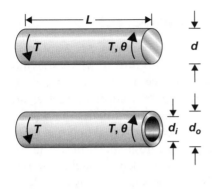

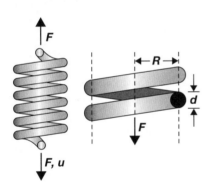

Deflexão elástica

$$\theta = \frac{LT}{KG}$$

Falha

$$T_f = \frac{K\sigma_y}{d_o} \text{ (início de escoamento)}$$

$$T_f = \frac{2K\sigma_f}{d_o} \text{ (fratura de material frágil)}$$

T = Torque (Nm)
θ = Ângulo de giro
G = Módulo de elasticidade transversal (N/m^2)
L = Comprimento (m)
d = Diâmetro (m)
K = Veja Tabela B.2 (m^4)
σ_y = Limite de escoamento (N/m^2)
σ_f = Módulo de ruptura (N/m^2)

Deflexão e falha de mola

$$u = \frac{64FR^3n}{Gd^4}$$

$$F_f = \frac{\pi}{32}\frac{d^3\sigma_y}{R}$$

F = Força (N)
u = Deflexão (m)
R = Raio da espiral (m)
n = Número de espiras

FIGURA B.6. Torção de eixos.

B.7 Discos estáticos e discos giratórios

Um disco fino sofre deflexão quando uma diferença de pressão, Δp, é aplicada sobre suas duas superfícies. A deflexão provoca o surgimento de tensões no disco. O primeiro retângulo na página oposta fornece a deflexão e a tensão máxima (importante na previsão de falha) quando as bordas dos discos estão simplesmente apoiadas. O segundo produz as mesmas quantidades quando as bordas estão engastadas. Os resultados para um disco horizontal fino que sofre deflexão sob o próprio peso são encontrados mediante a substituição de Δp pela massa por unidade de área, $\rho g t$, do disco (aqui ρ é a densidade do material do disco e g é a aceleração da gravidade). Discos espessos são mais complicados; para estes, veja Leitura Adicional.

Discos, anéis e cilindros giratórios armazenam energia cinética. Forças centrífugas geram tensões no disco. Os dois retângulos apresentam a energia cinética à tensão máxima, σ_{max}, em discos e anéis que giram a uma velocidade angular ω (radianos/s). A taxa de rotação e a energia máxima são limitadas pela resistência à ruptura do disco. Elas são determinadas igualando a tensão máxima no disco à resistência do material.

Simplesmente apoiado

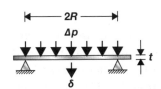

$$\delta = \frac{3}{4}(1-v^2)\frac{\Delta p R^4}{E t^3}$$

$$\sigma_{máx} = \frac{3}{8}(3+v)\frac{\Delta p R^2}{t^2}$$

Engastado

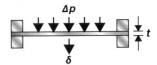

$$\delta = \frac{3}{16}(1-v^2)\frac{\Delta p R^4}{E t^3}$$

$$\sigma_{máx} = \frac{3}{8}(1+v)\frac{\Delta p R^2}{t^2}$$

δ = Deflexão (m)
E = Módulo de Young (N/m^2)
Δp = Diferença de pressão (N/m^2)
v = Índice de Poisson

Disco

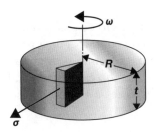

$$U = \frac{\pi}{4}\rho t \omega^2 R^4$$

$$\sigma_{máx} = \frac{1}{8}(3+v)\rho \omega^2 R^2$$

Anel

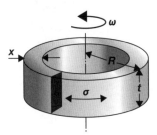

$$U = \pi \rho t \omega^2 R^3 x$$

$$\sigma_{máx} = \rho \omega^2 R^2$$

U = Energia (J)
ω = Velocidade angular (rad/s)
ρ = Densidade (kg/m^3)

FIGURA B.7. Disco estáticos e giratórios.

598   Seleção de Materiais no Projeto Mecânico

B.8 Tensões de contato

Quando colocadas em contato, superfícies se tocam em um ou em alguns pontos discretos. Se estiverem carregadas, os contatos achatam-se elasticamente e as áreas de contato crescem até ocorrer falha de algum tipo: falha por esmagamento (causada pela tensão de compressão, σ_c), fratura sob tração (causada pela tensão de tração, σ_t) ou escoamento (causado pela tensão de cisalhamento, σ_s). Os retângulos na página oposta resumem os importantes resultados para o raio, a, da zona de contato, o deslocamento centro a centro, u, e os valores de pico de σ_c, σ_t e σ_s.

O primeiro retângulo mostra resultados para uma esfera sobre uma superfície plana quando ambas têm os mesmos módulos e o coeficiente de Poisson tem o valor 1/3. Resultados para o problema mais geral (o problema da "indentação hertziana") são mostrados no segundo retângulo: duas esferas elásticas (raios R_1 e R_2, módulos e coeficientes de Poisson E_1, v_1 e E_2, v_2) são comprimidas uma contra a outra por uma força, F.

Se a tensão de cisalhamento, σ_s, ultrapassar a tensão de escoamento por cisalhamento, $\sigma_y/2$, uma zona plástica sob o centro do contato a uma profundidade de aproximadamente $a/2$ aparece e se espalha para formar o campo totalmente plástico mostrado nas duas figuras inferiores. Quando esse estado é alcançado, a pressão de contato é aproximadamente três vezes a tensão de escoamento, como apresentado no retângulo inferior.

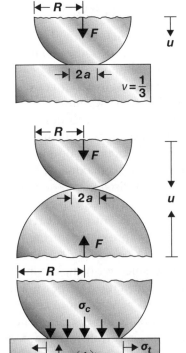

$$a = 0.7\left(\frac{FR}{E}\right)^{\frac{1}{3}}$$
$$u = 1.0\left(\frac{F^2}{E^2 R}\right)^{\frac{1}{3}}$$
$\Big\}\, v = 0.33$

$$a = \left(\frac{3}{4}\frac{F}{E^*}\frac{R_1 R_2}{(R_1 + R_2)}\right)^{\frac{1}{3}}$$

$$u = \left(\frac{9}{16}\frac{F^2}{(E^*)^2}\frac{(R_1 + R_2)}{R_1 R_2}\right)^{\frac{1}{3}}$$

$$(\sigma_c)_{\text{máx}} = \frac{3F}{2\pi a^2}$$

$$(\sigma_s)_{\text{máx}} = \frac{F}{2\pi a^2}$$

$$(\sigma_t)_{\text{máx}} = \frac{F}{6\pi a^2}$$

R_1, R = Raios das esferas (m)

E_1, E_2 = Módulos das esferas (N/m²)

v_1, v_2 = Índice de Poisson

F = Carga (N)

a = Raio de contato (m)

u = Deslocamento (m)

σ = Tensões (N/m²)

σ_y = Tensão de escoamento (N/m²)

$E^* = \left(\dfrac{1 - v_1^2}{E_1} + \dfrac{1 - v_2^2}{E_2}\right)^{-1}$

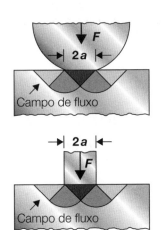

$$\frac{F}{\pi a^2} = 3\sigma_y$$

FIGURA B.8. Tensões de contato.

B.9 Estimativas para concentrações de tensão

Tensões e deformações são concentradas em orifícios, fendas ou mudanças de seção em corpos elásticos. Fluxo plástico, fratura e trincas de fadiga começam nesses lugares. As tensões locais nas concentrações de tensão podem ser calculadas numericamente, porém, isso muitas vezes é desnecessário. Em vez disso, podem ser estimadas usando a equação mostrada na página seguinte.

A concentração de tensão causada por uma mudança na seção desaparece gradualmente em distâncias na ordem da dimensão característica da mudança de seção (definida com mais detalhes mais adiante), um exemplo do princípio de Saint-Venant em ação. Isso significa que as tensões locais máximas em uma estrutura podem ser encontradas pela determinação da distribuição de tensão nominal, desprezando descontinuidades locais (como orifícios ou sulcos), e então multiplicando a tensão nominal por um fator de concentração de tensão.

Fatores de concentração de tensão elástica são dados aproximadamente pela equação. Nela, σ_{nom} é definida como a carga dividida pela seção transversal mínima da peça, ρ é o raio de curvatura mínimo do sulco ou orifício concentrador de tensão e c é a dimensão característica: ou a metade da espessura do ligamento remanescente, ou a metade do comprimento de uma trinca contida, ou o comprimento de uma trinca de borda, ou a altura de um ressalto, sendo, dentre estes, o que tiver o *menor* valor. Os desenhos mostram exemplos de cada uma dessas situações. O fator α é aproximadamente 2 para tração, mas é mais próximo de 1/2 para torção e flexão. Embora inexata, a equação é uma aproximação prática adequada para muitos problemas de projeto.

A tensão máxima é limitada por fluxo plástico ou fratura. Quando o fluxo plástico começa, a concentração de deformação cresce rapidamente enquanto a concentração de tensão permanece constante. A concentração de deformação torna-se a quantidade mais importante e pode não desaparecer rapidamente com a distância (o princípio de Saint-Venant não se aplica mais).

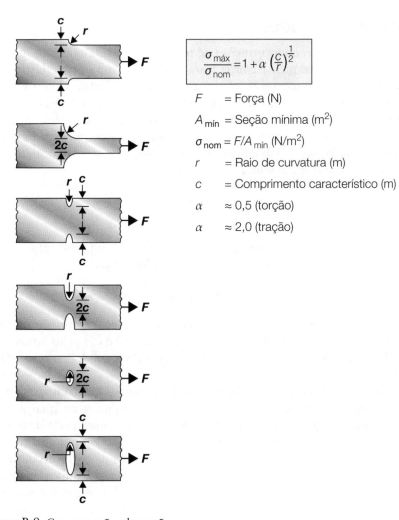

FIGURA B.9. Concentrações de tensão.

B.10 Trincas agudas

Trincas agudas (isto é, concentrações de tensão cuja ponta tem raio de curvatura de dimensões atômicas) concentram tensão em um corpo elástico mais agudamente do que concentrações de tensão arredondadas. Como uma primeira aproximação, a tensão local cai conforme $1/r^{1/2}$ com a distância radial r em relação à ponta da trinca. Uma tensão de tração, σ, aplicada na perpendicular ao plano de uma trinca de comprimento $2a$ contida em uma placa infinita (topo da Figura B.10) dá origem a um campo de tensão local, σ_ℓ, que é de tração no plano que contém a trinca e é dado por

$$\sigma_\ell = \frac{C\sigma\sqrt{\pi a}}{\sqrt{2\pi r}}$$

onde r é medido da ponta da trinca no plano $\theta = 0$ e C é uma constante. O *fator de intensidade de tensão* de modo 1, K_1, é definido como:

$$K_1 = C\sigma\sqrt{\pi a}$$

Valores da constante C para vários modos de carregamento são dados na figura. A tensão σ para cargas e momentos pontuais é dada pelas equações na parte inferior da figura. A trinca se propaga quando $K_1 > K_{1c}$, a *tenacidade à fratura*.

Quando o comprimento da trinca é muito pequeno em comparação com todas as dimensões do corpo de prova e com a distância na qual a tensão varia, C é igual a 1 para uma trinca contida e 1,1 para uma trinca de borda. À medida que a trinca se estende em um componente carregado uniformemente, ela interage com as superfícies livres, dando os fatores de correção mostrados na página oposta. Se, além disso, o campo de tensão não é uniforme (como é em uma viga sob flexão elástica), C é diferente de 1; dois exemplos são dados na figura. Os fatores, C, dados aqui, são apenas aproximados; eles são bons quando a trinca é curta, mas não quando as pontas da trinca estão muito próximas do contorno da amostra. São adequados para a maioria dos cálculos de projeto. Aproximações mais precisas e outras geometrias de carregamento comuns podem ser encontradas nas referências citadas em Leitura Adicional.

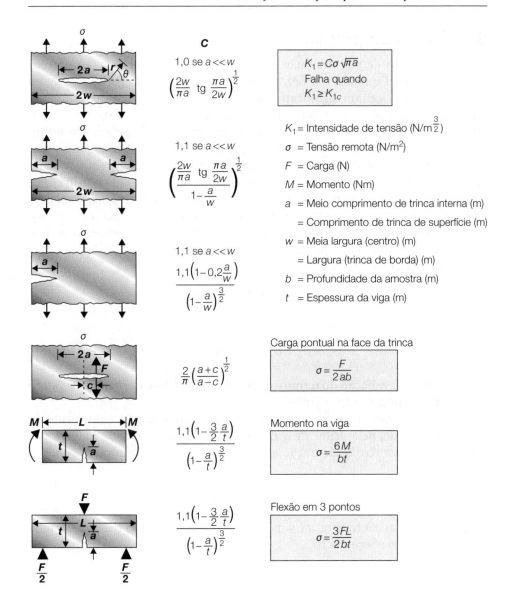

FIGURA B.10. Trincas agudas.

B.11 Vasos de pressão

Vasos de pressão de paredes finas são tratados como membranas. A aproximação é razoável quando $t < b/4$. As tensões na parede são dadas na página oposta; elas não variam significativamente com a distância radial, r. As que estão no plano, tangentes à película, σ_θ e σ_z para o cilindro e σ_θ e σ_ϕ para a esfera, são exatamente iguais à pressão interna amplificada pela razão b/t ou $b/2t$, dependendo da geometria. A tensão radial, σ_r, é igual à média entre a tensão interna e a tensão externa, $p/2$ nesse caso. As equações descrevem as tensões quando uma pressão externa, p_e, é sobreposta se p for substituída por $(p - p_e)$.

Em vasos de paredes grossas, as tensões variam com a distância radial, r, das superfícies internas para as externas e são maiores na superfície interna. As equações podem ser adaptadas para o caso de ambas, pressões interna e externa, observando que, quando as pressões interna e externa são iguais, o estado de tensão na parede é

$$\sigma_\theta = \sigma_r = -p \text{(cilindro)}$$

ou

$$\sigma_\theta = \sigma_\phi = \sigma_r = -p \text{(esfera)}$$

o que permite a avaliação do termo que envolve a pressão externa. Não é válido apenas substituir p por $(p - p_e)$.

Vasos de pressão falham por escoamento quando a tensão equivalente de von Mises excede, pela primeira vez, a tensão de escoamento, σ_y. Falham por fratura se a maior tensão de tração ultrapassar a tensão de fratura, σ_{fr}, onde

$$\sigma_{fr} = \frac{CK_{1c}}{\sqrt{\pi a}}$$

e K_{1c} é a tenacidade à fratura, a é a metade do comprimento da trinca e C é uma constante dada na Seção B.10.

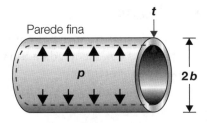

Cilindro

$$\sigma_\theta = \frac{pb}{t}$$

$$\sigma_r = -\frac{p}{2}$$

$$\sigma_z = \frac{pb}{2t} \quad \text{(Extremidades fechadas)}$$

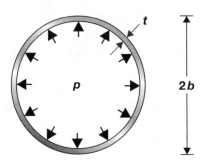

Esfera

$$\sigma_\theta = \sigma_\varphi = \frac{pb}{2t}$$

$$\sigma_r = -\frac{p}{2}$$

p = Pressão (N/m^2)

t = Espessura da parede (m)

a = Raio interno (m)

b = Raio externo (m)

r = Coordenada radial (m)

Cilindro

$$\sigma_\theta = \frac{pa^2}{r^2}\left(\frac{b^2 - r^2}{b^2 - a^2}\right)$$

$$\sigma_r = -\frac{pa^2}{r^2}\left(\frac{b^2 + r^2}{b^2 - a^2}\right)$$

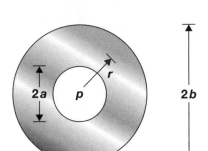

Esfera

$$\sigma_\theta = \sigma_\varphi = \frac{pa^3}{2r^3}\left(\frac{b^3 + 2r^3}{b^3 - a^3}\right)$$

$$\sigma_r = -\frac{pa^3}{r^3}\left(\frac{b^3 - r^3}{b^3 - a^3}\right)$$

FIGURA B.11. Vasos de pressão.

B.12 Vibrações em vigas, tubos e discos

Qualquer sistema não amortecido que vibra em uma de suas frequências naturais pode ser reduzido ao simples problema de uma massa, m, acoplada a uma mola de rigidez K. A frequência natural mais baixa de tal sistema é

$$f = \frac{1}{2\pi}\sqrt{\frac{K}{m}}$$

Casos específicos exigem valores específicos para m e K. Muitas vezes, esses valores podem ser estimados com precisão suficiente para serem úteis em modelagem aproximada. Frequências naturais mais altas são simples múltiplos das mais baixas.

O primeiro retângulo na página oposta dá as frequências naturais mais baixas de modos de flexão de vigas uniformes com várias restrições nas extremidades. Como exemplo, a primeira pode ser estimada considerando que a massa efetiva da viga é um quarto de sua massa real, de modo que

$$m = \frac{m_o L}{4}$$

onde m_o é a massa por unidade de comprimento da viga e K é a rigidez à flexão (dada por F/δ da Seção B.3); a diferença entre a estimativa e o valor exato é de 2%. As vibrações de um tubo têm uma forma semelhante, usando I e m_o para o tubo. Vibrações circunferenciais podem ser determinadas aproximadamente "abrindo" o tubo e tratando-o como uma placa vibratória, simplesmente apoiada em duas de suas quatro arestas.

O segundo retângulo fornece as frequências naturais mais baixas para discos planos circulares com extremidades simplesmente apoiadas e extremidades engastadas. Discos com faces duplamente curvadas são mais rígidos e têm frequências naturais mais altas.

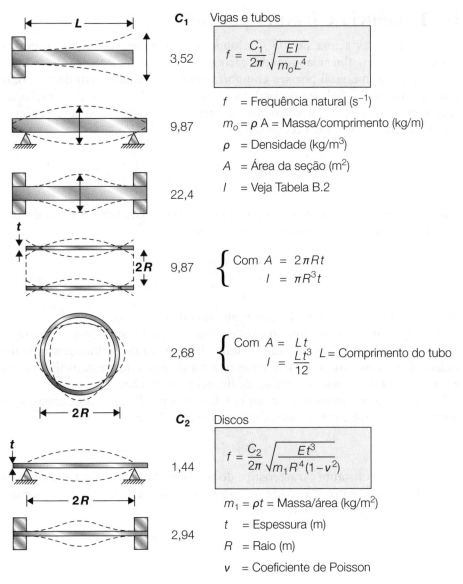

FIGURA B.12. Vigas, tubos e discos vibratórios.

B.13 Fluência e fratura por fluência

Em temperaturas acima de $1/3\ T_m$ (onde T_m é o ponto de fusão absoluto), materiais sofrem fluência quando carregados. É conveniente caracterizar a fluência de um material por seu comportamento sob uma tensão de tração, σ, à temperatura T_m. Sob essas condições a taxa de deformação por tração em regime permanente, $\dot{\varepsilon}_{ss}$, frequentemente varia segundo uma potência da tensão e exponencialmente com a temperatura

$$\dot{\varepsilon}_{ss} = A \left(\frac{\sigma}{\sigma_o} \right)^n \exp - \frac{Q}{RT}$$

onde Q é uma energia de ativação, A é uma constante cinética e R é a constante do gás. À temperatura constante, isso se torna

$$\dot{\varepsilon}_{ss} = \dot{\varepsilon}_o \left(\frac{\sigma}{\sigma_o} \right)^n$$

onde $\dot{\varepsilon}_o (\mathrm{s}^{-1})$, $\sigma_o (\mathrm{N/m^2})$ e n são constantes de fluência.

O comportamento de componentes em fluência está resumido a seguir, onde são fornecidas a taxa de deflexão de uma viga, a taxa de deslocamento de um indentador e a mudança na densidade relativa de vasos de pressão cilíndricos e esféricos em termos das constantes de fluência sob tração.

Fluência prolongada causa o acúmulo de danos por fluência que, afinal, após um tempo t_f, resulta em fratura. Como aproximação útil:

$$t_f \dot{\varepsilon}_{ss} = C$$

onde C é uma constante característica do material. Materiais dúcteis à fluência têm valores de C entre 0,1 e 0,5; materiais que têm fluência frágil têm valores de C tão baixos quanto 0,01.

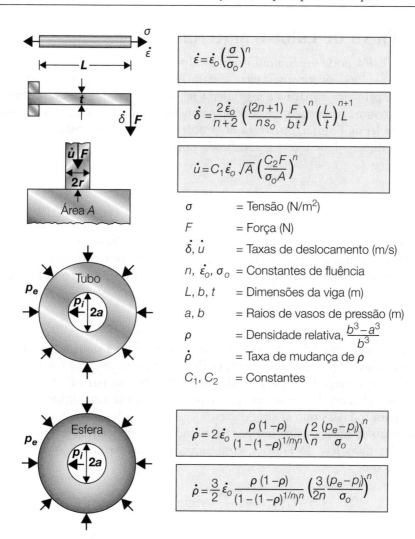

FIGURA B.13. Fluência.

B.14 Fluxo de calor e matéria

Fluxo de calor pode ser limitado por condução, por convecção ou por radiação. As equações constitutivas para cada processo são apresentadas na página oposta. A primeira equação é a primeira lei de Fourier, que descreve fluxo de calor em regime permanente e contém a condutividade térmica, λ. A segunda é a segunda lei de Fourier, que trata de problemas de fluxo de calor transiente e contém a difusividade térmica a, definida por

$$a = \frac{\lambda}{\rho C_p}$$

onde ρ é a densidade e C_p é o calor específico à pressão constante. Soluções para essas duas equações diferenciais são dadas na Seção B.15.

A terceira equação descreve transferência de calor por convecção. Essa, ao contrário da condução, limita o fluxo de calor quando o número de Biot é

$$B_i = \frac{hs}{\lambda} < 1$$

onde h é o coeficiente de transferência de calor e s é uma dimensão característica da amostra. Quando, ao contrário, $Bi > 1$, o fluxo de calor é limitado por condução. A equação final é a lei de Stefan-Boltzmann para transferência de calor por radiação. A emissividade, ε, é igual à unidade em corpos negros, e é menor para todas as outras superfícies.

A difusão de massa segue um par de equações diferenciais que têm a mesma forma das duas leis de Fourier, com soluções semelhantes. São comumente escritas como

$$J = -D\nabla C = -D\frac{dC}{dx} \text{(regime permanente)}$$

e

$$\frac{\partial C}{\partial t} = D\nabla^2 C = D\frac{\partial^2 C}{\partial x^2} \text{(fluxo dependente de tempo)}$$

onde J é o fluxo, C é a concentração, x é a distância e t é o tempo. Soluções são dadas na Seção B.15.

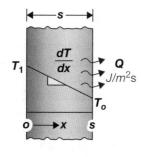

$$Q = -\lambda \nabla T = -\lambda \frac{dT}{dx}$$

Q = Fluxo de calor (J/m²s)
T = Temperatura (K)
x = Distância (m)
λ = Condutividade térmica (W/mK)

$$\frac{\delta T}{\delta t} = a \nabla^2 T = a \frac{\delta^2 T}{\delta x^2}$$

t = Tempo (s)
ρ = Densidade (kg/m³)
C_p = Calor específico (J/kg.K)
a = Difusividade térmica, $\frac{\lambda}{\rho C p}$ (m²/s)

$$Q = h(T_w - T_o)$$

T_w = Temperatura da superfície (K)
T = Temperatura do fluido (K)
h = Coeficiente de transferência de calor (W/m²K)
 = 5–50 W/m².K em ar
 = 1.000–5.000 W/m².K em água

$$Q = \varepsilon \sigma (T_1^4 - T_o^4)$$

ε = Emissividade (1 para corpo negro)
σ = Constante de Stefan
 = 5.67×10^{-8} W/m².K⁴

FIGURA B.14. Equações constitutivas para fluxo de calor.

612   Seleção de Materiais no Projeto Mecânico

B.15 Soluções para equações de difusão

Existem soluções para as equações de difusão para várias geometrias-padrão. Vale a pena conhecê-las, porque muitos problemas reais podem ser aproximados por uma delas.

Em regime permanente, o perfil de temperatura ou de concentração não muda com o tempo. Isso é expresso pelas equações dentro do primeiro retângulo no topo da página oposta. Soluções para elas são dadas em baixo para fluxo uniaxial, fluxo radial em um cilindro e fluxo radial em uma esfera. As soluções são ajustadas para casos individuais compatibilizando as constantes A e B às condições de contorno. Soluções para fluxo de matéria são encontradas mediante a substituição da temperatura, T, por concentração, C, e a substituição da condutividade, λ, pelo coeficiente de difusão, D.

O retângulo dentro do segundo retângulo grande resume as equações que governam o fluxo dependente de tempo, considerando que a difusividade (a ou D) não é função da posição. Soluções para os perfis de temperatura ou concentração, $T(x,t)$ ou $C(x,t)$, são dadas embaixo. A primeira equação dá a solução para "película fina": uma placa fina à temperatura T_1 ou concentração C_1 é colocada entre dois blocos semi-infinitos a To ou Co, em $t = 0$, e o fluxo é permitido. O segundo resultado é para dois blocos semi-infinitos, inicialmente a T_1 e To (ou C_1 ou Co), unidos a $t = 0$. O último é para um perfil de T ou C senoidal, de comprimento de onda $\lambda/2\pi$ e amplitude A em $t = 0$.

Observe que todos os problemas transientes acabam com uma constante de tempo característica, t_*, com

$$t_* = \frac{x^2}{\beta a}\,\text{ou}\,\frac{x^2}{\beta D}$$

onde x é uma dimensão do corpo de prova; ou acabam com um comprimento característico, x_*, com:

$$x_* = \sqrt{\beta a t}\,\text{ou}\,\sqrt{\beta D t}$$

onde t é a escala de tempo da observação, com $1 < \beta < 4$, dependendo da geometria.

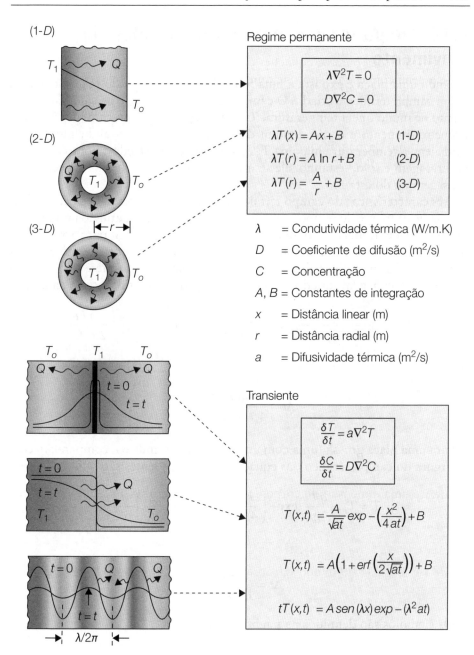

FIGURA B.15. Soluções para equações de difusão.

B.16 Campo térmico para fonte de calor em movimento

Quando uma placa é exposta a uma fonte de calor q movendo-se à velocidade, v, um campo térmico é criado. O campo acompanha a fonte de calor em movimento de modo que a temperatura, T, a uma distância, r, do caminho da fonte primeiro aumenta e então diminui de volta à temperatura ambiente T_o. Na soldagem, a temperatura máxima T_p atingida no ciclo excede o ponto de fusão; na brasagem e solda-estanho, ele só atinge o ponto de fusão dos elementos de brasagem ou do estanho.

Três características do campo térmico são úteis: a temperatura, T, como função da posição, r, e do tempo t; a temperatura máxima, T_p, atingida no ponto r durante o ciclo térmico; e (para aços) o intervalo de tempo Δt para arrefecer de 800 a 500 °C, pois isso determina a estrutura da solda naquele ponto em aços carbono. Para uma placa fina (uma com uma espessura d que é pequena em comparação com a largura do campo térmico), estas quantidades são dadas por

$$T = T_o + \frac{q/v}{d(4\pi\lambda\rho C_p t)^{1/2}}\exp-\left(\frac{r^2}{4at}\right); T_p = T_o + \left(\frac{2}{\pi e}\right)^{1/2}\frac{q/v}{2d\rho C_p r}$$

e

$$\Delta t = \frac{(q/vd)^2}{4,6\times 10^6\,\lambda\rho C_p}$$

Para uma placa grossa (uma com uma espessura grande em comparação com a largura do campo térmico), as equações correspondentes são

$$T = T_o + \frac{q/v}{2\pi\lambda t}\exp-\left(\frac{r^2}{4at}\right); T_p = T_o + \left(\frac{2}{\pi e}\right)\frac{q/v}{\rho C_p r^2}$$

e

$$\Delta t = \frac{(q/v)}{1,2\times 10^3\,\lambda}$$

Os símbolos são definidos na página oposta.

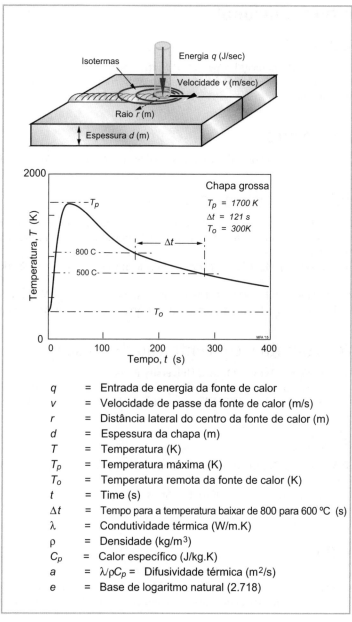

FIGURA B.16. Campo térmico para fonte de calor em movimento.

616   Seleção de Materiais no Projeto Mecânico

B.17 Leitura adicional

Leis constitutivas

Cottrell, A.H. (1964) Mechanical Properties of Matter. New York: Wiley.
Gere, J.M.; Timoshenko, S.P. (1985) Mechanics of Materials. 2ª ed. San Francisco: Wadsworth International.

Momentos de área

Young, W.C. (1989) Roark's Formulas for Stress and Strain. 6ª ed. New York: McGraw-Hill.

Vigas, eixos, colunas e cascas

Calladine, C.R. (1983) Theroy of Shell Structures. Cambridge: Cambridge University Press.
Gere, J.M.; Timoshenko, S.P. (1985) Mechanics of Materials. 2ª ed. San Francisco: Wadsworth International.
Timoshenko, S.P.; Gere, J.M. (1961) Theory of Elastic Stability. 2ª ed. New York: McGraw Hill.
Timoshenko, S.P.; Goodier, J.N. (1970) Theory of Elasticity. 3ª ed. New York: McGraw Hill.
Young, W.C. (1989) Roark's Formulas for Stress and Strain. 6ª ed. New York: McGraw-Hill.

Tensões de contato e concentração de tensão

Hill, R. (1950) Plasticity. Oxford: Oxford University Press.
Johnson, K.L. (1985) Contact Mechanics. Oxford: Oxford University Press.
Timoshenko, S.P.; Goodier, J.N. (1970) Theory of Elasticity. 3ª ed. New York: McGraw Hill.

Trincas agudas

Hertzberg, R.W. (1989) Deformation and Fracture of Engineering Materials. 3ª ed. New York: Wiley.
Tada, H.; Paris, P.C.; Irwin, G.R. (2000) The Stress Analysis of Cracks Handbook. 3ª ed. New York: ASME Press.

Vasos de pressão

Hill, R. (1950) Plasticity. Oxford: Oxford University Press.
Timoshenko, S.P.; Goodier, J.N. (1970) Theory of Elasticity. 3ª ed. New York: McGraw Hill.
Young, W.C. (1989) Roark's Formulas for Stress and Strain. 6ª ed. New York: McGraw-Hill.

Vibração

Young, W.C. (1989) Roark's Formulas for Stress and Strain. 6ª ed. New York: McGraw-Hill.

Fluência

Finnie, I.; Heller, W.R. (1976) Creep of Engineering Materials. New York: McGraw Hill.

Fluxo de calor e de matéria

Carslaw, H.S.; Jaeger, J.C. (1959) Conduction of Heat in Solids. 2ª ed. Oxford: Oxford University Press.

Hollman, J.P. (1981) Heat Transfer. 5ª ed. New York: McGraw Hill.

Shewmon, P.G. (1989) Diffusion in Solids. 2ª ed. Warrendale: TMS.

Fonte de calor em movimento

Ashby, M.F.; Easterling, K.E. (1982) Acta Metall, 30, 1969.

Rosenthal, D. (1946) Trans. Am. Soc. Metals, 68, 849.

Apêndice C
Índices de mérito

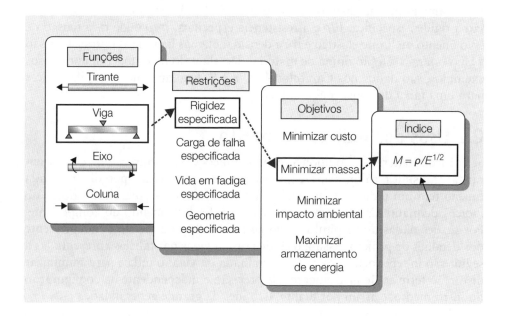

620   Seleção de Materiais no Projeto Mecânico

C.1 Introdução e sinopse

O desempenho, P, de um componente é caracterizado por uma equação de desempenho que contém grupos de propriedades de materiais. Esses grupos são os índices de mérito. Às vezes, o "grupo" é uma única propriedade; assim, se o desempenho de uma viga é medido por sua rigidez, a equação de desempenho contém somente uma propriedade, o módulo de elasticidade, E. Ele é o índice de mérito para esse problema. O mais comum é a equação de desempenho conter um grupo de duas ou mais propriedades. Exemplos bem conhecidos são a rigidez específica, E/ρ e a resistência específica, σ_y/ρ onde σ_y a tensão de escoamento ou limite elástico e ρ é a densidade), mas há muitas outras. Eles são a chave para a seleção ótima de material. Detalhes do método, com numerosos exemplos, são dados nos Capítulos 4, 5, 8 e 9. Este apêndice compila índices para uma faixa de aplicações comuns.

C.2 Usos dos índices de mérito

Seleção de materiais. Componentes têm funções: suportar cargas com segurança, transmitir calor, armazenar energia, isolar, e assim por diante. Cada função tem um índice de material associado. Materiais com altos valores do índice adequado maximizam aquele aspecto do desempenho do componente. Por razões dadas no Capítulo 5, em geral, o índice de mérito é independente dos detalhes de projeto. Assim, os índices para vigas nas tabelas apresentadas a seguir são independentes da forma detalhada da viga; o índice para minimizar distorção térmica de instrumentos de precisão é independente da configuração do instrumento, e assim por diante. Isso lhes dá grande generalidade.

Utilização ou substituição de material. Um novo material pode ter aplicação potencial em funções para as quais seus índices têm valores incomumente altos ou baixos. Aplicações proveitosas para um novo material podem ser identificadas pela avaliação de seus índices e comparação com os de materiais existentes e consagrados. Raciocínio semelhante mostra o caminho para identificar substitutos viáveis para um material estabelecido em uma aplicação consagrada.

Como ler as tabelas. Os índices apresentados nas Tabelas C.1 a C.7 são, em grande parte, baseados no objetivo de minimizar massa. Para minimizar custo de material, use o índice para massa mínima, substituindo a densidade, ρ, pelo custo por unidade de volume, $C_m\rho$ onde C_m é o custo por kg. Para minimizar energia incorporada no material ou carga de CO_2 substitua ρ por $Hp \cdot \rho$ u por $CO_2\,\rho$, onde H_p é a energia de produção por kg e CO_2 é a pegada de CO_2 por kg (Apêndice A, Tabela A.10).

Os símbolos. Os símbolos usados nas Tabelas C.1 a C.7 são definidos a seguir.

Classe	Propriedade	Símbolo (unidades)
Geral	Densidade	ρ (kg/m³)
	Preço	C_m ($/kg)
Mecânica	Módulos Elásticos (Young, cisalhamento, volumétrico)	E, G, K (GPa)
	Coeficiente de Poisson	ν (–)
	Resistência à falha (escoamento, fratura)	σ_f (MPa)
	Resistência à fadiga	σ_e (MPa)
	Dureza	H (Vickers)
	Tenacidade à fratura	K_{1c} (MPa·m$^{1/2}$)
	Coeficiente de perda (capacidade de amortecimento)	η (–)
Térmica	Condutividade térmica	λ (W/m·K)
	Difusividade térmica	a (m²/s)
	Calor específico	C_p (J/kg·K)
	Coeficiente de expansão térmica	α (K^{-1})
	Diferença em condutividade térmica	$\Delta\alpha$ (K^{-1})
Elétrica	Resistividade elétrica	ρ_e ($\mu\Omega$·cm)
Propriedades ecológicas	Energia/kg para produzir material	E_m (MJ/kg)
	Pegada CO_2/kg de produção material	CO_2 (kg/kg)

TABELA C.1   PROJETO LIMITADO POR RIGIDEZ COM MASSA MÍNIMA

Função e restrições	Maximizar
TIRANTE (escora sob tração) Rigidez, comprimento especificados; área de seção livre	E/ρ
EIXO (carregado sob torção) Rigidez, comprimento, forma especificados; área de seção livre Rigidez, comprimento, raio externo especificados; espessura de parede livre Rigidez, comprimento, espessura de parede especificados; raio externo livre	$G^{1/2}/\rho$ G/ρ $G^{1/3}/\rho$
VIGA (carregada sob flexão) Rigidez, comprimento, forma especificados; área de seção livre Rigidez, comprimento, altura especificados; largura livre Rigidez, comprimento, largura especificados; altura livre	$E^{1/2}/\rho$ E/ρ $E^{1/3}/\rho$
COLUNA (escora sob compressão, falha por flambagem elástica) Carga de flambagem, comprimento, forma especificados; área de seção livre	$E^{1/2}/\rho$
PAINEL (placa plana, carregado sob flexão) Rigidez, comprimento, largura especificados; espessura livre	$E^{1/3}/\rho$
PLACA (placa plana, sob compressão no plano, falha por flambagem) Carga de colapso, comprimento, largura especificados; espessura livre	$E^{1/3}/\rho$
CILINDRO COM PRESSÃO INTERNA Distorção elástica, pressão, raio especificados; espessura de parede livre	E/ρ
CASCA ESFÉRICA COM PRESSÃO INTERNA Distorção elástica, pressão, raio especificados; espessura de parede livre	$E/(1-\nu)/\rho$

622   Seleção de Materiais no Projeto Mecânico

Tabela C.2   Projeto limitado por resistência com massa mínima

Função e restrições	Maximizar
TIRANTE (escora sob tração) Rigidez, comprimento especificados; área de seção livre	σ_f/ρ
EIXO (carregado sob torção) Carga, comprimento, forma especificados; área de seção livre Carga, comprimento, raio externo especificados; espessura de parede livre Carga, comprimento, espessura de parede especificados; raio externo livre	$\sigma_f^{2/3}/\rho$ σ_f/ρ $\sigma_f^{1/3}/\rho$
VIGA (carregada sob flexão) Carga, comprimento, forma especificados; área de seção livre Carga, comprimento, altura especificados; largura livre Carga, comprimento, largura especificados; altura livre	$\sigma_f^{2/3}/\rho$ σ_f/ρ $\sigma_f^{1/2}/\rho$
COLUNA (escora sob compressão) Carga, comprimento, forma especificados; área de seção livre	σ_f/ρ
PAINEL (placa plana, carregado sob flexão, falha por flambagem) Rigidez, comprimento, largura especificados; espessura livre	$\sigma_f^{1/2}/\rho$
PLACA (placa plana, sob compressão no plano, falha por flambagem) Carga de colapso, comprimento, largura especificados; espessura livre	$\sigma_f^{1/2}/\rho$
CILINDRO COM PRESSÃO INTERNA Distorção elástica, pressão, raio especificados; espessura de parede livre	σ_f/ρ
CASCA ESFÉRICA COM PRESSÃO INTERNA Distorção elástica, pressão, raio especificados; espessura de parede livre	σ_f/ρ
VOLANTES, DISCOS GIRATÓRIOS Armazenagem de energia máxima por unidade de volume; velocidade dada Armazenagem de energia máxima por unidade de massa; sem falha	ρ σ_f/ρ

Tabela C.3   Projeto limitado por resistência: molas e dobradiças

Função e restrições	Maximizar
MOLAS Energia elástica armazenada máxima por unidade de volume; sem falha Energia elástica armazenada máxima por unidade de massa; sem falha	σ_f^2/E $\sigma_f^2/E\rho$
DOBRADIÇAS ELÁSTICAS Raio de deflexão a ser minimizado (flexibilidade máxima sem falha)	σ_f/E
PONTAS DE FACAS, PIVÔS Área de contato mínima, carga de mancal máxima	$\sigma_f^3/E^2 \cdot H$
SELOS E GAXETAS DE COMPRESSÃO Conformabilidade máxima; limite para a pressão de contato	$\sigma_f^{3/2}/E$ e $1/E$
DIAFRAGMAS Deflexão máxima sob pressão ou força especificada	$\sigma_f^{3/2}/E$
TAMBORES GIRATÓRIOS E CENTRÍFUGAS Velocidade angular máxima; raio fixo; espessura de parede livre	σ_f/ρ

Índices de mérito 623

TABELA C.4 PROJETO LIMITADO POR VIBRAÇÃO

Função e restrições	Maximizar
TIRANTES, COLUNAS Frequências de vibração longitudinal máximas	E/ρ
VIGAS, todas as dimensões prescritas Frequências de vibração por flexão máximas	E/ρ
VIGAS, comprimento e rigidez prescritos Frequências de vibração por flexão máximas	$E^{1/2}/\rho$
PAINÉIS, todas as dimensões prescritas Frequências de vibração por flexão máximas	E/ρ
PAINÉIS, comprimento, largura, rigidez prescritos Frequências de vibração por flexão máximas	$E^{1/3}/\rho$
TIRANTES, COLUNAS, VIGAS, PAINÉIS (rigidez prescrita) Excitação longitudinal mínima por acionadores externos, tirantes Excitação por flexão mínima por acionadores externos, vigas Excitação por flexão mínima de acionadores externos, painéis	$\eta E/\rho$ $\eta E^{1/2}/\rho$ $\eta E^{1/3}/\rho$

TABELA C.5 PROJETO TOLERANTE A DANO

Função e restrições	Maximizar
TIRANTES (componente de tração) Tolerância à falha máxima e resistência, projeto controlado por carga Tolerância à falha máxima e resistência, controle de deslocamento Tolerância à falha máxima e resistência, controle de energia	$K_{1c}e\sigma_f$ $K_{1c}/Ee\sigma_f$ $K_{1c}^2/Ee\sigma_f$
EIXOS (carregado sob torção) Tolerância à falha máxima e resistência, projeto controlado por carga Tolerância à falha máxima e resistência, controle de deslocamento Tolerância à falha máxima e resistência, controle de energia	$K_{1c}e\sigma_f$ $K_{1c}/Ee\sigma_f$ $K_{1c}^2/Ee\sigma_f$
VIGAS (carregadas sob flexão) Tolerância à falha máxima e resistência, projeto controlado por carga Tolerância à falha máxima e resistência, controle de deslocamento Tolerância à falha máxima e resistência, controle de energia	$K_{1c}e\sigma_f$ $K_{1c}/Ee\sigma_f$ $K_{1c}^2/Ee\sigma_f$
VASO DE PRESSÃO Escoamento antes de ruptura Vazamento antes de ruptura	K_{1c}/σ_f K_{1c}^2/σ_f

624   Seleção de Materiais no Projeto Mecânico

Tabela C.6   Projeto térmico e termomecânico

Função e restrições	Maximizar
MATERIAIS PARA ISOLAMENTO TÉRMICO	
Fluxo de calor mínimo em regime permanente; espessura especificada	$1/\lambda$
Elevação de temperatura mínima em tempo especificado; espessura especificada	$1/a = \rho C_p/\lambda$
Minimizar energia total consumida em ciclo térmico (fornos etc.)	$\sqrt{a}/\lambda = \sqrt{1/\lambda\rho C_p}$
MATERIAIS PARA ARMAZENAGEM TÉRMICA	
Energia armazenada máxima/custo unitário de material (aquecedores de armazenamento)	C_p/C_m
Maximizar energia armazenada para elevação de temperatura e tempo dados	$\lambda/\sqrt{a} = \sqrt{\lambda\rho C_p}$
DISPOSITIVOS DE PRECISÃO	
Minimizar distorção térmica para fluxo de calor dado	λ/α
RESISTÊNCIA A CHOQUE TÉRMICO	
Mudança na temperatura de superfície máxima; sem falha	$\sigma_f/E\alpha$
DISSIPADORES DE CALOR	
Fluxo de calor máximo por unidade de volume; limitado por expansão	$\lambda/\Delta\alpha$
Fluxo de calor máximo por unidade de massa; limitado por expansão	$\lambda/\rho\Delta\alpha$
TROCADORES DE CALOR (limitados por pressão)	
Fluxo de calor máximo por unidade de área; sem falha abaixo de Δp	$\lambda\sigma_f$
Fluxo de calor máximo por unidade de massa; sem falha abaixo de Δp	$\lambda\sigma_f/\rho$

Tabela C.7   Projeto eletromecânico

Função e restrições	Maximizar
BARRAMENTOS	
Custo de vida útil mínimo; condutor de corrente alta	$1/\rho_e\rho C_m$
ENROLAMENTOS DE ELETROMAGNETOS	
Campo de pulso curto máximo; sem falha mecânica	σ_f
Comprimento de pulso e campo máximos; limite para elevação de temperatura	$C_p\rho/\rho_e$
ENROLAMENTOS, MOTORES ELÉTRICOS DE ALTA VELOCIDADE	
Velocidade de rotação máxima, sem falha por fadiga	σ_e/ρ_e
Perdas ôhmicas mínimas; sem falha por fadiga	$1/\rho_e$
ARMADURAS DE RELÉ	
Tempo de resposta mínimo, sem falha por fadiga	$\sigma_e/E\rho_e$
Perdas ôhmicas mínimas; sem falha por fadiga	$\sigma_e^2/E\rho_e$

ÍNDICE

Nota: Números de páginas seguidos de "*b*", "*f*" e "*t*" se referem a quadros, figuras e tabelas, respectivamente.

A

Absorção de energia, 67-68, 73-74, 507-508
Adesão, mecanismos de, 267f
Adesivos estruturais, 265
Adesivos flexíveis, 265
Admissíveis, 25-26
Aeronaves de propulsão humana, 387-390
Amido termoplástico (TPS), 466
Anisotropia, 423b, 480-481, 481f
Armazenamento de energia, maximizando, 295
Árvore de processo, 218f, 219f
Aspirador de pó, 518
Associações, 522, 528-530
Aterro, 494
Atributos, 109, 113-115, 492-497, 523. *Ver também* Propriedades de Material
Atributos de processo
– capacidade de forma, 276
– materiais admissíveis, 25f
– rugosidade superficial, 263
– tamanho de lote econômico, 255
– tolerância, 263
Atributos ecológicos de materiais, 492-497
Atributos estéticos, 523
Atributos táteis, 234
Auditoria-eco, 498-499, 499f
Avaliação de ciclo de vida (LCA), 498

B

Bambu, 481-482
Barreiras contra colisão, seleção ecológica, 507-508
Bicicletas, 301, 390-393, 391f
Biela, 321-322, 321t
Bielas, 321-325, 322f, 323f, 323t, 324f, 325t
Biocerâmicas, 483-484
Biomateriais, 547
Biopolímeros, 483-484
Bobinas para magnetos de alto campo, 325-328, 326f

C

Cabos, 400-401, 451
Cabos de energia de longo alcance, materiais para, 467-469

Campo térmico para fonte de calor em movimento, 614-615, 615f
Capital manufaturado, 554-556
Capital Natural, 554-556
Caráter do produto, 520-522, 521f
Carcaças finíssimas para eletrônicos indispensáveis, 330-334
Cenário "do elo mais fraco", 413
Cenário "falha deliberada", 413
Cenário "média harmônica", 413
Cenário "melhor de ambos", 413
Cenário "o mínimo de ambos", 413
Cenários de hibridização, 412f
Cerâmicas avançadas, 61-63
Cerâmicas monolíticas, 547
Cerâmicas tradicionais, 61-63
Cerâmicas. *Ver* Materiais
Chapa de aço, rigidez de, 397-400
Chapa de aço enrijecida, requisitos de projeto para, 398t
Ciclo de vida do material, 490-491, 491f
Classes de materiais, 23f, 149-150
Classificação
– para seleção de material, 72-73, 114f, 115-116, 133
– para seleção de processo, 271-276
Classificação de processos, 217-220
Coeficiente de Poisson, 428
Combinações material-forma, 360-363
Componentes de fechos mecânicos, 229
Compósitos de fibra natural, 466
Compósitos de matriz cerâmica, 547
Compósitos de matriz de magnésio, 465f
Compósitos de matriz intermetálica, 547
Compósitos de matriz metálica, 464-466
Compósitos de matriz metálica, 547
Compósitos particulados e fibrosos, 422
Compósitos. *Ver* Materiais
Conceito, 3, 4-8, 11-13, 12f
Condução térmica e elétrica, 471-473
Condutores flexíveis, materiais para, 469t
Conector híbrido, 479f
Conectores que não afrouxam seus apertos, 477-480
Configuração de quebra-cabeça, 419-420
Configurações, 409, 451, 471-472, 482-483
Conhecimento, 25f

Constante dielétrica– resistência dielétrica, 87-88
– calidez-maciez, 527
– coeficiente de perda–módulo, 76-78
– condutividade térmica– difusividade térmica, 80-82
– condutividade térmica–fator de perda dielétrica, 90-91
– condutividade térmica–resistividade elétrica, 78-80
– constantes piezoelétricas, 88-90
– diagramas de barra de energia incorporada, 93-93
– expansão térmica– temperatura máxima de serviço, 86
– expansão térmica–condutividade térmica, 82-83
– expansão térmica–módulo, 83-85
– indução remanente–campo coercivo, 92
– limite elástico-condutividade térmica, 206f
– limite elástico-perda dielétrica, 212f
– módulo–custo relativo, 98-100
– módulo–densidade, materiais de engenharia, 63-66, 389f, 450f
– módulo–densidade, materiais naturais, 63-66, 484-485
– módulo–energia incorporada e resistência–energia incorporada, 93-96
– módulo–produção de energia, 503f
– módulo–resistência, materiais de engenharia, 69-70
– módulo–resistência, materiais naturais, 486, 486f, 487f
– resistência–custo relativo, 98-100
– resistência–densidade, materiais de engenharia, 66-68
– resistência–densidade, materiais naturais, 66-68, 485f
– resistência–produção de energia, 504
– resistência–temperatura máxima de serviço, 86
– rigidez específica–resistência específica, 71-72
– saturação de magnetoestricção e campo coercitivo, 92-93
– taxa de desgaste, 35
– tenacidade à fratura–módulo, 72-74
– tenacidade à fratura–resistência, 74-75
– tenacidade–módulo, materiais naturais, 72-74, 487f
– tom e brilho, 527
– transparência, 527-528
Constantes de ligação, 294-295, 324
Constantes de troca, 297, 300-304, 301t, 303f, 338-340

Copos descartáveis versus reutilizáveis, 496b
Correlações entre propriedades de material, 580-581
Critério de estabilidade de Maxwell's, 416
Critério de Von Mises, 30
Custo de capital, 273-274
Custo de ferramental, 273, 275-276
Custo dedicado, 273-274
Custo não dedicado, 273-274
Custo relativo por unidade de volume, 98-100
Custo. *Ver* Propriedades de Material, Atributos de processo

D

Dados para materiais de engenharia, 559
– aplicações de materiais, 560t
– calor específico, 569t
– condutividade térmica, 571t
– constante dielétrica, 573t
– demanda de água, 576t
– densidade e preço, 563t
– energia incorporada, 576t
– expansão térmica, 571t
– limite de escoamento ou resistência ao escoamento, 565t
– materiais ferroelétricos, 575t
– materiais magnéticos duros, 575t
– materiais magnéticos macios, 575t
– materiais magnetocalóricos, 575t
– materiais magnetoestritivos, 575t
– materiais piezoelétricos, 575t
– materiais piroelétricos, 575t
– módulo, 559
– nomes, 560t
– pegada de carbono, 576t
– resistência à tração, 567t
– resistividade elétrica, 573t
– temperatura de fusão, 569t
– temperatura de transição vítrea, 569t
– tenacidade à fratura, 567t
Declaração de necessidade, 3
Decomposição de função, 5
Definições de propriedade, 27
Deformação de escoamento, 69
Deformação de fratura, 69
Densidade relativa, 432-433
Deposição por spray, 226
Desenvolvimento de esboços, 3, 5-9, 12, 14f, 15
Desenvolvimento sustentável, 489-490, 554-556
Design inclusivo, 521-522
Design industrial, 25, 518
Diagrama de fluxo de projeto, 4f, 9f
Diagrama de limite de conformação, 229

Diagrama de propriedades de material, 58, 60f, 63-100

Diagrama de quatro quadrantes
– para projeto limitado por resistência, 362-363
– para projeto limitado por rigidez, 360

Diagrama módulo de Young–densidade, 484-485, 484f

Diagrama módulo de Young–resistência, 486, 486f

Diagrama tenacidade–módulo de Young, 487, 487f

Diagramas de barras para propriedades de material, 59-60

Diagramas de seleção de processo
– matriz material-processo, 253-254, 264
– matriz processo-forma, 255, 255f

Diâmetro da zona de processo, 76b

Dióxido de carbono, 48, 493, 510

Diretrizes de seleção, 127-130

Dispositivos de medição de precisão, 200f, 201f

Dissipadores de calor, 207-209, 207f, 208t, 473

Distorção térmica, materiais para minimizar, 199-202

Dobradiças e acoplamentos elásticos, 172-174, 172t, 174f, 174t

Documentação, 116-117, 117f, 126t
– para seleção de material, 133

E

Economia circular, 553-553

Economia circular de materiais, 552, 553f

Economia linear de materiais, 552f

Eficiência estrutural, 124-126, 416-417

Eixos, 118, 343, 353, 366-367, 594-595, 595f

Elastômeros, 547. *Veja também* Materiais condutores, 469-470

Elastômeros naturais, 483-484

Elementos críticos, 550f

Elementos estruturais, 124

Eletrônicos, 532-533, 532f

Eletrônicos indispensáveis, carcaças finíssimas para, 330-334

Emissões, 492-494

Encapsulamentos transparentes à micro-ondas, 475-477

Encruamento, 222, 235

Endurecimento por solução sólida, 236f

Energia contida, 492-493

Energia de material
– processamento, 493
– produção, 492-494

Energia de produção, 494, 507-508

Energia incorporada, 48, 492-493

Equações de desempenho, 132, 292f, 294, 392, 502, 620

Esgarçamento, 29

Especificação do produto, 3, 4f, 70

Espelhos de telescópio, 153t, 154-155, 154f

Espumas metálicas, 547

Espumas. *Veja também* Materiais, colapso de, 435f
– mecânica de, 432-437

Estético, 233, 522

Estilos, 533

Estimativa de dados, 581

Estratégia, implementando, 253-256
– compatibilidade material-processo, 253-254
– compatibilidade processo-forma, 255
– tamanho de lote econômico, 255

Estratégias de seleção, 110-109

Estrutura de função, 5

Estruturas celulares, 410, 430-439

Estruturas dominadas por alongamento, 437-439

Estruturas dominadas por flexão, 432-437

Estruturas em folhas e retorcidas, 400-401

Estruturas reticuladas, 432, 440

Estruturas reticuladas de microtreliças, 437

Estruturas sanduíche e multicamadas, 439-450

Estruturas segmentadas, 410, 450

Estudos de caso, 148, 317, 385, 463
– aeronave de propulsão humana, 387-390
– barreiras contra colisão, seleção ecológica, 507-508
– bicicletas, 301, 390-393
– bielas, 321-325
– bobinas para magnetos de alto campo, 325-328, 326f
– cabos, 400-401, 451
– carcaças finíssimas para eletrônicos indispensáveis, 330-334
– componentes de fechos de encaixe, 229
– conectores que não afrouxam seus apertos, 477-480
– dispositivos para abrir garrafas com rolha, 11, 15
– dobradiças e acoplamentos elásticos, 172-174, 172t, 174f, 174t
– espelhos de telescópio, 151-156
– estruturas em folhas e retorcidas, 400-401
– fornos, 192-196, 193f, 193t, 195f, 195t
– instrumentos de precisão, 187-189, 201-202
– isolamento de curto prazo, 189-192, 191f, 192t

628　Índice

Estudos de caso (*Cont.*)
- materiais estruturais para construções, 159-163
- materiais para aquecedores solares, 196-199, 197t, 198t
- materiais para minimizar distorção térmica, 199-202
- mesas vibratórias, 185-189, 186f, 188t, 188f
- molas, 168-172, 168f, 168t, 402-405
- para-choques de baixo custo, 334-335, 334f
- paredes de refrigerador, 473-475
- pernas de mesa, 156-159, 329, 396-397
- personalidade de produto, analisando, 530-533
- pinça de freio a disco, 336-340
- radomes, 209-214, 210f, 210t, 475
- recipientes para bebidas, seleção ecológica, 506
- remos, 148-151
- rigidez de chapas de aço, 397-399
- superfícies que espalham calor, 480-481
- trocadores de calor, 202-207, 203f, 203t, 206t
- vasos de pressão, 181-185, 182f, 184f, 185t
- vedações, 175-177, 175f, 175t, 176f, 177t
- volantes, 163-167, 164f, 166f
Extrusão de polímero, 226

F

Famílias de materiais, 22, 24-25
Fatores de forma, 343-356, 370-374, 399, 404t
Fatores de forma microscópicos, 370-374
Fatores de peso, 306-207
Ferramentas de projeto e dados de materiais, 8-10
Flambagem, 356, 359, 445-446
Fonte de calor em movimento, campo térmico para, 614-615, 615f
Forças de mudança, 542, 543f
Forma, 343, 353, 357, 359, 363, 370, 400
Forma de seção, 343f, 345f, 348t, 350t
Forma microestrutural, 372f
Formabilidade, 126-127, 229
Fornos, 192-196, 193f, 193t, 195f, 195t
Foto-polimerização, 226
Fronteiras para propriedade de híbridos, 410, 420
Função, 113, 265, 297, 299
Função, material, forma e processo, 10, 11f
Função objetivo, 118-120, 160-161, 210-211, 322
Função penalidade relativa, 299, 332-333

Função utilidade, 297
Função valor, 297
Funcionalidade, 519
Funções penalidade, 297-298, 298f, 332-333, 333f, 335

G

Garrafas com rolha, dispositivos para abrir, 11-15
Grupos de propriedades adimensionais, 580-581

H

Híbridos, 25, 62t, 463

I

Impressões digitais de energia, 498, 499f, 500f
Impulso da ciência, 542-548
Índice estrutural (coeficiente de carregamento estrutural), 124-126, 132-133
Índices, usando cosseleção gráfica, 368-370
Índices de mérito, 61, 115-116, 124-126, 363-368, 619
- derivação, 364
-- coluna leve, 118
-- colunas delgadas, 156-157
-- isolamento térmico, 192t
-- molas, máxima energia elástica, 168-172, 168f, 168t
-- painel leve e rígido, 120
-- sistemas de armazenamento de calor, 196, 199f, 198t
-- tirante leve e resistente, 118
-- tirante leve e rígido, 120
-- vasos de pressão seguros, 181-185, 182f, 184f, 185t
-- viga barata e resistente, 123
-- viga barata e rígida, 123
-- viga leve e rígida, 122
-- volante, energia cinética máxima, 165, 164f
- incluindo forma, 363-368
- para projeto ecológico, 492f
Informação econômica, 550-551
Informação estruturada, 25-26
Instrumentos de precisão, 189
Isolamento de curto prazo, 189-192, 191f, 192t

L

Laminação de folhas, 226
Ligas endurecidas por envelhecimento, 237
Ligas leves, 422

Limitações e qualidade
- forma, 257-264
- – limites inferiores, 257-259
- – tolerância e rugosidade, 263
- limites superiores, 261
- tratamento superficial, 269-271
- – compatibilidade de material, 269
- – compatibilidades secundárias, 270-271
- – finalidade do, 269
- união, 264-268
- – adesivos, 265
- – compatibilidade de material, 264
- – funções secundárias das juntas, 265
- – geometria da junção e modo de
  carregamento, 264-265
- – soldagem, brasagem e solda-estanho, 267
Limite de escoamento, 69
Limite de percolação, 417
Limites de atributo, 113-115, 126-127
Limites para eficiência de forma, 357-360
Linha de ligação, 294-295, 324
Lógica difusa, 307-308, 308f
Longarina de asa
- materiais para, 388t
- materiais-e-formas para, 389f
- requisitos de projeto para, 387t
Luminárias, 530-532, 531f

M

Madeira, 481-483
- estrutura hierárquica de, 482f
Magnetoestricção, 46-46, 92
Magnetos duros, 92
Magnetos macios, 92
Materiais
- cerâmicas e vidros, 23, 29-30, 48, 229, 530,
  560t
- – alumina, 486-488, 547, 560t
- – berília, 211
- – carbeto de boro, 560t
- – carbeto de silício, 560t
- – carbeto de tungstênio, 560t
- – concreto, 61-63, 161, 542-543
- – espuma de vidro, 154-155, 195f
- – nitreto de alumínio, 560t
- – nitreto de silício, 560t
- – pedra, 161, 419-420, 530, 560t
- – sílica, 560t
- – silício, 560t
- – tijolo, 61-63, 161, 419-420, 542-543
- – vidro de borossilicato, 23, 560t
- – vidro sodo-cálcico, 560t
- – vidro, 23, 62t, 79-80, 152, 560t
- compósitos, 61-63, 150, 225, 329-330, 410,
  422-430, 464, 547, 560t

Materiais (Cont.)
- – CFRP, 62t, 71, 149-150, 157-158, 392,
  446-448, 560t
- – compósito de fibra natural, 466
- – compósito de matriz metálica, 323-324,
  430, 464-466, 547
- – compostos de moldagem de chapa, 226
- – compostos de moldagem em massa, 226
- – GFRP, 157-158, 161, 357, 396, 560t
- diagramas de propriedade, 108-109
- e o ambiente, 489
- e os sentidos, 523
- em projeto, 25
- – borracha butílica, 82b, 560t
- – borracha natural, 560t
- – elastômeros, 24, 65, 70, 175, 436, 470, 547
- – EVA, 560t
- – isopreno, 82b, 191-192, 560t
- – neopreno, 82b, 83b, 191-192, 560t
- – policloropreno, 560t
- – poliuretano, 560t
- – silicones, 560t
- para cabos de energia de longo alcance,
  467-469
- para encapsulamentos transparentes à
  micro-ondas, 475-477
- sistemas que consomem energia e,
  491-492
Materiais "inteligentes", 547
Materiais autorrestauráveis, 547
Materiais compósitos, 547
Materiais críticos, 551t
- e circularidade, 552, 551t
Materiais de funcionalidade graduada, 547
Materiais duros, 523-524
Materiais estruturais para construções, 159-
  163, 163t
Materiais híbridos, 408f
Materiais macios, 524
Materiais magnéticos, 92
Materiais nanoestruturados, 547
Materiais naturais, 61-63, 481-488, 492-493,
  560t. Ver também Materiais
- bambu, 387, 392, 393-395, 481-482, 485
- cortiça, 79-80, 175, 194, 483-484
- espruce, 151, 329-330, 387-388, 392
- madeira, 151, 171, 342, 370, 393-395, 481-
  483, 482f, 528
- madeira balsa, 387-388, 485
- osso, 482-483
- pinus, 395t
Materiais para aquecimento solar, 196-199,
  197t, 198t
Matriz processo-forma, 255f
Matriz processo-material, 254f
Mesas vibratórias, 185-189, 186f, 188t, 188f

Metais, 22, 64-65, 71, 76, 171, 180, 201f, 216, 229, 527, 529-530. *Ver também* Materiais
– aço inoxidável, 87b, 478, 528
– aço mola, 170f, 173, 174f, 486
– aços baixa liga, 183, 335, 509f
– aços, 95b, 161, 184f, 238, 342, 360, 393-395
– bronze fosforoso, 173
– bronze, 76, 527
– especular (metal polido), 152-154
– ferros fundidos, 161, 163, 166, 177, 188f, 338-339, 480-481, 508-510
– ligas de alumínio, 74b, 109, 184f, 300, 338-339, 424f, 549
– ligas de berílio, 324, 338-339
– ligas de cobre, 184f, 204, 206f, 235
– ligas de magnésio, 189, 188f, 324, 338-339, 464
– ligas de níquel, 83f, 201
– ligas de titânio, 161, 183, 300, 323-325, 422
– mecanismos de endurecimento em, 235f
Métodos de fabricação em escala micrométrica, 547
Modelagem de custo, 272-276
Modelagem de custo técnico, 275-276
Módulo de Young, 565t, 579t
Módulos de seção, 354
Molas, 168-172, 168f, 168t, 402-405
– eficiência de molas, fatores de forma para, 404t
Molas ultra-eficientes, 402-405
– requisitos de projeto para, 402t
Moldagem de areia ligada, 226
Momento de inércia de área, 352f, 356
Momento polar de área, 353
Momentos de seções, tabulações, 348t, 586-587, 587f
Multicamadas, 410
Múltiplas restrições, 290-295, 291f, 292f, 318-328
– método analítico, 292-293
– método gráfico, 293-295

N

Necessidade de informação, 25-26
Necessidade de mercado, 3, 12f

O

Objetivos, 110-111, 118, 125, 207-208, 291f, 295-304, 329-340
Objetivos conflitantes, 291f, 295-304
Objetivos múltiplos, 296f

Osso, 482-483
– cenário "carta bônus", 413
– estrutura hierárquica de, 483f
Otimização topológica, 409

P

Para-choques, de baixo custo, 334-335, 334f
Para-choques de baixo custo, 334-335, 334f
Paredes de refrigerador, 473-475
Pegada de carbono, 48
– e custo da fase de uso, 505b
Percepções, 522, 528-530
Percolação, 430, 470
Perfil de propriedade, 27, 109
Pernas de mesas, 156-159, 329-330, 396-397
Personalidade do produto, 523-533
Pinças de disco de freio, 336-340
Pirâmide de requisitos, 519-520, 519f
Poder de arremesso, 270-271
Poliéster reforçado com fibra de vidro (GFRP), 475-477
Poliformaldeído (PF), 466
Polímeros, 24, 64-65, 79-80, 171, 173-174, 177-181, 264, 485, 492-493, 501-504, 508-510, 547, 560t. *Ver também* Materiais
– cloreto de polivinila, PVC, 98b
– espumas, 64-65, 194, 448-449
– náilon, PA, 180, 234
– policarbonato, PC, 211
– polieteretercetona, PEEK, 542-543
– polietileno tereftalato, PET, 98b, 560t
– polietileno, PE, 62t, 98b, 173, 560t
– polipropileno, PP, 98b, 180, 234
– politetrafluoretileno, PTFE, 174t, 211
Polímeros reforçados com fibras de carbono (CFRP), 508-510, 528
População e riqueza, 548
Potencial de ruptura, 42
– calor específico, 36, 428, 436
– campo coercitivo, 45, 92-93
– coeficiente de carga piezoelétrica, 43, 43f
– coeficiente de expansão térmica, 38
– coeficiente de perda dielétrica, 41
– coeficiente de perda, 33-34, 76-78
– coeficiente de Poisson, 28
– coeficiente piroelétrico, 44-45, 44f
– condutividade térmica, 36-37, 78-83, 90-91, 428, 571t
– constante de desgaste, 35
– constante dielétrica, 40, 41, 87-88, 437, 448-449
– custo, 27, 36, 96-98
– deformação de escoamento, 69
– deformação por densificação, 433
– densidade, 27, 63-66, 422-423, 440, 464, 484-485

Potencial de ruptura (*Cont.*)
- difusividade térmica, 37, 80-82, 428
- dureza, 31, 32f
- energia incorporada, 93-96
- expansão térmica, 82-85, 428, 571t
- fator de dissipação, 41
- fator de perda dielétrica, 90-91
- fator de perda, 41
- fator de potência, 41
- incorporada e resistência, 93-96
- índice de refração, 46
- indução remanente, 45, 92
- limite de escoamento, 67, 69
- limite de resistência à fadiga, 30-31
- magnetoestricção de saturação, 46-46, 92-93
- materiais ferroelétricos, 575t
- materiais magnéticos duros, 575t
- materiais magnéticos macios, 575t
- materiais magnetocalóricos, 575t
- materiais magnetoestrictivos, 575t
- materiais piezoelétricos, 575t
- materiais piroelétricos, 575t
- módulo, 28, 63-66, 69-70, 72-74, 76-78, 83-85, 93-96, 98-100, 423, 442, 484-486
- módulo de cisalhamento, 28
- módulo de compressibilidade, 28
- módulo de ruptura, 29-30, 30f
- módulo de Young, 28, 59-60, 63-64, 69
- nomes, 560t
- pegada de carbono, 576t
- ponto de fusão, 35-36, 85, 493-494
- resistência, 30, 66-68, 71-72, 98-100, 425
- resistência à fadiga, 30-31
- resistência à fratura, 23, 29-30
- resistência à tração, 30, 67
- resistência ao choque térmico, 39
- resistência dielétrica, 87-88
- resistência específica, 71-72
- resistividade elétrica, 39, 78-80
- rigidez específica, 71-72
- temperatura de deflexão a quente, 38-39
- temperatura de transição vítrea, 35-36, 569t
- temperatura máxima de serviço, 38-39, 86
- tenacidade, 32-33, 74
- tenacidade à fratura, 32-33, 33b, 33f, 72-74
- transparência, 527-528
Preço/peso
- produtos, 543-545
Pressão de mercado, 542-548
Prestação de serviço, 549
Problemas de min–máx, 292-293, 294f, 322
Problemas superrestringidos, 130-131
Procedimento de seleção, materiais, 126-131
Processamento por deformação, 259-260

Processo de projeto, 3-7
Processos, classes de, 217f
Processos de acabamento, 231-234, 253-254
- processos para melhorar qualidades estéticas, 232
-- impressão a tela, 233f
-- impressão por almofada, 233f
-- pintura, 233f
-- spray de pó polimérico, 233f
- processos para melhorar propriedade superficiais, 231
-- electro-plating, 232f
-- endurecimento por indução, 232f
-- endurecimento superficial por laser, 232f
-- lapidação, 231
-- polimento mecânico, 232f
-- retificação de precisão, 231
Processos de conformação, rps, 342, 353, 375
- fabricação de compósito
-- assentamento manual e por spray, 225f
-- enrolamento de fios, 225f
-- métodos de assentamento, 226
-- moldagem por saco de pressão, 225f
-- moldagem por saco de vácuo ou saco de pressão, 226
-- pultrusão, 225f
- manufatura aditiva
-- deposição de metal à laser, LMD, 227f
-- estéreo-litografia, SLA, SLA, 226
-- modelagem de deposição, 227f
-- modelagem direta em molde, 227f
- métodos AM (manufatura aditiva), 226
-- fundição, 220
-- fundição de baixa pressão, 221f
-- fundição em areia, 215, 221f, 263-264
-- fundição em matriz, 220, 221f
-- fundição por cera perdida, 221f, 271-272
- métodos de pó, 222-226
-- colagem de barbotina, 224f
-- moldagem por injeção de pó, 224f
-- prensagem em matriz e sinterização, 224f
-- prensagem isostática à quente, *hiping*, 224f
- moldagem, 222, 222f
-- extrusão de polímero, 222f
-- forjamento, 223f, 260f
-- moldagem à sopro, 222f
-- moldagem por injeção, 215, 222f, 224f, 276, 277t
-- termo-formação, 222f
- processamento por deformação, 221
-- estrusão, 223f
-- laminação, 223f
-- repuxo de metal, 223f, 596-597, 597f
- sistemas de prototipagem rápida, rps
-- estéreo litografia, SLA, 226

632 Índice

Processos de acabamento (*Cont.*)
– – sinterização seletiva por laser, SLS, 226
– usinagem, 217, 229, 253-254
– – corte à plasma (chama), 228f
– – corte de jato d'água, 228f
– – torneamento e fresamento, 228f
– – usinagem por eletro erosão, 228f
Processos de deposição "linha de visão", 270-271
Processos de união, 229-231, 253-254, 264
– adesivos, 229, 230f, 264
– elementos de fixação, 230f, 253-254, 264
– solda metálica
– – arco de metal manual, 230f
– solda polimérica
– – barra quente de soldagem, 230f
– solda, 231, 253-254, 264
Processos primários, 217
Processos secundários, 217
Produção mínima de energia
– diagrama de seleção para resistência com, 503f
– diagrama de seleção para rigidez com, 503f
Projeto, 1, 10
– para montagem, DFA, 271
– para o ambiente, 489-490, 501f
– requisitos, 111-112, 114f, 113, 119t, 123, 153t, 157-158, 163, 186t, 209, 337t, 392
– tipos de, 81
Projeto adaptativo, 7-8
Projeto de compósito, 423b, 429b
Projeto de desenvolvimento, 81
Projeto de híbrido, 412-420
– empacotamento de barras e esferas, 413-414
– estruturas dominadas por flexão e alongamento, 415-417
– métodos de modelagem: fronteiras e limites, 420
– percolação, 417-418
– segmentação, 419-420
– transferência de carga através de interfaces, 414-415
Projeto de sanduíche, 439
Projeto detalhado, 3, 5-6, 9-10, 14f, 15
Projeto eletromecânico, 624t
Projeto limita por resistência, 362-363
Projeto limitado por rigidez, 360, 621t, 622t
Projeto limitado por vibração, 623t
Projeto original, 7
Projeto ótimo, 124
Projeto para montagem (DFA)), 271
Projeto térmico e termomecânico, 624t
Projeto tolerante ao dano, 623t
Projeto variante, 8
Propriedade de material, 27-46, 59-63, 580-581
– aplicações de materiais, 560t

Propriedades acústicas de materiais, 526f
Propriedades táteis, 525f, 526f, 527
Propriedades. *Ver* Propriedades de material

R

Radomes, 209-214, 210f, 210t
Razão potência-peso, maximizando, 295
Reciclagem, 495-496
Recipiente isotérmico, 190f
Recipientes, 507t
– requerimentos de projeto para, 507t
Recipientes para bebidas, seleção ecológica, 506
Recipientes para líquidos, 506f
Recondicionamento, 496
Recuperação de calor, combustão para, 495
Reforços, 242f
Regra das misturas, 412-413
Remos, 148-151
Requisitos de projeto para, 3
– material para, 392t
Requisitos funcionais, 13, 124
Resistência à abrasão e resiliência, 527
Resistência à flexão equivalente, 444
Resistência à fratura em tração, 67
Resistência a riscos e resiliência, 528f
Resistência ao cisalhamento em tração, 67
Resistência da estrutura cristalina, 67-68
Responsabilidade jurídica do produto, 549
Restrições, 110, 290
Retículos, mecânica de, 437-439
Reutilização, 496-497
Rigidez de chapa de aço, 397-400
Rugosidade superficial, 263, 263f

S

Saca-rolhas, 13f
– estrutura de função e princípios de trabalho de, 15f
Sanduíches, 410
Satisfação, 520
Saturação de mercado, 548
Seções conformadas, 386
Seleção de materiais, 64f, 71f, 179, 188f
– e forma, 375
Seleção de materiais auxiliada por computador, 131-132
Seleção de processo, 250-252, 276
– classificação, 252
– documentação, 252
– tradução, 250-252
– triagem, 252
Seleção de processos auxiliada por computador, 276
Seleção ecológica, 501-506

Símbolos, definição de, 344t
Sinterização seletiva a laser (SLS), 226
Sistema técnico, 3-4, 5f
Sistemas que consomem energia, material e, 491-492
Software CES, 131-132, 202, 276
Soldabilidade, 231
Soluções dominadas, 296
Soluções não dominadas, 296
Soluções úteis para problemas padrão, 583
– campo térmico para fonte de calor em movimento, 614-615, 615f
– concentrações de tensão, 600-601, 601f
– discos estáticos e giratórios, 596-597, 597f
– equações constitutivas, 584-585, 585f
– falha de vigas, 590-591, 591f
– flambagem de colunas, placas e cascas, 592-593, 593f
– flexão elástica de vigas, 588-589, 589f
– fluência e fratura por fluência, 608-609, 609f
– fluxo de calor e matéria, 610-611, 611f
– molas, 594-596
– momentos de seções, 586-587, 587f
– soluções para equações de difusão, 612-613, 613f
– tensões de contato, 598-599, 599f
– torção de eixos, 594-595, 595f
– trincas agudas, 602-603, 603f
– vasos de pressão, 604-605, 605f
– vigas, tubos e discos vibratórios, 606-607, 607f
Superfície de permuta, 296-297
Superfícies que espalham calor, 480-481

T

Tamanho de lote, 255
Tamanho de lote econômico, 255-257, 256f
Têmpera, 231
Tempo de amortização de capital, 273-274
Tenacidade, 74, 527
Tenacificação topológica, 419
Tensão de Peierls, 67-68
Tensão térmica, 83-85
Tensões internas, 231, 234, 264
Tolerância, 263

Tolerância ao dano, 419-420
Trabalho a frio, 478-480
Trabalho a morno, 222
Trabalho a quente, 204, 233f
Tradução dos requisitos de projeto
– seleção de material, 111, 113, 133
– seleção de processo, 396
Trajetórias processo-propriedade, 234-244
– consolidação de cerâmicas, 243-244
– efeito da formação de espuma sobre as propriedades, 244
– processamento de polímeros, 240
– resistência e dutilidade de ligas, 235
– tratamento térmico dos aços, 237
Triagem
– informação, 116-117
– para seleção de material, 114f, 133
– para seleção de processo, 276
Trocadores de calor, 202-207, 203f, 203t, 206t

U

Usabilidade, 520, 521-522
Usinabilidade, 229, 231

V

Variáveis livres, 113, 250-252
Vasos de pressão, 181-185, 182f, 184f, 185t, 318-321, 319t, 319f, 604-605, 605f
Vazios no espaço material-propriedade, 411-412
Vedações, 175-177, 175f, 175t, 176f, 177t
Verificação de dados, 581
Vidros. *Ver* Materiais
Vigas, 122, 123, 346-347, 364, 367
Vigas de assoalho
– índices para, 395t
– materiais para, 398t
– requisitos de projeto para, 394t
Vigas de assoalho, 158t
volante de energia máxima, requisitos de projeto para, 164t
Volantes, 163-167, 164f, 166f

Z

Zona afetada termicamente, 268, 268f

CONVERSÃO DE UNIDADES – TENSÃO E PRESSÃO

Para →	MPa	dyn/cm²	lb/in²	kgf/mm²	bar	long ton/in²
De ↓	Multiplicado por					
MPa	1	10^7	$1{,}45 \times 10^2$	$0{,}102$	10	$6{,}48 \times 10^{-2}$
dyn/cm²	10^{-7}	1	$1{,}45 \times 10^{-5}$	$1{,}02 \times 10^{-8}$	10^{-6}	$6{,}48 \times 10^{-9}$
lb/in²	$6{,}89 \times 10^{-3}$	$6{,}89 \times 10^4$	1	$7{,}03 \times 10^{-4}$	$6{,}89 \times 10^{-2}$	$4{,}46 \times 10^{-4}$
kgf/mm²	$9{,}81$	$9{,}81 \times 10^7$	$1{,}42 \times 10^3$	1	$98{,}1$	$63{,}5 \times 10^{-2}$
bar	$0{,}10$	10^6	$14{,}48$	$1{,}02 \times 10^{-2}$	1	$6{,}48 \times 10^{-3}$
long ton/in²	$15{,}44$	$1{,}54 \times 10^8$	$2{,}24 \times 10^3$	$1{,}54$	$1{,}54 \times 10^2$	1

CONVERSÃO DE UNIDADES – ENERGIA*

Para→	MJ	kWhr	kcal	Btu	ft lbf	toe
De ↓	Multiplicado por					
MJ	1	$0{,}278$	239	948	$0{,}738 \times 10^6$	$23{,}8 \times 10^{-6}$
kWhr	$3{,}6$	1	860	$3{,}41 \times 10^3$	$2{,}66 \times 10^6$	$85{,}7 \times 10^{-6}$
kcal	$4{,}18 \times 10^{-3}$	$1{,}16 \times 10^{-3}$	1	$3{,}97$	$3{,}09 \times 10^3$	$99{,}5 \times 10^{-9}$
Btu	$1{,}06 \times 10^{-3}$	$0{,}293 \times 10^{-3}$	$0{,}252$	1	$0{,}778 \times 10^3$	$25{,}2 \times 10^{-9}$
ft lbf	$1{,}36 \times 10^{-6}$	$0{,}378 \times 10^{-6}$	$0{,}324 \times 10^{-3}$	$1{,}29 \times 10^{-3}$	1	$32{,}4 \times 10^{-12}$
toe	$41{,}9 \times 10^3$	$11{,}6 \times 10^3$	10×10^6	$39{,}7 \times 10^6$	$30{,}8 \times 10^9$	1

*MJ = megajoules; kWhr = quilowatt hora; kcal = quilocaloria; Btu = unidade térmica britânica; ft lbf = pé-libra força; toe = tonelada equivalente de petróleo.

CONVERSÃO DE UNIDADES – POTÊNCIA**

Para→	kW (kJ/s)	kcal/s	hp	ft lbf/s	Btu/h
De ↓	Multiplicado por				
kW (kJ/s)	1	$4{,}18$	$1{,}34$	735	$4{,}47 \times 10^4$
kcal/s	$0{,}239$	1	$0{,}321$	176	$1{,}07 \times 10^4$
hp	$0{,}746$	$3{,}12$	1	550	$3{,}35 \times 10^4$
ft lbf/s	$1{,}36 \times 10^{-3}$	$5{,}68 \times 10^{-3}$	$1{,}82 \times 10^{-3}$	1	
Btu/h	$2{,}24 \times 10^{-5}$	$9{,}33 \times 10^{-5}$	$3{,}0 \times 10^{-5}$		1

** kW = quilowatt; kcal/s = quilocalorias por segundo; hp = horse power (cavalos de força); ft lb/s = pé-libra/segundo; Btu/h = unidade térmica britânica/hora.

Constantes físicas em unidades do SI

Constante física	Valor em unidades do SI
Temperatura de zero absoluto	$-273,2\ °C$
Aceleração da gravidade, g	$9,807\ m/s^2$
Número de Avogadro, N_A	$6,022 \times 10^{23}$ -
Base de logaritmo natural, e	$2,718$ -
Constante de Boltzmann, k	$1,381 \times 10^{-23}\ J/K$
Constante de Faraday, K	$9,648 \times 10^4\ C/mol$
Constante dos gases, $\bar{R}$	$8,314\ J/mol/K$
Permeabilidade do vácuo, μ_o	$1,257 \times 10^{-6}\ H/m$
Permissividade do vácuo, ε_o	$8,854 \times 10^{-12}\ F/m$
Constante de Planck, h	$6,626 \times 10^{-34}\ J/s$
Velocidade da luz no vácuo, c	$2,998 \times 10^8\ m/s$
Volume de um gás perfeito na CNTP	$22,41 \times 10^{-3}\ m^3/mol$

Conversão de unidades, geral

Quantidade	Sistema Inglês	Sistema Internacional
Ângulo, θ	1 rad	$57,30°$
Densidade, ρ	$1\ lb/ft^3$	$16,03\ kg/m^3$
Coeficiente de difusão, D	$1\ cm^2/s$	$1,0 \times 10^{-4}\ m^2/s$
Energia, U	Veja a contracapa interna	
Força, F	1 kgf 1 lbf 1 dyne	$9,807\ N$ $4,448\ N$ $1,0 \times 10^{-5} N$
Comprimento, ℓ	1 ft 1 inch 1 Å	$304,8\ mm$ $25,40\ mm$ $0,1\ nm$
Massa, M	1 tonelada (*tonne*) 1 tonelada curta (*short ton*) 1 tonelada longa (*long ton*) 1 lb massa	$1.000\ kg$ $908\ kg$ $1.107\ kg$ $0,454\ kg$
Potência, P	Veja a contracapa interna	
Tensão, σ	Veja a contracapa interna	
Calor específico, C_p	$1\ cal/gal.°C$ $1\ Btu/lb.°F$	$4,188\ kJ/kg.°C$ $4,187\ kg/kg.°C$
Fator de intensidade de tensão, K_{1c}	$1\ ksi\ \sqrt{in}$	$1,10\ MN/m^{3/2}$
Energia de superfície, γ	$1\ erg/cm^2$	$1\ mJ/m^2$
Temperatura, T	$1°F$	$0,556\ °K$
Condutividade térmica, λ	$1\ cal/s.cm.°C$ $1\ Btu/h.ft.°F$	$418,8\ W/m.°C$ $1,731\ W/m.°C$
Volume, V	1 galão imperial 1 galão americano	$4,546 \times 10^{-3} m^3$ $3,785 \times 10^{-3} m^3$
Viscosidade, η	1 poise 1 lb ft.s	$0,1\ N.s/m^2$ $0,1517\ N.s/m^2$

Este livro foi impresso nas oficinas gráficas da Editora Vozes Ltda.,
Rua Frei Luís, 100 – Petrópolis, RJ.